중학생을 위한 수학의 정석

중등 수학 한 권에 쏙!

중등 수학 한 권에 쏙!

지은이 류승재, 김영조
펴낸이 임상진
펴낸곳 (주)넥서스

초판 1쇄 발행 2025년 5월 10일
초판 2쇄 발행 2025년 5월 15일

출판신고 1992년 4월 3일 제311-2002-2호
10880 경기도 파주시 지목로 5
Tel (02)330-5500 Fax (02)330-5555

ISBN 979-11-6683-985-6 53410

가격은 뒤표지에 있습니다.
잘못 만들어진 책은 구입처에서 바꾸어 드립니다.

www.nexusbook.com
www.nexusEDU.kr/math

넥서스에듀

머리말

중등 수학 3년 전 과정을 한 권으로!
수학이 막막한 예비 고1, 재수생, 그리고 중등 수학을 앞둔 학생을 위한 중등 개념 총정리 문제집

어떻게 하면 우리 아이가 고등 수학을 잘할 수 있을까?
수학을 힘들어하는 고등학생이나 재수생, 또는 고등 수학을 앞두고 있는 중학생 자녀를 둔 학부모님과 선생님들의 공통된 고민일 것입니다. 많은 학생들이 중등 수학을 충분히 이해하지 못한 채 고등학교에 올라가게 되고, 그 결과 수학에 대한 두려움과 좌절을 경험하게 됩니다. 이런 문제를 겪지 않고 고등 수학, 수능 수학까지 이어지는 탄탄한 수학 실력을 갖추기 위해서는 고등 수학과 연계된 중등 수학의 핵심 개념들을 정확하게 이해하고 정리하는 과정이 반드시 필요합니다.

이 책은 중등 3년 전 과정의 개념을 빠르고 빈틈없이 정리하고 싶은 학생들을 위해 만들어졌습니다. 고등 수학을 잘하기 위해 반드시 이해하고 있어야 할 핵심 개념들과 확장 개념들을 담았습니다. 수학에 자신 없는 고등학생이나 재수생도 스스로 개념을 정리할 수 있도록, 마치 과외 선생님처럼 친절하게 설명했습니다.

이 책은 중등 3년 과정을 수와 연산, 대수, 함수, 기하, 확률과 통계 총 5개 파트로 정리했습니다. 학생들이 스스로 학습하면서 전체 구조를 파악하고 이해할 수 있도록 체계적으로 구성했습니다. 학생 수준과 상황에 따라 필요한 부분만 골라서 공부할 수도 있고, 처음부터 끝까지 한 번에 정리할 수도 있습니다. 1~3개월 정도 집중해서 학습하면, 고등 수학 학습 전에 반드시 갖추어야 할 중등 개념들을 완벽히 정리할 수 있습니다.

이 책을 통해 우리 아이들이 중등 수학의 기초 위에 자신감을 쌓고, 더 높은 고등 수학으로 나아갈 수 있기를 바랍니다. 이 책이 그 든든한 징검다리가 되어주기를 진심으로 바랍니다.

저자 류승재, 김영조

류승재

고려대학교 수학과를 졸업하고 27년 동안 초등부터 고등, 재수생까지 다양한 학생들에게 수학을 가르쳐 왔다. 현재 수학 학원 원장이자 비대면 수학 교육 플랫폼 '수잘공 수학'의 대표로 활동하고 있으며, 현장에서의 오랜 경험을 바탕으로 학생과 학부모에게 가장 현실적이고 효과적인 수학 공부법을 전하고자 유튜브 [공부머리 수학법]과 네이버 카페를 운영 중이다.
교과 수학뿐 아니라 사고력 수학, 경시 수학, SAT, AP, 수리 논술, 대학별 고사, 수능까지 폭넓은 영역을 다루며, 수학을 포기하지 않도록 돕는 따뜻한 교사이자 실천적인 저자로서 꾸준히 활동해 왔다.
저서로는 『수학 잘하는 아이는 이렇게 공부합니다』, 『초등 수학 심화 공부법』, 『진짜 수학 공부법』, 『수상한 수학 감옥 아이들』, 『수상한 수학 동굴 아이들』, 『한 권으로 초등 수학 끝』, 『열려라 심화』, 『빠르다 구구단』 등이 있다.

김영조

고려대학교 수학과를 졸업하고 24년간 서울 강남을 비롯한 여러 지역에서 중 · 고등학생들을 지도해 왔다. 오랫동안 고등 내신과 수능을 중심으로 수업하며 수많은 학생들을 만나온 그는, 학생들이 고등 수학을 어려워하는 진짜 이유가 중등 수학의 빈틈에 있다는 사실을 발견하고, 이후 초등과 중등 과정까지 가르침의 범위를 넓혔다. 학생들이 어디에서 막히고 어떻게 수학을 포기하게 되는지를 정확히 짚어내어, 그 고비를 넘어설 수 있는 문제집과 교재를 집필하고 있다.
저서로는 『한 권으로 초등 수학 끝』, 『빠르다 구구단』이 있다.

1 핵심 개념

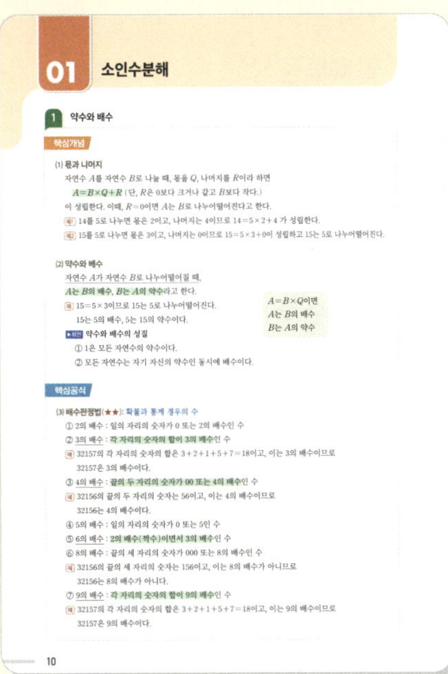

이해하기 쉬운 예시와 설명으로 **기본 개념을 공부**하고, 응용 연습을 할 수 있어요.

2 확장 개념 + 응용 공식

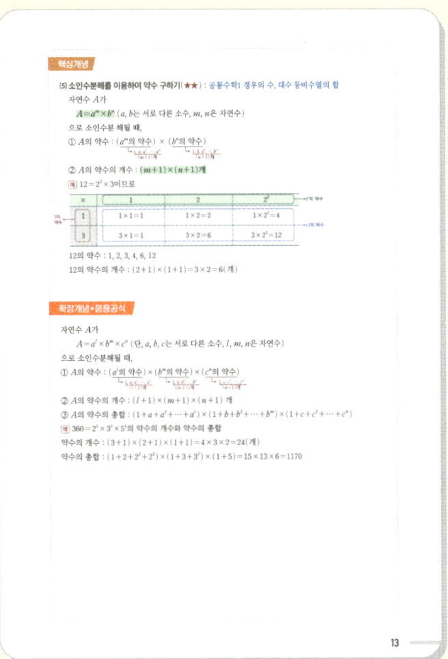

기본 개념에서 한발 더 나아간 응용 개념과 **고등수학에 연계**되는 내용을 다루어, **개념을 확장**할 수 있어요.

3 핵심 개념 익히기

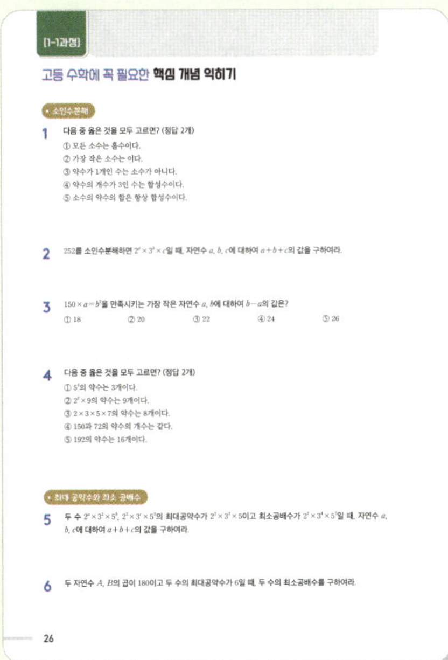

단원에서 배운 개념들을 **종합적으로 테스트**하며 확실히 이해했는지 확인할 수 있어요.

4 정답 및 해설

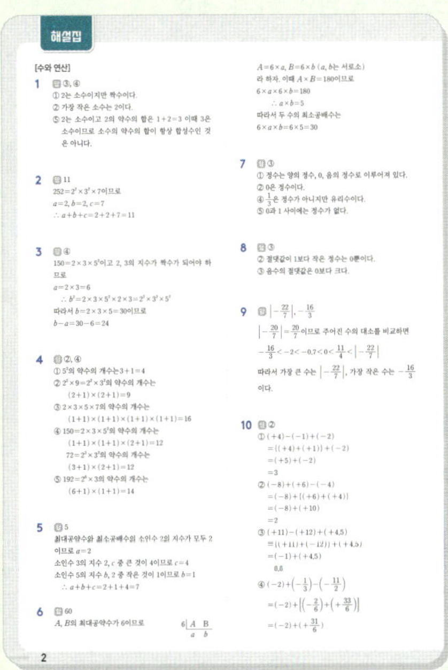

정답 및 해설을 별책으로 구성하여 더욱 편리하게 **스스로를 점검**할 수 있어요.

목차

Ⅰ 수와 연산 08

[1-1 과정]
01 소인수분해
02 최대공약수와 최소공배수
03 정수와 유리수
04 수직선과 절댓값, 수의 대소 관계
05 정수와 유리수의 사칙계산
✚ 고등 수학에 꼭 필요한 핵심 개념 익히기

[2-1 과정]
01 유리수와 순환소수
✚ 고등 수학에 꼭 필요한 핵심 개념 익히기

[3-1 과정]
02 제곱근과 실수
03 근호를 포함한 식의 계산
✚ 고등 수학에 꼭 필요한 핵심 개념 익히기

Ⅱ 대수 45

[1-1 과정]
01 문자의 사용과 식의 계산
02 일차방정식의 풀이
03 일차방정식의 활용
✚ 고등 수학에 꼭 필요한 핵심 개념 익히기

[2-1 과정]
01 단항식의 계산
02 다항식의 계산
03 일차부등식
04 일차부등식 활용
05 연립일차방정식
06 연립일차방정식의 활용
✚ 고등 수학에 꼭 필요한 핵심 개념 익히기

[3-1 과정]
01 다항식의 곱셈과 곱셈공식
02 인수분해
03 이차방정식
✚ 고등 수학에 꼭 필요한 핵심 개념 익히기

Ⅲ 함수 150

[1-1 과정]
01 좌표와 그래프
02 정비례와 반비례
✚ 고등 수학에 꼭 필요한 핵심 개념 익히기

[2-1 과정]
01 일차함수와 그 그래프
02 일차함수와 일차방정식
✚ 고등 수학에 꼭 필요한 핵심 개념 익히기

[3-1 과정]
01 이차함수와 그래프
✚ 고등 수학에 꼭 필요한 핵심 개념 익히기

Ⅳ 기하 225

[1-2 과정]

01 기본도형

02 삼각형의 합동

03 다각형

04 원과 부채꼴

05 입체도형

✚ 고등 수학에 꼭 필요한 핵심 개념 익히기

[2-2 과정]

01 삼각형의 성질

02 삼각형의 외심과 내심

03 평행사변형과 여러 가지 사각형

04 도형의 닮음

05 닮음의 활용

06 피타고라스 정리

✚ 고등 수학에 꼭 필요한 핵심 개념 익히기

[3-2 과정]

01 삼각비

02 삼각비의 활용

03 원과 직선

04 원주각

✚ 고등 수학에 꼭 필요한 핵심 개념 익히기

Ⅴ 확률과 통계 342

[1-2 과정]

01 도수분포표와 그래프

02 상대도수와 그래프

✚ 고등 수학에 꼭 필요한 핵심 개념 익히기

[2-2 과정]

01 사건과 경우의 수

02 확률

✚ 고등 수학에 꼭 필요한 핵심 개념 익히기

[3-2 과정]

01 대푯값과 산포도

02 상관관계

✚ 고등 수학에 꼭 필요한 핵심 개념 익히기

부록_ 정답 및 해설

[1-1 과정]

01 소인수분해

02 최대공약수와 최소공배수

03 정수와 유리수

04 수직선과 절댓값, 수의 대소 관계

05 정수와 유리수의 사칙계산

✚ 고등 수학에 꼭 필요한 핵심 개념 익히기

[2-1 과정]

01 유리수와 순환소수

✚ 고등 수학에 꼭 필요한 핵심 개념 익히기

[3-1 과정]

02 제곱근과 실수

03 근호를 포함한 식의 계산

✚ 고등 수학에 꼭 필요한 핵심 개념 익히기

수와 연산

[1-1 과정]

01 소인수분해

1 약수와 배수

핵심개념

(1) 몫과 나머지

자연수 A를 자연수 B로 나눌 때, 몫을 Q, 나머지를 R이라 하면

$A=B\times Q+R$ (단, R은 0보다 크거나 같고 B보다 작다.)

이 성립한다. 이때, $R=0$이면 A는 B로 나누어떨어진다고 한다.

예1 14를 5로 나누면 몫은 2이고, 나머지는 4이므로 $14=5\times2+4$ 가 성립한다.

예2 15를 5로 나누면 몫은 3이고, 나머지는 0이므로 $15=5\times3+0$이 성립하고 15는 5로 나누어떨어진다.

(2) 약수와 배수

자연수 A가 자연수 B로 나누어떨어질 때,

A는 B의 배수, B는 A의 약수라고 한다.

예 $15=5\times3$이므로 15는 5로 나누어떨어진다.

15는 5의 배수, 5는 15의 약수이다.

> $A=B\times Q$이면
> A는 B의 배수
> B는 A의 약수

▶확인 **약수와 배수의 성질**

① 1은 모든 자연수의 약수이다.

② 모든 자연수는 자기 자신의 약수인 동시에 배수이다.

핵심공식

(3) 배수판정법(★★): 확률과 통계 경우의 수

① 2의 배수 : 일의 자리의 숫자가 0 또는 2의 배수인 수

② 3의 배수 : 각 자리의 숫자의 합이 3의 배수인 수

예 32157의 각 자리의 숫자의 합은 $3+2+1+5+7=18$이고, 이는 3의 배수이므로 32157은 3의 배수이다.

③ 4의 배수 : 끝의 두 자리의 숫자가 00 또는 4의 배수인 수

예 32156의 끝의 두 자리의 숫자는 56이고, 이는 4의 배수이므로 32156는 4의 배수이다.

④ 5의 배수 : 일의 자리의 숫자가 0 또는 5인 수

⑤ 6의 배수 : 2의 배수(짝수)이면서 3의 배수인 수

⑥ 8의 배수 : 끝의 세 자리의 숫자가 000 또는 8의 배수인 수

예 32156의 끝의 세 자리의 숫자는 156이고, 이는 8의 배수가 아니므로 32156는 8의 배수가 아니다.

⑦ 9의 배수 : 각 자리의 숫자의 합이 9의 배수인 수

예 32157의 각 자리의 숫자의 합은 $3+2+1+5+7=18$이고, 이는 9의 배수이므로 32157은 9의 배수이다.

2 소수와 합성수

핵심개념

(1) 소수와 합성수

① 소수 : 1보다 큰 자연수 중에서 1과 자기 자신만을 약수로 갖는 수

예 2, 3, 5, 7, 11, ⋯

② 합성수 : 1보다 큰 자연수 중에서 소수가 아닌 수

예 4, 6, 8, 10, 12, ⋯

③ 모든 소수의 약수는 2개이고, 합성수의 약수는 3개 이상이다.

! 주의 ① 1은 소수도 아니고, 합성수도 아니다.

② 2는 가장 작은 소수이고, 유일하게 짝수인 소수이다.

+참고 소수는 다음과 같이 두 가지가 있다.

소수 (素 순수하다, 數 수) : 1보다 큰 자연수 중에서 1과 자기 자신만을 약수로 갖는 수
소수 (小 작다, 數 수) : 0.1, 1.3, 2.37, ⋯

(2) 거듭제곱 : 같은 수나 문자를 여러 번 곱한 것을 간단히 나타낸 것

예 $2\times2\times2=2^3$, $\frac{1}{3}\times\frac{1}{3}\times\frac{1}{3}\times\frac{1}{3}=\left(\frac{1}{3}\right)^4$, $3\times3\times5\times5\times5=3^2\times5^3$, ⋯

① 밑 : 거듭제곱에서 반복해서 곱하는 수

② 지수 : 거듭제곱에서 밑이 곱해진 개수

$\underbrace{a\times a\times\cdots\times a}_{n\text{개}}=a^n$ (← 지수: n, 밑: a)

예 2^2, 2^3, 2^4, ⋯ 등을 통틀어 2의 거듭제곱이라 하고,

거듭제곱의 밑은 2, 곱한 횟수 2, 3, 4,⋯를 지수라고 한다.

2^2을 '2의 제곱', 2^3을 '2의 세제곱', 2^4을 '2의 네제곱', ⋯ 이라고 읽는다.

2^1은 2를 한 번 곱한 것으로 1을 생략하고 쓴다.

! 주의 $2^3=2\times2\times2$이고, $2+2+2=2\times3$이다. 실수하지 않도록 주의하자.

3 소인수분해

핵심개념

(1) **인수** : 자연수 a, b, c에 대하여 $a=b\times c$일 때, b, c를 a의 인수라고 한다.
→ 약수와 비슷하다.

(2) **소인수** : 소수인 인수

예 $6=1\times6=2\times3$이므로 6의 인수는 1, 2, 3, 6이고, 6의 소인수는 2, 3이다.

(3) **소인수분해** : 1보다 큰 자연수를 소인수만의 곱으로 나타내는 것

예 60을 소인수분해하면

방법 1	방법 2	방법 3
$60=2\times30$ ↓↘ $=2\times6\times5$ ↓↘ $=2\times2\times3\times5$ $=2^2\times3\times5$	2) 60 2) 30 3) 15 5	60 < 2, 30 30 < 2, 15 15 < 3, 5

소인수분해 결과 : $60=2^2\times3\times5$
60의 소인수 : 2, 3, 5

(4) **자연수의 제곱수**

① 제곱수 : 어떤 수를 제곱하여 얻은 수

예 $1=1^2$, $4=2^2$, $9=3^2$, $16=4^2$, ⋯

② 제곱수를 소인수분해하면, 소인수의 지수는 모두 짝수이다.

예 $9=3^2$, $16=4^2=2^4$, $36=6^2=(2\times3)^2=2^2\times3^2$, $144=12^2=(2^2\times3)^2=2^4\times3^2$, ⋯

확장개념+응용공식

◆ **제곱수 만들기** ➡ 소인수분해 했을 때 소인수의 지수가 짝수여야 제곱수가 된다.

예 20에 어떤 자연수를 곱했더니 제곱수가 되었다. 이때, 곱해진 두 자리 자연수가 될 수 있는 가장 큰 수와 가장 작은 수를 각각 구하시오.

+풀이 20을 소인수분해하면 $20=2^2\times5$이다. 20에 곱해진 두 자리 자연수를 □라 하면,

$20\times\square=2^2\times5\times\square$

$2^2\times5\times\square$가 제곱수가 되려면 □에는 5가 한 번은 곱해져 있어야 하고 다른 수가 곱해져 있다면 그 수는 제곱수여야 한다.

따라서 $\square=5\times$(제곱수)의 꼴이어야하므로 가능한 수는 5×1^2, 5×2^2, 5×3^2, ⋯ 이다.

이 중 가장 작은 두 자리수는 $5\times2^2=20$, 가장 큰 두 자리수는 $5\times4^2=80$이다.

핵심개념

(5) 소인수분해를 이용하여 약수 구하기(★★) : 공통수학1 경우의 수, 대수 등비수열의 합

자연수 A가

$A=a^m \times b^n$ (a, b는 서로 다른 소수, m, n은 자연수)

으로 소인수분해될 때,

① A의 약수 : (a^m의 약수) × (b^n의 약수)

↳ $1, a, a^2, \cdots, a^m$ / $(m+1)$개 ↳ $1, b, b^2, \cdots, b^n$ / $(n+1)$개

② A의 약수의 개수 : $(m+1)\times(n+1)$개

예) $12=2^2\times3$이므로

×	1	2	2^2
1	$1\times1=1$	$1\times2=2$	$1\times2^2=4$
3	$3\times1=1$	$3\times2=6$	$3\times2^2=12$

3의 약수 / 2^2의 약수 / 12의 약수

12의 약수 : 1, 2, 3, 4, 6, 12

12의 약수의 개수 : $(2+1)\times(1+1)=3\times2=6$(개)

확장개념+응용공식

자연수 A가

$A=a^l\times b^m\times c^n$ (단, a, b, c는 서로 다른 소수, l, m, n은 자연수)

으로 소인수분해될 때,

① A의 약수 : (a^l의 약수) × (b^m의 약수) × (c^n의 약수)

↳ $1, a, a^2, \cdots, a^l$ / $(l+1)$개 ↳ $1, b, b^2, \cdots, b^m$ / $(m+1)$개 ↳ $1, c, c^2, \cdots, c^n$ / $(n+1)$개

② A의 약수의 개수 : $(l+1)\times(m+1)\times(n+1)$ 개

③ A의 약수의 총합 : $(1+a+a^2+\cdots+a^l)\times(1+b+b^2+\cdots+b^m)\times(1+c+c^2+\cdots+c^n)$

예) $360=2^3\times3^2\times5^1$의 약수의 개수와 약수의 총합

약수의 개수 : $(3+1)\times(2+1)\times(1+1)=4\times3\times2=24$(개)

약수의 총합 : $(1+2+2^2+2^3)\times(1+3+3^2)\times(1+5)=15\times13\times6=1170$

[1-1 과정]

02 최대공약수와 최소공배수

1 공약수와 최대공약수

핵심개념

(1) **공약수** : 두 개 이상의 자연수의 공통인 약수

(2) **최대공약수** : 공약수 중에서 가장 큰 수

예 12의 약수 : 1, 2, 3, 4, 6, 12
18의 약수 : 1, 2, 3, 6, 9, 18
} 12와 18의 공약수 : 1, 2, 3, 6 (↳최대공약수)

(3) **최대공약수의 성질**

두 개 이상의 자연수의 공약수는 그 수들의 최대공약수의 약수이다.

(4) **서로소** : 최대공약수가 1인 두 자연수 (공약수가 1뿐인 두 수)

예 2와 3은 서로소이다. 4와 9는 서로소이다.
6과 8은 공약수가 1, 2이므로 서로소가 아니다.

▶확인 1은 모든 자연수와 서로소이고, 서로 다른 두 소수는 항상 서로소이다.

(5) **최대공약수 구하는 방법**

예 18과 30의 최대공약수 구하기

방법 1. 나눗셈 이용	방법 2. 소인수분해 이용
2) 18 30 3) 9 15 3 5 ← 서로소가 될 때까지 (최대공약수)=2×3=6 ↳나눈 공약수를 모두 곱한다.	$18=2\times3^2$ $30=2\times3\times5$ (최대공약수)=$2\times3=6$ 지수가 같으면 그대로 ↗ ↖지수가 다르면 작은 것을 선택
① 1이 아닌 공약수로 주어진 수를 몫이 서로소인 두 수가 될 때까지 나눈다. ② 나눈 공약수를 모두 곱한다.	① 공통인 소인수를 찾는다. ② 지수가 같으면 그대로, 지수가 다르면 작은 것을 택하여 곱한다.

▶확장 세 수의 최대공약수를 구할 때는 세 수의 공약수가 1이 될 때까지 공약수로 나눈다.
↳몫이 서로소가 될 때까지

예 12, 18, 30의 최대공약수 구하기

방법 1. 나눗셈 이용	방법 2. 소인수분해 이용
2) 12 18 30 3) 6 9 15 2 3 5 ← 서로소가 될 때까지 (최대공약수)=2×3=6	$12=2^2\times3$ $18=2\times3^2$ $30=2\times3\times5$ (최대공약수)=$2\times3=6$ 세 수의 공통인 소인수 중 지수가 작은 것을 선택

2 공배수와 최소공배수

핵심개념

(1) **공배수** : 두 개 이상의 자연수의 공통인 배수

(2) **최소공배수** : 공배수 중에서 가장 작은 수

예) 4의 배수 : 4, 8, 12, 16, 20, 24, ⋯
6의 배수 : 6, 12, 18, 24, 30, ⋯
} 4와 6의 공배수 : 12, 24, ⋯ (12 → 최소공배수)

(3) **최소공배수의 성질**

① 두 개 이상의 자연수의 공배수는 그 수들의 최소공배수의 배수이다.

② 서로소인 두 자연수의 최소공배수는 두 수의 곱과 같다.

(4) **최소공배수 구하는 방법**

방법 1. 나눗셈 이용	방법 2. 소인수분해 이용
2) 18 30 3) 9 15 3 5 ← 서로소가 될 때까지 (최대공약수)$=2\times3\times3\times5=90$ └ 나눈 공약수와 몫을 모두 곱한다.	$18=2\times3^2$ $30=2\times3\times5$ (최대공약수)$=2\times3^2\times5=90$ 지수가 같으면 그대로 / 지수가 다르면 큰 것을 선택 / 공통이 아닌 소인수도 곱한다.
① 1이 아닌 공약수로 주어진 수를 몫이 서로소인 두 수가 될 때까지 나눈다. ② 나눈 공약수와 몫을 모두 곱한다.	① 공통인 소인수를 찾는다. ② 지수가 같으면 그대로, 지수가 다르면 큰 것을 택하여 곱한다. 이때, 공통이 아닌 소인수도 모두 곱한다.

▶확장 **세 수의 최소공배수 구하기**

① 1이 아닌 공약수로 주어진 수를 각각 나눈다.

② 세 수의 공약수가 없을 때는 두 수의 공약수로 나누고, 공약수가 없는 수는 그대로 아래로 내린다.

③ 나눈 공약수와 마지막 몫을 모두 곱한다.

○안의 3은 세 수의 공약수가 아니므로 최대공약수에는 들어가지 못함에 주의하자!
(최대공약수)$=2\times2=4$

2) 12 20 36
2) 6 10 18
③) 3 5 9 (3과 9는 나누고 5는 그대로 내린다.)
1 5 3 (서로소)

(최소공배수)
$=2\times2\times3\times5\times3=180$

확장개념+응용공식

(5) **최대공약수와 최소공배수의 관계**

두 자연수 A, B의 최대공약수가 G이고, 최소공배수가 L일 때,
$A=a\times G$, $B=b\times G$ (a, b는 서로소)라 하면,

G) A B
a b

① $L=a\times b\times G$

② $A\times B=(a\times G)\times(b\times G)=(a\times b\times G)\times G=L\times G$

예) 곱이 120인 두 자연수의 최소공배수가 40일 때, 최대공약수를 구하시오.

+풀이 두 자연수를 각각 A, B라 하고, A와 B의 최대공약수를 G, 최소공배수를 L이라 하면
$A\times B=L\times G$에서 $120=40\times G \Rightarrow G=3$

[1-1 과정]

03 정수와 유리수

1 양수와 음수

핵심개념

(1) **부호를 붙인 수** : 서로 반대되는 성질의 두 수량을 나타낼 때, 0을 기준으로 하여 한쪽에는 양의 부호 $+$를, 다른 한쪽에는 음의 부호 $-$를 붙여서 나타낸다.

예

$+$	영상 3°C ⇒ $+3$°C	5점 상승 ⇒ $+5$점	500원 이익 ⇒ $+500$원
$-$	영하 2°C ⇒ -2°C	2점 하락 ⇒ -2점	300원 손해 ⇒ -300원

(2) **양수와 음수**

① 양수 : 0보다 큰 수로 양의 부호 $+$를 붙인 수 예 0보다 3만큼 큰 수 : $+3$

② 음수 : 0보다 작은 수로 음의 부호 $-$를 붙인 수 예 0보다 2만큼 작은 수 : -2

+참고 0은 양수도 아니고 음수도 아니다.

2 정수

양의 정수, 0, 음의 정수를 통틀어 정수라고 한다.

(1) **양의 정수** : 자연수에 양의 부호 $+$를 붙인 수

(2) **음의 정수** : 자연수에 음의 부호 $-$를 붙인 수

- 양의 정수 (자연수) : $+1, +2, +3, \cdots$ ← $+$ 부호를 생략하여 1, 2, 3, ⋯ 으로도 쓴다.
- 0
- 음의 정수 : $-1, -2, -3, \cdots$

3 유리수(★) ← $\frac{(\text{정수})}{(0\text{이 아닌 정수})}$ 꼴로 표현되는 수

핵심개념

양의 유리수, 0, 음의 유리수를 통틀어 유리수라고 한다.

(1) **양의 유리수** : 분모, 분자가 자연수인 분수에 양의 부호 +를 붙인 수

(2) **음의 유리수** : 분모, 분자가 자연수인 분수에 음의 부호 −를 붙인 수

유리수
- 정수
  - 양의 정수 (자연수) : $+1, +2, +3, \cdots$
  - 0
  - 음의 정수 : $-1, -2, -3, \cdots$
- 정수가 아닌 유리수 : $+\frac{1}{2}, -\frac{2}{5}, +0.3, \cdots$

! 중요 $+2=+\frac{2}{1}$와 같이 모든 정수는 분수 꼴로 나타낼 수 있으므로 모든 정수는 유리수이다.

! 주의 유리수와 분수는 다르다. 유리수는 분모와 분자가 모두 정수여야 하지만, 분수는 모두 정수가 아니어도 된다. $\frac{\pi}{3}, \frac{2}{\sqrt{3}}$는 분수이지만 유리수는 아니다.

└→ $\sqrt{3}$은 무리수로 중3 과정에서 다룬다.

[1-1 과정]

04 수직선과 절댓값, 수의 대소 관계

1 수직선과 절댓값

핵심개념

(1) 수직선

직선 위에 기준이 되는 점 O(원점)을 잡아 그 점에 수 0을 대응시키고, 점 O의 좌우에 일정한 간격으로 점을 잡아 오른쪽 점에는 양수를, 왼쪽 점에는 음수를 차례대로 대응시켜 만든 직선

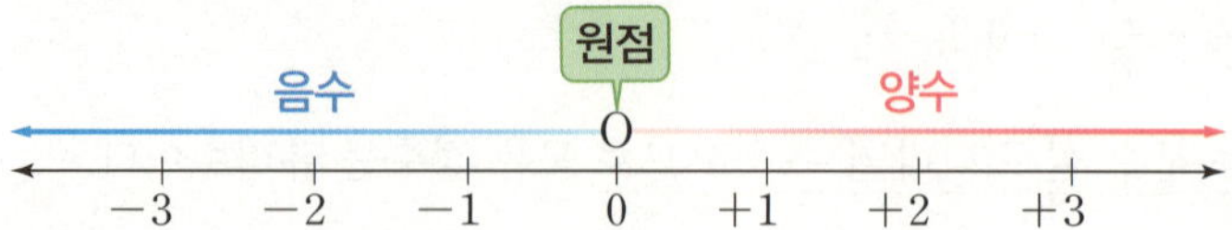

(2) 절댓값(★)

수직선 위에서 원점과 어떤 수에 대응하는 점 사이의 거리를 그 수의 절댓값이라 하고, 기호 | |을 사용하여 나타낸다.

(예) (+3의 절댓값)$=|+3|=3$, (−2의 절댓값)$=|-2|=2$

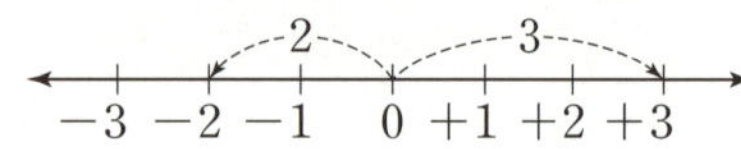

(3) 절댓값의 성질

① 0의 절댓값은 0이다.

② 절댓값은 거리를 나타내므로 항상 0 또는 양수이다.

|(음수)|=(양수), |0|=0, |(양수)|=(양수) ← 절댓값은 음수를 양수로 만든다.

③ 원점에서 멀리 떨어진 수일수록 절댓값이 크다.

④ 절댓값이 $a(a>0)$인 수는 $+a$, $-a$의 2개다. ← 절댓값이 3인 수 : +3, −3

절댓값이 음수인 수는 존재하지 않는다.

2 유리수의 대소 관계 ← 수직선 위에서 오른쪽에 있는 수가 왼쪽에 있는 수보다 크다.

핵심개념

(1) 양수는 0보다 크고, 음수는 0보다 작다.

⇨ (음수) <0<(양수)

(2) 양수는 음수보다 크다.

(3) 양수끼리는 절댓값이 큰 수가 크다.

(4) 음수끼리는 절댓값이 큰 수가 작다.

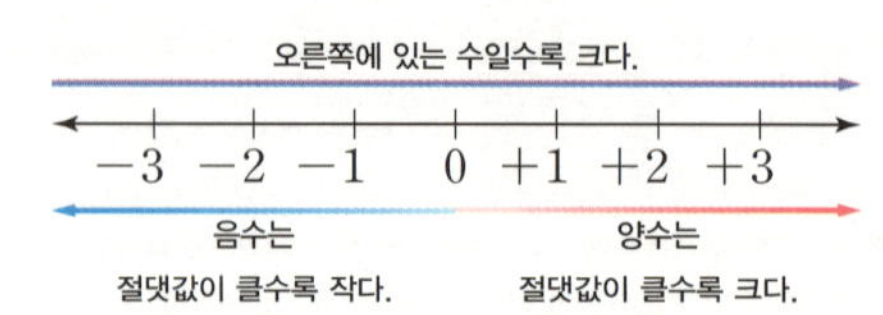

3 부등호의 사용

$x>a$	$x<a$	$x\geq a$	$x\leq a$
x는 a보다 크다. x는 a초과이다.	x는 a보다 작다. x는 a미만이다.	x는 a보다 크거나 같다. x는 a보다 작지 않다. x는 a이상이다.	x는 a보다 작거나 같다. x는 a보다 크지 않다. x는 a이하이다.

4 절댓값 기호의 풀이(★★): 공통수학1 방정식, 공통수학2 함수, 미적1 미분

핵심개념

(1) 절댓값은 수직선에서는 원점과의 거리를 뜻하지만, 식으로는 절댓값 안의 값을 항상 양수로 내보내는 것을 뜻한다. 이를 식으로 정리하면 다음과 같다.

$$|x|=\begin{cases} x & (x\geq 0) \\ -x & (x<0) \end{cases}$$

← 절댓값 안이 양수이면 그대로, 절댓값 안이 음수이면 −를 붙여서 내보낸다.

↳ x가 음수일 때, $-x$는 양수가 된다.

▶설명 절댓값 안이 정해진 수이면 절댓값을 풀어내기는 쉽다. 예를 들어 $|3|=3$이고, $|-2|=2$이다. 하지만 절댓값 안이 문자로 되어있다면 이를 풀어내는 것은 쉽지 않다. 절댓값 안이 양수인지 음수인지 모르기 때문이다. 이때는 다음과 같이 절댓값 안이 양수일 때와 음수일 때로 경우를 나누어 절댓값을 풀어야 한다.

i) 절댓값 안이 양수일 때, 절댓값 안의 수를 그대로 내보낸다.

ii) 절댓값 안이 음수일 때, 절댓값 안의 수를 그대로 내보내면 음수가 되어 맞지 않으므로 음의 부호 −를 붙여 내보낸다. ← 음수에 −를 붙이면 양수가 된다.

예 $|3|=3$, $|-2|=-(-2)=2$

확장개념+응용공식

(2) $a>0$일 때,

① $|x|=a$인 x의 값 : $x=a$ 또는 $x=-a$ 　 예 $|x|=2 \Rightarrow x=2$ 또는 $x=-2$

② $|x|<a$인 x의 값 : $-a<x<a$ 　 예 $|x|<2 \Rightarrow -2<x<2$

③ $|x|\leq a$인 x의 값 : $-a\leq x\leq a$ 　 예 $|x|\leq 2 \Rightarrow -2\leq x\leq 2$

④ $|x|>a$인 x의 값 : $x<-a$ 또는 $x>a$ 　 예 $|x|>2 \Rightarrow x<-2$ 또는 $x>2$

⑤ $|x|\geq a$인 x의 값 : $x\leq -a$ 또는 $x\geq a$ 　 예 $|x|\geq 2 \Rightarrow x\leq -2$ 또는 $x\geq 2$

⇨ x에 수를 넣어가면서 주어진 식을 만족하는 x의 값을 구해보면 이해할 수 있다.

(3) $a<0$일 때,

① $|x|=a$인 x의 값 : 존재하지 않는다. 　 예 $|x|=-2 \Rightarrow x$는 존재하지 않는다.

② $|x|<a$인 x의 값 : 존재하지 않는다. 　 예 $|x|<-2 \Rightarrow x$는 존재하지 않는다.

③ $|x|\leq a$인 x의 값 : 존재하지 않는다. 　 예 $|x|\leq -2 \Rightarrow x$는 존재하지 않는다.

④ $|x|>a$인 x의 값 : 모든 실수 　 예 $|x|>-2 \Rightarrow x$는 모든 실수

⑤ $|x|\geq a$인 x의 값 : 모든 실수 　 예 $|x|\geq -2 \Rightarrow x$는 모든 실수

⇨ x에 수를 넣어가면서 주어진 식을 만족하는 x의 값을 구해보면 이해할 수 있다.

[1-1 과정]

05 정수와 유리수의 사칙계산

1 정수와 유리수의 덧셈

핵심개념

(1) 부호가 같은 두 수의 덧셈

⇨ 두 수의 절댓값의 합에 공통인 부호를 붙인다.

예

	양수의 덧셈	음수의 덧셈
식	• $(+3)+(+2)=+(3+2)=+5$ (공통인 부호)	• $(-3)+(-2)=-(3+2)=-5$ (공통인 부호)
그림	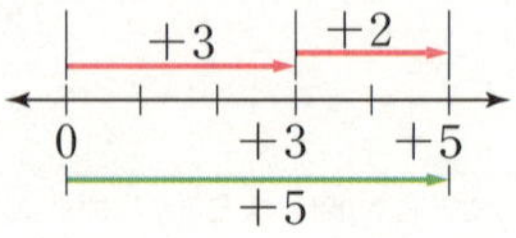 +3, +2 / 0, +3, +5 / +5	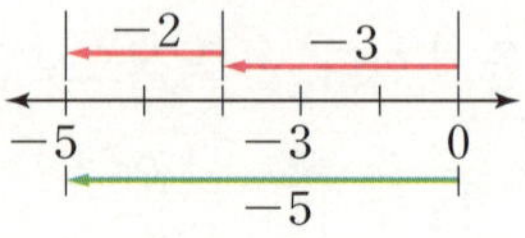 −2, −3 / −5, −3, 0 / −5

(2) 부호가 다른 두 수의 덧셈

⇨ 두 수의 절댓값의 차에 절댓값이 큰 수의 부호를 붙인다.

예

	양수의 절댓값이 클 때	음수의 절댓값이 클 때
식	• $(+3)+(-2)=+(3-2)=+1$ (절댓값이 큰 수의 부호)	• $(-3)+(+2)=-(3-2)=-1$ (절댓값이 큰 수의 부호)
그림	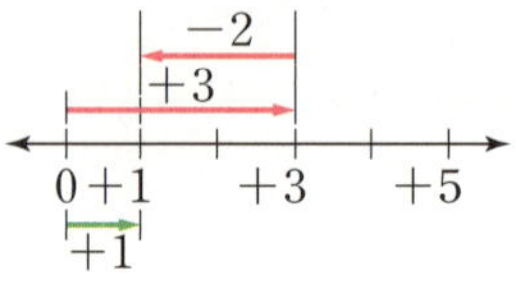 −2, +3 / 0, +1, +3, +5 / +1	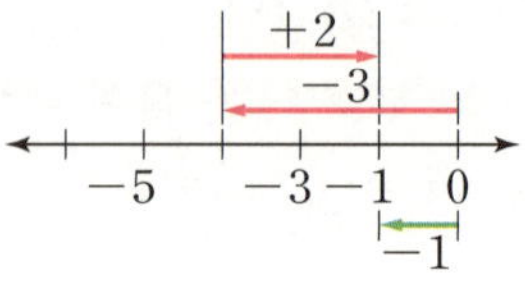 +2, −3 / −5, −3, −1, 0 / −1

▶확인 절댓값이 같고 부호가 다른 두 수의 합은 0이다. 예 $(+3)+(-3)=0$

핵심개념+핵심공식

(3) 덧셈의 계산 법칙

세 수 a, b, c에 대하여

① 덧셈의 교환법칙 : $a+b=b+a$ ← 덧셈에서 두 수의 자리를 바꿔서 더해도 그 결과는 같다.

예 $(+3)+(-1)=(+2)$

$(-1)+(+3)=(+2)$

② 덧셈의 결합법칙 : $(a+b)+c=a+(b+c)$ ← 덧셈을 두 번 할 때 앞의 덧셈을 먼저 하든, 뒤의 덧셈을 먼저 하든 그 결과는 같다.

예 $\{(-5)+(+4)\}+(+3)=(-1)+(+3)=+2$ (① $(-5)+(+4)$, ② 그 결과 $+(+3)$)

$(-5)+\{(+4)+(+3)\}=(-5)+(+7)=+2$ (① $(+4)+(+3)$, ② $(-5)+$ 그 결과)

두 계산의 결과는 같다.

✦꿀팁 세 개 이상의 수의 덧셈 빠르게 계산하기

덧셈은 교환법칙과 결합법칙이 성립하므로 덧셈으로만 이루어진 계산은 아무 수나 먼저 더해도 된다. 따라서 계산이 쉬운 수들끼리 모아 계산해도 된다.

예 $2+(-5)+7+(-4)=9+(-9)=0$

2 정수와 유리수의 뺄셈

핵심개념

(1) 두 수의 뺄셈

두 수의 뺄셈은 빼는 수의 부호를 바꾸어 덧셈으로 고쳐서 계산한다.

예 $(+3)-(+4)=(+3)+(-4)=-(4-3)=-1$ (부호는 반대로, 뺄셈을 덧셈으로)

$(+3)-(-4)=(+3)+(+4)=+(3+4)=+7$ (부호는 반대로, 뺄셈을 덧셈으로)

① □를 빼는 것은 −□를 더하는 것과 같다. ⇨ △−□=△+(−□)

② −□를 빼는 것은 □를 더하는 것과 같다. ⇨ △−(−□)=△+□

(2) 세 수 이상의 덧셈과 뺄셈의 혼합 계산 순서

① 뺄셈은 모두 덧셈으로 고친다.

② 덧셈의 교환법칙과 결합법칙을 이용하여 계산이 편한 수들끼리 더하여 계산한다.

예 $(+2)-(-4)+(-3)=(+2)+(+4)+(-3)$ ← 뺄셈을 덧셈으로 바꾼다.

$=(+6)+(-3)$ ← 덧셈의 계산 법칙을 이용하여 계산이 편한 수들끼리 계산한다.

$=+3$

(3) 부호가 생략된 수의 혼합 계산

생략된 + 부호를 넣어 괄호가 있는 식으로 나타낸 후, 뺄셈을 덧셈으로 바꾸어 계산한다.

예 $-5-2+4=(-5)-(+2)+(+4)$ ← 생략된 +부호를 넣어 괄호가 있는 식으로 나타낸다.

$=(-5)+(-2)+(+4)$ ← 뺄셈을 덧셈으로 바꾼다.

$=(-7)+(+4)$ ← 덧셈의 계산 법칙을 이용하여 계산이 편한 수들끼리 계산한다.

$=-3$

3 정수와 유리수의 곱셈

핵심개념

(1) 부호가 같은 두 수의 곱셈

두 수의 절댓값의 곱에 양의 부호 +를 붙인다. ← 최종 계산 결과가 양수이면 +부호는 생략 가능

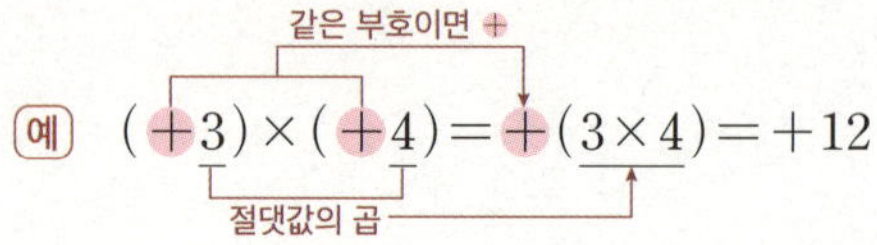

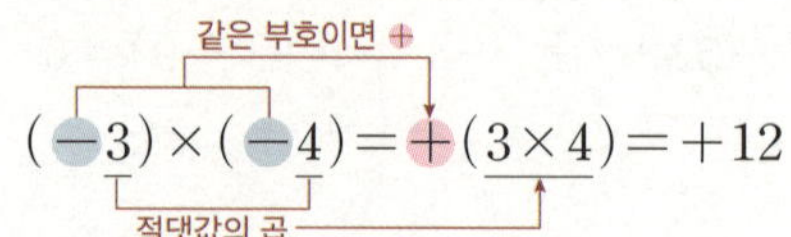

(2) 부호가 다른 두 수의 곱셈

두 수의 절댓값의 곱에 음의 부호 −를 붙인다.

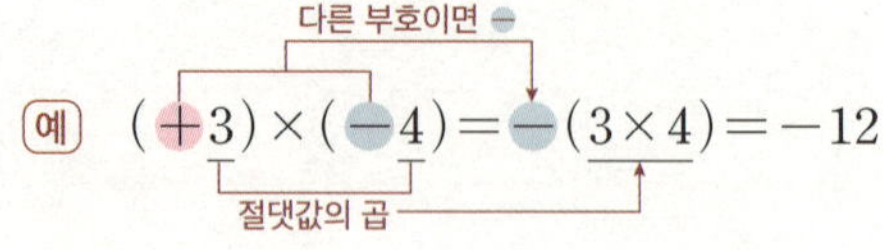

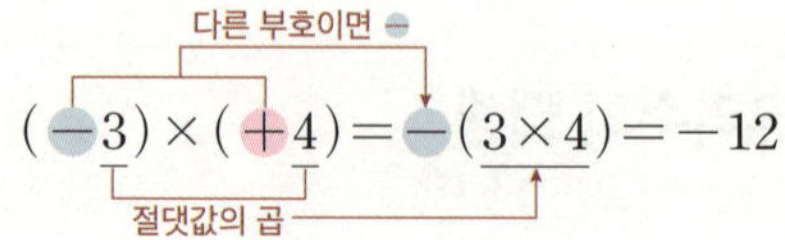

+참고 어떤 수와 0의 곱은 항상 0이다.

핵심개념+핵심공식

(3) 곱셈의 계산 법칙

세 수 a, b, c에 대하여

① 곱셈의 교환법칙 : $a\times b=b\times a$ ← 곱셈에서 두 수의 자리를 바꿔서 곱해도 그 결과는 같다.

예 $(+3)\times(-2)=-(3\times2)=-6$

$(-2)\times(+3)=-(2\times3)=-6$

② 곱셈의 결합법칙 : $(a\times b)\times c=a\times(b\times c)$ ← 곱셈을 두 번 할 때 앞의 곱셈을 먼저 하든, 뒤의 곱셈을 먼저 하든 그 결과는 같다.

예 $\{(+1)\times(-2)\}\times(+3)=(-2)\times(+3)=-6$

$(+1)\times\{(-2)\times(+3)\}=(+1)\times(-6)=-6$

두 계산의 결과는 같다.

+꿀팁 세 개 이상의 수의 곱셈 빠르게 계산하기

덧셈에서와 마찬가지로 곱셈은 교환법칙과 결합법칙이 성립하므로 곱셈으로만 이루어진 계산은 계산이 편리한 수들끼리 모아 계산해도 된다.

예 $2\times3\times4\times5=12\times10=120$

핵심개념

(4) 정수와 유리수의 곱셈의 부호

① 같은 부호의 두 수를 곱하면 양수, 다른 부호의 두 수를 곱하면 음수가 된다.

$(+)\times(+)$, $(-)\times(-)$ ⇨ $+$

$(+)\times(-)$, $(-)\times(+)$ ⇨ $-$

② 세 개 이상의 수의 곱셈의 부호

곱해진 음수의 개수가 짝수 개이면 ➡ $+$, 홀수 개이면 ➡ $-$

(5) 세 수 이상의 곱셈

① 음수가 몇 개 곱해지는지를 파악하여 곱의 부호를 정하고, 각 수의 절댓값을 곱하여 계산

예 $(-2)\times(+5)\times(-7)=+(2\times5\times7)=+70$ (음수가 짝수 개)

$\left(-\frac{5}{8}\right)\times\left(-\frac{3}{5}\right)\times\left(-\frac{1}{3}\right)=-\left(\frac{5}{8}\times\frac{3}{5}\times\frac{1}{3}\right)=-\frac{1}{8}$ (음수가 홀수 개)

② 음수의 거듭제곱의 계산 ←두 수 이상의 곱셈과 같은 방법으로 계산

거듭제곱의 부호를 결정한 후 절댓값의 거듭제곱을 한다.

예 $(-2)^2=(-2)\times(-2)=+(2\times2)=+4$ (지수가 짝수이면 $+$)

$(-2)^3=(-2)\times(-2)\times(-2)=-(2\times2\times2)=-8$ (지수가 홀수이면 $-$)

음수의 거듭제곱의 부호
$(\text{음수})^{\text{짝수}}$ ➡ $+$
$(\text{음수})^{\text{홀수}}$ ➡ $-$

! 주의 $(-2)^2$과 -2^2은 다른 수이다. 실수하지 않도록 주의하자.

$(-2)^2=(-2)\times(-2)=4$, $-2^2=-(2\times2)=-4$

$(-2)^3=(-2)\times(-2)\times(-2)=-8$, $-2^3=-(2\times2\times2)=-8$

핵심개념+핵심공식

(6) 덧셈에 대한 곱셈의 분배법칙

세 수 a, b, c에 대하여

① $a\times(b+c)=\underset{①}{a\times b}+\underset{②}{a\times c}$

② $(a+b)\times c=\underset{①}{a\times c}+\underset{②}{b\times c}$

예 분배법칙을 이용하여 괄호 풀기 : $6\times(57)=6\times(50+7)=6\times50+6\times7=300+42=342$

분배법칙을 이용하여 괄호 묶기 : $14\times92+14\times8=14\times(92+8)=14\times100=1400$

⇨ 위의 예와 같이 분배법칙을 이용하면 복잡한 수들의 곱셈을 비교적 간단히 계산할 수 있다.

4 정수와 유리수의 나눗셈

핵심개념

(1) 부호가 같은 두 수의 나눗셈

두 수의 절댓값의 나눗셈의 몫에 양의 부호 +를 붙인다. ← 최종 계산 결과가 양수이면 +부호는 생략 가능

(예) $(+10)\div(+5)=+(10\div5)=+2$ 　 $(-10)\div(-5)=+(10\div5)=+2$

같은 부호이면 +, 절댓값의 나눗셈의 몫

(2) 부호가 다른 두 수의 나눗셈

두 수의 절댓값의 나눗셈의 몫에 음의 부호 −를 붙인다.

(예) $(+10)\div(-5)=-(10\div5)=-2$ 　 $(-10)\div(+5)=-(10\div5)=-2$

다른 부호이면 −, 절댓값의 나눗셈의 몫

(3) 0이 섞인 수의 나눗셈

① 0을 0이 아닌 수로 나눈 몫은 항상 0이다.

(예) $0\div2=0,\ 0\div(-3)=0,\ \cdots \Rightarrow \frac{0}{2}=0,\ \frac{0}{-3}=0,\ \cdots$

② 어떤 수를 0으로 나누는 것은 정의하지 않는다.

핵심개념+핵심공식

(4) 역수를 이용한 나눗셈

① 역수 : 두 수의 곱이 1일 때, 한 수를 다른 수의 역수라고 한다.

(예) $\frac{5}{3}\times\frac{3}{5}=1$이므로 $\frac{5}{3}$의 역수는 $\frac{3}{5}$이고, $\frac{3}{5}$의 역수는 $\frac{5}{3}$이다.

$2\times\frac{1}{2}=1$이므로 2의 역수는 $\frac{1}{2}$이고, $\frac{1}{2}$의 역수는 2이다.

+꿀팁 역수는 어떤 분수의 분자와 분모를 바꾼 수라고 생각하면 쉽다.
(단, 역수는 분모와 분자가 모두 0이 아닌 분수에서만 생각할 수 있다.)

② 나눗셈은 곱하기 역수로 고쳐서 계산한다.

(예) $(+4)\div\left(-\frac{2}{5}\right)=(+4)\times\left(-\frac{5}{2}\right)=-\left(4\times\frac{5}{2}\right)=-10$

나눗셈을 곱셈으로, 역수

5 덧셈, 뺄셈, 곱셈, 나눗셈의 혼합 계산 순서

핵심개념

❶ 거듭제곱이 있으면 거듭제곱을 먼저 계산한다.

❷ 괄호가 있으면 괄호 안을 계산한다.

이때, 괄호는 (소괄호) → {중괄호} → [대괄호]의 순서로 한다.

❸ 곱셈과 나눗셈을 계산한다.

❹ 덧셈과 뺄셈을 계산한다.

예 $2-\left[\left\{(-3)^2-6\div\frac{3}{2}\right\}+1\right]$의 계산 순서

+풀이 $2-\left[\left\{\underset{①}{\underline{(-3)^2}}-\underset{②}{\underline{6\div\frac{3}{2}}}\right\}+1\right]=2-\left\{\left(9-6\div\frac{3}{2}\right)+1\right\}$ ← ① 거듭제곱 먼저 계산

③, ④, ⑤

$=2-\left\{\left(9-6\times\frac{2}{3}\right)+1\right\}$ ← ② 괄호 안의 뺄셈과 나눗셈은 나눗셈 먼저, 나눗셈을 곱셈으로 고침

$=2-\{(9-4)+1\}$ ← ② 괄호 안의 곱셈 계산

$=2-(5+1)$ ← ③ 괄호 안의 뺄셈 계산

$=2-6$ ← ④ 괄호 안의 덧셈 계산

$=-4$ ← ⑤

고등 수학에 꼭 필요한 핵심 개념 익히기

• 소인수분해

1 다음 중 옳은 것을 모두 고르면? (정답 2개)

① 모든 소수는 홀수이다.

② 가장 작은 소수는 1이다.

③ 약수가 1개인 수는 소수가 아니다.

④ 약수의 개수가 3인 수는 합성수이다.

⑤ 소수의 약수의 합은 항상 합성수이다.

2 252를 소인수분해하면 $2^a \times 3^b \times c$일 때, 자연수 a, b, c에 대하여 $a+b+c$의 값을 구하여라.

3 $150 \times a = b^2$을 만족시키는 가장 작은 자연수 a, b에 대하여 $b-a$의 값은?

① 18　② 20　③ 22　④ 24　⑤ 26

4 다음 중 옳은 것을 모두 고르면? (정답 2개)

① 5^3의 약수는 3개이다.

② $2^2 \times 9$의 약수는 9개이다.

③ $2 \times 3 \times 5 \times 7$의 약수는 8개이다.

④ 150과 72의 약수의 개수는 같다.

⑤ 192의 약수는 16개이다.

• 최대 공약수와 최소 공배수

5 두 수 $2^a \times 3^2 \times 5^b$, $2^2 \times 3^c \times 5^2$의 최대공약수가 $2^2 \times 3^2 \times 5$이고 최소공배수가 $2^2 \times 3^4 \times 5^2$일 때, 자연수 a, b, c에 대하여 $a+b+c$의 값을 구하여라.

6 두 자연수 A, B의 곱이 180이고 두 수의 최대공약수가 6일 때, 두 수의 최소공배수를 구하여라.

• 정수와 유리수

7 다음 설명 중 옳은 것은?

① 정수는 양의 정수와 음의 정수로 이루어져 있다.
② 0은 정수가 아니다.
③ 모든 자연수는 정수이다.
④ 정수가 아닌 유리수는 없다.
⑤ 서로 다른 두 정수 사이에는 무수히 많은 정수가 존재한다.

8 다음 중 옳지 <u>않은</u> 것은?

① 3와 -3의 절댓값은 같다.
② 절댓값이 1보다 작은 정수는 0이다.
③ 음수의 절댓값은 0보다 작거나 같다.
④ a가 음수이면 a의 절댓값은 $-a$이다.
⑤ 수직선에서 수의 절댓값이 작을수록 0을 나타내는 점에서 가깝다.

9 다음 중 가장 큰 수와 가장 작은 수를 각각 구하시오.

$$-0.7,\ \frac{11}{4},\ -2,\ 0, -\frac{16}{3},\ \left|-\frac{22}{7}\right|$$

10 다음 중 계산 결과가 가장 큰 것은?

① $(+4)-(-1)+(-2)$
② $(-8)+(+6)-(-4)$
③ $(+11)-(+12)+(+4.5)$
④ $(-2)+\left(-\frac{1}{3}\right)-\left(-\frac{11}{2}\right)$
⑤ $\left(-\frac{5}{4}\right)-\left(-\frac{9}{2}\right)+\left(-\frac{2}{3}\right)$

11 다음 중 계산 결과가 옳지 않은 것은?

① $(-5)^3=-125$ ② $-2^5=-32$ ③ $-(-7)^2=49$

④ $\left\{-\left(-\frac{1}{2}\right)^3\right\}=\frac{1}{8}$ ⑤ $-\left(-\frac{1}{3}\right)^4=-\frac{1}{81}$

12 다음 중 계산 결과가 옳지 않은 것은?

① $(+4)\times(-3)\div(-6)=2$

② $\left(+\frac{7}{5}\right)\div(-14)\times\left(+\frac{5}{6}\right)=-\frac{1}{12}$

③ $\left(-\frac{1}{5}\right)\times(+15)\div(-0.9)=\frac{10}{3}$

④ $\left(-\frac{5}{6}\right)\div\left(-\frac{1}{3}\right)^2\times\left(-\frac{2}{15}\right)=\frac{1}{3}$

⑤ $\left(-\frac{3}{4}\right)^2\times(-6)\div\left(+\frac{21}{4}\right)=-\frac{9}{14}$

13 다음 식을 계산하여라.

$$4-\left[3-\frac{2}{7}\times\left\{(-5)^2\div\frac{10}{3}-\frac{1}{2}\right\}\right]$$

[2-1 과정]

01 유리수와 순환소수

1 유한소수와 무한소수

핵심개념

(1) **유리수** : $\frac{(\text{정수})}{(0\text{이 아닌 정수})}$ 꼴로 나타낼 수 있는 수

즉, $\frac{a}{b}$ (a, b는 정수이고, $b \neq 0$)

(2) **유한소수** : 소수점 아래에 0이 아닌 숫자가 유한개인 소수

예 $0.03, -4.53, \cdots$

(3) **무한소수** : 소수점 아래에 0이 아닌 숫자가 무한히 많은 소수

예 $-0.333\cdots$, $1.23125\cdots$, $\pi=3.141592\cdots$

2 순환소수

핵심개념

(1) **순환소수**

소수점 아래의 어떤 자리에서부터 일정한 숫자의 배열이 한없이 되풀이되는 무한소수

(2) **순환마디**

순환소수의 소수점 아래에서 숫자의 배열이 일정하게 되풀이되는 한 부분

(3) **순환소수의 표현**

순환소수는 순환마디의 양 끝의 숫자 위에 점을 찍어 간단히 나타낸다.

예1 $0.333\cdots$의 순환마디는 3 $\Rightarrow 0.333\cdots=0.\dot{3}$

예2 $1.2\underline{34}\,\underline{34}\,\underline{34}\cdots$의 순환마디는 34 $\Rightarrow 1.2343434\cdots=1.2\dot{3}\dot{4}$

예3 $0.\underline{213}\,\underline{213}\,\underline{213}\cdots$의 순환마디는 213 $\Rightarrow 0.213213213\cdots=0.\dot{2}1\dot{3}$

3 유한소수, 순환소수로 나타낼 수 있는 분수

핵심개념

(1) 유한소수로 나타낼 수 있는 분수

분수를 기약분수로 나타내었을 때, 분모의 소인수가 2 또는 5뿐인 분수

예 $\frac{3}{2^2\times5}$은 다음과 같은 과정을 거쳐 유한소수로 나타낼 수 있다.

$$\frac{3}{2^2\times5}=\frac{(3)\times5}{(2^2\times5)\times5}=\frac{3\times5}{2^2\times5^2}=\frac{15}{(2\times5)^2}=\frac{15}{100}=0.15$$

↳분모의 소인수가 2나 5뿐이면 ↳분모를 10의 거듭제곱꼴로 만들 수 있다.

(2) 순환소수로 나타낼 수 있는 분수

분수를 기약분수로 나타내었을 때, 분모의 소인수가 2 또는 5 이외의 소인수를 갖는 분수

4 순환소수를 분수로 나타내기

핵심개념

(1) 순환소수를 분수로 나타내는 방법

① 순환소수를 x로 놓는다.

② 양변에 10의 거듭제곱을 곱하여 소수점 아랫부분이 같은 두 식을 만든다.

③ 두 식을 변끼리 빼서 x의 값을 구한다.

예1 $0.\dot{4}$을 분수로 나타내기	예2 $4.2\dot{3}\dot{4}$을 분수로 나타내기
① $x=0.\dot{4}=0.4444\cdots$ ② $10x=4.4444\cdots$ ③ $\begin{array}{r} 10x=4.4444\cdots \\ -\underline{)\quad x=0.4444\cdots} \\ 9x=4 \end{array}$ $\therefore\ x=\frac{4}{9}$	① $x=4.2\dot{3}\dot{4}=4.2343434\cdots$ ② $10x=42.343434\cdots$ $1000x=4234.343434\cdots$ ③ $\begin{array}{r} 1000x=4234.343434\cdots \\ -\underline{)\quad 10x=\ \ 42.343434\cdots} \\ 990x=4192 \end{array}$ $\therefore\ x=\frac{4192}{990}=\frac{2096}{495}$

핵심공식

(2) 순환소수를 분수로 나타내는 공식(★)

앞의 방법을 일반화하면 다음과 같은 공식을 만들 수 있다.

① 분모

⇨ 순환마디를 이루는 숫자의 개수만큼 9를 쓰고, 소수점 아래에서 순환하지 않는 숫자의 개수만큼 0을 쓴다.

② 분자

⇨ (전체의 수)−(순환하지 않는 부분의 수)를 쓴다.

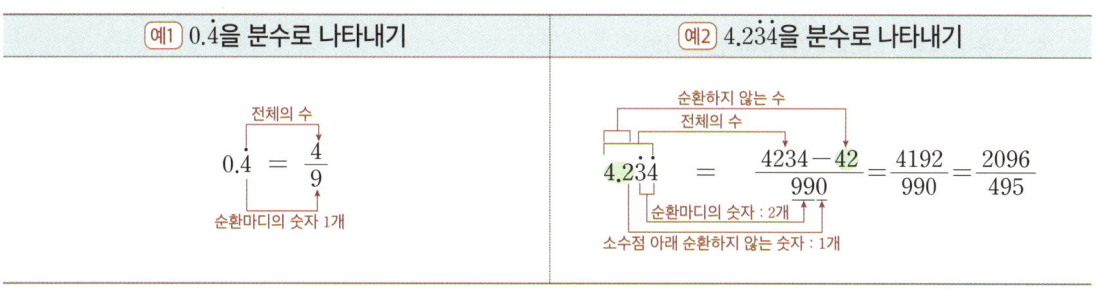

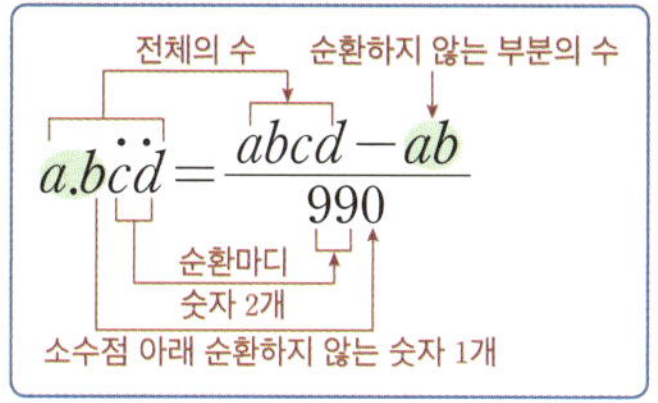

예1 $0.\dot{4}$을 분수로 나타내기	예2 $4.2\dot{3}\dot{4}$을 분수로 나타내기
$0.\dot{4}=\frac{4}{9}$ 전체의 수 순환마디의 숫자 1개	$4.2\dot{3}\dot{4}=\frac{4234-42}{990}=\frac{4192}{990}=\frac{2096}{495}$ 순환하지 않는 수 전체의 수 순환마디의 숫자 : 2개 소수점 아래 순환하지 않는 숫자 : 1개

5 유리수와 소수의 관계

핵심개념

(1) 정수가 아닌 유리수는 유한소수 또는 순환소수로 나타낼 수 있다.

(2) 유한소수와 순환소수는 모두 유리수이다.

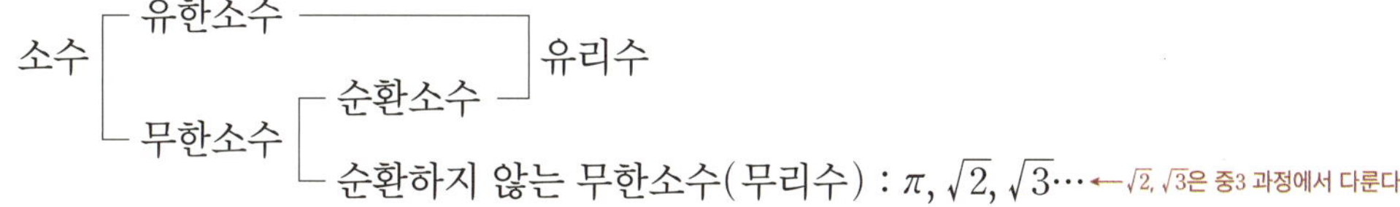

고등 수학에 꼭 필요한 **핵심 개념 익히기**

• 유리수와 순환소수

14 다음 중 옳은 것을 모두 고르면? (정답 2개)

① $\frac{5}{3}$는 유리수가 아니다.

② 3.5는 유한소수이다.

③ 1.41414141⋯는 무한소수이다.

④ $\frac{1}{7}$을 소수로 나타내면 유한소수이다.

⑤ $\frac{3}{8}$을 소수로 나타내면 무한소수이다.

15 두 분수 $\frac{1}{12}$과 $\frac{3}{70}$에 각각 a를 곱하면 두 분수 모두 유한소수로 나타낼 수 있다고 한다. 이때 a의 값이 될 수 있는 가장 작은 자연수를 구하시오.

16 다음 중 순환소수 $x=32.4757575\cdots$에 대한 설명으로 옳지 <u>않은</u> 것은?

① 순환마디를 이루는 숫자의 개수는 2이다.

② $32.\dot{4}\dot{7}5$로 나타낸다.

③ 무한소수이다.

④ $1000x-100x=32151$

⑤ 분수로 나타내면 $\frac{10717}{330}$이다.

17 다음 중 순환소수를 분수로 나타내는 과정으로 옳은 것은?

① $5.\dot{2}=\frac{52-5}{90}$

② $0.5\dot{1}=\frac{51-5}{99}$

③ $3.\dot{0}\dot{7}=\frac{307-3}{90}$

④ $2.7\dot{4}\dot{2}=\frac{2742-27}{990}$

⑤ $0.\dot{2}3\dot{5}=\frac{235}{900}$

[3-1 과정]

02 제곱근과 실수

1 제곱근의 뜻과 표현(★)

핵심개념

(1) a의 제곱근

어떤 수 x를 제곱하여 a (단, $a \geq 0$)가 될 때, 즉 $x^2=a$일 때, x를 a의 제곱근이라 한다.

예 $3^2=9$, $(-3)^2=9$이므로 9의 제곱근은 3과 -3이다. ← 줄여서 ± 3이라고 쓴다.

(2) 제곱근의 개수

① 양수의 제곱근은 양수와 음수 2개가 있고, 그 절댓값은 서로 같다.

② 0의 제곱근은 0 하나뿐이다. ← 제곱해서 0이 되는 수는 하나뿐이다.

③ 음수의 제곱근은 없다. ← 예) 제곱해서 -2가 되는 수는 없다.

(3) 제곱근의 표현

① 제곱근은 기호 '$\sqrt{\ }$'(근호)를 사용하여 나타내고, 이 기호를 '제곱근' 또는 '루트'라고 읽는다.

$\Rightarrow \sqrt{a}$: '제곱근 a' 또는 '루트 a' ← 제곱해서 a가 되는 수를 $\sqrt{\ }$라는 기호를 사용하여 만든 것

$x^2=a \Leftrightarrow x=\pm\sqrt{a}$

② 양수 a의 제곱근 중 양수인 것을 양의 제곱근, 음수인 것을 음의 제곱근이라 하고, a의 양의 제곱근은 $\sqrt{a}$, 음의 제곱근은 $-\sqrt{a}$로 나타낸다.

예 3의 양의 제곱근은 $\sqrt{3}$, 음의 제곱근은 $-\sqrt{3}$이다.
9의 양의 제곱근은 $\sqrt{9}=3$, 음의 제곱근은 $-\sqrt{9}=-3$이다.

양수 a	제곱근 → / ← 제곱	$\sqrt{a}$ (양의 제곱근) $-\sqrt{a}$ (음의 제곱근)

(4) a의 제곱근과 제곱근 a의 차이점 (단, $a>0$)

① a의 제곱근 : $\pm\sqrt{a}$ ← a의 제곱근은 양수와 음수 2개

② 제곱근 a : $\sqrt{a}$ ← '양의 제곱근 a'를 '제곱근 a' 또는 '루트 a' 라고 한다.

예 3의 제곱근은 제곱해서 3이 되는 수이므로 $\pm\sqrt{3}$이고,
제곱근 3은 루트 3을 우리말로 읽은 것이므로 $\sqrt{3}$이다.

(5) 제곱근의 성질

① $a>0$일 때, a의 제곱근은 $\sqrt{a}$, $-\sqrt{a}$이므로
$(\sqrt{a})^2=a$, $(-\sqrt{a})^2=a$ 예 $(\sqrt{3})^2=3$, $(-\sqrt{2})^2=2$

② $a>0$일 때, $\begin{cases} \sqrt{a^2}\text{은 } a^2\text{의 양의 제곱근이므로 } \sqrt{a^2}=a \\ \sqrt{(-a)^2}=\sqrt{a^2}=a \end{cases}$

예 $\sqrt{3^2}=3$, $\sqrt{(-4)^2}=4$ ← $\sqrt{(-4)^2}=\sqrt{16}=4$

2 제곱근의 계산(★★) : 공통수학1 방정식

핵심개념+핵심공식

(1) $\sqrt{A^2}$의 계산

$\sqrt{A^2}$은 A^2의 양의 제곱근이므로 항상 음이 아닌 값을 갖는다.

$\Rightarrow \sqrt{A^2}=\begin{cases} A\ge 0\text{일 때, } A \leftarrow \text{양수는 그대로} \\ A<0\text{일 때, } -A \leftarrow \text{음수는 − 붙여서 양수로} \end{cases}$

$\sqrt{(\text{양수})^2}=(\text{양수})$
$\sqrt{(\text{음수})^2}=-(\text{음수})=(\text{양수})$

예1 $\sqrt{3^2}=3$, $\sqrt{(-4)^2}=-(-4)=4$ ← 헷갈리면 $\sqrt{(-4)^2}=\sqrt{16}=4$로 생각하자.

예2 $a>0$일 때, $\begin{cases} \sqrt{(2a)^2}=2a \leftarrow (2a)\text{는 양수이므로 그대로} \\ \sqrt{(-3a)^2}=-(-3a)=3a \leftarrow (-3a)\text{는 음수이므로 − 붙여서} \end{cases}$ → 계산 결과는 양수

예3 $a<0$일 때, $\begin{cases} \sqrt{(2a)^2}=-(2a)=-2a \leftarrow (2a)\text{는 음수이므로 − 붙여서} \\ \sqrt{(-3a)^2}=-3a \leftarrow (-3a)\text{는 양수이므로 그대로} \end{cases}$ → 계산 결과는 양수

예4 $0<a<1$일 때, $\begin{cases} \sqrt{(a-1)^2}=-(a-1)=-a+1 \leftarrow (a-1)\text{은 음수이므로 − 붙여서} \\ \sqrt{(a+1)^2}=(a+1) \leftarrow (a+1)\text{은 양수이므로 그대로} \end{cases}$

+꿀팁 '루트($\sqrt{\ }$)와 제곱이 만나면 사라지고, 계산결과는 양수가 된다.'라고 생각하자.

확장개념+응용공식

(2) $\sqrt{\square}$가 자연수일 조건

루트(근호) 안의 수가 제곱수이면, 자연수로 나타낼 수 있다. 예 $\sqrt{9}=\sqrt{3^2}=3$

따라서 $\sqrt{\square}$=(자연수) 이려면, $\square$=(제곱수)이어야 한다.

예 $\sqrt{12k}$가 자연수가 되도록 하는 k의 값 중 50 이하의 자연수를 모두 구하시오.

+풀이 $\sqrt{12k}$가 자연수이려면 $12k$가 제곱수여야 한다. $12k=2^2\times3\times k$이므로 (→ $3k$의 지수를 짝수로 만들어야 함)

$k=3\times(\text{제곱수}) \Rightarrow k=3\times1^2, 3\times2^2, 3\times3^2, 3\times4^2, \cdots$

이 중 50 이하의 자연수는 $k=3$, 12, 27, 48이다.

핵심개념

(3) 제곱근의 대소 관계

$a>0$, $b>0$ 일 때,

① $a<b$이면 $\sqrt{a}<\sqrt{b}$　　② $\sqrt{a}<\sqrt{b}$이면 $a<b$

(4) a와 $\sqrt{b}$의 대소 비교

근호가 없는 수는 근호가 있는 수로 바꾸어 비교하거나 제곱하여 비교한다.

예 $\sqrt{2}$와 1.3의 대소 비교

방법1. 근호가 있는 수로 바꾸어 비교	방법2. 두 수를 제곱하여 비교
$1.3=\sqrt{(1.3)^2}=\sqrt{1.69}$에서 $\sqrt{2}>\sqrt{1.69}$이므로 $\sqrt{2}>1.3$	$(\sqrt{2})^2=2$, $(1.3)^2=1.69$에서 $2>1.69$이므로 $\sqrt{2}>1.3$

3 무리수와 실수

핵심개념

(1) 무리수와 실수

① 무리수 : 유리수가 아닌 수, 즉 순환소수가 아닌 무한소수

② 실수 : 유리수와 무리수를 통틀어 실수라고 한다.

③ 실수의 분류(★)

- 실수
  - 유리수
    - 정수
      - 양의 정수(자연수): 1, 2, 3, ⋯
      - 0
      - 음의정수: −1, −2, −3, ⋯
    - 정수가 아닌 유리수: $\frac{1}{2}$, $-\frac{2}{3}$, 2.7, $1.\dot{4}$ ⋯
  - 무리수(순환하지 않는 무한소수): $\sqrt{2}$, $-\sqrt{3}$, π

(2) 무리수를 수직선 위에 나타내기

피타고라스 정리를 이용하여 빗변의 길이를 구하면 무리수를 수직선 위에 나타낼 수 있다.

예1 $\sqrt{2}$, $-\sqrt{2}$를 수직선 위에 나타내기

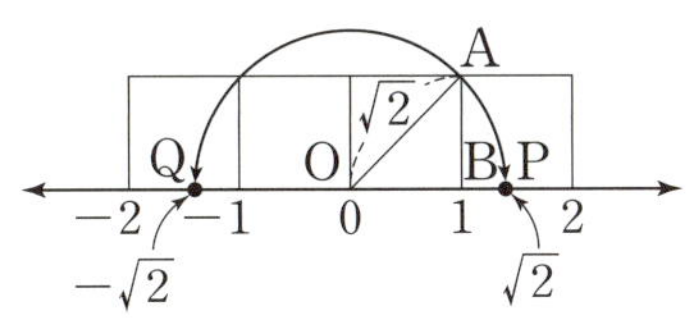

위 그림과 같이 한 칸의 가로와 세로의 길이가 각각 1인 모눈종이 위에 수직선과 직각삼각형 OAB를 그리면

$\overline{OA}=\sqrt{\overline{OB}^2+\overline{AB}^2}=\sqrt{2}$

원점 O를 중심으로 하고 $\overline{OA}$를 반지름으로 하는 원을 그릴 때, 원과 수직선이 만나는 두 점 P, Q에 대응하는 수가 각각 $\sqrt{2}$, $-\sqrt{2}$이다.

예2 □±$\sqrt{\triangle}$꼴의 무리수 나타내기

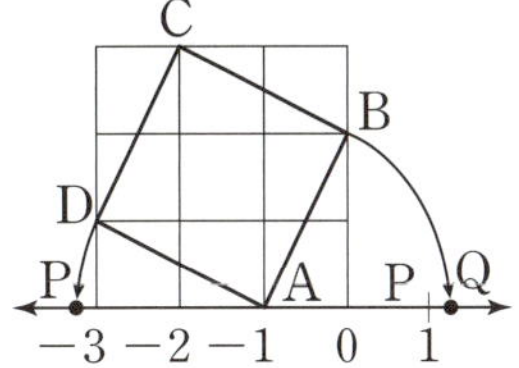

위 그림에서

$\overline{AD}=\sqrt{2^2+1^2}=\sqrt{5}$

$\overline{AB}=\sqrt{1^2+2^2}=\sqrt{5}$

점 A를 중심으로 하고 $\overline{AB}$를 반지름으로 하는 원을 그릴 때, 원과 수직선이 만나는 두 점 P, Q에 대응하는 수는 각각

$-1-\sqrt{5}$, $-1+\sqrt{5}$

이다.

(3) 실수와 수직선

① 모든 실수(유리수와 무리수)는 각각 수직선 위의 한 점에 대응한다.

② 서로 다른 두 실수 사이에는 무수히 많은 실수가 있다.

③ 수직선은 실수에 대응하는 점들로 완전히 메울 수 있다.

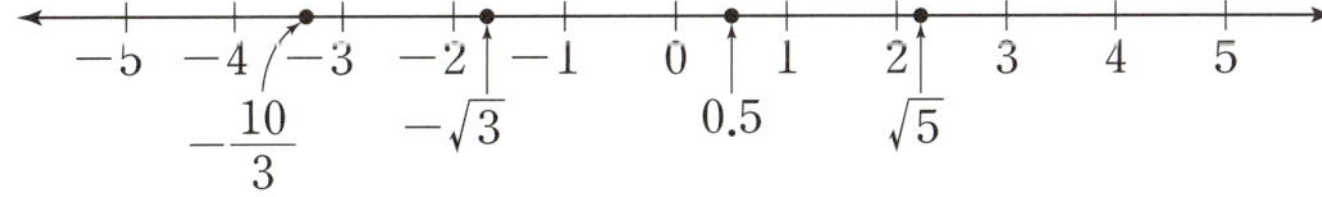

확장개념

(4) 수직선에 $\sqrt{n}$(n은 자연수) 나타내기

아래 그림에서 A_2에 대응하는 수는 $\sqrt{2}$이다.

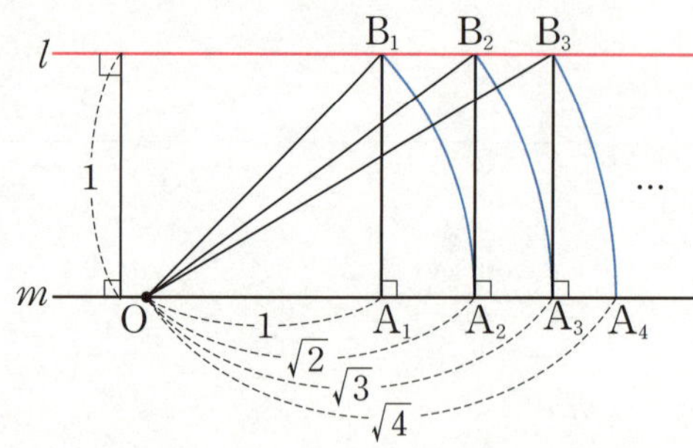

직각삼각형 OA_2B_2에서 $\overline{OB_2}=\sqrt{\overline{OA_2}^2+\overline{A_2B_2}^2}=\sqrt{(\sqrt{2})^2+1^2}=\sqrt{3}$

따라서 A_3에 대응하는 수는 $\sqrt{3}$이다.

직각삼각형 OA_3B_3에서 $\overline{OB_2}=\sqrt{\overline{OA_3}^2+\overline{A_3B_3}^2}=\sqrt{(\sqrt{3})^2+1^2}=\sqrt{4}=2$

이러한 방법으로 직각삼각형을 그려나가면 $\sqrt{n}$을 모두 나타낼 수 있게 된다.

4 실수의 대소 관계

핵심개념

수직선 위에서 오른쪽에 있는 수가 왼쪽에 있는 수보다 크다. 따라서 다음이 성립한다.

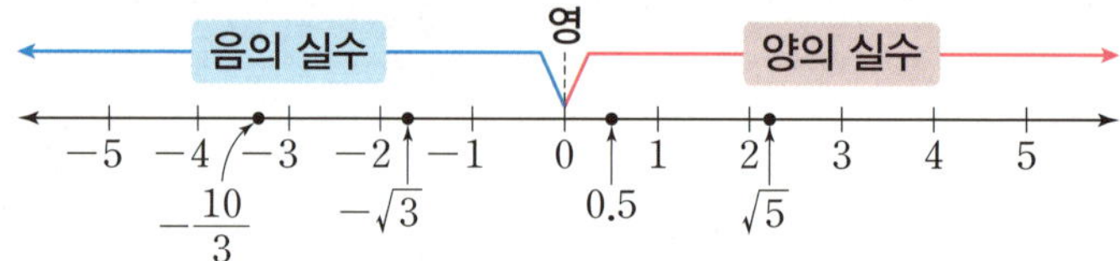

(1) 두 실수 a, b에 대하여

① $a-b>0$이면 $a>b$ ② $a-b=0$이면 $a=b$ ③ $a-b<0$이면 $a<b$

예 $2+\sqrt{3}$과 3의 대소 비교

$\Rightarrow (2+\sqrt{3})-3=\sqrt{3}-1=\sqrt{3}-\sqrt{1}>0$이므로 $2+\sqrt{3}>3$

5 무리수의 정수 부분과 소수 부분(★★)

확장개념

$\sqrt{2}=1.\times\times\times\cdots$이므로 $\sqrt{2}$의 정수 부분은 1이다. 이때, $\sqrt{2}$의 소수 부분은 순환하지 않는 무한소수이므로 그 값을 소수로 나타내기 어렵다. 따라서 소수 부분을 다음과 같이 표현한다.

(무리수) = (정수 부분) + (소수 부분) ← $0 \le$ (소수부분) < 1
⇨ (소수 부분) = (무리수) − (정수 부분)

즉, 무리수의 소수 부분은 그 수에서 정수 부분을 뺀 것과 같다. 따라서 $\sqrt{2}$의 소수 부분은 $\sqrt{2}$에서 $\sqrt{2}$의 정수 부분을 뺀 $\sqrt{2}-1$로 표현한다.

예1 $\sqrt{6}$의 정수부분과 소수부분 구하기

$\sqrt{6}$은 $\sqrt{4}$보다 크고 $\sqrt{9}$보다 작다. 즉

$\sqrt{4}<\sqrt{6}<\sqrt{9} \Rightarrow 2<\sqrt{6}<3$

따라서 $\sqrt{6}=2.\times\times\times\cdots$이므로

$\begin{cases} \sqrt{6}\text{의 정수부분: } 2 \\ \sqrt{6}\text{의 소수부분: } \sqrt{6}-2 \end{cases}$

예2 $4-\sqrt{3}$의 정수부분과 소수부분 구하기

$\sqrt{3}$은 $\sqrt{1}$보다 크고 $\sqrt{4}$보다 작다. 즉

$\sqrt{1}<\sqrt{3}<\sqrt{4} \Rightarrow 1<\sqrt{3}<2$

따라서 $\sqrt{3}=1.\times\times\times\cdots$이므로 $4-\sqrt{3}=4-1.\times\times\times=2.\times\times\times\cdots$이다.

$\begin{cases} 4-\sqrt{3}\text{의 정수부분: } 2 \\ 4-\sqrt{3}\text{의 소수부분: } (4-\sqrt{3})-2=2-\sqrt{3} \end{cases}$

[3-1 과정]

03 근호를 포함한 식의 계산

1 제곱근의 곱셈과 나눗셈

핵심개념+핵심공식

$a>0$, $b>0$이고 m, n이 유리수일 때,

(1) 제곱근의 곱셈

① $\sqrt{a}\times\sqrt{b}=\sqrt{ab}$ ← 근호 안의 수끼리 곱한다.

② $m\sqrt{a}\times n\sqrt{b}=mn\sqrt{ab}$ ← 근호 밖의 수끼리 곱하고, 근호 안의 수끼리 곱한다.

예1 $\sqrt{5}\times\sqrt{7}=\sqrt{5\times7}=\sqrt{35}$, $-\sqrt{\frac{7}{2}}\times\sqrt{\frac{6}{7}}=-\sqrt{\frac{7}{2}\times\frac{6}{7}}=-\sqrt{3}$

예2 $2\sqrt{3}\times5=2\times5\sqrt{3}=10\sqrt{3}$ (근호 밖의 수끼리) $3\sqrt{5}\times2\sqrt{6}=3\times2\sqrt{5\times6}=6\sqrt{30}$ (근호 밖의 수끼리, 근호 안의 수끼리)

▶확장 세 개 이상의 제곱근의 곱 : $\sqrt{a}\times\sqrt{b}\times\sqrt{c}=\sqrt{abc}$

(2) 제곱근의 나눗셈

① $\sqrt{a}\div\sqrt{b}=\frac{\sqrt{a}}{\sqrt{b}}=\sqrt{\frac{a}{b}}$ ← 근호 안의 수끼리 나눈다.

② $m\sqrt{a}\div n\sqrt{b}=\frac{m}{n}\sqrt{\frac{a}{b}}$ (단, $n\neq0$) ← 근호 밖의 수끼리, 근호 안의 수끼리 나눈다.

⇨ 유리수의 계산에서와 마찬가지로 나눗셈은 역수의 곱셈으로 바꾸어 계산하면 편리하다. 즉

① $\sqrt{a}\div\sqrt{b}=\sqrt{a}\times\frac{1}{\sqrt{b}}=\frac{\sqrt{a}}{\sqrt{b}}=\sqrt{\frac{a}{b}}$

② $m\sqrt{a}\div n\sqrt{b}=m\sqrt{a}\times\frac{1}{n\sqrt{b}}=\frac{m}{n}\sqrt{\frac{a}{b}}$

③ $\frac{\sqrt{b}}{\sqrt{a}}\div\frac{\sqrt{d}}{\sqrt{c}}=\frac{\sqrt{b}}{\sqrt{a}}\times\frac{\sqrt{c}}{\sqrt{d}}=\frac{\sqrt{b}\times\sqrt{c}}{\sqrt{a}\times\sqrt{d}}=\frac{\sqrt{bc}}{\sqrt{ad}}=\sqrt{\frac{bc}{ad}}$

예1 $4\sqrt{6}\div2\sqrt{3}=4\sqrt{6}\times\frac{1}{2\sqrt{3}}=\frac{4}{2}\sqrt{\frac{6}{3}}=2\sqrt{2}$ (근호 밖의 수끼리, 근호 안의 수끼리)

예2 $\frac{\sqrt{10}}{\sqrt{3}}\div\frac{\sqrt{5}}{\sqrt{9}}=\frac{\sqrt{10}}{\sqrt{3}}\times\frac{\sqrt{9}}{\sqrt{5}}=\sqrt{\frac{10}{3}}\times\sqrt{\frac{9}{5}}=\sqrt{\frac{10}{3}\times\frac{9}{5}}=\sqrt{6}$

2 근호가 있는 식의 변형

핵심개념+핵심공식

$a>0$, $b>0$일 때,

(1) 근호 안에 제곱인 인수가 있으면 근호 밖으로 꺼낼 수 있다.

① $\sqrt{a^2b}=a\sqrt{b}$ 　 예 $\sqrt{12}=\sqrt{2^2\times3}=2\sqrt{3}$

② $\sqrt{\dfrac{a}{b^2}}=\dfrac{\sqrt{a}}{b}$ 　 예 $\sqrt{\dfrac{3}{4}}=\dfrac{\sqrt{3}}{\sqrt{2^2}}=\dfrac{\sqrt{3}}{2}$

(2) 근호 밖에 곱해진 양수는 제곱하여 근호 안으로 넣을 수 있다.

① $a\sqrt{b}=\sqrt{a^2b}$ 　 예 $2\sqrt{3}=\sqrt{2^2\times3}=\sqrt{12}$

② $\dfrac{\sqrt{a}}{b}=\sqrt{\dfrac{a}{b^2}}$ 　 예 $\dfrac{\sqrt{3}}{2}=\dfrac{\sqrt{3}}{\sqrt{2^2}}=\sqrt{\dfrac{3}{4}}$

! 주의 근호 밖에 음수가 곱해진 경우의 계산 ⇨ $-a\sqrt{b}=-\sqrt{a^2b}$

예 $-2\sqrt{3}=-(2\sqrt{3})=-(\sqrt{2^2\times3})=-\sqrt{12}$ ← 부호는 그대로 두고, 2만 제곱하여 근호 안으로 넣는다.

3 분모의 유리화

핵심개념+핵심공식

(1) 분모의 유리화

분수의 분모가 근호를 포함한 무리수일 때, 분모와 분자에 0이 아닌 같은 무리수를 곱하여 분모를 유리수로 고치는 것 ← 분모에 유리수가 있는 것이 무리수가 있는 것보다 계산이 더 편리하므로

(2) 분모를 유리화하는 방법

분모에 있는 무리수와 같은 무리수를 분자와 분모에 모두 곱하여 유리화한다.

$a>0$이고, a, b, c는 유리수일 때,

① $\dfrac{b}{\sqrt{a}}=\dfrac{b\times\sqrt{a}}{\sqrt{a}\times\sqrt{a}}=\dfrac{b\sqrt{a}}{a}$ (같다.)	예1 $\dfrac{1}{\sqrt{3}}=\dfrac{1\times\sqrt{3}}{\sqrt{3}\times\sqrt{3}}=\dfrac{\sqrt{3}}{3}$ ($\sqrt{3}$을 분모, 분자에 곱한다.) 예2 $\dfrac{3}{\sqrt{2}}=\dfrac{3\times\sqrt{2}}{\sqrt{2}\times\sqrt{2}}=\dfrac{3\sqrt{2}}{2}$ ($\sqrt{2}$를 분모, 분자에 곱한다.)
② $\dfrac{\sqrt{b}}{\sqrt{a}}=\dfrac{\sqrt{b}\times\sqrt{a}}{\sqrt{a}\times\sqrt{a}}=\dfrac{\sqrt{ab}}{a}$ (같다.)	예 $\dfrac{\sqrt{5}}{\sqrt{3}}=\dfrac{\sqrt{5}\times\sqrt{3}}{\sqrt{3}\times\sqrt{3}}=\dfrac{\sqrt{15}}{3}$ ($\sqrt{3}$을 분모, 분자에 곱한다.)
③ $\dfrac{c}{b\sqrt{a}}=\dfrac{c\times\sqrt{a}}{b\sqrt{a}\times\sqrt{a}}=\dfrac{c\sqrt{a}}{ab}$ (같다.)	예 $\dfrac{3}{2\sqrt{6}}=\dfrac{3\times\sqrt{6}}{2\sqrt{6}\times\sqrt{6}}=\dfrac{3\sqrt{6}}{2\times6}=\dfrac{3\sqrt{6}}{12}=\dfrac{\sqrt{6}}{4}$ ($\sqrt{6}$을 분모, 분자에 곱한다.)

4 제곱근의 덧셈과 뺄셈

핵심개념+핵심공식

$a>0$이고, l, m, n이 유리수일 때

(1) $m\sqrt{a}+n\sqrt{a}=(m+n)\sqrt{a}$, $m\sqrt{a}+n\sqrt{a}+l\sqrt{a}=(m+n+l)\sqrt{a}$

(2) $m\sqrt{a}-n\sqrt{a}=(m-n)\sqrt{a}$

다항식의 덧셈과 뺄셈에서 동류항끼리 모아서 계산하듯이

제곱근의 덧셈과 뺄셈도 근호 안의 수가 같은 것끼리 모아서 계산한다. ← 제곱근을 문자처럼 생각

예1 $5\sqrt{2}+2\sqrt{2}=(5+2)\sqrt{2}=7\sqrt{2}$ ← $\sqrt{2}$를 x로 생각하면 $5x+2x=(5+2)x=7x$와 비슷하다.

예2 $4\sqrt{5}+\sqrt{3}-2\sqrt{5}+3\sqrt{3}$ ← $\sqrt{5}$를 x, $\sqrt{3}$를 y로 생각하면 $4x+y-2x+3y$

$=4\sqrt{5}-2\sqrt{5}+\sqrt{3}+3\sqrt{3}$ ← $4x-2x+y+3y$

$=2\sqrt{5}+4\sqrt{3}$ ← $2x+4y$와 비슷하다.

! 주의 근호 안을 가장 작은 자연수로 만들었을 때, 그 근호 안의 수가 서로 다르면 덧셈, 뺄셈을 할 수가 없다. 이는 다항식에서 동류항이 아니면 덧셈, 뺄셈을 할 수 없는 것과 같다.

예1 $\sqrt{2}+\sqrt{3}$은 더 이상 간단히 할 수 없다. $\sqrt{2}+\sqrt{3}=\sqrt{5}$로 계산하면 안 된다.

예2 $\sqrt{8}+\sqrt{18}=\sqrt{2^2\times2}+\sqrt{3^2\times2}$ ← 근호 안에 제곱인 인수는 밖으로 꺼낼 수 있다.

$=2\sqrt{2}+3\sqrt{2}=5\sqrt{2}$ ← 근호 안의 수를 같은 수로 만들 수 있으면 간단히 표현 가능.

5 근호를 포함한 식의 혼합 계산

핵심개념+핵심공식

(1) 근호를 포함한 식의 분배법칙

$a>0$, $b>0$, $c>0$일 때,

① $\sqrt{a}\times(\sqrt{b}+\sqrt{c})=\sqrt{ab}+\sqrt{ac}$, $\sqrt{a}\times(\sqrt{b}-\sqrt{c})=\sqrt{ab}-\sqrt{ac}$

② $(\sqrt{a}+\sqrt{b})\times\sqrt{c}=\sqrt{ac}+\sqrt{bc}$, $(\sqrt{a}-\sqrt{b})\times\sqrt{c}=\sqrt{ac}-\sqrt{bc}$

예 $\sqrt{2}\times(\sqrt{3}+\sqrt{6})=\sqrt{2}\times\sqrt{3}+\sqrt{2}\times\sqrt{6}$

$=\sqrt{6}+\sqrt{12}=\sqrt{6}+2\sqrt{3}$

(2) 분배법칙을 이용한 분모의 유리화

$a>0$, $b>0$, $c>0$일 때,

$$\frac{\sqrt{b}+\sqrt{c}}{\sqrt{a}}=\frac{(\sqrt{b}+\sqrt{c})\times\sqrt{a}}{\sqrt{a}\times\sqrt{a}}=\frac{\sqrt{ab}+\sqrt{ac}}{a}$$

예 $\dfrac{\sqrt{3}+\sqrt{6}}{\sqrt{2}}=\dfrac{(\sqrt{3}+\sqrt{6})\times\sqrt{2}}{\sqrt{2}\times\sqrt{2}}=\dfrac{\sqrt{6}+\sqrt{12}}{2}=\dfrac{\sqrt{6}+2\sqrt{3}}{2}$

핵심개념

(3) 근호를 포함한 식의 혼합 계산

① 괄호가 있으면 분배법칙을 이용하여 괄호를 푼다.

② 근호 안의 제곱인 인수는 근호 밖으로 꺼낸다.

③ 분모에 무리수가 있으면 분모를 유리화한다.

④ 곱셈과 나눗셈을 계산한 후, 덧셈과 뺄셈을 한다.

예 $(2\sqrt{3}-\sqrt{6})\div\sqrt{2}-\sqrt{3}\times(\sqrt{24}+\sqrt{6})$

$=(2\sqrt{3}-\sqrt{6})\times\frac{1}{\sqrt{2}}-\sqrt{3}\times(\sqrt{2^2\times6}+\sqrt{6})$ ← 나눗셈을 곱셈으로, 루트 안의 제곱수는 루트 밖으로

$=\frac{2\sqrt{3}}{\sqrt{2}}-\frac{\sqrt{6}}{\sqrt{2}}-\sqrt{3}\times(2\sqrt{6}+\sqrt{6})$

$=\frac{2\sqrt{3}\times\sqrt{2}}{\sqrt{2}\times\sqrt{2}}-\frac{\sqrt{6}\times\sqrt{2}}{\sqrt{2}\times\sqrt{2}}-\sqrt{3}\times(3\sqrt{6})$ ← 분모의 유리화, 같은 제곱근을 가진 수끼리 덧셈

$=\frac{2\sqrt{6}}{2}-\frac{\sqrt{12}}{2}-3\sqrt{18}$

$=\sqrt{6}-\sqrt{3}-9\sqrt{2}$ ← $\sqrt{12}=\sqrt{2^2\times3}=2\sqrt{3}$, $\sqrt{18}=\sqrt{3^2\times2}=3\sqrt{2}$로 계산

6 제곱근표

(1) 제곱근표

1.00부터 99.9까지의 수에 대한 양의 제곱근의 값을 반올림하여 소수점 아래 셋째 자리까지 나타낸 표

(2) 제곱근표 읽는 방법

$\sqrt{2.01}$은 왼쪽의 수 2.0의 가로줄과 위쪽의 수 1의 세로줄이 만나는 곳의 수인 1.418

같은 방법으로 $\sqrt{2.23}=1.493$

수	0	1	2	3
⋮	⋮	⋮	⋮	⋮
2.0	1.414	1.418	1.421	1.425
2.1	1.449	1.453	1.456	1.459
2.2	1.483	1.487	1.490	1.493

(3) 제곱근표에 없는 수의 제곱근의 값 구하기

소수점을 두 칸씩 움직여 제곱근표에 있는 수가 나오도록 변형한 뒤 계산한다.

① 100보다 큰 수 : $\sqrt{100a}=10\sqrt{a}$, $\sqrt{10000a}=100\sqrt{a}$, $\cdots$ (단, $1\leq a\leq 99.9$)

② 0과 1사이의 수 : $\sqrt{\frac{a}{100}}=\frac{\sqrt{a}}{10}$, $\sqrt{\frac{a}{10000}}=\frac{\sqrt{a}}{100}$, $\cdots$ (단, $1\leq a\leq 99.9$)

예 $\sqrt{201}=\sqrt{2.01\times100}=\sqrt{2.01}\times10=1.418\times10=14.18$

$\sqrt{0.000223}=\sqrt{2.23\times\frac{1}{10000}}=\sqrt{2.23}\times\frac{1}{100}=0.01493$

고등 수학에 꼭 필요한 **핵심 개념 익히기**

• 제곱근과 실수

18 다음 중 옳지 않은 것을 모두 고르면? (정답 2개)

① 16의 제곱근은 ±4이다.

② -9의 제곱근은 ±3이다.

③ -0.2는 0.04의 음의 제곱근이다.

④ 제곱근 15는 $\pm\sqrt{15}$이다.

⑤ 제곱하여 5가 되는 수는 $\pm\sqrt{5}$이다.

19 $-2<x<1$일 때, $\sqrt{(1-x)^2}-\sqrt{(-x-2)^2}$을 간단히 하여라.

20 오른쪽 그림과 같은 수직선에서 □ABCD는 한 변의 길이가 1인 정사각형이다. $\overline{AC}=\overline{AQ}$, $\overline{BD}=\overline{BP}$일 때, 점 P에 대응하는 수와 점 Q에 대응하는 수를 차례대로 구하시오.

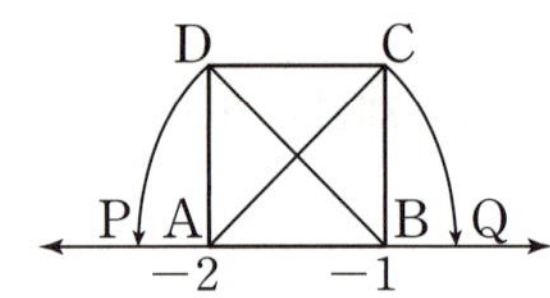

21 다음 중 옳지 않은 것은?

① 서로 다른 두 무리수 사이에는 무수히 많은 유리수가 있다.

② 서로 다른 두 실수 사이에는 무수히 많은 실수가 있다.

③ $\sqrt{3}$과 $\sqrt{5}$ 사이에는 무수히 많은 무리수가 있다.

④ 서로 다른 두 정수 사이에는 무수히 많은 정수가 있다.

⑤ 실수 중 수직선 위의 점에 대응되지 않는 수는 없다.

• 근호를 포함한 식의 계산

22 다음 옳지 않은 것은?

① $\sqrt{3}\times\sqrt{12}=6$

② $\sqrt{27}\div(-3)=-\sqrt{3}$

③ $5\sqrt{5}\times3\sqrt{2}\times2\sqrt{3}=30\sqrt{30}$

④ $\dfrac{1}{\sqrt{7}}\div\dfrac{\sqrt{5}}{\sqrt{14}}\div\dfrac{1}{\sqrt{10}}=\sqrt{2}$

⑤ $\sqrt{18}\div\left(-\dfrac{\sqrt{3}}{\sqrt{2}}\right)\div\dfrac{\sqrt{6}}{\sqrt{11}}=-\sqrt{22}$

23 $\sqrt{1.5}=1.22$, $\sqrt{15}=3.87$일 때, 다음 중 옳지 않은 것은?

① $\sqrt{0.015}=0.122$
② $\sqrt{0.15}=0.387$
③ $\sqrt{150}=12.2$
④ $\sqrt{1500}=38.7$
⑤ $\sqrt{15000}=387$

24 $\dfrac{15}{\sqrt{3}}-\sqrt{96}-\dfrac{12}{\sqrt{3}}+\sqrt{24}=a\sqrt{3}+b\sqrt{6}$일 때, 유리수 a, b에 대하여 $a+b$의 값을 구하시오.

25 다음 중 옳지 않은 것은?

① $(\sqrt{54}+\sqrt{24})\div\sqrt{2}=5\sqrt{3}$

② $\dfrac{4}{\sqrt{2}}(\sqrt{2}-\sqrt{3})-\dfrac{\sqrt{27}}{\sqrt{3}}=1-2\sqrt{6}$

③ $\sqrt{48}-\dfrac{15}{\sqrt{3}}-\dfrac{4}{\sqrt{8}}+\sqrt{50}=\sqrt{2}+4\sqrt{3}$

④ $3\sqrt{8}+\dfrac{6}{\sqrt{3}}+\sqrt{2}(\sqrt{6}-3)=3\sqrt{2}+4\sqrt{3}$

⑤ $\sqrt{3}(2+5\sqrt{2})-3(2\sqrt{3}+\sqrt{6})=-4\sqrt{3}+2\sqrt{6}$

26 다음 중 □ 안에 알맞은 부등호의 방향이 나머지 넷과 다른 것은?

① $\sqrt{48}+\sqrt{7}$ □ $7+\sqrt{7}$

② $-\sqrt{11}+7$ □ $\sqrt{11}+2$

③ $2\sqrt{5}-3\sqrt{3}$ □ $\sqrt{45}-\sqrt{12}$

④ $3\sqrt{6}+\sqrt{5}$ □ $\sqrt{70}+\sqrt{5}$

⑤ $\sqrt{27}+\sqrt{18}$ □ $\sqrt{108}-\sqrt{8}$

27 $5-\sqrt{10}$의 소수 부분을 k라 할 때, $(4-k)^2$의 값을 구하시오.

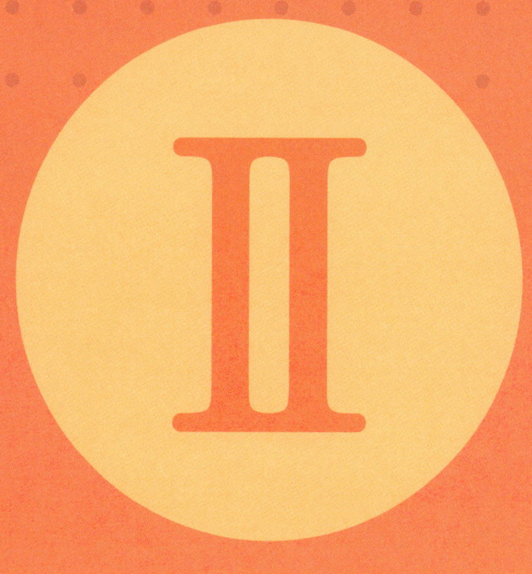

대수

[1-1 과정]

01 문자의 사용과 식의 계산

02 일차방정식의 풀이

03 일차방정식의 활용

✚ 고등 수학에 꼭 필요한 핵심 개념 익히기

[2-1 과정]

01 단항식의 계산

02 다항식의 계산

03 일차부등식

04 일차부등식 활용

05 연립일차방정식

06 연립일차방정식의 활용

✚ 고등 수학에 꼭 필요한 핵심 개념 익히기

[3-1 과정]

01 다항식의 곱셈과 곱셈공식

02 인수분해

03 이차방정식

✚ 고등 수학에 꼭 필요한 핵심 개념 익히기

[1-1 과정]

01 문자의 사용과 식의 계산

1 문자를 사용한 식(★)

핵심개념

(1) 문자를 사용한 식

⇨ 문자를 사용하면 수량 사이의 관계를 식으로 간단히 나타낼 수 있다.

예 ① 현재 나이가 x살인 사람의 10년 후의 나이 : $x+10$ (살)

② $a\%$: $\frac{a}{100}$ ← 20%는 $\frac{20}{100}$임을 생각하면 이해하기 쉽다.

③ 백의 자리 숫자가 a, 십의 자리 숫자가 b, 일의 자리 숫자가 c인 세 자리 자연수 : $100a+10b+c$

핵심공식

(2) 문자를 사용한 식에 자주 쓰이는 수량 사이의 관계

① 시간, 거리, 속력 사이의 관계

$$(\text{거리})=(\text{속력})\times(\text{시간}),\ (\text{속력})=\frac{(\text{거리})}{(\text{시간})},\ (\text{시간})=\frac{(\text{거리})}{(\text{속력})}$$

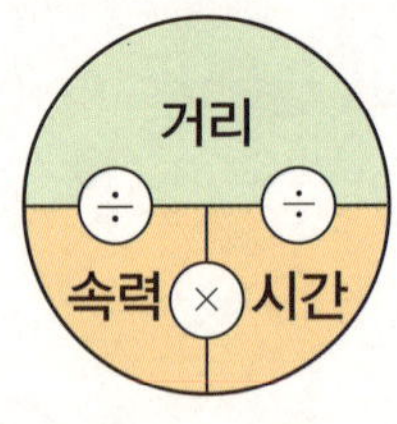

예 10km를 시속 5km로 이동했을 때 걸린 시간 : $\frac{10}{5}=2$(시간)

$x$km를 시속 5km로 이동했을 때 걸린 시간 : $\frac{x}{5}$(시간)

② 소금, 소금물, 농도 사이의 관계

$$(\text{소금물의 농도})=\frac{(\text{소금의 양})}{(\text{소금물의 양})}\times100(\%),\ (\text{소금의 양})=\frac{(\text{농도})}{100}\times(\text{소금물의 양})$$

예 물 80g과 소금 20g을 섞어 만든 소금물의 농도 : $\frac{20}{80+20}\times100=20(\%)$

물 xg과 소금 ag을 섞어 만든 소금물의 농도 : $\frac{a}{x+a}\times100(\%)$

③ 정가, 할인가, 인상가 사이의 관계

정가가 x원인 물건을 $\begin{cases}(a\%\text{ 할인한 가격})=x\times\left(1-\frac{a}{100}\right)\\(a\%\text{ 인상한 가격})=x\times\left(1+\frac{a}{100}\right)\end{cases}$

예 정가가 10000원인 옷을 20% 할인한 가격 : $10000-\frac{20}{100}\times10000=8000$(원)

정가가 x원인 옷을 $a\%$ 할인한 가격 : $x-\frac{a}{100}\times x=x\times\left(1-\frac{a}{100}\right)$(원)

2 곱셈과 나눗셈 기호의 생략

핵심개념

(1) 곱셈 기호의 생략

문자와 문자, 수와 문자의 곱에서 곱셈 기호 ×는 생략하여 다음과 같이 간단히 나타낸다.

① (수)×(문자) ⇨ 수를 문자 앞에 쓴다.

(예) $2\times x=2x$, $a\times(-3)=-3a$

이때, 곱하는 수가 1 또는 −1일 때에는 1을 생략한다.

(예) $1\times x=x$, $a\times(-1)=-a$

② (문자)×(문자) ⇨ 보통 알파벳 순서로 쓴다.

(예) $x\times z\times y=xyz$, $b\times a\times(-4)=-4ab$

③ 같은 문자의 곱 ⇨ 거듭제곱으로 나타낸다.

(예) $x\times x\times x\times y\times y=x^3y^2$, $a\times a\times 5\times 5\times a=25a^3$

④ 괄호가 있는 식과 수(또는 문자)의 곱 ⇨ 수(또는 문자)를 괄호 앞에 쓴다.

(예) $(x+y)\times(-4)=-4(x+y)$, $(a+b)\times c=c(a+b)$

! 주의 $0.1\times x$는 $0.x$로 쓰지 않고 $0.1x$로 쓴다.

+참고 (수)×(수)는 계산하여 쓰거나 곱셈 기호 대신 ·을 찍어서 나타내기도 한다.

(예) $2\times 3=2\cdot 3$ ← ·없이 곱셈 기호를 생략하면 2×3이 23(이십삼)으로 표현되어 다른 식이 된다.

(2) 나눗셈 기호의 생략

나눗셈을 역수의 곱셈으로 바꾸어 곱셈 기호를 생략한다. (단, $b\neq 0$)

① $a\div b=a\times\frac{1}{b}=\frac{a}{b}$ ← b의 역수는 $\frac{1}{b}$

② $a\div\frac{b}{c}=a\times\frac{c}{b}=\frac{ac}{b}$ ← $\frac{b}{c}$의 역수는 $\frac{c}{b}$

(예) $x\div\left(-\frac{3}{2}\right)=x\times\left(-\frac{2}{3}\right)=-\frac{2x}{3}$, $(a+b)\div 2=(a+b)\times\frac{1}{2}=\frac{a+b}{2}$

+참고 곱해서 1이 되는 두 수를 서로의 역수라고 한다.

3 식의 값

핵심개념

(1) 대입 : 문자를 사용한 식에서 문자를 수(또는 다른 문자)로 바꾸어 넣는 것

(2) 식의 값 : 문자에 수를 대입하여 계산한 값

(3) 식의 값 계산 방법

① 주어진 식에서 생략된 곱셈 기호 ×를 다시 쓴다.

만약 분모에 분수를 대입할 때는 생략된 나눗셈 기호 ÷를 다시 쓴다.

(예1) $a=3$일 때, $3a+2=3\times 3+2=9+2=11$

(예2) $a=\frac{1}{2}$일 때, $\frac{3}{a}-2=3\div a-2=3\div\left(\frac{1}{2}\right)-2=3\times 2-2=4$

② 문자에 주어진 수를 대입하여 계산한다.

이때, 대입하는 수가 음수이면 반드시 괄호 ( )를 사용한다.

(예) $a=-2$일 때, $3a+2=3\times(-2)+2=-6+2=-4$

4 다항식과 일차식(★★) : 공통수학(1) 다항식

핵심개념

+설명 한 예로 문자를 사용한 식 $3x^2+2x-5$을 낱낱이 살펴보자.
$3x^2-2x-5$은 $(3x^2)+(-2x)+(-5)$와 같으므로 $3x^2$, $-2x$, -5의 합으로 이루어진 식이라 볼 수 있다. 이처럼 어떤 식을 수와 문자의 합과 곱으로만 나타낼 때

① 수 또는 문자의 곱으로만 이루어진 $3x^2$, $-2x$, -5를 이 식의 **항**이라고 한다.

② -5와 같이 문자(기준변수)가 없는 상수로만 이루어진 항을 **상수항**이라고 한다.

③ 또한, $-2x$와 같이 수와 문자의 곱으로 이루어진 항에서 문자 앞에 곱해진 수 -2를 **x의 계수**라고 한다. (항 $3x^2$에서 x^2의 계수는 3이다.)

④ $3x^2-2x-5$과 같이 하나 이상의 항의 합으로 이루어진 식을 **다항식**이라고 한다.

⑤ 다항식 중에서 하나의 항으로만 이루어진 $3x^2$과 같은 식을 **단항식**이라고 한다.

⑥ 항에서 곱해진 문자의 개수를 그 **항의 차수**라고 한다.
(항 $3x^2=3\times x\times x$이고 x가 2개 곱해져 있으므로 차수는 2이고 2차항이라 한다.
항 $-2x=-2\times x$이고 x가 1개 곱해져 있으므로 차수는 1이고 1차항이라 한다.
상수항 -5에는 문자가 곱해져 있지 않으므로, 상수항의 차수는 0으로 정한다.)

⑦ 다항식에서 차수가 가장 큰 항의 차수를 그 **다항식의 차수**라고 한다.
(다항식 $3x^2-2x-5$에서 차수가 가장 큰 항은 $3x^2$이므로, 이 다항식의 차수는 2이고, **x에 대한 이차식**이라 한다.)

$3x^2+(-2x)+(-5)$ ⇒ x에 대한 이차식
($3x^2$: 2차항, $(-2x)$: 1차항, (-5): 상수항)
x^2의 계수 : 3, x의 계수 -2, 상수항 : -5

⑧ 차수가 1인 다항식을 일차식이라고 한다. (예) $2x-1$은 x에 대한 일차식

! 주의 $\frac{1}{x}=1\div x$이고 1과 x의 곱으로 이루어져 있지 않으므로 $\frac{1}{x}$은 항이 아니다.
→ x(기준변수)가 곱해져 있지 않고 나누어져 있다.

따라서 $\frac{1}{x}$과 같이 분모에 x(기준변수)가 포함된 식은 다항식이 아니다.
→ $\frac{1}{x}$, $\frac{2x}{3x+2}$와 같이 분모에 x(기준변수)가 포함된 식을 '분수식'이라고 한다. 분수식은 다항식이 아니다.

+참고 '기준변수'에 대한 설명은 중3 과정에 있는 '복잡한 식의 인수분해'의 확장개념에서 자세히 다룰 것이다. 기준변수라는 말이 어렵게 느껴진다면, 일단 문자로 생각하도록 하자.

5 일차식의 사칙계산

핵심개념

(1) 단항식과 수의 곱셈과 나눗셈

① (단항식)×(수) 또는 (수)×(단항식)

⇨ 교환법칙, 결합법칙을 이용하여 수 끼리 곱한 뒤, 문자를 곱한다.

예1 $3x\times2=(3\times x)\times2$ ← 생략된 곱셈 기호 복원 (괄호로 묶어서 복원한다.)

$=3\times(x\times2)$ ← 곱셈의 결합법칙

$=3\times(2\times x)$ ← 곱셈의 교환법칙

$=(3\times2)\times x$ ← 곱셈의 결합법칙

$=6x$ → 결국 $3x\times2$의 계산은 수끼리 곱한 뒤 문자를 곱하는 것과 같음

예2 $(-4)\times5a=(-4)\times(5\times a)$ ← 생략된 곱셈 기호 복원 (괄호로 묶어서 복원한다.)

$=\{(-4)\times5\}\times a$ ← 곱셈의 결합법칙

$=-20a$

② (단항식)÷(수)

⇨ 나눗셈을 역수의 곱셈으로 바꾸어 계산한다.

예 $6x\div(-3)=6x\times\left(-\frac{1}{3}\right)=-2x$ ← -3의 역수는 $-\frac{1}{3}$

(2) 다항식과 수의 곱셈과 나눗셈

① (다항식)×(수) 또는 (수)×(다항식)

⇨ 분배법칙을 이용하여 각 항에 수를 곱하여 계산한다.

예1 $-2(3x-4)=\underbrace{(-2)\times3x}_{①}+\underbrace{(-2)\times(-4)}_{②}=-6x+8$

예2 $(4x-3y)\times\frac{1}{2}=\underbrace{4x\times\frac{1}{2}}_{①}+\underbrace{(-3y)\times\frac{1}{2}}_{②}=2x-\frac{3}{2}y$

예3 $-(-5a+6)=(-1)\times(-5a+6)=\underbrace{(-1)\times(-5a)}_{①}+\underbrace{(-1)\times6}_{②}=5a-6$

$-(\ )=(-1)\times(\ )$ ← 생략된 1과 곱셈 기호 복원

② (다항식)÷(수)

⇨ 나눗셈을 역수의 곱셈으로 바꾼 뒤, 분배법칙을 이용하여 계산한다.

예 $(4x-3y)\div\frac{1}{2}=(4x-3y)\times2$ ← $\frac{1}{2}$의 역수는 2

$=4x\times2+(-3y)\times2$ ← 분배법칙

$=8x-6y$

핵심개념

(3) 일차식의 덧셈과 뺄셈

① 동류항 : 문자와 차수가 각각 같은 항

예1 x, $2x$ ⇨ 동류항이다.

예2 $3x^2$, $-2x$ ⇨ 차수가 같지 않으므로 동류항이 아니다.

예3 $5, -2$ ⇨ 상수항은 모두 동류항이다.

② 동류항의 덧셈과 뺄셈 ⇨ 분배법칙을 이용하여 간단히 한다.

예1 $\underline{4x+2x}=\underline{(4+2)x}=6x$, $\underline{5y-2y}=\underline{(5-2)y}=3y$ ← 수나 문자를 묶어내는 것도 분배법칙이다.

예2 $x-5y+3+2x+4y-6$

$=x+2x-5y+4y+3-6$ ← 동류항끼리 모은다.

$=(1+2)x+(-5+4)y+(3-6)$ ← 동류항의 계수끼리 계산한다.

$=3x-y-3$ ← 동류항이 남아 있지 않으면 끝!

+참고 $4x+2x=6x$의 계산을 다음과 같이 생각해도 된다.

$$\begin{matrix} x\ x \\ x\ x \end{matrix} + \begin{matrix} x \\ x \end{matrix} = \begin{matrix} x\ x\ x \\ x\ x\ x \end{matrix}$$

(x 네 개) + (x 두 개) = (x 여섯 개) ⇨ $4x+2x=6x$

③ 일차식의 덧셈과 뺄셈 순서

❶ 괄호가 있는 식은 분배법칙을 이용하여 괄호를 먼저 푼다.

괄호 앞에
- $+$가 있으면 ⇒ 괄호 안의 부호를 그대로 ← 예 $+(-3x+1)=+(-3x)+1=-3x+1$
- $-$가 있으면 ⇒ 괄호 안의 부호를 반대로 ← 예 $-(-3x+1)=+3x-1$

❷ 동류항끼리 모아서 간단히 한다. ← 문자는 문자끼리, 수는 수끼리 계산

예

일차식의 덧셈	일차식의 뺄셈
$(4x-3)+2(2x+1)$	$(x-2)-(3x-4)$
$=4x-3+4x+2$ ← 분배법칙을 이용하여 괄호를 푼다.	$=x-2-3x+4$ ← 부호 바꿔서 괄호 풀기
$=4x+4x-3+2$ ← 동류항끼리 모은다.	$=x-3x-2+4$ ← 동류항끼리 모으기
$=8x-1$ ← 간단히 한다.	$=-2x+2$ ← 계산하기

+꿀팁 뺄셈은 부호를 바꾼 수의 덧셈으로 계산할 수 있다. 뺄셈을 덧셈으로 바꾸어 계산하면 교환법칙, 결합법칙을 이용하여 편리하게 계산할 수 있다.

즉, □−△=□+(−△)로 계산 ← '빼기 괄호'는 '더하기 괄호 안의 부호를 바꾼 수'로 계산

예 $(x-2)-(3x-4)=(x-2)+\{-(3x-4)\}$

$=(x-2)+(-3x+4)$ ← 괄호를 풀면, 괄호 안의 값들이 부호가 바뀐다.

$=\{x+(-3x)\}+\{(-2)+4\}$ ← 동류항끼리 덧셈으로 계산 (교환, 결합법칙 이용)

$=-2x+2$

[1-1 과정]

02 일차방정식의 풀이

1 등식, 방정식, 항등식(★★) : 공통수학1 다항식, 방정식

핵심개념

(1) 등식

등호(=)를 사용하여 수 또는 식이 서로 같음을 나타낸 식

등식에서 등호의 왼쪽 부분을 좌변, 오른쪽 부분을 우변, 좌변과 우변을 통틀어 양변이라고 한다.

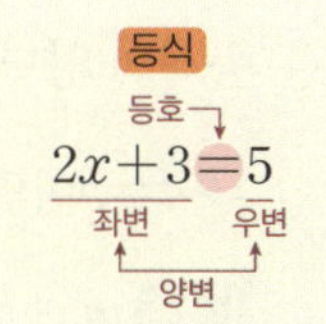

(2) 방정식

문자의 값에 따라 참이 되기도 하고 거짓이 되기도 하는 등식

① 미지수 : 방정식에 있는 문자 ← 보통 x를 사용하지만 다른 문자를 사용해도 된다.

② 방정식의 해(또는 근) : 방정식이 참이 되게 하는 미지수의 값

③ 방정식을 푼다 : 방정식의 해를 구하는 것

예 $2x+3=5$에서 미지수는 x이다.

x가 1일 때는 참이고, x가 2일 때는 거짓이므로 방정식이다. ← x에 대한 방정식이라고 한다.

이 방정식을 풀면, 참이 되게 하는 값은 $x=1$이므로, 방정식의 해는 $x=1$이다.

(3) 항등식

미지수에 어떤 값을 대입해도 항상 참이 되는 등식 (좌변과 우변이 항상 같은 식)

예 $2x+4=2(x+2)$는 x에 어떤 값을 대입해도 항상 같으므로 항등식이다.

미지수가 x인 항등식을 x에 대한 항등식이라고 한다.

+참고 등식의 좌변과 우변을 각각 정리했을 때, 양변의 식이 같으면 항등식이다.

역으로 $ax+b=cx+d$가 x에 대한 항등식이면 $a=c$, $b=d$이다. ← 계수끼리 같고, 상수끼리 같다.

예 $ax+b=3x-2$가 x에 대한 항등식이 되려면 $a=3$, $b=-2$

(x의 계수는 x의 계수끼리 같고, 상수는 상수끼리 같아야 한다.)

2 등식의 성질(★★) : 공통수학1 방정식

핵심개념

(1) 등식의 성질

① 등식의 양변에 같은 수를 더하여도 등식은 성립한다. ⇒ $a=b$이면 $a+c=b+c$

② 등식의 양변에서 같은 수를 빼어도 등식은 성립한다. ⇒ $a=b$이면 $a-c=b-c$

③ 등식의 양변에 같은 수를 곱하여도 등식은 성립한다. ⇒ $a=b$이면 $ac=bc$

④ 등식의 양변을 0이 아닌 같은 수로 나누어도 등식은 성립한다.

⇒ $a=b$이면 $\frac{a}{c}=\frac{b}{c}$ (단, $c\neq0$)

! 주의 $ac=bc$이면 $a=b$이다. ⇨ 거짓

한 예로 $a=2$, $b=3$, $c=0$일 때 $2\times0=3\times0$이므로, $ac=bc$이지만 $a\neq b$인 경우도 있다.

(2) 등식의 성질을 이용한 일차방정식의 풀이

등식의 성질을 이용하여 주어진 방정식을 $x=$(수)의 꼴로 고치면 방정식의 해를 구할 수 있다.

예 $2x+1=7$

양변에서 1을 빼도 등식은 성립한다.

$(2x+1)-1=(7)-1$

좌변을 한 덩어리의 수로 보기 위해 편의상 괄호를 사용했다. (우변도 마찬가지)

$2x=6$

양변을 2로 나누어도 등식은 성립한다.

$(2x)\div2=(6)\div2$

$\therefore x=3$

! 주의 등식의 성질을 적용할 때에는 좌변 전체를 한 덩어리로 취급하여 덩어리에 연산을 해야 한다. 좌변(또는 우변)이 덧셈이나 뺄셈으로 이루어진 경우, 좌변(또는 우변)에 어떤 수를 곱할 때 간혹 하나의 수에만 곱하는 경우가 있는데 이러한 실수를 하지 않도록 하자.

예

잘못된 계산	올바른 계산
$\frac{1}{2}x+1=2x$ 양변에 2를 곱함 $2\times\frac{1}{2}x+1=2\times2x$ $x+1=4x$ ← 2를 $\frac{1}{2}x$에만 곱하면 틀림	$\frac{1}{2}x+1=2x$ 양변에 2를 곱함 $2\times\left(\frac{1}{2}x+1\right)=2\times(2x)$ 분배법칙 이용하여 정리 $x+2=4x$

핵심개념

(3) 등식의 성질을 이용한 일차방정식 풀이의 예

예1

$$x+3=-3x-5$$
양변에 $3x$를 더함
$$x+3\underline{+3x}=-3x-5\underline{+3x}$$
동류항끼리 계산
$$4x+3=-5$$
양변에 3을 뺀다
$$4x+3\underline{-3}=-5\underline{-3}$$
상수항끼리 계산
$$4x=-8$$
양변을 4로 나눔
$$\boldsymbol{x=-2}$$

예2

$$\frac{2}{3}x-3=-2x+5$$
양변에 $\times 3$
$$\left(\frac{2}{3}x-3\right)\times 3=(-2x+5)\times 3$$
← 덩어리 전체에 곱하자.
분배법칙을 이용하여 정리
$$2x-9=-6x+15$$
양변에 $+6x$, $+9$
$$2x+6x=15+9$$
동류항끼리 계산
$$8x=24$$
양변을 8로 나눔
$$\boldsymbol{x=3}$$

+꿀팁 등식에서 더해진 수를 없앨 때는 양변에 부호만 다른 수를 더해서 0으로 만든다.
등식에서 곱해진 수를 없앨 때는 양변에 역수를 곱해서 1로 만든다.

예 $\frac{2}{3}x=5$를 만족하는 x의 값을 구할 때는

$$\frac{2}{3}x=5 \xrightarrow{\text{양변에 } \frac{2}{3}\text{의 역수인 } \frac{3}{2}\text{을 곱한다.}} \frac{3}{2}\times\left(\frac{2}{3}x\right)=\frac{3}{2}\times(5) \Rightarrow 1\times x=\frac{15}{2} \Rightarrow x=\frac{15}{2}$$

3 일차방정식과 그 풀이(★★) : 공통수학1 방정식

핵심개념

(1) 이항 : 등식의 성질을 이용하여 등식의 어느 한 변에 있는 항을 부호만 바꾸어 다른 변으로 옮기는 것

예 $4x=3x+1$ → (이항) $4x-3x=1$ | $2x-1=3x+5$ → (이항) $2x-3x=5+1$

+□를 이항 ⇒ −□
−□를 이항 ⇒ +□

! 주의 이항은 등식의 성질 중 덧셈과 뺄셈의 성질을 간단히 한 것이다.
따라서 곱셈으로 이루어진 식을 이항하면 안 된다.
덧셈과 뺄셈만 이항할 수 있다는 점을 알아두자.

예 $-2x=6$ 잘못된 계산
$x=6+2$
↳ 곱셈을 이항하면 등식이 성립하지 않는다.

올바른 계산 →
$-2x=6$
) 양변을 −2로 나누기
$\frac{-2x}{-2}=\frac{6}{-2}$
) 좌변과 우변을 각각 계산
$x=-3$

(2) 일차방정식

방정식에서 우변에 있는 모든 항을 좌변으로 이항하여 정리했을 때

(x에 대한 일차식)$=0$

의 꼴이 되는 방정식을 x에 대한 일차방정식이라 한다.

x에 대한 일차방정식은

$ax+b=0$ (단, a, b는 상수, $a\neq0$)

의 꼴로 나타낼 수 있다.

예 ① $2x+1=0$은 x에 대한 일차방정식이다.
② $3x-2=-x-3$은 x에 대한 일차방정식이다.
(∵ 주어진 식을 이항하여 정리하면 $4x+1=0$ 이므로)
③ $2x+1=2x-3$은 x에 대한 일차방정식이 아니다.
(∵ 주어진 식을 이항하여 정리하면 $0\times x+4=0$ ⇨ 좌변이 x에 대한 일차식이 아니다.)
④ $2x^2+3x+1=2x^2-3$은 x에 대한 일차방정식이다.
(∵ 주어진 식을 이항하여 정리하면 $3x+4=0$ 이므로)

(3) 일차방정식의 풀이 순서

❶ 괄호가 있으면 괄호를 풀고 정리한다.
❷ 계수에 분수 또는 소수가 있으면 양변에 알맞은 수를 곱하여 분수나 소수를 정수로 고친다.
(계수가 분수일 때는 양변에 분모의 최소공배수를 곱하고,
계수가 소수일 때는 양변에 10, 100, …등 10의 거듭제곱을 곱하여 계수를 정수로 고친다.)
❸ 미지수 x를 포함하는 항은 좌변으로, 상수항은 우변으로 이항한다. ← 문자끼리, 수끼리 모음
(x의 계수가 음수가 되는 경우 양수로 계산하는 것이 편리하므로
x를 포함하는 항을 우변, 상수항을 좌변으로 이항해도 된다.)
❹ 양변을 정리하여 $ax=b$ $(a\neq0)$의 꼴로 고친다.
❺ 양변을 x의 계수 a로 나누어 해를 구한다.

예 $\frac{2}{3}x-\frac{1}{2}=\frac{5}{6}$
) 양변에 분모의 최소공배수 6을 곱하기
$4x-3=5$
) 이항하기
$4x=5+3$
) $ax=b$의 꼴로 나타내기
$4x=8$
) 양변을 x의 계수로 나누기
$\therefore x=2$

$0.2x+1.2=0.5x-0.3$
) 양변에 10 곱하기
$2x+12=5x-3$
) 이항하기
$12+3=5x-2x$
) $ax=b$의 꼴로 나타내기
$15=3x$
) 양변을 x의 계수로 나누기
$5=x$

+참고 방정식이 비례식으로 주어졌을 때는 비례식의 성질을 이용하여 푼다.

4 해가 주어진 일차방정식(★★) : 공통수학1 방정식

확장개념

x에 대한 일차방정식의 해가 $x=p$일 때, 주어진 방정식에 $x=p$를 대입하면 등식이 성립한다.

예 x에 대한 방정식 $ax-2(x+a)=4$의 해가 $x=3$일 때, 상수 a의 값을 구하기

+풀이 주어진 방정식에 $x=3$를 대입하면

$3a-2(3+a)=4 \Rightarrow 3a-6-2a=4$) 이항하여 정리

$\Rightarrow a=10$

5 특수한 해를 갖는 일차방정식(★★) : 공통수학1 방정식

확장개념+응용공식

이항하여 정리한 x에 대한 방정식 $ax=b$에서

(1) $a=0$, $b=0$이면 $0\times x=0$이므로 해는 모든 수이다.
└ x에 어떤 수를 대입해도 항상 성립한다.

(2) $a=0$, $b\neq 0$이면 $0\times x=$(0이 아닌 수)이므로 해는 없다.
└ x에 어떤 수를 대입해도 항상 성립하지 않는다.

(3) $a\neq 0$이면 해는 한 개로 정해진다.

예
$2(x+2)=2x+4$
$2x+4=2x+4$
$2x-2x=4-4$
$0\times x=0$
$\therefore x$는 모든 수

$2(x+2)=2x+5$
$2x+4=2x+5$
$2x-2x=5-4$
$0\times x=1$
$\therefore x$는 없다. (해가 없다.)

$2(x+2)=x+2$
$2x+4=x+2$
$2x-x=2-4$
$x=-2$
$\therefore x=-2$ (해가 한 개)

[1-1 과정]

03 일차방정식의 활용

1 일차방정식의 활용(★★) : 공통수학1 방정식

핵심개념

일차방정식의 활용 문제는 다음과 같은 순서로 푼다.

❶ 미지수 정하기 : 문제의 뜻을 파악하고, 구하려는 것을 미지수 x로 놓는다.

❷ 방정식 세우기 : 문제에서 주어진 조건에 맞게 방정식을 세운다.

❸ 방정식 풀기 : 방정식을 풀어 해를 구한다.

❹ 확인하기 : 구한 해가 문제의 뜻에 맞는지 확인한다.

2 일차방정식의 활용에서 자주 이용되는 식

핵심개념+핵심공식

(1) 연속하는 정수에 관한 문제

① 연속하는 두 정수 : x, $x+1$ 또는 $x-1$, x

② 연속하는 세 정수 : x, $x+1$, $x+2$ 또는 $x-1$, x, $x+1$

예 연속하는 세 자연수에서 가장 작은 수와 가장 큰 수의 합이 가운데 수의 4배보다 10만큼 작을 때, 세 자연수 구하기

+풀이 ❶ 연속하는 세 자연수를 각각 $x-1$, x, $x+1$이라 놓으면

❷ 조건을 만족하는 방정식은 $(x-1)+(x+1)=4x-10$

❸ 이 방정식을 풀면

$2x=4x-10 \Rightarrow 10=2x \Rightarrow x=5$

❹ 따라서 세 자연수는 4, 5, 6이다.

(2) 자릿수에 관한 문제

⇨ 백의 자리의 숫자가 x, 십의 자리의 숫자가 y, 일의 자리의 숫자가 z인 수 : $100x+10y+z$

예 일의 자리의 숫자가 십의 자리의 숫자의 2배인 두 자리 자연수가 일의 자리 숫자와 십의 자리의 숫자를 바꾸어서 만든 자연수보다 36만큼 작을 때 처음 두 자리 자연수 구하기

+풀이 ❶ 처음 두 자리 자연수의 십의 자리의 숫자를 x라 놓으면, 일의 자리의 숫자는 $2x$

❷ 처음 두 자리 자연수는 $10x+2x=12x$

일의 자리 숫자와 십의 자리 숫자를 바꾸어 만든 수는 $10\times 2x+x=21x$

조건을 만족하는 방정식은 $21x-36=12x$

❸ 이 방정식을 풀면

$21x-36=12x \Rightarrow 9x=36 \Rightarrow x=4$

❹ 따라서 처음 두 자리 자연수는 48이다.

(3) 나이에 관한 문제

⇨ 현재 x살인 사람의 a년 후의 나이 : $x+a$

(예) 현재 나이 차이가 28살인 엄마와 딸이 10년 뒤에는 엄마의 나이가 딸의 나이의 3배보다 4살이 적을 때, 현재 엄마의 나이 구하기

+풀이 ❶ 현재 엄마의 나이를 x라 놓으면 딸의 나이는 $x-28$

❷ 10년 후의 엄마의 나이 : $x+10$, 딸의 나이 : $x-28+10=x-18$

조건을 만족하는 방정식은

$x+10=3(x-18)-4$

❸ 이 방정식을 풀면

$x+10=3(x-18)-4 \Rightarrow x+10=3x-54-4$

$\Rightarrow 68=2x \Rightarrow x=34$

❹ 따라서 현재 엄마의 나이는 34살이다.

(4) 정가, 할인가에 관한 문제

① (정가)=(원가)+(이익)

⇨ 원가가 x원인 물건에 a%의 이익을 붙인 가격(정가) : $x+\frac{a}{100}x=\left(1+\frac{a}{100}\right)x$(원)

분배법칙 이용

(예) 원가가 10000원인 물건에 10%의 이익을 붙인 정가

$10000+\frac{10}{100}\times 10000=\left(1+\frac{10}{100}\right)\times 10000=11000$(원)

② (할인가)=(정가)−(할인 금액)

⇨ 정가가 x원인 물건을 a%만큼 할인한 가격 : $x-\frac{a}{100}x=\left(1-\frac{a}{100}\right)x$(원)

분배법칙 이용

(예) 정가가 10000원인 물건을 10%만큼 할인한 가격

$10000-\frac{10}{100}\times 10000=\left(1-\frac{10}{100}\right)\times 10000=9000$(원)

③ (이익)=(판매가)−(원가)

(예) 원가에 20%의 이익을 붙여 정가를 매긴 옷을 3000원 할인하여 팔아서 700원의 이익을 얻었을 때, 옷의 원가 구하기

+풀이 ❶ 옷의 원가를 x라 놓으면

❷ 옷의 정가 : $x+\frac{20}{100}x=\left(1+\frac{20}{100}\right)x=\frac{20}{100}x=\frac{6}{5}x$ ← 공식을 이용하여 계산해도 된다.

옷의 판매가 : $\frac{6}{5}x-3000$

조건을 만족하는 방정식은 $\left(\frac{6}{5}x-3000\right)-x=700$

→이익

❸ 이 방정식을 풀면

$\left(\frac{6}{5}x-3000\right)-x=700 \Rightarrow \frac{1}{5}x=3700$

$\Rightarrow x=18500$

❹ 따라서 옷의 원가는 18500원이다.

(5) 거리, 속력, 시간에 관한 문제

$$(\text{거리})=(\text{속력})\times(\text{시간}),\ (\text{속력})=\frac{(\text{거리})}{(\text{시간})},\ (\text{시간})=\frac{(\text{거리})}{(\text{속력})}$$

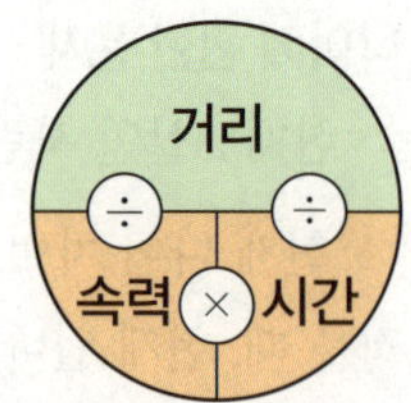

① 두 지점을 왕복할 경우

⇨ (갈 때 걸린 시간)+(올 때 걸린 시간)=(전체 걸린 시간)

예 집에서 학교까지 갈 때는 시속 6km로 뛰어가고, 올 때는 같은 길을 시속 3km로 걸어와서 총 1시간이 걸렸을 때, 집에서 학교까지의 거리 구하기

+풀이1 ❶ 집에서 학교까지의 거리를 x라 하면,

집 ➡ 학교 걸린 시간 : $\frac{x}{6}$

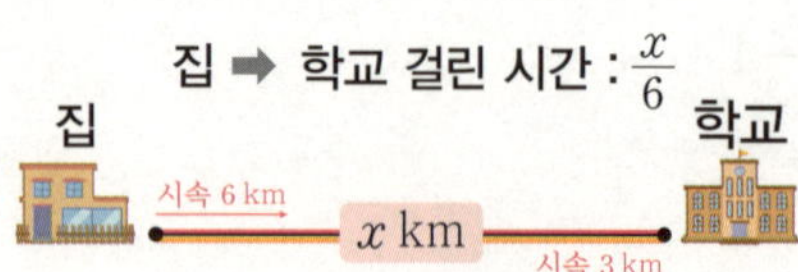

학교 ➡ 집 걸린 시간 : $\frac{x}{3}$

❷

	집→학교	학교→집	방정식
거리	$x$km	$x$km	
속력	시속 6km	시속 3km	
시간	$\frac{x}{6}$	$\frac{x}{3}$	$\frac{x}{6}+\frac{x}{3}=1$

← $(\text{시간})=\frac{(\text{거리})}{(\text{속력})}$

❸ $\frac{x}{6}+\frac{x}{3}=1 \xrightarrow{\text{양변에 6을 곱하면}} x+2x=6 \Rightarrow 3x=6 \Rightarrow x=2(\text{km})$

❹ 따라서 집에서 학교까지의 거리는 2km이다.

+풀이2 ❶ 집에서 학교까지 갈 때 걸린 시간을 x라 하면,

❷

	집→학교	학교→집	방정식
시간	x시간	$(1-x)$시간	
속력	시속 6km	시속 3km	
거리	$6x$	$3(1-x)$	$6x=3(1-x)$

← (거리)=(속력)×(시간)

❸ $6x=3(1-x) \xrightarrow{\text{양변을}\div 3} 2x=1-x \Rightarrow 3x=1 \Rightarrow x=\frac{1}{3}(\text{시간})$

❹ 집에서 학교까지 갈 때 걸린 시간은 $\frac{1}{3}$시간이므로

(집에서 학교까지의 거리) $=6\times\frac{1}{3}=2(\text{km})$

+참고 일반적으로 구하려는 것을 x라 놓고 방정식을 세우는 것이 좋다.
+풀이1 과 같이 방정식의 해가 바로 답이 되기 때문이다.
하지만 +풀이2 와 같이 구하려는 값이 아닌 다른 값을 x로 놓고, 방정식을 세워 풀어도 된다.
단, 이때는 문제에서 구하라는 것을 다시 구해서 답을 써야 한다.

② A지점에서 B지점까지 갈 때, 속력 a로 가다가 속력 b로 가는 경우

⇨ (속력 a로 갈 때 걸린 시간)+(속력 b로 갈 때 걸린 시간)=(전체 걸린 시간)

(예) 거리가 4km인 둘레길을 분속 60m로 걷다가 분속 120m로 달려서 총 1시간이 걸렸을 때, 걸은 거리 구하기

+풀이 ❶ 걸은 거리를 xm라고 하자. 4km=4000m, 1시간=60분으로 고치면

❷

	걸은 구간	달린 구간	방정식
거리	xm	$(4000-x)$m	
속력	분속 60m	분속 120m	
시간	$\frac{x}{60}$	$\frac{4000-x}{120}$	$\frac{x}{60}+\frac{4000-x}{120}=60$

← (시간) = $\frac{(거리)}{(속력)}$

❸ $\frac{x}{60}+\frac{4000-x}{120}=60 \Rightarrow 2x+(4000-x)=7200 \Rightarrow x=3200(\text{m})$

❹ 걸은 거리는 3200m이다.

! 주의 거리나 시간의 단위가 다를 때에는 반드시 단위를 통일해야 한다.

③ 트랙이나 호수의 같은 지점에서 출발하여 돌다가 만나는 경우

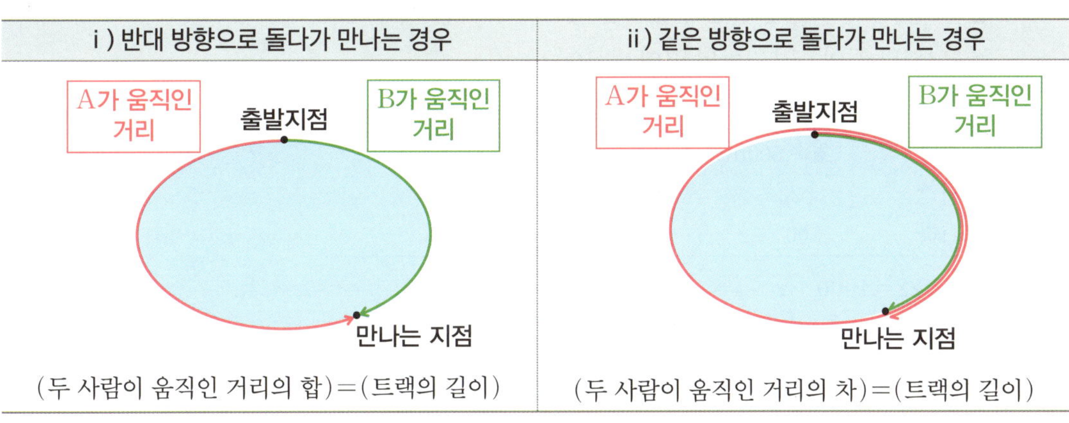

(예) 둘레의 길이가 900m인 호수의 한 지점에서 하나와 두리가 각각 분속 130m와 170m로 동시에 출발하였다.

i) 서로 반대 방향으로 출발했을 때, 출발한 지 몇 분 후 처음으로 만나는지 구하기

+풀이 ❶ 두 사람이 움직인 시간을 x라 하면,

❷

	하나	두리	움직인 거리의 합
속력	분속 130m	분속 170m	
시간	x분	x분	
거리	$130x$	$170x$	$130x+170x=900$

← (거리)=(속력)×(시간)

❸ $130x+170x=900 \Rightarrow 300x=900 \Rightarrow x=3$(분)

❹ 따라서 두 사람은 3분 후에 만난다.

ii) 서로 같은 방향으로 출발했을 때, 출발한 지 몇 분 후 처음으로 만나는지 구하기

+풀이 ❶ (두리의 이동 거리)−(하나의 이동 거리)=(호수의 둘레의 길이)

❷ $170x-130x=900 \Rightarrow 40x=900 \Rightarrow x=22.5$(분)

❸ 따라서 같은 방향으로 돌면 두 사람은 22분 30초 후에 만난다.

확장개념+응용공식

④ 기차가 터널이나 다리를 통과하는 문제

i) 기차가 터널을 완전히 통과할 때 ⇨ (기차의 이동 거리)=(터널의 길이)+(기차의 길이)

ii) 기차가 터널 내부에 있을 때 ⇨ (기차의 이동 거리)=(터널의 길이)−(기차의 길이)

i) 기차가 터널을 완전히 통과할 때	ii) 기차가 터널 내부에 있을 때
(열차가 터널을 완전히 통과할 때까지 움직인 거리) =(터널의 길이)+(기차의 길이)	(열차가 터널 내부에 있을 때 움직인 거리) =(터널의 길이)−(기차의 길이)

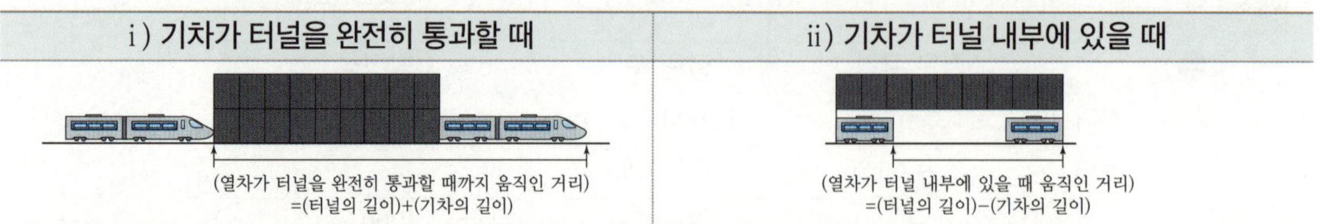

예 시속 180km로 달리는 기차 A, B가 각각 1000m 길이의 터널을 지나간다.

i) 터널에 진입하는 순간부터 터널을 완전히 통과할 때까지 걸린 시간이 22초인 기차 A의 길이 구하기

풀이 ❶ 기차 A의 길이를 xm라고 하자.

(시속 180km)=(분속 3km$\left(=\frac{180}{60}\right)$)=(초속 500m$\left(=\frac{3000}{60}\right)$)

❷ (기차 A가 터널을 완전히 통과할 때까지 움직인 거리)

=(터널의 길이)+(기차의 길이)=$1000+x$

	기차	(터널의 길이)+(기차의 길이)
속력	초속 500m	
시간	22초	
거리	500×22	$1000+x$

← (거리)=(속력)×(시간)

$500\times22=1000+x$

❸ $500\times22=1000+x \Rightarrow x=100$(m)

❹ 따라서 기차 A의 길이는 100m이다.

ii) 기차 B가 터널 내부에 있어서 보이지 않는 시간이 총 17초일 때, 기차 B의 길이 구하기

풀이 ❶ 기차 B의 길이를 xm라고 하자.

❷ (기차 B가 터널 내부에 있을 때 움직인 거리)

=(터널의 길이)−(기차의 길이)=$1000-x$

	기차	(터널의 길이)−(기차의 길이)
속력	초속 500m	
시간	17초	
거리	500×17	$1000-x$

← (거리)=(속력)×(시간)

$500\times17=1000-x$

❸ $500\times17=1000-x \Rightarrow x=150$(m)

❹ 따라서 기차 B의 길이는 150m이다.

핵심개념+핵심공식

(6) 농도에 관한 문제

$$(\text{소금물의 농도})=\frac{(\text{소금의 양})}{(\text{소금물의 양})}\times100(\%),\ (\text{소금의 양})=\frac{(\text{농도})}{100}\times(\text{소금물의 양})$$

① 물을 추가하거나 증발시키는 경우 ⇨ 소금의 양은 변함이 없다.

예 농도 14%의 소금물 200g에서 물을 증발시켜 농도가 20%가 되도록 할 때, 증발시킨 물의 양 구하기

+풀이 ❶ 증발시킨 물의 양을 xg이라고 하자.

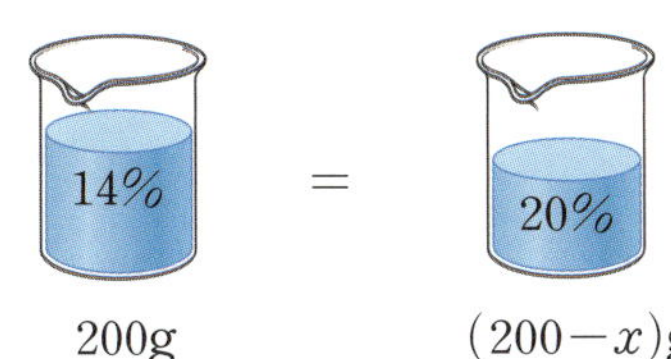

❷

	증발 전	증발 후	방정식
농도	14%	20%	
소금물	200g	$(200-x)$g	
소금	$\frac{14}{100}\times200$	$\frac{20}{100}\times(200-x)$	$\frac{14}{100}\times200=\frac{20}{100}\times(200-x)$

❸ $\frac{14}{100}\times200=\frac{20}{100}\times(200-x) \Rightarrow 2800=4000-20x$

$\Rightarrow 20x=1200 \Rightarrow x=60(\text{g})$

❹ 따라서 증발시킨 물의 양은 60g이다.

② 농도가 다른 두 소금물을 섞는 경우

⇨ (섞기 전 두 소금물에 있는 소금의 양의 합)=(섞은 후 소금물에 들어 있는 소금의 양)

예 10%의 소금물 500g과 16%의 소금물을 섞어서 14%의 소금물을 만들 때, 섞어야 할 16%의 소금물의 양 구하기

+풀이 ❶ 14%의 소금물의 양을 xg이라고 하자.

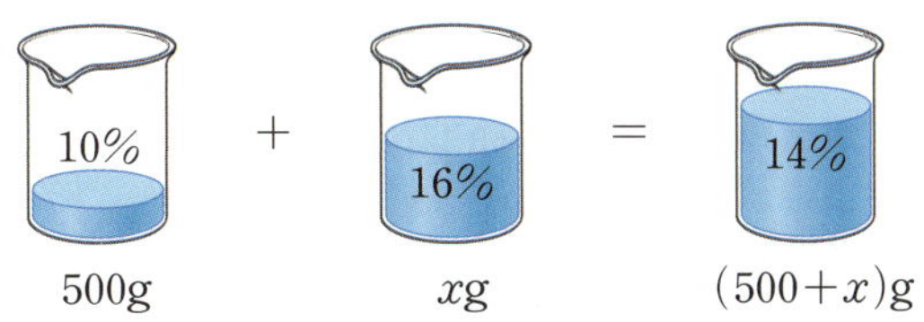

❷

	섞기 전		섞은 후
농도	10%	16%	14%
소금물	500g	xg	$(500+x)$g
소금	$\frac{10}{100}\times500$	$\frac{16}{100}\times x$	$\frac{14}{100}\times(500+x)$

$\frac{10}{100}\times500+\frac{16}{100}\times x \Rightarrow \frac{14}{100}\times(500+x)$

❸ $5000+16x=7000+14x \Rightarrow 2x=2000 \Rightarrow x=1000(\text{g})$

❹ 따라서 섞어야 할 소금물의 양은 1000g이다.

고등 수학에 꼭 필요한 **핵심 개념 익히기**

• 문자의 사용과 식의 계산

1 다음 중 옳지 않은 것은?

① $3\div(x\times y)=\frac{3}{xy}$

② $(-3)\times(a-b)\div2=-\frac{3(a-b)}{2}$

③ $x\div y\times x\div(-1)=-\frac{x^2}{y}$

④ $a\div(b\times x)\div5=\frac{a}{5bc}$

⑤ $x+y\times(-1)\div z=x+\frac{y}{z}$

2 다음 중 옳지 않은 것은?

① 한 개에 x원인 젤리 6개와 한 봉지에 y원인 사탕 2봉지의 가격의 합 ⇨ $(6x+2y)$원

② 4장에 x원인 티셔츠 한 장의 가격 ⇨ $\frac{x}{4}$원

③ 한 개에 300원인 지우개 a개를 사고 2000원을 냈을 때의 거스름돈 ⇨ $(2000-300a)$원

④ 정가가 3000원인 필통을 a% 할인하여 판매한 가격 ⇨ $(3000-30a)$원

⑤ 5명이 x원씩 모아 y원인 퍼즐을 사고 남은 돈 ⇨ $\left(\frac{x}{5}-y\right)$원

3 옳은 것을 보기에서 모두 골라라.

> (ㄱ) 시속 5km로 x시간 동안 달린 거리는 $5x$km이다.
>
> (ㄴ) 기차가 2시간 동안 $y$km를 달렸을 때 기차의 속력은 시속 $\frac{2}{y}$km이다.
>
> (ㄷ) $x$km의 거리를 시속 50km의 속력으로 달렸을 때 걸린 시간은 $\frac{x}{50}$시간이다.

4 5%의 소금물 xg과 12%의 소금물 yg을 섞었을 때, 이 소금물에 들어 있는 소금의 양을 문자를 사용한 식으로 나타내시오.

5 다음 중 옳은 것은?

① $2xy+3$은 단항식이다.
② $xy-1$에서 항은 3개이다.
③ $\frac{3}{x}+2x+1$은 다항식이다.
④ $-5x^2+3x+1$의 차수는 2이다.
⑤ $-\frac{x}{6}+3$에서 x의 계수는 $\frac{1}{6}$이다.

6 $\frac{x-5}{2}+\frac{3x+4}{3}$를 계산하였을 때, x의 계수를 a, 상수항을 b라 할 때, $a-b$의 값을 구하시오.

• 일차방정식

7 $x+5=y-4$일 때, 다음 중 옳지 않은 것은? (단, $z\neq 0$인 상수)

① $x+4=y-5$
② $2x+10=2y-8$
③ $x+z=y+z-9$
④ $xz=yz+9z$
⑤ $\frac{x+9}{z}=\frac{y}{z}$

8 다음 등식 중 x의 값에 관계없이 항상 성립하는 것은?

① $2x+3=x$
② $2-5x=8$
③ $-5x+2=-x-9$
④ $2x+4=-3x+7$
⑤ $9-3x=-3(x-3)$

9 다음 중 일차방정식이 아닌 것은?

① $x+5=2x-1$ ② $5x-2=6$ ③ $2x-1=1-2x$

④ $x-4=-4+x$ ⑤ $\frac{x^2}{3}-x=\frac{x^2}{3}+1$

10 다음 방정식 중 해가 가장 큰 것은?

① $3x-3=x+6$

② $2x+5=3(4-x)$

③ $\frac{2}{3}x-1=\frac{5x-2}{6}$

④ $x-0.9=0.2x+1.5$

⑤ $0.5(x+2)+\frac{1}{4}=0.2x+\frac{3}{5}$

• 일차방정식 활용

11 연속하는 세 짝수를 작은 수부터 차례로 나열할 때, 가운데 수의 4배는 나머지 두 수의 합보다 32만큼 크다고 한다. 이때 가장 큰 짝수를 구하여라.

12 십의 자리의 숫자가 6인 두 자리 자연수가 있다. 이 자연수의 십의 자리의 숫자와 일의 자리의 숫자를 바꾼 수는 처음 수보다 27만큼 작다고 할 때, 처음 수와 바꾼 수의 합을 구하시오.

13 현재 다혜와 아빠의 나이 차는 32살이다. 15년 후에 아빠의 나이가 다혜 나이의 2배보다 4살 많아진다고 할 때, 현재 다혜의 나이를 구하여라.

14 원가가 6000원인 상품이 있다. 정가의 20%를 할인하여 팔면 1개를 팔 때마다 원가의 12%의 이익을 얻는다고 할 때, 이 상품의 정가를 구하여라.

15 등산을 하는데 올라갈 때는 시속 4km로 걷고, 내려올 때는 올라갈 때보다 3km가 더 긴 다른 등산로를 시속 2km로 걸어서 총 6시간이 걸렸다. 이때 내려간 거리를 구하여라.

16 둘레의 길이가 1200m인 호수의 같은 지점에 다혜와 하늬가 서 있다. 다혜가 분속 60m로 걷기 시작한 뒤 5분 후에 하늬가 반대 방향으로 분속 40m로 걷는다면 하늬는 출발한 지 몇 분 후에 처음으로 다혜를 만나게 되는지 구하여라.

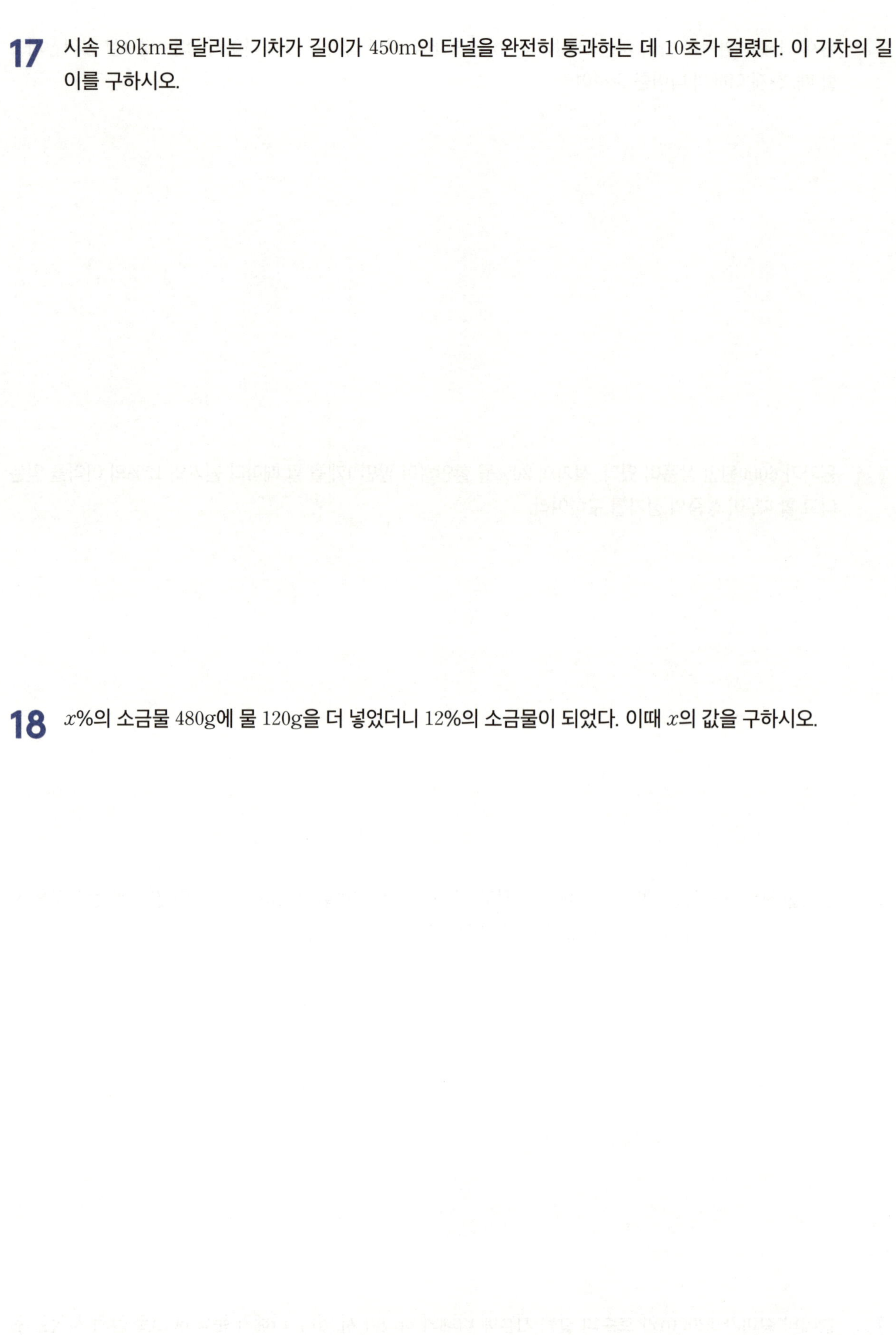

17 시속 $180\mathrm{km}$로 달리는 기차가 길이가 $450\mathrm{m}$인 터널을 완전히 통과하는 데 10초가 걸렸다. 이 기차의 길이를 구하시오.

18 $x\%$의 소금물 $480\mathrm{g}$에 물 $120\mathrm{g}$을 더 넣었더니 12%의 소금물이 되었다. 이때 x의 값을 구하시오.

19 7%의 설탕물과 12%의 설탕물을 섞어 9%의 설탕물 $400\mathrm{g}$을 만들려고 한다. 이때 7%의 설탕물의 양을 구하여라.

[2-1 과정]

01 단항식의 계산

1 거듭제곱과 지수(★★★) : 대수 지수

핵심개념

(1) **거듭제곱** : 같은 수나 문자를 여러 번 곱한 것을 밑과 지수를 이용하여 간단히 나타낸 것

(2) **밑** : 거듭제곱에서 여러 번 곱한 수 또는 문자

(3) **지수** : 거듭제곱에서 수 또는 문자를 곱한 횟수

$\underbrace{a\times a\times\cdots\times a}_{n개}=a^{n}$ ← 지수, ↑ 밑

2 지수법칙(★★★) : 대수 지수

확장개념+응용공식

m, n이 자연수일 때

지수법칙(1)

$a^{m}\times a^{n}=a^{m+n}$

거듭제곱의 곱셈 ⇨ 지수의 덧셈

$\leftarrow a^{m}\times a^{n}=\underbrace{a\times a\times\cdots\times a}_{m개}\times\underbrace{a\times a\times\cdots\times a}_{n개}$
$=\underbrace{a\times a\times\cdots\times a}_{(m+n)개}=a^{m+n}$

예1 $a^{2}\times a^{3}=(\underbrace{a\times a}_{2개})\times(\underbrace{a\times a\times a}_{3개}\})=a^{2+3}=a^{5}$

예2 $x^{2}\times x^{3}\times y^{2}\times y^{2}=x^{2+3}y^{2+2}=x^{5}y^{4}$

! 중요 필요에 따라 $a^{11}=a\times a^{10}=a^{2}\times a^{9}=\cdots$등과 같이 나타낼 수 있어야 한다.

예 $2^{10}=2\times2^{9}=2^{2}\times2^{8}=\cdots$, $3^{x+1}=3^{x}\times3=3\times3^{x}$

지수법칙(2)

$(a^{m})^{n}=a^{mn}$

거듭제곱의 거듭제곱 ⇨ 지수의 곱셈

$\leftarrow (a^{m})^{n}=\underbrace{a^{m}\times a^{m}\times\cdots\times a^{m}}_{n개}$
$=a^{\overbrace{m\times m\times\cdots\times m}^{n개}}=a^{mn}$

예1 $(5^{3})^{4}=\underbrace{5^{3}\times5^{3}\times5^{3}\times5^{3}}_{4개}=5^{3+3+3+3}=5^{3\times4}=5^{12}$

예2 $(x^{3})^{2}\times x=x^{3\times2}\times x=x^{6}\times x=x^{6+1}=x^{7}$

예3 $(y^{3})^{2}\times(y^{2})^{4}=y^{3\times2}\times y^{2\times4}=y^{6}\times y^{8}=y^{14}$

! 중요 필요에 따라 $a^{12}=(a^{2})^{6}=(a^{3})^{4}=\cdots$등과 같이 나타낼 수 있어야 한다.

예 $2^{10}=(2^{2})^{5}=(2^{5})^{2}=\cdots$, $9^{x}=(3^{2})^{x}=3^{2x}=(3^{x})^{2}$

지수법칙(3)

m, n은 자연수, $a\neq0$일 때,

$$a^m \div a^n = \begin{cases} a^{m-n} & (m>n) \\ 1 & (m=n) \\ \dfrac{1}{a^{n-m}} & (m<n) \end{cases}$$

거듭제곱의 나눗셈 ⇨ 지수의 차

← $m>n$일 때 $a^m \div a^n = \dfrac{a^m}{a^n} = \dfrac{\overbrace{a\times a\times a\times\cdots\times a}^{m\text{개}}}{\underbrace{a\times a\times\cdots\times a}_{n\text{개}}} = a^{m-n}$

$m=n$일 때 $a^m \div a^n = \dfrac{a^m}{a^n} = 1$

$m<n$일 때 $a^m \div a^n = \dfrac{a^m}{a^n} = \dfrac{\overbrace{a\times a\times\cdots\times a}^{m\text{개}}}{\underbrace{a\times a\times a\times\cdots\times a}_{n\text{개}}} = \dfrac{1}{a^{n-m}}$

예1 $a^5 \div a^2 = \dfrac{a^5}{a^2} = \dfrac{a\times a\times a\times a\times a}{a\times a} = a\times a\times a = a^3(=a^{5-2})$

예2 $a^4 \div a^4 = \dfrac{a^4}{a^4} = \dfrac{a\times a\times a\times a}{a\times a\times a\times a} = 1$

예3 $a^4 \div a^7 = \dfrac{a^4}{a^7} = \dfrac{a\times a\times a\times a}{a\times a\times a\times a\times a\times a\times a} = \dfrac{1}{a\times a\times a} = \dfrac{1}{a^3}\left(=\dfrac{1}{a^{7-4}}\right)$

예4 $x^{13} \div x^4 \div x^3 = x^{13-4} \div x^3 = x^9 \div x^3 = x^6(=x^{13-4-3})$

예5 $x^5 \div x^3 \div x^4 = x^{5-3} \div x^4 = x^2 \div x^4 = \dfrac{1}{x^{4-2}} = \dfrac{1}{x^2}$

! 중요 필요에 따라 $a^9 = a^{10-1} = a^{11-2} = \cdots$등과 같이 나타낼 수 있어야 한다.

예 $2^9 = 2^{10-1} = 2^{10} \div 2 = \dfrac{2^{10}}{2} = \cdots$, $3^{x-2} = 3^x \div 3^2 = \dfrac{3^x}{3^2} = \dfrac{1}{9}\times 3^x$

지수법칙(4)

n이 자연수일 때,

(1) $(ab)^n = a^n b^n$

(2) $\left(\dfrac{a}{b}\right)^n = \dfrac{a^n}{b^n}$ (단, $b\neq0$)

곱의 거듭제곱 ⇨ 지수의 분배

← (1) $(ab)^n = \underbrace{ab\times ab\times\cdots\times ab}_{n\text{개}}$

$= \underbrace{a\times a\times\cdots\times a}_{n\text{개}} \times \underbrace{b\times b\times\cdots\times b}_{n\text{개}} = a^n b^n$

(2) $\left(\dfrac{a}{b}\right)^n = \underbrace{\dfrac{a}{b}\times\dfrac{a}{b}\times\cdots\times\dfrac{a}{b}}_{n\text{개}}$

$= \dfrac{a\times a\times\cdots\times a}{\underbrace{b\times b\times\cdots\times b}_{n\text{개}}} = \dfrac{a^n}{b^n}$

예1 $(a^2b)^3 = \underbrace{a^2b\times a^2b\times a^2b}_{3\text{개}} = \underbrace{a^2\times a^2\times a^2}_{3\text{개}} \times \underbrace{b\times b\times b}_{3\text{개}} = a^6b^3$

예2 $\left(-\dfrac{a}{b}\right)^4 = (-1)^4\times\left(\dfrac{a}{b}\right)^4 = 1\times\dfrac{a^4}{b^4} = \dfrac{a^4}{b^4}$

예3 $\left(\dfrac{a^3}{b^4}\right)^4 = \dfrac{(a^3)^4}{(b^4)^4} = \dfrac{a^{12}}{b^{16}}$

예4 $(-3x^2y^3)^2 = (-3)^2\times(x^2)^2\times(y^3)^2 = 9x^4y^6$

예5 $\left(\dfrac{2x^2}{y}\right)^3 = \dfrac{(2x^2)^3}{y^3} = \dfrac{2^3\times(x^2)^3}{y^3} = \dfrac{8x^6}{y^3}$

! 주의 다음과 같이 계산하지 않도록 주의하자.

① $2^3 \neq 2\times3 \xrightarrow{\text{올바른 계산}} 2^3=2\times2\times2=8$ ← 거듭제곱 계산을 헷갈리지 말자.

② $2^2+2^3 \neq 2^{2+3} \xrightarrow{\text{올바른 계산}} 2^2+2^3=4+8=12$ ← 지수법칙을 혼동하지 말자.

③ $a^2\times a^3 \neq a^{2\times3} \xrightarrow{\text{올바른 계산}} a^2\times a^3=a^{2+3}=a^5$ ← 지수법칙을 혼동하지 말자.

④ $(2xy)^3 \neq 6x^3y^3 \xrightarrow{\text{올바른 계산}} (2xy)^3=2^3x^3y^3=8x^3y^3$ ← 수의 거듭제곱 계산 주의

⑤ $(-2x^2y)^2 \neq -4x^4y^2 \xrightarrow{\text{올바른 계산}} (-2x^2y)^2=4x^4y^2$ ← (−)를 짝수 번 거듭제곱하면 (+) (부호 주의)

! 주의 $-2a^2$과 $(-2a)^2$은 다른 수이다.

$-2a^2=-2\times a^2=-2\times a\times a$ ← 지수의 밑에 괄호가 없으면 지수 밑에 있는 문자(또는 수)만 거듭제곱하라는 뜻

$(-2a)^2=(-2a)\times(-2a)=4\times a\times a$ ← 지수의 밑에 괄호가 있으면 괄호 전체를 거듭제곱하라는 뜻

3 지수법칙 응용(★★★) : 대수 지수

확장개념+응용공식

(1) 밑이 같은 거듭제곱의 덧셈 간단히 하기

$\underbrace{a^m+a^m+\cdots+a^m}_{a^m\text{이 } a\text{개}}=a\times a^m=a^{m+1}$ ← $a^m=x$라 놓고 생각하면 편리하다.

예1 $2^{10}+2^{10}=2\times2^{10}=2^{11}$ ← $2^{10}=x$라 놓으면, $2^{10}+2^{10}=x+x=2x=2\times2^{10}=2^{11}$

예2 $3^6+3^6+3^6=3\times3^6=3^7$ ← $3^6=x$라 놓으면, $3^6+3^6+3^6=x+x+x=3x=3\times3^6=3^7$

예3 $5^6+5^7=5^6+5\times5^6=6\times5^6$ ← $5^6=x$라 놓으면, $5^6+5\times5^6=x+5x=6x=6\times5^6$

(2) 거듭제곱의 대소비교

밑과 지수가 모두 자연수일 때,

① 밑이 같으면 지수가 큰 수가 크다. 예 $3^{10}<3^{12}$

② 지수가 같으면 밑이 큰 수가 크다. 예 $3^{10}<4^{10}$

예1 8^{10}과 4^{12}의 크기 비교 ← 밑을 같게 할 수 있을 때는 밑을 통일한 후 지수 비교

$\left.\begin{array}{l}8^{10}=(2^3)^{10}=2^{30}\\4^{12}=(2^2)^{12}=2^{24}\end{array}\right\}$ $2^{30}>2^{24}$ 이므로 $8^{10}>4^{12}$

예2 2^{20}과 3^{15}의 크기 비교 ← 지수를 같게 할 수 있을 때는 지수를 통일한 후 밑 비교

$\left.\begin{array}{l}2^{20}=2^{4\times5}=(2^4)^5=16^5\\3^{15}=3^{3\times5}=(3^3)^5=27^5\end{array}\right\}$ $16^5<27^5$ 이므로 $2^{20}<3^{15}$

(3) 곱셈으로 표현된 수의 자릿수 구하기

곱셈으로 표현된 수가 몇 자리의 수인지 구할 때는

$2^m\times5^m=(2\times5)^m=10^m$ ← 지수 분배의 역과정

으로 바꾸어 계산한다.

(예1) $2^8\times5^6$의 자릿수 구하기

$2^8\times5^6=2^2\times2^6\times5^6=2^2\times(2\times5)^6=2^2\times10^6=\underbrace{4000000}_{0이\ 6개} \Rightarrow$ 7자리의 수

(예2) $3^2\times4^5\times5^{11}$의 자릿수 구하기

$3^2\times4^5\times5^{11}=3^2\times2^{10}\times5^{11}=3^2\times2^{10}\times(5^{10}\times5)=3^2\times(2\times5)^{10}\times5$

$=3^2\times5\times10^{10}=45\times2^{10}=45\underbrace{0000000000}_{0이\ 10개} \Rightarrow$ 12자리의 수

4 단항식의 곱셈과 나눗셈(★)

핵심개념

(1) 단항식의 곱셈

① 곱셈의 결합법칙과 교환법칙을 이용하여 계수는 계수끼리, 문자는 문자끼리 곱한다.
이때, 괄호의 거듭제곱이 있으면 괄호 먼저 계산한 뒤 계수끼리, 문자끼리 곱한다.

② 같은 문자끼리의 곱셈은 지수법칙을 이용하여 간단히 한다.

(예1) $4a^2\times(-3ab)=4\times a^2\times(-3)\times a\times b$ (교환법칙)

$=4\times(-3)\times a^2\times a\times b$ (교환법칙)

$=\{4\times(-3)\}\times(a^2\times a\times b)$ (계수는 계수끼리, 문자는 문자끼리)

$=-12a^3b$ ← 원론적 계산법

(예2) $3x^2y^3\times2xy^5=(3\times2)\times(x^2y^3\times xy^5)=6\times x^{2+1}y^{3+5}=6x^3y^8$ ← 빠른 계산법 (계수끼리 곱하기, 문자끼리 곱하기)

(예3) $(-x^2y)^2\times(-2xy^2)^3\times(-3x^2y^2)^2=x^4y^2\times(-8x^3y^6)\times9x^4y^4=-72x^{11}y^{12}$ ← 괄호 먼저 계산

(2) 단항식의 나눗셈 : 역수의 곱셈으로 고치거나 분수꼴로 나타내어 계산한다.

[방법1] 나눗셈을 곱셈으로 고치기 $\Rightarrow A\div B=A\times\frac{1}{B}$	[방법2] 분수꼴로 나타내어 계산 $\Rightarrow A\div B=\frac{A}{B}$
(예) $8x^2y\div2x=8x^2y\times\frac{1}{2x}$ ← $2x$가 하나의 수 (곱셈으로 고치기, 역수로 바꾸기) $=8\times\frac{1}{2}\times x^2y\times\frac{1}{x}=4xy$ (계수끼리, 문자끼리)	(예) $8x^2y\div2x=\frac{8x^2y}{2x}=\frac{8}{2}\times\frac{x^2y}{x}=4xy$ (분자, 분모, 계수끼리, 문자끼리)

+꿀팁 두 개 이상의 나눗셈이 있거나, 분수가 섞여 있는 나눗셈은 곱셈으로 고쳐서 계산하는 것이 편리하다. 또한, 곱셈을 계산할 때는 약분하여 계산하면 편리하다.

(예1) $8a^4\div2a\div a^2=8a^4\times\frac{1}{2a}\times\frac{1}{a^2}=4a \leftarrow A\div B\div C=A\times\frac{1}{B}\times\frac{1}{C}$

예2 $\left(\frac{ab}{2}\right)^2 \div \frac{a^2b^3}{6} = \frac{a^2b^2}{4} \times \frac{6}{a^2b^3} = \frac{3}{2b}$ ← $A \div \frac{C}{B} = A \times \frac{B}{C}$

예3 $(-3x^3y^2)^2 \div (xy)^3 \div 2xy = 9x^6y^4 \times \frac{1}{x^3y^3} \times \frac{1}{2xy} = \frac{9}{2}x^2$

! 주의 나눗셈을 역수의 곱셈으로 바꿀 때, 실수하지 않도록 주의하자.

	잘못된 계산	올바른 계산
예1	$\div x^2y \neq \times \frac{1}{x^2}y$	$\div x^2y \Rightarrow \times \frac{1}{x^2y}$ ← 곱셈 기호가 생략된 x^2y를 하나의 수로 취급 → (x^2y)로 나눔. x^2y의 역수는 $\frac{1}{x^2y}$
예2	$\div x^2 \times y \neq \times \frac{1}{x^2y}$	$\div x^2 \times y \Rightarrow \times \frac{1}{x^2} \times y$ → x^2으로 나눈 뒤 y를 곱하라는 뜻
예3	$\div \frac{2}{3}x^2y \neq \times \frac{3}{2}x^2y$	$\div \frac{2}{3}x^2y \Rightarrow \div \frac{2x^2y}{3} \Rightarrow \times \frac{3}{2x^2y}$ → $\left(\frac{2}{3}x^2y\right)$로 나눔. $\frac{2}{3}x^2y = \frac{2x^2y}{3}$이므로 역수는 $\frac{3}{2x^2y}$
예4	$\div \frac{2}{3}x^2 \times y \neq \times \frac{3}{2x^2y}$	$\div \frac{2}{3}x^2 \times y \Rightarrow \div \frac{2x^2}{3} \times y \Rightarrow \times \frac{3}{2x^2} \times y$ → $\left(\frac{2}{3}x^2\right)$으로 나눈 뒤 y를 곱하라는 뜻

! 주의 $6x^2 \div 3x$과 $6x^2 \div 3 \times x$은 계산 방법이 다르다.

$6x^2 \div 3x = 6x^2 \times \frac{1}{3x} = 2x$

→ $6x^2$을 $3x$로 나눔 : $(3x)$를 한 덩어리로 생각해 하나의 수로 취급한다.

$6x^2 \div 3 \times x = 6x^2 \times \frac{1}{3} \times x = 2x^3$

→ $6x^2$을 3으로 나눈 뒤 x를 곱함 : 3과 x를 따로 취급한다.

계산할 때 실수하지 않도록 주의하자.

⇨ 곱셈 기호가 생략된 경우는 덩어리를 하나의 수로 취급하여 계산
곱셈 기호가 생략되지 않은 경우는 각각을 수로 취급하여 계산

(3) 단항식의 곱셈과 나눗셈의 혼합 계산 순서

❶ 괄호가 있는 거듭제곱이 있으면 지수법칙을 이용하여 괄호를 먼저 푼다.

❷ 나눗셈은 분수꼴 또는 역수의 곱셈으로 고친다.

❸ 계수는 계수끼리, 문자는 문자끼리 계산한다. 약분하여 계산하면 편리하다.

예 $(-2x^2y)^3 \div \left(-\frac{1}{2}x^3y^2\right) \times \frac{3}{4}y = (-8x^6y^3) \times \left(-\frac{2}{x^3y^2}\right) \times \frac{3y}{4}$

$= (-8) \times (-2) \times \frac{3}{4} \times \frac{x^6y^3 \times y}{x^3y^2}$

$= 12x^3y^2$

[2-1 과정]

02 다항식의 계산

1 다항식의 덧셈과 뺄셈(★)

핵심개념

(1) **다항식의 덧셈** : 괄호가 있으면 괄호를 푼 뒤, 동류항끼리 모아서 간단히 한다.

예 $(a+2b)+(3a-5b)$
$=a+2b+3a-5b$ ← 괄호를 푼다.
$=a+3a+2b-5b$ ← 동류항끼리 모은다.
$=4a-3b$ ← 간단히 한다.

(2) **다항식의 뺄셈** : 빼는 식의 각 항의 부호를 바꾸어 더한다.

예 $(4x+y)-(3x-2y)$
$=4x+y+(-3x+2y)$ ← 부호를 바꾸어 덧셈으로
$=4x+y+(-3x)+2y$ ← 괄호를 푼다.
$=4x-3x+y+2y$ ← 동류항끼리 모은다.
$=x+3y$ ← 계산한다.

(3) 분수꼴인 식은 분모를 통분하여 계산하거나, 각각 분리하여 계산한다.

예1 $\frac{x+3y}{2}+\frac{x-2y}{3}$

[방법1] 분모 통분	[방법2] 분리하여 계산
$\frac{x+3y}{2}+\frac{x-2y}{3}$	$\frac{x+3y}{2}+\frac{x-2y}{3}$
$=\frac{3(x+3y)}{6}+\frac{2(x-2y)}{6}$ ← 괄호를 씌워 실수 방지	$=\left(\frac{x}{2}+\frac{3y}{2}\right)+\left(\frac{x}{3}-\frac{2y}{3}\right)$ ← 괄호를 씌워 실수 방지
$=\frac{3(x+3y)+2(x-2y)}{6}$	$=\frac{3}{6}x+\frac{2}{6}x+\frac{9}{6}y-\frac{4}{6}y$
$=\frac{3x+9y+2x-4y}{6}$	$=\frac{5}{6}x+\frac{5}{6}y$
$=\frac{5x+5y}{6}$	

예2 $\frac{2x-y}{2}-\frac{x-2y}{3}$

[방법1] 분모 통분	[방법2] 분리하여 계산
$\frac{2x-y}{2}-\frac{x-2y}{3}$	$\frac{2x-y}{2}-\frac{x-2y}{3}$
$=\frac{3(2x-y)}{6}-\frac{2(x-2y)}{6}$ ← 괄호를 씌워 실수 방지	$=\left(\frac{2x}{2}-\frac{y}{2}\right)-\left(\frac{x}{3}-\frac{2y}{3}\right)$ ← 괄호를 씌워 실수 방지
$=\frac{3(2x-y)-2(x-2y)}{6}$	$=\left(x-\frac{y}{2}\right)+\left(-\frac{x}{3}+\frac{2y}{3}\right)$ ← 부호에 주의!
$=\frac{6x-3y-2x+4y}{6}$ ← 부호에 주의!	$=\frac{3}{3}x-\frac{1}{3}x-\frac{3}{6}y+\frac{4}{6}y$
$=\frac{4x+y}{6}$	$=\frac{2}{3}x+\frac{1}{6}y$

2 다항식의 덧셈과 뺄셈(★)

핵심개념

(1) 이차식 : 한 문자에 대하여 차수가 가장 큰 항의 차수가 2인 다항식을 이차식이라 한다.

예 $2x^2+3x-5$, $-x^2+3$, ⋯ 은 차수가 가장 큰 항의 차수가 2이므로 이차식이다.

+참고 x에 대한 이차식은 일반적으로 ax^2+bx+c (단, $a \neq 0$) 꼴로 나타낸다.

(2) 이차식의 덧셈과 뺄셈

괄호를 풀고, 동류항끼리(이차항끼리, 일차항끼리, 상수항끼리) 모아서 간단히 한다.
물론 뺄셈은 괄호 안의 부호를 바꾼 덧셈으로 계산해도 된다.

예1 $(2x^2-5x+1)+(x^2+3x-4)$
$=2x^2-5x+1+x^2+3x-4$ (괄호를 푼다.)
$=2x^2+x^2-5x+3x+1-4$ (동류항끼리 모은다.)
$=3x^2-2x-3$ (계산한다.)

예2 $(2x^2+3x-1)-(x^2-2x-5)$ 계산하기

[방법1] 괄호 풀기	$(2x^2+3x-1)-(x^2-2x-5)$ $=2x^2+3x-1-x^2+2x+5$ (괄호를 푼다.) $=2x^2-x^2+3x+2x-1+5$ (동류항끼리 모은다.) $=x^2+5x+4$ (계산한다.)
[방법2] 덧셈으로 바꾸어 계산	$(2x^2+3x-1)-(x^2-2x-5)$ $=2x^2+3x-1+(-x^2+2x+5)$ (덧셈으로 바꿈.) $=2x^2-x^2+3x+2x-1+5$ (동류항끼리 모은다.) $=x^2+5x+4$ (계산한다.)

(3) 여러 가지 괄호가 있는 식의 덧셈과 뺄셈

여러 가지 괄호가 있는 다항식의 덧셈과 뺄셈은 일반적으로
(소괄호) ⇨ {중괄호} ⇨ [대괄호]
의 순서로 괄호를 풀어 계산한다.

예 $2x^2-\overset{③}{[}3x-2\overset{②}{\{}3x-\overset{①}{(}5x^2-x)+2\}]$
$=2x^2-\{3x-2(3x\underset{①}{\underline{-5x^2+x}}+2)\}$ (괄호 ① 풀기)
$=2x^2-\{3x-2(-5x^2+4x+2)\}$ (동류항끼리 계산)
$=2x^2-(3x\underset{②}{\underline{+10x^2-8x-4}})$ (괄호 ② 풀기)
$=2x^2-(10x^2-5x-4)$ (동류항끼리 계산)
$=2x^2\underset{③}{\underline{-10x^2+5x+4}}$ (괄호 ③ 풀기)
$=-8x^2+5x+4$ (동류항끼리 계산)

3 다항식의 곱셈과 나눗셈(★)

핵심개념

(1) (단항식)×(다항식) : 분배법칙을 이용하여 단항식을 다항식의 각 항에 곱한다.

$\Rightarrow A(B+C)=AB+AC$, $(B+C)A=AB+AC$

예 $2x(x-y)=\underbrace{2x\times x}_{①}+\underbrace{2x\times(-y)}_{②}=2x^2-2xy$

(2) 전개와 전개식

① 전개 : 분배법칙을 이용하여 단항식과 다항식의 곱셈을 하나의 다항식으로 나타내는 것

② 전개식 : 전개하여 얻은 다항식

$2x(x-y)$) 전개
$=\underbrace{2x^2-2xy}_{\text{전개식}}$

(3) (다항식)÷(단항식) : 역수의 곱셈으로 고치거나 분수꼴로 나타내어 계산한다.

[방법1] 나눗셈을 곱셈으로 고치기	[방법2] 분수꼴로 나타내어 계산
$\Rightarrow (A+B)\div C=(A+B)\times\frac{1}{C}$ (전개)	$\Rightarrow (A+B)\div C=\frac{A+B}{C}=\frac{A}{C}+\frac{B}{C}$ (분모로)
예 $(12x^2+8x)\div 4x=(12x^2+8x)\times\frac{1}{4x}$ $=12x^2\times\frac{1}{4x}+8x\times\frac{1}{4x}$ $=3x+2$	예 $(12x^2+8x)\div 4x=\frac{12x^2+8x}{4x}$ $=\frac{12x^2}{4x}+\frac{8x}{4x}$ $=3x+2$

(4) 사칙연산이 혼합된 식의 계산 순서

❶ 거듭제곱이 있으면 지수법칙을 이용하여 거듭제곱을 먼저 계산

❷ 분배법칙을 이용하여 괄호를 풀고 곱셈, 나눗셈을 계산

❸ 동류항끼리 모아서 덧셈, 뺄셈을 계산

예 $(2xy-y)\times(-3x)-\{(-3x^2y)^2-2x^3y^2\}\div\frac{1}{2}x^2y$) 거듭제곱 계산 (부호 주의!)

$=(2xy-y)\times(-3x)-(9x^4y^2-2x^3y^2)\div\frac{1}{2}x^2y$) 나눗셈을 곱셈으로 (역수로 고칠 때 주의!)

$=(2xy-y)\times(-3x)-(9x^4y^2-2x^3y^2)\times\frac{2}{x^2y}$) 곱셈 먼저 계산

$=(-6x^2y+3xy)-(18x^2y-4xy)$) 괄호를 푼다. (부호 주의!)

$=-6x^2y+3xy-18x^2y+4xy$) 동류항끼리 계산

$=-24x^2y+7xy$

[2-1 과정]

03 일차부등식

1 부등식의 뜻과 표현(★★★)

핵심개념

(1) **부등식** : 부등호 $>$, $<$, $\geq$, $\leq$를 사용하여 수 또는 식의 대소 관계를 나타낸 식

예 $2+5>3$, $2x-1\leq 3x$, $\cdots$ ⇨ 부등식

$2x+3-x$, $3x+1=7$, $\cdots$ ⇨ 부등식이 아니다.

(2) **부등식의 표현**

$a>b$	$a<b$	$a\geq b$	$a\leq b$
a는 b보다 크다. a는 b 초과이다.	a는 b보다 작다. a는 b 미만이다.	a는 b보다 크거나 같다. a는 b보다 작지 않다. a는 b 이상이다.	a는 b보다 작거나 같다. a는 b보다 크지 않다. a는 b 이하이다.

예 x의 2배는 8보다 크다. ⇨ $2x>8$

x는 음수이다. ⇨ $x<0$

1200원짜리 빵 x개와 100원짜리 봉투 1개의 가격의 합이 5000원 이하이다.

⇨ $1200x+100\leq 5000$

2 부등식의 해(★)

(1) **부등식의 해** : 부등식이 참이 되게 하는 미지수의 값

(2) **부등식을 푼다.** : 부등식을 만족하는 해를 모두 구하는 것

예 x가 자연수일 때, 부등식 $2x-5<1$의 해를 구하면

x의 값	좌변의 값		우변의 값	부등식의 참, 거짓
1	$2-5=-3$	$<$	1	참
2	$4-5=-1$	$<$	1	참
3	$6-5=1$	$=$	1	거짓
4	$8-5=3$	$>$	1	거짓
5	$10-5=5$	$>$	1	거짓
⋮	⋮		⋮	⋮

따라서 부등식 $2x-5<1$의 해는 $x=1$, 2이다.

3 부등식의 성질(★★) : 공통수학1 부등식

핵심개념

(1) 부등식의 양변에 같은 수를 더하거나 빼어도 부등호의 방향은 바뀌지 않는다.	⇨	$a<b$이면 $\begin{cases} a+c<b+c \\ a-c<b-c \end{cases}$
(2) 부등식의 양변에 같은 양수를 곱하거나 나누어도 부등호의 방향은 바뀌지 않는다.	⇨	$a<b,\ c>0$이면 $\begin{cases} ac<bc \\ \frac{a}{c}<\frac{b}{c} \end{cases}$
(3) 부등식의 양변에 같은 음수를 곱하거나 나누면 부등호의 방향이 바뀐다.	⇨	$a<b,\ c<0$이면 $\begin{cases} ac>bc \\ \frac{a}{c}>\frac{b}{c} \end{cases}$

▶설명 $4>2$은 참인 부등식이다. 이 부등식의 양변에 다음과 같은 계산을 해보자.

$4>2$
- 양변에 2를 더하면 → $4+2>2+2 \Rightarrow 6>4$ (참)
- 양변에 2를 빼면 → $4-2>2-2 \Rightarrow 2>0$ (참)
- 양변에 2를 곱하면 → $4\times2>2\times2 \Rightarrow 8>4$ (참)
- 양변을 2로 나누면 → $4\div2>2\div2 \Rightarrow 2>1$ (참)
- 양변에 −2를 곱하면 → $4\times(-2)>2\times(-2) \Rightarrow -8>-4$ (거짓) ← 부등호 방향을 바꿔야 성립
- 양변을 −2로 나누면 → $4\div(-2)>2\div(-2) \Rightarrow -2>-1$ (거짓) ← 부등호 방향을 바꿔야 성립

따라서 양변에 같은 음수를 곱하거나 나누면 부등호 방향을 바꿔야 성립하는 식이 된다.

+참고 부등식의 성질은 부등호가 $>$, $<$, $\geq$, $\leq$인 경우에 모두 성립한다.

(1) 부등식 변형하기

부등식을 변형할 때, 음수가 곱해지거나 나누어진 경우에는 부등호 방향이 바뀐 식이 성립한다.

예1 $2a+3>2b+3$일 때, a, b의 대소 관계

$2a+3>2b+3 \xrightarrow{\text{양변에 3을 빼면}} 2a>2b \xrightarrow{\text{양변을 2로 나누면}} a>b$ ← 양수가 곱해진 경우 부등호 방향 그대로

예2 $-2a+3>-2b+3$일 때, a, b의 대소 관계

$-2a+3>-2b+3 \xrightarrow{\text{양변에 3을 빼면}} -2a>-2b \xrightarrow{\text{양변을 }-2\text{로 나누면}} a<b$ ← 음수가 곱해진 경우 부등호 방향 반대로

예3 $a<2$일 때, $2a+1$의 값의 범위

$a<2 \xrightarrow{\text{양변에 2를 곱하면}} 2a<4 \xrightarrow{\text{양변에 1을 더하면}} 2a+1<5$ ← 양수가 곱해진 경우 부등호 방향 그대로

예4 $a<2$일 때, $-2a+3$의 값의 범위

$a<2 \xrightarrow{\text{양변에 }-2\text{를 곱하면}} -2a>-4 \xrightarrow{\text{양변에 3을 더하면}} -2a+3>-1$ ← 음수가 곱해진 경우 부등호 방향 반대로

! 주의 예3, 4에서 덧셈과 곱셈의 순서가 바뀌면 다른 부등식이 된다. 계산 순서에 주의하자.

예5 $a<2 \xrightarrow{\text{양변에 1을 더하면}} a+1<3 \xrightarrow{\text{양변에 2를 곱하면}} 2(a+1)<6 \Rightarrow 2a+2<6$

4 일차부등식과 그 풀이(★) : 공통수학1 부등식

핵심개념

(1) 일차부등식의 뜻

부등식에서 우변에 있는 모든 항을 좌변으로 이항하여 정리했을 때

(일차식)>0, (일차식)<0, (일차식)≥ 0, (일차식)≤ 0

중 어느 하나의 꼴로 나타내어지는 부등식

예 ① $2x+1>3 \xrightarrow{\text{이항하여 정리}} 2x-2>0$ ⇨ 일차부등식이다.

② $2x+1>2x \xrightarrow{\text{이항하여 정리}} 1>0$ ⇨ x가 없으므로 일차부등식이 아니다.

③ $4x-3<x^2 \xrightarrow{\text{이항하여 정리}} 4x-3-x^2<0$ ⇨ 좌변이 이차식이므로 일차부등식이 아니다.

④ $x^2+4x-3<x^2+1 \xrightarrow{\text{이항하여 정리}} 4x-4<0$ ⇨ 일차부등식이다.

(2) 일차부등식의 풀이 순서 ← 부등호의 방향을 정하는 것만 다를 뿐, 일차방정식의 풀이와 비슷하다.

❶ 부등식의 성질을 이용하여 미지수 x를 포함한 항은 좌변으로, 상수항은 우변으로 이항한다.

❷ 양변을 정리하여 $ax>b$, $ax<b$, $ax\geq b$, $ax\leq b$ $(a\neq 0)$ 꼴로 나타낸다.

❸ 양변을 x의 계수 a로 나눈다. 이때, $a<0$이면 부등호의 방향이 바뀐다.

예1	예2
$6+3x\leq -2x-9$ ↓ 이항 $3x+2x\leq -9-6$ ↓ 정리 $5x\leq -15$ ↓ x의 계수로 나눔 $\therefore x\leq -3$	$3x-5\geq 5x+3$ ↓ 이항 $3x-5x\geq 3+5$ ↓ 정리 $-2x\geq 8$ ↓ x의 계수로 나눔, 부등호의 방향 바뀜 $\therefore x\leq -4$

(3) 일차부등식의 해와 수직선

일차부등식의 해는 $x>$(수), $x<$(수), $x\geq$(수), $x\leq$(수) 중 하나의 꼴로 나타난다.

부등식의 해는 수직선 위에 다음과 같이 나타낼 수 있다.

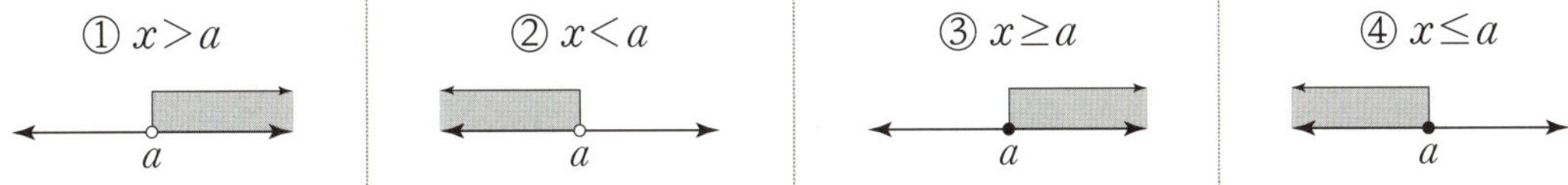

+참고 부등호 '$>$'과 '$<$'로 표현되는 해는 경계점이 비어있다는 뜻으로 '○'을 사용하고, 부등호 '$\geq$'과 '$\leq$'로 표현되는 해는 경계점을 포함한다는 뜻으로 '●'을 사용한다.

예 다음 부등식을 풀고, 해를 수직선 위에 나타내 보자.

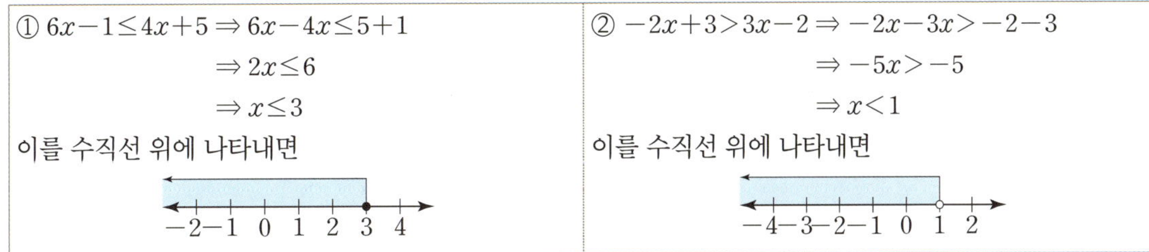

①	②
$6x-1\leq 4x+5 \Rightarrow 6x-4x\leq 5+1$ $\Rightarrow 2x\leq 6$ $\Rightarrow x\leq 3$ 이를 수직선 위에 나타내면 $-2\ -1\ 0\ 1\ 2\ 3\ 4$	$-2x+3>3x-2 \Rightarrow -2x-3x>-2-3$ $\Rightarrow -5x>-5$ $\Rightarrow x<1$ 이를 수직선 위에 나타내면 $-4\ -3\ -2\ -1\ 0\ 1\ 2$

핵심개념

(4) 복잡한 일차부등식의 풀이 ← 부등호의 방향을 정하는 것만 다를 뿐, 복잡한 일차방정식의 풀이와 비슷하다.

① 괄호가 있을 때 : 분배법칙을 이용하여 괄호를 풀고 동류항끼리 모아서 정리한 후 푼다.

(예) $4x-9>2(x-3)-2 \Rightarrow 4x-9>2x-6-2$

$\Rightarrow 4x-2x>-6-2+9$

$\Rightarrow 2x>1 \Rightarrow x>\frac{1}{2}$

② 계수가 소수일 때 : 양변에 10의 거듭제곱을 곱하여 계수를 정수로 고친 후 푼다.

(예) $0.7x+0.2\geq 0.5x-1.4 \xrightarrow{\text{양변에 10을 곱하면}} \mathbf{10}\times(0.7x+0.2)\geq \mathbf{10}\times(0.5x-1.4)$

$\xrightarrow{\text{괄호를 풀면}} 7x+2\geq 5x-14$

$\xrightarrow{\text{이항}} 7x-5x\geq -14-2$

$\xrightarrow{\text{계산}} 2x\geq -16$

$\xrightarrow{\text{양변을 2로 나누면}} x\geq -8$ ← 부등호 방향 그대로

③ 계수가 분수일 때 : 양변에 분모의 최소공배수를 곱하여 계수를 정수로 고친 후 푼다.

(예) $\frac{1}{2}x+\frac{x-4}{3}\geq x-\frac{3}{2} \xrightarrow{\text{양변에 6을 곱하면}} \mathbf{6}\times\left(\frac{1}{2}x+\frac{x-4}{3}\right)\geq \mathbf{6}\times\left(x-\frac{3}{2}\right)$

$\xrightarrow{\text{괄호를 풀면}} 3x+2(x-4)\geq 6x-9$

$\xrightarrow{\text{괄호를 풀어 계산}} 5x-8\geq 6x-9$

$\xrightarrow{\text{이항}} 5x-6x\geq -9+8$

$\xrightarrow{\text{계산}} -x\geq -1$

$\xrightarrow{\text{양변을 }-1\text{로 나누면}} x\leq 1$ ← 부등호 방향 반대로

! 주의 양변에 같은 수를 곱할 때, 방정식에서와 같이 좌변과 우변 전체에 수를 곱해야 한다. 좌변의 일부에만 수를 곱하지 않도록 주의하자.

(예)

잘못된 계산	올바른 계산
$\frac{1}{2}x+1>\frac{1}{3}x$) 양변에 6을 곱함 $6\times\frac{1}{2}x+1>6\times\frac{1}{3}x$ $3x+\underline{1}>2x$ ← 1에도 6을 곱해야 맞음.	$\frac{1}{2}x+1>\frac{1}{3}x$) 양변에 6을 곱함 $6\times(\frac{1}{2}x+1)>6\times\frac{1}{3}x$ $3x+6>2x$

확장개념+응용공식

(5) 문자가 섞여 있는 일차부등식

① x의 계수가 문자인 경우 : 주어진 부등식을 $\square\times x>\triangle$의 꼴로 정리하였을 때

$$\begin{cases} \text{i) } \square>0\text{이면 } x>\dfrac{\triangle}{\square} \\ \text{ii) } \square<0\text{이면 } x<\dfrac{\triangle}{\square} \end{cases}$$

← x의 계수가 양수인지 음수인지에 따라 부등호 방향 결정

x에 대한 부등식	$a>0$일 때	$a<0$일 때
예1 $ax>1$의 해	$x>\frac{1}{a}$	$x<\frac{1}{a}$
예2 $ax>a$의 해	$x>\frac{a}{a}\Rightarrow x>1$	$x<\frac{a}{a}\Rightarrow x<1$
예3 $-ax>a$의 해	$x<\frac{a}{-a}\Rightarrow x<-1$ ⇒ x의 계수$(-a)$가 음수이므로 부등호 방향 반대로	$x>\frac{a}{-a}\Rightarrow x>-1$ ⇒ x의 계수$(-a)$가 양수이므로 부등호 방향 그대로
예4 $-ax>-2a$의 해	$x<\frac{-2a}{-a}\Rightarrow x<2$	$x>\frac{-2a}{-a}\Rightarrow x>2$

② 부등식의 해가 주어진 경우

부등식 $ax>b$에서 $\begin{cases} \text{i) 주어진 해가 } x>k\text{이면, } a>0\text{이고 } \dfrac{b}{a}=k \\ \text{ii) 주어진 해가 } x<k\text{이면, } a<0\text{이고 } \dfrac{b}{a}=k \end{cases}$

예1 x에 대한 부등식 $2x+a>1$의 해가 $x>3$일 때, a의 값 구하기

+풀이 부등식을 풀면 $2x+a>1\Rightarrow 2x>1-a\Rightarrow x>\frac{1-a}{2}$

부등식의 해가 $x>3$이므로 $\frac{1-a}{2}=3$이다. a를 구하면,

$\frac{1-a}{2}=3\Rightarrow 1-a=6\Rightarrow a=-5$

예2 x에 대한 부등식 $ax+5>-1$의 해가 $x<2$일 때, a의 값 구하기

+풀이 부등식을 풀면 $ax+5>-1\Rightarrow ax>-6\Rightarrow \begin{cases} a>0\text{이면, } x>-\dfrac{6}{a} \\ a<0\text{이면, } x<-\dfrac{6}{a} \end{cases}$

주어진 해가 $x<2$이므로, $a<0$이고 해는 $x<-\frac{6}{a}$이어야 한다.

따라서 $-\frac{6}{a}=2$이므로 $a=-3$

확장개념+응용공식

③ 부등식의 해가 특정한 조건을 만족하는 경우

예1 부등식 $x<a$을 만족하는 자연수 x가 3개일 때, 상수 a값의 범위 구하기

풀이 부등식 $x<a$의 해를 a의 위치에 따라 수직선 위에 나타내 보자.

i) $a=3$일 때,	ii) $3<a<4$일 때,	iii) $a=4$일 때,	iv) $a>4$일 때,
0 1 2 3 4	0 1 2 3 4	0 1 2 3 4	0 1 2 3 4
자연수 x는 2개 ($x=1, 2$)	자연수 x는 3개 ($x=1, 2, 3$)	자연수 x는 3개 ($x=1, 2, 3$)	자연수 x는 4개 이상 ($x=1, 2, 3, 4, \cdots\cdots$)

따라서 부등식 $x<a$의 자연수 해가 3개인 a값의 범위는 $3<a\le4$이다.

예2 부등식 $x\le a$를 만족하는 자연수 x가 3개일 때, 상수 a값의 범위 구하기

풀이 부등식 $x\le a$의 해를 a의 위치에 따라 수직선 위에 나타내 보자.

i) $a=3$일 때,	ii) $3<a<4$일 때,	iii) $a=4$일 때,	iv) $a>4$일 때,
0 1 2 3 4	0 1 2 3 4	0 1 2 3 4	0 1 2 3 4
자연수 x는 3개 ($x=1, 2, 3$)	자연수 x는 3개 ($x=1, 2, 3$)	자연수 x는 4개 ($x=1, 2, 3, 4$)	자연수 x는 4개 이상 ($x=1, 2, 3, 4, \cdots\cdots$)

따라서 부등식 $x\le a$의 자연수 해는 3개인 a값의 범위는 $3\le a<4$이다.

! 주의 주어진 부등식에 등호가 있는지 없는지에 따라 a값의 범위가 달라지므로 경계점에서의 a값이 부등식을 만족하는지 꼼꼼히 따져보아야 한다.

예3 부등식 $-x-a\ge x+2$를 만족하는 자연수 x가 3개일 때, 상수 a값의 범위 구하기

풀이 부등식을 풀면

$$-x-a\ge x+2 \Rightarrow -2x\ge a+2 \Rightarrow x\le -\frac{a+2}{2} \xrightarrow{-\frac{a+2}{2}\text{를 }\triangle\text{라 놓으면}} x\le\triangle$$

꿀팁 $\left(\frac{a+2}{2}\right)$를 한 덩어리의 수로 취급하자.

부등식 $x\le\triangle$의 자연수 해가 3개이려면 $3\le\triangle<4$ ($\because$ 위의 예2와 같은 상황)

따라서

$$3\le\triangle<4 \xrightarrow{\triangle\text{를 원래대로}} 3\le-\frac{a+2}{2}<4 \Rightarrow -6\ge a+2>-8 \Rightarrow -10<a\le-8$$

[2-1 과정]

04 일차부등식 활용

1 일차부등식의 활용(★★) : 공통수학1 부등식

핵심개념

일차부등식의 활용 문제는 다음과 같은 순서로 푼다. ← 중 1－1 과정 일차방정식의 활용 단원과 비슷

❶ 미지수 정하기 : 문제의 뜻을 파악하고, 구하려는 것을 미지수 x로 놓는다.

❷ 부등식 세우기 : 문제에서 주어진 조건에 맞게 부등식을 세운다.

❸ 부등식 풀기 : 부등식을 풀어 해를 구한다.

❹ 확인하기 : 구한 해가 문제의 뜻에 맞는지 확인한다.

2 일차부등식의 활용에서 자주 이용되는 식 ← 중 1－1 과정 일차방정식의 활용 단원과 비슷

핵심개념+핵심공식

(1) 연속하는 정수에 관한 문제

① 연속하는 두 정수 : x, $x+1$ 또는 $x-1$, x

② 연속하는 세 정수 : x, $x+1$, $x+2$ 또는 $x-1$, x, $x+1$

③ 연속하는 세 홀수 (또는 짝수) : x, $x+2$, $x+4$ 또는 $x-2$, x, $x+2$

예 연속하는 세 홀수 중에서 가장 작은 수와 가운데 수의 합이 가장 큰 수의 4배에서 32를 뺀 수보다 작을 때, 세 홀수 중 가장 작은 수의 최솟값 구하기

+풀이 ❶ 연속하는 세 홀수를 $x-2$, x, $x+2$라 놓으면

❷ $(x-2)+x<4(x+2)-32$

❸ 이 부등식을 풀면 $2x-2<4x-24 \Rightarrow 22<2x \Rightarrow x>11$

❹ 부등식의 해 중에서 가장 작은 홀수 x는 13이므로 연속하는 세 홀수는 11, 13, 15.
이 중 가장 작은 수는 11이다.

(2) 추가 요금에 관한 문제 ⇨ (전체 요금)＝(기본요금)＋(추가 요금)

예 주차 요금이 처음 1시간까지는 3000원이고, 이후에는 10분당 800원의 요금이 추가될 때, 주차요금이 10000원 이하가 되게 하려면 최대 몇 분 동안 주차할 수 있는지 구하기

+풀이 ❶ 1시간 이후 10분씩 추가되는 횟수를 x라 하면

❷ (주차 요금)$=3000+800x\leq 10000$

❸ 이 부등식을 풀면 $800x\leq 7000 \Rightarrow x\leq 8.\times\times\times$

❹ 따라서 추가되는 횟수의 최댓값은 8이므로 최대 주차 시간은
(1시간)$+(10\times 8)$분$=$2시간 20분

(3) 비용이 유리한 방법을 구하는 문제

① A지점과 B지점 중 A지점을 이용하는 것이 유리한 경우

⇨ (A지점의 물건 가격)+(부대 비용)<(B지점의 물건 가격)+(부대 비용)

예) A쇼핑몰은 양말의 가격이 1000원이고 배송비가 3000원, B쇼핑몰은 양말의 가격이 1200원이고 무료배송일 때, 최소 몇 개의 양말을 구입해야 A쇼핑몰을 이용하는 것이 유리한지 구하기

+풀이 ❶ 구입하는 양말의 개수를 x라고 하면,

❷

A쇼핑몰 이용 가격	B쇼핑몰 이용 가격	부등식
$1000x+3000$	$1200x$	$1000x+3000<1200x$

❸ $1000x+3000<1200x \Rightarrow 200x>3000 \Rightarrow x>15$

❹ A쇼핑몰을 이용할 때 유리한 양말의 최소 개수는 16개다.

② x명이 입장한다고 할 때, a명 이상에게 단체 입장료를 적용하는 경우

⇨ (a명의 단체 입장료)<(x명의 입장료)

예) 어느 박물관의 입장료가 4000원이고, 20명 이상의 단체에 대해서는 입장료의 30%를 할인해 준다고 할 때, 최소 몇 명부터 20명의 단체 입장권을 구입하는 것이 더 유리한지 구하기

+풀이 ❶ 박물관 입장객의 수를 x라고 하면,

❷

20명 단체 입장권 금액	개별 입장료의 합	부등식
$4000\times20\times\left(1-\frac{30}{100}\right)$	$4000x$	$4000\times20\times\left(1-\frac{30}{100}\right)<4000x$

❸ $4000\times20\times\left(1-\frac{30}{100}\right)<4000x \Rightarrow 80000\times\frac{70}{100}<4000x \Rightarrow x>14$

❹ 15명부터 단체 입장권을 구입하는 것이 유리하다.

(4) 정가, 원가, 할인가에 관한 문제

① (정가)=(원가)+(이익)

⇒ 원가가 x원인 물건에 a%의 이익을 붙인 가격 : $x+\frac{a}{100}x=\left(1+\frac{a}{100}\right)x$(원)

② (할인가)=(정가)−(할인 금액)

⇒ 정가가 x원인 물건을 a%만큼 할인한 가격 : $x-\frac{a}{100}x=\left(1-\frac{a}{100}\right)x$(원)

③ (이익)=(판매 가격)−(원가)

예) 원가가 50000원인 운동화를 정가에서 20%를 할인하여 팔아 원가의 12% 이상의 이익을 얻으려고 할 때, 신발 정가의 최솟값 구하기

+풀이 ❶ 신발의 정가를 x라 하면

❷ (20% 할인가)$=\left(1-\frac{20}{100}\right)x=\frac{4}{5}x$, (판매 이익)$=\frac{4}{5}x-50000$

$\frac{4}{5}x-50000\geq50000\times\frac{12}{100}$

❸ 이 부등식을 풀면 $\frac{4}{5}x\geq56000 \Rightarrow x\geq70000$

❹ 신발 정가의 최솟값은 70000원이다.

핵심개념+핵심공식

(5) 거리, 속력, 시간에 관한 문제

(거리)=(속력)×(시간), (속력)$=\frac{(거리)}{(시간)}$, (시간)$=\frac{(거리)}{(속력)}$

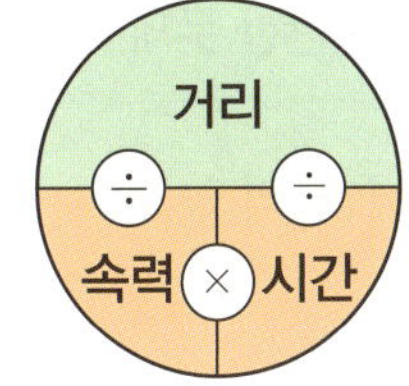

① 두 지점을 왕복하는 경우

⇨ (갈 때 걸린 시간)+(올 때 걸린 시간)≤(전체 걸린 시간)

예 운동을 하는데 갈 때는 시속 6km로 뛰어가고, 올 때는 같은 길을 시속 3km로 걸어올 때, 총 운동 시간이 1시간 이내가 되게 하는 최대 거리 구하기

+풀이 ❶ 갈 때의 거리를 $x$km라고 하면,

갈 때 걸린 시간: $\frac{x}{6}$

시속 6 km → x km ← 시속 3 km

올 때 걸린 시간: $\frac{x}{3}$

❷

	갈 때	올 때	부등식
거리	$x$km	$x$km	
속력	시속 6km	시속 3km	
시간	$\frac{x}{6}$	$\frac{x}{3}$	$\frac{x}{6}+\frac{x}{3}\le 1$ ← (시간)$=\frac{(거리)}{(속력)}$

❸ $\frac{x}{6}+\frac{x}{3}\le 1 \Rightarrow x+2x\le 6 \Rightarrow 3x\le 6 \Rightarrow x\le 2$(km)

❹ 따라서 갈 수 있는 최대 거리는 2km이다.

② A지점에서 B지점까지 갈 때, 속력 a로 가다가 속력 b로 가는 경우

⇨ (속력 a로 갈 때 걸린 시간)+(속력 b로 갈 때 걸린 시간)≤(전체 걸린 시간)

예 거리가 4km인 둘레길을 분속 60m로 걷다가 분속 120m로 달려서 1시간 이내에 완주할 때, 걸은 거리 구하기

+풀이 ❶ 걸은 거리를 xm라고 하자. 4km=4000m이므로

❷

	걸은 구간	달린 구간	부등식
거리	xm	$(4000-x)$m	
속력	분속 60m	분속 120m	
시간	$\frac{x}{60}$	$\frac{4000-x}{120}$	$\frac{x}{60}+\frac{4000-x}{120}\le 60$ ← (시간)$=\frac{(거리)}{(속력)}$

❸ $\frac{x}{60}+\frac{4000-x}{120}\le 60 \Rightarrow 2x+(4000-x)\le 7200 \to x\le 3200$(m)

❹ 걸은 거리는 3200m 이하다.

! 주의 거리나 시간의 단위가 다를 때에는 반드시 단위를 통일해야 한다.

확장개념+응용공식

(6) 농도에 관한 문제

$$(\text{소금물의 농도})=\frac{(\text{소금의 양})}{(\text{소금물의 양})}\times100(\%),\ (\text{소금의 양})=\frac{(\text{농도})}{100}\times(\text{소금물의 양})$$

① 물의 양을 변화(추가 또는 증발)시켜 주어진 농도 이상이 되도록 하는 경우

ⅰ) 농도가 a%인 소금물 Ag에 물 xg을 넣어 농도가 b% 이하가 될 때

$$(\text{처음 소금의 양})=\frac{a}{100}\times A,\ (\text{물을 추가한 소금물의 농도})=\frac{\frac{a}{100}\times A}{A+x}\times100$$

부등식을 세우면 $\frac{\frac{a}{100}\times A}{A+x}\times100\le b \xrightarrow[\text{부등호 방향 그대로}]{\text{양변에}\times(A+x),\ \div100} \frac{a}{100}\times A\le\frac{b}{100}\times(A+x)$

예 20%의 소금물 200g에 물을 넣어 농도가 16% 이하가 되도록 할 때, 넣어야 할 물의 양 구하기

+풀이1 문제를 해석하여 부등식 만들기

❶ 넣어야 할 물의 양을 xg이라고 하자.

20% 200 g + 물 $x\,g$ ≤ 16% $(200+x)\,g$

❷

	넣기 전	넣은 후	부등식
농도	20%	16% 이상	$\Rightarrow \frac{40}{200+x}\times100\le16$ (넣은 후 농도)
소금물	200g	$(200+x)$g	
소금	$\frac{20}{100}\times200=40$	40	

❸ $\frac{40}{200+x}\times100\le16 \xrightarrow{\text{양변에}\times(200+x)} 40\times100\le16\times(200+x)$ ← $(200+x)>0$이므로 부등호 방향 그대로

$\xrightarrow{\text{양변을}\div16} 5\times50\le200+x \Rightarrow x\ge50(\text{g})$

❹ 넣어야 할 물의 양은 50g 이상이다.

+풀이2 공식을 이용하여 부등식 만들기

❶

	넣기 전	넣은 후	부등식
농도	20%	16% 이상	$\Rightarrow 40\le\frac{16}{100}\times(200+x)$
소금물	200g	$(200+x)$g	
소금	$\frac{20}{100}\times200=40$	$\frac{16}{100}\times(200+x)$	

❷ $40\le\frac{\overset{4}{\cancel{16}}}{\underset{25}{\cancel{100}}}\times(200+x) \Rightarrow 250\le200+x \Rightarrow x\ge50(\text{g})$

ii) 농도가 a%인 소금물 Ag에서 물 xg을 증발시켜 농도가 b% 이상이 될 때

$$(\text{처음 소금의 양})=\frac{a}{100}\times A,\ (\text{물을 증발시킨 소금물의 농도})=\frac{\frac{a}{100}\times A}{A-x}\times 100$$

부등식을 세우면 $\dfrac{\frac{a}{100}\times A}{A-x}\times 100\geq b \xrightarrow[\text{부등호 방향 그대로}]{\text{양변에}\times(A-x),\ \div 100} \dfrac{a}{100}\times A\geq\dfrac{b}{100}\times(A-x)$

(예) 14%의 소금물 200g에서 물을 증발시켜 농도가 20% 이상 되도록 할 때, 증발시켜야 할 물의 양 구하기

+풀이1 문제를 해석하여 부등식 만들기

❶ 증발시켜야 할 물의 양을 xg이라고 하자.

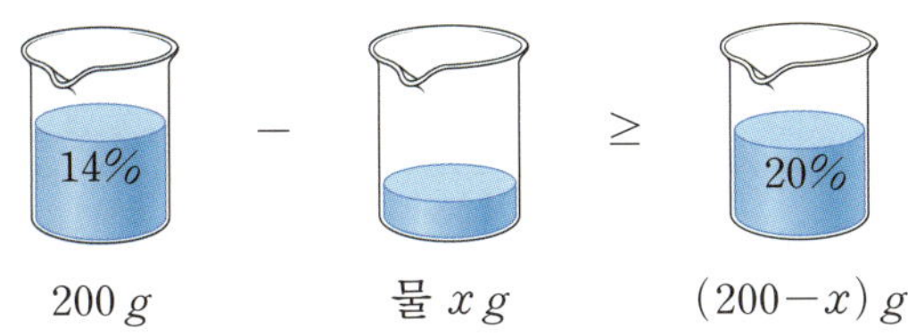

❷

	증발 전	증발 후	부등식
농도	14%	20% 이상	$\Rightarrow \dfrac{28}{200-x}\times 100\geq 20$ (증발 후 농도)
소금물	200g	$(200-x)$g	
소금	$\dfrac{14}{100}\times 200=28$	28	

❸ $\dfrac{28}{200-x}\times 100\geq 20 \xrightarrow{\text{양변에}\times(200-x)} 28\times 100\geq 20\times(200-x)$ ←$(200-x)>0$이므로 부등호 방향 그대로

$\xrightarrow{\text{양변을}\div 20} 28\times 5\geq 200-x$

$\Rightarrow x\geq 60(\text{g})$

❹ 증발시켜야 할 물의 양은 60g 이상이다.

+풀이2 공식을 이용하여 부등식 만들기

❶

	증발 전	증발 후	부등식
농도	14%	20% 이상	$\Rightarrow 28\geq\dfrac{20}{100}\times(100-x)$
소금물	200g	$(200-x)$g	
소금	$\dfrac{14}{100}\times 200=28$	$\dfrac{20}{100}\times(200-x)$	

❷ $28\geq\dfrac{\overset{1}{\cancel{20}}}{\underset{5}{\cancel{100}}}\times(200-x)\Rightarrow 28\times 5\geq 200-x\Rightarrow x\geq 60(\text{g})$

! 주의 위의 내용을 +풀이2와 같이 공식으로 기억하려면 부등호 방향이 헷갈릴 수 있다.
(물만 증발시키거나 추가하면 소금의 양은 변함이 없는데 소금의 양으로 부등식을 세우니 헷갈리지 않을까?) 따라서 +풀이1과 같이 농도에 대한 부등식을 세우는 과정을 알아두는 것이 좋다.

② 두 소금물을 섞어 주어진 농도 이상의 소금물을 만드는 경우

(섞기 전 두 소금물에 있는 소금의 양의 합) ≥ (섞은 후 소금물에 들어 있는 소금의 양)

임을 이용하여 부등식을 세운다.

예) 10%의 소금물 500g과 16%의 소금물을 섞어서 14% 이상의 소금물을 만들 때, 섞어야 할 16%의 소금물 구하기

+풀이1 문제를 해석하여 부등식 만들기

❶ 14%의 소금물의 양을 xg이라고 하자.

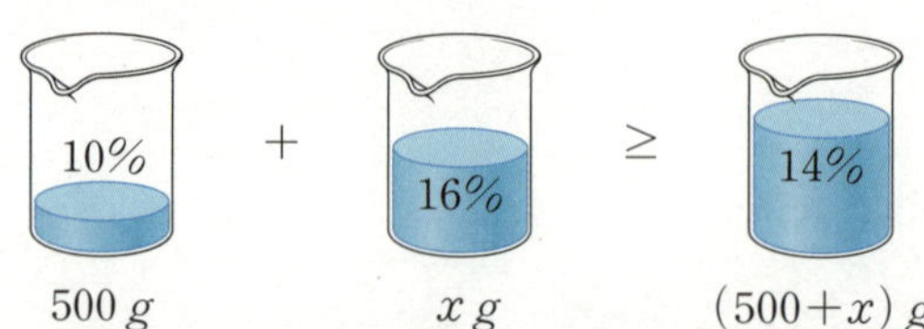

❷

	섞기 전		섞은 후	부등식
농도	10%	16%	14% 이상	$\Rightarrow \dfrac{\frac{10}{100}\times 500+\frac{16}{100}\times x}{500+x}\times 100 \geq 14$
소금물	500g	xg	$(500+x)$g	
소금	$\frac{10}{100}\times 500$	$\frac{16}{100}\times x$	$\frac{10}{100}\times 500+\frac{16}{100}\times x$	

❸ $\dfrac{\frac{10}{100}\times 500+\frac{16}{100}\times x}{500+x}\times 100 \geq 14$

$\xrightarrow[\times(500+x)]{\text{양변에}} \left(\frac{10}{100}\times 500+\frac{16}{100}\times x\right)\times 100 \geq 14(500+x)$ ← $(500+x)>0$이므로 부등호 방향 그대로

$\Rightarrow 5000+16x \geq 7000+14x$

$\Rightarrow 2x \geq 2000 \Rightarrow x \geq 1000(\text{g})$

❹ 섞어야 할 소금물의 양은 1000g 이상이다.

+풀이2 소금의 양을 비교하여 부등식 만들기

❶ 14%의 소금물의 양을 xg이라고 하자.

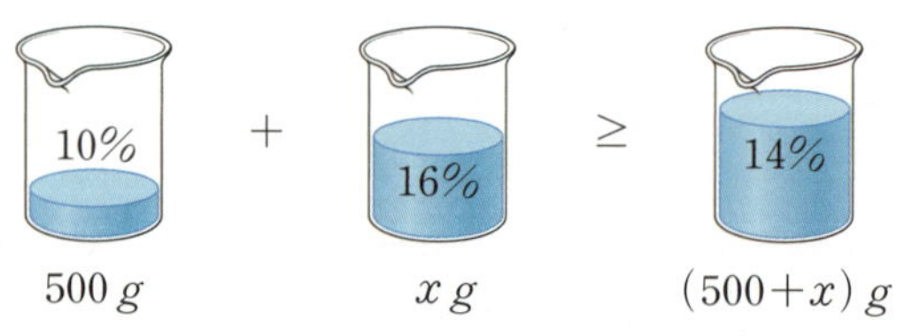

❷

	섞기 전		섞은 후
농도	10%	16%	14% 이상
소금물	500g	xg	$(500+x)$g
소금	$\frac{10}{100}\times 500$	$\frac{16}{100}\times x$	$\frac{14}{100}\times(500+x)$

부등식을 세우면

$\frac{10}{100}\times 500+\frac{16}{100}\times x \geq \frac{14}{100}\times(500+x)$

❸ $5000+16x \geq 7000+14x \Rightarrow 2x \geq 2000 \Rightarrow x \geq 1000(\text{g})$

❹ 섞어야 할 소금물의 양은 1000g 이상이다.

[2-1 과정]

05 연립일차방정식

1 미지수가 2개인 일차방정식(★)

핵심개념

(1) 미지수가 2개인 일차방정식 : 미지수가 2개이고 그 차수가 모두 1인 방정식

예 '500원짜리 사탕 x개와 1000원짜리 과자 y개를 사는데 5000원을 썼다.' ⇒ $500x+1000y=5000$

$500x+1000y=5000$에서 두 미지수 x, y의 차수는 모두 1차이고,
x, y의 값에 따라 참이 되기도 하고 거짓이 되기도 하므로 방정식이다.
($x=2$, $y=4$이면 참, $x=2$, $y=5$이면 거짓)
따라서 $500x+1000y=5000$은 미지수가 2개인 일차방정식이다.

(2) 미지수가 2개인 일차방정식의 표현 방법

두 미지수를 x, y라 할 때, x, y에 대한 일차방정식은

$$ax+by+c=0 \text{ (단, } a, b, c\text{는 상수, } a\neq 0, b\neq 0\text{)}$$

과 같이 나타낸다.

예1 $2x+3y+5=0$ ⇒ 미지수가 2개인 일차방정식이다.

예2 $x+2y+3=-2x+y+1 \xrightarrow[\text{정리}]{\text{이항하여}} 3x+y+2=0$ ⇒ 미지수가 2개인 일차방정식이다.

예3 $x+2y+3=x+y-2 \xrightarrow[\text{정리}]{\text{이항하여}} y+5=0$ ⇒ 미지수가 2개인 일차방정식이 아니다.

(3) 미지수가 2개인 일차방정식의 해

미지수가 x, y인 일차방정식을 참이 되게 하는 x, y의 값 또는 그 순서쌍 (x, y)를 그 일차방정식의 해 또는 근이라 하고, 방정식의 해를 모두 구하는 것을 방정식을 푼다고 한다.

예 자연수 x, y에 대한 방정식 $x+2y=10$의 해를 구해 보면 다음과 같다.

x의 값	y의 값	$x+2y=10$	참, 거짓	방정식의 해
2	4	$2+2\times4=10$	참	$x=2$, $y=4$ 또는 $(2, 4)$
4	3	$4+2\times3=10$	참	$x=4$, $y=3$ 또는 $(4, 3)$
6	2	$6+2\times2=10$	참	$x=6$, $y=2$ 또는 $(6, 2)$
6	3	$6+2\times3\neq10$	거짓	
7	2	$7+2\times2\neq10$	거짓	
⋮	⋮		⋮	

! 주의 미지수가 2개인 일차방정식의 해는 여러 개가 나올 수 있다.

+참고 미지수에 따른 방정식의 표현 방법 비교

① x에 대한 일차방정식 ⇨ $ax+b=0(a\neq0)$

② y에 대한 일차방정식 ⇨ $ay+b=0(a\neq0)$

③ x, y에 대한 일차방정식 ⇨ $ax+by+c=0(a\neq0, b\neq0)$

2 미지수가 2개인 연립일차방정식(★★) : 공통수학1 부등식

핵심개념

(1) 미지수가 2개인 연립일차방정식 ← 간단히 연립방정식이라고 한다. 연립: 여럿이 어울려 이루어진 형태

미지수가 2개인 두 일차방정식을 한 쌍으로 묶어 놓은 것

예 $\begin{cases} x+y=4 \\ x-y=2 \end{cases}$, $\begin{cases} 2x-y=3 \\ x+2y=4 \end{cases}$, $\cdots$

(2) 연립방정식의 해

두 일차방정식을 동시에 만족하는 x, y의 값 또는 그 순서쌍 (x, y)를 연립방정식의 해라 하고, 연립방정식의 해를 구하는 것을 연립방정식을 푼다고 한다.

예 x, y가 자연수일 때, 연립방정식 $\begin{cases} x+y=4 \\ x-y=2 \end{cases}$의 해 구하기

+풀이 두 일차방정식의 해를 각각 구하면

$x+y=4$의 해

x	1	2	3	$\cdots$
y	3	2	1	$\cdots$

두 방정식을 동시에 만족하는 x, y의 값

$x-y=2$의 해

x	3	4	5	$\cdots$
y	1	2	3	$\cdots$

두 일차방정식을 모두 만족하는 x, y의 값은 $x=3$, $y=1$ 이다.
따라서 주어진 연립방정식의 해는 $x=3$, $y=1$이다.

이 연립방정식의 해를 $\begin{cases} x=3 \\ y=1 \end{cases}$이라고 써도 되고, $(3, 1)$이라고 써도 된다.

3 미지수가 2개인 연립방정식의 풀이(★★) : 공통수학1 방정식

핵심개념

연립방정식의 해를 구하는 기본 방법은

미지수를 줄여 미지수가 1개인 일차방정식으로 바꾸는 것이다.

미지수를 줄이기 위해 두 미지수 중 하나를 없애는 것을 미지수를 소거한다고 한다.
미지수를 소거하는 방법에는 가감법과 대입법이 있다.

(1) 가감법

① 가감법 : 두 방정식을 각 변끼리 더하거나 빼서 한 미지수를 소거하여 해를 구하는 방법

가 / 감	
가 $\begin{array}{r} A=B \\ +)\ \ C=D \\ \hline A+C=B+D \end{array}$ **감** $\begin{array}{r} A=B \\ -)\ \ C=D \\ \hline A-C=B-D \end{array}$	⇒ 두 등식을 변끼리 더하거나 빼도 등식은 성립한다.

② 가감법을 이용한 연립방정식의 풀이 순서

❶ 일차방정식의 양변에 적당한 수를 곱하여 소거하려는 미지수의 계수의 절댓값을 같게 한다.
❷ 두 식을 더하거나 빼서 한 미지수를 소거한 뒤 방정식을 푼다.
❸ ❷에서 구한 해를 두 일차방정식 중 간단한 일차방정식에 대입하여 다른 미지수의 값을 구한다.

예 연립방정식 $\begin{cases} 2x+3y=9 \cdots\cdots ㉠ \\ x-2y=1 \cdots\cdots ㉡ \end{cases}$ 의 해 구하기

+풀이

	[방법1] x소거	[방법2] y소거
❶	㉡×2를 하여 x의 계수의 절댓값을 같게 하면 $\begin{cases} 2x+3y=9 \cdots\cdots ㉠ \\ 2x-4y=2 \cdots\cdots ㉡\times 2 \end{cases}$	㉠×2, ㉡×3을 하여 y의 계수의 절댓값을 같게 하면 $\begin{cases} 4x+6y=18 \cdots\cdots ㉠\times 2 \\ 3x-6y=\ 3 \cdots\cdots ㉡\times 3 \end{cases}$
❷	$\begin{array}{r} \cancel{2}x+3y=9 \\ -)\ \ \cancel{2}x-4y=2 \\ \hline 7y=7 \end{array} \Rightarrow y=1$	$\begin{array}{r} 4x+\cancel{6}y=18 \\ +)\ \ 3x-\cancel{6}y=\ 3 \\ \hline 7x \qquad =21 \end{array} \Rightarrow x=3$
❸	$y=1$을 ㉡에 대입하면 $x-2=1 \Rightarrow x=3$ 따라서 해는 $x=3$, $y=1$	$x=3$을 ㉡에 대입하면 $3-2y=1 \Rightarrow y=1$ 따라서 해는 $x=3$, $y=1$

(2) 대입법

① 대입법 : 한 방정식을 $x=$(y에 대한 식) 또는 $y=$(x에 대한 식)으로 정리한 뒤, 이를 다른 방정식에 대입해 하나의 미지수를 소거하여 해를 구하는 방법

② 대입법을 이용한 풀이 순서

❶ 한 방정식을 한 미지수에 대한 식으로 나타낸다. ← $x=$(y에 대한 식) 또는 $y=$(x에 대한 식)

❷ ❶의 식을 다른 방정식에 대입하여 방정식을 푼다.

❸ ❷에서 구한 해를 ❶의 식에 대입하여 다른 미지수의 값을 구한다.

예 연립방정식 $\begin{cases} 2x+3y=9 \cdots\cdots ㉠ \\ x-2y=1 \cdots\cdots ㉡ \end{cases}$ 의 해 구하기

+풀이

	[방법1] x소거	[방법2] y소거
❶	㉡을 $x=$(y에 대한 식)으로 변형하면 $x=2y+1 \cdots\cdots ㉢$	㉡을 $y=$(x에 대한 식)으로 변형하면 $2y=x-1 \Rightarrow y=\frac{x-1}{2} \cdots\cdots ㉢$
❷	㉢을 ㉠에 대입하면 $2(2y+1)+3y=9 \Rightarrow 7y+2=9$ $\Rightarrow 7y=7 \Rightarrow y=1$	㉢을 ㉠에 대입하면 $2x+3\times\frac{x-1}{2}=9$ $\Rightarrow 4x+3x-3=18$ $\Rightarrow 7x=21 \Rightarrow x=3$
❸	$y=1$을 ㉢에 대입하면 $x=2+1 \Rightarrow x=3$ 따라서 해는 $x=3, y=1$	$x=3$을 ㉢에 대입하면 $y=\frac{3-1}{2} \Rightarrow y=1$ 따라서 해는 $x=3, y=1$

+참고 대입법은 주어진 식이 대입하기 쉬운 형태로 정리되어 있거나 그 꼴로 고치기 쉬울 때 사용하면 좋다. 위의 예에서 [방법2]는 계산이 복잡하므로 [방법1]이나 가감법을 사용한다.

4 여러 가지 연립방정식의 풀이(★★) : 공통수학1 방정식

핵심개념

(1) 복잡한 연립방정식의 풀이

① 괄호가 있는 경우 : 분배법칙을 이용하여 괄호를 풀고 동류항끼리 정리한 후 푼다.

(예) 연립방정식 $\begin{cases} 2(x+1)+(y+3)=10 \\ 3(x+y)+2=2y+1 \end{cases}$ 의 해 구하기

+풀이 괄호를 풀어 정리하면 $\begin{cases} 2x+y=5 & \cdots\cdots ㉠ \\ 3x+y=-1 & \cdots\cdots ㉡ \end{cases}$

㉡−㉠을 하면 $\begin{array}{rl} & 3x+\cancel{y}=-1 \\ -) & 2x+\cancel{y}=\ \ 5 \\ \hline & x\ \ \ \ \ =-6 \end{array}$

$x=-6$을 ㉠에 대입하면 $-12+y=5 \Rightarrow y=17$

따라서 연립방정식의 해는 $x=-6$, $y=17$

② 계수가 소수인 경우 : 양변에 10의 거듭제곱을 곱하여 계수를 정수로 고친 후 푼다.

(예) 연립방정식 $\begin{cases} 0.1x-0.2y=0.8 \\ 0.8x+1.2y=-2 \end{cases}$ 의 해 구하기

+풀이 $\begin{cases} 0.1x-0.2y=0.8 \\ 0.8x+1.2y=-2 \end{cases} \xrightarrow[\times 10]{\times 10} \begin{cases} x-2y=8 & \cdots\cdots ㉠ \\ 8x+12y=-20 & \cdots\cdots ㉡ \end{cases}$

㉡의 양변을 4로 나누면 $\begin{cases} x-2y=8 & \cdots\cdots ㉠ \\ 2x+3y=-5 & \cdots\cdots ㉢ \end{cases}$

㉢−2×㉠을 하면 $\begin{array}{rl} & 2\cancel{x}+3y=-5 \\ -) & 2\cancel{x}-4y=16 \\ \hline & 7y=-21 \Rightarrow y=-3 \end{array}$

$y=-3$을 ㉠에 대입하면 $x+6=8 \Rightarrow x=2$

따라서 연립방정식의 해는 $x=2$, $y=-3$

③ 계수가 분수인 경우 : 양변에 분모의 최소공배수를 곱하여 계수를 정수로 고친 후 푼다.

(예) 연립방정식 $\begin{cases} \frac{1}{2}x-\frac{2}{3}y=1 \\ \frac{3}{4}x-\frac{5}{6}y=3 \end{cases}$ 의 해 구하기

+풀이 $\begin{cases} \frac{1}{2}x-\frac{2}{3}y=1 \\ \frac{3}{4}x-\frac{5}{6}y=3 \end{cases} \xrightarrow[\times 12]{\times 6} \begin{cases} 3x-4y=6 & \cdots\cdots ㉠ \\ 9x-10y=36 & \cdots\cdots ㉡ \end{cases}$

3×㉠−㉡을 하면 $\begin{array}{rl} & 9\cancel{x}-12y=18 \\ -) & 9\cancel{x}-10y=36 \\ \hline & -2y=-18 \Rightarrow y=9 \end{array}$

$y=9$을 ㉠에 대입하면 $3x-36=6 \Rightarrow x=14$

따라서 연립방정식의 해는 $x=14$, $y=9$

핵심개념

(2) $A=B=C$꼴의 방정식

$A=B=C$꼴의 방정식은 세 연립방정식

$$\begin{cases} A=B \\ A=C \end{cases} \text{ 또는 } \begin{cases} A=B \\ B=C \end{cases} \text{ 또는 } \begin{cases} A=C \\ B=C \end{cases}$$

← 세 연립방정식의 해는 모두 같다.

와 해가 같으므로 셋 중에서 간단한 것을 택하여 푼다.

예 $2x+3y=x-y+2=-x+y+3$를 만족하는 x, y구하기

+풀이 이 방정식의 해는 $\begin{cases} 2x+3y=-x+y+3 \\ x-y+2=-x+y+3 \end{cases}$의 해와 같다. 이항하여 정리하면

$$\begin{cases} 3x+2y=3 \cdots\cdots ㉠ \\ 2x-2y=1 \cdots\cdots ㉡ \end{cases}$$

㉠+㉡을 하면

$$\begin{array}{rl} & 3x+2y=3 \\ +) & 2x-2y=1 \\ \hline & 5x \qquad =4 \Rightarrow x=\frac{4}{5} \end{array}$$

$x=\frac{4}{5}$를 ㉡에 대입하면 $\frac{8}{5}-2y=1 \Rightarrow 2y=\frac{3}{5} \Rightarrow y=\frac{3}{10}$

따라서 연립방정식의 해는 $x=\frac{4}{5}$, $y=\frac{3}{10}$

확장개념

(3) 해가 주어진 연립방정식

① 연립방정식의 해가 주어진 경우

⇨ 방정식에 해를 대입하여 식을 만들고, 만든 식을 연립하여 다른 문자의 값을 구한다.

예) 연립방정식 $\begin{cases} ax+2by=3 \\ 2ax-3y=2b \end{cases}$ 의 해가 $x=2$, $y=-1$일 때, a, b의 값 구하기

+풀이 주어진 방정식에 $x=2$, $y=-1$을 대입하면 $\begin{cases} 2a-2b=3 \cdots\cdots ㉠ \\ 4a+3=2b \cdots\cdots ㉡ \end{cases}$ ← a, b에 대한 연립방정식

a, b에 대한 방정식 ㉡을 이항하여 정리하면 $\begin{cases} 2a-2b=3 \cdots\cdots ㉠ \\ 4a-2b=-3 \cdots\cdots ㉢ \end{cases}$

㉢−㉠을 하면
$$\begin{array}{rl} & 4a-2b=-3 \\ -) & 2a-2b=\ \ 3 \\ \hline & 2a \quad\ \ =-6 \Rightarrow a=-3 \end{array}$$

$a=-3$을 ㉠에 대입하면 $-6-2b=3 \Rightarrow b=-\frac{9}{2}$

따라서 $a=-3$, $b=-\frac{9}{2}$

② 연립방정식의 해가 같은 경우

⇨ 계수에 문자가 없는 방정식을 연립하여 해를 구한 뒤, 그 해를 계수에 문자가 있는 방정식에 대입하여 문자의 값을 구한다.

예) 연립방정식 $\begin{cases} ax+2by=3 \\ 2x-3y=3 \end{cases}$ 와 $\begin{cases} 2ax-3by=-6 \\ 3x-2y=7 \end{cases}$ 의 해가 같을 때, a, b의 값 구하기

+풀이 연립방정식 $\begin{cases} ax+2by=3 \cdots\cdots ㉠ \\ 2x-3y=3 \ \cdots\cdots ㉡ \end{cases}$ 와 $\begin{cases} 2ax-3by=-6 \cdots\cdots ㉢ \\ 3x-2y=7 \quad\ \ \cdots\cdots ㉣ \end{cases}$ 의 해가 같으므로

네 방정식의 해는 방정식 ㉡, ㉣의 해와 같다. ㉡, ㉣을 연립하여 풀면

$\begin{cases} 2x-3y=3 \cdots\cdots ㉡ \\ 3x-2y=7 \cdots\cdots ㉣ \end{cases} \xrightarrow[\times 3]{\times 2} \begin{cases} 4x-6y=6 \\ 9x-6y=21 \end{cases}$

3×㉣−2×㉡을 하면
$$\begin{array}{rl} & 9x-6y=21 \\ -) & 4x-6y=\ \ 6 \\ \hline & 5x \quad\ \ =15 \Rightarrow x=3 \end{array}$$

$x=3$을 ㉡에 대입하면 $6-3y=3 \Rightarrow y=1$

따라서 연립방정식의 해는 $x=3$, $y=1$이고, 이를 ㉠, ㉢에 대입하면

$\begin{cases} 3a+2b=3 \quad\ \cdots\cdots ㉠' \\ 6a-3b=-6 \cdots\cdots ㉢' \end{cases} \xrightarrow{\times 2} \begin{cases} 6a+4b=6 \cdots\cdots 2\times ㉠' \\ 6a-3b=-6 \cdots\cdots ㉢' \end{cases}$

2×㉠′−㉢′을 하면
$$\begin{array}{rl} & 6a+4b=\ \ 6 \\ -) & 6a-3b=-6 \\ \hline & 7b=12 \Rightarrow b=\frac{12}{7} \end{array}$$

$b=\frac{12}{7}$를 ㉠′에 대입하면 $3a+\frac{24}{7}=3 \Rightarrow a=-\frac{1}{7}$ $\qquad \therefore a=-\frac{1}{7}$, $b=\frac{12}{7}$

5 특수한 해를 갖는 연립방정식(★★) : 공통수학1 방정식//공통수학2 직선의 방정식

핵심개념

일반적으로 연립방정식의 해는 (x, y)의 한 쌍으로 나오지만, 해가 무수히 많거나 해가 없는 경우도 있다.

(1) 연립방정식의 해가 무수히 많은 경우

방정식을 변형했을 때 두 방정식이 같아지면 이 연립방정식의 해는 무수히 많다.

예) 연립방정식 $\begin{cases} x-2y=3 & \cdots\cdots ㉠ \\ 2x-4y=6 & \cdots\cdots ㉡ \end{cases}$ 에서

㉠의 양변에 2를 곱한 식은 ㉡과 서로 일치한다. 즉,

$\begin{cases} 2x-4y=6 & \cdots\cdots ㉠\times 2 \\ 2x-4y=6 & \cdots\cdots ㉡ \end{cases}$

따라서 ㉠의 모든 해는 ㉡의 해가 되므로 주어진 연립방정식의 해는 무수히 많다.

⇨ 이 부등식의 해는 $x-2y=3$을 만족하는 모든 (x, y)이다.

(2) 연립방정식의 해가 없는 경우

방정식을 변형했을 때 두 방정식이 x, y의 계수가 각각 같고, 상수항만 다르면 이 연립방정식의 해는 없다.

예) 연립방정식 $\begin{cases} x-2y=4 & \cdots\cdots ㉠ \\ 2x-4y=6 & \cdots\cdots ㉡ \end{cases}$ 에서

㉠의 양변에 2를 곱한 식은 ㉡과 상수항만 다르다. 즉,

$\begin{cases} 2x-4y=8 & \cdots\cdots ㉠\times 2 \\ 2x-4y=6 & \cdots\cdots ㉡ \end{cases}$ ← $2x-4y=8$을 만족하는 모든 x, y의 값은 $2x-4y=6$을 만족시키지 않는다.

따라서 ㉠의 모든 해는 ㉡을 만족시키지 않으므로 주어진 연립방정식의 해는 없다.

확장개념+응용공식

x, y에 대한 연립방정식 $\begin{cases} ax+by=c \\ a'x+b'y=c' \end{cases}$ 에서

① 해가 무수히 많을 조건 : $\dfrac{a}{a'}=\dfrac{b}{b'}=\dfrac{c}{c'}$ (x, y의 계수와 상수항의 비가 모두 같다.)

② 해가 없을 조건 : $\dfrac{a}{a'}=\dfrac{b}{b'}\neq\dfrac{c}{c'}$ (x, y의 계수의 비는 같고 상수항의 비만 다르다.)

③ 해가 한 쌍일 조건 : $\dfrac{a}{a'}\neq\dfrac{b}{b'}$

예) 연립방정식 $\begin{cases} ax+3y=-2 & \cdots\cdots ㉠ \\ 2x-6y=4 & \cdots\cdots ㉡ \end{cases}$ 에서 해가 무수히 많을 때 a의 값을 구하시오.

+풀이1 ㉠의 양변에 -2를 곱하면 $\begin{cases} -2ax-6y=4 & \cdots\cdots ㉠\times -2 \\ 2x-6y=4 & \cdots\cdots ㉡ \end{cases}$

두 식이 같으면 해가 무수히 많으므로 $a=-1$이다.

+풀이2 공식을 이용하여 풀어보자. 해가 무수히 많으려면

$\dfrac{a}{2}=\dfrac{3}{-6}=\dfrac{-2}{4}$이므로 $a=-1$

[2-1 과정]

06 연립일차방정식의 활용

1 연립방정식의 활용(★★) : 공통수학1 방정식

핵심개념

연립방정식의 활용 문제는 다음과 같은 순서로 푼다. ← 중 1-1 과정 일차방정식의 활용 단원과 비슷

❶ 미지수 정하기 : 문제의 뜻을 파악하고, 구하려는 것을 각각 미지수 x, y로 놓는다.

❷ 연립방정식 세우기 : x, y를 사용하여 문제의 뜻에 맞게 연립방정식을 세운다.

❸ 연립방정식 풀기 : 연립방정식을 풀어 x, y의 값을 구한다.

❹ 확인하기 : 구한 해가 문제의 뜻에 맞는지 확인한다.

2 연립방정식의 활용에서 자주 이용되는 식 ← 중 1-1 과정 일차방정식의 활용 단원과 비슷

핵심개념+핵심공식

(1) 수, 나이, 경기의 승패에 관한 문제

① 십의 자리의 숫자가 x, 일의 자리의 숫자가 y인 두 자리의 자연수 : $10x+y$

백의 자리의 숫자가 x, 십의 자리의 숫자가 y, 일의 자리의 숫자가 z인 수 : $100x+10y+z$

예 일의 자리의 숫자가 십의 자리의 숫자의 2배인 두 자리 자연수가, 일의 자리 숫자와 십의 자리의 숫자를 서로 바꾸어서 만든 자연수보다 36만큼 작을 때 처음 두 자리 자연수 구하기

+풀이 ❶ 처음 두 자리 자연수의 십의 자리의 숫자와 일의 자리의 숫자를 각각 x, y라 놓자.

❷ 일의 자리의 숫자가 십의 자리의 숫자의 2배이므로 $y=2x$ …… ㉠

일의 자리 숫자와 십의 자리 숫자를 바꾸어서 만든 자연수보다 36만큼 작으므로

$10x+y=(10y+x)-36 \Rightarrow 9x-9y=-36 \Rightarrow x-y=-4$ …… ㉡

❸ ㉠을 ㉡에 대입하면 $x-2x=-4 \Rightarrow x=4$

$x=4$를 ㉠에 대입하면 $y=8$

❹ 따라서 처음 두 자리 자연수는 48이다.

② 두 사람의 나이를 각각 x, y(살)로 놓고 연립방정식을 세운다.

⇨ 현재 x살인 사람의 a년 후의 나이 : $x+a$

예 현재 나이 차이가 28살인 엄마와 딸이 10년 뒤에는 엄마의 나이가 딸의 나이의 3배보다 4살이 적을 때, 현재 엄마의 나이 구하기

+풀이 ❶ 현재 엄마와 딸의 나이를 각각 x, y라 놓으면,

10년 뒤 엄마와 딸의 나이는 각각 $x+10$, $y+10$

❷ 조건을 만족하는 연립방정식은 $\begin{cases} x-y=28 \cdots\cdots ㉠ \\ x+10=3(y+10)-4 \Rightarrow x-3y=16 \cdots\cdots ㉡ \end{cases}$

❸ ㉠−㉡을 하면

$$\begin{array}{rl} x-y=28 & \cdots\cdots ㉠ \\ -\big) \; x-3y=16 & \cdots\cdots ㉡ \\ \hline 2y=12 \Rightarrow y=6 & \end{array}$$

$y=6$을 ㉠에 대입하면 $x-6=28 \Rightarrow x=34$

❹ 따라서 현재 엄마의 나이는 34살이다.

③ 경기 또는 게임의 승패에 관한 문제

이기면 $+a$, 지면 $-b$점을 받는 경기(게임)에서 x번 이기고 y번 졌을 때 최종 점수 : $ax-by$

예 A와 B가 이기면 5계단 위로 올라가고, 지면 3계단 아래로 내려가는 가위바위보 게임을 한다. 총 10번 게임을 한 결과 A가 26계단 올라가 있을 때 A가 이긴 횟수를 구하시오.

+풀이 ❶ A가 이긴 횟수를 x, 진 횟수를 y라 하면,

A가 올라간 계단의 수는 $5x-3y$

❷ 조건을 만족하는 연립방정식은 $\begin{cases} x+y=10 & \cdots\cdots ㉠ \\ 5x-3y=26 & \cdots\cdots ㉡ \end{cases}$

❸ $3\times㉠+㉡$을 하면

$$\begin{array}{rl} & 3x+3y=30 \\ +) & 5x-3y=26 \\ \hline & 8x \quad\quad =56 \Rightarrow x=7 \end{array}$$

$x=7$을 ㉠에 대입하면 $7+y=10 \Rightarrow y=3$

❹ A가 이긴 횟수는 7회이다.

(2) 정가, 할인가, 이익에 관한 문제

① (정가)=(원가)+(이익)

⇨ 원가가 x원인 물건에 a%의 이익을 붙인 가격 : $x+\frac{a}{100}x=\left(1+\frac{a}{100}\right)x$

② (할인가)=(정가)−(할인 금액)

⇨ 정가가 x원인 물건을 a%만큼 할인한 가격 : $x-\frac{a}{100}x=\left(1-\frac{a}{100}\right)x$

③ (이익)=(판매 가격)−(원가)

예 원가가 1000원인 물건 A와 원가가 2000원인 물건 B를 총 200개 구입하였다. A제품은 20%, B제품은 15%의 이익을 붙여 모두 판매하여 55000원의 이익을 얻었을 때, 구입한 물건 A의 개수를 구하시오.

+풀이 ❶ 구입한 물건 A와 B의 개수를 각각 x, y라 하면,

❷ A제품의 판매가 : $1000\times\left(1+\frac{20}{100}\right)=1200$(원)

B제품의 판매가 : $2000\times\left(1+\frac{15}{100}\right)=2300$(원)

(이익)$=1200x+2300y-(1000x+2000y)=55000 \Rightarrow 2x+3y=550$

❸ 조건을 만족하는 연립방정식은 $\begin{cases} x+y=200 & \cdots\cdots ㉠ \\ 2x+3y=550 & \cdots\cdots ㉡ \end{cases}$

❹ $3\times㉠-㉡$을 하면

$$\begin{array}{rl} & 3x+3y=600 \\ -) & 2x+3y=550 \\ \hline & x=50 \end{array}$$

$x=50$을 ㉠에 대입하여 정리하면 $y=150$

❺ 구입한 물건 A의 개수는 50개

(3) 증가, 감소에 관한 문제

① x가 a% 증가했을 때 ⇨ (증가량)$=\frac{a}{100}x$, (증가한 후 전체의 양)$=\left(1+\frac{a}{100}\right)x$

② x가 b% 감소했을 때 ⇨ (감소량)$=\frac{b}{100}x$, (감소한 후 전체의 양)$=\left(1-\frac{b}{100}\right)x$

예 작년 A학교의 학생 수는 800명이었다. 올해는 작년보다 남학생이 6% 감소하고, 여학생이 10% 증가하여 전체 학생 수는 8명이 증가했을 때, 올해 여학생의 수를 구하시오.

풀이 ❶ 작년 A학교의 남학생과 여학생의 수를 각각 x, y라 하면,

❷

	작년	올해의 증감
남학생	x	$-\frac{6}{100}x$
여학생	y	$\frac{10}{100}y$
전체	$x+y=800$	$-\frac{6}{100}x+\frac{10}{100}y=8$

이를 정리하면 조건을 만족하는 연립방정식은 $\begin{cases} x+y=800 & \cdots\cdots ㉠ \\ -6x+10y=800 & \cdots\cdots ㉡ \end{cases}$

❸ 10×㉠−㉡을 하면 $\begin{array}{r} 10x+10y=8000 \\ -\underline{)\ -6x+10y=800} \\ 16x \qquad =7200 \end{array}$ ⇒ $x=450$

$x=450$을 ㉠에 대입하여 정리하면 $y=350$

❹ 올해 여학생의 수는 $\left(1+\frac{10}{100}\right)\times350=385$(명)

(4) 일에 관한 문제

A와 B가 단위 시간(1시간, 1일, …)동안 하는 일의 양을 각각 x, y라 하면,

A가 a시간 동안 한 일의 양 : ax
B가 b시간 동안 한 일의 양 : by
} A와 B가 한 전체 일의 양 : $ax+by$

예 두 수도관 A와 B를 사용하여 수영장에 물을 가득 채울 때, A와 B를 동시에 사용하면 2시간이 걸린다. 또, A로 1시간을 넣은 후, B로 4시간을 넣어도 물이 가득 찬다. A만 사용한다면 물을 가득 채우는 데 몇 시간이 걸리는지 구하시오.

풀이 ❶ 두 수도관 A와 B로 1시간 동안 채울 수 있는 물의 양을 각각 x, y라 하자.
가득 찼을 때 물의 양을 1이라 하면

❷ A와 B를 동시에 사용했을 때 채운 물의 양 : $2x+2y=1$ …… ㉠
A로 1시간을 넣은 후, B로 4시간을 넣을 때 채운 물의 양 : $x+4y=1$ …… ㉡

❸ 2×㉠−㉡을 하면 $\begin{array}{r} 4x+4y=2 \\ -\underline{)\ x+4y=1} \\ 3x=1 \end{array}$ ⇒ $x=\frac{1}{3}$

$x=\frac{1}{3}$을 ㉠에 대입하여 정리하면 $y=\frac{1}{6}$

❹ 수도관 A로는 1시간에 $\frac{1}{3}$만큼의 물을 채울 수 있으므로 A만 사용할 때 걸리는 시간은 3시간이다.

(5) 거리, 속력, 시간에 관한 문제

$(\text{거리})=(\text{속력})\times(\text{시간})$, $(\text{속력})=\dfrac{(\text{거리})}{(\text{시간})}$, $(\text{시간})=\dfrac{(\text{거리})}{(\text{속력})}$

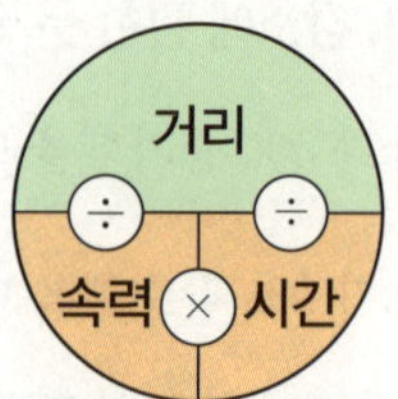

① A지점에서 B지점까지 갈 때, 속력 a로 가다가 속력 b로 가는 경우

⇨ (속력 a로 갈 때 걸린 시간)+(속력 b로 갈 때 걸린 시간)=(전체 걸린 시간)

예 거리가 4km인 둘레길을 분속 60m로 걷다가 분속 120m로 달려서 총 1시간이 걸렸을 때, 걸은 거리 구하기

풀이 ❶ 걸은 거리를 x, 달린 거리를 y라 하자. 4km=4000m, 1시간=60분으로 고치면

❷

	걸은 구간	달린 구간	방정식
거리	xm	ym	$x+y=4000$
속력	분속 60m	분속 120m	
시간	$\dfrac{x}{60}$	$\dfrac{y}{120}$	$\dfrac{x}{60}+\dfrac{y}{120}=60$

❸ 이를 정리하면 연립방정식은 $\begin{cases} x+y=4000 & \cdots\cdots ㉠ \\ 2x+y=7200 & \cdots\cdots ㉡ \end{cases}$

㉡−㉠을 하면 $\begin{array}{rr} & 2x+y=7200 \\ -) & x+y=4000 \\ \hline & x \quad\;\; =3200 \end{array}$

$x=3200$을 ㉠에 대입하면 $y=800$

❹ 걸은 거리는 3200m이다.

! 주의 거리나 시간의 단위가 다를 때에는 반드시 단위를 통일해야 한다.

② 트랙이나 호수의 같은 지점에서 출발하여 돌다가 만나는 경우

i) 반대 방향으로 돌다가 만나는 경우 ⇨ (두 사람이 이동한 거리의 합)=(트랙의 길이)

ii) 같은 방향으로 돌다가 만나는 경우 ⇨ (두 사람이 이동한 거리의 차)=(트랙의 길이)

예 둘레의 길이가 900m인 호수의 한 지점에서 하나와 두리가 동시에 출발하여 같은 방향으로 돌면 출발한 지 22분 30초만에 처음 만나고, 반대 방향으로 돌면 출발한 지 3분만에 처음 만난다. 하나의 속력이 빠를 때, 하나의 속력을 분속으로 구하기

풀이 ❶ 하나와 두리의 분속을 각각 x, y라고 하자.

22분 30초$=\left(22+\dfrac{1}{2}\right)$분$=\dfrac{45}{2}$분

❷ 같은 방향으로 돌 때 : $\dfrac{45}{2}x-\dfrac{45}{2}y=900 \Rightarrow x-y=40 \cdots\cdots$ ㉠

다른 방향으로 돌 때 : $3x+3y=900 \Rightarrow x+y=300 \cdots\cdots$ ㉡

❸ ㉠+㉡을 하면 $\begin{array}{rr} & x-y=40 \\ +) & x+y=300 \\ \hline & 2x \quad\;\; =340 \end{array} \Rightarrow x=170$

$x=170$을 ㉡에 대입하면 $y=130$

❹ 따라서 하나의 속력은 분속 170m이다.

핵심개념+핵심공식

③ 기차가 터널이나 다리를 통과하는 문제

i) 기차가 터널을 완전히 통과할 때 ⇨ (기차의 이동 거리)=(터널의 길이)+(기차의 길이)

ii) 기차가 터널 내부에 있을 때 ⇨ (기차의 이동 거리)=(터널의 길이)−(기차의 길이)

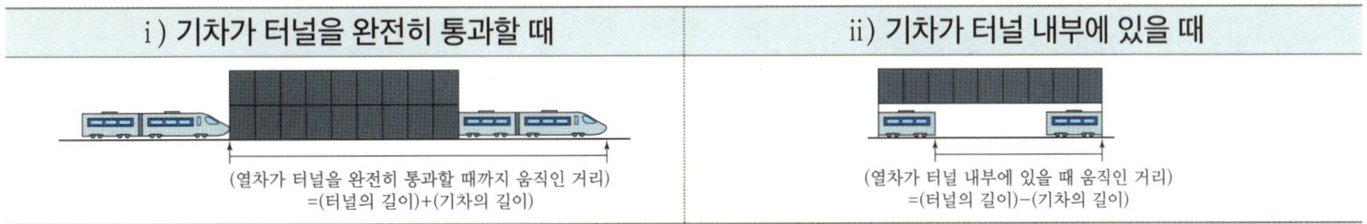

i) 기차가 터널을 완전히 통과할 때
(열차가 터널을 완전히 통과할 때까지 움직인 거리)
=(터널의 길이)+(기차의 길이)
ii) 기차가 터널 내부에 있을 때
(열차가 터널 내부에 있을 때 움직인 거리)
=(터널의 길이)−(기차의 길이)

(예) 일정한 속력으로 달리는 어떤 기차가 길이 400m인 터널을 완전히 통과하는 데 30초가 걸렸다. 또한, 이 기차가 길이가 1.8km인 터널 내부에 있는 시간은 1분 20초였다. 이때, 기차의 속력을 초속으로 구하기

+풀이 ❶ 기차의 속력을 초속 xm라 하고, 기차의 길이를 ym라고 하자.

1.8km=1800m, 1분 20초=80초

❷ 기차가 터널을 완전히 통과할 때

	기차	(터널의 길이)+(기차의 길이)	방정식
속력	초속 xm		
시간	30초		
거리	$30x$	$400+y$	$30x=400+y$

(기차가 터널을 완전히 통과할 때까지 움직인 거리)=(터널의 길이)+(기차의 길이)

이므로 방정식을 세우면 $30x=400+y$

기차가 터널 내부에 있을 때

	기차	(터널의 길이)−(기차의 길이)	방정식
속력	초속 xm		
시간	80초		
거리	$80x$	$1800-y$	$80x=1800-y$

이를 정리하면 연립방정식은 $\begin{cases} 30x=400+y & \cdots\cdots ㉠ \\ 80x=1800-y & \cdots\cdots ㉡ \end{cases}$

❸ ㉠+㉡을 하면

$$\begin{array}{rr} & 30x=400+y \\ +) & 80x=1800-y \\ \hline & 110x=2200 \Rightarrow x=20 \end{array}$$

$x=20$을 ㉠에 대입하면 $y=200$

❹ 따라서 기차의 속력은 초속 20m이다.

확장개념+응용공식

(6) 농도에 관한 문제

$(\text{소금물의 농도})=\dfrac{(\text{소금의 양})}{(\text{소금물의 양})}\times 100(\%)$, $(\text{소금의 양})=\dfrac{(\text{농도})}{100}\times(\text{소금물의 양})$

① 농도가 다른 두 소금물을 섞는 경우

⇨ (섞기 전 두 소금물에 있는 소금의 양의 합)=(섞은 후 소금물에 들어 있는 소금의 양)

예 10%의 소금물과 16%의 소금물을 섞어서 14%의 1500g을 만들었을 때, 섞은 10%의 소금물의 양 구하기

풀이 ❶ 섞은 10%의 소금물과 16%의 소금물의 양을 각각 x, y이라고 하자.

❷

	섞기 전		섞은 후	방정식
농도	10%	16%	14%	
소금물	xg	yg	$(x+y)$g	$x+y=1500$
소금	$\frac{10}{100}x$	$\frac{16}{100}y$	$\frac{14}{100}\times 1500$	$\frac{10}{100}x+\frac{16}{100}y=\frac{14}{100}\times 1500$

이를 정리하면 연립방정식은 $\begin{cases} x+y=1500 & \cdots\cdots ㉠ \\ 5x+8y=10500 & \cdots\cdots ㉡ \end{cases}$

❸ ㉡$-5\times$㉠을 하면

$$\begin{array}{r} 5x+8y=10500 \\ -\big)\ 5x+5y=7500 \\ \hline 3y=3000 \Rightarrow y=1000 \end{array}$$

❹ $y=1000$을 ㉠에 대입하면 $x=500$

따라서 섞어야 할 10% 소금물의 양은 500g이다.

고등 수학에 꼭 필요한 **핵심 개념 익히기**

• 단항식의 계산

20 다음 중 옳은 것을 모두 고르면? (정답 2개)

① $a^2 \times a^3 \times a^4 = a^{24}$

② $a^{12} \div a \div (a^3)^2 = a^6$

③ $\left(-\dfrac{b^4}{a^2}\right)^4 = \dfrac{b^{16}}{a^8}$

④ $3^8 \times 9^3 \times 27^2 = 3^{13}$

⑤ $2^{15} \div (2^2)^3 \div 4^2 = 2^5$

21 $A=3^{x-2}$일 때, $9^x = kA^2$을 만족시키는 상수 k의 값을 구하시오. (단, x는 3 이상의 자연수이다.)

22 다음 중 옳지 않은 것은?

① $(-3x^2)^2 \times 4x^2 \div 3x = 12x^5$

② $16x^2y \div 8xy^2 \times 2y = 4x$

③ $(-x^2y)^2 \times (5xy)^3 = 125x^7y^5$

④ $(xy^2)^3 \div \left(-\dfrac{1}{2}x^2y\right)^2 = \dfrac{4y^4}{x^2}$

⑤ $(-2xy)^3 \times \left(-\dfrac{1}{xy^2}\right)^2 \div 4x^3y = -\dfrac{2}{x^2y^2}$

23 $\left(-\dfrac{1}{2}x^2y^3\right)^3 \div \square \div (3x^2y)^2 = \dfrac{1}{6}xy^3$일 때, □ 안에 알맞은 식을 구하시오.

• 다항식의 계산

24 $\frac{9xy-15y^2}{-3y}-\frac{12x^2-8xy}{2x}=Ax+By$일 때, $A+B$의 값을 구하시오. (단, A, B는 상수이다.)

25 다음 중 옳지 않은 것은?

① $(2ab-3b^2)\div b=2a-3b$

② $(8x^2+6xy)\div(-2x)=-4x-3y$

③ $(12x^2y-21x^3y)\div\frac{3}{2}x=8x^2y-14xy$

④ $(-9x^2y^2+3xy)\div 3x=-3xy^2+y$

⑤ $(2x^3y-4x^2y^3)\div\left(-\frac{1}{4}xy\right)=-8x^2+16xy^2$

26 $a=-3b+7$에 대하여 $a-3ab+1$을 b의 식으로 나타내어라.

• 일차부등식

27 $a<b$일 때, 다음 중 옳지 않은 것은?

① $3a-1<3b-1$

② $a\div(-2)>b\div(-2)$

③ $1-a>1-b$

④ $7a-(-4)<7b-(-4)$

⑤ $-\frac{a}{5}+2<-\frac{b}{5}+2$

28 $-2\le x<1$일 때, 다음 중 옳지 않은 것은?

① $-3\le x-1<0$ ② $-6\le 3x<3$ ③ $-1\le\frac{x}{2}<\frac{1}{2}$

④ $-4<-4x\le 8$ ⑤ $4\le 5-x<7$

29 다음 중 부등식의 해를 바르게 구한 것은?

① $-x+6\geq0$ ➡ $x\leq-6$

② $2x-1<3x-1$ ➡ $x<0$

③ $0.3x>0.5x+1.6$ ➡ $x>-8$

④ $\frac{x}{2}-3\leq\frac{5}{6}x-2$ ➡ $x\geq3$

⑤ $\frac{1-2x}{5}\leq-3$ ➡ $x\geq8$

30 일차부등식 $(a-2b)x+3x+b>0$의 해가 $x<1$일 때, 부등식 $(a-b)x+7a-4b<0$의 해를 구하시오. (단, a, b는 상수이다.)

31 x에 대한 일차부등식 $\frac{3x-a}{7}\geq x$를 만족시키는 자연수 x의 개수가 3개가 되도록 하는 가장 작은 정수 a의 값을 구하시오.

• 일차부등식의 활용

32 한 개에 3000원인 참외와 한 개에 900원인 자두를 각 각 한 개 이상씩 사려고 한다. 봉투값이 2000원일 때, 전체 비용이 20000원 이하가 되게 하려면 자두를 최대 몇 개까지 살 수 있는가?

① 13개 ② 14개 ③ 15개
④ 16개 ⑤ 17개

33 어느 동물원의 1인당 입장료가 어른은 2500원, 어린이는 1000원이라 한다. 어른과 어린이를 합하여 15명이 33000원 이하로 동물원에 입장하려면 어른은 최대 몇 명까지 입장할 수 있는지 구하시오.

34 어느 식물원 입장료가 4명까지는 1인당 4000원이고, 4명을 초과하면 초과한 인원에 대하여 1인당 입장료는 2000원이라 한다. 50000원으로 이 식물원에 입장할 수 있는 최대 인원을 구하시오.

35 원가가 30000원인 가방을 정가의 10%를 할인하여 팔아서 원가의 20% 이상의 이익을 얻으려고 할 때, 정가를 얼마 이상으로 정하면 되는지 구하시오.

36 한 달 휴대 전화 통화 요금이 다음과 같은 두 요금제가 있다. B요금제를 선택하는 것이 유리하려면 한 달 휴대 전화 통화 시간이 몇 분 미만이어야 하는지 구하여라.

요금제	기본요금(원)	분당 통화 요금 (원)
A	35000	60
B	20000	180

37 입장료가 5000원인 어느 박물관은 20명 이상의 단체 관람객에게 입장료의 30%를 할인해 준다. 몇 명 이상이면 20명의 단체 입장권을 사는 것이 유리한지 구하시오.

38 기차가 출발하기 전까지 2시간의 여유가 있어서 이 시간 동안 상점에 가서 물건을 사오려고 한다. 물건을 사는 데 30분이 걸리고 시속 4km로 걸을 때, 역에서 몇 km 이내에 있는 상점을 이용할 수 있는지 구하시오.

39 집에서 14km 떨어진 도서관에 가는데 처음에는 자전거를 타고 시속 15km로 달리다가 도중에 자전거가 고장이 나서 그 지점에서부터 시속 3km로 걸어갔더니 2시간 이내에 도착하였다. 자전거가 고장 난 지점은 집에서 몇 km 이상 떨어진 곳인지 구하시오.

40 6%의 소금물 200g이 있다. 이 소금물에서 물을 증발시켜 10% 이상의 소금물을 만들려고 할 때, 증발시켜야 하는 물의 양은 최소 몇 g인지 구하시오.

41 12%의 소금물 200g과 6%의 소금물을 섞어서 10%이상의 소금물을 만들려고 할 때, 6%의 소금물은 최대 몇 g까지 섞을 수 있는지 구하시오.

• 연립일차방정식

42 연립방정식 $\begin{cases} x+3y=7 \\ x-2y=-2a+1 \end{cases}$이 x, y의 순서쌍 $(-5, b)$를 해로 가질 때, $a-b$의 값을 구하시오.

(단, a는 상수이다.)

43 연립방정식 $\begin{cases} \frac{3}{2}x+2y=6 \\ 4x-5y=-7 \end{cases}$의 해가 $x=a$, $y=b$일 때, 연립방정식 $\begin{cases} ax-3y=3 \\ 5x+by=18 \end{cases}$을 푸시오.

44 방정식 $x-1+\frac{y}{2}=\frac{5}{2}x+y=\frac{3}{2}x+\frac{y}{2}-\frac{1}{2}$을 만족시키는 x, y의 순서쌍을 (p, q)라 할 때, pq의 값을 구하시오.

45 연립방정식 $\begin{cases} 2x+y=-1 \\ ax+y=-4 \end{cases}$의 해가 일차방정식 $x+2y=7$을 만족시킬 때, 상수 a의 값을 구하시오.

46 다음 중 연립방정식 $\begin{cases} ax-2y=1 \\ 2x+y=\dfrac{b}{4} \end{cases}$ 에 대한 설명으로 옳지 않은 것을 모두 고르면? (정답 2개)

① $a=-4$, $b=-2$이면 해가 무수히 많다.
② $a=-4$, $b=2$이면 해가 없다.
③ $a=-4$, $b=1$이면 해가 한 쌍이다.
④ $a=4$, $b=-2$이면 해가 한 쌍이다.
⑤ $a=4$, $b=2$이면 해가 무수히 많다.

• 연립일차방정식의 활용

47 현재 아빠와 아들의 나이의 합은 71살이고, 5년 후에는 아빠의 나이가 아들의 나이의 2배가 된다고 한다. 현재 아들의 나이를 구하시오.

48 25문제가 출제된 수학 시험에서 한 문제를 맞히면 4점을 얻고, 틀리면 2점을 잃는다고 한다. 시헌이가 25문제를 모두 풀어서 64점을 받았을 때, 시헌이가 틀린 문제 수를 구하시오.

49 어느 고등학교의 전체 학생 수는 작년에 900명이었는데 올해는 작년보다 여학생 수는 4%증가하고, 남학생 수는 5% 감소하여 전체적으로 9명이 감소했다. 작년의 여학생 수를 구하시오.

50 두 상품 A, B를 합하여 25000원에 사서 A상품은 원가의 12%, B상품은 원가의 20%의 이익을 붙여서 팔았더니 3800원의 이익이 생겼다. B상품의 원가를 구하시오.

51 A와 B가 같이 하면 8일 만에 끝낼 수 있는 일을 A가 먼저 10일을 한 후 나머지는 B가 4일 동안 하여 끝냈다. A가 이 일을 혼자서 하면 며칠이 걸리는지 구하시오.

52 배를 타고 길이가 12km인 강을 거슬러 올라가는 데 2시간, 내려오는 데 1시간이 걸렸다. 정지한 물에서의 배의 속력과 강물의 속력을 각각 구하시오. (단, 배와 강물의 속력은 일정하다.)

53 농도가 다른 두 설탕물 A, B가 있다. 설탕물 A를 100g, 설탕물 B를 200g 섞으면 6%의 설탕물이 되고 설탕물 A를 200g, 설탕물 B를 100g 섞으면 7%의 설탕물 된다. 설탕물 B의 농도를 구하시오.

[3-1 과정]

01 다항식의 곱셈과 곱셈공식

1 다항식의 곱셈(★)

핵심개념

(1) (다항식)×(다항식)의 계산

(다항식)×(다항식)은 분배법칙을 이용하여 전개한 뒤 동류항이 있으면 간단히 정리한다.

+설명 예를 들어 $(a+b)(c+d)$을 전개하면 다음과 같다.

$$(a+b)(c+d)=\underbrace{a(c+d)}_{㉠}+\underbrace{b(c+d)}_{㉡}$$ ← $(c+d)$를 한 덩어리의 수로 보고 분배법칙 적용

$$=ac+ad+bc+bd$$

위의 결과는 다음과 같이 다항식의 각 항을 서로 하나씩 곱한 것과 같다.

$$(a+b)(c+d)=\underbrace{ac}_{①}+\underbrace{ad}_{②}+\underbrace{bc}_{③}+\underbrace{bd}_{④}$$ ← ①~④의 순서로 하면 실수를 줄일 수 있다.

따라서 다항식의 곱셈은 다항식의 각 항을 하나씩 짝지어 곱한 뒤, 그 값을 모두 더하면 된다.

+참고 항이 3개 이상인 다항식도 각 항을 서로 하나씩 곱하여 더하면 된다.

$$(a+b)(x+y+z)=ax+ay+az+bx+by+bz$$

(예) ① $(2x+y)(x+3y)=2x^2+6xy+yx+3y^2=2x^2+7xy+3y^2$

② $(3x-1)(2x+3)=6x^2+9x-2x-3=6x^2+7x-3$

③ $(a-1)(a+b-4)=a^2+ab-4a-a-b+4=a^2+ab-5a-b+4$

확장개념+응용공식

+꿀팁 특정한 항의 계수를 구할 때는 그 특정한 항을 만드는 것만 뽑아서 정리하는 것이 편리하다. 모든 항을 전개할 필요는 없다.

(예) $(x^2-2x+3)(2x+3)$의 전개식에서 x^2의 계수를 구할 때는

$$(x^2-2x+3)(2x+3)$$ ← '(2차항)과 (상수항)', '(일차항)과 (일차항)'만 뽑아서 곱하면 x^2의 계수를 쉽게 구할 수 있다.

⇨ 전개식에서 이차항은 $(x^2)\times(3)+(-2x)\times(2x)=3x^2-4x^2=-x^2$이므로 x^2의 계수는 -1

+꿀팁 뺄셈으로 이루어진 다항식의 곱셈은 '더하기 음수'로 바꾸어 계산하면 부호를 헷갈리지 않을 수 있다. ← 다항식의 뺄셈에서와 비슷한 내용이다.

(예) $(2x-3y)(x-4)=\{2x+(-3y)\}\{x+(-4)\}$

$=2x^2+(-8x)+(-3xy)+12y=2x^2-8x-3xy+12y$

2 곱셈공식(★★) : 공통수학1 다항식

← 곱셈공식은 다항식의 곱셈을 전개하여 공식화한 것이다. 바로 쓸 수 있도록 무한 연습하도록 하자.

확장개념+응용공식

곱셈공식 (1) — 완전제곱식

$(a+b)^2=a^2+2ab+b^2$ ← $(a+b)^2=(a+b)(a+b)=a^2+ab+ab+b^2=a^2+2ab+b^2$

(제곱, 제곱, 곱의 2배)

$(a-b)^2=a^2-2ab+b^2$ ← $(a-b)^2=(a-b)(a-b)=a^2-ab-ab+b^2=a^2-2ab+b^2$

(제곱, 제곱, 곱의 2배)

예 ① $(x+3)^2=x^2+2\cdot3\cdot x+3^2=x^2+6x+9$ (제곱, 제곱, 곱해서 2배)

② $(2x-3)^2=(2x)^2-2(2x)\cdot3+(-3)^2$ ← $(2x)$를 한 덩어리의 수로 취급하자.

$=4x^2-12x+9$

③ $(-x+2y)^2=(-x)^2+2\cdot(-x)\cdot(2y)+(2y)^2$ ← $(-x)$, $(2y)$를 각각 한 덩어리의 수로 취급하자.

$=x^2-4xy+4y^2$

④ $\left(a+\frac{1}{a}\right)^2=a^2+2\cdot(a)\cdot\left(\frac{1}{a}\right)+\left(\frac{1}{a}\right)^2=a^2+2+\frac{1}{a^2}$

! 주의 $(a+b)^2$을 a^2+b^2이라 계산하지 않도록 주의하자.
마찬가지로 $(a-b)^2$을 a^2-b^2으로 계산하면 안 된다.

+참고 $(-a+b)^2=(a-b)^2$ ← $(-a+b)^2=\{-(a-b)\}^2=(a-b)^2$

$(-a-b)^2=(a+b)^2$ ← $(-a-b)^2=\{-(a+b)\}^2=(a+b)^2$

곱셈공식 (2) — 합과 차의 곱

$(a+b)(a-b)=a^2-b^2$ ← $(a+b)(a-b)=a^2-ab+ab-b^2=a^2-b^2$

(합)(차) = (제곱)−(제곱)

예 ① $(x-4)(x+4)=x^2-4^2=x^2-16$ (합, 차, (제곱)−(제곱))

② $(3x-1)(3x+1)=(3x)^2-1^2=9x^2-1$ ← $(3x)$를 한 덩어리의 수로 취급하자.

③ $(a-2)(a+2)(a^2+4)=(a^2-4)(a^2+4)=a^4-16$

④ $(-x+y)(x+y)=(y-x)(y+x)=y^2-x^2$ ← '(합)×(차)'의 꼴로 바꿀 수 있는지 확인하자.

⑤ $(-2x+3y)(-2x-3y)=(-2x)^2-(3y)^2=4x^2-9y^2$ ← $(-2x)$, $(3y)$를 한 덩어리의 수로 취급하자.

곱셈공식 (3) ― 일차항의 계수가 1인 일차식의 곱

합

$$(x+a)(x+b)=x^2+(a+b)x+ab$$

곱

← $(x+a)(x+b)=x^2+ax+bx+ab$
$=x^2+(a+b)x+ab$

합

예 ① $(x+3)(x+4)=x^2+(3+4)x+3\times4=x^2+7x+12$

곱

② $(x-2)(x+5)=(x+(-2))(x+5)$ ← 빼기를 '더하기 음수'로 바꾸어 계산

$=x^2+(-2+5)x+(-2)\times5$

$=x^2+3x-10$

③ $(x-2y)(x-3y)=x^2+(-2y-3y)x+(-2y)\times(-3y)=x^2-5xy+6y^2$

곱셈공식 (4) ― 계수가 1이 아닌 일차식의 곱

(외항의 곱)+(내항의 곱)

$$(\boldsymbol{a}x+\boldsymbol{b})(\boldsymbol{c}x+\boldsymbol{d})=acx^2+(\boldsymbol{ad}+\boldsymbol{bc})x+bd$$

x의 계수의 곱 　 상수항의 곱

← $(ax+b)(cx+d)=acx^2+adx+bcx+bd$
$=acx^2+(ad+bc)x+bd$

(외항의 곱)+(내항의 곱)

예 ① $(2x+1)(3x+4)=(2\cdot3)x^2+(2\cdot4+1\cdot3)x+1\cdot4=6x^2+11x+4$

x의 계수의 곱 　 상수항의 곱

② $(2x+5)(3x-4)=(2\cdot3)x^2+\{2\cdot(-4)+5\cdot3\}x+5\cdot(-4)=6x^2+7x-20$

+꿀팁 공식을 무작정 외우는 것보다 식을 전개하면서 이차항, 일차항, 상수항의 순서로 정리한다고 생각하면, 자연스럽게 공식을 습득할 수 있다.

예 $(2x+5)(3x-4)$에서
- 이차항은 $(2x)\times(3x)=6x^2$
- 일차항은 $(2x)\cdot(-4)+(5)\cdot(3x)=-8x+15x=7x$
- 상수항은 $5\times(-4)=-20$

3 곱셈공식의 응용(★★) : 공통수학1 다항식

확장개념+응용공식

(1) 복잡한 식의 전개

공통부분을 하나의 문자로 놓고 곱셈 공식을 이용하여 전개한 후 치환한 문자에 다시 원래의 식을 대입하여 정리한다.

치환이라고 한다.

예 ① $(\boldsymbol{a}-\boldsymbol{b}+2)(\boldsymbol{a}-\boldsymbol{b}+1)$ ← $a-b$를 A로 치환

$=(A+2)(A+1)$ ← 곱셈 공식을 이용하여 전개

$=A^2+3A+2$ ← A를 원래의 식으로 바꾸기

$=(a-b)^2+3(a-b)+2$ ← 곱셈 공식을 이용하여 전개

$=a^2-2ab+b^2+3a-3b+2$

② $(x+1)(x+2)(x+3)(x+4)$ ← 상수의 합이 같은 것끼리 짝지어 곱하면 공통부분이 생긴다.

$=(x+1)(x+4)(x+2)(x+3)$

$=(\boldsymbol{x^2+5x}+4)(\boldsymbol{x^2+5x}+6)$

$=(A+4)(A+6)$ ← x^2+5x를 A로 치환

$=A^2+10A+24$

$=(x^2+5x)^2+10(x^2+5x)+24$

$=x^4+10x^3+25x^2+10x^2+50x+24$

$=x^4+10x^3+35x^2+50x+24$

③ $(x+1)(x-2)(x+3)(x-4)$ ← 상수의 합이 같은 것끼리 짝지어 곱하면 공통부분이 생긴다.

$=(x^2-x-2)(x^2-x-12)$

$=(A-2)(A-12)$ ← x^2-x를 A로 치환

$=A^2-14A+24$

$=(x^2-x)^2-14(x^2-x)+24$

$=x^4-2x^3+x^2-14x^2+14x+24$

$=x^4-2x^3-13x^2+14x+24$

④ $(x+1)(x+2)(x+3)(x+6)$ ← 상수의 곱이 같은 것끼리 짝지어 곱하면 공통부분이 생긴다.

$=(x+1)(x+6)(x+2)(x+3)$

$=(x^2+7x+6)(x^2+5x+6)$

$=(A+7x)(A+5x)$ ← x^2+6을 A로 치환

$=A^2+12Ax+35x^2$

$=(x^2+6)^2+12(x^2+6)x+35x^2$

$=x^4+12x^2+36+12x^3+72x+35x^2$

$=x^4+12x^3+47x^2+72x+36$

(2) 곱셈공식을 이용한 수의 계산

① 수의 제곱의 계산

⇨ 곱셈공식 $(a+b)^2=a^2+2ab+b^2$, $(a-b)^2=a^2-2ab+b^2$을 이용하면 편리하다.

예 ① $101^2=\underset{(a+b)^2}{(100+1)^2}=\underset{a^2}{\underline{100^2}}+\underset{+2ab}{\underline{2\times100\times1}}+\underset{+b^2}{\underline{1^2}}=10000+200+1=10201$

② $98^2=\underset{(a-b)^2}{(100-2)^2}=\underset{a^2}{\underline{100^2}}-\underset{-2ab}{\underline{2\times100\times2}}+\underset{+b^2}{\underline{2^2}}=10000-400+4=9604$

② 두 수의 곱의 계산

⇨ 곱셈공식 $(a+b)(a-b)=a^2-b^2$, $(x+a)(x+b)=x^2+(a+b)x+ab$를 이용하면 편리하다.

예 ① $102\times98=\underset{(a+b)(a-b)}{(100+2)\times(100-2)}=\underset{a^2}{\underline{100^2}}\underset{-}{-}\underset{b^2}{\underline{2^2}}=10000-4=9996$

② $102\times103=\underset{(x+a)(x+b)}{(100+2)\times(100+3)}=\underset{x^2}{\underline{100^2}}+\underset{(a+b)x}{\underline{5\times100}}\underset{+}{+}\underset{ab}{\underline{2\times3}}=10000+500+6=10506$

(3) 곱셈공식을 이용한 제곱근의 계산

⇨ 제곱근을 문자로 생각하고 곱셈공식을 이용하여 계산한다.

$a>0$, $b>0$일 때,

① $(\sqrt{a}+\sqrt{b})^2=a+2\sqrt{ab}+b=(a+b)+2\sqrt{ab}$

$(\sqrt{a}-\sqrt{b})^2=a-2\sqrt{ab}+b=(a+b)-2\sqrt{ab}$

예 $(\sqrt{2}+1)^2=(\sqrt{2})^2+2\times\sqrt{2}\times1+1^2=3+2\sqrt{2}$

$(\sqrt{3}-\sqrt{2})^2=(\sqrt{3})^2-2\times\sqrt{3}\times\sqrt{2}+(\sqrt{2})^2=5-2\sqrt{6}$

② $(\sqrt{a}+\sqrt{b})(\sqrt{a}-\sqrt{b})=a-b$

예 $(\sqrt{2}+1)(\sqrt{2}-1)=(\sqrt{2})^2-1^2=2-1=1$

$(\sqrt{5}+\sqrt{2})(\sqrt{5}-\sqrt{2})=(\sqrt{5})^2-(\sqrt{2})^2=5-2=3$

(4) 분모의 유리화 ← 무리수 분모를 유리수 분모로 변형하는 것

분수의 분모가 합 또는 차의 꼴로 이루어진 무리수이면 (예 $\sqrt{a}+b$, $a-\sqrt{b}$, $\sqrt{a}+\sqrt{b}$, ⋯)
곱셈공식 $(a+b)(a-b)=a^2-b^2$을 이용하여 분모를 유리화한다.

예 $\dfrac{1}{\sqrt{2}+1}=\dfrac{1\times(\sqrt{2}-1)}{(\sqrt{2}+1)\times(\sqrt{2}-1)}=\dfrac{\sqrt{2}-1}{2-1}=\sqrt{2}-1$

↳ 분모, 분자에 모두 $(\sqrt{2}-1)$을 곱한다.

$\dfrac{1}{\sqrt{5}-\sqrt{3}}=\dfrac{1\times(\sqrt{5}+\sqrt{3})}{(\sqrt{5}-\sqrt{3})\times(\sqrt{5}+\sqrt{3})}=\dfrac{\sqrt{5}+\sqrt{3}}{5-3}=\dfrac{\sqrt{5}+\sqrt{3}}{2}$

+꿀팁 분모에 $\sqrt{a}+\sqrt{b}$가 있으면? ⇨ 분모, 분자에 $\sqrt{a}-\sqrt{b}$를 곱한다.
분모에 $\sqrt{a}-b$가 있으면? ⇨ 분모, 분자에 $\sqrt{a}+b$를 곱한다.
(더하기에는 빼기를 빼기에는 더하기를 곱한다.)

! 주의 더하기에 더하기를 곱하면 분모를 유리화할 수 없다.

$\dfrac{1}{\sqrt{2}+1}=\dfrac{1\times(\sqrt{2}+1)}{(\sqrt{2}+1)\times(\sqrt{2}+1)}=\dfrac{\sqrt{2}+1}{2+2\sqrt{2}+1}=\dfrac{\sqrt{2}+1}{3+2\sqrt{2}}$ ← 분모가 무리수

4 곱셈공식의 변형(★★) : 공통수학1 다항식

확장개념+응용공식

(1) 곱셈공식의 변형

① $a^2+b^2=(a+b)^2-2ab$ ← $(a^2+2ab+b^2)-2ab$

$\quad =(a-b)^2+2ab$ ← $(a^2-2ab+b^2)+2ab$

② $(a+b)^2=(a-b)^2+4ab$ ← $(a^2-2ab+b^2)+4ab$

$\quad (a-b)^2=(a+b)^2-4ab$ ← $(a^2+2ab+b^2)-4ab$

전개해 보면 당연히 같다. 공식이 헷갈린다면 무작정 외우려 하지 말고, 전개해서 서로 같음을 확인해 보자.

(2) 곱이 일정한 두 수에 대한 식의 변형 ← 예) a와 $\frac{1}{a}$은 곱이 1로 일정하다.

① $a^2+\frac{1}{a^2}=\left(a+\frac{1}{a}\right)^2-2$ ← $\left(a^2+2+\frac{1}{a^2}\right)-2$

$\quad =\left(a-\frac{1}{a}\right)^2+2$ ← $\left(a^2-2+\frac{1}{a^2}\right)+2$

② $\left(a+\frac{1}{a}\right)^2=\left(a-\frac{1}{a}\right)^2+4$ ← $\left(a^2-2+\frac{1}{a^2}\right)+4$

$\quad \left(a-\frac{1}{a}\right)^2=\left(a+\frac{1}{a}\right)^2-4$ ← $\left(a^2+2+\frac{1}{a^2}\right)-4$

전개해 보면 당연히 같다. 공식이 헷갈린다면 무작정 외우려 하지 말고, 전개해서 서로 같음을 확인해 보자.

5 곱셈공식을 이용한 식의 값 구하기

(1) 두 수의 합 또는 차와 곱을 알 때, 곱셈공식의 변형을 이용하여 식의 값을 구할 수 있다.

예 $a+b=3,\ ab=1$일 때, (→두 수의 합과 곱을 알 때) ① a^2+b^2의 값 구하기 $a^2+b^2=(a+b)^2-2ab=3^2-2\cdot1=7$ ② $(a-b)^2$의 값 구하기 $(a-b)^2=(a+b)^2-4ab=3^2-4\cdot1=5$	예 $x-y=3,\ xy=1$일 때, (→두 수의 차와 곱을 알 때) ① x^2+y^2의 값 구하기 $x^2+y^2=(x-y)^2+2xy=3^2+2\cdot1=11$ ② $(x+y)^2$의 값 구하기 $(x+y)^2=(x-y)^2+4xy=3^2+4\cdot1=13$

(2) 곱이 일정한 두 수의 합 또는 차를 알 때, 곱셈공식의 변형을 이용하여 식의 값을 구할 수 있다.

예 $a+\frac{1}{a}=3$일 때, (→곱이 일정한 두 수의 합을 알 때) ① $a^2+\frac{1}{a^2}$의 값 구하기 $a^2+\frac{1}{a^2}=\left(a+\frac{1}{a}\right)^2-2=3^2-2=7$ ② $\left(a-\frac{1}{a}\right)^2$의 값 구하기 $\left(a-\frac{1}{a}\right)^2=\left(a+\frac{1}{a}\right)^2-4=3^2-4=5$	예 $x-\frac{1}{x}=3$일 때, (→곱이 일정한 두 수의 차를 알 때) ① $x^2+\frac{1}{x^2}$의 값 구하기 $x^2+\frac{1}{x^2}=\left(x-\frac{1}{x}\right)^2+2=3^2+2=11$ ② $\left(x+\frac{1}{x}\right)^2$의 값 구하기 $\left(x+\frac{1}{x}\right)^2=\left(x-\frac{1}{x}\right)^2+4=3^2+4=13$

6 식의 값 구하기 응용문제(★★) : 공통수학1 다항식

확장개념+응용공식

(1) 두 수의 값을 알 때, 복잡한 식의 값 구하기

예) $x=2+\sqrt{2}$, $y=2-\sqrt{2}$ 일 때, x^2+y^2-xy의 값 구하기

+풀이 1 직접 대입

$$x^2+y^2-xy=(2+\sqrt{2})^2+(2-\sqrt{2})^2-(2+\sqrt{2})\cdot(2-\sqrt{2})$$
$$=(4+4\sqrt{2}+2)+(4-4\sqrt{2}+2)-(4-2)=10$$

+풀이 2 합 또는 차와 곱으로 변형하여 대입 ←합, 차, 곱이 간단한 값으로 정리될 때 많이 이용

x와 y의 합과 곱을 각각 구하면, $\begin{cases} x+y=(2+\sqrt{2})+(2-\sqrt{2})=4 \\ xy=(2+\sqrt{2})\cdot(2-\sqrt{2})=4-2=2 \end{cases}$

주어진 식을 두 수의 합과 곱에 대한 식으로 변형하면,

$$x^2+y^2-xy=(x+y)^2-2xy-xy$$
$$=(x+y)^2-3xy$$
$$=4^2-3\cdot2=16-6=10$$

(2) $x=a+\sqrt{b}$의 꼴일 때, 복잡한 식의 값 구하기

예) $x=2-\sqrt{3}$일 때, x^2-4x+6의 값 구하기

+풀이 1 직접 대입

$$x^2-4x+6=(2-\sqrt{3})^2-4\cdot(2-\sqrt{3})+6$$
$$=4-4\sqrt{3}+3-(8-4\sqrt{3})+6=5$$

+풀이 2 주어진 값을 변형하여 대입

$x=2-\sqrt{3}$이므로 이를 변형하면,

$$x=2-\sqrt{3} \xrightarrow{\text{이항}} x-2=-\sqrt{3} \xrightarrow{\text{양변 제곱}} x^2-4x+4=3 \xrightarrow{\text{이항}} x^2-4x=-1 \cdots\cdots ㉠$$

㉠을 구하려는 값에 대입하면,

$$x^2-4x+6=(-1)+6=5$$

(3) $x^2+ax+1=0$을 만족하는 x에 대한 분수식의 값 구하기

예) $x^2-4x+1=0$을 만족하는 x에 대하여 $x^2+\frac{1}{x^2}$의 값 구하기

+풀이 $x^2-4x+1=0$을 만족하는 x의 값은 0은 아니다. ←$x=0$을 대입하면 성립하지 않으므로

$x^2-4x+1=0$의 양변을 x로 나누어 정리하면 ←$x\neq0$이므로 나눌 수 있다.

$x-4+\frac{1}{x}=0 \xrightarrow{\text{이항}} x+\frac{1}{x}=4$ ←구하려는 식의 값이 분수식의 꼴이므로 x로 나누는 것이 핵심

따라서 $x^2+\frac{1}{x^2}=\left(x+\frac{1}{x}\right)^2-2=4^2-2=14$

[3-1 과정]

02 인수분해

1 인수분해(★★): 공통수학1 다항식

핵심개념

(1) **인수분해**: 하나의 다항식을 두 개 이상의 다항식의 곱으로 나타내는 것

+설명 $(x+1)(x+2)=x^2+3x+2$이다. 역으로

$x^2+3x+2=(x+1)(x+2)$이므로 x^2+3x+2은 $x+1$과 $x+2$의 곱으로 나타낼 수 있다.

x^2+3x+2를 $(x+1)(x+2)$로 나타내는 것을 인수분해한다고 한다.

합의 꼴 / 곱의 꼴 / → 전개의 역과정이라고 이해하면 쉽다.

(2) **인수**: 하나의 다항식을 인수분해했을 때, 곱해진 각각의 모든 식

+설명 $x^2+3x+2=(x+1)(x+2)$이므로 x^2+3x+2에 곱해진 식은 $x+1$, $x+2$이다.

또한, $x^2+3x+2=1\times(x^2+3x+2)$로 나타낼 수 있으므로 1, x^2+3x+2도 인수다.

따라서 x^2+3x+2의 인수는 1, $x+1$, $x+2$, $(x+1)(x+2)$이다.

→ 6의 약수는 1, 2, 3, 6 $(6=2\times3=1\times6)$인 것과 비슷하다.

모든 다항식은 1과 자기 자신을 항상 인수로 갖는다.

x^2+3x+2 (합의 꼴) ⇄ 인수분해 / 전개 ⇄ $(x+1)(x+2)$ (곱의 꼴)

인수 : 1, $x+1$, $x+2$, $(x+1)(x+2)$

→ 어떤 다항식에 곱해진 모든 식으로 약수와 비슷한 개념이다.

(3) **공통인수를 이용한 인수분해**

① 공통인수 : 다항식의 각 항에 공통으로 들어있는 인수

② 공통인수를 이용한 인수분해

⇨ 다항식의 각 항에 공통인수가 있으면 분배법칙을 이용하여 공통인수를 묶어내어 인수분해한다.

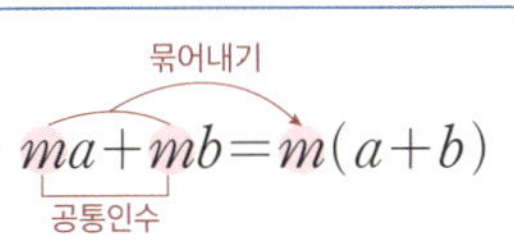

예 ① $3a+2ab=a(3+2b)$ (공통인수, 묶어내기) ② $2ax^3-5ax=ax(2x^2-5)$

③ $2x^2+6xy+4x=2x\cdot x+2x\cdot 3y+2x\cdot 2=2x(x+3y+2)$ (공통인수, 묶어내기)

! 주의 1 $2x^2+6xy+4x$의 인수분해를 $2(x^2+3xy+2x)$ 또는 $x(2x+6y+4)$이라 하면 안 된다.

(→ 2만 묶어내서 틀림 / → x만 묶어내서 틀림)

묶어낼 수 있는 것을 모두 묶어냈을 때 인수분해가 완결된다. 즉,

$2x^2+6xy+4x$ —인수분해→ $2x(x+3y+2)$ ← 모든 항에서 2와 x를 모두 묶어내야 제대로 인수분해한 것!

! 주의 2 x^2+2x+3의 인수분해를 $x(x+2)+3$이라 하면 안 된다.

인수분해는 주어진 식을 곱의 꼴 즉, [식]×[식]의 꼴로 나타내는 것인데, [$x(x+2)$]+[3]은 합의 꼴 즉, [식]+[식]의 꼴이기 때문에 인수분해한 것이 아니다. x^2+2x+3의 인수분해는 세 항 x^2, $2x$, 3에서 공통으로 묶어낼 수 있는 인수가 없으므로 인수분해할 수 없다.

2 인수분해 공식(★★) : 공통수학1 다항식 ←곱셈공식을 거꾸로 하는 과정

확장개념+응용공식

인수분해 공식 (1) — 완전제곱식

$a^2+2ab+b^2=(a+b)^2$, $a^2-2ab+b^2=(a-b)^2$

(같은 부호, 곱의 2배)

예 ① $x^2+6x+9=x^2+2\cdot x\cdot 3+3^2=(x+3)^2$

② $4x^2-12xy+9y^2=(2x)^2-2\cdot(2x)\cdot(3y)+(3y)^2=(2x-3y)^2$

③ $3x^2+12x+12=3(x^2+4x+4)=3(x^2+2\cdot x\cdot 2+2^2)=3(x+2)^2$
→공통인수로 먼저 묶어낸다.

④ $a^2+\frac{1}{a^2}+2=a^2+2\cdot a\cdot\frac{1}{a}+\left(\frac{1}{a}\right)^2=\left(a+\frac{1}{a}\right)^2$ ←$\left(a+\frac{1}{a}\right)^2=a^2+2+\frac{1}{a^2}$의 역과정으로 생각하면 쉽다.

+꿀팁 인수분해를 올바르게 한 것인지에 대한 확신이 없을 때는 인수분해한 식을 전개하여 원래의 식이 나오는지 확인해 보자.

예 $3x^2-18x+27$을 인수분해하면

$\Rightarrow 3x^2-18x+27=3(x^2-6x+9)=3(x-3)^2$

전개해서 확인해 보면,

$3(x-3)^2=3(x^2-6x+9)=3x^2-18x+27$
→처음의 식과 일치하므로 제대로 인수분해한 것이다.

+참고 인수분해 공식 $a^2+2ab+b^2=(a+b)^2$을 도형의 넓이로 이해하기

$a^2 + 2ab + b^2 = (a+b)^2$

(1) **완전제곱식:** 다항식의 제곱으로 된 식 또는 이 식에 상수를 곱한 식

예 $(x+3)^2$, $(a+b-2c)^2$, $3(x-1)^2$, $-(a+b)^2$, ⋯

핵심개념

(2) 완전제곱식이 될 조건

① x^2의 계수가 1인 이차식 $x^2+ax+b\ (b>0)$가 완전제곱식이 될 조건 : $\boldsymbol{b=\left(\frac{a}{2}\right)^2}$

+풀이 x^2+ax+b에서 $b=\left(\frac{a}{2}\right)^2$이면 $x^2+ax+\left(\frac{a}{2}\right)^2=\left(x+\frac{a}{2}\right)^2$으로 인수분해된다.
↳ '(a의 반의 제곱)=(상수항)'으로 외운다.

예1 x^2+8x+b가 완전제곱식이 되게 하는 b의 값 구하기

+풀이 $b=(8$의 반의 제곱$)=\left(\frac{8}{2}\right)^2=4^2=16$

예2 $x^2+ax+25$가 완전제곱식이 되게 하는 a의 값 구하기

+풀이 $\left(\frac{a}{2}\right)^2=25 \Rightarrow \frac{a}{2}=\pm5 \Rightarrow a=\pm10$

예2에서 $b=16$이면 $x^2+8x+b=x^2+8x+16=(x+4)^2$ ← '$(x+$반$)^2$'으로 인수분해된다.

+꿀팁 $x^2+ax+b=\left(x+\frac{a}{2}\right)^2 \Rightarrow x^2+10x+25=(x+5)^2,\ x^2-8x+16=(x-4)^2$
(반의 제곱, $(x+$반$)^2$, 반의 제곱, $(x+$반$)^2$, 반의 제곱, $(x-$반$)^2$)

② x^2의 계수가 1이 아닌 이차식 ax^2+bx+c가 완전제곱식이 될 조건 : $\boldsymbol{b^2=4ac}$

+설명 $ax^2+bx+c=a\left(x^2+\frac{b}{a}x+\frac{c}{a}\right)$에서 $\left(\frac{1}{2}\times\frac{b}{a}\right)^2=\frac{c}{a}$ $\xrightarrow[\text{정리}]{\text{간단히}}$ $b^2=4ac$

예1 $2x^2+8x+k$가 완전제곱식이 되게 하는 k의 값 구하기 ← $a\neq□^2$인 경우

+풀이 1 $2x^2+8x+k=2\left(x^2+4x+\frac{k}{2}\right)$에서

$\left(\frac{4}{2}\right)^2=\frac{k}{2} \Rightarrow k=8$

+풀이 2 $2x^2+8x+k$가 완전제곱식이 되려면

$8^2=4\times2\times k \Rightarrow k=8$ ← $b^2=4ac$

⇨ $k=8$을 원래 식에 대입하여 확인해 보면

$2x^2+8x+8=2(x^2+4x+4)=2(x+2)^2$ ← 완전제곱식으로 인수분해된다.

예2 $9x^2-12xy+ky^2$이 완전제곱식이 되게 하는 k의 값 구하기 ← $a=□^2$인 경우

+풀이 1 $9x^2-12xy+ky^2$ ← $9x^2=(3x)^2$

$=(3x)^2-2\cdot(3x)\cdot(2y)+(2y)^2$ ↳ $k=2^2$

$=(3x-2y)^2 \Rightarrow k=4$

+풀이 2 $9x^2-12xy+ky^2$이 완전제곱식이 되려면

$(-12y)^2=4\times9\times ky^2 \Rightarrow k=4$ ← $b^2=4ac$

예3 $3x^2-px+75$가 완전제곱식이 되게 하는 p의 값 구하기

+풀이 1 $3x^2-px+75=3\left(x^2-\frac{p}{3}x+25\right)$에서

$\left\{\frac{1}{2}\times\left(-\frac{p}{3}\right)\right\}^2=25 \Rightarrow \frac{p}{6}=\pm5 \Rightarrow p=\pm30$

+풀이 2 $3x^2-px+75$가 완전제곱식이 되려면

$(-p)^2=4\times3\times75$ ← $b^2=4ac$

$\Rightarrow p^2=2^2\times3^2\times5^2=(30)^2 \Rightarrow p=\pm30$

⇨ $p=\pm30$을 원래 식에 대입하여 확인해 보면

$3x^2\pm30x+75=3(x^2\pm10x+25)=3(x\pm5)^2$ ← 완전제곱식으로 인수분해된다.

인수분해 공식 (2) − (제곱)−(제곱)

$\underbrace{a^2-b^2}_{(\text{제곱})-(\text{제곱})}=(\underbrace{a+b}_{\text{합}})(\underbrace{a-b}_{\text{차}})$

예 ① $\underbrace{x^2-16=x^2-4^2}_{(\text{제곱})-(\text{제곱})}=(\underbrace{x+4}_{\text{합}})(\underbrace{x-4}_{\text{차}})$

② $4x^2-1=\underbrace{(2x)^2-1^2}_{(\text{제곱})-(\text{제곱})}=(\underbrace{2x+1}_{\text{합}})(\underbrace{2x-1}_{\text{차}})$ ← $(2x)$를 한 덩어리의 수로, $1=1^2$으로 취급하자.

③ $4x^2-9y^2=(2x)^2-(3y)^2=(2x+3y)(2x-3y)$

④ $-2x^2+8y^2=-2(x^2-4y^2)=-2(x+2y)(x-2y)$

⑤ $a^4-1=(a^2)^2-1^2$

$=(a^2+1)(\underline{a^2-1})$ ← (a^2-1)은 한 번 더 인수분해할 수 있다.

$=(a^2+1)\underline{(a+1)(a-1)}$ ← 인수분해를 끝까지 해야 올바른 답이다.

+꿀팁 인수분해 공식 $a^2-b^2=(a+b)(a-b)$은

$\square^2-\triangle^2=(\square+\triangle)(\square-\triangle)$ ← □와 △에 덩어리의 수 또는 식이 있어도 된다.

꼴로 생각할 수 있다.

예 $(x+y)^2-4=(\boxed{x+y})^2-2^2$ ← $x+y$를 '□ 덩어리'로 생각하면 $\square^2-2^2$

$=(\boxed{x+y}+2)(\boxed{x+y}-2)$ ← $\square^2-2^2=(\square+2)(\square-2)$

$=(x+y+2)(x+y-2)$

+참고 인수분해 공식 $a^2-b^2=(a+b)(a-b)$를 도형의 넓이로 이해하기

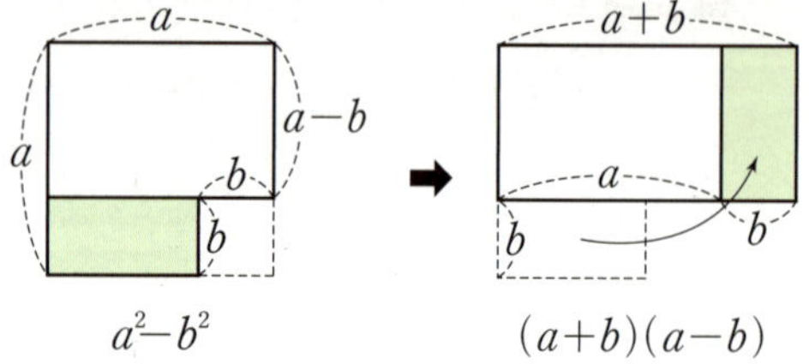

a^2-b^2 $(a+b)(a-b)$

+참고 $x^2-2=(x+\sqrt{2})(x-\sqrt{2})$로 인수분해할 수 있으나, 보통 계수를 무리수까지 확장하여 인수분해하는 것까지는 생각하지 않는다. 즉, 별다른 조건이 없으면 계수가 유리수인 범위까지만 인수분해한다. 따라서 x^2-2는 '유리수 범위에서 인수분해되지 않는다'고 한다.

인수분해 공식 (3) — 이차항의 계수가 1인 이차식의 인수분해

$$x^2+(\underline{a+b})x+\underline{ab}=(x+a)(x+b)$$

두 수의 곱 / 두 수의 합

← {(곱)=(상수항), (합)=(일차항 계수)} 인 두 수를 찾아 인수분해한다.

+설명 곱셈의 전개는 아래와 같이 세로로 해도 된다. 위의 인수분해 공식은 세로 곱셈의 결과가 주어진 식이 되는 것을 찾아가는 과정이다.

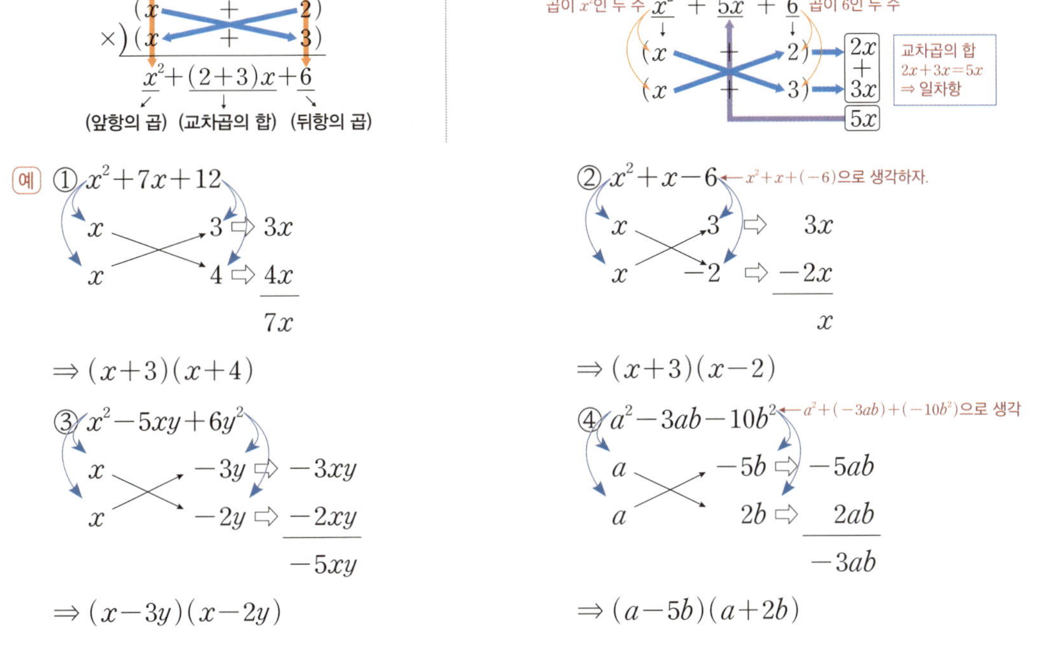

전개식
인수분해
$(x+2)$
$\times)\ (x+3)$
$x^2+(2+3)x+6$
(앞항의 곱) (교차곱의 합) (뒤항의 곱)
곱이 x^2인 두 수 x^2+5x+6 곱이 6인 두 수
교차곱의 합
$2x+3x=5x$
⇒ 일차항
예
① $x^2+7x+12$
⇒ $(x+3)(x+4)$
② x^2+x-6 ← $x^2+x+(-6)$으로 생각하자.
⇒ $(x+3)(x-2)$
③ $x^2-5xy+6y^2$
⇒ $(x-3y)(x-2y)$
④ $a^2-3ab-10b^2$ ← $a^2+(-3ab)+(-10b^2)$으로 생각
⇒ $(a-5b)(a+2b)$

+참고 곱이 12, 합이 7인 두 수는 3, 4이므로 $x^2+7x+12=(x+3)(x+4)$로 인수분해해도 좋다. 하지만 일반적으로 인수분해는 세로셈을 이용하는 것이 좋다.

+꿀팁 이차항의 계수가 1인 경우에는 상수항만 쪼개서 인수분해하는 것이 편리하다.

① $x^2+7x+12=(x+3)(x+4)$

$$\begin{array}{r} 3 \\ +\ 4 \\ \hline 7 \end{array} \leftarrow x\text{의 계수}$$

② $x^2+x-6=(x+3)(x-2)$

$$\begin{array}{r} 3 \\ +(-2) \\ \hline 1 \end{array} \leftarrow x\text{의 계수}$$

+참고 인수분해 공식 $x^2+(a+b)x+ab=(x+a)(x+b)$를 도형의 넓이로 이해하기

$$x^2 + ax + bx + ab = (x+a)(x+b)$$

인수분해 공식 (4) – 이차항의 계수가 1이 아닌 이차식의 인수분해

$acx^2+(ad+bc)x+bd=(ax+b)(cx+d)$

+설명 앞에서와 같이 세로로 곱한 결과가 주어진 식이 되는 것을 찾는다.

$acx^2+(ad+bc)x+bd=(ax+b)(cx+d)$

← 이차항이 일차항 두 개 ax, cx로 쪼개질 때는 x를 생략하여 인수분해하면 편리하다.

인수분해 순서

❶ 곱해서 x^2의 계수가 되는 두 정수를 쓴다.

❷ 곱해서 상수항이 되는 두 정수를 쓴다.

❸ 대각선 방향으로 곱하여 합한 값이 x의 계수가 되는 것을 찾는다.

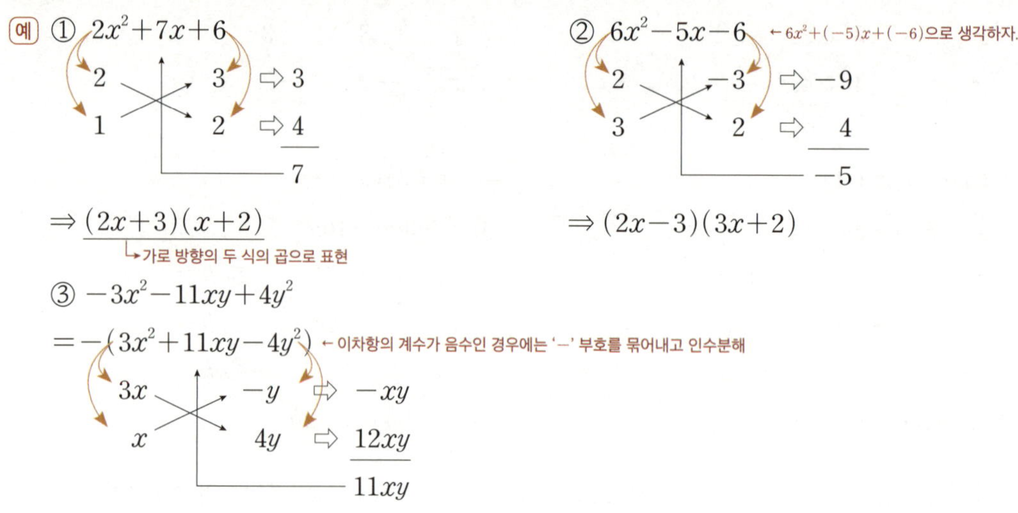

예 ① $2x^2+7x+6$
2, 3 ⇨ 3
1, 2 ⇨ 4
7
⇒ $(2x+3)(x+2)$
가로 방향의 두 식의 곱으로 표현
② $6x^2-5x-6$ ← $6x^2+(-5)x+(-6)$으로 생각하자.
2, −3 ⇨ −9
3, 2 ⇨ 4
−5
⇒ $(2x-3)(3x+2)$
③ $-3x^2-11xy+4y^2$
$=-(3x^2+11xy-4y^2)$ ← 이차항의 계수가 음수인 경우에는 '−' 부호를 묶어내고 인수분해
$3x$, $-y$ ⇨ $-xy$
x, $4y$ ⇨ $12xy$
$11xy$
⇒ $(3x-y)(x+4y)$

! 중요 x^2의 계수와 상수항을 어떻게 갈라놓는지, 부호를 어느 수에 붙이는지에 따라 합이 여러 가지로 나온다. 여러 가지 조합을 통해 합이 x의 계수가 되는 경우를 빠르게 찾도록 연습하자.

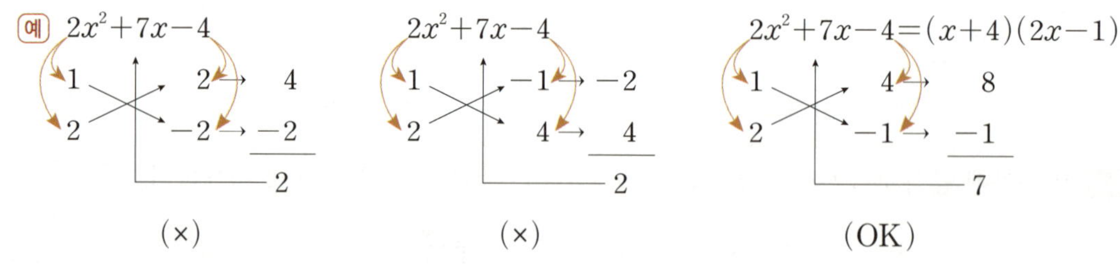

확장개념+응용공식

공통인수는 수나 단항식도 될 수 있지만, 다항식도 될 수 있다.
다항식 공통인수는 다항식을 한 덩어리의 수로 취급하여 묶어낸다.

(1) 수 또는 단항식 공통인수

예 ① $x^2-2x \xrightarrow[\text{인수분해}]{\text{공통인수}:x} x(x-2)$

② $2x^2y+4xy+6xy^2 \xrightarrow[\text{인수분해}]{\text{공통인수}:2xy} 2xy(x+2+3y)$

③ $2a^2y-6ay+4y \xrightarrow[\text{인수분해}]{\text{공통인수}:2y} 2y(a^2-3a+2)=2y(a-1)(a-2)$ ← 끝까지 인수분해
(a^2-3a+2 ↳ 인수분해 가능)

(2) 다항식 공통인수

예 ① $x(x+y)+2(x+y) \xrightarrow[\text{인수분해}]{\text{공통인수}:(x+y)} x\boxed{(x+y)}+2\boxed{(x+y)}=(x+2)\boxed{(x+y)}$
$=(x+2)(x+y)$

② $(2x+1)(a-b)+2(a-b) \xrightarrow[\text{인수분해}]{\text{공통인수}:(a-b)} (2x+1)\boxed{(a-b)}+2\boxed{(a-b)}$
$=\{(2x+1)+2\}\boxed{(a-b)}$
$=(2x+3)(a-b)$

③ $a^2(2x-y)+b^2(y-2x) \xrightarrow[\text{변형}]{(y-2x)\text{를 }-(2x-y)\text{로}} a^2(2x-y)-b^2(2x-y)$ ← 공통인수 만들기
$\xrightarrow[\text{인수분해}]{\text{공통인수}:(2x-y)} (a^2-b^2)(2x-y)=(a+b)(a-b)(2x-y)$
(a^2-b^2 ↳ 인수분해 가능)

④ $x^2+2xy+3x+6y=x(x+2y)+3(x+2y)$ ← 항이 4개일 때는 2개씩 짝지어 공통인수 만들기
$=(x+3)(x+2y)$

(3) 문자가 섞인 이차식의 인수분해

계수에 문자가 섞인 이차식도 인수분해 공식에 맞추어 인수분해할 수 있다.

예 ① $x^2+(a+2)x+2a=(x+2)(x+a)$

② $x^2+ax-(a+1)=(x+a+1)(x-1)$

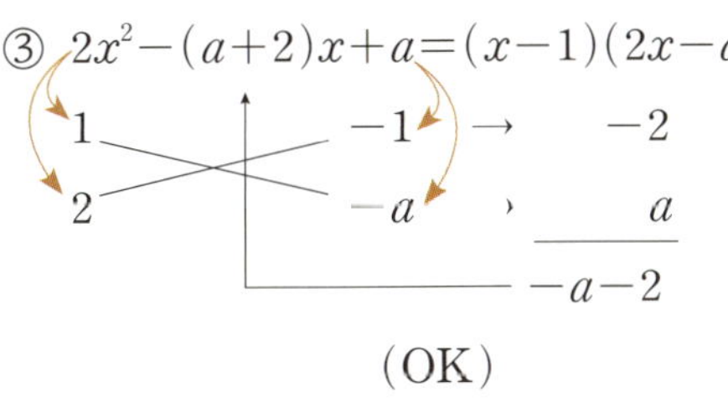

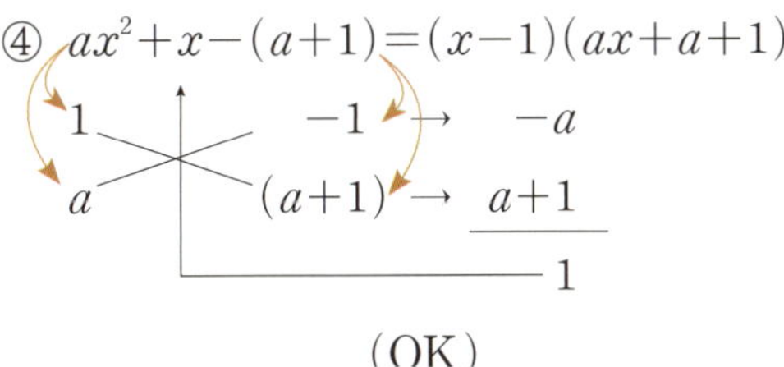

③ $2x^2-(a+2)x+a=(x-1)(2x-a)$

$1 \quad -1 \rightarrow -2$
$2 \quad -a \rightarrow a$
$-a-2$

(OK)

④ $ax^2+x-(a+1)=(x-1)(ax+a+1)$

$1 \quad -1 \rightarrow -a$
$a \quad (a+1) \rightarrow a+1$
1

(OK)

3 복잡한 식의 인수분해(★★) : 공통수학1 다항식

확장개념+응용공식

(1) 치환을 이용한 인수분해

공통부분이 있는 식을 인수분해할 때는 공통부분을 한 문자로 치환하여 인수분해한 후, 치환한 문자에 원래의 식을 대입한다. 공통부분이 여러 개인 경우 공통부분을 각각 다른 문자로 치환한다.

예 ① $(x+y)^2+7(x+y)+12$를 인수분해하기

공통부분인 $x+y=A$로 치환하면

$(x+y)^2+7(x+y)+12=A^2+7A+12$

$=(A+3)(A+4)$ ← 인수분해

$=(x+y+3)(x+y+4)$ ← 치환한 문자 A에 원래의 식 $x+y$를 대입

! 주의 치환을 이용하여 인수분해할 때는 반드시 마지막에 원래의 식을 대입해 주어야 한다.

② $(x+2y-1)(x+2y-2)-20=(A-1)(A-2)-20$ ← $x+2y=A$로 치환

$=A^2-3A-18$ ← 전개

$=(A-6)(A+3)$ ← 인수분해

$=(x+2y-6)(x+2y+3)$ ← 치환한 문자에 원래의 식 대입

③ $2(2a+b)^2+3(2a+b)(a-b)-2(a-b)^2=2A^2+3AB-2B^2$ ← $2a+b=A,\ a-b=B$로 치환

$$\begin{array}{ccccc} 1 & \searrow\!\!\!\!\nearrow & 2 & \to & 4 \\ 2 & & -1 & \to & -1 \\ & & & & \overline{\ \ 3\ \ } \end{array}$$

$=(A+2B)(2A-B)$

$=\{(2a+b)+2(a-b)\}\{2(2a+b)-(a-b)\}$

$=(4a-b)(3a+3b)=3(4a-b)(a+b)$

④ $(x-1)(x-3)(x+2)(x+4)+24$

$=\{(x-1)(x+2)\}\{(x-3)(x+4)\}+24$ ← 상수의 합이 같은 것끼리 짝짓기

$=(x^2+x-2)(x^2+x-12)+24$ ← 전개

$=(A-2)(A-12)+24$ ← 공통부분인 $x^2+x=A$로 치환

$=A^2-14A+48$ ← 전개하여 정리

$=(A-6)(A-8)$ ← 인수분해

$=(x^2+x-6)(x^2+x-8)$ ← 치환한 문자에 원래의 식 대입

$=(x-2)(x+3)(x^2+x-8)$ ← 인수분해 가능한 것은 끝까지 인수분해

(2) 항이 4개인 다항식의 인수분해

항을 (2개, 2개)씩 묶어 공통인수를 만들어 인수분해하거나,
(3개, 1개)씩 묶어 $\square^2-\triangle^2$의 꼴로 만들어 인수분해한다.

① 항을 (2개, 2개)씩 묶어 공통인수를 만들기

예1 $4ab-2a-6b+3=2a(\underline{2b-1})-3(\underline{2b-1})$ ← 항을 2개, 2개씩 짝지어 공통인수 만들기
$=(2a-3)(2b-1)$ ← 공통인수 묶기

예2 $x^3+2x^2-4x-8=x^2(x+2)-4(x+2)$ ← 항을 2개, 2개씩 짝지어 공통인수를 만들기
$=(x^2-4)(x+2)$ ← 공통인수 묶기
$=(x+2)(x-2)(x+2)$ ← 인수분해 가능한 것은 끝까지 인수분해
$=(x+2)^2(x-2)$ ← 간단히 정리

② 항을 (3개, 1개)씩 묶어 $\square^2-\triangle^2$의 꼴로 만들기

예1 $x^2+y^2-2xy-1=x^2-2xy+y^2-1$ ← 항을 적당히 재배열하여 3개, 1개씩 묶기
$=(x-y)^2-1^2$ ← 3개 항을 완전제곱식으로 바꾸어 $\square^2-\triangle^2$의 꼴 만들기
$=(x-y+1)(x-y-1)$ ← 인수분해 공식이용

예2 $-4x^2+9a^2-6a+1=(9a^2-6a+1)-4x^2$
$=(3a-1)^2-(2x)^2$ ← 3개 항을 완전제곱식으로 바꾸어 $\square^2-\triangle^2$의 꼴 만들기
$=(3a-1+2x)(3a-1-2x)$ ← 인수분해 공식이용

(3) 항이 5개 이상인 다항식의 인수분해

차수가 낮은 문자에 대하여 내림차순 정리한 후, 인수분해 공식을 이용한다.
(내림차순 정리: 한 문자에 대하여 차수가 높은 항부터 내려가는 순서로 정리하는 것)

예 $x^2+y^2+2xy-3x-3y+2=x^2+(2y-3)x+y^2-3y+2$
$=x^2+(2y-3)x+(y-1)(y-2)$

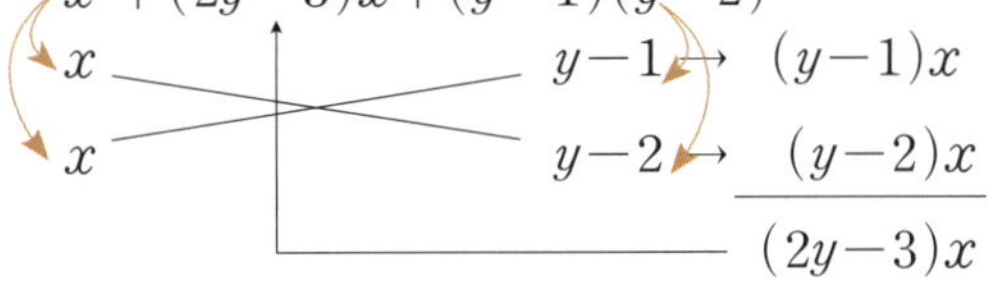

x	╲╱	$y-1$	→ $(y-1)x$
x	╱╲	$y-2$	→ $(y-2)x$
			$(2y-3)x$

$=(x+y-1)(x+y-2)$

+참고 위의 예는 공통인수를 만들어 인수분해할 수도 있다.

$\underline{x^2+y^2+2xy}\ \underline{-3x-3y}+2=(x+y)^2-3(x+y)+2$ ← 항을 적당히 짝지어 공통인수 만들기
$=(x+y-1)(x+y-2)$ ← 인수분해 공식 이용

하지만, 공통인수를 만들 수 없는 경우에는 한 문자에 대하여 내림차순 정리한 후 인수분해한다.

확장개념

다항식 $3x^2+2x-5$는 x에 대한 이차식이다. 즉, 문자가 x 하나만 있으므로 다항식의 차수를 정하기 쉽다. 그렇다면, $2xy-x+1$는 몇 차식이라고 해야 할까? 문자가 여러 개 섞인 식에서 차수를 정할 때는 먼저 기준이 되는 문자('기준 변수'라 하겠다.)를 설정한다. 기준 변수를 설정하면, 기준 변수만 문자로 취급하여 차수를 정하고, 기준 변수가 아닌 문자는 고정된 숫자(상수)로 취급한다. 따라서 $2xy-x+1$의 차수는 다음과 같이 설정된다.

① 기준 변수를 x로 설정 : $\underbrace{(2y-1)}_{\text{일차항}}x+\underbrace{1}_{\text{상수항}}$ ← x에 대한 일차식

② 기준 변수를 y로 설정 : $\underbrace{(2x)y}_{\text{일차항}}+\underbrace{(-x+1)}_{\text{상수항}}$ ← y에 대한 일차식

③ 기준 변수를 x, y로 설정 : $\underbrace{2xy}_{\text{이차항}}+\underbrace{(-x)}_{\text{일차항}}+\underbrace{1}_{\text{상수항}}$ ← x, y에 대한 이차식 ← xy는 문자가 2개 곱해진 항이므로 이차항이다.

기준 변수가 어떤 문자인지 알려주기 위해 위와 같이 '~에 대한' 이라는 표현을 사용한다.

기준 변수를 간단히 표현하기 위해 $f(x)$, $f(y)$, $f(x, y)$라는 표현을 사용하기도 한다.

① x가 기준 변수 : $f(x)=x^2y+2xy-x+1 \Rightarrow f(1)=\boxed{1}^2y+2\cdot\boxed{1}y-\boxed{1}+1=3y$

② y가 기준 변수 : $f(y)=x^2y+2xy-x+1 \Rightarrow f(1)=(x^2+2x)\cdot\boxed{1}+(-x+1)=x^2+x+1$

③ x, y가 기준 변수 : $f(x, y)=x^2y+2xy-x+1 \Rightarrow f(1, 2)=\boxed{1}^2\cdot\underline{2}+2\cdot\boxed{1}\cdot\underline{2}-\boxed{1}+1=6$

+꿀팁 여러 문자가 섞여 있는 식을 인수분해할 때는 차수가 낮은 문자로 내림차순 정리하는 것이 편리하다. 차수가 낮을수록 인수분해가 간단하기 때문이다.

(예) $x^2+xy+2x-y-3$을 인수분해하기

$x^2+xy+2x-y-3$은 x에 대한 이차식이고, y에 대한 일차식이다. y의 차수가 낮으므로 y에 대하여 내림차순 정리한 뒤 인수분해하는 것이 편리하다. 물론, x에 대하여 정리한 뒤 인수분해해도 답은 같다.

[방법1] y에 대하여 내림차순 정리	[방법2] x에 대하여 내림차순 정리
$x^2+xy+2x-y-3$	$x^2+(y+2)x-(y+3)$ ← 항이 세 개
$=(x-1)y+(x^2+2x-3)$ ← 항이 두 개	$(y+3)$
$=(x-1)y+(x-1)(x+3)$ ← 공통인수 만들기	$+\ (-1)$
$=(x-1)(y+x+3)$ ← 공통인수 묶기	$y+2$ ← x의 계수
$=(x-1)(x+y+3)$ ← 알파벳순으로 정리	$=(x+y+3)(x-1)$ ← 인수분해 공식이용

+참고 각각의 문자의 차수가 같을 때는 아무 문자나 선택해서 내림차순 정리한 뒤, 인수분해하면 된다.

4 인수분해 공식의 활용 : 공통수학1 다항식

확장개념+응용공식

(1) 인수분해 공식을 이용한 수의 계산

인수분해 공식을 이용할 수 있는 꼴로 바꿀 수 있다면 복잡한 수의 계산을 쉽게 할 수 있다.

① 공통인수로 묶기 ⇨ $ma+mb=m(a+b)$ 이용

예 $8\times38+8\times12=8\times(38+12)=8\times50=400$

② 제곱의 차 이용하기 ⇨ $a^2-b^2=(a+b)(a-b)$

예 $28^2-22^2=(28+22)(28-22)=50\times6=300$

③ 완전제곱식 이용하기 ⇨ $a^2+2ab+b^2=(a+b)^2$, $a^2-2ab+b^2=(a-b)^2$

예 $23^2+2\times23\times17+17^2=(23+17)^2=40^2=1600$ ← $23=a$, $17=b$로 치환하면, $a^2+2ab+b^2$ 꼴

$23^2-2\times23\times17+17^2=(23-17)^2=6^2=36$

(2) 인수분해 공식을 이용한 식의 값

① 문자의 값이 주어진 경우

⇨ 문자의 값을 바로 대입했을 때 계산이 복잡하다면, 주어진 식을 먼저 변형하거나 인수분해하여 간단히 한 후 수를 대입

예

$x=98$일 때, x^2+4x+4의 값 구하기	$x=\sqrt{2}-1$일 때, x^2+4x+3의 값 구하기
직접 대입하면 계산이 복잡하므로 식을 변형하여 대입한다. $x^2+4x+4=(x+2)^2$ $=(98+2)^2=100^2=10000$	$x^2+4x+3=(x+3)(x+1)$ $=(\sqrt{2}-1+3)(\sqrt{2}-1+1)$ $=(\sqrt{2}+2)\times\sqrt{2}$ $=2+2\sqrt{2}$

② 식의 값이 주어진 경우

⇨ 주어진 식을 변형하거나 인수분해하여 간단히 한 후, 식의 값을 대입한다.

예

$x-y=20$일 때, $x^2-2xy+y^2$의 값 구하기	$x+y=2\sqrt{3}$, $x-y=2$일 때, x^2-y^2의 값 구하기
직접 대입하면 계산이 복잡하므로 식을 변형하여 대입한다. $x^2-2xy+y^2=(x-y)^2$ $=20^2=400$	$x^2-y^2=(x+y)(x-y)$ $=2\sqrt{3}\times2$ $=4\sqrt{3}$

+참고 직접 대입하여 계산하는 것이 편리한 경우도 있다. 물론 이 경우에도 답은 같다.
주어진 식이 어떤 식인지에 따라, 식을 변형하는 것이 편리한지 또는 직접 대입하는 것이 편리한지 생각해서 접근하자.

[3-1 과정]

03 이차방정식

1 이차방정식(★★): 공통수학1 방정식

핵심개념

(1) x에 대한 이차방정식

등식의 우변의 모든 항을 좌변으로 이항하여 정리했을 때,

(x에 대한 이차식)$=0$

꼴로 나타내어지는 방정식을 x에 대한 이차방정식이라 한다.

x에 대한 이차방정식은

$ax^2+bx+c=0$ (단, a, b, c는 상수, $a\neq0$)

의 꼴로 나타낼 수 있다.

예 ① $x^2=0$, $2x^2-1=0$, $-x^2+3x+4=0$ 은 이차방정식이다.

② $3x^2-2=x^2-3$은 x에 대한 이차방정식이다.
(∵ 주어진 식을 이항하여 정리하면 $2x^2+1=0$ 이므로)

③ $2x^2+3x-1=2x^2+x-5$는 이차방정식이 아니다.
(∵ 주어진 식을 이항하여 정리하면
$2x^2+3x-1-(2x^2+x-5)=0 \Rightarrow 2x+4=0$ ← (x에 대한 일차식)$=0$ 의 꼴 : 일차방정식
따라서 '(x에 대한 이차식)$=0$'의 꼴이 아니므로 주어진 방정식은 이차방정식이 아니다.)

④ $2x^2+3x+1$은 이차방정식이 아니다. (∵ 등식이 아니므로 방정식이 아니다.)

(2) 이차방정식의 해(근)

이차방정식 $ax^2+bx+c=0$을 참이 되게 하는 미지수 x의 값을 이차방정식의 해 또는 근이라 하고, 이차방정식의 해 또는 근을 모두 구하는 것을 이차방정식을 푼다고 한다.

예1 x의 값으로 가능한 수가 -1, 0, 1, 2일 때, 이차방정식 $x^2-3x+2=0$의 해 구하기

주어진 방정식에 x의 값을 각각 대입해 보면,

x의 값	좌변의 값		우변의 값
-1	$(-1)^2-3\times(-1)+2=6$	$\neq$	0
0	$0^2-3\times0+2=2$	$\neq$	0
1	$1^2-3\times1+2=0$	$=$	0
2	$2^2-3\times2+2=0$	$=$	0

따라서 x의 값으로 가능한 수가 -1, 0, 1, 2일 때, 이차방정식 $x^2-3x+2=0$의 해는 $x=1$, $x=2$이다.

예2 $x=3$이 이차방정식 $x^2+ax+6=0$의 해일 때, 상수 a의 값 구하기

$x=3$이 $x^2+ax+6=0$의 해이므로, 대입하면 등식이 성립해야 한다.

$x^2+ax+6=0 \xrightarrow{x=3 \text{ 대입}} 3^2+3a+6=0 \Rightarrow 3a=-15 \Rightarrow a=-5$

2 이차방정식의 풀이(★★) : 공통수학1 방정식

핵심개념

(1) $AB=0$의 성질

두 수 또는 두 식 A, B에 대하여 $AB=0$이면 다음 세 가지 중 하나가 반드시 성립한다.

> ① $A=0, B\neq0$　　② $A\neq0, B=0$　　③ $A=0, B=0$
> ⇨ 둘 중 하나만 0 (①, ②)이거나, 둘 다 0 (③)이다.

①, ②, ③의 경우를 모두 포함하는 용어는 $A=0$ 또는 $B=0$이라고 한다.

이 성질을 이용하여 방정식을 풀 수 있다.

예1 $(x-1)(x-3)=0$을 만족하는 x구하기

$x-1=0$ 또는 $x-3=0$이어야 하므로 $x=1$ 또는 $x=3$

↳ $x=1$이면서 $x=3$일 수는 없다. (①, ②만 해당)

예2 $x(2x+1)=0$의 해 구하기

$x=0$ 또는 $2x+1=0$이어야 하므로 $x=0$ 또는 $x=-\frac{1}{2}$

예3 $(2x+3)(y-2)=0$을 만족하는 x, y구하기

$2x+3=0$ 또는 $y-2=0$이어야 하므로 $x=-\frac{3}{2}$ 또는 $y=2$

↳ $x=-\frac{3}{2}$이면서 $y=2$일 수도 있다. (①, ②, ③ 모두 해당)

(2) 인수분해를 이용한 이차방정식의 풀이

이차방정식 $ax^2+bx+c=0$에서 좌변을 인수분해할 수 있다면 $AB=0$의 성질을 이용하여 이차방정식을 풀 수 있다.

이차방정식의 풀이 순서	예 $2x^2+x+3=x^2+2x+5$의 풀이
❶ 주어진 이차방정식을 $ax^2+bx+c=0$ 꼴로 정리한다.	❶ 우변을 이항하여 정리하면 $x^2-x-2=0$
❷ 좌변을 인수분해한다.	❷ $(x-2)(x+1)=0$ ← 인수분해
❸ $AB=0$의 성질을 이용한다.	❸ $x-2=0$ 또는 $x+1=0$
❹ 해를 구한다.	❹ $x=2$ 또는 $x=-1$

예1 $x^2+6x+5=0$의 해 구하기	예2 $x^2-x-6=0$의 해 구하기
5, 1 → 6 ← 인수분해	−3, 2 → −1 ← 인수분해
$(x+5)(x+1)=0 \Rightarrow x=-5$ 또는 $x=-1$	$(x-3)(x+2)=0 \Rightarrow x=3$ 또는 $x=-2$

예3 $2x^2-3x+1=0$의 해 구하기	예4 $3x^2+4x-4=0$의 해 구하기
2 ╳ −1 → −1; 1 ╳ −1 → −2; 합 −3 ← 인수분해	3 ╳ −2 → −2; 1 ╳ 2 → 6; 합 4 ← 인수분해
$(2x-1)(x-1)=0 \Rightarrow x=\frac{1}{2}$ 또는 $x=1$	$(3x-2)(x+2)=0 \Rightarrow x=\frac{2}{3}$ 또는 $x=-2$

확장개념

$ABC=0$이려면 A, B, C 중 적어도 하나는 0이어야 한다. 이러한 성질을 확장하면 차수가 높은 방정식을 풀 수 있다.

예 $(x-3)(x+2)(2x+1)=0$의 해 구하기

+풀이 $x-3=0$ 또는 $x+2=0$ 또는 $2x+1=0 \Rightarrow x=3$ 또는 $x=-2$ 또는 $x=-\frac{1}{2}$

▶결론 일반적으로 주어진 방정식을 '(인수분해한 식)$=0$'의 꼴로 바꿀 수 있다면, 그 방정식의 해를 구할 수 있다.

핵심개념

(3) 이차방정식의 중근

① 이차방정식의 중근

이차방정식의 두 근이 중복되어 서로 같을 때, 이 근을 이차방정식의 중근이라고 한다.

예1 이차방정식 $x^2-6x+9=0$의 해

$x^2-6x+9=0 \Rightarrow (x-3)(x-3)=0 \Rightarrow x=3$ 또는 $x=3 \Rightarrow x=3$ (중근)

서로 같은 근 (중복) / 중근이라 표시해준다.

예2 이차방정식 $4x^2-4x+1=0$의 해

$4x^2-4x+1=0 \Rightarrow (2x-1)^2=0 \Rightarrow x=\frac{1}{2}$ (중근)

② 이차방정식이 중근을 가질 조건

일반적으로 이차방정식이 중근을 가지려면 두 개의 같은 식의 곱으로 인수분해되어야 한다.

즉, '(완전제곱식)$=0$'의 꼴로 정리되어야 한다.

a(일차식)$^2=0$ (단, $a\neq0$) 의 꼴

> 이차방정식 $x^2+ax+b=0$이 중근을 가질 조건 : $b=\left(\frac{a}{2}\right)^2$ ← 완전제곱식이 될 조건
>
> 이차방정식 $ax^2+bx+c=0$이 중근을 가질 조건 : $b^2=4ac$ ← 완전제곱식이 될 조건

예1 $x^2+14x+49=0 \Rightarrow$ 중근을 갖는다.
(14의 반의 제곱)$=49$이므로 완전제곱식 ○

예2 $x^2+10x+24=0 \Rightarrow$ 중근을 갖지 않는다.
(10의 반의 제곱)$\neq24$이므로 완전제곱식 ×

예3 이차방정식 $x^2-4x+b=0$이 중근을 가질 때, b의 값 구하기

$x^2-4x+b=0$이 중근을 가지려면 $b=\left(\frac{-4}{2}\right)^2=4$ ← (반의 제곱)=(상수항)

예4 이차방정식 $3x^2-4x+b=0$이 중근을 가질 때, b의 값 구하기

[방법1] 양변을 3으로 나누어 x^2의 계수를 1로 만들기	[방법2] ax^2+bx+c가 완전제곱식이 될 조건 ⇨ $b^2=4ac$
$3x^2-4x+b=0 \Rightarrow x^2-\frac{4}{3}x+\frac{b}{3}=0$ $\frac{b}{3}=\left\{\frac{1}{2}\times\left(-\frac{4}{3}\right)\right\}^2 \Rightarrow \frac{b}{3}=\frac{4}{9} \Rightarrow b=\frac{4}{3}$	$3x^2-4x+b$가 완전제곱식이 되려면 $(-4)^2=4\times3\times b \Rightarrow b=\frac{4}{3}$

핵심개념

(4) 제곱근을 이용한 이차방정식의 풀이

$x^2=2$를 만족하는 x의 값을 $x=\sqrt{2}$ 또는 $x=-\sqrt{2}$라고 정의했다.
↳간단히 $x=\pm\sqrt{2}$라고 쓴다.

이와 같이 제곱근의 정의를 이용하면 이차방정식의 해를 구할 수 있다.

① 이차방정식 $x^2=q\ (q\geq 0)$의 해 : $x=\pm\sqrt{q}$

② 이차방정식 $ax^2=q\ (a\neq 0,\ aq\geq 0)$의 해 : $x=\pm\sqrt{\frac{q}{a}}$

$(\because\ ax^2=q \xrightarrow[a\text{로 나눔}]{\text{양변을}} x^2=\frac{q}{a} \xrightarrow{\text{제곱근의 정의}} x=\pm\sqrt{\frac{q}{a}}$

③ 이차방정식 $(x-p)^2=q\ (q\geq 0)$의 해 : $x=p\pm\sqrt{q}$

$(\because\ (x-p)^2=q \xrightarrow{\text{제곱근의 정의}} (x-p)=\pm\sqrt{q} \xrightarrow{\text{이항}} x=p\pm\sqrt{q}$
↳$(x-p)$를 한 덩어리의 수로 생각

④ 이차방정식 $a(x-p)^2=q\ (a\neq 0,\ aq\geq 0)$의 해 : $x=p\pm\sqrt{\frac{q}{a}}$

$(\because\ a(x-p)^2=q \xrightarrow[a\text{로 나눔}]{\text{양변을}} (x-p)^2=\frac{q}{a} \xrightarrow{\text{제곱근의 정의}} (x-p)=\pm\sqrt{\frac{q}{a}} \xrightarrow{\text{이항}} x=p\pm\sqrt{\frac{q}{a}}$

예1 $x^2=3$의 해 구하기

+풀이 제곱근의 정의에 의해 $x=\pm\sqrt{3}$

예2 $2x^2-3=0$의 해 구하기

+풀이 주어진 방정식을 변형하여 해를 구하면

$$2x^2-3=0 \xrightarrow{\text{이항}} 2x^2=3 \xrightarrow[2\text{로 나눔}]{\text{양변을}} x^2=\frac{3}{2} \xrightarrow{\text{제곱근의 정의}} x=\pm\sqrt{\frac{3}{2}} \xrightarrow[\text{유리화}]{\text{분모의}} x=\pm\frac{\sqrt{6}}{2}$$

예3 $(x-2)^2-3=0$의 해 구하기

+풀이 $(x-2)^2-3=0 \xrightarrow{\text{이항}} (x-2)^2=3 \xrightarrow{\text{제곱근의 정의}} (x-2)=\pm\sqrt{3} \xrightarrow{\text{이항}} x=2\pm\sqrt{3}$

예4 $2(x-1)^2=3$의 해 구하기

+풀이 $2(x-1)^2=3 \xrightarrow[2\text{로 나눔}]{\text{양변을}} (x-1)^2=\frac{3}{2} \xrightarrow{\text{제곱근의 정의}} x-1=\pm\sqrt{\frac{3}{2}} \xrightarrow[\text{유리화}]{\text{이항후}} x=1\pm\frac{\sqrt{6}}{2}$

한편, $x^2=-3$을 만족하는 x는 존재하지 않는다. 따라서 이차방정식 $x^2=-3$은 해가 없다고 한다.

핵심개념

(5) 완전제곱식을 이용한 이차방정식의 풀이

① 이차방정식 $ax^2+bx+c=0$의 좌변이 두 일차식의 곱으로 인수분해되지 않을 때, 완전제곱식으로 고친 후 제곱근을 이용한 방법으로 방정식을 풀 수 있다.

이차방정식의 풀이 순서	예 $2x^2-4x-1=0$의 풀이
❶ 이차방정식의 양변을 a로 나누어 x^2의 계수를 1로 만든다.	❶ 양변을 2로 나누면 $x^2-2x-\frac{1}{2}=0$
❷ 상수항을 우변으로 이항한다.	❷ $x^2-2x=\frac{1}{2}$
❸ 양변에 (x계수의 반의 제곱)을 더한다.	❸ $x^2-2x+1=\frac{1}{2}+1$
❹ 좌변을 완전제곱식으로 바꾼다.	❹ $(x-1)^2=\frac{3}{2}$
❺ 제곱근을 이용하여 해를 구한다.	❺ $x-1=\pm\sqrt{\frac{3}{2}} \Rightarrow x=1\pm\frac{\sqrt{6}}{2}$

다음 이차방정식을 완전제곱식을 이용하여 풀어보자.

예1 $x^2-4x+2=0$	예2 $2x^2-5x+1=0$
$x^2-4x+2=0 \xrightarrow{\text{과정❶}} x^2-4x=-2$ $\xrightarrow{\text{과정❷}} x^2-4x+4=-2+4$ $\xrightarrow{\text{과정❸}} (x-2)^2=2$ $\xrightarrow{\text{과정❹}} x-2=\pm\sqrt{2}$ $\therefore x=2\pm\sqrt{2}$	$2x^2-5x+1=0 \xrightarrow{\text{과정❶}} x^2-\frac{5}{2}x+\frac{1}{2}=0$ $\xrightarrow{\text{과정❷}} x^2-\frac{5}{2}x=-\frac{1}{2}$ $\xrightarrow{\text{과정❸}} x^2-\frac{5}{2}x+\left(\frac{5}{4}\right)^2=-\frac{1}{2}+\left(\frac{5}{4}\right)^2$ $\xrightarrow{\text{과정❹}} \left(x-\left(\frac{5}{4}\right)\right)^2=\frac{17}{16}$ $\xrightarrow{\text{과정❺}} x-\frac{5}{4}=\pm\frac{\sqrt{17}}{4}$ $\therefore x=\frac{5}{4}\pm\frac{\sqrt{17}}{4}$

핵심개념

(6) 이차방정식 $ax^2+bx+c=0$의 해의 개수

$ax^2+bx+c=0$을 $(x-p)^2=q$ 꼴로 고쳤을 때 q의 부호에 따라 근의 개수가 달라진다.

① $q>0$일 때	② $q=0$일 때	③ $q<0$일 때
서로 다른 두 근 $\Rightarrow$ 2개	중근 (서로 같은 두 근) $\Rightarrow$ 1개	해는 없다 $\Rightarrow$ 0개

예1 $x^2+6x+7=0$의 해의 개수 구하기

+풀이 주어진 식을 $(x-p)^2=q$ 꼴로 변형하면

$x^2+6x+7=0 \Rightarrow x^2+6x=-7 \Rightarrow x^2+6x+9=-7+9 \Rightarrow (x+3)^2=2$ ← □²=2인 □는 2개

따라서 $x^2+6x+7=0$의 해의 개수는 2개다.

+참고 해의 개수만 구하면 되므로 '$\square^2=$(양수)' 꼴임을 확인하기만 해도 충분하다.

예2 $x^2+6x+9=0$의 해의 개수 구하기

+풀이 $x^2+6x+9=0 \Rightarrow (x+3)^2=0$ ← □²=0인 □는 1개

따라서 $x^2+6x+9=0$의 해의 개수는 1개다. (중근)

예3 $x^2+6x+11=0$의 해의 개수 구하기

+풀이 주어진 식을 $(x-p)^2=q$ 꼴로 변형하면

$x^2+6x+11=0 \Rightarrow x^2+6x=-11 \Rightarrow x^2+6x+9=-11+9 \Rightarrow (x+3)^2=-2$

→ □²=−2인 □는 없다.

따라서 $x^2+6x+11=0$의 해는 없다. (해의 개수는 0개)

예4 $2x^2+10x+k=0$의 해가 2개일 때, k값의 범위 구하기

+풀이 주어진 식을 $(x-p)^2=q$ 꼴로 변형하면

$$2x^2+10x+k=0 \Rightarrow x^2+5x=-\frac{k}{2} \Rightarrow x^2+5x+\left(\frac{5}{2}\right)^2=-\frac{k}{2}+\left(\frac{5}{2}\right)^2$$

$$\Rightarrow \left(x+\frac{5}{2}\right)^2=-\frac{k}{2}+\frac{25}{4}$$

해가 2개이려면 $-\frac{k}{2}+\frac{25}{4}>0 \Rightarrow k<\frac{25}{2}$

+참고 다음 단원에서 이차방정식의 근의 개수를 구하는 또 다른 방법으로 판별식을 배울 것이다. 보통 근의 개수는 판별식을 활용하는 것이 편리하다.

3 이차방정식의 활용(★★) : 공통수학1 방정식

확장개념+응용공식

(1) 이차방정식의 근의 공식

① 이차방정식 $ax^2+bx+c=0\ (a\neq0)$의 근의 공식

완전제곱식을 이용하여 이차방정식의 근을 구하는 방법을 일반화하면 이차방정식의 근의 공식을 만들 수 있다. 아래의 두 방정식의 풀이 방법을 비교하여 근의 공식을 유도해 보자.

	$2x^2+5x+1=0$의 풀이	$ax^2+bx+c=0$의 풀이
❶ 양변을 x^2의 계수로 나눈다.	$x^2+\frac{5}{2}x+\frac{1}{2}=0$	$x^2+\frac{b}{a}x+\frac{c}{a}=0$
❷ 상수항을 우변으로 이항한다.	$x^2+\frac{5}{2}x=-\frac{1}{2}$	$x^2+\frac{b}{a}x=-\frac{c}{a}$
❸ 양변에 'x계수의 반의 제곱'을 더한다.	$x^2+\frac{5}{2}x+\left(\frac{5}{4}\right)^2=-\frac{1}{2}+\left(\frac{5}{4}\right)^2$	$x^2+\frac{b}{a}x+\left(\frac{b}{2a}\right)^2=-\frac{c}{a}+\left(\frac{b}{2a}\right)^2$
❹ 좌변을 완전제곱식으로 바꾼다.	$\left(x+\frac{5}{4}\right)^2=\frac{17}{16}$	$\left(x+\frac{b}{2a}\right)^2=\frac{b^2-4ac}{4a^2}$
❺ 제곱근을 이용하여 해를 구한다.	$x+\frac{5}{4}=\pm\frac{\sqrt{17}}{4}$ $x=-\frac{5}{4}\pm\frac{\sqrt{17}}{4}$ $=\frac{-5\pm\sqrt{17}}{4}$	$x+\frac{b}{2a}=\pm\frac{\sqrt{b^2-4ac}}{2a}$ $x=-\frac{b}{2a}\pm\frac{\sqrt{b^2-4ac}}{2a}$ $=\frac{-b\pm\sqrt{b^2-4ac}}{2a}$ ← 근의 공식

이차방정식의 근의 공식

이차방정식 $ax^2+bx+c=0\ (a\neq0)$의 해는

$x=\frac{-b\pm\sqrt{b^2-4ac}}{2a}$ (단, $b^2-4ac\geq0$)

예1 이차방정식 $2x^2+5x+1=0$의 해 구하기

+풀이 근의 공식에 $a=2$, $b=5$, $c=1$을 대입하면

$$x=\frac{-(5)\pm\sqrt{(5)^2-4\times2\times(1)}}{2\times2}=\frac{-5\pm\sqrt{17}}{4}$$

예2 이차방정식 $2x^2-3x-4=0$의 해 구하기

+풀이 근의 공식에 $a=2$, $b=-3$, $c=-4$를 대입하면

$$x=\frac{-(-3)\pm\sqrt{(-3)^2-4\times2\times(-4)}}{2\times2}=\frac{3\pm\sqrt{41}}{4}$$

확장개념+응용공식

② x의 계수가 짝수인 이차방정식 $ax^2+2b'x+c=0$ $(a\neq0)$의 근의 공식

x의 계수가 짝수$(2b')$일 때, 근의 공식에 $b=2b'$을 대입하면 공식이 좀 더 간단해진다.

$$x=\frac{-b\pm\sqrt{b^2-4ac}}{2a} \xrightarrow{b=2b'\text{ 대입}} x=\frac{-2b'\pm\sqrt{(2b')^2-4ac}}{2a}=\frac{-2b'\pm\sqrt{4(b'^2-ac)}}{2a}$$

$$=\frac{-2b'\pm2\sqrt{b'^2-ac}}{2a}=\frac{-b'\pm\sqrt{b'^2-ac}}{a}$$ ← 짝수 근의 공식

> 이차방정식의 짝수 근의 공식
> 이차방정식 $ax^2+2b'x+c=0$ $(a\neq0)$의 해는
> $x=\frac{-b'\pm\sqrt{b'^2-ac}}{a}$ (단, $b'^2-ac\geq0$) ← 근의 공식보다 계산이 간단하다.

+꿀팁 짝수 근의 공식에서 b'은 b의 반이다. 따라서 근의 공식을 외울 때에도 b'을 '반'이라 하면 좀 더 쉽게 외울 수 있다. 즉, $x=\frac{-(\text{반})\pm\sqrt{(\text{반})^2-ac}}{a}$로 외운다.

예1 이차방정식 $3x^2-6x+2=0$의 해 구하기

+풀이 x의 계수가 짝수이므로 짝수 근의 공식을 이용하자. x의 계수의 반은 -3이므로

$$x=\frac{-(\text{반})\pm\sqrt{(\text{반})^2-ac}}{a}=\frac{-(-3)\pm\sqrt{(-3)^2-3\times2}}{3}=\frac{3\pm\sqrt{3}}{3}$$

+참고 $3x^2-6x+2=0$의 근을 일반적인 근의 공식을 이용하여 구하면

$$x=\frac{-b\pm\sqrt{b^2-4ac}}{2a}=\frac{-(-6)\pm\sqrt{(-6)^2-4\times3\times2}}{2\times3}=\frac{6\pm\sqrt{12}}{6}=\frac{3\pm\sqrt{3}}{3}$$

이므로 짝수 근의 공식을 이용했을 때와 근은 같다. 하지만, 계산 과정을 비교해 보면 짝수 근의 공식이 약분 과정을 생략해 주므로 더욱 편리함을 알 수 있다.

예2 이차방정식 $x^2-6x+5=0$의 해 구하기

방법1. 인수분해	방법2. 짝수 근의 공식
좌변을 인수분해하면 $x^2-6x+5=(x-1)(x-5)=0$ $x=1$ 또는 $x=5$	$a=1$, $(\text{반})=-3$, $c=5$이므로 대입하면 $x=\frac{-(\text{반})\pm\sqrt{(\text{반})^2-ac}}{a}$ $=\frac{-(-3)\pm\sqrt{(-3)^2-1\times5}}{1}$ $=3\pm\sqrt{4}=3\pm2$ $x=5$ 또는 $x=1$

위의 예에서 보듯이 이차방정식은 인수분해가 되면 인수분해로 구하는 것이 가장 편리하다. 인수분해가 잘 안 되거나 안 보일 때는 근의 공식을 이용해 구하면 된다. 물론, b가 짝수일 때는 짝수 근의 공식을 이용하는 것이 편리하다.

(2) 복잡한 이차방정식의 풀이

① 계수가 분수인 이차방정식

⇨ 양변에 분모의 최소공배수를 곱하여 계수를 정수로 고친 뒤 해를 구한다.

예 $\frac{1}{6}x^2+\frac{1}{4}x-\frac{1}{2}=0$의 해 구하기

+풀이 양변에 분모의 최소공배수인 12를 곱하면 $2x^2+3x-6=0$

이 식은 인수분해가 안 되므로, 근의 공식에 대입하면

$$x=\frac{-3\pm\sqrt{3^2-4\times2\times(-6)}}{2\times2}=\frac{-3\pm\sqrt{57}}{4}$$

② 계수가 소수인 이차방정식

⇨ 양변에 10의 거듭제곱을 곱하여 계수를 정수로 고친 뒤 해를 구한다.

예 $-0.3x^2+2x+0.7=0$의 해 구하기 ← 양변에 음수를 곱하여 이차항의 계수를 양수로 만드는 게 편리

+풀이 양변에 -10을 곱하면 $3x^2-20x-7=0 \Rightarrow (x-7)(3x+1)=0 \Rightarrow x=7$ 또는 $x=-\frac{1}{3}$

$$\begin{array}{ccc} 1 & \diagdown\!\!\!\diagup & -7 \rightarrow -21 \\ 3 & & 1 \rightarrow \quad 1 \\ & & \overline{\quad -20} \end{array}$$

③ 괄호가 섞인 이차방정식

⇨ 괄호를 풀어 $ax^2+bx+c=0$의 꼴로 고친 뒤 해를 구한다.

예1 $x(x+2)=x+6$의 해 구하기

+풀이 좌변을 전개하고 우변의 모든 항을 이항하여 $ax^2+bx+c=0$의 꼴로 고치면

$x(x+2)=x+6 \Rightarrow x^2+2x-(x+6)=0$

$\Rightarrow x^2+x-6=0 \xrightarrow{\text{인수분해}} (x+3)(x-2)=0 \Rightarrow x=-3$ 또는 $x=2$

예2 $(x-3)^2=-x+9$의 해 구하기

+풀이 좌변을 전개하고 우변의 모든 항을 이항하여 $ax^2+bx+c=0$의 꼴로 고치면

$(x-3)^2=-x+9 \Rightarrow x^2-6x+9-(-x+9)=0$

$\Rightarrow x^2-5x=0 \xrightarrow{\text{인수분해}} x(x-5)=0 \Rightarrow x=0$ 또는 $x=5$

! 주의 $(x-3)^2=-x+9$의 해를 다음과 같이 구하면 안 된다.

$(x-3)^2=-x+9 \Rightarrow (x-3)=\pm\sqrt{-x+9} \Rightarrow x=3\pm\sqrt{-x+9}$

⇨ 구한 x의 값에 x가 포함되어 있으면 안 된다.

예3 $(x-2)^2=9$의 해 구하기

방법1. $ax^2+bx+c=0$의 꼴로 고친 뒤 인수분해	방법2. 제곱근의 정의 이용
$(x-2)^2=9 \Rightarrow x^2-4x+4-9=0$	$(x-2)^2=9 \Rightarrow (x-2)=\pm3$
$\Rightarrow x^2-4x-5=0$	$\Rightarrow x=2\pm3$
$\Rightarrow (x-5)(x+1)=0$	$\Rightarrow x=2+3$ 또는 $x=2-3$
$\Rightarrow x=5$ 또는 $x=-1$	$\Rightarrow x=5$ 또는 $x=-1$

④ 공통부분이 있는 이차방정식

⇨ 공통부분을 한 문자로 치환하여 해를 구한다.

예1 $(x+2)^2+4(x+2)-5=0$의 해 구하기

+풀이 $x+2$가 공통으로 포함되어 있으므로 치환한다.

$$(x+2)^2+4(x+2)-5=0 \xrightarrow[\text{치환}]{x+2=A\text{로}} A^2+4A-5=0$$

$$\xrightarrow{\text{인수분해}} (A+5)(A-1)=0 \Rightarrow A=-5 \text{ 또는 } A=1$$

A를 $x+2$로 되돌려놓으면

$x+2=-5$ 또는 $x+2=1 \Rightarrow x=-7$ 또는 $x=-1$

! 주의 위 방정식을 풀 때, 치환하여 해를 구하는 과정에서 $A=-5$ 또는 $A=1$이 나온다. 간혹 이 값을 해로 적는 경우가 있는데 이런 실수를 하면 안 된다.
x에 대한 방정식 $(x+2)^2+4(x+2)-5=0$의 해는 x값을 구하는 것이지 A의 값을 구하는 것이 아니다.

+참고 방정식 $(x+2)^2+4(x+2)-5=0$을 풀 때, 괄호를 풀어 $ax^2+bx+c=0$의 꼴로 만든 뒤 해를 구해도 된다. 하지만 괄호를 풀어 정리하는 것보다 치환하는 것이 더 편리하다.

예2 $(x^2+x-5)^2+4(x^2+x-5)-5=0$의 해 구하기

+풀이 $(x^2+x-5)^2$을 전개하는 것은 당연히 불편하다. x^2+x-5를 A로 치환하면

$$(x^2+x-5)^2+4(x^2+x-5)-5=0 \xrightarrow[\text{치환}]{x^2+x-5=A\text{로}} A^2+4A-5=0$$

$$\xrightarrow{\text{인수분해}} (A+5)(A-1)=0 \Rightarrow A=-5 \text{ 또는 } A=1$$

A를 x^2+x-5로 되돌려놓으면

$x^2+x-5=-5$ 또는 $x^2+x-5=1 \Rightarrow x^2+x=0$ 또는 $x^2+x-6=0$

$$\xrightarrow{\text{인수분해}} x(x+1)=0 \text{ 또는 } (x+3)(x-2)=0$$

$$\Rightarrow x=0 \text{ 또는 } x=-1 \text{ 또는 } x=-3 \text{ 또는 } x=2$$

확장개념+응용공식

(3) 이차방정식의 근의 개수

$(x-p)^2=q$꼴의 방정식의 해는 q의 부호에 따라 근의 개수가 달라진다.

이차방정식 $ax^2+bx+c=0$ $(a\neq0)$을 $(x-p)^2=q$꼴로 고치면 $\left(x+\dfrac{b}{2a}\right)^2=\dfrac{b^2-4ac}{4a^2}$이다.

$\dfrac{b^2-4ac}{4a^2}=q$라 하면, $4a^2$은 양수이므로 b^2-4ac의 부호에 따라 q의 부호가 결정된다.

> 이차방정식 $ax^2+bx+c=0$ $(a\neq0)$에서
> ① $b^2-4ac>0$인 경우 ⇒ 서로 다른 두 근을 갖는다. (2개)
> ② $b^2-4ac=0$인 경우 ⇒ 한 근(중근)을 갖는다. (1개)
> (①, ②: $b^2-4ac\geq0$이면 근이 존재)
> ③ $b^2-4ac<0$인 경우 ⇒ 근이 없다. (0개)

근의 공식 $x=\dfrac{-b\pm\sqrt{b^2-4ac}}{2a}$에서 b^2-4ac의 부호를 생각해도 근의 개수를 알 수 있다.

① $b^2-4ac>0$인 경우 ⇒ $x=\dfrac{-b+\sqrt{b^2-4ac}}{2a}$ 또는 $x=\dfrac{-b-\sqrt{b^2-4ac}}{2a}$로 근은 2개

② $b^2-4ac=0$인 경우 ⇒ $x=-\dfrac{b}{2a}$로 근은 1개 (중근)

③ $b^2-4ac<0$인 경우 ⇒ 근호 안이 음수인 수는 없으므로 근이 없다. (0개)

+꿀팁 b^2-4ac를 이차방정식의 판별식이라 하고 간단히 D로 나타낸다. $(D=b^2-4ac)$
따라서 '$D>0$이면 근이 2개, $D=0$이면 근은 1개(중근), $D<0$이면 근은 없다.(0개)'
또한, 짝수 근의 공식을 생각하면 $(\text{반})^2-ac$의 부호에 따라 근의 개수를 판별할 수도 있다.

$(\text{반})^2-ac=\dfrac{D}{4}$로 나타내고, 짝수 판별식이라 한다.

예1 이차방정식의 근의 개수 판별하기

이차방정식	b^2-4ac의 값의 부호	근의 개수
① $2x^2-5x+1=0$	$(-5)^2-4\times2\times1=17>0$	2개
② $9x^2-12x+4=0$	$(-12)^2-4\times9\times4=0$	1개
③ $x^2+5x+7=0$	$(5)^2-4\times1\times7=-3<0$	0개

+꿀팁 ② $9x^2-12x+4=0$은 x의 계수가 짝수이므로 짝수 판별식을 이용하는 것이 편리하다.

$\dfrac{D}{4}=(\text{반})^2-ac=(-6)^2-9\times4=0$ 이므로 근은 1개

예2 이차방정식 $3x^2-2x+k+2=0$의 근이 존재할 때, k의 값의 범위 구하기

+풀이 이차방정식이 근을 가질 때는 근이 2개 또는 1개이므로 $D\geq0$이다. 짝수 판별식을 이용하면

$\dfrac{D}{4}=(-1)^2-3(k+2)\geq0$ ← $(k+2)$덩어리를 상수항으로 취급

$\Rightarrow 1-3k-6\geq0 \Rightarrow 3k\leq-5 \Rightarrow k\leq-\dfrac{5}{3}$

(4) 이차방정식 구하기

① 두 근이 α, β이고 x^2의 계수가 a인 이차방정식 구하기
→ α(알파), β(베타)는 근을 나타내는 기호로 자주 이용된다. (그리스 문자이다.)

$a(x-\alpha)(x-\beta)=0$

$\Rightarrow a\{x^2-(\alpha+\beta)x+\alpha\beta\}=0$ ← 'x^2-(두근합)$x+$(두근곱)$=0$'으로 외워두면 쉽다.

예) 두 근이 -2, 3이고 x^2의 계수가 4인 이차방정식 구하기

방법1. 인수분해 이용하기	방법2. 근의 정의 이용하기
두 근이 -2, 3이고 x^2의 계수가 4이므로 $4(x+2)(x-3)=0$ $\Rightarrow 4(x^2-x-6)=0$ $\Rightarrow 4x^2-4x-24=0$	이차방정식을 $4x^2+bx+c=0$이라 놓자. 두 근이 -2, 3이므로 방정식에 대입하면, $4(-2)^2+b(-2)+c=0 \Rightarrow 16-2b+c=0$ $4(3)^2+b(3)+c=0 \Rightarrow 36+3b+c=0$ 두 식을 연립하여 풀면 $b=-4$, $c=-24$ 따라서 $4x^2-4x-24=0$

② 중근이 α이고 x^2의 계수가 a인 이차방정식 구하기

$a(x-\alpha)^2=0$ ← 중근을 가지면 완전제곱식

예) 중근이 -2이고 x^2의 계수가 3인 이차방정식 구하기

+풀이 $3(x+2)^2=0 \Rightarrow 3(x^2+4x+4)=0 \Rightarrow 3x^2+12x+12=0$

③ 계수가 모두 유리수인 이차방정식의 한 근이 $p+q\sqrt{m}$이면 다른 한 근은 $p-q\sqrt{m}$이다.
(단, p, q는 유리수, $\sqrt{m}$은 무리수) ← (유리수 계수)가 (무리수 근) ⇒ 무리수 부분의 부호만 다른 두 근

+설명 이차방정식이 무리수 근을 갖는 경우 두 근의 모양을 비교해 보자.

예) $2x^2-5x+1=0$의 두 근의 모양	$ax^2+bx+c=0$ (단, a, b, c는 유리수)의 근
인수분해가 불가능하므로 근의 공식에 대입 $x=\dfrac{5\pm\sqrt{17}}{4}=\boxed{\dfrac{5}{4}\pm\dfrac{1}{4}\sqrt{17}}$ ⇒ $p\pm q\sqrt{m}$의 꼴 (단, p, q는 유리수, $\sqrt{m}$은 무리수) 따라서 계수가 모두 유리수인 이차방정식이 무리수 근을 가지면, 두 근은 근호($\sqrt{\ }$) 앞의 부호만 다르다.	근의 공식에 의해 $x=\dfrac{-b\pm\sqrt{b^2-4ac}}{2a}=-\dfrac{b}{2a}\pm\dfrac{1}{2a}\sqrt{b^2-4ac}$ ⇒ (유리수)±(유리수)$\sqrt{\square}$의 꼴 따라서 $\sqrt{\square}$가 무리수이면, 이차방정식의 두 근은 근호($\sqrt{\square}$) 앞의 부호만 다르다. ※ 계수에 무리수가 섞이면 성립하지 않는다.

예) 계수가 모두 유리수이고 한 근이 $2+\sqrt{2}$, x^2의 계수가 3인 이차방정식 구하기

+풀이 계수가 유리수인 이차방정식의 한 근이 $2+\sqrt{2}$(무리수)이므로 다른 근은 $2-\sqrt{2}$이다.

$3\{x-(2+\sqrt{2})\}\{x-(2-\sqrt{2})\}=0 \Rightarrow 3(x^2-4x+2)=0 \Rightarrow 3x^2-12x+6=0$
→ 'x^2-(두근합)$x+$(두근곱)'으로 정리

+참고 이차방정식을 $3x^2+ax+b=0$ (단, a, b는 유리수) 라 놓고, $x=2+\sqrt{2}$를 대입하여 정리해도 a, b를 구할 수 있다. 하지만, 위의 풀이가 더 간단하다.

확장개념+응용공식

(5) 이차방정식의 근과 계수의 관계 ← 이차방정식의 두 근의 합과 곱은 계수만 보고도 구할 수 있다.

이차방정식 $ax^2+bx+c=0$의 두 근을 α, β라 하면,

$$\underbrace{ax^2+bx+c=0}_{㉠} \xrightarrow[\text{전개}]{\text{인수분해}} \underbrace{a(x-\alpha)(x-\beta)=0}_{㉡} \xrightarrow{\text{전개}} \underbrace{ax^2-a(\alpha+\beta)x+a\alpha\beta=0}_{㉢}$$

㉢=㉠ 이므로 비교하면,

$$-a(\alpha+\beta)=b,\ a\alpha\beta=c \Rightarrow \therefore\ \alpha+\beta=-\frac{b}{a},\ \alpha\beta=\frac{c}{a}$$

이차방정식 $ax^2+bx+c=0$ $(a\neq0)$의 두 근을 α, β라 하면,

$\alpha+\beta=-\dfrac{b}{a}$, $\alpha\beta=\dfrac{c}{a}$ ← (두근합)$=-\dfrac{b}{a}$, (두근곱)$=\dfrac{c}{a}$

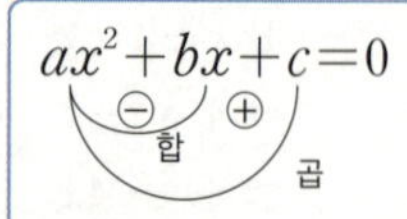

근의 공식을 이용하여 근과 계수의 관계를 유도할 수도 있다.

이차방정식 $ax^2+bx+c=0$의 두 근을 α, β라 하면, 두 근은 $x=\dfrac{-b\pm\sqrt{b^2-4ac}}{2a}$이므로

$$\begin{cases} \alpha+\beta=\dfrac{-b+\sqrt{b^2-4ac}}{2a}+\dfrac{-b-\sqrt{b^2-4ac}}{2a}=-\dfrac{2b}{2a}=-\dfrac{b}{a} \\ \alpha\beta=\dfrac{-b+\sqrt{b^2-4ac}}{2a}\times\dfrac{-b-\sqrt{b^2-4ac}}{2a}=\dfrac{(-b)^2-(b^2-4ac)}{4a^2}=\dfrac{4ac}{4a^2}=\dfrac{c}{a} \end{cases}$$

예1 이차방정식 $2x^2+7x+3=0$의 두 근을 α, β라 하면,

① $\alpha+\beta=-\dfrac{b}{a}=-\dfrac{7}{2}$

② $\alpha\beta=\dfrac{c}{a}=\dfrac{3}{2}$

③ $\alpha^2+\beta^2=(\alpha+\beta)^2-2\alpha\beta=\left(-\dfrac{7}{2}\right)^2-2\times\dfrac{3}{2}=\dfrac{49}{4}-3=\dfrac{37}{4}$

④ $\dfrac{1}{\alpha}+\dfrac{1}{\beta}=\dfrac{\alpha+\beta}{\alpha\beta}=\dfrac{-\frac{7}{2}}{\frac{3}{2}}=-\dfrac{7}{3}$

⑤ $(\alpha-\beta)^2=(\alpha+\beta)^2-4\alpha\beta=\left(-\dfrac{7}{2}\right)^2-4\times\dfrac{3}{2}=\dfrac{49}{4}-6=\dfrac{25}{4}$

예2 이차방정식 $x^2+ax+b=0$의 두 근의 합이 2, 두 근의 곱이 -6일 때, a, b의 값 구하기

+풀이
$$\begin{cases} (\text{두 근의 합})=-\dfrac{a}{1}=-a=2 \Rightarrow a=-2 \\ (\text{두 근의 곱})=\dfrac{b}{1}=b=-6 \Rightarrow b=-6 \end{cases}$$

! 주의 두 근의 합을 ① '−' 부호를 빼놓고 계산하거나, ② x의 계수만 쓰는 실수를 하지 않도록 주의하자. 또한, 두 근의 곱을 상수항으로만 쓰는 실수를 하는 경우도 많으니 주의하자.

확장개념+응용공식

(6) 근에 조건이 있는 이차방정식 문제 풀이 방법

이차방정식의 근이 특정한 조건을 만족할 때는 두 근을 다음과 같이 설정하면 편리하다.

조건	두 근 설정	예
① 두 근의 차가 k	α, $\alpha+k$	두 근의 차가 2 ⇨ 두 근 : α, $\alpha+2$
② 한 근이 다른 근의 k배	α, $k\alpha$	한 근이 다른 근의 3배 ⇨ 두 근 : α, 3α
③ 두 근의 비가 $m:n$	$m\alpha$, $n\alpha$	두 근의 비가 3:2 ⇨ 두 근 : 3α, 2α

근이 그밖에 다른 조건을 만족한다면 조건에 맞게끔 두 근을 α에 대한 식으로 표현한다.

예1 이차방정식 $x^2+4x+k=0$의 두 근의 차가 2일 때, k의 값 구하기

+풀이 두 근의 차가 2이므로 두 근을 α, $\alpha+2$라 놓자.

방법1. 방정식을 세워 비교하기	방법2. 근과 계수의 관계 이용
두 근이 α, $\alpha+2$인 이차방정식은 $(x-\alpha)\{x-(\alpha+2)\}=0$ $\Rightarrow x^2-(2\alpha+2)x+\alpha(\alpha+2)=0$ 이 방정식이 $x^2+4x+k=0$이어야 하므로 $-(2\alpha+2)=4$ ⋯ ㉠ $\alpha(\alpha+2)=k$ ⋯ ㉡ ㉠에서 $\alpha=-3$이고, 이를 ㉡에 대입하면 $k=(-3)\times(-3+2)=3$	이차방정식 $x^2+4x+k=0$에서 (두 근의 합)$=-\frac{4}{1}=\alpha+(\alpha+2) \Rightarrow \alpha=-3$ (두 근의 곱)$=\frac{k}{1}=\alpha(\alpha+2)$ $\Rightarrow k=(-3)\times(-3+2)=3$

예2 이차방정식 $2x^2+kx+12=0$의 한 근이 다른 근의 6배일 때, k의 값 구하기

+풀이 한 근이 다른 근의 6배이므로 두 근을 α, 6α라 놓으면,

방법1. 방정식을 세워 비교하기	방법2. 근과 계수의 관계 이용
두 근이 α, 6α이고, x^2의 계수가 2인 이차방정식은 $2(x-\alpha)(x-6\alpha)=0$ $\Rightarrow 2(x^2-7\alpha x+6\alpha^2)=0$ $\Rightarrow 2x^2-14\alpha x+12\alpha^2=0$ 이 방정식이 $2x^2+kx+12=0$이어야 하므로 $-14\alpha=k$ ⋯ ㉠ $12\alpha^2=12$ ⋯ ㉡ ㉡에서 $\alpha=1$ 또는 $\alpha=-1$이다. 이를 ㉠에 대입하면 $k=14$ 또는 $k=-14$	이차방정식 $2x^2+kx+12=0$에서 (두 근의 합)$=-\frac{k}{2}=\alpha+6\alpha$ $\Rightarrow k=-14\alpha$ ⋯ ㉠ (두 근의 곱)$=\frac{12}{2}=\alpha\times6\alpha$ $\Rightarrow 6\alpha^2=6 \Rightarrow \alpha=1$ 또는 $\alpha=-1$ 이를 ㉠에 대입하면 $k=14$ 또는 $k=-14$

핵심개념

(7) 이차방정식의 활용

이차방정식의 활용 문제는 다음과 같은 순서로 푼다.

❶ 미지수 정하기 : 문제의 뜻을 파악하고, 구하려는 것을 미지수 x로 놓는다.

❷ 이차방정식 세우기 : 문제의 뜻에 맞게 x에 대한 이차방정식을 세운다.

❸ 이차방정식 풀기 : 이차방정식을 푼다.

❹ 답 구하기 : 구한 해 중에서 문제의 뜻에 맞는 것을 택한다.

! 주의 이차방정식의 활용 문제는 이차방정식의 해가 모두 답이 되지 않을 수 있으므로 반드시 구한 해가 문제의 조건을 만족하는지 확인해야 한다.

① 수에 관한 문제

⇨ 문제의 조건에 맞게 방정식을 세운다.

연속하는 수	두 개	세 개
정수일 때	x, $x+1$ (x는 정수)	$x-1$, x, $x+1$ (x는 정수)
짝수일 때	x, $x+2$ (x는 짝수) 또는 $2x$, $2x+2$ (x는 자연수)	$x-2$, x, $x+2$ (x는 짝수) 또는 $2x-2$, $2x$, $2x+2$ (x는 자연수)
홀수일 때	x, $x+2$ (x는 홀수) 또는 $2x-1$, $2x+1$ (x는 자연수)	$x-2$, x, $x+2$ (x는 홀수) 또는 $2x-1$, $2x+1$, $2x+3$ (x는 자연수)

+참고 연속하는 세 정수를 x, $x+1$, $x+2$ (x는 정수)로 놓아도 된다.

예 연속하는 세 짝수 중 가장 작은 수의 제곱이 다른 두 수의 합보다 42만큼 클 때, 세 짝수 구하기 (단, 세 짝수는 모두 자연수)

+풀이 1 ❶ 연속하는 세 짝수를 $x-2$, x, $x+2$이라 놓으면,

❷ 조건을 만족하는 방정식은 $(x-2)^2=x+(x+2)+42$

❸ 정리하여 풀면

$x^2-4x+4=2x+44 \Rightarrow x^2-6x-40=0$

$\Rightarrow (x-10)(x+4)=0$

$\Rightarrow x=10$ 또는 $x=-4$

❹ $x=-4$일 때, 세 짝수는 자연수가 아니다.

$x=10$일 때, 세 짝수는 모두 자연수이므로 세 짝수는 8, 10, 12

+풀이 2 ❶ 연속하는 세 짝수를 $2x$, $2x+2$, $2x+4$로 놓으면, (단, x는 자연수)

❷ 조건을 만족하는 방정식은 $(2x)^2=(2x+2)+(2x+4)+42$

❸ 정리하여 풀면

$4x^2=4x+48 \Rightarrow x^2-x-12=0$

$\Rightarrow (x-4)(x+3)=0$

$\Rightarrow x=4$ 또는 $x=-3$

❹ x는 자연수이므로 $x=4$일 때, 세 짝수는 8, 10, 12

+참고 연속하는 세 짝수를 $2x-2$, $2x$, $2x+2$로 놓아도 되지만, 이 문제에서는 가장 작은 자연수를 제곱하는 과정에서 식이 복잡해지므로 세 짝수를 $2x$, $2x+2$, $2x+4$로 놓았다.

② 도형에 관한 문제

⇨ 도형의 넓이나 부피를 구하는 공식을 이용하여 방정식을 세운다.

〈넓이 공식〉

① (삼각형의 넓이) $=\frac{1}{2}\times$ (밑변) $\times$ (높이)　　② (직사각형의 넓이) $=$ (가로) $\times$ (세로)

③ (평행사변형의 넓이) $=$ (밑변) $\times$ (높이)　　④ (원의 넓이) $=\pi\times$ (반지름)^2

⑤ (사다리꼴의 넓이) $=\frac{1}{2}\times$ {(윗변) $+$ (아랫변)} $\times$ (높이)

〈부피 공식〉

① (기둥의 부피) $=$ (밑넓이) $\times$ (높이)　　② (뿔의 부피) $=\frac{1}{3}\times$ (밑넓이) $\times$ (높이)

예1 오른쪽 그림과 같이 가로, 세로의 길이가 각각 30m, 20m인 직사각형 모양의 땅에 폭이 일정한 도로를 만들었다. 도로를 제외한 부분의 넓이가 336m^2일 때, 도로 폭의 길이를 구하시오.

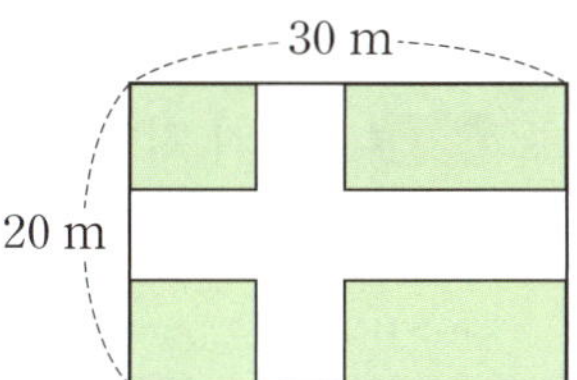

풀이 ❶ 도로 폭의 길이를 xm라 하면,

❷ 도로를 제외한 부분의 가로는 $(30-x)$m, 세로는 $(20-x)$m

도로를 제외한 부분의 넓이는 $(30-x)(20-x)=336$

❸ $(30-x)(20-x)=336 \Rightarrow x^2-50x+600=336 \Rightarrow x^2-50x+264=0$

$\Rightarrow (x-6)(x-44)=0 \Rightarrow x=6$ 또는 $x=44$

❹ $0<x<20$이므로 $x=6$. 따라서 도로 폭은 6m이다.

참고 아래와 같이 합동인 세 직사각형에서 색칠한 부분의 넓이는 모두 같다.

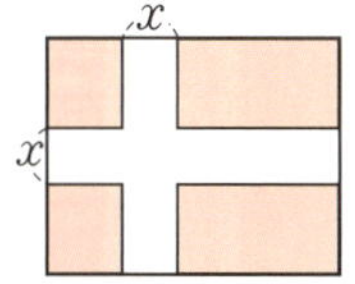

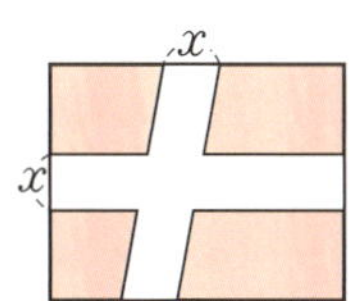

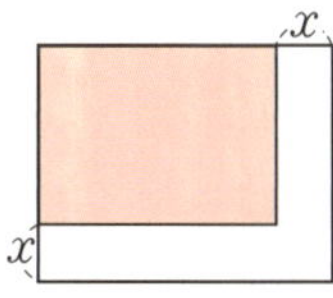

← 첫 번째, 두 번째 직사각형의 오른쪽에 색칠된 부분을 왼쪽으로 밀고, 아래쪽에 색칠된 부분을 위로 밀어 올리면, 세 번째 도형과 합동인 도형이 된다.

예2 정사각형 모양의 종이가 있다. 이 종이의 네 귀퉁이를 한 변의 길이가 2cm인 정사각형 모양으로 잘라 내고, 나머지로 뚜껑이 없는 직육면체 모양의 상자를 만들었더니 부피가 98cm^3가 되었다. 처음 정사각형의 한 변의 길이를 구하시오.

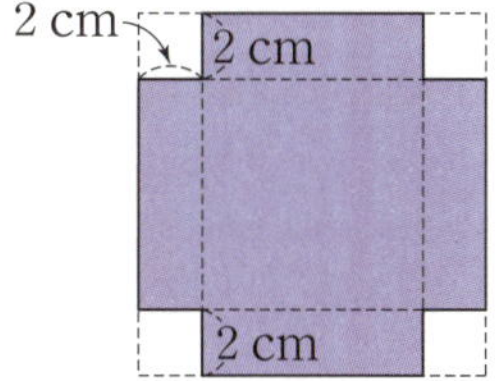

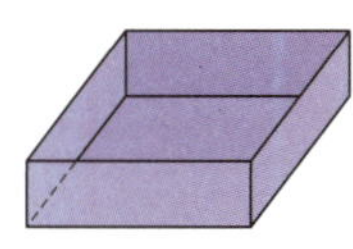

풀이 ❶ 처음 정사각형의 한 변의 길이를 x라 하면,

❷ 직육면체의 밑면은 한 변의 길이가 $(x-4)$cm인 정사각형이고, 높이는 2cm이므로,

(직육면체의 부피) $=(x-4)^2\times 2=98$

❸ $(x-4)^2\times 2=98 \xrightarrow[\text{2로 나눔}]{\text{양변을}} (x-4)^2=49 \Rightarrow x^2-8x+16=49$

$\Rightarrow x^2-8x-33=0 \Rightarrow (x-11)(x+3)=0 \Rightarrow x=11$ 또는 $x=-3$

❹ $x>0$이어야 하므로 $x=11$. 따라서 정사각형의 한 변의 길이는 11cm이다.

참고 위의 과정 ❸을 다음과 같이 제곱근을 이용하여 풀어도 된다.

$(x-4)^2=49 \Rightarrow x-4=\pm 7$ ← 제곱근 이용 $\Rightarrow x=4\pm 7 \Rightarrow x=11$ 또는 $x=-3$

③ 던져 올린 물체에 관한 문제

⇨ 던져 올린 물체의 t초 후의 높이가 $h=at^2+bt+c$일 때, 높이가 k일 때의 시각은 이차방정식 $at^2+bt+c=k$의 해이다.

예1 지면에서 초속 30m로 위로 던져 올린 물체의 t초 후의 높이가 $(30t-5t^2)$m일 때, 물체의 높이가 25m가 되는 것은 물체를 던진 지 몇 초 후인지 구하시오.

+풀이 t초 후의 높이가 25m이므로

$30t-5t^2=25 \Rightarrow t^2-6t+5=0 \Rightarrow (t-1)(t-5)=0 \Rightarrow t=1$ 또는 $t=5$

따라서 물체의 높이가 25m가 되는 것은 던진 지 1초 또는 5초 후이다.

예2 지면으로부터 100m의 높이에서 초속 40m로 위로 던져 올린 물체의 x초 후의 높이가 $(100+40x-5x^2)$일 때, 이 물체가 지면으로 떨어지는 것은 물체를 던진 지 몇 초 후인지 구하시오.

+풀이 물체가 지면으로 떨어졌을 때 높이는 0m이므로

$100+40x-5x^2=0 \Rightarrow x^2-8x-20=0 \Rightarrow (x-10)(x+2)=0 \Rightarrow x=10$ 또는 $x=-2$

$x>0$이므로 $x=10$. 따라서 물체가 지면으로 떨어지는 것은 던진 지 10초 후이다.

④ 그 밖의 문제

⇨ 주어진 조건을 이용하여 방정식을 세운다.

예 사탕 192개를 몇 명의 학생에게 남김없이 똑같이 나누어 주었더니 한 사람이 받은 사탕의 개수는 학생 수보다 4만큼 컸다. 학생 수를 구하시오.

+풀이 학생 수를 x라 하면, 한 사람이 받은 사탕의 개수는 $x+4$이다.

사탕의 총 개수로 방정식을 세우면, $x(x+4)=192$

$x(x+4)=192 \Rightarrow x^2+4x-192=0 \Rightarrow (x-12)(x+16)=0 \Rightarrow x=12$ 또는 $x=-16$

$x>0$이므로 $x=12$. 따라서 학생 수는 12명이다.

고등 수학에 꼭 필요한 **핵심 개념 익히기**

• 다항식의 곱셈

54 $(ax+2y)(-4x+by+5)$의 전개식에서 xy의 계수가 -2이고, x의 계수가 15일 때, 상수 a, b에 대하여 $a+b$의 값을 구하시오.

55 다음 중 옳지 않은 것은?

① $(2x-5)^2=4x^2-20x+25$

② $(x+3)(x-3)=x^2-9$

③ $(-x-4y)^2=x^2-8xy+16y^2$

④ $(-x+5)(-x-6)=x^2+x-30$

⑤ $(3x-2)(-2x+8)=-6x^2+28x-16$

56 $\frac{\sqrt{2}}{5-2\sqrt{6}}-\frac{\sqrt{2}}{5+2\sqrt{6}}$을 계산하여라.

57 $a+b=3$, $ab=2$일 때, 다음 식의 값을 구하시오.

(1) a^2+b^2

(2) $(a-b)^2$

(3) $\frac{b}{a}+\frac{a}{b}$

58 $a=3-2\sqrt{2}$일 때, a^2-6a+9의 값을 구하시오.

• 인수분해

59 두 식 $4x^2-ax+1$, x^2-6x+b가 각각 완전제곱식이 되도록 하는 상수 a, b에 대하여 $a+b$의 값을 구하시오. (단, $a>0$)

60 다음 중 옳지 않은 것은?

① $x^2-10xy+21y^2=(x-3y)(x-7y)$
② $2x^2+3x-2=(x+2)(2x-1)$
③ $3x^2+5xy-2y^2=(x+2y)(3x-y)$
④ $10x^2+9x-9=(5x+3)(2x-3)$
⑤ $(x+1)(x+2)-6=(x+4)(x-1)$

61 x^2+kx-2가 $x-1$을 인수로 가질 때, 상수 k의 값을 구하시오.

62 다음 중 $(x-1)(x+2)(x-3)(x+4)+24$의 인수가 아닌 것을 모두 고르면? (정답 2개)

① $x-2$ ② $x+3$ ③ $x-4$
④ x^2+x+6 ⑤ x^2+x-8

63 다항식 $4x^2+4xy+y^2-9z^2$을 인수분해하여라.

64 $2x^2-8xy+7x-4y+3$을 인수분해하여라.

65 $x=1-\sqrt{5}$일 때, $\dfrac{x^3-3x^2-x+3}{x^2-2x-3ㅈ}$의 값을 구하여라.

• 이차방정식의 풀이

66 다음 중 x에 대한 이차방정식이 아닌 것은?

① $x^2+\frac{1}{2}x=0$

② $(2-x)(3x+1)=0$

③ $x^2(x-4)=x^3+x^2+1$

④ $(2x+1)(2x-1)=4x^2-x$

⑤ $\frac{x^2}{3}=\frac{1-3x}{2}$

67 이차방정식 $4x^2-ax+3=0$의 두 근이 $x=\frac{1}{2}$ 또는 $x=b$일 때, $a+b$의 값을 구하시오. (단, a는 상수이다.)

68 이차방정식 $x^2-4ax-12a-5=0$가 중근을 갖도록 하는 모든 상수 a의 값의 곱을 구하시오.

69 이차방정식 $3x^2+6x-8=0$을 $(x-p)^2=q$ 꼴로 나타낼 때, 상수 p, q에 대하여 $p+q$의 값을 구하시오.

70 이차방정식 $3x+8(x^2+1)=10x^2+5$의 근이 $x=\frac{a\pm\sqrt{b}}{4}$일 때, 유리수 a, b에 대하여 $\frac{b}{a}$의 값을 구하시오.

71 이차방정식 $(x+2)^2-5(x+2)-14=0$의 근을 구하여라.

• 이차방정식의 활용

72 두 근이 $-\frac{1}{4}$, $\frac{1}{3}$이고 x^2의 계수가 12인 이차방정식이 $12x^2+ax+b=0$일 때, 상수 a, b에 대하여 ab의 값을 구하시오.

73 올해 장호의 나이는 8살이고 유진의 나이는 5살이다. 장호와 유진의 나이의 곱이 지금 나이의 곱보다 68살만큼 많아지는 것은 지금부터 몇 년 후인지 구하시오.

74 지면에서 초속 40m로 똑바로 위로 던져 올린 물체의 t초 후의 높이가 $(40t-5t^2)$m일 때, 이 물체가 지면에 떨어지는 것은 던진 지 몇 초 후인지 구하시오.

75 가로, 세로의 길이가 각각 15m, 10m인 직사각형 모양의 풀밭에 오른쪽 그림과 같이 폭이 일정한 산책로를 만들려고 한다. 산책로를 제외한 부분의 넓이가 104m^{2}가 되도록 할 때, 이 산책로의 폭은 몇 m인지 구하시오.

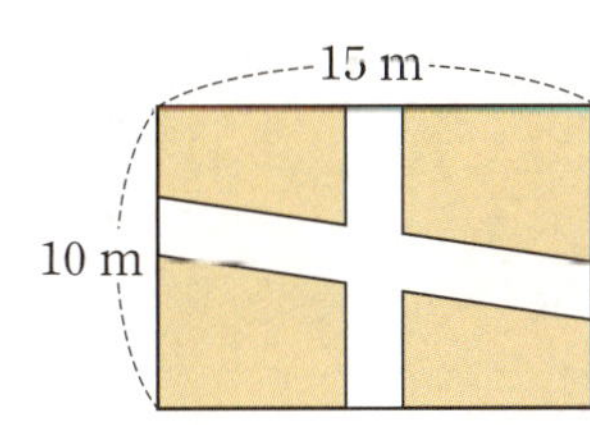

[1-1 과정]

01 좌표와 그래프

02 정비례와 반비례

+ 고등 수학에 꼭 필요한 핵심 개념 익히기

[2-1 과정]

01 일차함수와 그 그래프

02 일차함수와 일차방정식

+ 고등 수학에 꼭 필요한 핵심 개념 익히기

[3-1 과정]

01 이차함수와 그래프

+ 고등 수학에 꼭 필요한 핵심 개념 익히기

함수

01 좌표와 그래프

[1-1 과정]

1 좌표와 순서쌍(★)

핵심개념

(1) 수직선 위의 점의 좌표

① 좌표 : 수직선 위의 한 점에 대응하는 수 ← 즉, 점의 위치를 수로 나타낸 것

② 수직선 위의 점 P에 대응하는 수가 a일 때(점 P의 좌표가 a일 때), 이것을 기호로 $\mathrm{P}(a)$로 나타낸다.

③ 원점 : 좌표가 0인 점으로 알파벳 대문자 O로 나타낸다. 즉, O(0)이다.

예
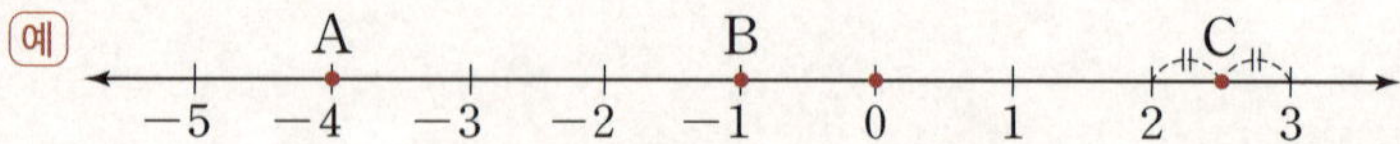

위의 수직선에서 점 A의 좌표는 $-4 \Rightarrow \mathrm{A}(-4)$, 점 B의 좌표는 $-1 \Rightarrow \mathrm{B}(-1)$

점 C의 좌표는 $\frac{5}{2} \Rightarrow \mathrm{C}\left(\frac{5}{2}\right)$, 점 O의 좌표는 $0 \Rightarrow \mathrm{O}(0)$

(2) 좌표평면 위의 점의 좌표와 순서쌍

① 순서쌍 : 두 수의 순서를 정하여 두 수를 짝지어 나타낸 것

예 $(3, 2)$, $(1, 5)$, $\cdots$ ← 순서쌍은 괄호를 이용하여 표현한다.

② 좌표평면

오른쪽 그림과 같이 평면 위에 두 수직선이 점 O에서 서로 수직으로 만날 때,

가로의 수직선을 x축, 세로의 수직선을 y축이라 하고,

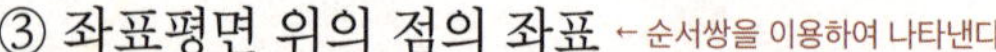

좌표축이 정해져 있는 평면을 좌표평면이라 한다.

두 좌표축이 만나는 점 O를 좌표평면의 원점이라 한다.

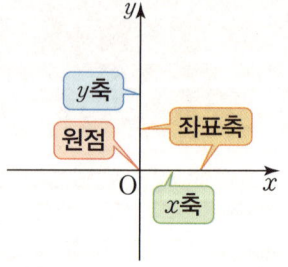

③ 좌표평면 위의 점의 좌표 ← 순서쌍을 이용하여 나타낸다.

좌표평면 위의 한 점 P에서 x축, y축에 각각 수선을 긋고 이 수선이 x축, y축과 만나는 점에 대응하는 수를 각각 a, b라고 할 때, 순서쌍 (a, b)를 점 P의 좌표라고 하고, 이것을 기호로 $\mathrm{P}(a, b)$로 나타낸다. 이때 a를 점 P의 x좌표, b를 점 P의 y좌표라고 한다.

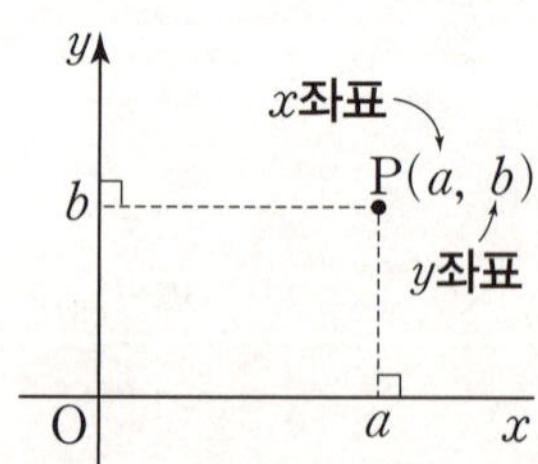

예 오른쪽 좌표평면에서

점 A의 x좌표는 3, y좌표는 1이므로 A(3, 1)

점 B의 x좌표는 -4, y좌표는 3이므로 B(-4, 3)

점 C의 x좌표는 2, y좌표는 -3이므로 C(2, -3)

점 D의 x좌표는 -3, y좌표는 0이므로 D(-3, 0)

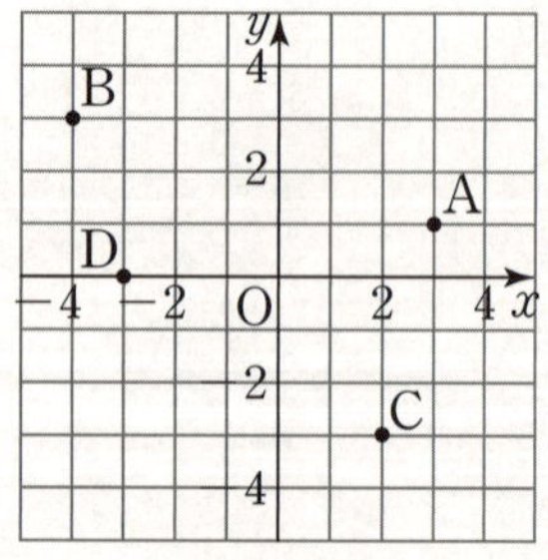

! 주의 $a \neq b$일 때, (a, b)와 (b, a)는 서로 다르다. ← 바꿔 쓰지 말자.

▶확인 x축 위의 점 : (x좌표, 0) y축 위의 점 : (0, y좌표)

(3) 사분면

오른쪽 그림과 같이 좌표평면은 좌표축에 의하여 네 부분으로 나누어진다. 이들을 각각 제1사분면, 제2사분면, 제3사분면, 제4사분면이라 한다. 각 사분면 위의 점의 x좌표, y좌표의 부호는 다음과 같다.

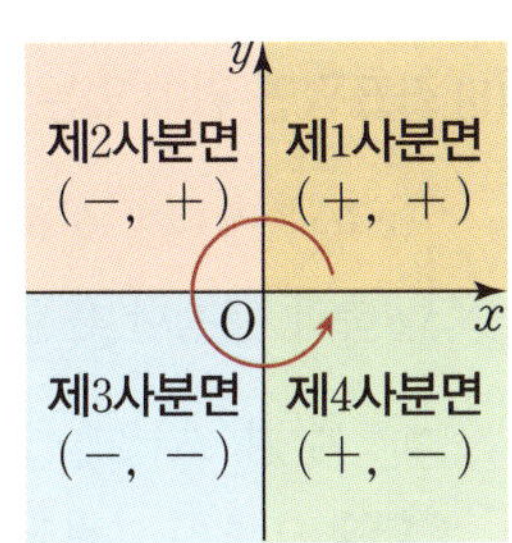

좌표 \ 사분면	제1사분면	제2사분면	제3사분면	제4사분면
x좌표	+	−	−	+
y좌표	+	+	−	−

! 주의 원점, x축 위의 점, y축 위의 점은 어느 사분면에도 속하지 않는다.

예 ① 점 $(2, -3)$은 제4사분면 위의 점이다. ← 좌표평면 위에 찍어 보면 쉽게 알 수 있다.

② 점 $(-3, 2)$는 제2사분면 위의 점이다.

③ 점 $(0, -3)$은 y축 위의 점이다. 따라서 어느 사분면에도 속하지 않는다.

④ 점 (a, b)가 제3사분면 위의 점이면 $a<0$, $b<0$이다.

⑤ 점 (c, d)가 제2사분면 위의 점이면 점 (d, c)는 제4사분면 위의 점이다.
(↳ $c<0$, $d>0$) (↳ $(+, -)$)

확장개념+응용공식

(4) x축, y축, 원점에 대하여 대칭인 점의 좌표

오른쪽 그림에서 점 $\mathrm{A}(a, b)$와

① x축에 대하여 대칭인 점 B ⇨ $\mathrm{B}(a, -b)$ ← y좌표의 부호가 바뀜
↳ x축을 기준으로 반대쪽으로 같은 거리만큼 떨어진 점. 즉, x축을 기준으로 접기

② y축에 대하여 대칭인 점 C ⇨ $\mathrm{C}(-a, b)$ ← x좌표의 부호가 바뀜
↳ y축을 기준으로 반대쪽으로 같은 거리만큼 떨어진 점. 즉, y축을 기준으로 접기

③ 원점에 대하여 대칭인 점 D ⇨ $\mathrm{D}(-a, -b)$ ← x좌표, y좌표의 부호가 모두 바뀜
↳ 원점을 기준으로 반대쪽으로 같은 거리만큼 떨어진 점. 즉, x축, y축으로 한 번씩 접기

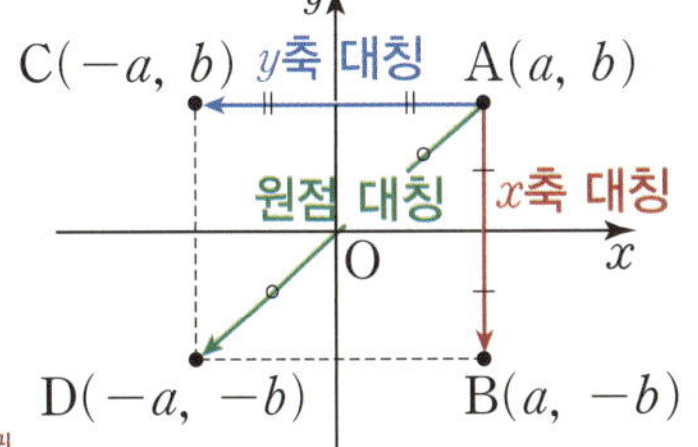

예 점 $\mathrm{A}(-2, 1)$과

① x축에 대하여 대칭인 점 B는 $\mathrm{B}(-2, -1)$

② y축에 대하여 대칭인 점 C는 $\mathrm{C}(2, 1)$

③ 원점에 대하여 대칭인 점 D는 $\mathrm{D}(2, -1)$

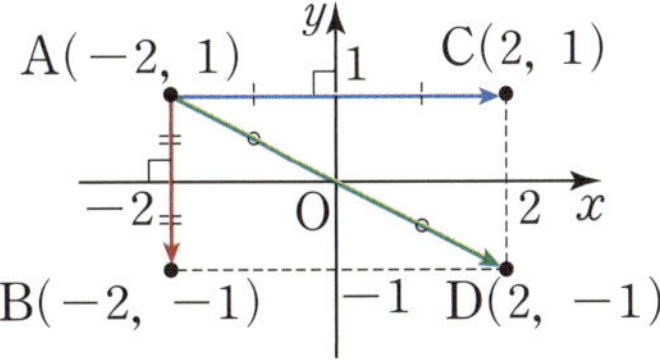

! 중요 선대칭과 점대칭의 뜻

선대칭 : 두 점 A, B를 이은 선분을 직선 l이 수직이등분할 때, 두 점 A, B는 직선 l에 대하여 선대칭	점대칭 : 두 점 A, B를 이은 선분의 중점이 P일 때, 두 점 A, B는 점 P에 대하여 점대칭
A, B, l	A, P, B

확장개념

(5) 좌표평면 위에 있는 두 점을 이은 선분의 길이 ← 좌표평면에 점을 찍어 보면 쉽게 알 수 있다.

x축과 평행한 선분의 길이 : (오른쪽 점의 x좌표) − (왼쪽 점의 x좌표) ← 두 점의 x좌표의 차
y축과 평행한 선분의 길이 : (위쪽 점의 y좌표) − (아래쪽 점의 y좌표) ← 두 점의 y좌표의 차

예1 세 점 A(3, −2), B(−4, −2), C(−4, 3)를 꼭짓점으로 하는 삼각형 ABC의 넓이 구하기

+풀이 오른쪽 그림과 같이 세 점 A(3, −2), B(−4, −2), C(−4, 3)를 좌표평면 위에 나타내 보자.

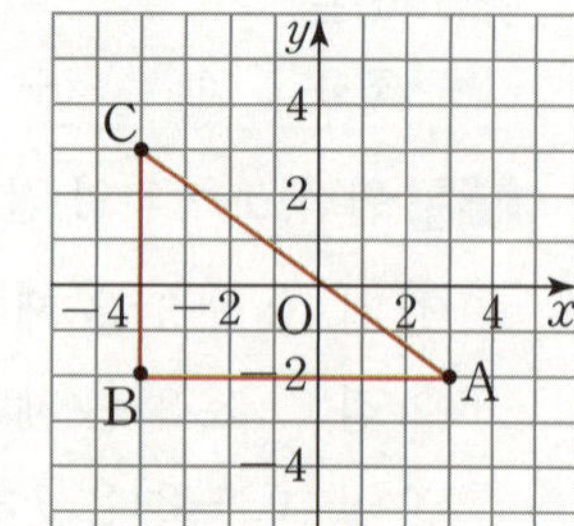

① 선분 AB는 x축과 평행하므로

(선분 AB의 길이) = (오른쪽 점의 x좌표) − (왼쪽 점의 x좌표)

$= 3-(-4) = 7$ ← 두 점의 x좌표의 차

② 선분 BC는 y축과 평행하므로

(선분 BC의 길이) = (위쪽 점의 y좌표) − (아래쪽 점의 y좌표)

$= 3-(-2) = 5$ ← 두 점의 y좌표의 차

③ (삼각형 ABC의 넓이) $= \frac{1}{2} \times 7 \times 5 = \frac{35}{2}$

└→ (삼각형의 넓이) $= \frac{1}{2} \times$ (밑변의 길이) $\times$ (높이)

+참고 $\overline{AC}$와 같이 좌표축과 평행하지 않은 선분의 길이를 구하는 방법은 중3 과정에서 배운다.

예2 세 점 A(2, 4), B(−3, −2), C(4, −2)를 꼭짓점으로 하는 삼각형 ABC의 넓이 구하기

+풀이 오른쪽 그림과 같이 세 점 A(2, 4), B(−3, −2), C(4, −2)를 좌표평면 위에 나타내 보자.

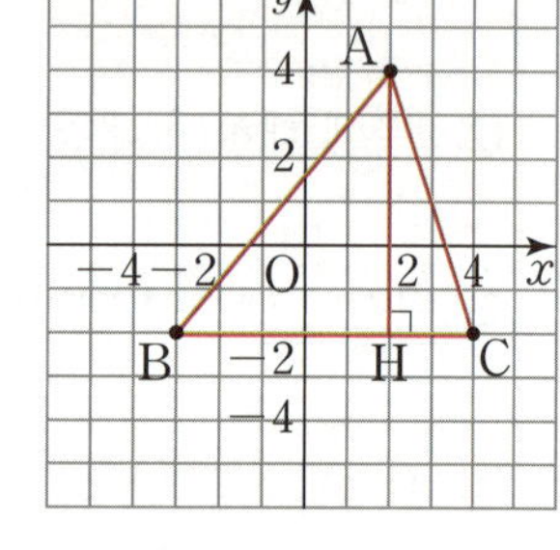

점 A에서 선분 BC에 내린 수선의 발을 H라 하면 H(2, −2)이다.

(밑변의 길이) = (선분 BC의 길이) $= 4-(-3) = 7$

(높이) = (선분 AH의 길이) $= 4-(-2) = 6$

(삼각형 ABC의 넓이) $= \frac{1}{2} \times 7 \times 6 = 21$

+참고 삼각형의 세 변 모두 좌표축과 평행하지 않은 경우는 삼각형을 둘러싸고 있는 직사각형을 만든 뒤,

(직사각형의 넓이) − (세 직각삼각형의 넓이)

로 구할 수 있다. 오른쪽 그림에서

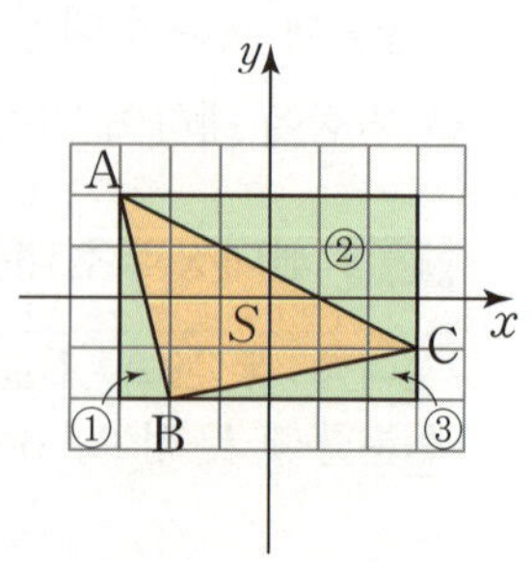

(삼각형 ABC의 넓이)

= (직사각형의 넓이) − (① + ② + ③)

$= (6 \times 4) - \frac{1}{2}\{(4 \times 1) + (5 \times 1) + (6 \times 3)\}$

$= 24 - \frac{27}{2} = \frac{21}{2}$

2 그래프와 그 해석

(1) 그래프

① 변수 : x, y와 같이 여러 가지로 변하는 값을 나타내는 문자

+참고 변수와 달리 일정한 값을 갖는 수나 문자를 상수라고 한다.
변수는 보통 문자 x, y로 설정하지만, a, b, t 등의 문자로 설정해도 된다.

② 그래프 : 서로 관계가 있는 두 변수 x, y의 순서쌍 (x, y)를 좌표로 하는 점 전체를 좌표평면 위에 나타낸 것. 그래프는 점, 직선, 곡선 등으로 나타날 수 있다.

(예) 다음 표는 어느 날 0시부터 24시까지의 기온을 3시간 간격으로 나타낸 것이다.

시각(시)	0	3	6	9	12	15	18	21	24
기온(°C)	23	23	23	27	29	28	27	23	21

시각을 x시, 기온을 y°C라 놓고,
순서쌍 (x, y)로 나타내면
$(0, 23)$, $(3, 23)$, $(6, 23)$, $(9, 27)$, $(12, 29)$,
$(15, 28)$, $(18, 27)$, $(21, 23)$, $(24, 21)$
이 순서쌍 (x, y)를 좌표평면 위에 점으로 나타내면 오른쪽과 같다.

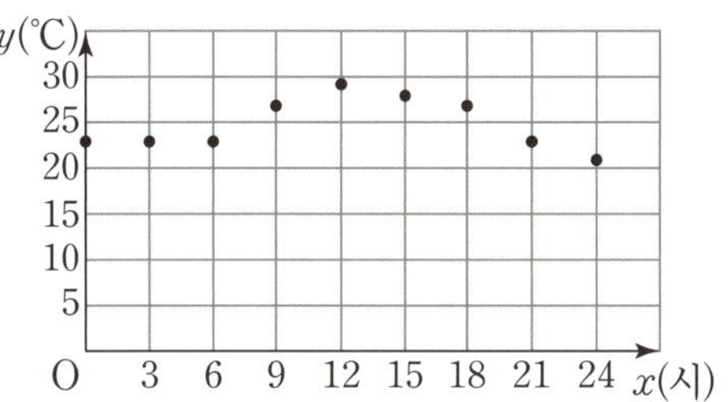

③ 그래프의 해석

⇨ x, y가 나타내는 것을 파악하여 그래프를 관찰하면 x, y의 변화 관계를 알 수 있다.

(예) 위의 [그래프1]에서

6시부터 12시까지는 기온이 올라가고, ← x(시간)이 증가하면 y(기온)도 증가
12시부터 24시까지는 기온이 떨어짐을 알 수 있다. ← x(시간)이 증가하면 y(기온)은 감소

확장개념

위의 예에서 시각을 t시, 기온을 y°C라 놓고, 순서쌍 (t, y)로 나타내면
$(0, 23)$, $(3, 23)$, $(6, 23)$, $(9, 27)$, $(12, 29)$, $(15, 28)$, $(18, 27)$, $(21, 23)$, $(24, 21)$
이므로 문자를 x, y로 놓았을 때와 같은 순서쌍이 나온다. 따라서 좌표평면 위에 나타내면 (x, y)로 나타냈을 때와 같은 점이 찍히므로 그 그래프도 같다.
차이점은 시각을 나타내는 문자 x를 t로 바꿨으므로, 그래프도 시각을 나타내는 x축이 t축으로 바뀐다는 것이다. 즉, 변수를 나타내는 문자가 바뀌면 축 이름이 바뀐다. ← x축이 t축으로

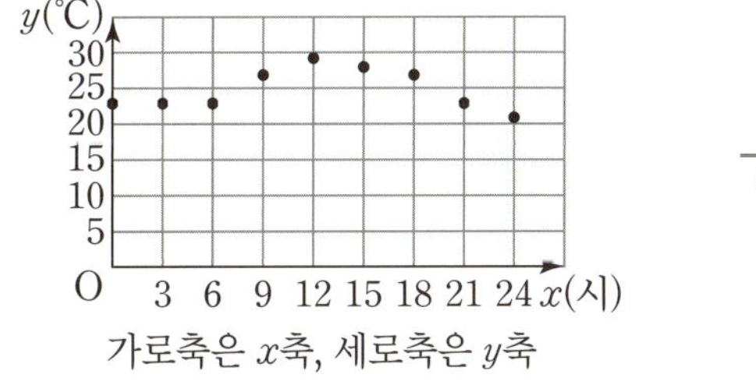
가로축은 x축, 세로축은 y축

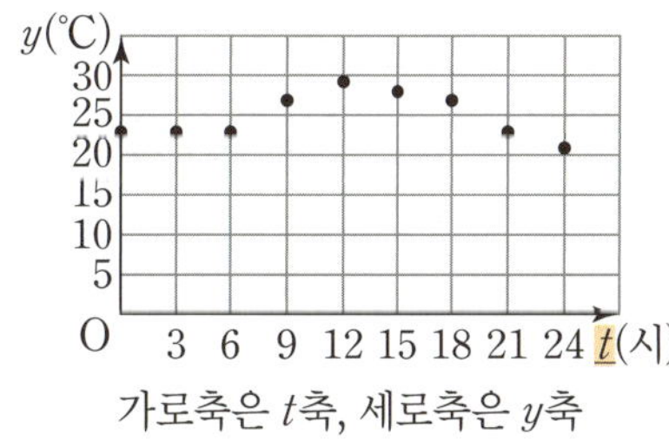
가로축은 t축, 세로축은 y축

+참고 중등수학에서는 보통 변수를 x, y로 설정하지만, 고등수학에서는 변수를 나타내는 문자가 다양하게 설정된다. 이때, 그 그래프는 이와 같이 축 이름만 바꿔 그리면 된다.

[1-1 과정]

02 정비례와 반비례

1 정비례(★)

핵심개념

(1) 정비례 관계

① 정비례

두 변수 x, y에 대하여

x의 값이 2배, 3배, 4배, ⋯ 로 변함에 따라 y의 값도 2배, 3배, 4배, ⋯ 로 변할 때,

y는 x에 정비례한다고 한다.

② 정비례 관계식

y가 x에 정비례할 때, x와 y사이에는 $y=ax$ (단, $a\neq0$) 인 관계식이 성립한다.

역으로 x와 y사이에 $y=ax$ (단, $a\neq0$) 인 관계식이 성립하면 y는 x에 정비례한다.

또한, y가 x에 정비례할 때, $\frac{y}{x}(x\neq0)$의 값은 항상 일정하다. ← $y=ax$ $\xrightarrow[\text{나눔}]{\text{양변을 } x\text{로}}$ $\frac{y}{x}=a$ (일정)

✦설명 한 변의 길이가 $x$cm인 정삼각형의 둘레의 길이를 $y$cm라 할 때, x와 y 사이의 관계를 표로 나타내면 다음과 같다.

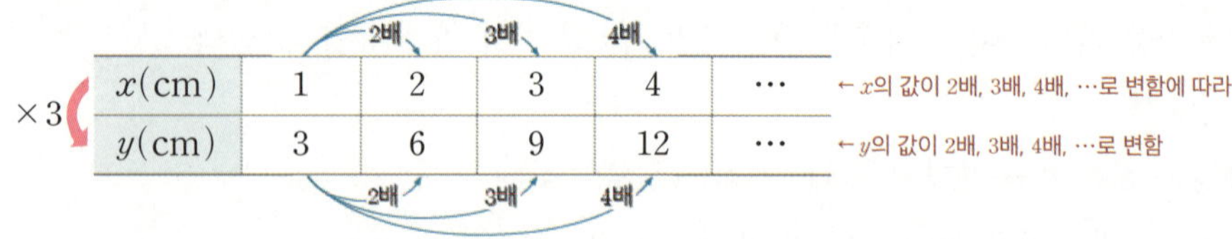

x(cm)	1	2	3	4	⋯
y(cm)	3	6	9	12	⋯

따라서 y는 x에 정비례한다. 이때, y의 값은 x의 값의 3배이므로 $y=3x$인 관계식이 성립한다.

또한, $\frac{y}{x}$의 값을 구해 보면, $\frac{y}{x}=\frac{3}{1}=\frac{6}{2}=\frac{9}{3}=\frac{12}{4}=\cdots=3$ 으로 항상 일정하다.

예1 정비례 관계의 예 : 가격이 일정한 물건의 개수와 금액, 일정한 속력으로 달린 시간과 거리

예2

y가 x에 정비례하는 관계식	y가 x에 정비례하지 않는 관계식
$y=\frac{1}{2}x$, $y=-3x$, $\frac{y}{x}=2$, ⋯	$y=3x+1$, $y=-\frac{1}{2}x+2$, $y=\frac{2}{x}$, ⋯

③ 관계식과 그래프

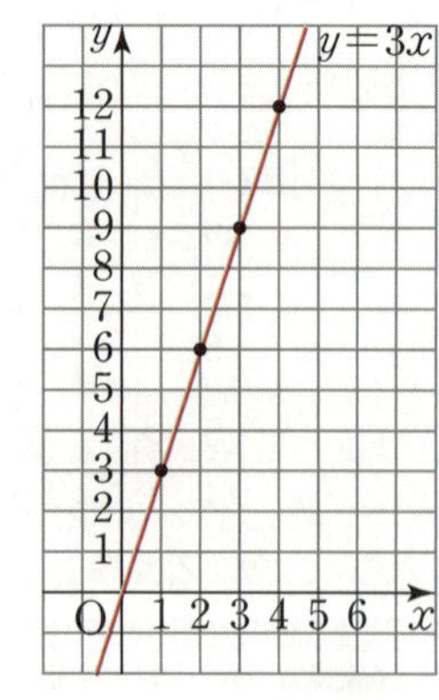

관계식 $y=3x$를 만족하는 x와 y를 순서쌍 (x, y)로 나타내면

$(1, 3)$, $(2, 6)$, $(3, 9)$, $(4, 12)$, ⋯

이다. 이를 좌표평면 위에 점으로 나타내면 오른쪽 그림과 같고, 이것이 $y=3x$의 그래프이다. x의 값을 수 전체로 확장하면 그래프 모양은 직선으로 나타난다.

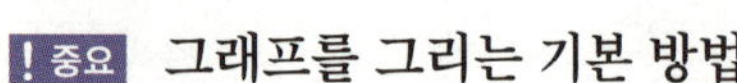

! 중요 그래프를 그리는 기본 방법

x와 y에 대한 관계식이 주어지면,

❶ 관계식을 만족하는 x, y를 순서쌍 (x, y)로 나타낸 뒤,

❷ 좌표평면 위에 점으로 표시하면 주어진 관계식의 그래프가 된다.

(2) 정비례 관계 $y=ax$ (단, $a \neq 0$)의 그래프

① x값의 범위가 수 전체일 때, 정비례 관계 $y=ax$ (단, $a \neq 0$)의 그래프는 원점을 지나는 직선이다. ← $x=0$일 때, $y=0$이므로 $(0, 0)$을 지난다.

+꿀팁 $y=ax$의 그래프는 원점 O와 그래프가 지나는 다른 한 점을 찍어 직선으로 연결하면 쉽고 빠르게 그릴 수 있다. ↳ 보통 $(1, a)$ 또는 $\left(\frac{1}{a}, 1\right)$을 선택한다.

예

정비례 관계 $y=2x$의 그래프 그리기	정비례 관계 $y=-\frac{1}{3}x$의 그래프 그리기
⇨ $y=2x$는 $\begin{cases} x=0\text{일 때, } y=0 \\ x=1\text{일 때, } y=2 \end{cases}$ 이므로 이 그래프는 $(0, 0)$, $(1, 2)$을 지난다. 따라서 다음과 같이 그릴 수 있다. 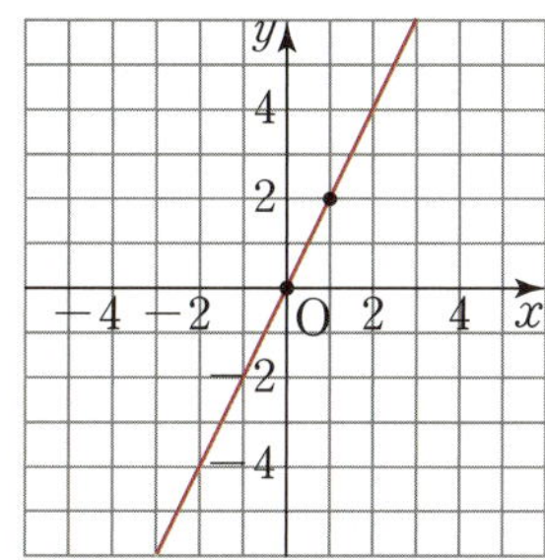 **+해석** 그래프가 오른쪽 위로 향하므로 x의 값이 증가하면 y의 값도 증가 (x의 값이 0→1로 증가할 때, y의 값은 0→2로 증가)	⇨ $y=-\frac{1}{3}x$는 $\begin{cases} x=0\text{일 때, } y=0 \\ x=3\text{일 때, } y=-1 \end{cases}$ ← 간단한 값 선택 이므로 이 그래프는 $(0, 0)$, $(3, -1)$을 지난다. 따라서 다음과 같이 그릴 수 있다. 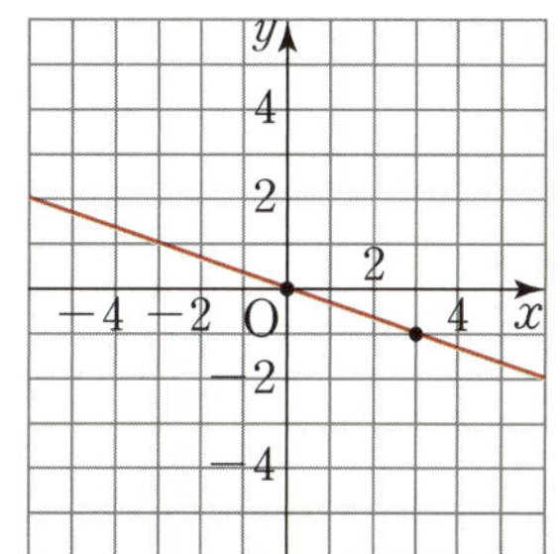 **+해석** 그래프가 오른쪽 아래로 향하므로 x의 값이 증가하면 y의 값은 감소 (x의 값이 0→3으로 증가할 때, y의 값은 0→−1로 감소)

② 정비례 관계 $y=ax$ (단, $a \neq 0$)의 그래프의 성질 1

	$a>0$일 때	$a<0$일 때
$y=ax$의 그래프	y, $y=ax$, a, $(1, a)$, O, 1, x	y, 1, O, x, a, $(1, a)$, $y=ax$
그래프의 모양	오른쪽 위로 향하는 직선	오른쪽 아래로 향하는 직선
지나는 사분면	제1사분면, 제3사분면	제2사분면, 제4사분면
증가·감소 상태	x의 값이 증가하면 y의 값도 증가	x의 값이 증가하면 y의 값은 감소

③ 정비례 관계 $y=ax$ (단, $a\neq0$)의 그래프의 성질 2

정비례 관계 $y=ax$ (단, $a\neq0$)의 그래프는

a의 절댓값이 작을수록 x축에 가깝고,
a의 절댓값이 클수록 y축에 가깝다.

← 그래프를 그려 보면 아래와 같으므로 확인할 수 있다.
꿀팁 $x=1$일 때 y좌표를 비교해 보면 편리하다.

$a>0$일 때	$a<0$일 때
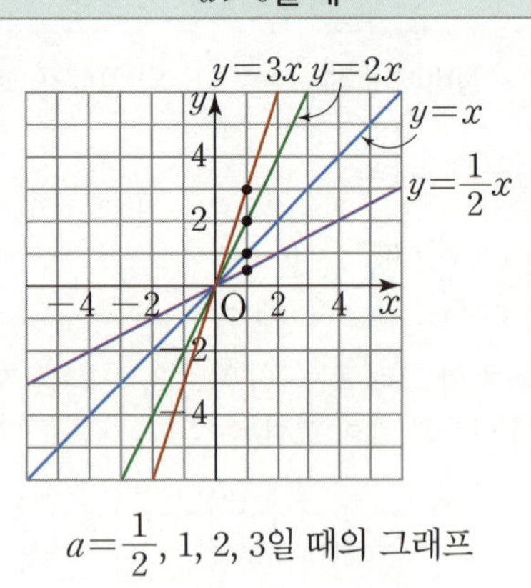 $a=\frac{1}{2}$, 1, 2, 3일 때의 그래프	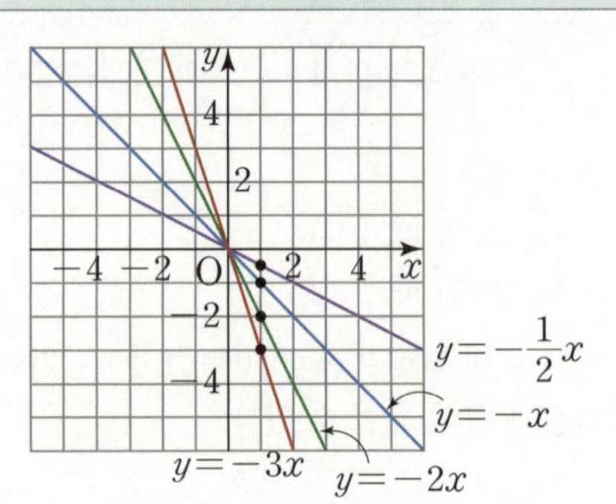 $a=-\frac{1}{2}$, -1, -2, -3일 때의 그래프

④ 관계식과 그래프가 지나는 점

관계식을 성립시키는 x와 y의 값은 그래프 위의 점 (x, y)로 나타난다. (→ 그래프가 지나는 점을 그래프 위의 점이라고도 한다.)

따라서 그래프가 지나는 점의 x좌표와 y좌표를 관계식에 대입하면 관계식이 성립한다.

예1 $y=2x$의 그래프가 점 $(2, k+2)$를 지날 때, k의 값 구하기

풀이 $y=2x$에 $x=2$, $y=k+2$를 대입하면 관계식이 성립한다. 따라서

$k+2=2\times2 \Rightarrow k=2$

예2 점 $(-p, 3p+2)$가 $y=\frac{2}{3}x$위의 점일 때, p의 값 구하기

풀이 주어진 관계식에 $x=-p$, $y=3p+2$를 대입하면

$3p+2=\frac{2}{3}\times(-p) \xrightarrow[\text{곱하면}]{\text{양변에 3을}} 9p+6=-2p \Rightarrow 11p=-6 \Rightarrow p=-\frac{6}{11}$

예3 정비례 관계의 그래프가 점 $(2, 6)$을 지날 때, 정비례 관계식 구하기

풀이 정비례 관계식은 $y=ax$ (단, $a\neq0$)의 꼴이다. 이 관계식에 $x=2$, $y=6$을 대입하면

$6=a\times2 \Rightarrow a=3$ $\quad\therefore$ 정비례 관계식 : $y=3x$

예4 오른쪽 그래프가 나타내는 관계식을 구하시오.

풀이 그래프가 원점을 지나는 직선이므로 x와 y는 정비례 관계이다.

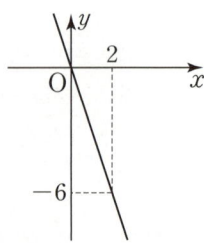

따라서 관계식은 $y=ax$의 꼴이고, 점 $(2, -6)$을 지나므로 대입하면

$-6=a\times2 \Rightarrow a=-3$ $\quad\therefore$ 관계식 : $y=-3x$

! 중요 x와 y는 정비례 관계 $\underset{\text{개념적 의미}}{\overset{\text{수식적 의미}}{\longleftrightarrow}}$ $y=ax$ $\underset{\text{수식적 의미}}{\overset{\text{그래프적 의미}}{\longleftrightarrow}}$ 원점을 지나는 직선

관계식을 보면 그래프를 그릴 수 있어야 하고, 그래프를 보면 관계식을 구할 수 있어야 한다.

(3) 정비례 관계의 활용

정비례 관계의 활용 문제는 다음과 같은 순서로 푼다.

❶ 변수 정하기 : 문제의 뜻을 파악하고, 변하는 두 양을 x, y로 놓는다.

❷ 관계식 세우기 : 두 변수 x, y가 정비례 관계이면 $y=ax(a\neq0)$로 나타낸다.

❸ 구하는 값 찾기 : 주어진 조건을 이용하여 a의 값을 찾은 후, 구하는 값을 찾는다.

❹ 확인하기 : 구한 값이 문제의 뜻에 맞는지 확인한다.

예1 시속 6km의 일정한 속력으로 움직이는 물체가 있다. 움직인 시간과 이동 거리 사이의 관계식을 구하고, 27km를 이동했을 때 걸린 시간을 구하시오.

+풀이 ❶ 움직인 시간을 x시간, 이동 거리를 $y$km로 놓자.

❷ x와 y사이의 관계를 표로 나타내면

x(시간)	1	2	3	4	5	⋯
y(km)	6	12	18	24	30	⋯

x와 y는 정비례 관계이고 관계식은 $y=6x$

❸ $y=27$을 대입하면 $27=6x \Rightarrow x=\frac{27}{6}=\frac{9}{2}$

❹ 물체가 시속 6km의 속력으로 27km를 이동했을 때 걸린 시간은 $\frac{9}{2}$시간이다.

예2 휘발유 1L로 12km를 달릴 수 있는 자동차가 있다. 이 자동차가 휘발유 8L로 달릴 수 있는 거리를 구하시오.

+풀이 ❶ 휘발유의 양을 xL, 자동차가 달릴 수 있는 거리를 $y$km로 놓으면,

❷ x와 y는 관계식이 $y=12x$인 정비례 관계이다.

❸ $x=8$을 대입하면 $y=12\times8=96$

❹ 자동차가 달릴 수 있는 거리는 96km이다.

예3 톱니의 수가 각각 36개, 24개인 톱니바퀴 A, B가 서로 맞물려 돌아간다. 톱니바퀴 A가 10번 회전할 때, 톱니바퀴 B는 몇 번 회전하는지 구하시오.

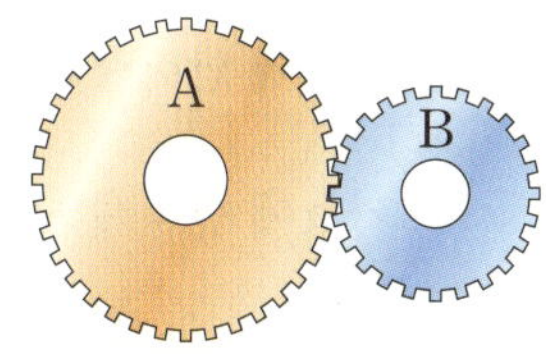

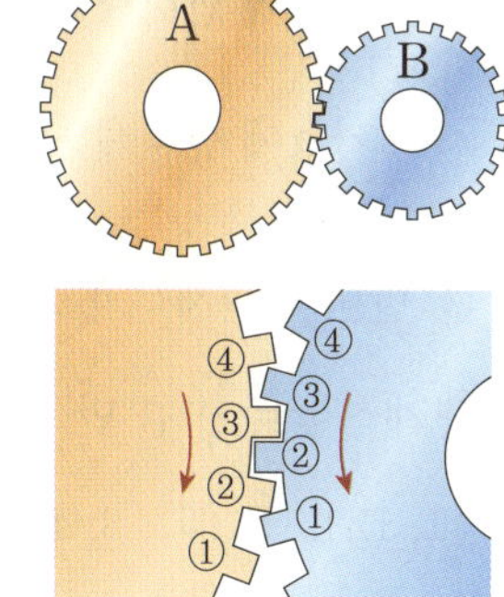

+풀이 두 톱니바퀴 A, B가 회전하는 동안 맞물린 톱니의 수는 같다.

❶ 두 톱니바퀴 A, B의 회전수를 각각 x번, y번으로 놓으면, 맞물린 톱니의 수는 같음

❷ A, B가 회전하는 동안 맞물린 톱니의 수는 각각 $36\times x$, $24\times y$이고, 두 값은 같으므로

$36x=24y \Rightarrow y=\frac{36}{24}x=\frac{3}{2}x$

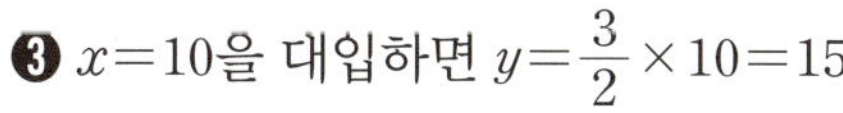

❸ $x=10$을 대입하면 $y=\frac{3}{2}\times10=15$

❹ 톱니바퀴 B는 15번 회전한다.

▶확인 서로 맞물려 회전하는 톱니바퀴에서 (톱니 수)×(회전 수)는 서로 같다.

2 반비례(★★) : 공통수학2 유리함수

핵심개념

(1) 반비례 관계

① 반비례

두 변수 x, y에 대하여

x의 값이 2배, 3배, 4배, … 로 변함에 따라 y의 값이 $\frac{1}{2}$배, $\frac{1}{3}$배, $\frac{1}{4}$배, … 로 변할 때,

y는 x에 반비례한다고 한다.

② 반비례 관계식

y가 x에 반비례할 때, x와 y사이에는 $y=\frac{a}{x}$ (단, $a\neq0$)인 관계식이 성립한다.

역으로 x와 y사이에 $y=\frac{a}{x}$ (단, $a\neq0$)인 관계식이 성립하면 y는 x에 반비례한다.

또한, y가 x에 반비례할 때, xy의 값은 항상 일정하다. ← $y=\frac{a}{x}$ $\xrightarrow[\text{곱함}]{\text{양변에 }x\text{를}}$ $xy=a$ (일정)

+설명 넓이가 12cm²인 직사각형의 가로의 길이를 $x$cm, 세로의 길이를 $y$cm라 할 때, x와 y 사이의 관계를 표로 나타내면 다음과 같다.

	2배	3배	4배		
x(cm)	1	2	3	4	…
y(cm)	12	6	4	3	…
	$\frac{1}{2}$배	$\frac{1}{3}$배	$\frac{1}{4}$배		

← x의 값이 2배, 3배, 4배, …로 변함에 따라
← y의 값이 $\frac{1}{2}$배, $\frac{1}{3}$배, $\frac{1}{4}$배, …로 변함

따라서 y는 x에 반비례한다. 또한, $\begin{cases} x=1\text{일 때, } y=12 \\ x=2\text{일 때, } y=6 \end{cases}$ 과 같이 x와 y의 곱은 12로 일정하므로

$xy=12$, 즉 $y=\frac{12}{x}$인 관계식이 성립한다.

예 y가 x에 반비례하는 관계식 : $y=\frac{1}{x}$, $y=-\frac{3}{x}$, $xy=2$, …

y가 x에 반비례하지 않는 관계식 : $y=\frac{2}{x}+1$, $y=-\frac{1}{2}x+2$, $y=2x$, …

③ 반비례 관계식과 그래프

관계식 $y=\frac{12}{x}$를 만족하는 x와 y를 순서쌍 (x, y)로 나타내면

$(1, 12)$, $(2, 6)$, $(3, 4)$, $(4, 3)$, … ← x의 값이 커지면 y값은 작아짐

이므로 $y=\frac{12}{x}$의 그래프는 오른쪽 그림과 같다.

x의 값을 0이 아닌 수 전체로 확장하면 그래프의 모양은 좌표축에 점점 가까워지면서 한없이 뻗어나가는 매끄러운 곡선이 된다.

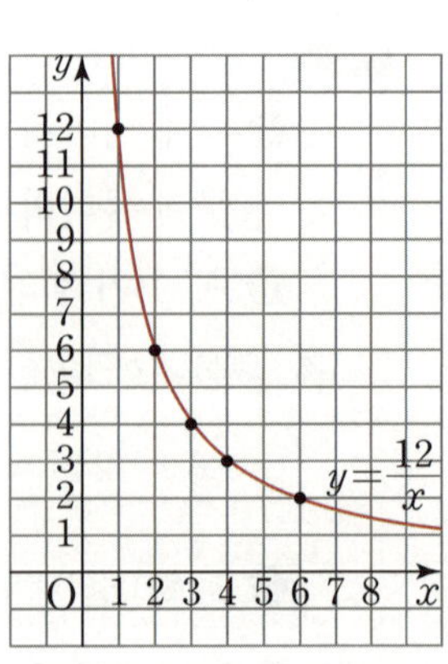

(2) 반비례 관계 $y=\frac{a}{x}$ (단, $a\neq0$)의 그래프

① x값의 범위가 0이 아닌 수 전체일 때, 반비례 관계 $y=\frac{a}{x}$ (단, $a\neq0$)의 그래프는 좌표축에 점점 가까워지면서 한없이 뻗어나가는 한 쌍의 매끄러운 곡선이 된다.

! 중요 $y=\frac{a}{x}$에서 x의 값이 0이면 $y=\frac{a}{0}$인데, $\frac{a}{0}$는 존재하지 않는 수이므로 순서쌍을 구할 수 없다. 따라서 반비례 관계에서는 x의 값의 범위를 0이 아닌 모든 수로 한다.

+설명 반비례 관계 $y=\frac{6}{x}$을 만족하는 x와 y의 값을 구하면 다음과 같다.

x	$\frac{1}{2}$	1	2	3	4	5	6	12
y	12	6	3	2	$\frac{3}{2}$	$\frac{6}{5}$	1	$\frac{1}{2}$

x	$-\frac{1}{2}$	-1	-2	-3	-4	-5	-6	-12
y	-12	-6	-3	-2	$-\frac{3}{2}$	$-\frac{6}{5}$	-1	$-\frac{1}{2}$

x값과 y값의 부호만 바뀜 ⇒ 원점 대칭

위의 표를 토대로 순서쌍을 만들면 $(1, 6)$, $(-1, -6)$과 같이 부호가 반대이다. 따라서 좌표평면 위에 나타내 보면 그래프는 오른쪽 그림과 같이 원점 대칭인 점들을 지난다. x값을 0이 아닌 모든 수로 확장하면

i) 그래프는 원점에 대하여 대칭이고,

ii) 좌표축에 점점 가까워지면서 한없이 뻗어나가는 한 쌍의 매끄러운 곡선이 됨을 알 수 있다.

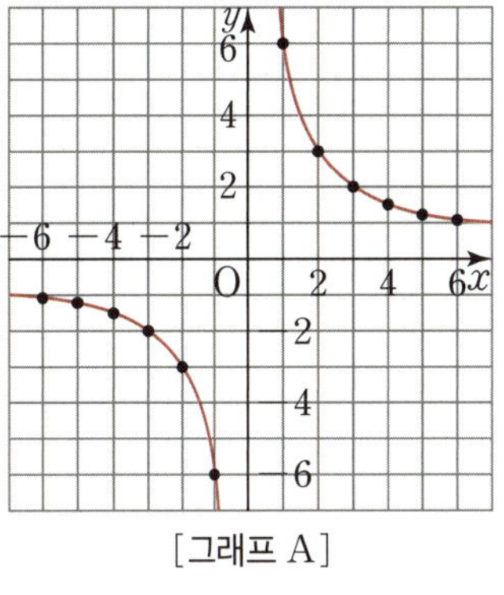

[그래프 A]

+참고 반비례 그래프를 간단히 그리는 꿀팁은 없다. 간단한 순서쌍을 몇 개 구해 점을 찍어가면서 그래프A와 비슷하게 좌표축에 가까워지는 모양으로 그리도록 하자.

(예)

반비례 관계 $y=\frac{4}{x}$의 그래프	반비례 관계 $y=-\frac{4}{x}$의 그래프
$(1, 4)$, $(2, 2)$, $(4, 1)$, $(-1, -4)$, $(-2, -2)$, $(-4, -1)$을 지나므로 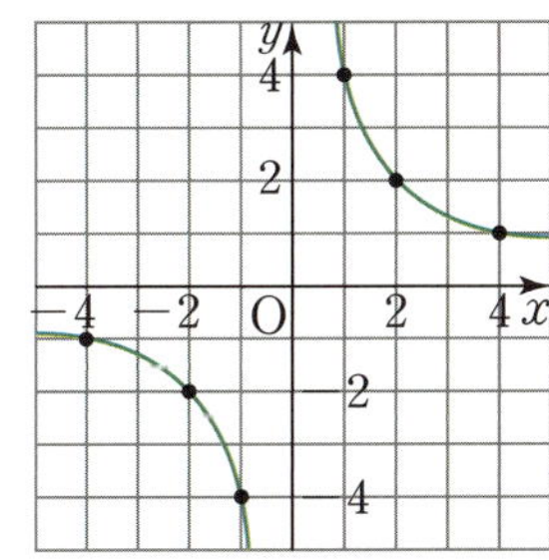 **+해석** $x>0$에서 x가 증가하면 y는 감소 $x<0$에서 x가 증가하면 y는 감소	$(1, -4)$, $(2, -2)$, $(4, -1)$, $(-1, 4)$, $(-2, 2)$, $(-4, 1)$을 지나므로 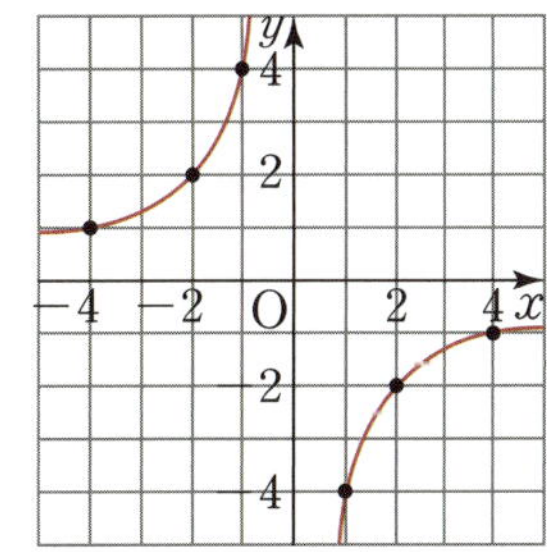 **+해석** $x>0$에서 x가 증가하면 y도 증가 $x<0$에서 x가 증가하면 y도 증가

② 반비례 관계 $y=\frac{a}{x}$ (단, $a\neq0$)의 그래프의 성질 1

	$a>0$일 때	$a<0$일 때
$y=\frac{a}{x}$의 그래프		
그래프의 모양	원점에 대하여 대칭이고, 좌표축에 가까워지는 한 쌍의 매끄러운 곡선	
지나는 사분면	제1사분면, 제3사분면	제2사분면, 제4사분면
증가·감소 상태	각 사분면에서 x의 값이 증가하면 y의 값은 감소	각 사분면에서 x의 값이 증가하면 y의 값도 증가

③ 반비례 관계 $y=\frac{a}{x}$ (단, $a\neq0$)의 그래프의 성질 2

반비례 관계 $y=\frac{a}{x}$ (단, $a\neq0$)의 그래프는

a의 절댓값이 클수록 원점에서 멀어진다. ← 그래프를 그려 보면 아래와 같으므로 확인할 수 있다.
꿀팁 $x=1$일 때 y좌표를 비교해 보면 편리하다.

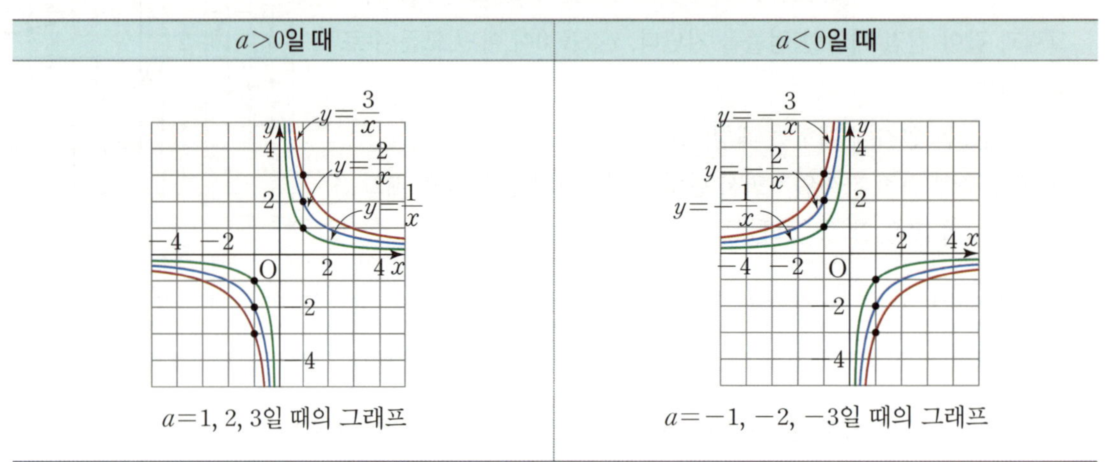

$a=1, 2, 3$일 때의 그래프

$a=-1, -2, -3$일 때의 그래프

④ 관계식과 그래프가 지나는 점

반비례 관계식에서도 관계식을 성립시키는 x, y값은 그래프 위의 점 (x, y)로 나타난다. 따라서 그래프가 지나는 점의 x좌표와 y좌표를 관계식에 대입하면 관계식이 성립한다.

예1 $y=\frac{2}{x}$의 그래프가 $(6, p+2)$를 지날 때, p의 값 구하기

✦풀이 $y=\frac{2}{x}$에 $x=6$, $y=p+2$를 대입하면 관계식이 성립하므로

$p+2=\frac{2}{6} \Rightarrow p=\frac{1}{3}-2=-\frac{5}{3}$

예2 반비례 관계의 그래프가 점 $(-2, 6)$을 지날 때, 반비례 관계식 구하기

✦풀이 반비례 관계식은 $y=\frac{a}{x}$(단, $a\neq0$)의 꼴이므로 이 관계식에 $x=-2$, $y=6$을 대입하면

$6=\frac{a}{-2} \Rightarrow a=-12 \Rightarrow$ 관계식 : $y=-\frac{12}{x}$

예3 반비례 관계의 그래프가 오른쪽 그림과 같을 때, 관계식을 구하기

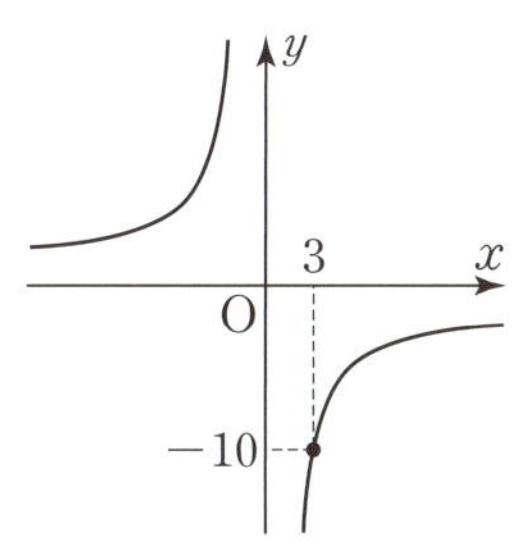

✦풀이 반비례 관계이므로 구하는 식은 $y=\frac{a}{x}$의 꼴이다.

오른쪽 그림에서 그래프가 점 $(3, -10)$을 지나므로

$y=\frac{a}{x}$에 $x=3$, $y=-10$을 대입하면

$-10=\frac{a}{3} \Rightarrow a=-30 \Rightarrow$ 관계식 : $y=-\frac{30}{x}$

예4 정비례 관계 $y=ax$와 반비례 관계 $y=\frac{12}{x}$의 그래프가 오른쪽 그림과 같을 때, $a+b$의 값을 구하시오.

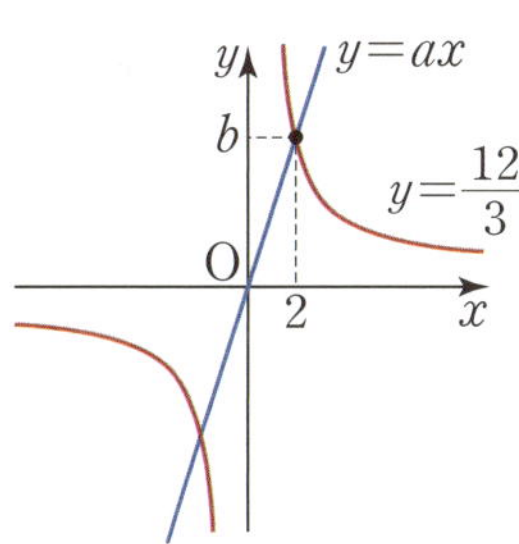

✦풀이 그림에서 $y=ax$와 $y=\frac{12}{x}$가 모두 점 $(2, b)$를 지나므로 $x=2$, $y=b$를 대입하면 두 관계식이 모두 성립한다.

먼저 $y=\frac{12}{x}$에 대입하면 $b=\frac{12}{2}=6 \Rightarrow b=6$

따라서 지나는 점은 $(2, 6)$이 되고, 이 점을 다시 $y=ax$에 대입하면

$6=a\times2 \Rightarrow a=3$

그러므로 $a+b=3+6=9$

! 중요 x와 y는 반비례 관계 (①관계) ⇄ (수식적 의미 → / ← 개념적 의미) $y=\frac{a}{x}$ (②관계식) ⇄ (그래프적 의미 → / ← 수식적 의미) 원점에 대하여 대칭인 곡선 (③그래프)

①관계가 주어지면 ⇨ ②관계식을 세워 ③그래프를 그릴 수 있어야 한다.

②관계식이 주어지면 ⇨ ①관계를 파악하고 ③그래프를 그릴 수 있어야 한다.

③그래프가 주어지면 ⇨ ②관계식을 세워 ①관계를 파악할 수 있어야 한다.

(3) 반비례 관계의 활용

반비례 관계의 활용 문제는 다음과 같은 순서로 푼다. ← 정비례 관계의 활용과 방법이 비슷하다.

❶ 변수 정하기 : 문제의 뜻을 파악하고, 변하는 두 양을 x, y로 놓는다.

❷ 관계식 세우기 : 두 변수 x, y가 반비례 관계이면 $y=\frac{a}{x}(a\neq0)$로 나타낸다.

❸ 구하는 값 찾기 : 주어진 조건을 이용하여 a의 값을 찾은 후, 구하는 값을 찾는다.

❹ 확인하기 : 구한 값이 문제의 뜻에 맞는지 확인한다.

예1 120km의 거리를 일정한 속력으로 이동하려고 한다. 시속과 걸린 시간 사이의 관계식을 구하고, 시속 90km의 속력으로 이동했을 때 걸린 시간을 구하시오.

+풀이 ❶ 120km의 거리를 이동할 때, 시속을 $x$km, 걸린 시간을 y시간이라 놓자.

❷ x와 y사이의 관계를 표로 나타내면

x(시속)	10	20	30	40	…
y(시간)	12	6	4	3	…

x와 y는 반비례 관계이고 관계식은 $y=\frac{120}{x}$

❸ $x=90$을 대입하면 $y=\frac{120}{90}=\frac{4}{3}$

❹ 120km의 거리를 시속 90km의 속력으로 이동했을 때, 걸린 시간은 $\frac{4}{3}$시간이다.

예2 이삿짐을 옮기는데 10명이 하면 6시간이 걸린다고 한다. 사람의 능력은 모두 같을 때, 이 일을 4시간 만에 끝내려면 몇 명이 필요한지 구하시오.

+풀이 ❶ 사람 수를 x명, 걸린 시간을 y시간으로 놓으면,

❷ x명이 y시간 동안 한 일의 양은 10명이 6시간 동안 한 일의 양과 같으므로

$xy=10\times6=60 \Rightarrow y=\frac{60}{x}$

❸ $y=4$를 대입하면 $4=\frac{60}{x} \Rightarrow x=\frac{60}{4}=15$

❹ 이삿짐을 4시간 만에 옮기려면 15명이 필요하다.

+참고 단순히 답만 구할 때는 $xy=60$에 $y=4$를 대입하는 것이 더 빠르다.

예3 톱니의 수가 60개인 톱니바퀴 A와 톱니의 수가 x개인 톱니바퀴 B가 서로 맞물려 돌아간다. 톱니바퀴 A가 1번 회전할 때, 톱니바퀴 B가 y번 회전할 때, x, y사이의 관계식을 구하시오.

+풀이 두 톱니바퀴 A, B가 회전하는 동안 맞물린 톱니의 수는 각각 60×1, $x\times y$이고, 두 값은 같으므로

$xy=60 \Rightarrow y=\frac{60}{x}$

고등 수학에 꼭 필요한 핵심 개념 익히기

• 좌표평면과 그래프

1 다음 수직선 위의 점 A에서 오른쪽으로 4만큼 떨어져 있는 점 B의 좌표를 기호로 나타내어라.

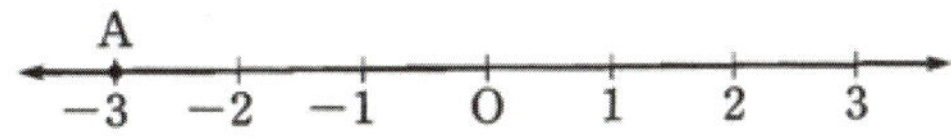

2 점 $(2a-1, b+3)$은 x축 위에 있고, 점 $(a+5, b-2)$는 y축 위에 있을 때, 점 (a, b)를 구하시오.

3 오른쪽 그림과 같이 세 점 A$(3, 2)$, B$(-1, 1)$, C$(2, -3)$을 꼭짓점으로 하는 삼각형 ABC의 넓이를 구하여라.

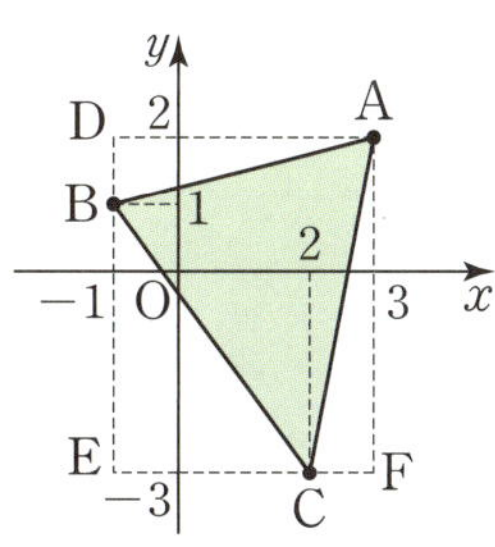

4 점 $(-a, b)$가 제2사분면 위의 점일 때, 다음 중 제1사분면 위의 점은?

① $(a, -b)$ ② (b, a) ③ $(-a, -a-b)$

④ $(a+b, -a)$ ⑤ $(-\frac{a}{b}, ab)$

• 정비례와 반비례

5 오른쪽 그림과 같은 직사각형 ABCD에서 점 P가 점 B를 출발하여 변 BC를 따라 점 C까지 움직인다. 점 P가 $x$cm만큼 움직였을 때, 삼각형 ABP의 넓이를 $y\text{cm}^2$라 하자. 다음에 답하여라.

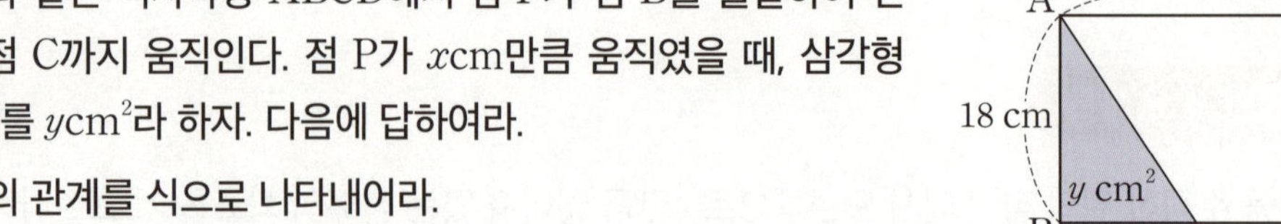

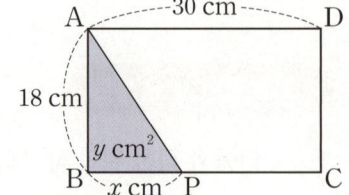

(1) x, y 사이의 관계를 식으로 나타내어라.

(2) 삼각형 ABP의 넓이가 108cm^2일 때, 변 BP의 길이를 구하여라.

6 정비례 관계 $y=ax(a\neq0)$의 그래프에 대한 설명으로 옳은 것을 보기에서 모두 골라라.

> (ㄱ) a의 값에 관계없이 항상 원점을 지난다.
> (ㄴ) a의 값에 관계없이 항상 오른쪽 위로 향하는 직선이다.
> (ㄷ) $a>0$일 때, 제2사분면과 제4사분면을 지난다.
> (ㄹ) $a<0$일 때, x의 값이 증가하면 y의 값은 감소한다.

7 오른쪽 그림은 세 정비례 관계 $y=ax$, $y=bx$, $y=cx$의 그래프이다. 이때 상수 a, b, c의 대소 관계로 옳은 것은?

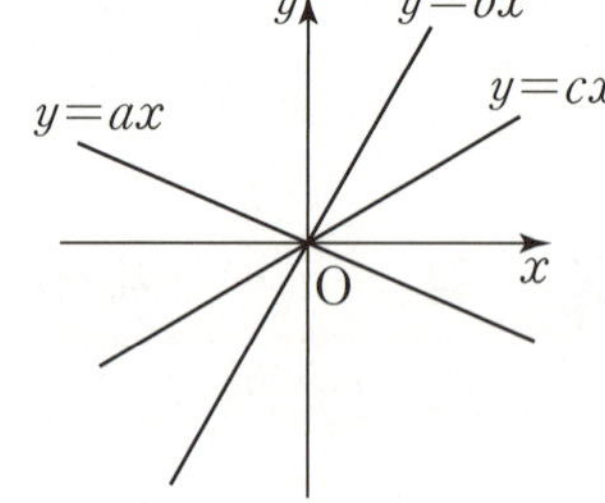

① $a<b<c$ ② $a<c<b$
③ $b<c<a$ ④ $c<a<b$

⑤ $c<b<a$

8 정비례 관계 $y=ax$의 그래프가 두 점 $(-2,\ b)$, $(6,\ -15)$를 지날 때, b의 값을 구하여라. (단, a는 상수이다.)

9 다음 중 오른쪽 그림과 같은 그래프 위의 점은?

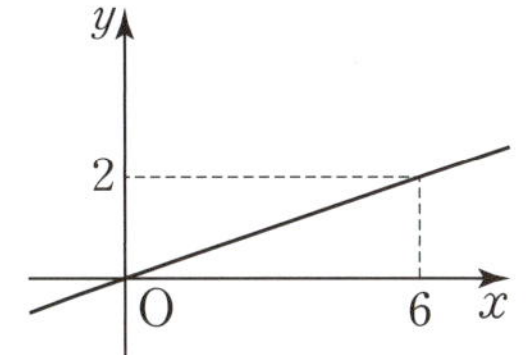

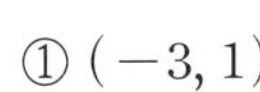

① $(-3,\ 1)$ ② $\left(-2,\ -\frac{1}{3}\right)$
③ $\left(-2,\ -\frac{2}{3}\right)$ ④ $(4,\ 12)$
⑤ $(9,\ 5)$

10 반비례 관계 $y=\frac{a}{x}\,(a\neq 0)$의 그래프에 대한 설명으로 옳은 것을 보기에서 모두 골라라.

> ㈀ 점 $(a,\ 1)$을 지난다.
> ㈁ $a<0$이면 제2사분면과 제4사분면을 지난다.
> ㈂ $a<0$이고 $x<0$일 때, x의 값이 증가하면 y의 값은 감소한다.

11 오른쪽 그림은 세 반비례 관계 $y=\frac{a}{x}$, $y=\frac{b}{x}$, $y=\frac{c}{x}$의 그래프이다. 이때 상수 a, b, c의 대소 관계로 옳은 것은?

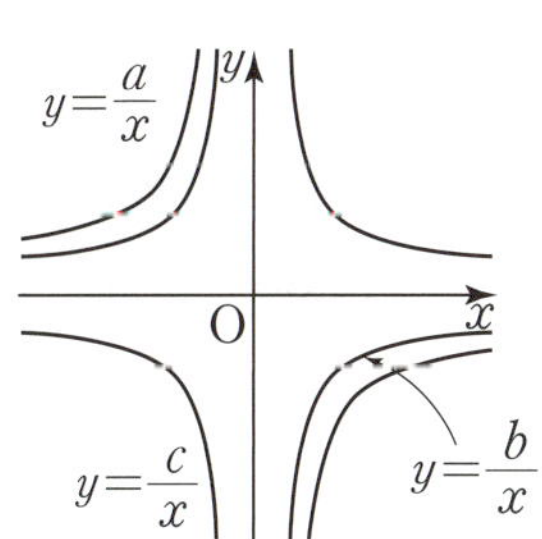

① $a<b<c$ ② $a<c<b$
③ $b<a<c$ ④ $b<c<a$
⑤ $c<a<b$

12 반비례 관계 $y=\frac{a}{x}$의 그래프 위의 두 점 $(-3, 7)$, $(7, b)$가 있을 때, $a+b$의 값을 구하여라. (단, a는 상수이다.)

13 오른쪽 그림은 정비례 관계 $y=2x$의 그래프와 반비례 관계 $y=\frac{a}{x}$의 그래프이다. 두 그래프가 만나는 점 P의 y좌표가 4일 때, 상수 a의 값을 구하여라.

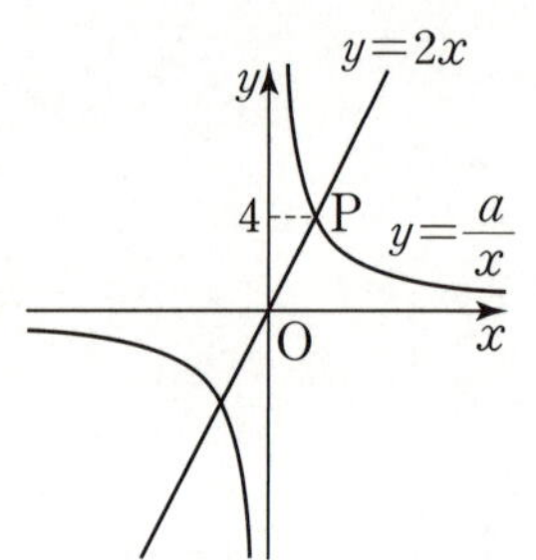

14 오른쪽 그림은 반비례 관계 $y=\frac{6}{x}$의 그래프이고 점 C는 이 그래프의 제 1사분면 위의 점이다. 이때 직사각형 AOBC의 넓이를 구하시오. (단, O는 원점이다.)

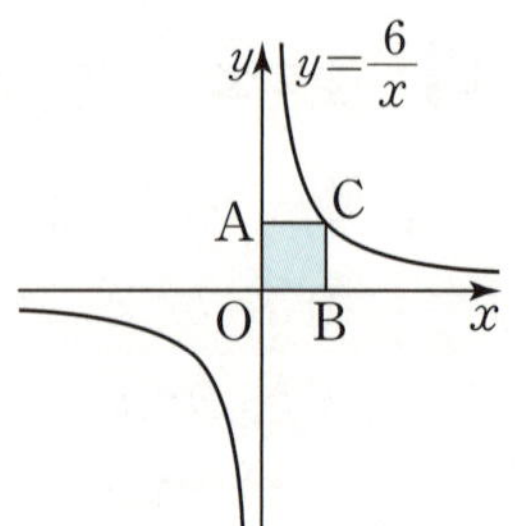

15 오른쪽 그림과 같이 두 정비례 관계 $y=x$, $y=-\frac{1}{2}x$의 그래프 위의 두 점 A, B의 x좌표가 4일 때, 삼각형 AOB의 넓이를 구하여라. (단, O는 원점이다.)

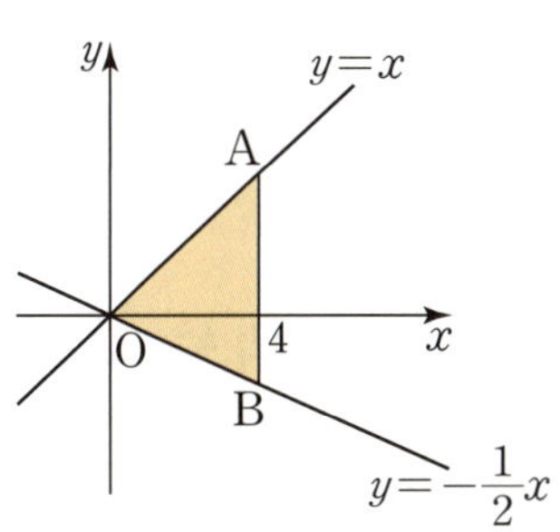

[2-1 과정]

01 일차함수와 그 그래프

1 함수의 뜻(★)

핵심개념

(1) 함수

두 변수 x, y에 대하여 x의 값이 정해짐에 따라 y의 값이 오직 하나씩 정해지는 관계가 있을 때, y를 x의 함수라 하고, 이것을 기호로 $y=f(x)$와 같이 나타낸다.

예1 한 개에 800원인 과자 x개의 가격을 y원이라 하면 x의 값에 따른 y의 값은 다음과 같다.

x(개)	1	2	3	4	…
y(원)	800	1600	2400	3200	…

이때 성립하는 관계식은 $y=800x$이고, x의 값이 정해짐에 따라 y의 값이 오직 하나의 값으로 정해지므로 y는 x의 함수이다. $y=800x$를 $y=f(x)$라 하면 $f(x)=800x$이다. 즉,

$$y=800x \xrightarrow[y=800x=f(x)\text{이므로}]{y=f(x)\text{라 놓으면}} f(x)=800x$$

예2 자연수 x의 약수의 개수를 y라고 하면 x의 값에 따른 y의 값은 다음과 같다.

x(개)	1	2	3	4	…
y(개)	1	2	2	3	…

이 관계도 x의 값에 따라 y의 값이 오직 하나로 정해지므로 y는 x의 함수이다.
이를 기호로 $f(x)=$(자연수 x의 약수의 개수) 로 나타낸다. ← 함수를 식이 아닌 말로 표현해도 된다.

예3 자연수 x의 약수를 y라고 하면 x의 값에 따른 y의 값은 다음과 같다.

x	1	2	3	4	…
y	1	1, 2	1, 3	1, 2, 4	…

이때, x의 값이 정해지면 y의 값이 2개 이상으로 정해지는 경우가 존재하므로
(→ 예를 들어 $x=2$이면) (→ $y=1$, 2의 두 개로 정해진다.)
이 대응 관계는 함수가 아니다.

예4 자연수 x보다 작은 홀수를 y라고 하면 x의 값에 따른 y의 값은 다음과 같다.

x	1	2	3	4	…
y	없음	1	1	1, 3	…

이때, $x=1$이면 y의 값에 대응하는 수가 없으므로 이 대응 관계는 함수가 아니다.
또한, '$x=4$이면 y의 값이 2개로 정해지므로 함수가 아니다.' 라고 해도 된다.

! 중요 x의 값이 정해짐에 따라

① y의 값이 오직 하나씩으로만 정해지는 경우 ⇨ 함수

② $\begin{cases} y\text{의 값에 대응하는 수가 없거나} \\ y\text{의 값이 두 개 이상인 경우가 존재} \end{cases}$ ⇨ 함수가 아니다.

▶확인 $y=ax(a\neq0)$, $y=\dfrac{a}{x}(a\neq0)$, $y=ax+b$의 꼴 등은 대표적인 함수의 예이다.
(→ 정비례 관계식) (→ 반비례 관계식)

(2) 함숫값

① 함수 $y=f(x)$에서 x의 값에 따라 하나씩 정해지는 y의 값을 x에서의 함숫값이라고 한다.
$x=p$에서의 함숫값을 기호로 $f(p)$와 같이 나타낸다.

예 함수 $f(x)=3x$에서 x에 1을 대입하면 $f(1)=3$이다. 이때, $f(1)$의 값인 3을 $x=1$에서의 함숫값이라고 한다.

② 함수 $y=f(x)$에서 $f(p)$의 의미

$f(p)$ ⇔ $x=p$일 때의 함숫값 ⇔ $x=p$일 때의 y의 값 ⇔ $f(x)$의 x에 p를 대입한 값
(같은 의미, 다른 표현)

예1 함수 $y=f(x)$가 $y=2x+3$인 관계이면 $f(x)=2x+3$이다. 이때,

$f(1)$ ⇔ $x=1$에서의 함숫값
⇔ $y=2x+3$의 $x=1$에서의 y값
⇔ $f(x)=2x+3$의 x에 $x=1$을 대입한 값
$\Rightarrow f(1)=5$

예2 함수 $y=2x$를 $y=f(x)$라 할 때, $f(2)+f\left(-\frac{1}{2}\right)$의 값 구하기

+풀이 $y=2x$를 $y=f(x)$라 하면, $f(x)=2x$이므로

$f(x)=2x \xrightarrow{x=2\text{대입}} f(2)=2\times2=4$

$f(x)=2x \xrightarrow{x=-\frac{1}{2}\text{대입}} f\left(-\frac{1}{2}\right)=2\times\left(-\frac{1}{2}\right)=-1$

따라서 $f(2)+f\left(-\frac{1}{2}\right)=4+(-1)=3$

예3 $f(x)=-2x+a$에서 $f(1)=3$, $f(b)=-2$가 성립할 때, $a+b$의 값을 구하시오.

+풀이 $f(1)=-2+a=3$이므로 $a=5$
따라서 $f(x)=2x+5$이고,
$f(b)=-2b+5=-2$이므로 $2b=7 \Rightarrow b=\frac{7}{2}$
$\Rightarrow a+b=1+\frac{7}{2}=\frac{9}{2}$

확장개념

여러 개의 함수가 동시에 주어진 경우는 각각의 함수를 구별하기 위해 $g(x)$, $h(x)$ 등도 함수의 기호로 사용한다. 예를 들어, 두 함수 $y=2x$와 $y=3x-2$가 동시에 주어진 경우, 두 함수는 서로 다른 식이므로 $\begin{cases} f(x)=2x \\ g(x)=3x-2 \end{cases}$ 로 나타내어 구별한다.

예 $f(x)=2x+1$, $g(x)=\frac{6}{x}$일 때, $f(2)+g(3)$의 값을 구하시오.

+풀이 $f(2)=2\times2+1=5$, $g(3)=\frac{6}{3}=2$이므로
($f(x)$에 $x=2$ 대입) ($g(x)$에 $x=3$ 대입)
$f(2)+g(3)=5+2=7$

2 일차함수와 그래프(★★) : 공통수학2 직선의 방정식

핵심개념

(1) 일차함수의 뜻

함수 $y=f(x)$에서 y가 x에 대한 일차식 즉,

$y=ax+b$ (단, $a\neq0$, a, b는 상수) ← $y=$(x에 대한 일차식)의 꼴

의 꼴로 나타내어지는 함수를 x에 대한 일차함수라고 한다.

예 ① $y=2x$, $y=-\frac{2}{3}x+2$, $y=x-4$는 일차함수이다.

② $y=x^2+x-1$, $y=\frac{6}{x}$, $y=2$는 일차함수가 아니다.
($y=x^2+x-1$ → 이차식, $y=\frac{6}{x}$ → 분수식, $y=2$ → 상수 ⇨ 일차식이 아니므로 일차함수 아님)

+참고 일차식, 일차방정식, 일차부등식, 일차함수의 형태 비교

> 일차식 : $ax+b$　　　　일차방정식 : $ax+b=0$
> 일차부등식 : $ax+b>0$　　　　일차함수 : $y=ax+b$
> 여기서 a, b는 상수이고, $a\neq0$이어야 한다.

(2) 일차함수 $y=ax+b$의 그래프

① 평행이동 : 한 도형을 일정한 방향으로 일정한 거리만큼 이동하는 것

② 일차함수 $y=ax+b$의 그래프

> 일차함수 $y=ax+b$의 그래프는 일차함수 $y=ax$의 그래프를 y축의 방향으로 b만큼 평행이동한 직선이다.
>
> $y=ax$ $\xrightarrow[b\text{만큼 평행이동}]{y\text{축의 방향으로}}$ $y=ax+b$
>
> +참고 y축의 방향은 위 또는 아래 방향을 뜻한다.
> y축의 방향으로 3만큼 평행이동한다는 것은 위쪽으로 3칸 이동
> y축의 방향으로 -3만큼 평행이동한다는 것은 아래쪽으로 3칸 이동

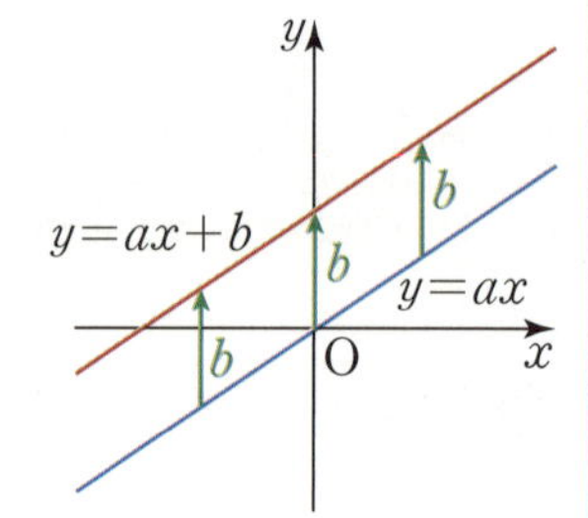

+설명 일차함수 $y=2x+3$, $y=2x-2$를 만족하는 x, y의 값을 $y=2x$를 기준으로 각각 구해보자.

x	⋯	-2	-1	0	1	2	⋯
$y=2x$	⋯	-4	-2	0	2	4	⋯
$y=2x+3$	⋯	-1	1	3	5	7	⋯
$y=2x-2$	⋯	-6	-4	-2	0	2	⋯

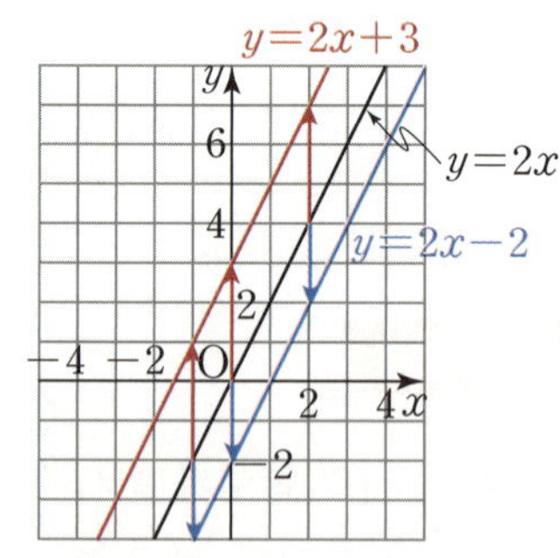

같은 x값에 대하여 $y=2x+3$와 $y=2x-2$의 함숫값은 $y=2x$의 함숫값보다 각각 3만큼 크고, 2만큼 작다. 이를 순서쌍으로 나타내어 그래프를 그려 보면 오른쪽 그림과 같다. 즉,

$y=2x+3$의 그래프는 $y=2x$의 그래프를 y축의 방향으로 3만큼
$y=2x-2$의 그래프는 $y=2x$의 그래프를 y축의 방향으로 -2만큼 평행이동한 것임을 알 수 있다.

> $y=2x$ $\xrightarrow[3\text{만큼 평행이동}]{y\text{축의 방향으로}}$ $y=2x+3$, $y=2x$ $\xrightarrow[-2\text{만큼 평행이동}]{y\text{축의 방향으로}}$ $y=2x-2$

예1 평행이동을 이용하여 일차함수 $y=-x+2$와 $y=-x-3$의 그래프 그리기

$y=-x+2$의 그래프는 $y=-x$의 그래프를 y축의 방향으로 2만큼 평행이동한 것이고,

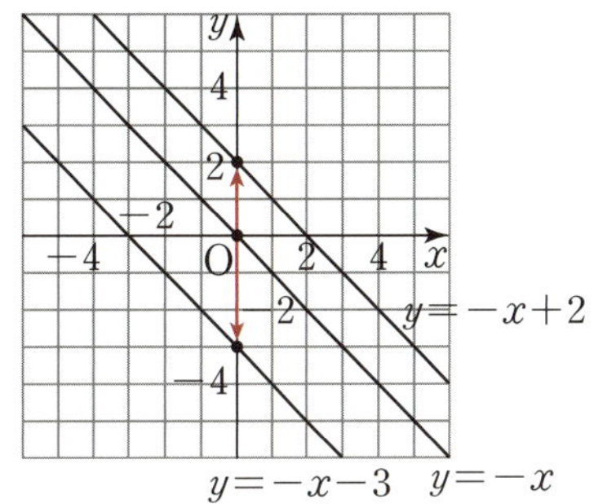

$y=-x-3$의 그래프는 $y=-x$의 그래프를 y축의 방향으로 -3만큼 평행이동한 것이다.

일차함수 $y=-x$의 그래프를

위쪽으로 2만큼 올리면 $y=-x+2$,

아래쪽으로 3만큼 내리면 $y=-x-3$

의 그래프가 되므로 두 그래프는 오른쪽 그림과 같다.

✦꿀팁 오른쪽 그림과 같이 $x=0$일 때의 y값을 기준으로 평행이동을 생각하면 편리하다.

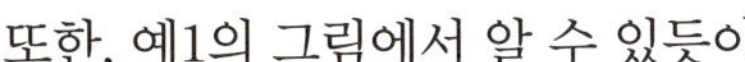

또한, 예1의 그림에서 알 수 있듯이

$$y=-x-3 \xrightarrow[\text{3만큼 평행이동}]{y\text{축의 방향으로}} y=-x \xrightarrow[\text{2만큼 평행이동}]{y\text{축의 방향으로}} y=-x+2$$

$$y=-x-3 \xrightarrow[\text{5만큼 평행이동}]{y\text{축의 방향으로}} y=-x+2$$

도 성립한다. 따라서 다음과 같은 규칙이 성립한다.

$$y=ax+b \xrightarrow[c\text{만큼 평행이동}]{y\text{축의 방향으로}} y=ax+b+c$$

예2 일차함수 $y=-\frac{1}{2}x$의 그래프를 y축의 방향으로 2만큼 평행이동한 뒤, 이 그래프를 다시 y축의 방향으로 3만큼 평행이동하면 $y=ax+b$의 그래프가 된다. $2a+b$의 값을 구하시오.

✦풀이 $y=-\frac{1}{2}x \xrightarrow[\text{2만큼 평행이동}]{y\text{축의 방향으로}} y=-\frac{1}{2}x+2 \xrightarrow[\text{3만큼 평행이동}]{y\text{축의 방향으로}} y=-\frac{1}{2}x+2+3=-\frac{1}{2}x+5$

따라서 $a=-\frac{1}{2}$, $b=5$이므로 $2a+b=4$

③ 평행이동에 따른 일차함수 $y=ax+b$의 그래프의 모양

$a>0$일 때	$a<0$일 때

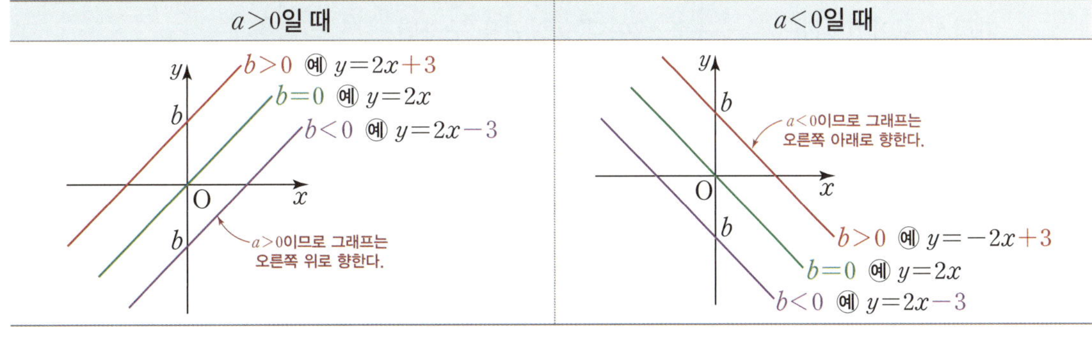

(3) 일차함수 그래프의 x절편과 y절편 ← 절편 : (그래프에 의해 좌표축이) 절단된 부분

① x절편 : 함수의 그래프가 x축과 만나는 점의 x좌표 ← x축 위의 점이므로 y좌표는 0

⇨ $y=0$일 때의 x값 즉, 관계식에 $y=0$을 대입하여 구한 x의 값

② y절편 : 함수의 그래프가 y축과 만나는 점의 y좌표 ← y축 위의 점이므로 x좌표는 0

⇨ $x=0$일 때의 y값 즉, 관계식에 $x=0$을 대입하여 구한 y의 값

예1 일차함수 $y=2x+4$의 그래프가 오른쪽과 같을 때,

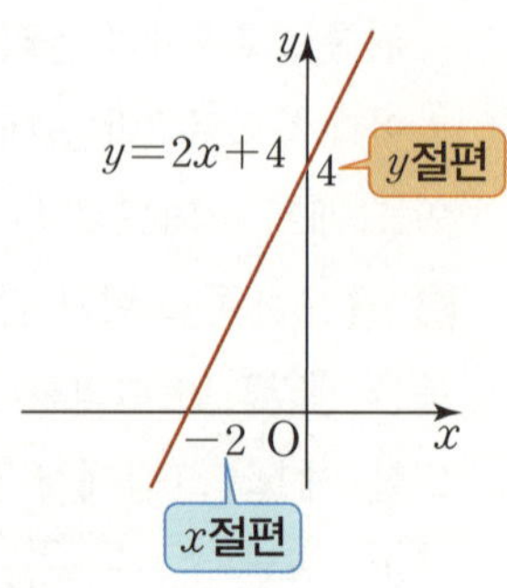

⇨ 그래프를 보고 x절편과 y절편 구하기

① x축과 만나는 점의 좌표는 $(-2, 0)$ ⇨ x절편은 -2

② y축과 만나는 점의 좌표는 $(0, 4)$ ⇨ y절편은 4

⇨ 관계식 $y=2x+4$에서 x절편과 y절편 구하기

① $y=2x+4$에 $\xrightarrow{y=0 \text{ 대입}}$ $0=2x+4 \Rightarrow x=-2$ ⇨ x절편은 -2

② $y=2x+4$에 $\xrightarrow{x=0 \text{ 대입}}$ $y=4$ ⇨ y절편은 4

예2 일차함수 $y=ax+b$의 x절편이 3, y절편이 -6일 때, $a+b$의 값을 구하시오.

+풀이 y절편이 -6이므로 $y=ax+b$에 $\xrightarrow{x=0 \text{ 대입}}$ $y=b=-6$

따라서 주어진 식은 $y=ax-6$이고 x절편이 3이므로, $x=3$일 때 $y=0$이 된다.

$y=ax-6$에 $\xrightarrow{x=3,\ y=0 \text{ 대입}}$ $0=3a-6 \Rightarrow a=2$

그러므로 $a+b=2+(-6)=-4$

예3 일차함수 $y=-\frac{1}{4}x+p$의 그래프가 오른쪽 그림과 같을 때, $p+q$의 값을 구하시오.

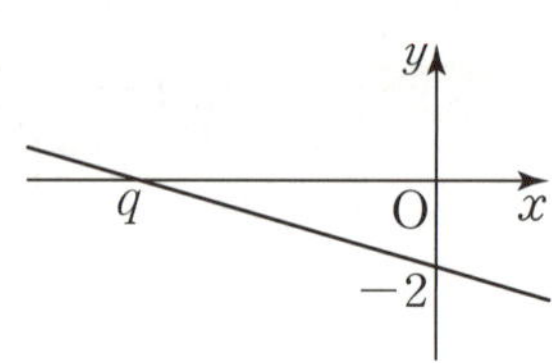

+풀이 그래프에서 x절편은 q, y절편은 -2이다.

$y=-\frac{1}{4}x+p$ $\xrightarrow{x=0 \text{ 대입}}$ $y=p$ ⇨ y절편은 p이므로 $p=-2$

따라서 주어진 식은 $y=-\frac{1}{4}x-2$이다. x절편을 구하면

$y=-\frac{1}{4}x-2$ $\xrightarrow{y=0 \text{ 대입}}$ $0=-\frac{1}{4}x-2 \Rightarrow x=-8$ ⇨ x절편은 -8이므로 $q=-8$

그러므로 $p+q=(-2)+(-8)=-10$

▶확인 일차함수 $y=ax+b$의 x절편과 y절편은 다음과 같다.

① $y=ax+b$ $\xrightarrow{y=0 \text{ 대입}}$ $0=ax+b \Rightarrow x=-\frac{b}{a}$ ⇨ x절편 : $-\frac{b}{a}$

② $y=ax+b$ $\xrightarrow{x=0 \text{ 대입}}$ $y=b$ ⇨ y절편 : b

그래프는 오른쪽 그림과 같은 형태로 그려진다.

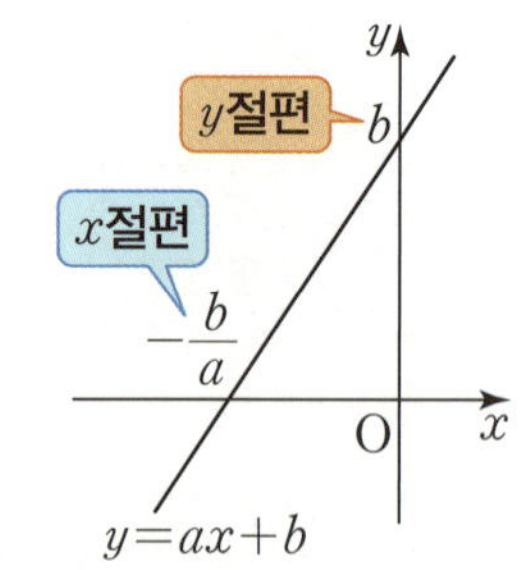

(4) x절편과 y절편을 이용하여 일차함수의 그래프 그리기

원점을 지나지 않는 일차함수 $y=ax+b$의 그래프는 다음과 같은 순서로 그릴 수 있다.

❶ x절편, y절편을 구한다.

❷ 두 점 (x절편, 0), (0, y절편)을 좌표평면 위에 나타내어 직선으로 연결한다.

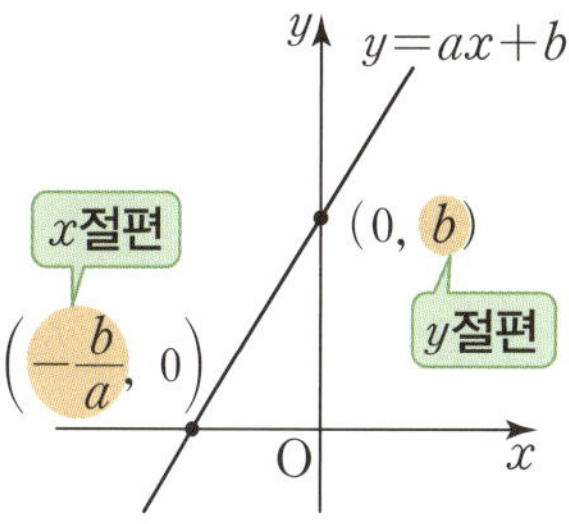

예1 $y=-\frac{1}{3}x+1$의 그래프 그리기

❶ $y=-\frac{1}{3}x+1 \xrightarrow{y=0\text{ 대입}} x=3$ ⇨ x절편은 3 ⇨ 점 (3, 0)

$y=-\frac{1}{3}x+1 \xrightarrow{x=0\text{ 대입}} y=1$ ⇨ y절편은 1 ⇨ 점 (0, 1)

❷ 오른쪽 그림과 같이 좌표평면 위의 두 점 (3, 0), (0, 1)을 지나는 직선이 $y=-\frac{1}{3}x+1$의 그래프이다.

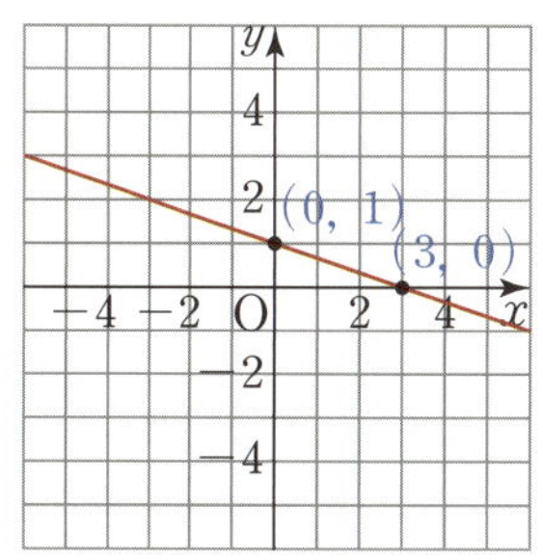

예2 $y=-2x-3$의 그래프 간단히 그리기

+빠른풀이

$x=0$일 때, $y=-3$ ⇨ 점 (0, −3)

$y=0$일 때, $x=\frac{-3}{2}$ ⇨ 점 $\left(-\frac{3}{2}, 0\right)$

그래프는 오른쪽 그림과 같다.

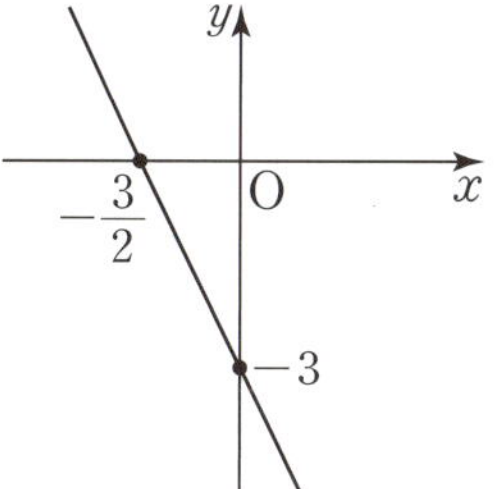

+참고 원점을 지나는 일차함수는 x절편과 y절편이 모두 0이므로 x절편과 y절편만으로 두 점을 찍을 수 없다. ← x절편과 y절편으로 찍히는 점이 모두 원점이 된다.

따라서 이때는 원점이 아닌 다른 한 점을 구한 뒤, 원점과 연결하여 그래프를 그린다.

함수에서 x절편과 y절편의 의미

	그래프에서의 의미	관계식에서의 의미
x절편	x축과 만나는 점의 x좌표	$y=0$일 때의 x값
y절편	y축과 만나는 점의 y좌표	$x=0$일 때의 y값

그래프에서의 의미와 관계식에서의 의미가 서로 연동될 수 있어야 한다.

즉, 관계식을 보면 그래프를 그릴 수 있어야 하고, 그래프를 보면 관계식을 구할 수 있어야 한다.

(5) 일차함수의 그래프의 기울기 ← 기울기 : 기울어진 정도를 수로 나타낸 것

① 일차함수 $y=ax+b$의 그래프에서 x의 값의 증가량에 대한 y의 값의 증가량의 비율은 항상 일정하고, 그 비율은 x의 계수 a와 같다. 이 증가량의 비율 a를 일차함수 $y=ax+b$의 그래프의 기울기라고 한다.

> 일차함수 $y=ax+b$의 그래프에서
>
> $(\text{기울기})=\dfrac{(y\text{의 값의 증가량})}{(x\text{의 값의 증가량})}=a$ ← x의 계수

+설명 일차함수 $y=2x+3$에서 x의 값에 대응하는 y의 값을 표로 나타내면 다음과 같다.

(+1) (+2)

x	⋯	-2	-1	0	1	2	⋯
y	⋯	-1	1	3	5	7	⋯

(+2) (+4)

i) x가 -1에서 0으로 변할 때$(+1)$, y는 1에서 3으로 변함$(+2)$

ii) x가 0에서 2로 변할 때$(+2)$, y는 3에서 7로 변함$(+4)$

⇨ $(\text{기울기})=\dfrac{(y\text{의 값의 증가량})}{(x\text{의 값의 증가량})}=\dfrac{+2}{+1}=\dfrac{+4}{+2}=2$ ← $y=2x+3$에서 x의 계수와 같음

표를 바탕으로 $y=2x+3$의 그래프를 그리면 오른쪽과 같다.

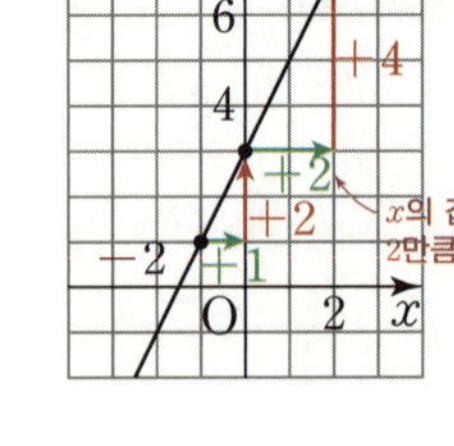

오른쪽 그림과 같이 $y=2x+3$ 위의 어떤 두 점을 택해도

$$(\text{기울기})=\frac{(y\text{의 값의 증가량})}{(x\text{의 값의 증가량})}=\frac{+2}{+1}=\frac{+4}{+2}=2$$

임을 확인할 수 있다.

그래프 위의 두 점 $(0, 3)$, $(2, 7)$을 이용하여 기울기를 구하면

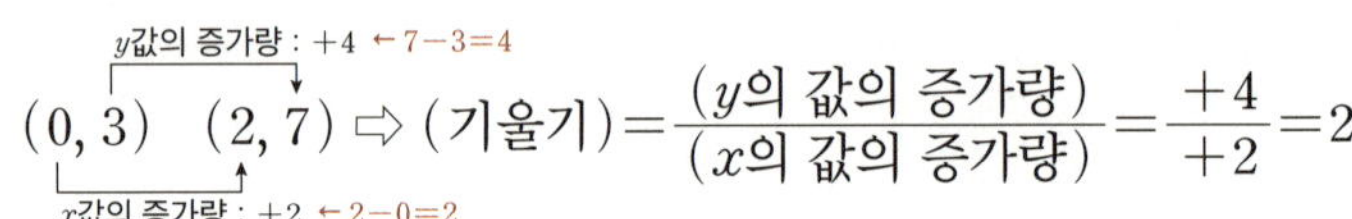

$(0, 3)$ $(2, 7)$ ⇨ $(\text{기울기})=\dfrac{(y\text{의 값의 증가량})}{(x\text{의 값의 증가량})}=\dfrac{+4}{+2}=2$

(예) 일차함수 $y=-2x+1$의 그래프에서의 기울기

① 관계식 $y=-2x+1$에서 기울기는 -2임을 알 수 있다. ← 기울기는 x의 계수

$y=-2x+1$을 만족하는 순서쌍 (x, y)를 구하면

$(0, 1)$, $(1, -1)$, $(2, -3)$, ⋯ 이 있다.

이를 좌표평면 위에 나타내어 그래프를 그리면 오른쪽 그림과 같고, ② 그래프 위의 두 점을 택하여 기울기를 확인해 보면

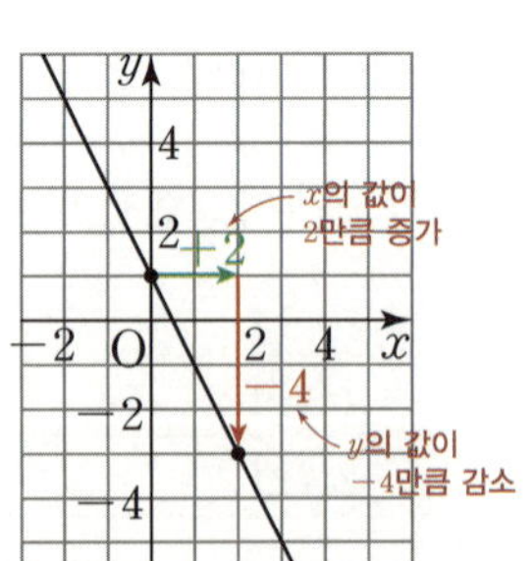

$$(\text{기울기})=\frac{(y\text{의 값의 증가량})}{(x\text{의 값의 증가량})}=\frac{-4}{2}=-2$$

또한, ③ 두 점 $(0, 1)$, $(2, -3)$을 이용하여 기울기를 구하면

$$(\text{기울기})=\frac{(y\text{의 값의 증가량})}{(x\text{의 값의 증가량})}=\frac{(-3)-1}{2-0}=\frac{-4}{2}=-2$$

! 중요 기울기는 ①관계식, ②그래프, ③두 점의 좌표를 이용하여 구할 수 있다.

② 두 점 (x_1, y_1), (x_2, y_2)를 지나는 일차함수의 기울기 (단, $x_1 \neq x_2$)

⇨ $\dfrac{y_2-y_1}{x_2-x_1}$ 또는 $\dfrac{y_1-y_2}{x_1-x_2}$

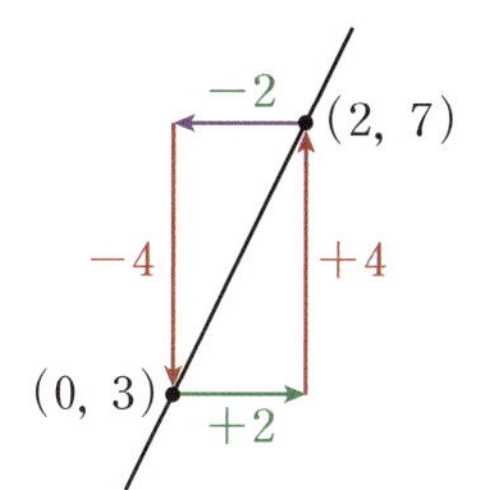

예 $(0, 3)$과 $(2, 7)$을 지나는 직선의 기울기는

$\dfrac{7-3}{2-0}=\dfrac{4}{2}=2$ 또는 $\dfrac{3-7}{0-2}=\dfrac{-4}{-2}=2 \Rightarrow \therefore$ (기울기)$=2$

! 주의 $(0, 3)$과 $(2, 7)$을 지나는 직선의 기울기를 $\dfrac{7-3}{0-2}$으로 계산하면 안 된다.

$\dfrac{7-3}{0-2}=-2$이므로 $\dfrac{7-3}{2-0}=2$와는 다른 값이 나온다. 기울기는 한 방향으로 빼서 구하도록 하자.

예1 일차함수 $y=3x+2$의 그래프에서 x의 값의 증가량이 2일 때, y값의 증가량 구하기

+풀이 $y=3x+2$의 그래프의 기울기는 3이므로

$\dfrac{(y\text{의 값의 증가량})}{(x\text{의 값의 증가량})}=\dfrac{(y\text{의 값의 증가량})}{2}=3 \Rightarrow \therefore (y\text{의 값의 증가량})=6$

예2 일차함수 $y=-\dfrac{2}{3}x-2$의 그래프에서 x의 값이 -1에서 3까지 증가할 때, y의 값은 k만큼 감소한다. k의 값을 구하시오.

+풀이 $y=-\dfrac{2}{3}x-2$의 기울기는 $-\dfrac{2}{3}$이고, x의 값이 -1에서 3까지 증가하므로

(x값의 증가량)$=3-(-1)=4$

$\dfrac{(y\text{의 값의 증가량})}{4}=-\dfrac{2}{3} \Rightarrow (y\text{의 값의 증가량})=-\dfrac{8}{3}$

따라서 y의 값은 $\dfrac{8}{3}$만큼 감소하므로 $k=\dfrac{8}{3}$

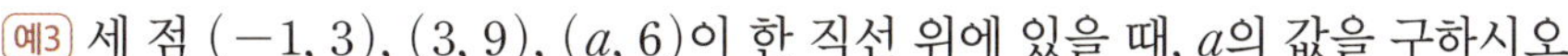

예3 세 점 $(-1, 3)$, $(3, 9)$, $(a, 6)$이 한 직선 위에 있을 때, a의 값을 구하시오.

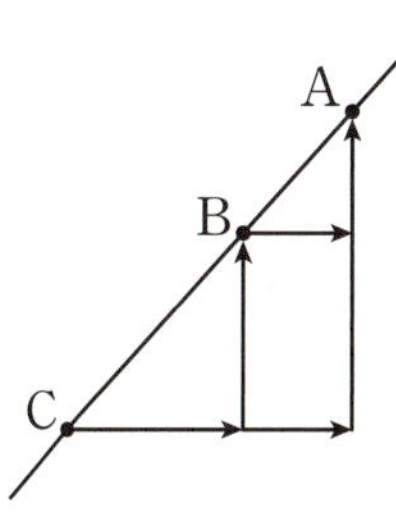

+풀이 세 점이 한 직선 위에 있을 때, 어느 두 점을 택하여 기울기를 구해도 기울기는 같다.

두 점 $(-1, 3)$, $(3, 9)$을 지나는 일차함수의 그래프의 기울기는

$\dfrac{9-3}{3-(-1)}=\dfrac{6}{4}=\dfrac{3}{2}$

두 점 $(3, 9)$, $(a, 6)$을 지나는 일차함수의 그래프의 기울기는

$\dfrac{9-6}{3-a}=\dfrac{3}{3-a}$

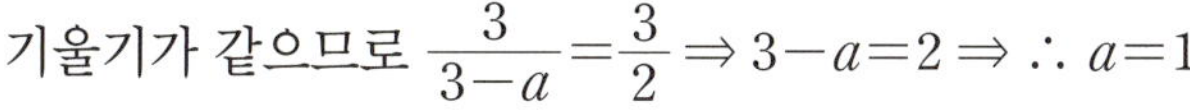

기울기가 같으므로 $\dfrac{3}{3-a}=\dfrac{3}{2} \Rightarrow 3-a=2 \Rightarrow \therefore a=1$

▶확인 두 점 $(-1, 3)$, $(a, 6)$을 지나는 일차함수의 그래프의 기울기를 구해서 비교해도 답은 같다.

(6) 기울기와 y절편을 이용하여 일차함수의 그래프 그리기

일차함수 $y=ax+b$의 그래프는 기울기 a와 y절편 b를 이용하여 다음과 같은 순서로 그릴 수 있다.

$y=ax+b$ (→기울기: a, →y절편: b)

❶ y절편이 b이므로 점 $(0, b)$를 좌표평면 위에 나타낸다.

❷ 기울기 a를 이용하여 그래프가 지나는 다른 한 점을 찾는다.

❸ 두 점을 직선으로 연결한다.

예1

① 일차함수 $y=-2x+1$의 그래프 그리기	② 일차함수 $y=\frac{2}{3}x-1$의 그래프 그리기
❶ y절편이 1이므로 점$(0, 1)$을 찍는다. ❷ 기울기가 $-2=\frac{-2}{1}$이므로 점$(0, 1)$에서 x의 값이 1만큼 증가할 때, y의 값이 2만큼 감소한 점 $(1, -1)$을 찍는다. ❸ 아래와 같이 두 점 $(0, 1)$과 $(1, -1)$을 직선으로 연결하면 $y=-2x+1$의 그래프가 된다. 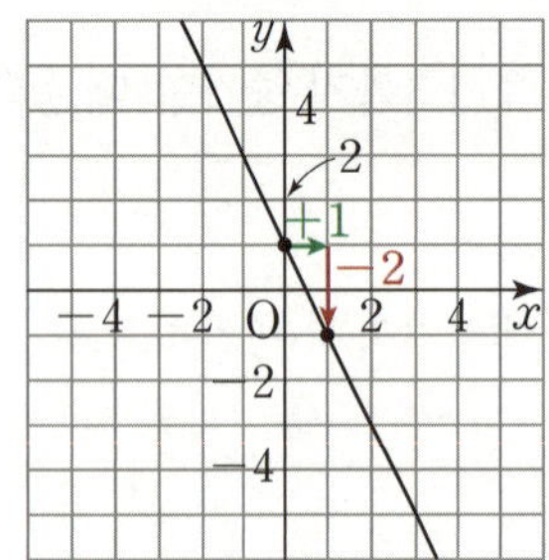	❶ y절편이 -1이므로 점$(0, -1)$을 찍는다. ❷ 기울기가 $\frac{2}{3}$이므로 점$(0, -1)$에서 x의 값이 3만큼 증가할 때, y의 값이 2만큼 증가한 점$(3, 1)$을 찍는다. ❸ 아래와 같이 두 점 $(0, -1)$과 $(3, 1)$을 직선으로 연결하면 $y=\frac{2}{3}x-1$의 그래프가 된다. 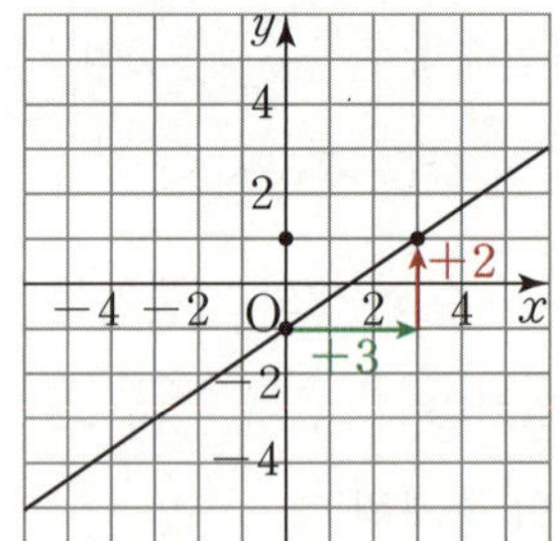

▶결론 일반적으로 일차함수의 그래프는 다음과 같은 방법으로 그릴 수 있다.

① x절편, y절편 이용 ② y절편, 기울기 이용 ③ 그래프 위의 간단한 두 점 이용

예2 일차함수 $y=ax+b$의 그래프가 오른쪽 그림과 같을 때, 상수 a, b의 값을 각각 구하시오.

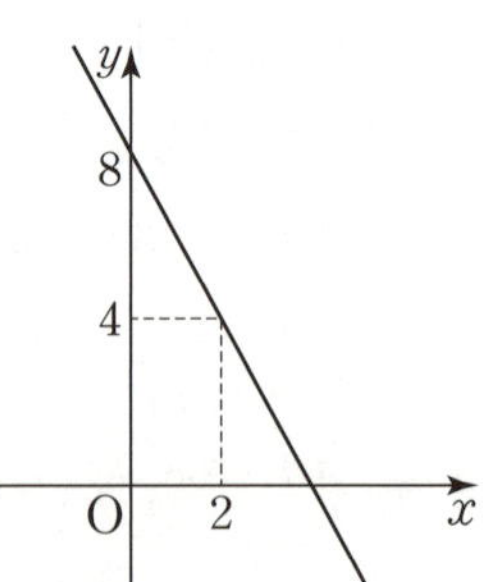

+풀이 오른쪽 그림에서 y절편은 8이므로 $b=8$

또한, 두 점 $(0, 8)$과 $(2, 4)$를 지나므로

$$(\text{기울기})=\frac{4-8}{2-0}=-2=a$$

따라서 $a=-2$, $b=8$

+꿀팁 오른쪽과 같이 그래프에 x의 값의 증가량과 y의 값의 증가량을 표시하여 기울기를 구해도 된다.

$$(\text{기울기})=\frac{-4}{+2}=-2$$

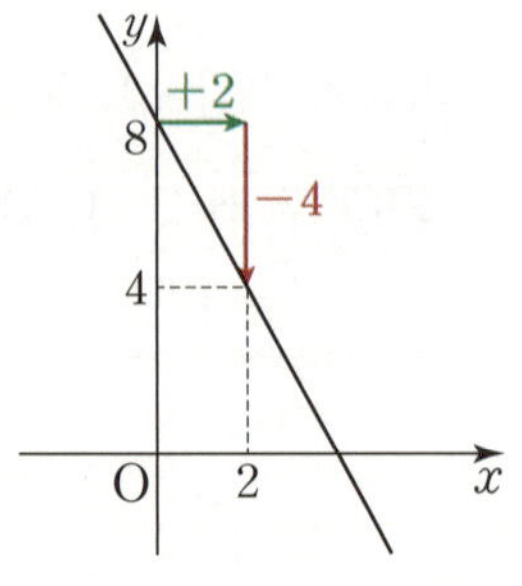

3 일차함수의 그래프의 성질(★★) : 공통수학2 직선의 방정식

핵심개념

(1) 일차함수 $y=ax+b$의 그래프의 모양

일차함수 $y=ax+b$에서 a와 b의 부호를 알면, 그래프의 모양을 알 수 있다.

① 기울기 a의 부호에 따른 그래프의 모양

$a>0$일 때	$a<0$일 때
i) 오른쪽 위로 향하는 직선 ii) x의 값이 증가할 때, y의 값도 증가 (증가, 증가)	i) 오른쪽 아래로 향하는 직선 ii) x의 값이 증가할 때, y의 값은 감소 (증가, 감소)

▶확인 a의 절댓값이 클수록 y축에 가깝다.

② y절편 b의 부호에 따른 그래프의 모양

$b>0$일 때	$b<0$일 때
y축과 양의 부분에서 만난다.	y축과 음의 부분에서 만난다.

▶확인 $b=0$일 때는 원점을 지난다.

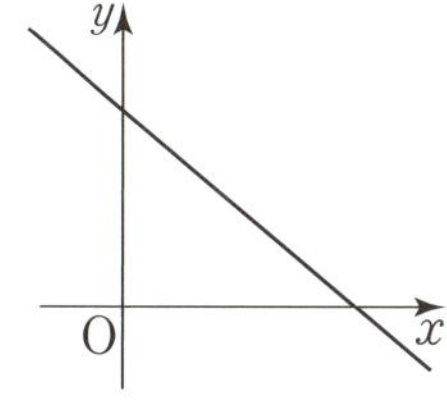

(예) 일차함수 $y=ax+b$의 그래프가 오른쪽 그림과 같을 때, $y=-bx+a$가 지나는 사분면을 모두 구하시오.

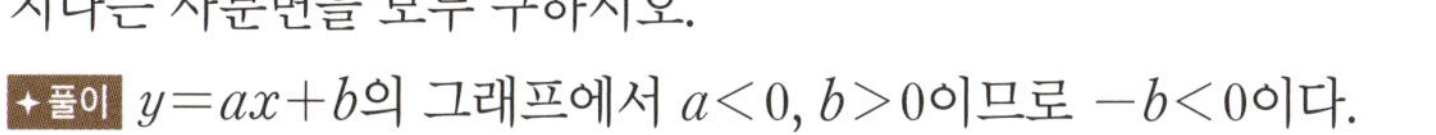

+풀이 $y=ax+b$의 그래프에서 $a<0$, $b>0$이므로 $-b<0$이다.

$y=-bx+a$의 그래프는

(기울기)$=-b<0$, (y절편)$=a<0$

따라서 $y=-bx+a$의 그래프는 오른쪽 그림과 같으므로 제2, 3, 4사분면을 지난다.

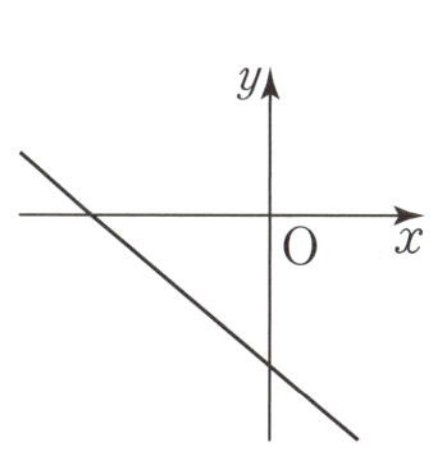

(2) 일차함수의 그래프의 평행과 일치

⇨ 기울기가 같은 두 일차함수의 그래프는 평행하거나 일치한다.

두 일차함수 $y=ax+b$, $y=cx+d$에서 $\begin{cases} a=c, b\neq d \Rightarrow \text{두 직선은 평행} \\ a=c, b=d \Rightarrow \text{두 직선은 일치} \end{cases}$

역으로 서로 평행한 두 일차함수의 그래프의 기울기는 같다.

▶확인 두 일차함수의 기울기가 다르면($a\neq c$) 한 점에서 만난다.

(예) ① $y=2x+1$과 $y=ax+3$의 그래프가 서로 평행하면 $a=2$

② $y=3x-2$와 $y=ax+b$의 그래프가 서로 일치하면 $a=3$, $b=-2$

③ $y=-x+1$과 $y=ax-2$의 그래프가 한 점에서 만나면 $a\neq-1$

확장개념+응용공식

(3) 그래프 활용 문제

① 그래프의 기울기 범위 구하기

일차함수 $y=ax+b$의 그래프는

기울기 a가 양수일 때	기울기 a가 음수일 때
기울기 a가 클수록 오른쪽 위로 급하게 올라간다. ⇨ 점 $(0, 1)$을 지남 예 a의 값에 따른 $y=ax+1$의 그래프 (→점 $(0, 1)$을 지남) 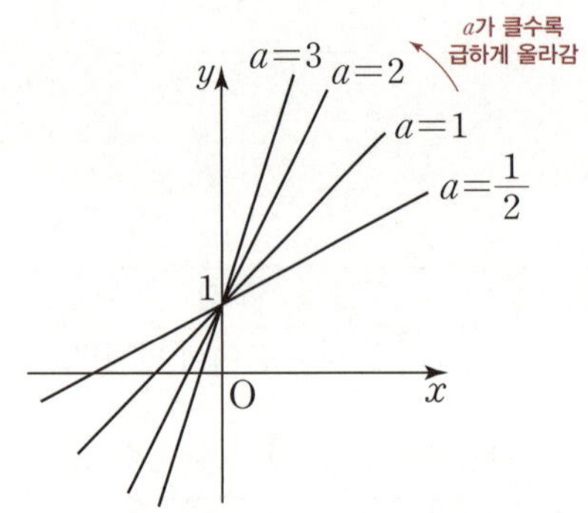 	기울기 a가 작을수록 오른쪽 아래로 급하게 내려간다. ⇨ 점 $(0, 1)$을 지남 예 a의 값에 따른 $y=ax+1$의 그래프 (→점 $(0, 1)$을 지남) 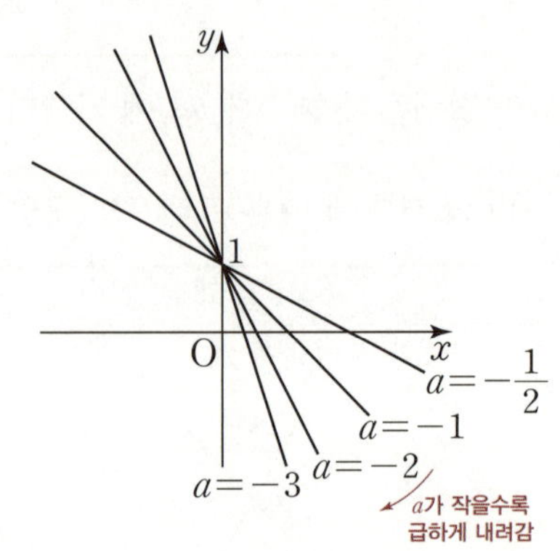

예 오른쪽 그림과 같이 일차함수 $y=ax-2$의 그래프가 두 점 $A(1, 3)$, $B(4, -1)$을 이은 선분과 만날 때, 상수 a의 값의 범위를 구하시오.

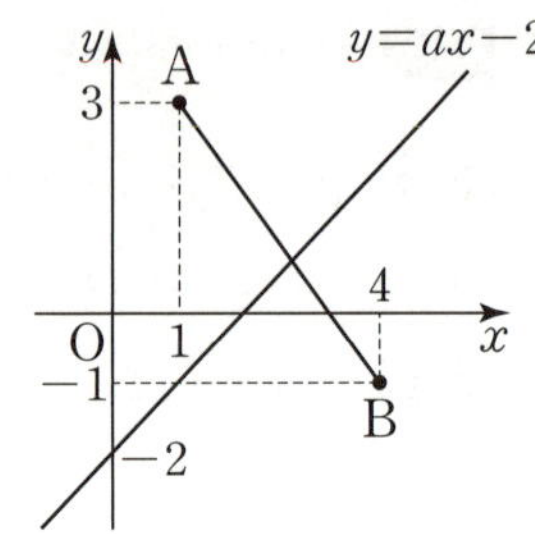

풀이 1 일차함수 $y=ax-2$는 점 $(0, -2)$를 지난다.

$y=ax-2$가 선분 AB와 만나려면

i) 점 B를 지날 때보다 기울기가 크거나 같아야 하고

ii) 점 A를 지날 때보다 기울기가 작거나 같아야 한다.

점 $B(4, -1)$을 지날 때 $(\text{기울기})=\frac{-1-(-2)}{4-0}=\frac{1}{4}$

점 $A(1, 3)$을 지날 때 $(\text{기울기})=\frac{3-(-2)}{1-0}=5$

따라서 a의 범위는 $\frac{1}{4}\le a\le 5$

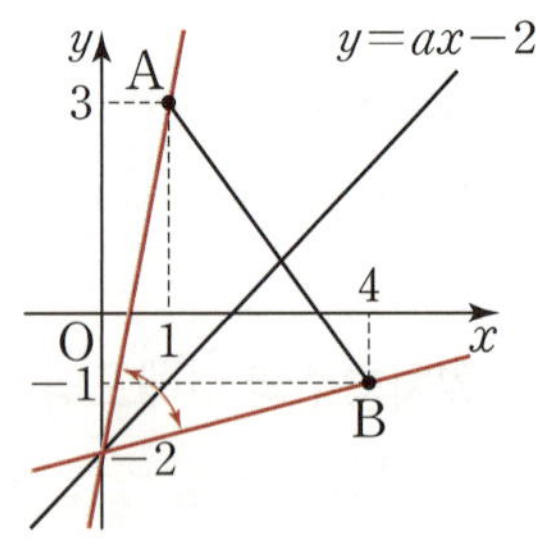

풀이 2 일차함수 $y=ax-2$가 점 $B(4, -1)$을 지날 때 a의 값은

$y=ax-2 \xrightarrow{x=4,\ y=-1 \text{ 대입}} -1=a\times4-2 \Rightarrow a=\frac{1}{4}$

마찬가지로 점 $A(1, 3)$를 지날 때는

$y=ax-2 \xrightarrow{x=1,\ y=3 \text{ 대입}} 3=a\times1-2 \Rightarrow a=5$

선분 AB와 만나려면 a의 범위는 $\frac{1}{4}\le a\le 5$

② 그래프로 둘러싸인 부분의 넓이 구하기

일차함수의 그래프를 그린 후 둘러싸인 부분이 어떤 도형인지 알아본다.

예1 일차함수 $y=-3x+6$의 그래프와 x축, y축으로 둘러싸인 부분의 넓이를 구하시오.

+풀이 $y=-3x+6$의 x절편, y절편을 구하면

x절편 : $0=-3x+6 \Rightarrow x=2$, y절편 : 6

일차함수 $y=-3x+6$의 그래프는 오른쪽 그림과 같다.

그래프와 좌표축으로 둘러싸인 부분은 삼각형이므로

$(\text{넓이})=\frac{1}{2}\times2\times6=6$

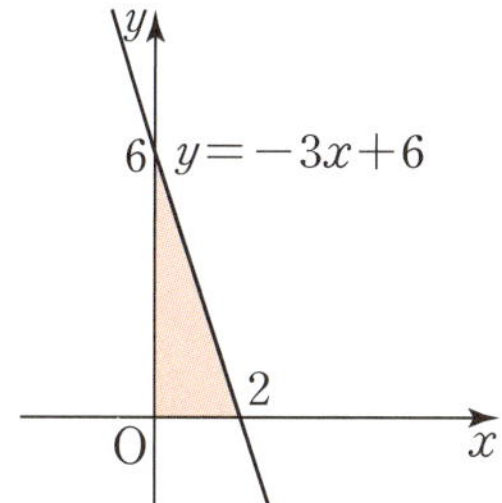

예2 두 일차함수 $y=2x+4$, $y=-2x+4$과 x축으로 둘러싸인 부분의 넓이를 구하시오.

+풀이 $y=2x+4$의 x절편, y절편을 구하면

x절편 : $0=2x+4 \Rightarrow x=-2$, y절편 : 4

$y=-2x+4$의 x절편, y절편을 구하면

x절편 : $0=-2x+4 \Rightarrow x=2$, y절편 : 4

일차함수 $y=2x+4$과 $y=-2x+4$의 그래프는 오른쪽 그림과 같다. 두 일차함수와 x축으로 둘러싸인 부분은 삼각형이므로

$(\text{넓이})=\frac{1}{2}\times4\times4=8$

▶확인 위의 그림과 같이 일차함수 $y=2x+4$와 $y=-2x+4$의 그래프는 y축에 대하여 대칭이다. 즉, $y=ax+b$의 그래프를 y축에 대하여 대칭하면 $y=-ax+b$의 그래프가 된다.
↳기울기의 부호가 바뀜

$y=ax+b$의 그래프를 x축에 대하여 대칭하면 $y=-ax-b$의 그래프가 된다.
↳기울기와 y절편의 부호가 모두 바뀜

아래 그래프에서 확인해 보자.

	y축 대칭 ⇒ 기울기의 부호 바뀜 y절편은 그대로	x축 대칭 ⇒ 기울기와 y절편의 부호가 모두 바뀜
그래프	$y=2x-3 \xrightarrow[\text{기울기 부호 바뀜}]{y\text{축 대칭}} y=-2x-3$	$y=2x-3 \xrightarrow[\text{기울기, }y\text{절편 부호가 모두 바뀜}]{x\text{축 대칭}} y=-2x+3$
관계식	x에 $-x$를 대입한 식으로 바뀐다.	y에 $-y$를 대입한 식으로 바뀐다.
예	$y=2x-3 \xrightarrow[x\text{에 }-x\text{대입}]{y\text{축 대칭}} y=2\times(-x)-3$ $\Rightarrow y=-2x-3$	$y=2x-3 \xrightarrow[y\text{에 }-y\text{대입}]{x\text{축 대칭}} -y=2x-3$ $\Rightarrow y=-2x+3$

4 일차함수의 식 구하기(★★) : 공통수학2 직선의 방정식

핵심개념

(1) 기울기와 y절편이 주어질 때

⇨ 기울기가 a이고 y절편이 b인 직선을 그래프로 하는 일차함수의 식은 $y=ax+b$

예 ① 기울기가 1이고 y절편이 -2인 직선 ⇒ $y=x-2$

② 기울기가 -2이고 점 $(0, 3)$을 지나는 직선 ⇒ $y=-2x+3$
└→ y절편이 3

③ x의 값이 3만큼 증가할 때 y의 값이 2만큼 증가하고, y절편이 1인 직선 ⇒ $y=\frac{2}{3}x+1$
└→ 기울기가 $\frac{2}{3}$

④ 일차함수 $y=-2x+1$의 그래프와 평행하고, y절편이 -1인 직선 ⇒ $y=-2x-1$
└→ 기울기가 같고 y절편은 다르다.

(2) 기울기와 한 점이 주어질 때

기울기가 a이고, 점 (x_1, y_1)을 지나는 직선을 그래프로 하는 일차함수의 식은 다음과 같은 순서로 구한다.

❶ 기울기가 a이므로 일차함수의 식을 $y=ax+b$로 놓는다.
❷ $y=ax+b$에 $x=x_1$, $y=y_1$을 대입하여 b의 값을 구한다.

예1 기울기가 3이고, 점 $(1, 2)$를 지나는 직선을 그래프로 하는 일차함수의 식 구하기

❶ 기울기가 3이므로 일차함수의 식을 $y=3x+b$로 놓는다.
❷ 직선이 점 $(1, 2)$를 지나므로 $y=3x+b$에 $x=1$, $y=2$를 대입하면

$2=3\times1+b \Rightarrow b=-1$

따라서 구하는 식은 $y=3x-1$이다.

예2 기울기가 $\frac{1}{2}$이고 x절편이 -2인 직선의 방정식을 구하시오.

+풀이 x절편이 -2이므로 $(-2, 0)$을 지난다. 기울기가 $\frac{1}{2}$이므로 $y=\frac{1}{2}x+b$로 놓고, 지나는 점의 좌표를 대입하면,

$0=\frac{1}{2}\times(-2)+b \Rightarrow b=1$

따라서 구하는 식은 $y=\frac{1}{2}x+1$

! 주의 주어진 조건이 x절편인지 y절편인지를 헷갈리지 않도록 주의하자.

예3 일차함수 $y=-x+1$과 평행하고, 점 $(-1, 4)$를 지나는 직선

+간략풀이

기울기가 -1이므로 $y=-x+b \xrightarrow{x=-1,\ y=4 \text{ 대입}} 4=-(-1)+b \Rightarrow b=3$

따라서 구하는 식은 $y=-x+3$

(3) 서로 다른 두 점이 주어질 때

두 점 (x_1, y_1), (x_2, y_2)를 지나는 직선을 그래프로 하는 일차함수의 식은 다음과 같은 순서로 구한다. (단, $x_1 \neq x_2$)

> ❶ 기울기 a를 구한다. ⇨ $a=\dfrac{y_2-y_1}{x_2-x_1}=\dfrac{y_1-y_2}{x_1-x_2}$
>
> ❷ ❶에서 구한 기울기로 일차함수의 식을 $y=ax+b$로 놓는다.
>
> ❸ $y=ax+b$에 두 점 중 한 점의 좌표를 대입하여 b의 값을 구한다.

예1 두 점 $(2, -1)$, $(4, 3)$을 지나는 직선을 그래프로 하는 일차함수의 식 구하기

❶ (기울기)$=\dfrac{3-(-1)}{4-2}=2$

❷ 기울기가 2이므로 일차함수의 식을 $y=2x+b$로 놓는다.

❸ 이 식에 $x=2$, $y=-1$을 대입하면 $-1=2\times2+b \Rightarrow b=-5$

따라서 구하는 식은 $y=2x-5$

+다른풀이

일차함수의 식을 $y=ax+b$로 놓고, 두 점의 좌표를 각각 대입하여 얻은 연립방정식을 풀어서 구해도 된다. 두 점 $(2, -1)$, $(4, 3)$을 지나므로

$y=ax+b$에 $x=2$, $y=-1$을 대입하면 $2a+b=-1$ ⋯ ㉠

$x=4$, $y=3$을 대입하면 $4a+b=3$ ⋯ ㉡

㉠, ㉡을 연립하여 풀면 $a=2$, $b=-5$이고, 구하는 식은 $y=2x-5$

예2 오른쪽 그림의 일차함수의 식을 구하시오.

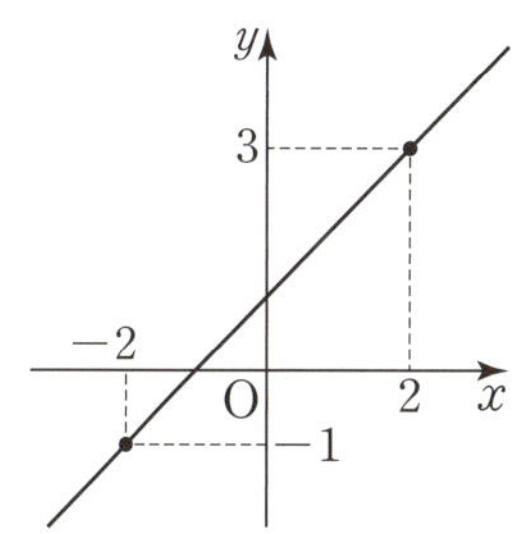

+풀이 두 점 $(-2, -1)$, $(2, 3)$을 지나는 직선이므로

(기울기)$=\dfrac{3-(-1)}{2-(-2)}=\dfrac{4}{4}=1$

일차함수의 식을 $y=x+b$로 놓고, $x=2$, $y=3$을 대입하면

$3=2+b \Rightarrow b=1$

따라서 구하는 식은 $y=x+1$

+참고 그래프를 이용하여 기울기를 구해도 된다.

(4) x절편과 y절편이 주어질 때

x절편이 m, y절편이 n인 직선을 그래프로 하는 일차함수의 식 ⇒ 기울기와 y절편을 이용

⇨ 두 점 $(m, 0)$, $(0, n)$을 지나는 직선이므로 (기울기)$=\dfrac{0-n}{m-0}=-\dfrac{n}{m}$

y절편은 n이므로 구하는 일차함수의 식은 $y=-\dfrac{n}{m}x+n$ (단, $m\neq0$)

예 오른쪽 그림의 일차함수의 식을 구하시오.

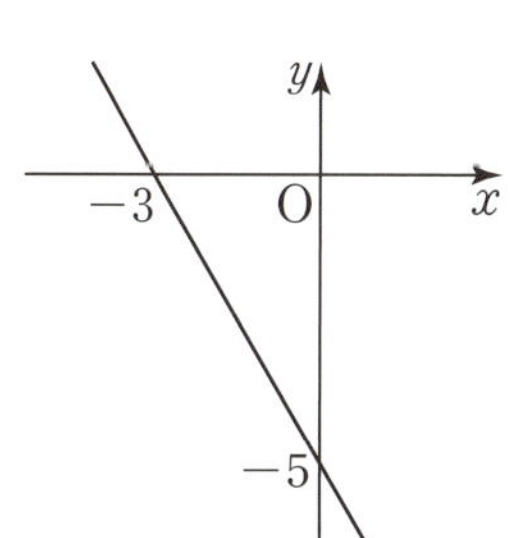

+풀이 두 점 $(-3, 0)$, $(0, -5)$를 지나므로 (기울기)$=\dfrac{-5-0}{0-(-3)}=-\dfrac{5}{3}$

y절편은 -5이므로 구하는 일차함수의 식은 $y=-\dfrac{5}{3}x-5$

5 일차함수의 활용(★)

핵심개념

(1) 일차함수의 활용

일차함수의 활용 문제는 다음과 같은 순서로 푼다.

❶ 변수 정하기 : 문제의 뜻을 파악하고, 변하는 두 양을 x, y로 놓는다.

❷ 함수 구하기 : 두 변수 x, y사이의 관계를 일차함수 $y=ax+b$로 나타낸다.

❸ 구하는 값 찾기 : 일차함수의 식이나 그래프를 이용하여 구하는 값을 찾는다.

❹ 확인하기 : 구한 값이 문제의 뜻에 맞는지 확인한다.

예1 현재 80°C인 물을 냉동고에 두었더니 온도가 4분에 20°C씩 일정한 비율로 내려갔다.

x분 후의 물의 온도를 y°C라고 할 때, 다음을 구하시오.

① x와 y사이의 관계식 (y를 x에 대한 식으로 나타내시오.)

+풀이 ❷ 물의 온도가 4분에 20°C씩 일정한 비율로 내려가므로 1분에 5°C씩 내려가고, x분에 $5x$°C씩 내려간다. 현재 80°C인 물의 x분 후의 온도 y°C는

$y=80-5x=-5x+80$

② 10분 후에 물의 온도

+풀이 ❸ $y=-5x+80$에 $x=10$을 대입하면

$y=-5\times10+80=30$

10분 후의 물의 온도는 30°C이다.

❹ 4분에 20°C씩 내려가면 1분에 5°C씩 내려가므로 10분 후에는 50°C만큼 내려간다.

현재 물의 온도가 80°C이므로 10분 후에는 (80−50)°C=30°C이다.

③ 물의 온도가 27°C가 될 때까지 걸리는 시간

+풀이 ❸ $y=-5x+80$에 $y=27$을 대입하면

$27=-5x+80 \Rightarrow 5x=53 \Rightarrow x=\frac{53}{5}$

물의 온도가 27°C가 될 때까지 걸리는 시간은 $\frac{53}{5}$분이다.

예2 길이가 10cm인 어떤 용수철은 무게가 2g인 물체를 달 때마다 길이가 3cm씩 일정하게 늘어난다. 이 용수철에 무게가 9g인 물체를 달았을 때, 용수철의 길이를 구하시오.

+풀이 ❶ 무게가 xg인 물체를 달았을 때, 용수철의 길이를 $y$cm라고 하자.

❷ 무게가 2g인 물체를 달 때마다 길이가 3cm씩 늘어나므로 무게가 1g인 물체를 달면 길이는 1.5cm씩 늘어나고, 무게가 xg인 물체를 달면 길이는 $1.5x$cm 늘어난다.

물체의 무게가 0g일 때, 용수철의 길이는 10cm이므로 x와 y사이의 관계식은

$y=1.5x+10$

❸ 이 식에 $x=9$를 대입하면 $y=1.5\times9+10=23.5$

따라서 무게가 9g인 물체를 달았을 때, 용수철의 길이는 23.5cm가 된다.

예3 오른쪽 그림과 같은 직사각형 ABCD에서 점 P는 초속 4cm로 점 B에서 출발하여 점 C까지 $\overline{BC}$위를 움직인다. 사다리꼴 ABPD의 넓이가 128cm^{2}가 되는 것은 점 P가 출발한 지 몇 초 후인지 구하시오.

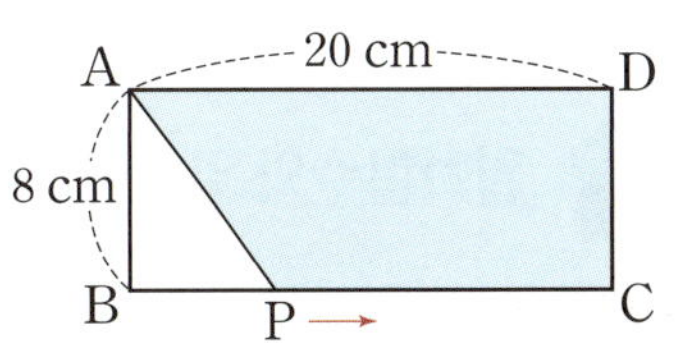

+간략풀이

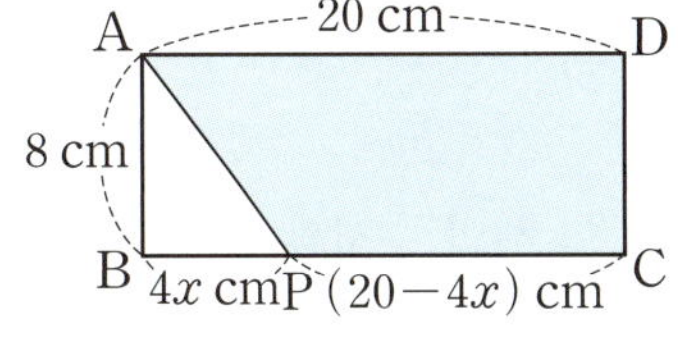

점 P가 점 B를 출발한 지 x초가 지났을 때

$\overline{BP}=4x$cm, $\overline{PC}=(20-4x)$cm이다.

사다리꼴 APCD의 넓이를 $y$cm^{2}라고 하면,

$$y=\frac{1}{2}\{20+(20-4x)\}\times 8=-16x+160$$

$y=128$을 대입하면 $128=-16x+160 \Rightarrow 16x=32 \Rightarrow x=2$

따라서 사다리꼴 ABPD의 넓이가 128cm^{2}가 되는 것은 2초 후이다.

예4 오른쪽 그림은 200L의 물이 들어 있는 물통에서 물을 x분 동안 일정하게 빼낼 때 물통에 남아 있는 물의 양 yL의 관계를 나타낸 그래프이다. 남아 있는 물의 양이 120L가 되는 데 걸리는 시간을 구하시오.

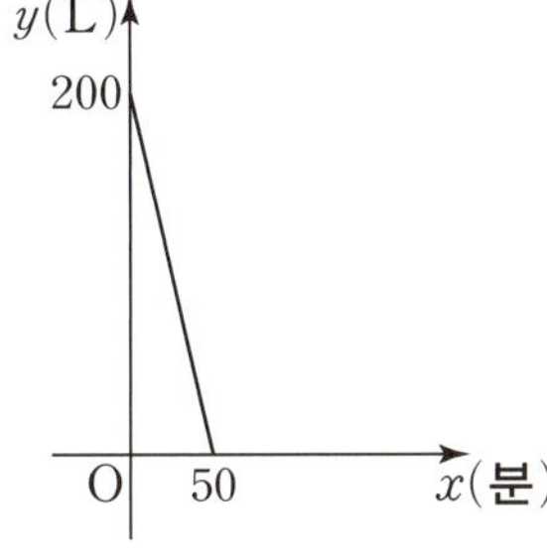

+간략풀이

50분 동안 200L의 물이 빠지므로 1분 동안 빠지는 물의 양은

$\frac{200}{50}=4$(L)이고, x분 동안 빠지는 물의 양은 $4x$L이다. 따라서

$$y=200-4x$$

$y=120$을 대입하면 $120=200-4x \Rightarrow x=20$

물의 양이 120L가 되는 데 걸리는 시간은 20분이다.

예5 집에서 1200m만큼 떨어진 학교까지 일정한 속력으로 갈 때, x분 후에 남은 거리를 $y$km라고 하면 x, y사이의 관계에 대한 그래프는 오른쪽과 같다. 몇 분 후에 학교에 도착하는지 구하시오.

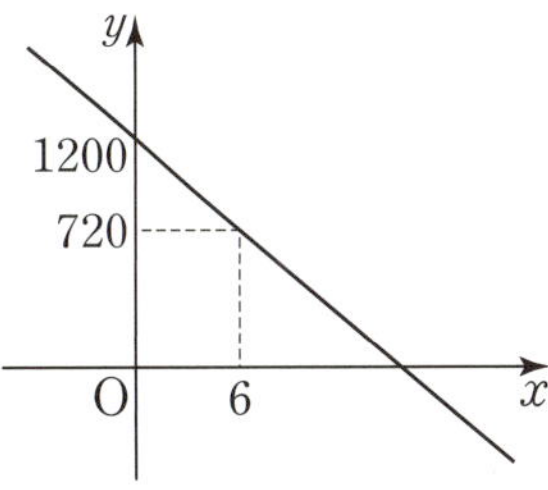

+간략풀이

그래프는 점 $(6, 720)$을 지나고, y절편은 1200인 직선이다.

$$(\text{기울기})=\frac{720-1200}{6-0}=\frac{-480}{6}=-80$$

이므로 그래프가 나타내는 일차함수의 식은 $y=-80x+1200$

학교에 도착하면 남은 거리는 0이므로 $y=0$을 대입하면

$$0=-80x+1200 \Rightarrow x=15$$

15분 후에 학교에 도착한다.

[2-1 과정]

02 일차함수와 일차방정식

1 일차함수와 일차방정식의 관계(★★): 공통수학2 직선의 방정식

핵심개념

(1) 일차방정식 $ax+by+c=0$의 그래프

x, y의 값의 범위가 수 전체일 때, 일차방정식

$ax+by+c=0$ (단, a, b, c는 상수, $a\neq0$ 또는 $b\neq0$)

의 해의 순서쌍 (x, y)를 좌표평면 위에 나타내면 직선이 된다. 이 직선을 일차방정식 $ax+by+c=0$의 그래프라 하고, 일차방정식 $ax+by+c=0$을 직선의 방정식이라 한다.

(2) 일차방정식의 그래프와 일차함수의 그래프

미지수가 2개인 일차방정식 $ax+by+c=0$ (단, a, b, c는 상수, $a\neq0$, $b\neq0$)의 그래프는 일차함수 $y=-\frac{a}{b}x-\frac{c}{b}$의 그래프와 같다.

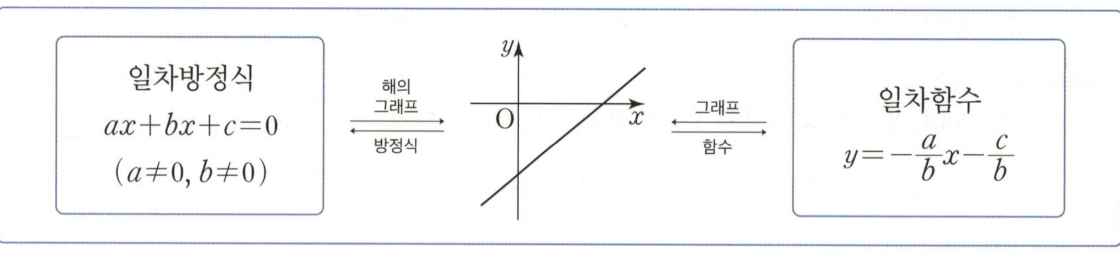

+설명 일차방정식 $2x-y+3=0$의 해의 순서쌍 (x, y)는 $y=2x+3$을 만족하는 해의 순서쌍과 같다. 즉,

$2x-y+3=0 \xrightarrow[\text{식으로 정리}]{y\text{를 } x\text{에 대한}} y=2x+3$ ← 두 식을 만족하는 순서쌍 (x, y)는 서로 같다.

따라서 이 해를 좌표평면 위에 나타내면 일차방정식 $2x-y+3=0$의 그래프와 일차함수 $y=2x+3$의 그래프는 서로 같다. 일차방정식 $2x-y+3=0$의 그래프는 일차함수 $y=2x+3$의 그래프를 그리면 된다.

(예) 일차방정식 $-x+2y=3$의 그래프 그리기

(방법1) 일차방정식 $-x+2y=3$을 변형하면 ← y를 x에 대한 식으로 정리

$-x+2y=3 \Rightarrow 2y=x+3 \Rightarrow y=\frac{1}{2}x+\frac{3}{2}$

이므로 기울기가 $\frac{1}{2}$이고, y절편이 $\frac{3}{2}$인 그래프를 그리면 된다. 따라서 그래프는 오른쪽과 같다.

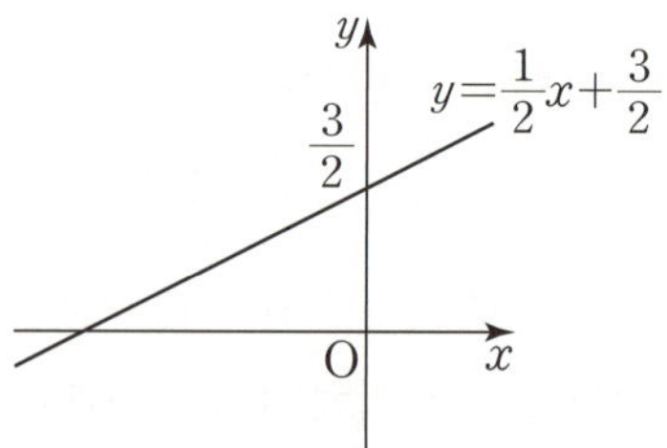

(방법2) x절편과 y절편을 이용하여 구할 수도 있다.

일차방정식 $-x+2y=3$의 해는

$x=0$일 때, $2y=3 \Rightarrow y=\frac{3}{2}$이므로 y절편은 $\frac{3}{2}$

$y=0$일 때, $-x=3 \Rightarrow x=-3$이므로 x절편은 -3

따라서 그래프는 오른쪽과 같다.

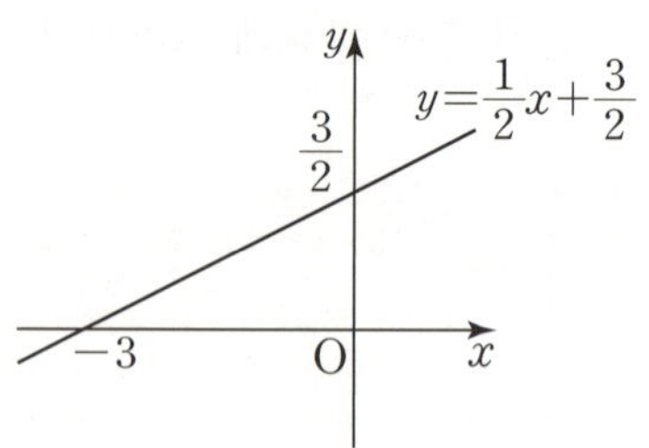

+꿀팁 일차방정식의 x절편은 일차함수 꼴로 변형하는 것보다 일차방정식에 $y=0$을 대입하여 구하는 것이 빠르다. → 일차방정식에서 y의 일차항을 손가락으로 가린 후 x값을 구하면 편리

(3) 일차방정식의 그래프의 성질

① 점 (p, q)가 일차방정식 $ax+by+c=0$의 그래프 위의 점일 때 $x=p$, $y=q$를 일차방정식에 대입하면 등식은 성립한다.

예) 일차방정식 $ax+2y+5=0$의 그래프가 점 $(-3, 2)$를 지날 때, 이 그래프의 기울기, x절편과 y절편을 각각 구하시오.

+풀이 일차방정식 $ax+2y+5=0$에 $x=-3$, $y=2$를 대입하면 등식이 성립하므로

$$a\times(-3)+2\times2+5=0 \Rightarrow -3a+9=0 \Rightarrow a=3$$

$3x+2y+5=0$에서 $y=0$일 때 x의 값은 $3x+5=0$에서 $x=-\frac{5}{3} \Rightarrow x$절편 : $-\frac{5}{3}$

$x=0$일 때 y의 값은 $2y+5=0$에서 $y=-\frac{5}{2} \Rightarrow y$절편 : $-\frac{5}{2}$

$3x+2y+5=0$을 변형하면 $y=-\frac{3}{2}x-\frac{5}{2}$이므로 기울기 : $-\frac{3}{2}$

② 일차방정식 $ax+by+c=0$ (단, a, b, c는 상수, $a\neq0$, $b\neq0$)의 그래프의 성질은 일차함수 $y=mx+n$의 꼴로 바꾸어 생각한다.

예) 일차방정식 $4x-2y+5=0$의 그래프와 평행하고 x절편이 1인 직선이 $(k, -4)$를 지날 때 k의 값을 구하시오.

+풀이 일차방정식 $4x-2y+5=0$을 변형하면 $y=2x+\frac{5}{2}$이므로 기울기는 2이다. 평행한 직선은 기울기가 같으므로 구하는 직선은 기울기가 2이고, x절편이 1인 직선이다.
구하는 직선을 일차함수 $y=2x+b$라 놓고 $x=1$, $y=0$을 대입하면

$$0=2\times1+b \Rightarrow b=-2$$

따라서 직선은 일차함수 $y=2x-2$의 그래프이고, 이 직선이 $(k, -4)$를 지나므로

$$y=2x-2 \xrightarrow{x=k,\ y=-4 \text{ 대입}} -4=2k-2 \Rightarrow k=-1$$

(4) 일차방정식 $x=p$, $y=q$의 그래프

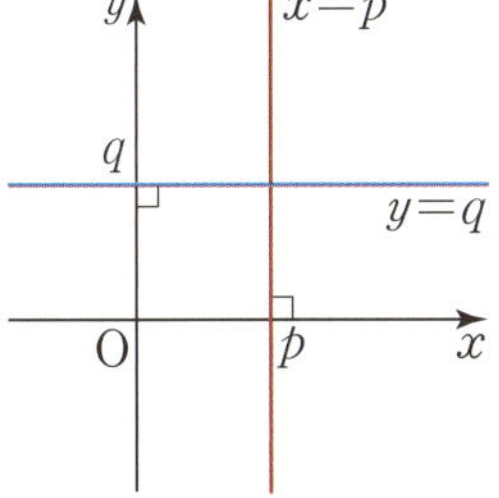

① 일차방정식 $x=p$의 그래프 ← x좌표가 p인 모든 점

⇨ 점 $(p, 0)$을 지나고, y축에 평행한(x축에 수직인) 직선
y의 값에 관계없이 x의 값은 항상 p이다.

② 일차방정식 $y=q$의 그래프 ← y좌표가 q인 모든 점

⇨ 점 $(0, q)$을 지나고, x축에 평행한(y축에 수직인) 직선
x의 값에 관계없이 y의 값은 항상 q이다.

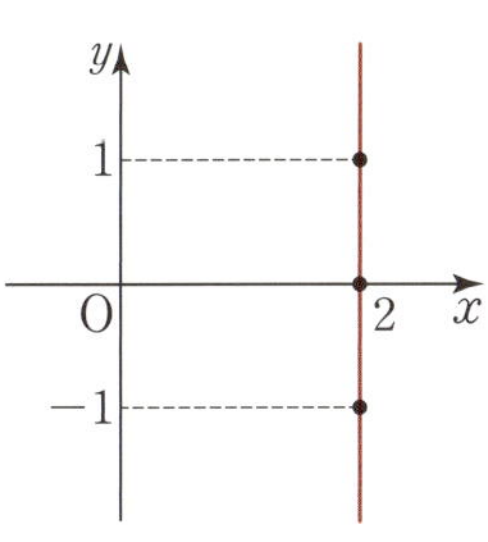

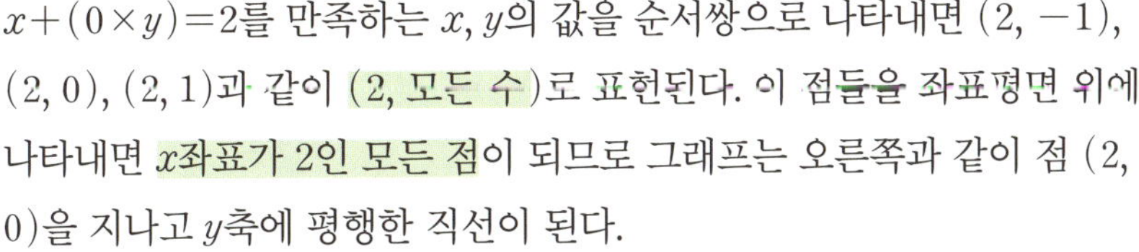

+설명 예를 들어 일차방정식 $x=2$의 해는 $x+(0\times y)=2$의 해로 생각할 수 있다.
$x+(0\times y)=2$를 만족하는 x, y의 값을 순서쌍으로 나타내면 $(2, -1)$, $(2, 0)$, $(2, 1)$과 같이 (2, 모든 수)로 표현된다. 이 점들을 좌표평면 위에 나타내면 x좌표가 2인 모든 점이 되므로 그래프는 오른쪽과 같이 점 $(2, 0)$을 지나고 y축에 평행한 직선이 된다.

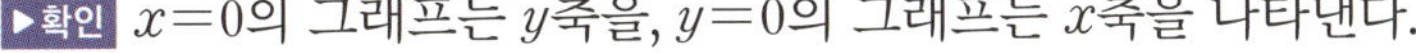

▶확인 $x=0$의 그래프는 y축을, $y=0$의 그래프는 x축을 나타낸다.

예1 ① 점 $(2, 3)$을 지나고 x축에 평행한 직선의 방정식 : $y=3$

② 점 $(2, 3)$을 지나고 x축에 수직인 직선의 방정식 : $x=2$

③ 점 $(-3, -2)$를 지나고, y축에 평행한 직선의 방정식 : $x=-3$

④ 점 $(-3, -2)$를 지나고, y축에 수직인 직선의 방정식 : $y=-2$

⑤ 두 점 $(3, -1)$, $(3, 3)$을 지나는 직선의 방정식 : $x=3$

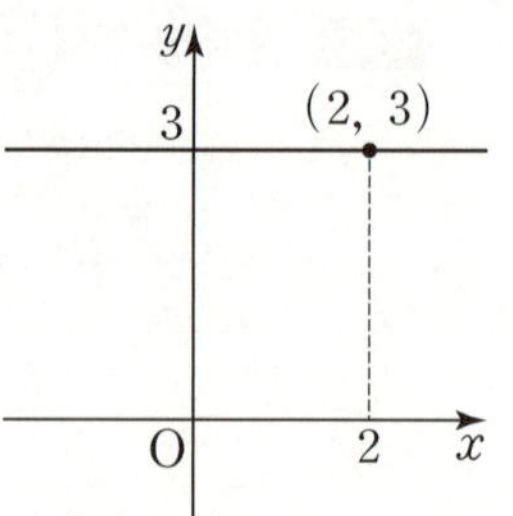

! 중요 조건을 만족하는 그래프를 직접 그려가면서 생각하는 것이 좋다. 위 문제에서

① 점 $(2, 3)$을 지나고 x축에 평행한 직선을 그려 보면 오른쪽 그림과 같고, 이 직선 위의 점은 y좌표가 모두 3이므로 직선의 방정식은 $y=3$이다.

예2 네 직선 $x+3=0$, $3x-5=0$, $-y+2=0$, $-2y-8=0$으로 둘러싸인 부분의 넓이를 구하시오.

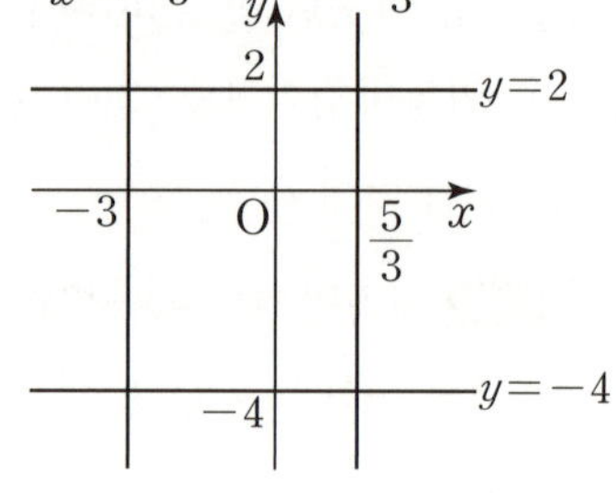

+풀이 네 방정식을 $x=p$ 또는 $y=q$의 꼴로 정리하면

$$x=-3,\ x=\frac{5}{3},\ y=2,\ y=-4$$

이를 좌표평면 위에 나타내면 오른쪽 그림과 같다.

따라서 네 직선으로 둘러싸인 부분은 직사각형이고

$$(\text{가로의 길이})=\frac{5}{3}-(-3)=\frac{14}{3}$$

$$(\text{세로의 길이})=2-(-4)=6$$

$$\therefore (\text{넓이})=\frac{14}{3}\times 6=28$$

+참고 $x=p$ ⇨ x가 p일 때 y의 값이 무수히 많으므로 함수가 아니다.

$y=q$ ⇨ x의 값에 따라 y의 값이 항상 q로 정해지므로 함수이다.

하지만 $y=(x$에 대한 일차식$)$의 꼴이 아니므로 일차함수는 아니다.

! 중요 직선의 방정식 $ax+by+c=0$ $(a\neq 0$ 또는 $b\neq 0)$은 다음과 같이 정리할 수 있다.

	미지수가 x, y인 경우 ⇨ $a\neq 0$, $b\neq 0$	미지수가 x뿐인 경우 ⇨ $a\neq 0$, $b=0$	미지수가 y뿐인 경우 ⇨ $a=0$, $b\neq 0$
관계식	$ax+by+c=0$ $\Leftrightarrow y=-\frac{a}{b}x-\frac{c}{b}$	$ax+c=0$ $\Leftrightarrow x=-\frac{c}{a}$	$by+c=0$ $\Leftrightarrow y=-\frac{c}{b}$
그래프	좌표축과 평행하지 않은 기울어진 직선	y축과 평행한 직선	x축과 평행한 직선

2 연립방정식의 해와 일차함수의 그래프(★★) : 공통수학2 직선의 방정식

핵심개념

(1) 연립방정식의 해와 그래프

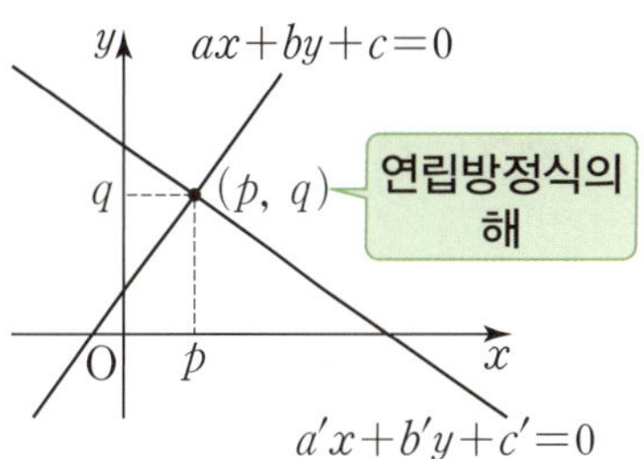

연립방정식 $\begin{cases} ax+by+c=0 \\ a'x+b'y+c'=0 \end{cases}$ 의 해는

두 일차방정식 $ax+by+c=0$, $a'x+b'y+c'=0$의 그래프의 교점의 좌표와 같다.

연립방정식의 해 $x=p,\ y=q$	⇄	두 일차방정식의 그래프의 교점의 좌표 $(p,\ q)$

← 수능까지 연결되는 중요한 개념이다.

역으로 두 일차방정식의 그래프의 교점의 좌표는 연립방정식의 해이다.

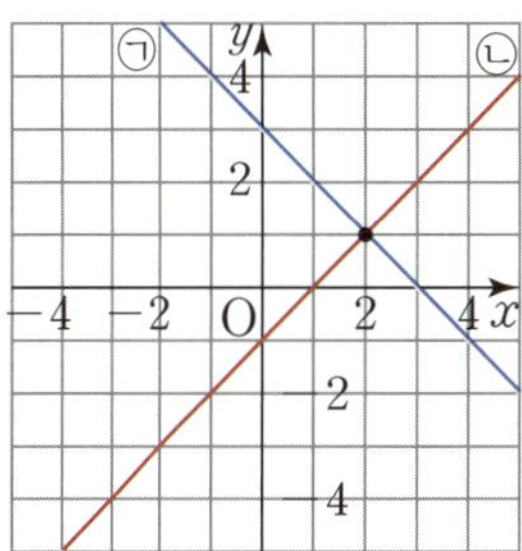

+설명 예를 들어 연립방정식 $\begin{cases} x+y=3 \cdots ㉠ \\ x-y=1 \cdots ㉡ \end{cases}$ 의 해를 구하면

㉠+㉡에서 $2x=4 \Rightarrow x=2$이고, 이를 ㉠에 대입하면 $y=1$이다.

따라서 $x=2,\ y=1$은 $\begin{cases} x+y=3 \cdots ㉠ \\ x-y=1 \cdots ㉡ \end{cases}$ 을 모두 만족하므로

㉠과 ㉡의 그래프를 그리면 오른쪽 그림과 같이 점 $(2,\ 1)$에서 만난다.

즉,

$\begin{cases} x+y=3 \\ x-y=1 \end{cases}$ 의 해 $x=2,\ y=1$	그래프적 해석 ⇄ 수식적 해석	$x+y=3$과 $x-y=1$의 그래프의 교점 $(2,\ 1)$

역으로 그래프의 교점의 좌표는 두 방정식을 모두 만족시키므로 두 방정식의 해이다. 따라서 방정식에 대입하면 당연히 성립한다.

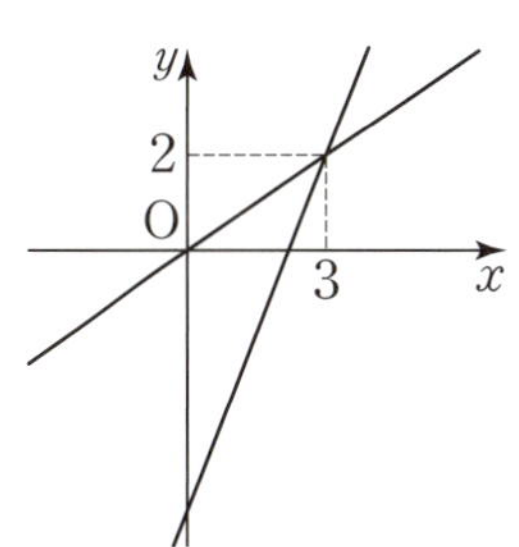

예1 두 일차방정식 $ax-2y=11$, $-x+by=2$의 그래프가 오른쪽 그림과 같을 때, 상수 a, b에 대하여 $a+b$의 값을 구하시오.

+풀이 두 직선 $ax-2y=11$, $-x+by=2$의 교점의 좌표가 $(3,\ 2)$이므로 $x=3,\ y=2$가 두 일차방정식의 해이다. 따라서

$$ax-2y=11 \xrightarrow{x=3,\ y=2\text{ 대입}} 3a-4=11 \Rightarrow a=5$$

$$-3x+by=-1 \xrightarrow{x=3,\ y=2\text{ 대입}} -9+2b=-1 \Rightarrow b=4$$

그러므로 $a+b=9$

! 주의 두 일차함수의 그래프에서 교점의 좌표가 주어지지 않았다면 주어진 두 방정식을 연립하여 직접 구해야 한다.

예2 두 일차방정식 $3x+2y=9$, $-x+y=2$의 교점을 지나면서 $y=2x+1$과 평행한 직선이 점 $(2, a)$를 지날 때, a의 값을 구하시오.

설명 두 일차방정식 $\begin{cases} 3x+2y=9 \cdots ㉠ \\ -x+y=2 \cdots ㉡ \end{cases}$ 의 교점의 좌표는 연립방정식의 근이다.

연립방정식을 풀면,

$\left.\begin{array}{l} ㉠-2\times㉡\text{에서 } 5x=5 \Rightarrow x=1 \\ ㉡\text{에 대입하면 } y=3 \end{array}\right\} \Rightarrow$ 교점의 좌표 : $(1, 3)$

$y=2x+1$과 평행한 직선은 기울기가 2이므로, 구하는 직선은 기울기가 2이고 점 $(1, 3)$을 지나는 직선이다. 구하는 직선을 일차함수 $y=2x+b$라 놓으면

$$y=2x+b \xrightarrow[\text{대입}]{x=1,\ y=3} 3=2+b \Rightarrow b=1$$

따라서 구하는 직선은 $y=2x+1$이다. 이 직선이 점 $(2, a)$를 지나므로 $x=2$, $y=a$를 대입하면,

$$a=2\times2+1=5 \qquad \therefore a=5$$

예3 세 일차방정식 $x+2y=8$, $2x-y=1$, $ax-y=3$의 그래프가 한 점에서 만날 때, 상수 a의 값을 구하시오.

풀이 세 직선이 한 점에서 만나려면 두 직선 $\begin{cases} x+2y=8 \cdots ㉠ \\ 2x-y=1 \cdots ㉡ \end{cases}$ 의 교점을 직선 $ax-y=3$도 지나야 한다. 연립방정식 ㉠, ㉡을 풀면,

$\left.\begin{array}{l} ㉠+2\times㉡\text{에서 } 5x=10 \Rightarrow x=2 \\ ㉡\text{에 대입하면 } y=3 \end{array}\right\} \Rightarrow$ 교점의 좌표 : $(2, 3)$

직선 $ax-y=3$이 교점 $(2, 3)$을 지나야 하므로

$$ax-y=3 \xrightarrow[\text{대입}]{x=2,\ y=3} 2a-3=3 \Rightarrow \therefore a=3$$

예4 두 직선 $2x-y=-7$, $x+y=1$과 y축으로 둘러싸인 도형의 넓이를 구하시오.

풀이 연립방정식 $\begin{cases} 2x-y=-7 \cdots ㉠ \\ x+y=1 \cdots ㉡ \end{cases}$ 을 풀면

$\left.\begin{array}{l} ㉠+㉡\text{에서 } 3x=-6 \Rightarrow x=-2 \\ ㉡\text{에 대입하면 } y=3 \end{array}\right\} \Rightarrow$ 교점의 좌표 : $(-2, 3)$

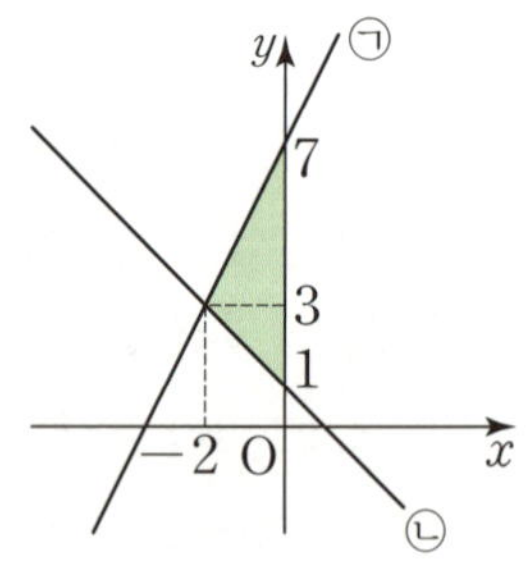

두 방정식을 일차함수의 꼴로 변형($y=2x+7$, $y=-x+1$)하여 그래프를 그리면 오른쪽 그림과 같다. 구하는 도형은 어두운 부분의 삼각형이므로

$$(\text{넓이})=\frac{1}{2}\times6\times2=6$$

(2) 연립방정식의 해의 개수와 두 그래프의 위치 관계

연립방정식 $\begin{cases} ax+by+c=0 \\ a'x+b'y+c'=0 \end{cases}$ 의 해의 개수는 두 일차방정식의 그래프의 교점의 개수와 같다.

두 일차방정식의 그래프	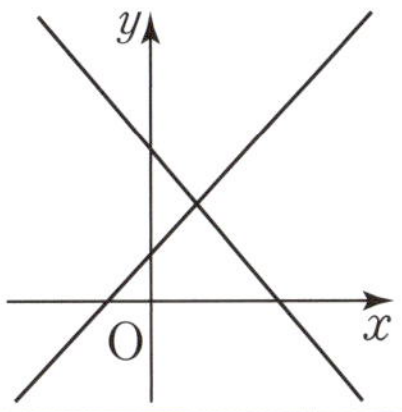	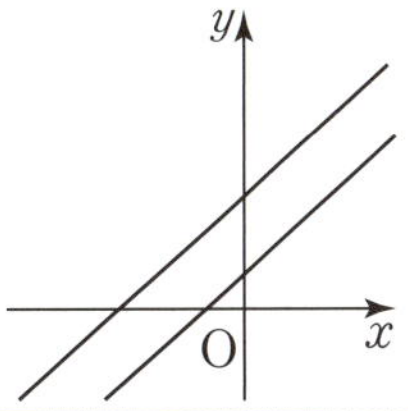	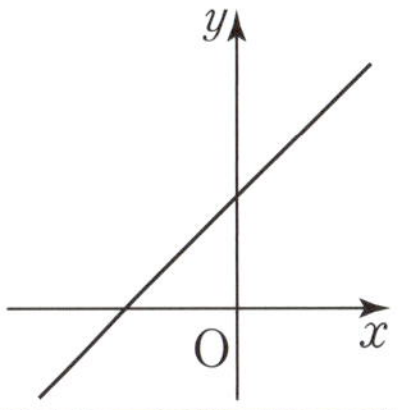
두 그래프의 위치 관계	한 점에서 만난다. ⇨ 교점 1개	평행하다. ⇨ 교점 0개	일치한다. ⇨ 교점 무수히 많다.
연립방정식의 해의 개수	1개 └ (x, y)꼴의 순서쌍 1개	없다.	무수히 많다.
기울기와 y절편	기울기가 다르다.	기울기가 같다. y절편이 다르다.	기울기가 같다. y절편이 같다.

✦설명 다음의 그래프를 그린 후 교점의 개수와 연립방정식의 해의 개수를 비교해 보자.

연립방정식	$\begin{cases} 2x-y=3 \cdots ㉠ \\ x+y=3 \cdots ㉡ \end{cases}$ $\Rightarrow \begin{cases} y=2x-3 \\ y=-x+3 \end{cases}$으로 바꾸어 그리면	$\begin{cases} 2x-y=-2 \cdots ㉠ \\ 4x-2y=6 \cdots ㉡ \end{cases}$ $\Rightarrow \begin{cases} y=2x+2 \\ y=2x-3 \end{cases}$으로 바꾸어 그리면	$\begin{cases} x+y=3 \cdots ㉠ \\ 2x+2y=6 \cdots ㉡ \end{cases}$ $\Rightarrow \begin{cases} y=-x+3 \\ y=-x+3 \end{cases}$으로 바꾸어 그리면
두 일차방정식의 그래프와 위치 관계	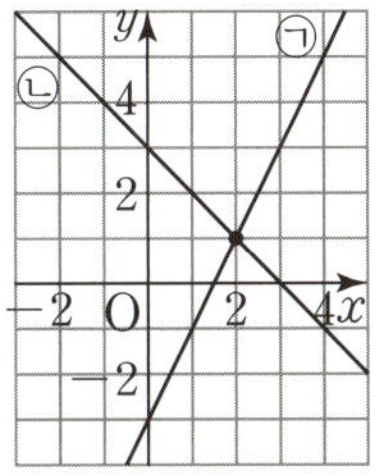 기울기가 다르므로 한 점에서 만난다.	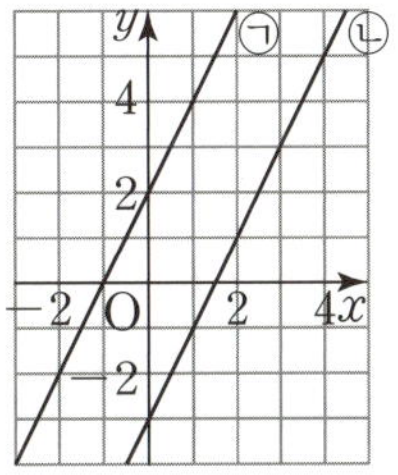 기울기가 같고 y절편이 다르므로 평행하다.	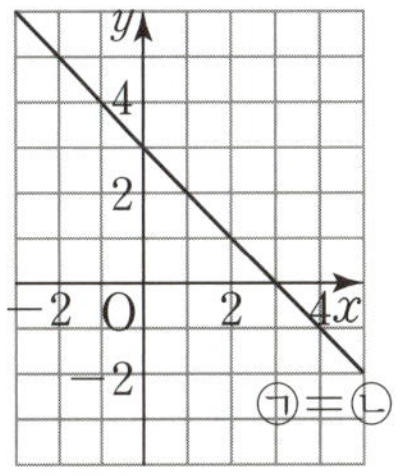 기울기가 같고 y절편이 같으므로 일치한다.
연립방정식의 해의 개수	1개 ⇨ 연립하여 풀면 $x=2$, $y=1$의 한 쌍 ⇨ $(2, 1)$ 한 개	없다. ⇨ $y=2x+2$와 $y=2x-3$을 동시에 만족하는 x, y는 존재하지 않는다.	무수히 많다. ⇨ $x+y=3$을 만족하는 모든 x, y는 $2x+2y=6$을 만족한다. 해는 $x+y=3$을 만족하는 모든 x, y

이와 같이 연립방정식의 해의 개수는 그래프의 교점의 개수와 같다.

연립방정식의 해의 개수 ⇄ 두 일차방정식 그래프의 교점의 개수

! 주의 해가 '모든 수 x, y'인 것과 '$x+y=3$을 만족하는 모든 x, y'인 것은 의미가 다르다.

예 연립방정식 $\begin{cases} ax+2y+3=0 \\ 4x+6y-b=0 \end{cases}$ 에 대하여

① 해가 한 개일 조건

연립방정식 $\begin{cases} ax+2y+3=0 \\ 4x+6y-b=0 \end{cases}$ 을 일차함수의 꼴로 고치면 $\begin{cases} y=-\frac{a}{2}x-\frac{3}{2} \\ y=-\frac{2}{3}x+\frac{b}{6} \end{cases}$

해가 한 개일 때는 기울기가 달라야 한다.

↳ 그래프를 떠올려 교점이 한 개임을 생각하자.

따라서 $-\frac{a}{2}\neq-\frac{2}{3} \Rightarrow \therefore a\neq\frac{4}{3}$

② 해가 없을 조건

해가 없을 때는 두 직선이 평행해야 하므로 기울기가 같고, y절편은 다르다.

↳ 그래프를 떠올려 교점이 없음을 생각하자.

따라서 $-\frac{a}{2}=-\frac{2}{3}, -\frac{3}{2}\neq\frac{b}{6} \Rightarrow \therefore a=\frac{4}{3}, b\neq-9$

③ 해가 무수히 많을 조건

해가 무수히 많을 때는 두 직선이 일치해야 하므로 기울기가 같고, y절편도 같다.

↳ 그래프를 떠올려 두 그래프가 일치함을 생각하자.

따라서 $-\frac{a}{2}=-\frac{2}{3}, -\frac{3}{2}=\frac{b}{6} \Rightarrow \therefore a=\frac{4}{3}, b=-9$

▶확장 두 일차방정식 $\begin{cases} ax+by+c=0 \\ a'x+b'y+c'=0 \end{cases}$ 을 일차함수의 꼴로 고치면 $\begin{cases} y=-\frac{a}{b}x-\frac{c}{b} \\ y=-\frac{a'}{b'}x-\frac{c'}{b'} \end{cases}$ 이므로

$$\begin{cases} \text{기울기가 같으면 } -\frac{a}{b}=-\frac{a'}{b'} \Rightarrow \frac{a}{a'}=\frac{b}{b'} \\ y\text{절편이 같으면 } -\frac{c}{b}=-\frac{c'}{b'} \Rightarrow \frac{c}{c'}=\frac{b}{b'} \end{cases}$$

이다. 따라서 기울기와 y절편을 비교하면 다음과 같은 결론을 얻을 수 있다.

두 직선의 위치 관계	한 점에서 만난다. ⇨ 기울기가 다르다.	평행하다. ⇨ 기울기가 같다. y절편이 다르다.	일치한다. ⇨ 기울기가 같다. y절편이 같다.
계수 사이의 관계	$\frac{a}{a'}\neq\frac{b}{b'}$	$\frac{a}{a'}=\frac{b}{b'}\neq\frac{c}{c'}$	$\frac{a}{a'}=\frac{b}{b'}=\frac{c}{c'}$
연립방정식의 해의 개수	1개	없다.	무수히 많다.

⇨ 연립방정식의 해의 개수를 공식화한 것으로 알아두면 좋다. 만약 공식이 기억나지 않는다면, 원리대로 방정식을 일차함수의 꼴로 고친 후 그래프를 생각하여 기울기와 y절편을 비교하면 된다.

고등 수학에 꼭 필요한 **핵심 개념 익히기**

• 일차함수와 그래프

16 자연수 x에 대하여 다음 중 y가 x에 대한 함수가 아닌 것은?

① $y=$(x를 6으로 나눈 나머지)
② $y=$(x보다 크지 않은 홀수의 합)
③ $y=$(x의 약수)
④ $y=$(x와 6의 최소공배수)
⑤ $y=$(x보다 작은 짝수의 개수)

17 일차함수 $f(x)=ax+9$에 대하여 $f(2)=13$일 때, $f(-1)$의 값을 구하여라.(단, a는 상수이다.)

18 일차함수 $y=3x+k$의 그래프를 y축의 방향으로 -4만큼 평행이동한 그래프가 점$(1, 2)$을 지날 때, 상수 k의 값을 구하시오.

19 일차함수 $y=-3x+5$의 그래프를 y축의 방향으로 -8만큼 평행이동한 그래프의 x절편을 m, y절편을 n이라 할 때, $m-n$의 값을 구하시오.

20 일차함수 $y=ax-10$에서 x의 값이 -1에서 -5까지 감소할 때, y의 값은 8만큼 증가한다. 이 일차함수의 그래프가 점$(1, b)$를 지날 때, $a-b$의 값을 구하시오. (단, a는 상수이다.)

21 세 점 $(-2, 5)$, $(1, 2)$, $(3, a)$가 한 직선 위에 있을 때, a의 값을 구하시오.

22 일차함수 $y=ax+b$의 그래프가 $(-2, 0)$, $(0, 1)$을 지날 때, 다음 중 일차함수 $y=bx+4a$의 그래프는? (단, a, b는 상수이다.)

①
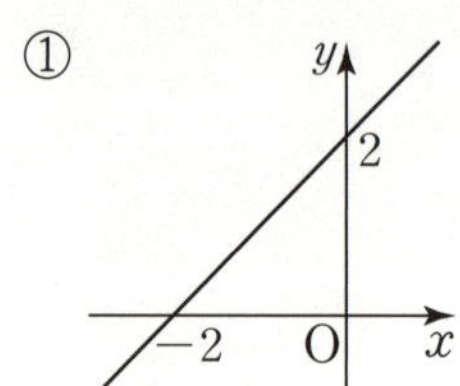

②
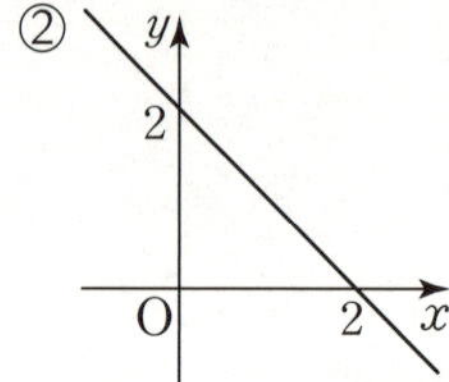

③
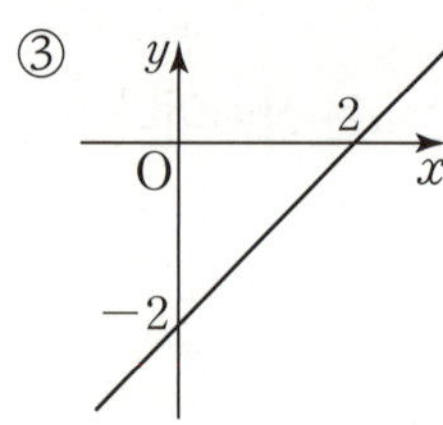

④
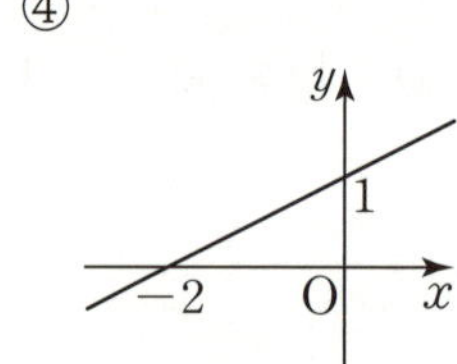

⑤
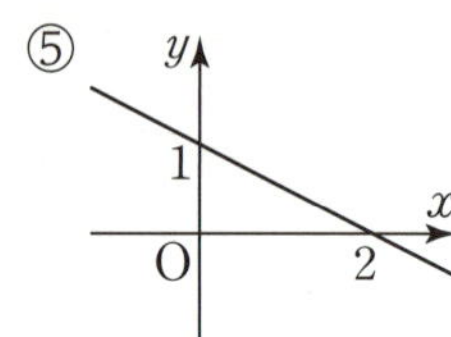

23 오른쪽 두 일차함수 $y=2x+4$, $y=-\frac{4}{3}x+4$의 그래프에서 삼각형 ABC의 넓이를 구하시오.

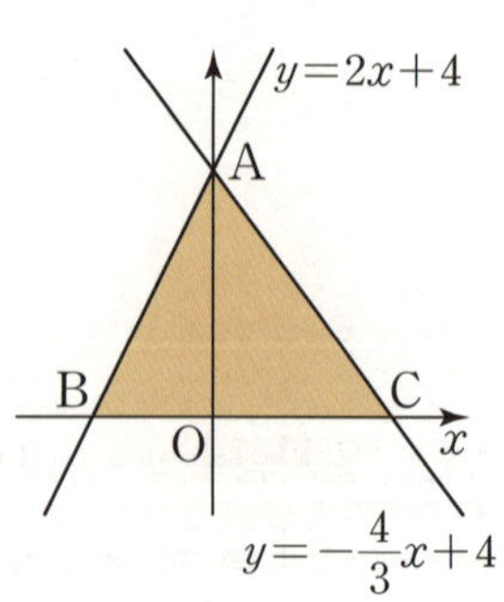

• 일차함수 그래프의 성질

24 다음 중 일차함수 $y=ax-b$의 그래프에 대한 설명으로 옳지 않은 것은? (단, a, b는 상수이다.)

① $a<0$일 때, x의 값이 증가하면 y의 값은 감소한다.

② $a>0$일 때, 오른쪽 위로 향하는 직선이다.

③ $b>0$일 때, y축과 음의 부분에서 만난다.

④ x절편은 $-\frac{b}{a}$, y절편은 $-b$이다.

⑤ $y=ax$의 그래프를 y축의 방향으로 $-b$만큼 평행이동한 것이다.

25 다음 일차함수 중 그 그래프가 y축에 가장 가까운 것은?

① $y=x+1$　② $y=\frac{3}{2}x+1$　③ $y=-3x+1$

④ $y=-\frac{1}{3}x+1$　⑤ $y=\frac{5}{2}x+1$

26 $a>0$, $b>0$일 때, 일차함수 $y=-ax+b$의 그래프가 지나는 사분면을 모두 구하시오.

27 일차함수 $y=-ax-b$의 그래프가 오른쪽 그림과 같을 때, 다음 중 x절편이 a, y절편이 b인 일차함수의 그래프로 알맞은 것은? (단, a, b는 상수이다.)

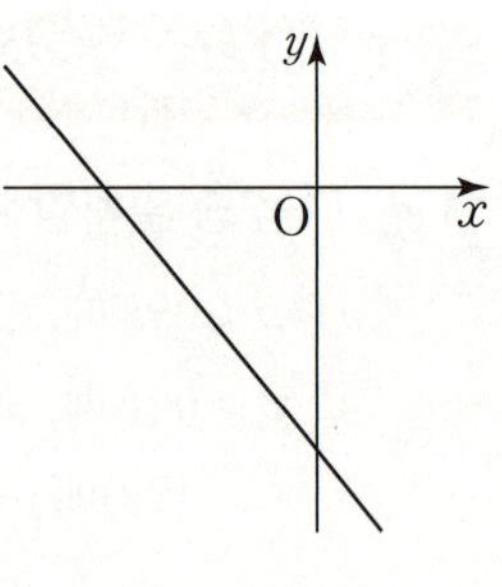

①
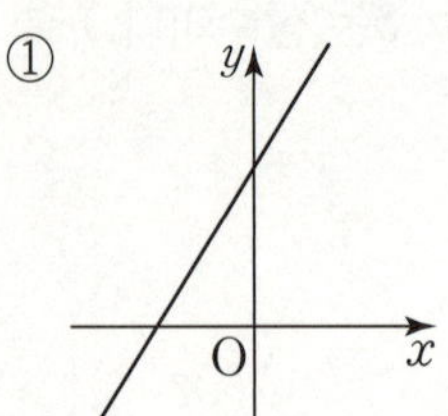

②
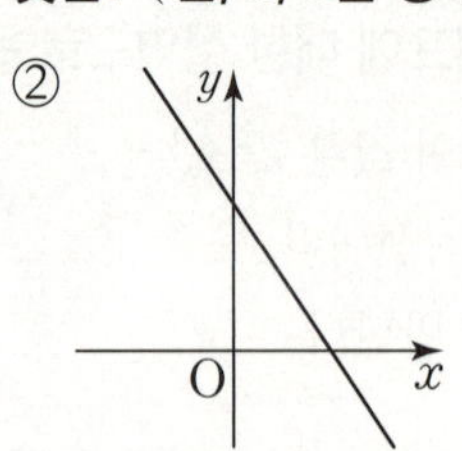

③
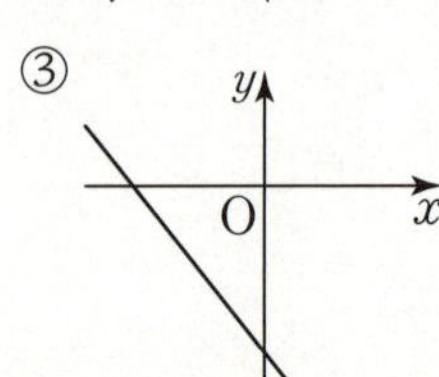

④
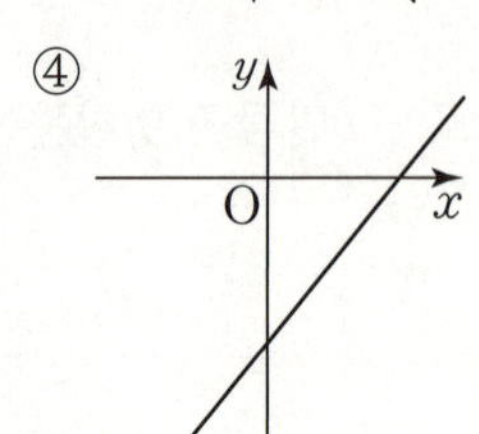

⑤
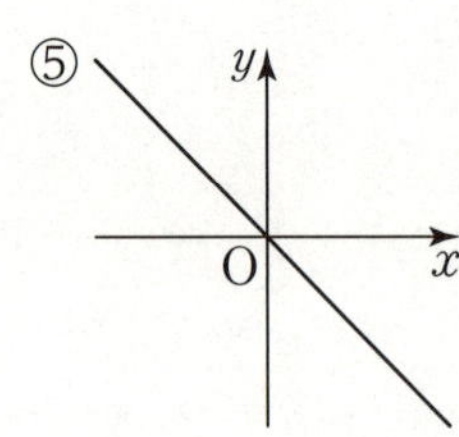

28 일차함수 $y=ax+8$의 그래프는 일차함수 $y=-4x+5$의 그래프와 평행하고, 일차함수 $y=\frac{1}{2}x+b$의 그래프와 x축에서 만난다. 이때 상수 a, b에 대하여 $a-b$의 값을 구하시오.

29 다음 중 일차함수 $y=3x-1$의 그래프에 대한 설명으로 옳지 <u>않은</u> 것은?

① 점 $(1, 2)$를 지난다.

② x의 값이 1만큼 증가하면 y의 값은 3만큼 증가한다.

③ $y=3x$의 그래프와 평행하다

④ x절편은 $\frac{1}{3}$, y절편은 1이다.

⑤ 제 2사분면을 지나지 않는다.

30 두 점 $(3,\ 0)$, $(9,\ 2)$를 지나는 일차함수의 그래프를 y축의 방향으로 6만큼 평행이동한 그래프가 점 $(-6,\ k)$를 지날 때, k의 값을 구하시오.

31 지면으로부터 높이가 10km까지는 100m 높아질 때마다 기온이 0.6℃씩 내려간다고 한다. 지면의 기온이 20℃일 때, 지면으로부터 높이가 2km인 산 정상의 기온을 구하시오.

32 오른쪽 그림과 같이 가로의 길이가 20cm, 세로의 길이가 12cm인 직사각형 ABCD가 있다. 점 P가 점 B를 출발하여 $\overline{BC}$를 따라 점 C까지 3초에 1cm씩 움직인다고 할 때, 15초 후의 삼각형 ABP의 넓이를 구하시오.

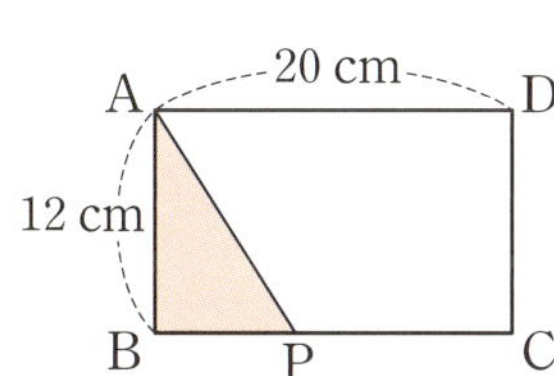

• 일차함수와 일차방정식의 관계

33 일차방정식 $(-a+1)x+by+1=0$의 그래프의 기울기가 3, y절편이 -1일 때, 상수 a, b에 대하여 $a-b$의 값을 구하시오.

34 방정식 $4x-ay+b=0$의 그래프가 오른쪽 그림과 같을 때, 다음 중 방정식 $ax-8y-b=0$의 그래프는? (단, a, b는 상수이다.)

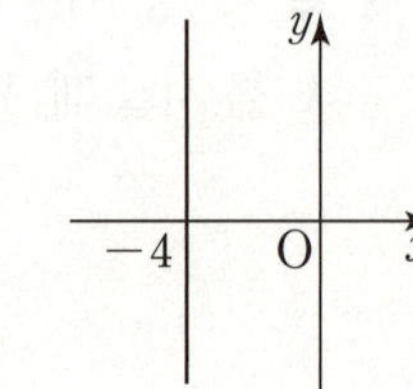

①

②
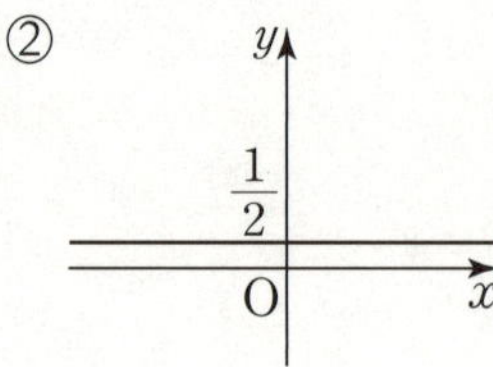

③
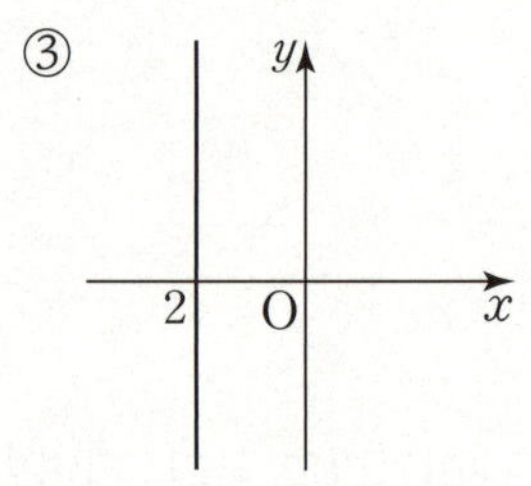

④
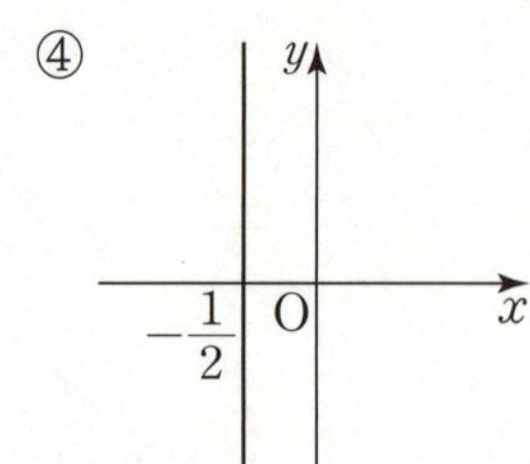

⑤

35 $a>0$, $b>0$, $c<0$일 때, 일차방정식 $ax+by+c=0$의 그래프가 지나지 <u>않는</u> 사분면을 구하시오.

36 연립방정식 $\begin{cases} x+ay=-1 \\ bx+y=11 \end{cases}$ 의 각 일차방정식의 그래프가 오른쪽 그림과 같을 때, 상수 a, b에 대하여 $a+b$의 값을 구하시오.

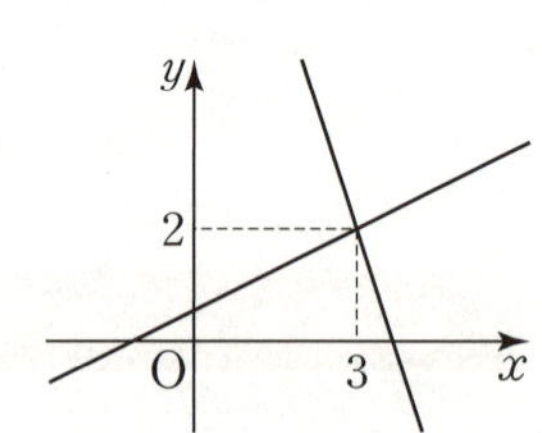

37 두 직선 $y=2x+4$, $y=-x+1$의 교점과 점 $(1, 8)$를 지나는 직선의 방정식이 $y=ax+b$일 때, 상수 a, b에 대하여 $a+b$의 값을 구하시오.

38 세 직선 $x-2y=-6$, $4x+y=-6$, $ax+(2a-1)y=4$가 한 점에서 만날 때, 다음 중 직선 $ax+(2a-1)y=4$의 x절편을 구하시오. (단, a는 상수이다.)

39 연립방정식 $\begin{cases} ax+y=3 \\ 8x+by=12 \end{cases}$ 의 해가 무수히 많을 때, 직선 $y=ax+b$가 지나는 사분면을 모두 구하시오. (단, a, b는 상수이다.)

40 세 직선 $y=2$, $x+y+5=0$, $2x-y+4=0$으로 둘러싸인 삼각형의 넓이를 구하시오.

[3-1 과정]

01 이차함수와 그래프

1 이차함수의 뜻(★)

핵심개념

(1) 이차함수

함수 $y=f(x)$에서 y가 x에 대한 이차식

$y=ax^2+bx+c$ (단, $a\neq0$, a, b, c는 상수) ← $y=$(x에 대한 이차식)의 꼴

로 나타내어질 때, 이 함수를 x에 대한 이차함수라고 한다.

예 ① $y=x^2-2x+3$, $y=-\frac{2}{3}x^2+1$은 이차함수이다.

② $y=2x-1$, $y=3x^2-\frac{1}{x}$은 이차함수가 아니다.
↳일차식
↳분수식 ⇨ 이차식이 아니므로 이차함수 아님

③ $y=x^2-(x-1)x+1$은 이차함수가 아니다.
↳정리하면 $x^2-x^2+x+1=x+1$ ⇨ 이차식이 아니므로 이차함수 아님

▶확인 이차식, 이차방정식, 이차함수의 형태 비교

이차식 : ax^2+bx+c	이차방정식 : $ax^2+bx+c=0$	이차함수 : $y=ax^2+bx+c$
여기서 a, b, c는 상수이고, $a\neq0$이어야 한다.		

+참고 함수 $y=ax^2+bx+c$와 이차함수 $y=ax^2+bx+c$의 의미 차이

$y=ax^2+bx+c$가 함수라면 $a=0$일 수도 있지만, 이차함수라면 반드시 $a\neq0$이어야 한다.

보통 '이차함수 $y=ax^2+bx+c$'라고 쓰여 있다면, $a\neq0$라는 뜻이 포함되어 있다고 받아들이면 된다.

(2) 이차함수의 함숫값

이차함수 $y=ax^2+bx+c$에서 $ax^2+bx+c=f(x)$라고 하면,

$x=p$일 때 함숫값	=	ap^2+bp+c	=	$f(p)$

예1 이차함수 $y=x^2+3x-2$에서 $x^2+3x-2=f(x)$라고 하면,

$f(2)=2^2+3\times2-2=8 \Leftrightarrow x=2$일 때의 함숫값

예2 이차함수 $f(x)=2x^2-3x+2$에 대하여 $f(a)=11$인 a의 값 구하기

$f(a)=2a^2-3a+2$이므로 $2a^2-3a+2=11$을 만족하는 a의 값을 구하면 된다.

$2a^2-3a+2=11 \Rightarrow 2a^2-3a-9=0 \Rightarrow (2a+3)(a-3)=0 \Rightarrow a=-\frac{3}{2}$ 또는 $a=3$

2 이차함수의 그래프(1)(★★) : 공통수학1 이차방정식과 이차함수

(1) 이차함수 $y=x^2$, $y=-x^2$의 그래프

① 이차함수 $y=x^2$, $y=-x^2$의 그래프를 그리면 다음과 같다.

	$y=x^2$	$y=-x^2$
대응표	x: $\cdots$, -3, -2, -1, 0, 1, 2, 3, $\cdots$ y: $\cdots$, 9, 4, 1, 0, 1, 4, 9, $\cdots$	x: $\cdots$, -3, -2, -1, 0, 1, 2, 3, $\cdots$ y: $\cdots$, -9, -4, -1, 0, -1, -4, -9, $\cdots$
그래프	감소 / 증가 ↳ x의 값을 수 전체로	증가 / 감소 ↳ x의 값을 수 전체로
그래프 증가 감소	$x<0$일 때, x의 값이 증가하면 y의 값은 감소 $x>0$일 때, x의 값이 증가하면 y의 값도 증가	$x<0$일 때, x의 값이 증가하면 y의 값도 증가 $x>0$일 때, x의 값이 증가하면 y의 값은 감소
그래프 특징	① 원점을 지나고, 아래로 볼록한 곡선 ② y축(직선 $x=0$)에 대칭 ③ 원점을 제외한 부분은 모두 x축보다 위쪽에 있다.	① 원점을 지나고, 위로 볼록한 곡선 ② y축(직선 $x=0$)에 대칭 ③ 원점을 제외한 부분은 모두 x축보다 아래쪽에 있다.

▶확인 오른쪽 그림과 같이 이차함수 $y=x^2$, $y=-x^2$의 그래프를 한 좌표평면 위에 그리면 두 그래프가 x축에 대하여 대칭임을 알 수 있다.
↳ 같은 x값에 대하여 $y=-x^2$의 함숫값은 $y=x^2$의 함숫값과 부호만 반대이므로

② 포물선 ← 던질 포(拋), 물건 물(物), 줄 선(線) : 물건을 던질 때 물건이 그리는 곡선

이차함수 $y=x^2$, $y=-x^2$의 그래프와 같은 모양의 곡선을 포물선이라고 한다.

포물선은 오른쪽 그림과 같이 한 직선에 대하여 대칭인 도형으로 그 대칭축을 포물선의 축이라 하고, 포물선과 축의 교점을 포물선의 꼭짓점이라고 한다.

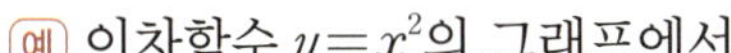

(예) 이차함수 $y=x^2$의 그래프에서

- 축의 방정식 : $x=0$ (y축)
- 꼭짓점의 좌표 : $(0, 0)$

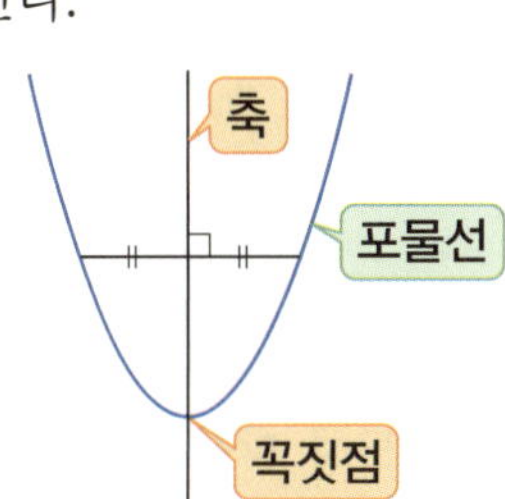

(2) 이차함수 $y=ax^2$의 그래프

이차함수 $y=ax^2$의 그래프는 a의 값에 따라 다음과 같이 그려진다.

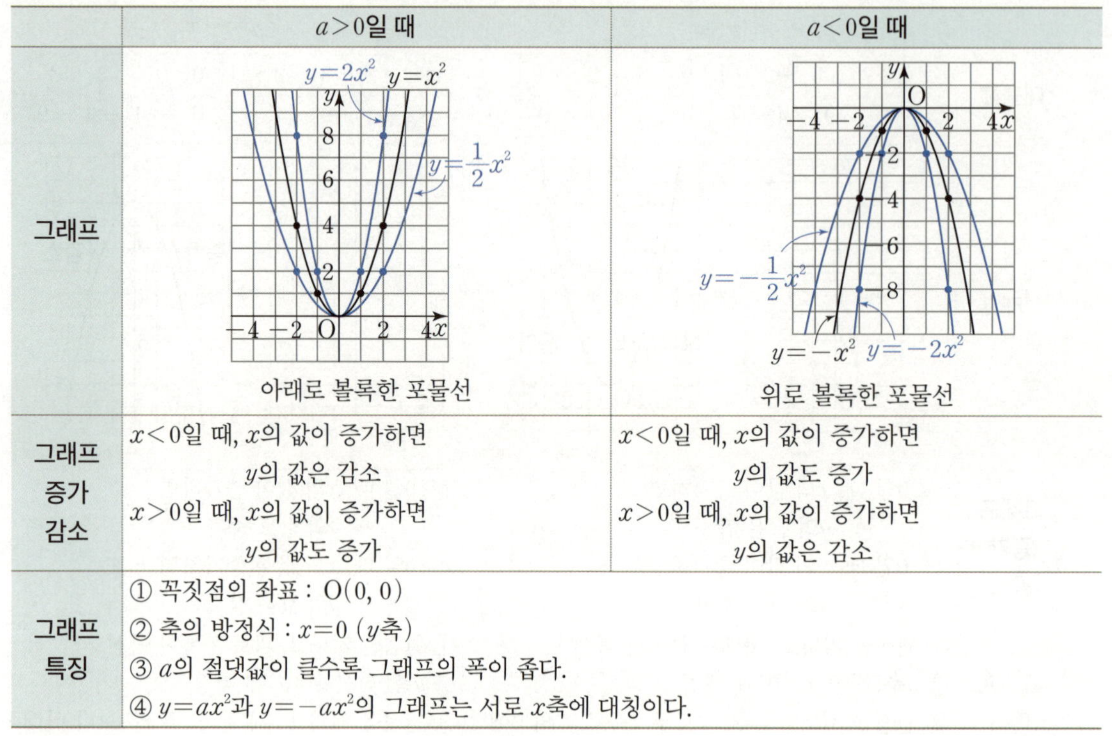

	$a>0$일 때	$a<0$일 때
그래프	$y=2x^2$, $y=x^2$, $y=\frac{1}{2}x^2$ 아래로 볼록한 포물선	$y=-\frac{1}{2}x^2$, $y=-x^2$, $y=-2x^2$ 위로 볼록한 포물선
그래프 증가 감소	$x<0$일 때, x의 값이 증가하면 y의 값은 감소 $x>0$일 때, x의 값이 증가하면 y의 값도 증가	$x<0$일 때, x의 값이 증가하면 y의 값도 증가 $x>0$일 때, x의 값이 증가하면 y의 값은 감소
그래프 특징	① 꼭짓점의 좌표 : O(0, 0) ② 축의 방정식 : $x=0$ (y축) ③ a의 절댓값이 클수록 그래프의 폭이 좁다. ④ $y=ax^2$과 $y=-ax^2$의 그래프는 서로 x축에 대칭이다.	

+설명 이차함수 $y=x^2$, $y=2x^2$, $y=\frac{1}{2}x^2$에 대하여 x의 값에 따른 y의 값을 표로 나타내면 다음과 같다.

x	…	-2	-1	0	1	2	…
x^2	…	4	1	0	1	4	…
$2x^2$	…	8	2	0	2	8	…
$\frac{1}{2}x^2$	…	2	$\frac{1}{2}$	0	$\frac{1}{2}$	2	…

위의 표에서 같은 x값에 대하여 $y=2x^2$의 함숫값은 $y=x^2$의 함숫값의 2배이고,

$y=\frac{1}{2}x^2$의 함숫값은 $y=x^2$의 함숫값의 $\frac{1}{2}$배임을 알 수 있다.

이를 이용하여 $y=x^2$의 그래프를 기준으로 $y=2x^2$과 $y=\frac{1}{2}x^2$의 그래프를 그리면 특징 ③이 성립함을 알 수 있다.

또한, 같은 x값에 대하여 $y=-2x^2$의 함숫값은 $y=2x^2$의 함숫값과 부호만 다르므로 이를 이용하여 그래프를 그리면 오른쪽 그림과 같이 특징 ④가 성립함을 알 수 있다.

$y=2x^2$
x축에 서로 대칭
$y=-2x^2$

(3) 이차함수 $y=ax^2+q$의 그래프

이차함수 $y=ax^2+q$의 그래프는 이차함수 $y=ax^2$의 그래프를 y축의 방향으로 q만큼 평행 이동한 것이다.

$$y=ax^2 \xrightarrow[q\text{만큼 평행 이동}]{y\text{축의 방향으로}} y=ax^2+q$$

① 꼭짓점의 좌표 : $(0, q)$

② 축의 방정식 : $x=0$ (y축)

참고 이차함수 $y=ax^2+q$의 그래프는 이차함수 $y=ax^2$의 그래프를 평행 이동한 것이므로 두 그래프의 모양과 폭은 같다.

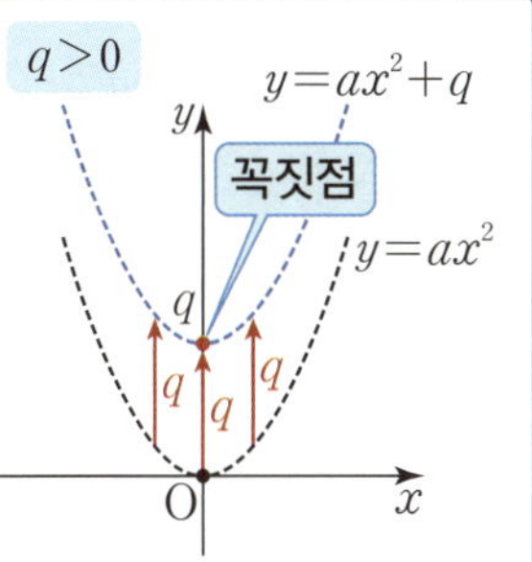

설명 이차함수 $y=x^2$, $y=x^2+2$에 대하여 x의 값에 따른 y의 값을 표로 나타내면 다음과 같다.

x	⋯	-2	-1	0	1	2	⋯
x^2	⋯	4	1	0	1	4	⋯
x^2+2	⋯	6	3	2	3	6	⋯

(각 값에 $+2$)

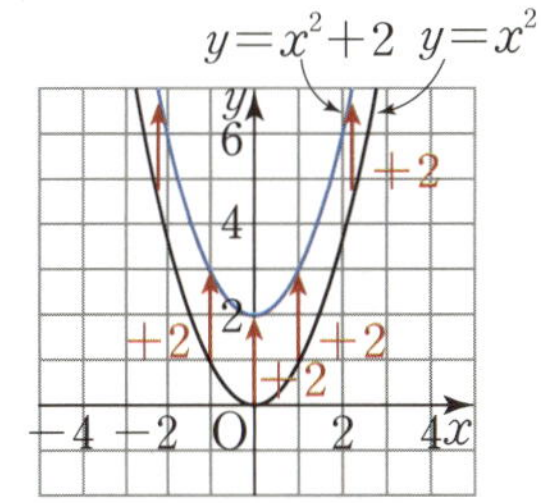

위의 표에서 같은 x값에 대하여 $y=x^2+2$의 함숫값은 $y=x^2$의 함숫값보다 2만큼 크다. 이를 이용하여 그래프를 그리면 오른쪽 그림과 같이 $y=x^2+2$의 그래프는 $y=x^2$의 그래프를 y축의 방향으로 2만큼 평행 이동한 것이 된다. 이를 정리하면 다음과 같다.

$y=x^2$		$y=x^2+2$
꼭짓점의 좌표 : $(0, 0)$	y축의 방향으로 2만큼 평행 이동 →	꼭짓점의 좌표 : $(0, 2)$
축의 방정식 : $x=0$		축의 방정식 : $x=0$

⇨ 축은 변하지 않고 꼭짓점의 y좌표만 바뀜

예1

이차함수 $y=2x^2-3$의 그래프	이차함수 $y=-5x^2+2$의 그래프
$y=2x^2$의 그래프를 y축의 방향으로 -3만큼 평행 이동한 것 ① 꼭짓점의 좌표 : $(0, -3)$ ② 축의 방정식 : $x=0$ (y축) 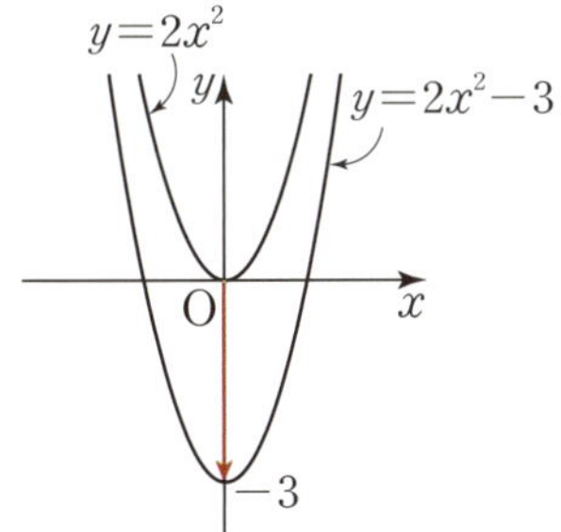	$y=-5x^2$의 그래프를 y축의 방향으로 2만큼 평행 이동한 것 ① 꼭짓점의 좌표 : $(0, 2)$ ② 축의 방정식 : $x=0$ (y축) 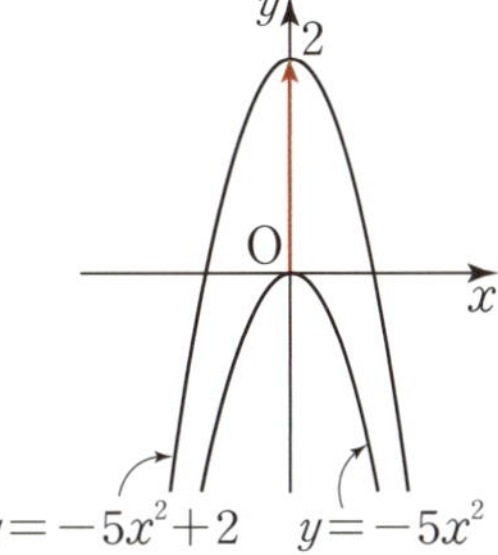

예2 이차함수 $y=-2x^2$의 그래프를 y축의 방향으로 -3만큼 평행 이동하면 점 $(-1, k)$를 지날 때, 상수 k의 값을 구하시오.

풀이 $y=-2x^2 \xrightarrow[-3\text{만큼 평행 이동}]{y\text{축의 방향으로}} y=-2x^2-3$

$y=-2x^2-3$이 점 $(-1, k)$를 지나므로 $x=-1$, $y=k$를 대입하면

$k=-2\times(-1)^2-3=-5 \Rightarrow k=-5$

(4) 이차함수 $y=a(x-p)^2$의 그래프

이차함수 $y=a(x-p)^2$의 그래프는 이차함수 $y=ax^2$의 그래프를 x축의 방향으로 p만큼 평행 이동한 것이다.

$y=ax^2 \xrightarrow[p\text{만큼 평행 이동}]{x\text{축의 방향으로}} y=a(x-p)^2$

① 꼭짓점의 좌표 : $(p, 0)$

② 축의 방정식 : $x=p$ ← 꼭짓점의 x좌표가 축이다.

+참고 x축의 방향은 왼쪽 또는 오른쪽의 방향을 뜻한다.

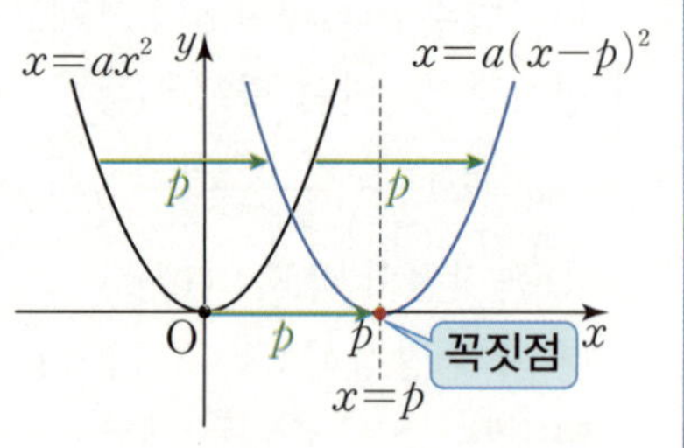

+설명 이차함수 $y=x^2$, $y=(x-2)^2$에 대하여 x의 값에 따른 y의 값을 표로 나타내면 다음과 같다.

x	$\cdots$	-2	-1	0	1	2	$\cdots$
x^2	$\cdots$	4	1	0	1	4	$\cdots$
$(x-2)^2$	$\cdots$	16	9	4	1	0	$\cdots$

(+2, +2, +2)

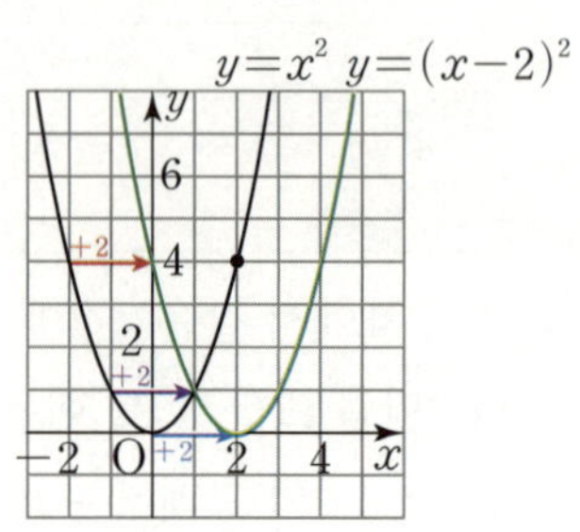

위의 표를 보면 $y=x^2$에 들어가는 x의 값보다 2만큼 큰 수가 $y=(x-2)^2$에 들어갈 때 y의 값이 같아짐을 알 수 있다.

2만큼 큰 수

$y=x^2 \xrightarrow{x=0\text{대입}} y=0 \xleftarrow{x=2\text{대입}} y=(x-2)^2$

따라서 이차함수 $y=(x-2)^2$위의 점들은 $y=x^2$의 그래프보다 x값이 2만큼 큰 점들로 나타나므로, 오른쪽 위의 그림과 같이 이차함수 $y=(x-2)^2$의 그래프는 이차함수 $y=x^2$의 그래프를 x축의 방향으로 2만큼 평행 이동한 것이 된다. 이를 정리하면 다음과 같다.

$y=x^2$		$y=(x-2)^2$
꼭짓점의 좌표 : $(0, 0)$	x축의 방향으로 2만큼 평행 이동 →	꼭짓점의 좌표 : $(2, 0)$
축의 방정식 : $x=0$		축의 방정식 : $x=2$

⇨ 꼭짓점과 축이 모두 바뀜

예

이차함수 $y=3\left(x+\frac{2}{3}\right)^2$의 그래프	이차함수 $y=-\frac{1}{4}(x+3)^2$의 그래프
$y=3x^2$의 그래프를 x축의 방향으로 $-\frac{2}{3}$만큼 평행 이동한 것 ① 꼭짓점의 좌표 : $\left(-\frac{2}{3}, 0\right)$ ② 축의 방정식 : $x=-\frac{2}{3}$ 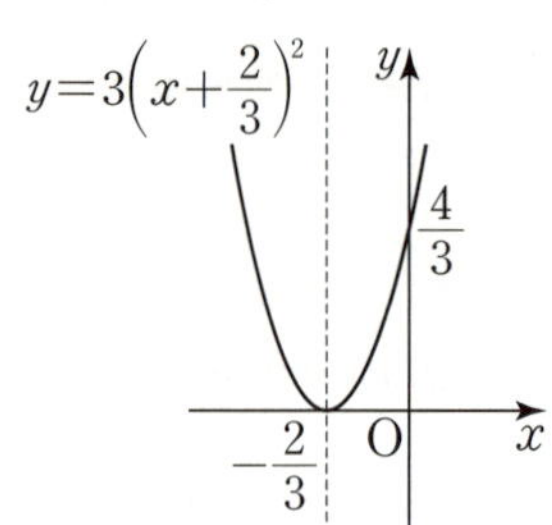 	$y=-\frac{1}{4}x^2$의 그래프를 x축의 방향으로 -3만큼 평행 이동한 것 ① 꼭짓점의 좌표 : $(-3, 0)$ ② 축의 방정식 : $x=-3$ 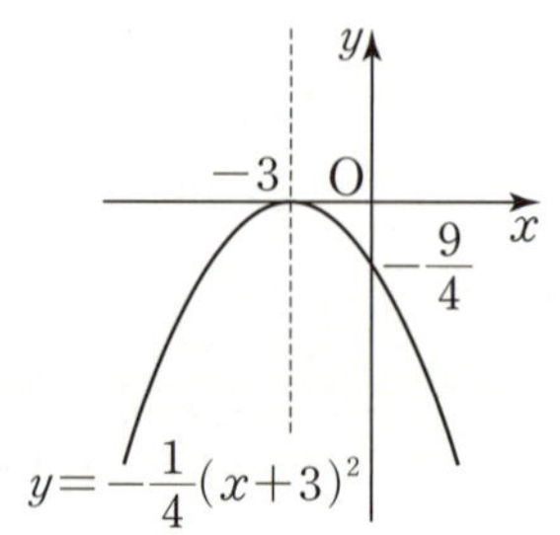

(5) 이차함수 $y=a(x-p)^2+q$의 그래프

이차함수 $y=a(x-p)^2+q$의 그래프는 이차함수 $y=ax^2$의 그래프를 x축의 방향으로 p만큼, y축의 방향으로 q만큼 평행 이동한 것이다.

$$y=ax^2 \xrightarrow[y\text{축의 방향으로 } q\text{만큼 평행 이동}]{x\text{축의 방향으로 } p\text{만큼}} y=a(x-p)^2+q$$

① 꼭짓점의 좌표 : (p, q)

② 축의 방정식 : $x=p$

확인 이차함수 $y=a(x-p)^2+q$의 그래프는 $x=p$를 기준으로 증가, 감소가 바뀐다. 오른쪽 그림과 같이
$a>0$일 때, $x<p$인 범위에서 x가 증가하면 y는 감소
$x>p$인 범위에서 x가 증가하면 y도 증가

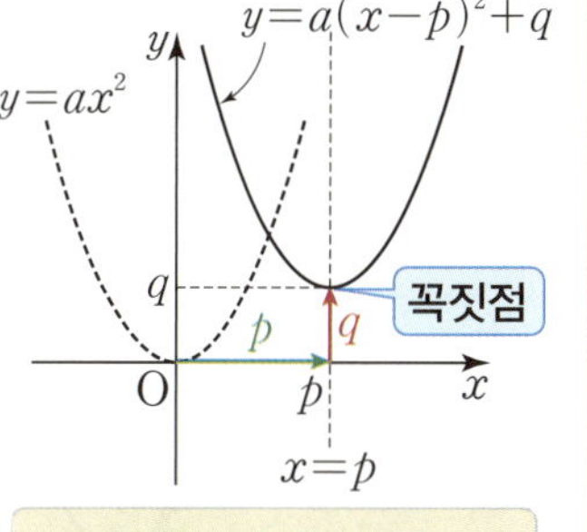

$a>0, p>0, q>0$

설명 이차함수 $y=x^2$의 그래프를 x축의 방향으로 2만큼 평행 이동하면 이차함수 $y=(x-2)^2$의 그래프가 된다. 이차함수 $y=(x-2)^2$의 그래프를 y축의 방향으로 3만큼 평행 이동하면 이차함수 $y=(x-2)^2+3$의 그래프가 된다. 따라서 이차함수 $y=(x-2)^2+3$의 그래프는 이차함수 $y=x^2$의 그래프를 x축의 방향으로 2만큼, y축의 방향으로 3만큼 평행 이동한 것과 같다.

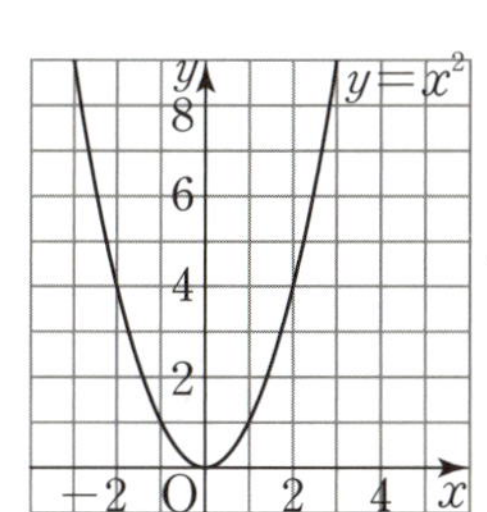

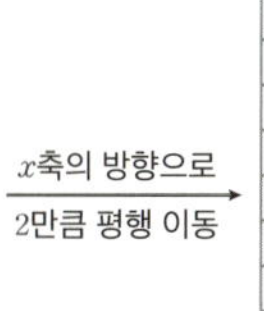

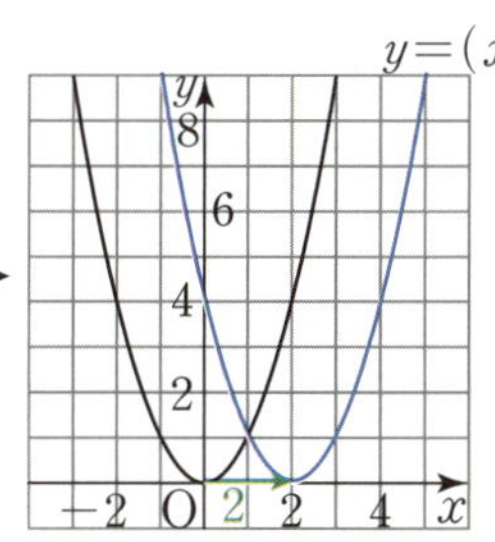

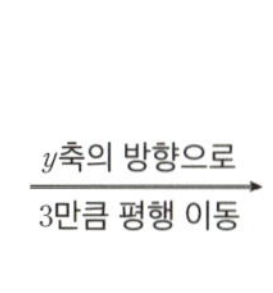

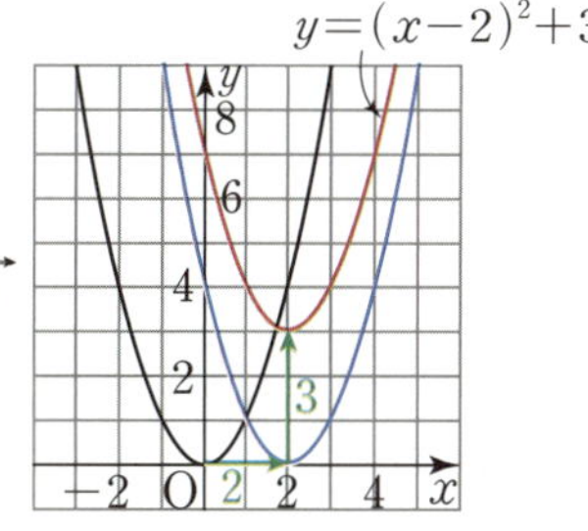

$y=x^2$	$y=(x-2)^2$	$y=(x-2)^2+3$
꼭짓점의 좌표 : $(0, 0)$	꼭짓점의 좌표 : $(2, 0)$	꼭짓점의 좌표 : $(2, 3)$
축의 방정식 : $x=0$	축의 방정식 : $x=2$	축의 방정식 : $x=2$

이차함수 $y=(x-2)^2+3$의 증가, 감소를 조사하면 다음과 같다.

$\begin{cases} x<2\text{일 때, } x\text{의 값이 증가하면 } y\text{의 값은 감소} \\ x>2\text{일 때, } x\text{의 값이 증가하면 } y\text{의 값도 증가} \end{cases}$ ⇨ 이차함수의 축인 $x=2$를 기준으로 증가, 감소가 바뀐다.

확인 평행 이동의 순서를 바꿔 이차함수 $y=x^2$의 그래프를 y축의 방향으로 3만큼 평행 이동한 후, x축의 방향으로 2만큼 평행 이동해도 이차함수 $y=(x-2)^2+3$의 그래프가 된다.

주의 간혹 이차함수 $y=(x-2)^2+3$의 꼭짓점을 관계식에 있는 수를 그대로 써서 $(-2, 3)$이라고 쓰는 실수를 하는 경우가 있다. 다음과 같은 방법으로 기억하여 실수를 줄이도록 하자.

꿀팁 이차함수 $y=a(x-p)^2+q$의 꼭짓점은
'$(x-p)^2=0$이 되게 하는 x의 값$(x=p)$과 그때의 y값$(y=q)$'
이라고 기억해 두면 실수를 줄일 수 있다.

예 ① 이차함수 $y=(x-1)^2-2$의 그래프	② 이차함수 $y=-(x-1)^2+2$의 그래프
$y=x^2$의 그래프를 x축의 방향으로 1만큼 y축의 방향으로 -2만큼 평행 이동한 것 ① 꼭짓점의 좌표 : $(1, -2)$ ↳ $(x-1)^2=0$이 되게 하는 $x=1$, 그때 $y=-2$ ② 축의 방정식 : $x=1$ 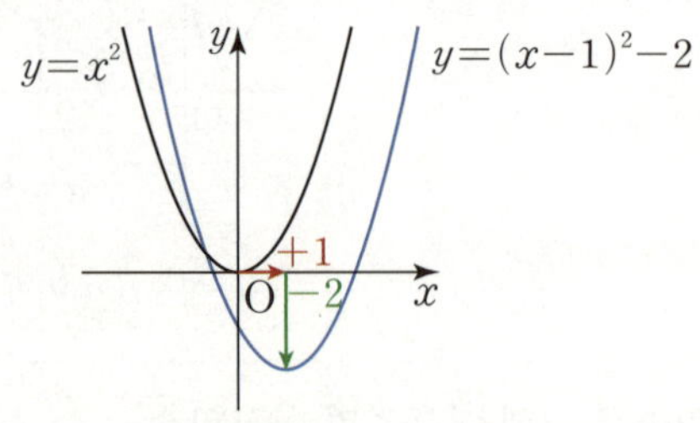 $x<1$일 때, x가 증가하면 y는 감소 $x>1$일 때, x가 증가하면 y도 증가	$y=-x^2$의 그래프를 x축의 방향으로 1만큼 y축의 방향으로 2만큼 평행 이동한 것 ① 꼭짓점의 좌표 : $(1, 2)$ ↳ $(x-1)^2=0$이 되게 하는 $x=1$, 그때 $y=2$ ② 축의 방정식 : $x=1$ 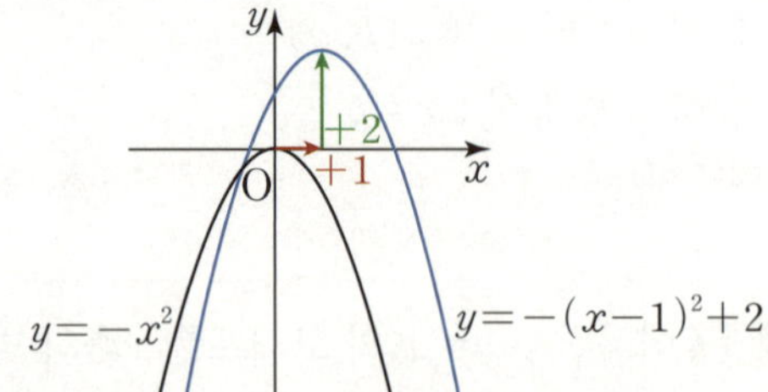 $x<1$일 때, x가 증가하면 y도 증가 $x>1$일 때, x가 증가하면 y는 감소

+정리 이차함수 그래프의 평행 이동

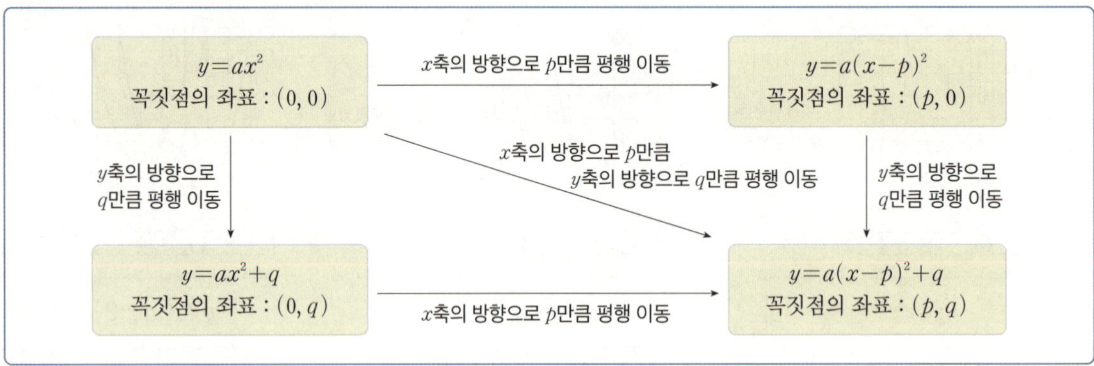

+꿀팁 이차함수가 x축과 y축의 방향으로 얼마만큼 평행 이동했는지를 확인할 때는 꼭짓점의 좌표를 비교하면 편리하다.

예 꼭짓점의 좌표가 $(0, 0)$인 이차함수를 평행 이동하여 꼭짓점의 좌표가 $(2, -3)$이 되었다면, x축의 방향으로 2만큼, y축의 방향으로 -3만큼 평행 이동한 것이다.

확장개념+응용공식

함수 $y=f(x)$를 평행 이동하면 다음과 같은 규칙으로 관계식이 바뀐다.

x축의 방향으로 p만큼 평행 이동하면 x에 $x-p$를 대입
y축의 방향으로 q만큼 평행 이동하면 y에 $y-q$를 대입

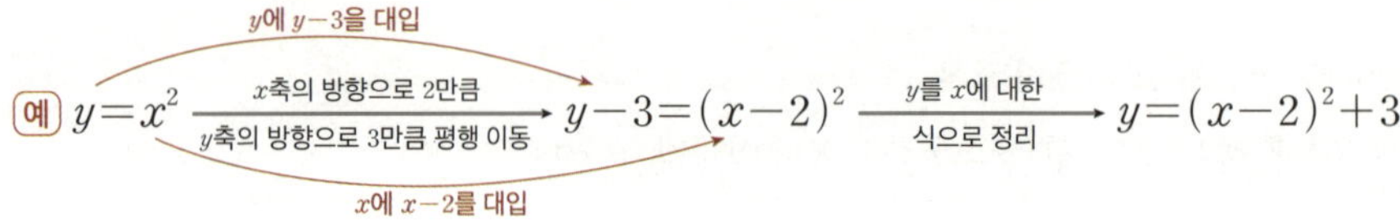

+꿀팁 이차함수 $y=a(x-p)^2+q$의 그래프 빠르게 그리기

문제를 풀다 보면 그래프를 빠르게 그려야 할 때가 있다. 다음 순서로 빠르게 그려 보자.

❶ 좌표평면 위에 꼭짓점 (p, q)를 나타낸다.

❷ a의 부호를 확인하여 $\begin{cases} a>0\text{이면 아래로 볼록} \\ a<0\text{이면 위로 볼록} \end{cases}$ ← a의 부호가 그래프의 모양 결정

인 그래프를 그린다. y축과 만나는 점을 구하면 그래프를 더 확실하게 그릴 수 있다.

↳ $x=0$일 때 y의 값을 계산하여 좌표평면 위에 나타낸다.

예1

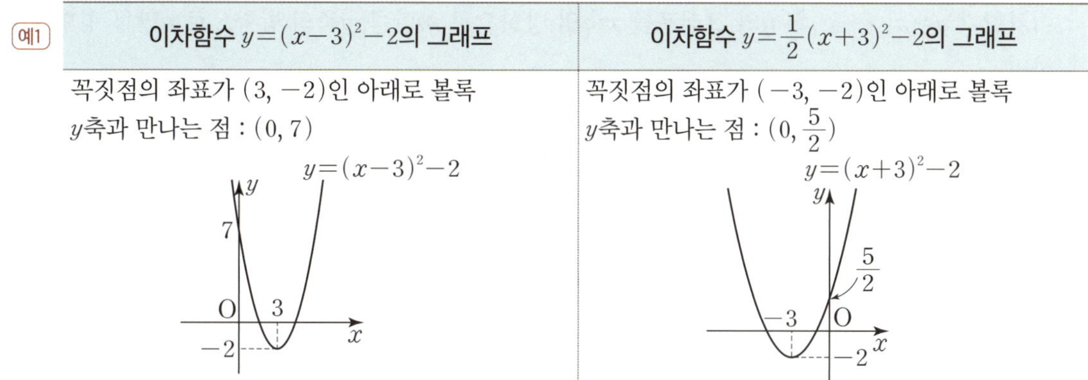

이차함수 $y=(x-3)^2-2$의 그래프	이차함수 $y=\frac{1}{2}(x+3)^2-2$의 그래프
꼭짓점의 좌표가 $(3, -2)$인 아래로 볼록 y축과 만나는 점 : $(0, 7)$	꼭짓점의 좌표가 $(-3, -2)$인 아래로 볼록 y축과 만나는 점 : $(0, \frac{5}{2})$

! 주의 이차함수에서는 대칭 특징을 이용하는 문제가 자주 출제되므로 이차함수의 그래프는 축에 대하여 대칭인 모양으로 그리는 습관을 갖자.

예2 이차함수 $y=a(x-p)^2+q$의 그래프가 다음과 같을 때, a, p, q의 부호 구하기

①	②	③
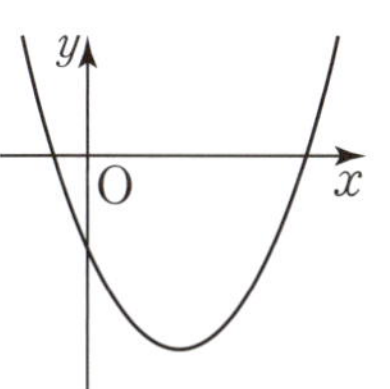	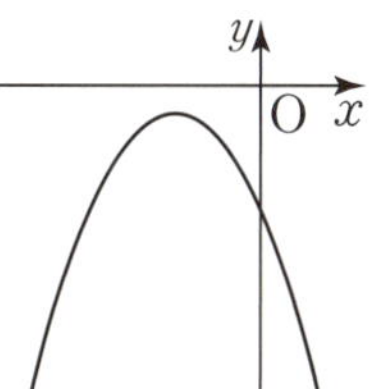	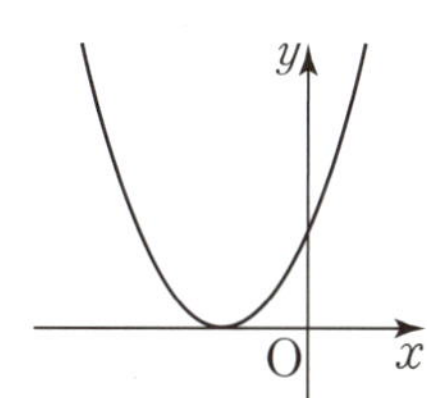
아래로 볼록하므로 $a>0$ 꼭짓점 (p, q)가 제4사분면 위에 있으므로 $p>0, q<0$	위로 볼록하므로 $a<0$ 꼭짓점 (p, q)가 제3사분면 위에 있으므로 $p<0, q<0$	아래로 볼록하므로 $a>0$ 꼭짓점 (p, q)가 x축 위에 있으므로 $p<0, q=0$

예3 이차함수 $y=a(x+2)^2+4$의 그래프가 모든 사분면을 지나도록 하는 a의 값의 범위를 구하시오.

+풀이 이차함수 $y=a(x+2)^2+4$는 꼭짓점의 좌표가 $(-2, 4)$인 그래프이므로, 오른쪽 그림의 ㉠, ㉡, ㉢과 같은 모양으로 그려진다.

이 그래프가 모든 사분면을 지나려면 ㉡과 같이 위로 볼록$(a<0)$이면서 y절편이 양수여야 한다. 주어진 식에 $x=0$을 대입하면

$y=a(0+2)^2+4>0 \Rightarrow 4a+4>0 \Rightarrow a>-1$

$\therefore -1<a<0$

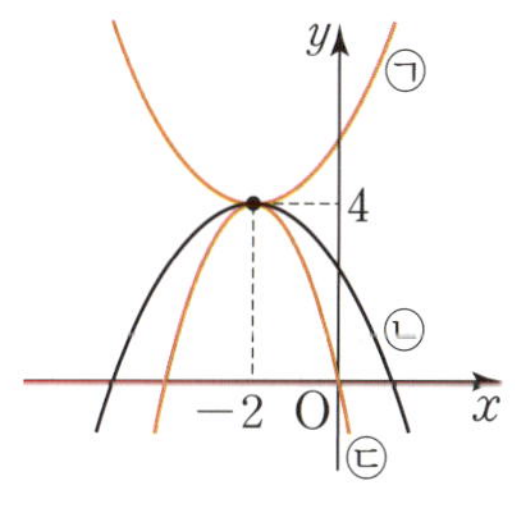

확장개념+응용공식

이차함수 $y=a(x-p)^2+q$의 그래프를 평행 이동하거나 대칭한 관계식은

i) 그래프에서 꼭짓점이 어떻게 이동하는지를 생각하여 구하거나

ii) 평행 이동이나 대칭 이동에서 관계식이 바뀌는 규칙을 적용하여 구한다. ← 고등수학 과정이다.

(1) 이차함수 $y=a(x-p)^2+q$의 그래프의 평행 이동

이차함수 $y=a(x-p)^2+q$의 그래프를 x축의 방향으로 m만큼, y축의 방향으로 n만큼 평행 이동하면

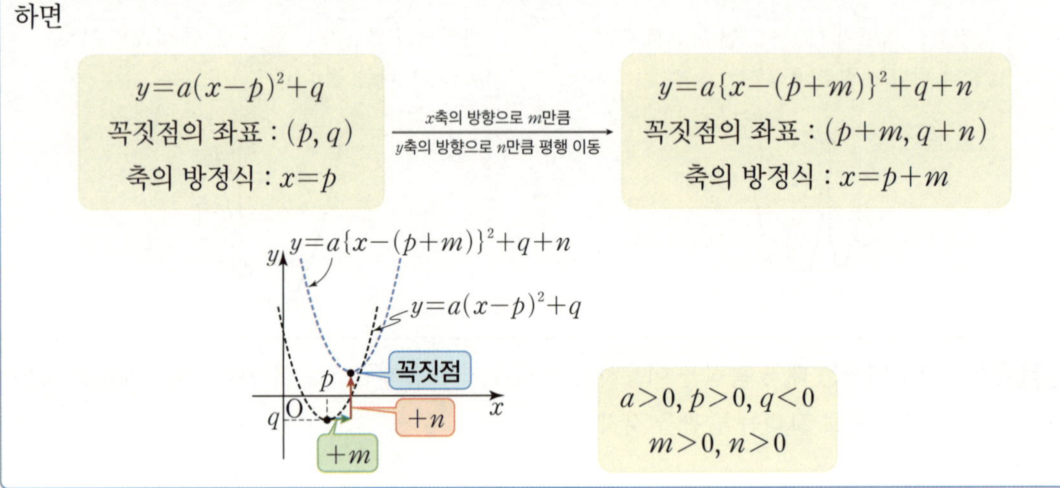

+설명 이차함수의 평행 이동을 그래프로 확인할 때는 꼭짓점을 기준으로 생각하면 편리하다. 이차함수 $y=a(x-p)^2+q$의 그래프를 x축의 방향으로 m만큼, y축의 방향으로 n만큼 평행 이동하면 위의 그래프와 같이 꼭짓점은 (p, q)에서 $(p+m, q+n)$으로 이동한다. 따라서 이차함수의 식은 $y=a\{x-(p+m)\}^2+q+n$이 된다. ← 그래프의 폭과 모양은 바뀌지 않으므로 a는 그대로.

이를 정리하면 $y=a(x-p-m)^2+q+n$과 같다.

+참고 평행 이동의 규칙으로 관계식을 변형하면 다음과 같다.

(예) $y=a(x-p)^2+q$ $\xrightarrow[y\text{축의 방향으로 } n\text{만큼 평행 이동}]{x\text{축의 방향으로 } m\text{만큼}}$ $y-n=a\{(x-m)-p\}^2+q$

(y에 $y-n$을 대입, x에 $x-m$를 대입)

$\xrightarrow[\text{식으로 정리}]{y\text{를 } x\text{에 대한}}$ $y=a(x-p-m)^2+q+n$

(예) 이차함수 $y=2(x+1)^2+2$의 그래프를 x축의 방향으로 k만큼, y축의 방향으로 2만큼 평행 이동하면 축의 방정식이 $x=2$인 이차함수가 된다. k의 값을 구하시오.

+풀이 이차함수 $y=2(x+1)^2+2$의 꼭짓점은 $(-1, 2)$, 축의 방정식은 $x=-1$이다.

이 그래프를 x축의 방향으로 k만큼, y축의 방향으로 2만큼 평행 이동하면 꼭짓점은 $(-1+k, 4)$, 축의 방정식은 $x=-1+k$인 이차함수가 된다.

따라서 $-1+k=2$이므로 $k=3$

(2) 이차함수 $y=a(x-p)^2+q$의 그래프의 대칭이동

이차함수 $y=a(x-p)^2+q$의 그래프를 x축, y축에 대하여 각각 대칭하면

$y=a(x-p)^2+q$ 꼭짓점의 좌표 : (p, q) 축의 방정식 : $x=p$	x축에 대하여 대칭 →	$y=-a(x-p)^2-q$ 꼭짓점의 좌표 : $(p, -q)$ 축의 방정식 : $x=p$
	y축에 대하여 대칭 →	$y=a(x+p)^2+q$ 꼭짓점의 좌표 : $(-p, q)$ 축의 방정식 : $x=-p$

$a>0, p>0, q>0$

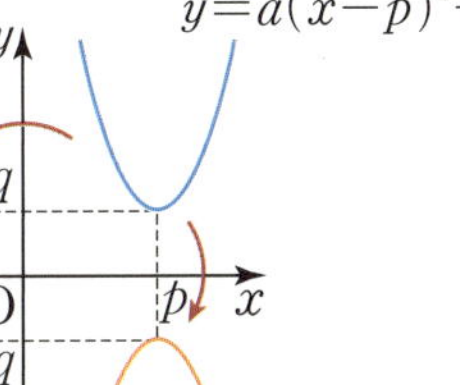

+설명 꼭짓점을 기준으로 생각해 보자. 위의 그림과 같이 이차함수 $y=a(x-p)^2+q$의 그래프를

① x축에 대하여 대칭하면 꼭짓점은 (p, q)에서 $(p, -q)$로 이동하고, 볼록의 방향이 바뀐다.
따라서 이차함수의 식은 $y=-a(x-p)^2-q$가 된다.

② y축에 대하여 대칭하면 꼭짓점은 (p, q)에서 $(-p, q)$로 이동하고, 볼록의 방향은 그대로.
따라서 이차함수의 식은 $y=a(x+p)^2+q$가 된다.

+참고 대칭이동의 규칙으로 관계식을 변형하면 다음과 같다. ← 고등수학 과정이다.

x축 대칭 : y의 부호가 바뀌므로 y에 $-y$를 대입
y축 대칭 : x의 부호가 바뀌므로 x에 $-x$를 대입

$y=a(x-p)^2+q$ →(x축에 대하여 대칭, y에 $-y$를 대입) $-y=a(x-p)^2+q$ →(y를 x에 대한 식으로 정리) $y=-a(x-p)^2-q$

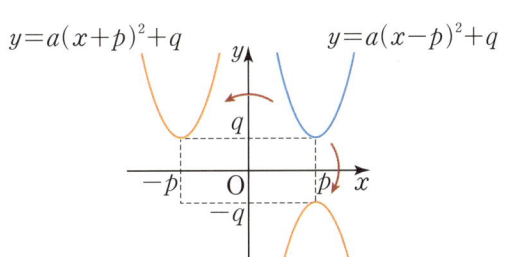

$y=a(x-p)^2+q$ →(y축에 대하여 대칭, x에 $-x$를 대입) $y=a(-x-p)^2+q$ → $y=a(x+p)^2-q$ ← $(-x-p)^2=(x+p)^2$

예1 이차함수 $y=-2(x+3)^2+1$의 그래프를

x축에 대하여 대칭한 그래프의 식 : $-y=-2(x+3)^2+1 \Rightarrow y=2(x+3)^2-1$

y축에 대하여 대칭한 그래프의 식 : $y=-2(-x+3)^2+1 \Rightarrow y=-2(x-3)^2+1$

예2 이차함수 $y=-2(x+k)^2+3$의 그래프를 x축의 방향으로 2만큼 y축의 방향으로 -1만큼 평행 이동한 후, y축에 대하여 대칭한 그래프가 점 $(2,\ -6)$을 지날 때, k의 값을 모두 구하시오.

+풀이 1 그래프 이용

이차함수 $y=-2(x+k)^2+3$의 꼭짓점 $(-k,\ 3)$을 x축의 방향으로 2만큼 y축의 방향으로 -1만큼 평행 이동하면 $(-k+2,\ 2)$가 되고, 이를 y축에 대하여 대칭하면 $(k-2,\ 2)$가 된다. 따라서 이차함수의 식은 $y=-2\{x-(k-2)\}^2+2$이고, 이 그래프가 점 $(2,\ -6)$을 지나므로 식에 $x=2$, $y=-6$을 대입하여 정리하면

$$y=-2(x-k+2)^2+2 \xrightarrow[\text{대입}]{x=2,\ y=-6} -6=-2(2-k+2)^2+2$$

$$\Rightarrow (-k+4)^2=4 \Rightarrow k-4=\pm 2 \quad \leftarrow (-k+4)^2=(k-4)^2$$

$$\Rightarrow \therefore k=6 \text{ 또는 } k=2$$

+풀이 2 관계식 변형

$$y=-2(x+k)^2+3 \xrightarrow[y\text{축의 방향으로 } -1\text{만큼 평행 이동}]{x\text{축의 방향으로 2만큼}} y+1=-2(x-2+k)^2+3$$

$$\xrightarrow[\text{대칭}]{y\text{축에 대하여}} y+1=-2(-x-2+k)^2+3 \quad \leftarrow x\text{에 } -x\text{대입}$$

$$\xrightarrow[\text{대입}]{x=2,\ y=-6} -6+1=-2(-2-2+k)^2+3$$

정리하면 $(k-4)^2=4 \Rightarrow k-4=\pm 2 \Rightarrow \therefore k=6$ 또는 $k=2$

예3 이차함수 $y=(x-3)^2+2$의 그래프를 x축, y축에 대하여 대칭한 곡선의 꼭짓점을 각각 A, B라 하고, x축의 방향으로 2만큼 평행 이동한 곡선의 꼭짓점을 C라 할 때, 삼각형 ABC의 넓이를 구하시오.

+풀이 그래프 이용

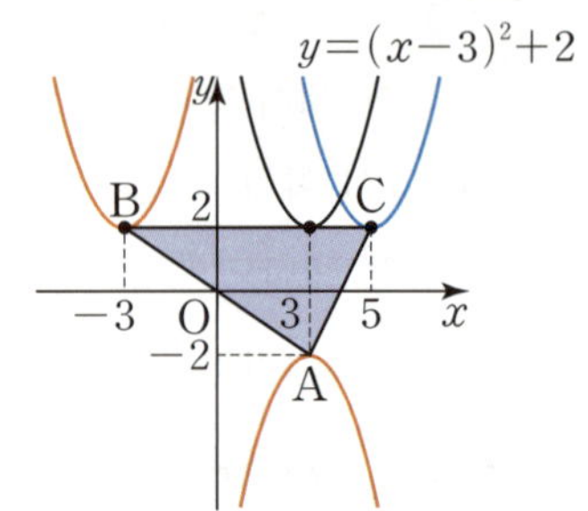

이차함수 $y=(x-3)^2+2$의 그래프를 평행 이동하거나 대칭하면 꼭짓점도 같은 규칙으로 움직인다.

이차함수 $y=(x-3)^2+2$의 꼭짓점의 좌표는 $(3,\ 2)$이다. 점 A와 B의 좌표는 꼭짓점 $(3,\ 2)$를 x축, y축에 대하여 각각 대칭한 점이므로 $\mathrm{A}(3,\ -2)$, $\mathrm{B}(-3,\ 2)$이다. 또한, 점 C의 좌표는 꼭짓점 $(3,\ 2)$를 x축의 방향으로 2만큼 평행 이동한 점이므로 $\mathrm{C}(5,\ 2)$이다. 따라서

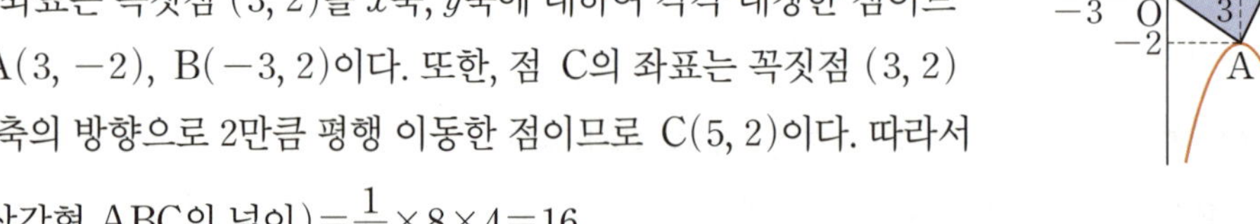

$$(\text{삼각형 ABC의 넓이})=\frac{1}{2}\times 8\times 4=16$$

3 이차함수의 그래프(2)(★★) : 공통수학2 이차방정식과 이차함수

(1) 이차함수 $y=ax^2+bx+c$의 그래프

이차함수 $y=2(x-1)^2-3$에서 우변을 전개하여 정리하면

$y=2(x-1)^2-3=2(x^2-2x+1)-3=2x^2-4x-1$

이다. 이 과정을 역으로 하면 이차함수 $y=2x^2-4x-1$은 $y=2(x-1)^2-3$으로 고칠 수 있다. 이차함수 $y=ax^2+bx+c$의 그래프는 $y=a(x-p)^2+q$의 꼴로 변형한 후, 꼭짓점의 좌표와 모양을 파악하여 그릴 수 있다. 고치는 과정은 다음과 같다.

	$y=2x^2-4x-1$ 변형하기	$y=ax^2+bx+c$ 변형하기
❶ 이차항과 일차항을 x^2의 계수로 묶는다.	$y=2(x^2-2x)-1$	$y=a\left(x^2+\frac{b}{a}x\right)+c$
❷ 괄호 안에서 'x계수의 반의 제곱'을 더하고 뺀다.	$y=2(x^2-2x+1-1)-1$ (괄호 앞의 수를 곱해서 꺼낸다.)	$y=a\left(x^2+\frac{b}{a}x+\frac{b^2}{4a^2}-\frac{b^2}{4a^2}\right)+c$
❸ ❷에서 뺀 수를 괄호 밖으로 꺼낸다.	$y=2(x^2-2x+1)-2-1$	$y=a\left(x^2+\frac{b}{a}x+\frac{b^2}{4a^2}\right)-\frac{b^2}{4a}+c$
❹ '$y=$(완전제곱식)$+$(상수)'의 꼴로 바꾼다.	$y=2(x-1)^2-3$	$y=a\left(x+\frac{b}{2a}\right)^2-\frac{b^2-4ac}{4a}$ ↳ 이 식을 외울 필요는 없다. 과정을 이해하자.

+참고 $y=ax^2+bx+c$꼴을 이차함수의 일반형, $y=a(x-p)^2+q$꼴을 이차함수의 표준형이라고 한다.

! 주의1 이차방정식 $2x^2-4x-1=0$에서는 양변을 2로 나누어도 등식은 성립하므로 $x^2-2x-\frac{1}{2}=0$으로 고칠 수 있었다.

하지만 이차함수 $y=2x^2-4x-1$을 $y=x^2-2x-\frac{1}{2}$으로 변형하면 안 된다.

두 함수 $y=2x^2$과 $y=x^2$이 다르듯이, 두 함수 $y=2x^2-4x-1$과 $y=x^2-2x-\frac{1}{2}$은 서로 다른 함수이다.

! 주의2 이차함수 $y=2x^2-4x-1$을 표준형으로 변형할 때 다음과 같은 실수를 하지 않도록 주의하자.

① $y=2x^2-4x-1 \Rightarrow y=2(x^2-2x)-1$

$\Rightarrow y=2(x^2-2x+1-1)-1$

$\Rightarrow y=2(x^2-2x+1)\underline{-1}-1$ ← 괄호 앞의 수를 곱하지 않고 꺼내면 안 됨.

② $y=2x^2-4x-1 \Rightarrow y=2(x^2-2x)-1$

$\Rightarrow y=2(x^2-2x\underline{+1})-1$ ← '반의 제곱'을 더하기만 하면 안 됨.

예1 다음 이차함수의 꼭짓점의 좌표, 축의 방정식, y축과 만나는 점의 좌표를 모두 구하고, 그래프를 그리시오.
(↳ $x=0$일 때, y의 값을 구하여 좌표로 표현)

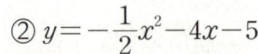

① $y=x^2-4x+2$

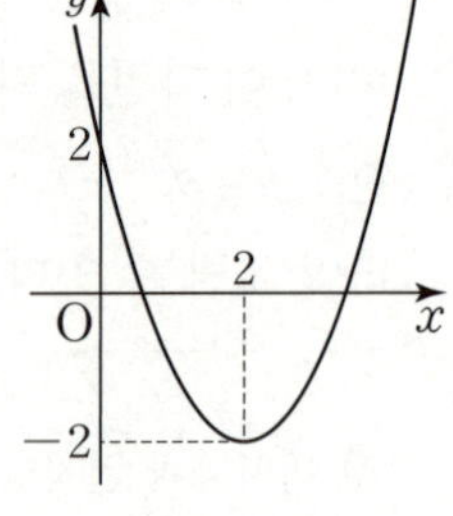

+풀이 $y=x^2-4x+2 \Rightarrow y=(x^2-4x+4-4)+2$

$\Rightarrow y=(x^2-4x+4)-4+2$

$\Rightarrow y=(x-2)^2-2$

∴ 꼭짓점의 좌표 : $(2,\ -2)$, 축의 방정식 : $x=2$

y축과 만나는 점의 좌표 : $(0,\ 2)$
(↳ $y=x^2-4x+2$에서 $x=0$일 때 $y=2$)

② $y=-\frac{1}{2}x^2-4x-5$

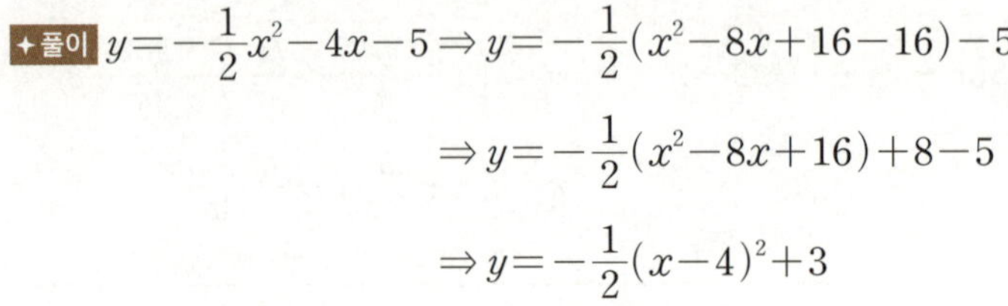

+풀이 $y=-\frac{1}{2}x^2-4x-5 \Rightarrow y=-\frac{1}{2}(x^2-8x+16-16)-5$

$\Rightarrow y=-\frac{1}{2}(x^2-8x+16)+8-5$

$\Rightarrow y=-\frac{1}{2}(x-4)^2+3$

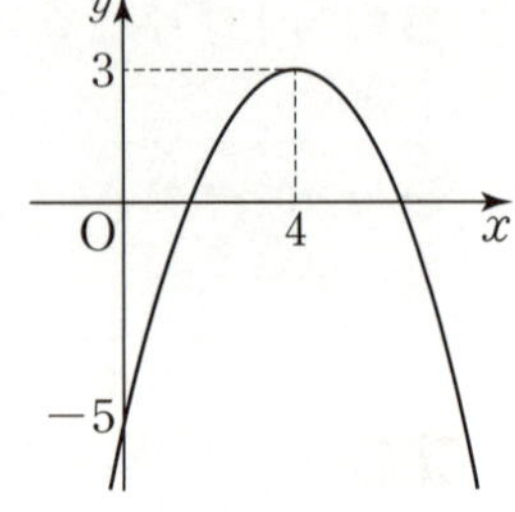

∴ 꼭짓점의 좌표 : $(4,\ 3)$, 축의 방정식 $x=4$

y축과 만나는 점의 좌표 : $(0,\ -5)$

예2 이차함수 $y=2x^2$의 그래프를 x축의 방향으로 m만큼, y축의 방향으로 n만큼 평행 이동하면 $y=2x^2+6x+2$의 그래프와 완전히 포개어질 때, $m+n$의 값을 구하시오.

+풀이 $y=2x^2+6x+2$을 '$y=$(완전제곱식)$+$(상수)'의 꼴로 바꾸면

$$y=2x^2+6x+2=2\left(x^2+3x+\frac{9}{4}-\frac{9}{4}\right)+2=2\left(x^2+3x+\frac{9}{4}\right)-\frac{9}{2}+2=2\left(x+\frac{3}{2}\right)^2-\frac{5}{2}$$

이고, 이는 $y=2x^2$의 그래프를 x축의 방향으로 $-\frac{3}{2}$만큼, y축의 방향으로 $-\frac{5}{2}$만큼 평행 이동한 것이다. $m=-\frac{3}{2}$, $n=-\frac{5}{2}$이므로 ∴ $m+n=-4$

+꿀팁 앞에서도 설명했듯이 폭이 같은 이차함수의 그래프는 꼭짓점의 좌표를 비교하면 얼마만큼 평행 이동했는지를 쉽게 파악할 수 있다. 위의 문제에 적용하면,

이차함수 $y=2x^2$와 $y=2x^2+6x+2$의 그래프는 이차항의 계수가 같으므로 폭이 같다. 두 이차함수의 꼭짓점을 비교해 보면,

$y=2x^2$의 꼭짓점의 좌표는 $(0,\ 0)$,

$y=2x^2+6x+2$의 꼭짓점의 좌표는 $\left(-\frac{3}{2},\ -\frac{5}{2}\right)$

따라서 $y=2x^2+6x+2$의 그래프는 $y=2x^2$의 그래프를 x축의 방향으로 $-\frac{3}{2}$만큼, y축의 방향으로 $-\frac{5}{2}$만큼 평행 이동한 것이다.

(2) 이차함수 $y=ax^2+bx+c$의 그래프와 x축, y축과의 교점

① x축과의 교점 : $y=0$일 때의 x의 값(x절편)을 구한 뒤 좌표로 표현한다.

⇨ ('$ax^2+bx+c=0$의 해', 0)

② y축과의 교점 : $x=0$일 때의 y의 값(y절편)을 구한 뒤 좌표로 표현한다.

⇨ $(0, c)$

! 주의 이차함수 $y=ax^2+bx+c$의 y절편은 c이지만, ← $x=0$을 대입하면 $y=c$

이차함수 $y=a(x-b)^2+c$의 y절편은 c가 아니다. ← $x=0$을 대입하면 $y=ab^2+c$

실수하지 말자.

예1 이차함수 $y=x^2-2x-8$의 그래프가 x축, y축과 만나는 점의 좌표를 모두 구하고, 그래프를 그리시오.

풀이 이차함수 $y=x^2-2x-8$에서

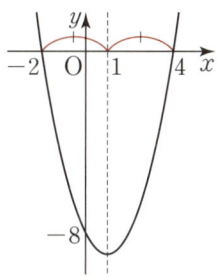

i) $y=0$이면 $x^2-2x-8=0 \Rightarrow (x-4)(x+2)=0$

$\Rightarrow x=4$ 또는 $x=-2$

ii) $x=0$이면 $y=-8$

∴ x축과 만나는 점의 좌표 : $(4, 0)$, $(-2, 0)$

y축과 만나는 점의 좌표 : $(0, -8)$

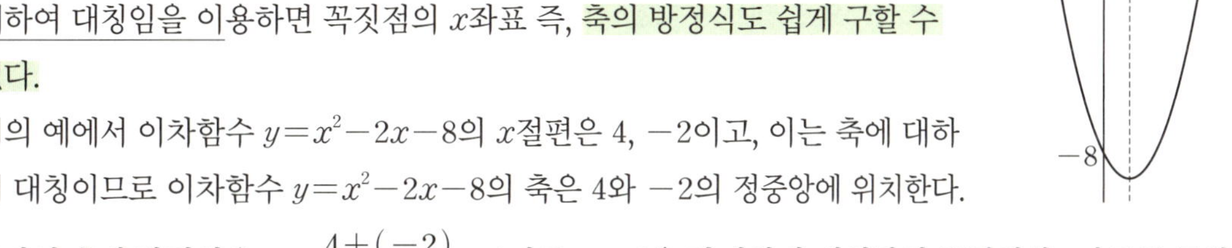

꿀팁 이차함수 관계식이 인수분해가 되는 경우에는 x절편과 y절편을 이용하여 이차함수의 그래프를 그릴 수도 있다. 이때, 이차함수의 그래프가 축에 대하여 대칭임을 이용하면 꼭짓점의 x좌표 즉, 축의 방정식도 쉽게 구할 수 있다.

위의 예에서 이차함수 $y=x^2-2x-8$의 x절편은 4, -2이고, 이는 축에 대하여 대칭이므로 이차함수 $y=x^2-2x-8$의 축은 4와 -2의 정중앙에 위치한다.

따라서 축의 방정식은 $x=\dfrac{4+(-2)}{2}=1$이고, $x=1$을 관계식에 대입하면 꼭짓점의 y좌표를 구할 수 있다.

예2 이차함수 $y=-2x^2+5x+3$이 x축과 만나는 두 점을 A, B, y축과 만나는 점을 C라 할 때, 삼각형 ABC의 넓이를 구하시오. (단, 점 A의 x좌표는 점 B의 x좌표보다 작다.)

풀이 이차함수 $y=-2x^2+5x+3$에

$y=0$을 대입하면, $-2x^2+5x+3=0 \Rightarrow 2x^2-5x-3=0$

$\Rightarrow (2x+1)(x-3)=0$

$\Rightarrow x=-\dfrac{1}{2}$ 또는 $x=3$

$x=0$을 대입하면, $y=3$

따라서 세 점 A, B, C의 위치는 오른쪽 그림과 같다.

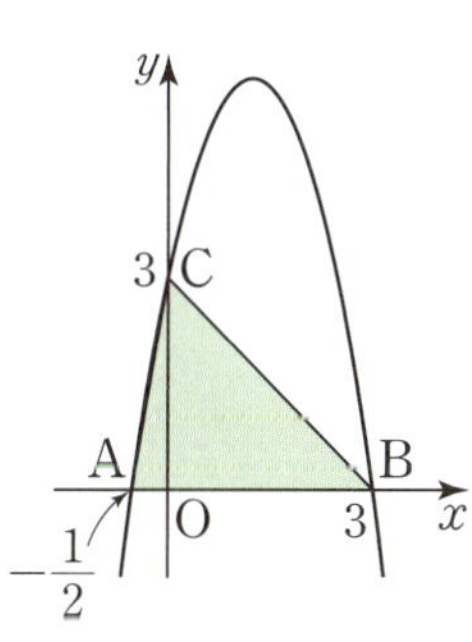

$\overline{\mathrm{AB}}=3-\left(-\dfrac{1}{2}\right)=\dfrac{7}{2}$

∴ (삼각형 ABC의 넓이)$=\dfrac{1}{2}\times\dfrac{7}{2}\times3=\dfrac{21}{4}$

(3) 이차함수 $y=ax^2+bx+c$의 그래프와 a, b, c의 부호

이차함수 $y=ax^2+bx+c$의 그래프가 주어지면 a, b, c의 부호를 알 수 있다.

역으로 a, b, c의 부호를 알면 이차함수 $y=ax^2+bx+c$의 그래프의 모양과 위치를 정할 수 있다.

① a의 부호 : 그래프의 모양을 결정한다.

- 아래로 볼록 ⇨ $a>0$
- 위로 볼록 ⇨ $a<0$

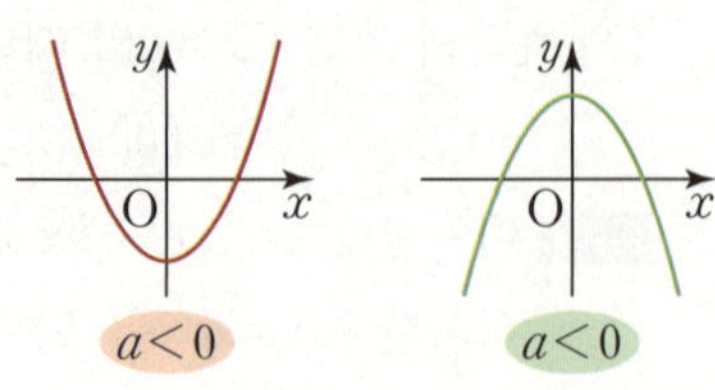

② b의 부호 : 축의 위치를 결정한다.

- 축이 y축의 왼쪽 ⇨ a, b는 같은 부호
- 축이 y축과 일치 ⇨ $b=0$
- 축이 y축의 오른쪽 ⇨ a, b는 다른 부호

└ $y=ax^2+bx+c$의 축의 방정식은 $x=-\frac{b}{2a}$이므로 축이 왼쪽이면 $-\frac{b}{2a}<0 \Rightarrow \frac{b}{a}>0 \Rightarrow a$, b는 같은 부호

축이 오른쪽이면 $-\frac{b}{2a}>0 \Rightarrow \frac{b}{a}<0 \Rightarrow a$, b는 다른 부호

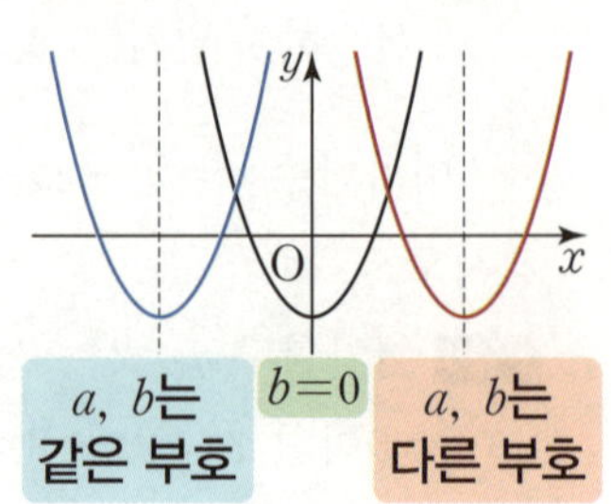

③ c의 부호 : y축과의 교점의 위치를 결정한다.

- y축과의 교점이 x축의 위쪽 ⇨ $c>0$
- y축과의 교점이 원점 ⇨ $c=0$
- y축과의 교점이 x축의 아래쪽 ⇨ $c<0$

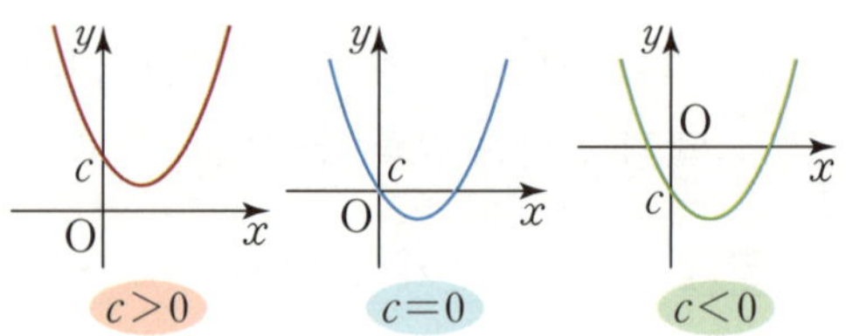

예 이차함수 $y=ax^2+bx+c$의 그래프가 다음과 같을 때, a, b, c의 부호 구하기

①	②	③
아래로 볼록 ⇨ $a>0$ 축이 y축의 오른쪽 ⇨ $b<0$ └ a, b는 다른 부호 y축과의 교점이 x축의 아래쪽 ⇨ $c<0$	위로 볼록 ⇨ $a<0$ 축이 y축의 왼쪽 ⇨ $b<0$ └ a, b는 같은 부호 y축과의 교점이 x축의 아래쪽 ⇨ $c<0$	위로 볼록 ⇨ $a<0$ 축이 y축의 오른쪽 ⇨ $b>0$ └ a, b는 다른 부호 y축과의 교점이 원점 ⇨ $c=0$

확장개념+응용공식

이차함수 $y=ax^2+bx+c$의 그래프가 지나는 점을 알면 a, b, c에 대한 식의 값 또는 부호를 알 수 있다.

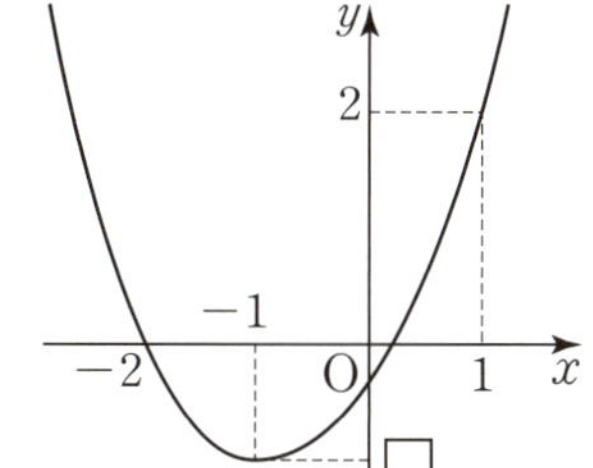

예 이차함수 $y=ax^2+bx+c$의 그래프가 오른쪽 그림과 같을 때, 다음을 구하시오.

① $a+b+c$의 값을 구하시오.

+풀이 이차함수 $y=ax^2+bx+c$의 그래프가 점 $(1, 2)$를 지나므로

$y=ax^2+bx+c \xrightarrow{x=1,\ y=2\text{대입}} \therefore a+b+c=2$

② $4a-2b+c$의 값을 구하시오.

+풀이 이차함수 $y=ax^2+bx+c$의 그래프가 점 $(-2, 0)$를 지나므로

$y=ax^2+bx+c \xrightarrow{x=-2,\ y=0\text{대입}} \therefore 4a-2b+c=0$

③ $a-b+c$의 부호를 조사하시오.

+풀이 이차함수 $y=ax^2+bx+c$의 그래프가 점 $(-1, \square)$를 지난다. 이때 그래프에서 $\square<0$이므로

$y=ax^2+bx+c \xrightarrow{x=-1,\ y=\square\text{대입}} a-b+c=\square \Rightarrow \therefore a-b+c<0$

! 주의 그래프의 모양에서 $a>0$, $b>0$, $c<0$임을 알 수 있다.
→ 아래로 볼록, 축이 y축의 왼쪽, y축과의 교점이 x축의 아래쪽

하지만, 이를 이용하여 $a-b+c$의 부호를 파악할 수는 없다.

④ $a-2b+4c$의 부호를 조사하시오.

+풀이 이차함수 $y=ax^2+bx+c$의 그래프에서 $x=-\frac{1}{2}$일 때 y의 값이 음수임을 알 수 있다.

$y=ax^2+bx+c \xrightarrow{x=-\frac{1}{2}\text{대입}} y=\frac{1}{4}a-\frac{1}{2}b+c<0$

$\frac{1}{4}a-\frac{1}{2}b+c<0 \xrightarrow{\text{양변에 4를 곱하면}} \therefore a-2b+4c<0$

+확장 이차함수 $y=ax^2+bx+c$에서 x에 어떤 수를 대입하더라도 $a-2b+4c$는 만들 수 없다. 따라서 위와 같이 $x=-\frac{1}{2}$을 대입하여 부호를 정한 뒤, 양변에 4를 곱하여 $a-2b+4c$를 만든다.

4 이차함수의 식 구하기(★★★) : 공통수학2 이차방정식과 이차함수

확장개념+응용공식

(1) 꼭짓점의 좌표 (p, q)와 그래프 위의 다른 한 점의 좌표를 알 때

❶ 이차함수의 식을 $y=a(x-p)^2+q$로 놓는다.
❷ ❶의 식에 다른 한 점의 좌표를 대입하여 a의 값을 구한다.

예1 꼭짓점의 좌표가 $(1, 2)$이고, 점 $(3, -6)$을 지나는 이차함수 그래프의 식을 구하시오.

+풀이 이차함수의 식을 $y=a(x-1)^2+2$로 놓고 $x=3$, $y=-6$을 대입하면

$-6=a(3-1)^2+2 \Rightarrow a=-2$

$\therefore$ 구하는 이차함수의 식은 $y=-2(x-1)^2+2$

+참고 **꼭짓점의 좌표에 따른 이차함수의 식**

꼭짓점의 좌표	$(0, 0)$	$(0, q)$	$(p, 0)$	(p, q)
이차함수의 식	$y=ax^2$	$y=ax^2+q$	$y=a(x-p)^2$	$y=a(x-p)^2+q$

예2 오른쪽 그림과 같은 이차함수의 그래프의 식을 $y=ax^2+bx+c$의 꼴로 나타내시오.

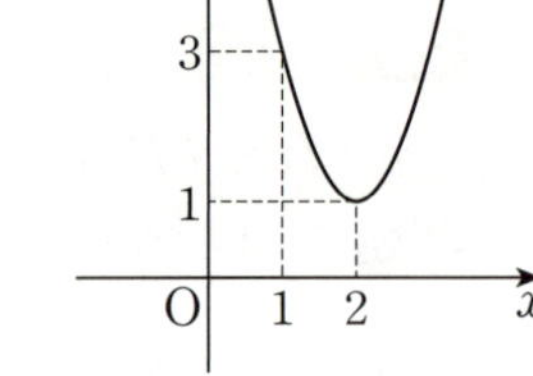

+풀이 오른쪽 그림에서 이차함수의 꼭짓점은 $(2, 1)$이고, 점 $(1, 3)$을 지난다. 이차함수의 식을 $y=a(x-2)^2+1$로 놓고 $x=1$, $y=3$을 대입하면

$3=a+1 \Rightarrow a=2$

따라서 구하는 이차함수의 식은 $y=2(x-2)^2+1$이고 이를 정리하면

$\therefore y=2x^2-8x+9$

(2) 축의 방정식 $x=p$와 그래프 위의 서로 다른 두 점의 좌표를 알 때

❶ 이차함수의 식을 $y=a(x-p)^2+q$로 놓는다.
❷ ❶의 식에 서로 다른 두 점의 좌표를 각각 대입하여 a, q의 값을 구한다.

예 축의 방정식이 $x=2$이고, 두 점 $(1, -1)$, $(4, 2)$를 지나는 이차함수 그래프의 식을 구하시오.

+풀이 이차함수의 식을 $y=a(x-2)^2+q$라 놓고 두 점의 좌표를 각각 대입하면

$\begin{cases} x=1,\ y=-1 \text{ 대입} \Rightarrow -1=a+q \cdots ㉠ \\ x=4,\ y=2 \text{ 대입} \Rightarrow 2=4a+q \cdots ㉡ \end{cases}$

㉡$-$㉠에서 $3a=3 \Rightarrow a=1$이고, 이를 ㉠에 대입하면 $q=-2$

따라서 구하는 이차함수의 식은 $y=(x-2)^2-2$

▶확인 축의 방정식이 $x=0$이면 이차함수의 식은 $y=ax^2+q$의 꼴이다.

(3) 그래프 위의 서로 다른 세 점의 좌표를 알 때

❶ 이차함수의 식을 $y=ax^2+bx+c$로 놓는다. ← $y=a(x-p)^2+q$로 놓는 것보다 편리하다.
❷ ❶의 식에 서로 다른 세 점의 좌표를 각각 대입하여 a, b, c의 값을 구한다.

예 세 점 $(1, -2)$, $(0, -3)$, $(-2, -11)$을 지나는 이차함수 그래프의 식을 구하시오.

+풀이 이차함수의 식을 $y=ax^2+bx+c$로 놓고

$x=0$, $y=-3$ 대입 ⇨ $c=-3$ ← x좌표가 0인 점을 먼저 대입하여 c의 값을 구하면 편리하다.

따라서 이차함수의 식은 $y=ax^2+bx-3$이다. 이 식에

$\begin{cases} x=1, y=-2 \text{ 대입 ⇨ } -2=a+b-3 \Rightarrow a+b=1 \cdots ㉠ \\ x=-2, y=-11 \text{ 대입 ⇨ } -11=4a-2b-3 \Rightarrow 4a-2b=-8 \end{cases}$

$\Rightarrow 2a-b=-4 \cdots ㉡$

㉠+㉡에서 $3a=-3 \Rightarrow a=-1$이고, 이를 ㉠에 대입하면 $b=2$

따라서 구하는 이차함수의 식은 $y=-x^2+2x-3$

(4) x축과의 교점 $(\alpha, 0)$, $(\beta, 0)$과 그래프 위의 다른 한 점의 좌표를 알 때

❶ 이차함수의 식을 $y=a(x-\alpha)(x-\beta)$로 놓는다. ← $y=ax^2+bx+c$로 놓는 것보다 편리하다.
❷ ❶의 식에 다른 한 점의 좌표를 대입하여 a의 값을 구한다.

예 x축과 두 점 $(1, 0)$, $(5, 0)$에서 만나고 점 $(2, 3)$을 지나는 이차함수의 그래프의 식을 구하시오.

+풀이 두 점 $(1, 0)$, $(5, 0)$을 지나는 이차함수이므로

$x=1$일 때 $y=0$이고, $x=5$일 때 $y=0$인 이차식이어야 한다.

따라서 이 이차함수의 식은 $y=a(x-1)(x-5)$로 놓을 수 있고, 이 식에

$x=2$, $y=3$ 대입 ⇨ $3=-3a \Rightarrow a=-1$

따라서 구하는 이차함수의 식은 $y=-(x-1)(x-5)$

확장개념+응용공식

y좌표가 같은 두 점과 다른 한 점을 지나는 이차함수 그래프의 식 구하기

예 세 점 $(-1, 2)$, $(5, 2)$, $(3, 4)$를 지나는 이차함수 그래프의 식을 구하시오.

+풀이 y좌표가 같은 두 점 $(-1, 2)$, $(5, 2)$을 지나는 이차함수이므로

$x=-1$일 때 $y=2$이고, $x=5$일 때 $y=2$인 이차식이어야 한다.

따라서 이 이차함수의 식은 $y=a(x+1)(x-5)+2$로 놓을 수 있고, 이 식에
↳ $x=-1$일 때와 $x=5$일 때, $y=2$이다.

$x=3$, $y=4$ 대입 ⇨ $4=-8a+2 \Rightarrow a=-\frac{1}{4}$

따라서 구하는 이차함수의 식은 $y=-\frac{1}{4}(x+1)(x-5)+2$이다.

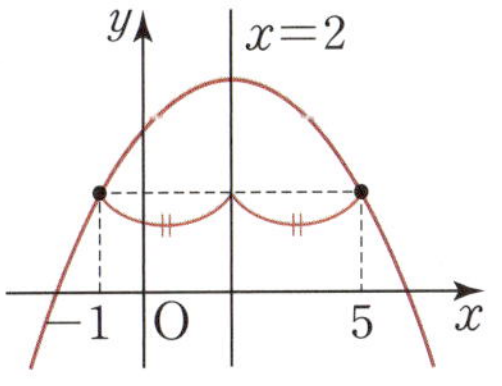

▶확인 y좌표가 같은 두 점 $(-1, 2)$, $(5, 2)$는 오른쪽 그림과 같이 $x=2$에 대하여 대칭이다. 이를 이용하면 축은 $x=2$임을 알 수 있다.

+참고 이차함수의 식을 $y=ax^2+bx+c$로 놓고, 세 점의 좌표를 모두 대입하여 풀어도 된다. 하지만 위의 방법보다는 복잡하다.

확장개념+응용공식

(1) 이차함수와 이차방정식의 관계

> 이차함수 $y=ax^2+bx+c$의 그래프와 직선 $y=k$의 교점의 x좌표는
> 이차방정식 $ax^2+bx+c=k$의 해이다.

+설명 오른쪽 그림의 이차함수 $y=x^2-2x$에서

① 이차함수 $y=x^2-2x$의 그래프와 x축(직선 $y=0$)의 교점의 x좌표를 구해 보자. 이는 $y=x^2-2x$에서 y의 값이 0이 되게 하는 x의 값을 구해야 하므로

$$y=x^2-2x \xrightarrow{y=0\text{대입}} x^2-2x=0 \Rightarrow x=0 \text{ 또는 } x=2$$

따라서 이차방정식 $x^2-2x=0$의 해를 그래프로 해석하면 오른쪽 그림과 같이 이차함수 $y=x^2-2x$의 그래프와 x축의 교점의 x좌표가 된다.

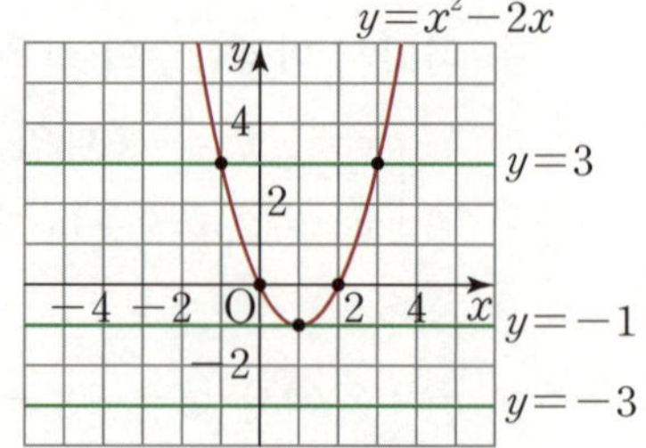

② 이차함수 $y=x^2-2x$의 그래프와 직선 $y=3$의 교점의 x좌표를 구하려면, $y=x^2-2x$에서 y의 값이 3이 되게 하는 x의 값을 구해야 하므로

$$y=x^2-2x \xrightarrow{y=3\text{대입}} x^2-2x=3 \Rightarrow x^2-2x-3=0 \Rightarrow (x+1)(x-3)=0$$

$\Rightarrow x=-1$ 또는 $x=3$ ← 해가 2개이므로 그래프의 교점도 2개, 위의 그래프에서 확인할 수 있다.

③ 마찬가지로 이차함수 $y=x^2-2x$의 그래프와 직선 $y=-1$의 교점의 x좌표를 구하면,

$$y=x^2-2x \xrightarrow{y=-1\text{대입}} x^2-2x=-1 \Rightarrow x^2-2x+1=0 \Rightarrow (x-1)^2=0$$

$\Rightarrow x=1$ (중근) ← 해가 1개이므로 그래프의 교점도 1개, 위의 그래프에서 확인할 수 있다.

④ 이차함수 $y=x^2-2x$의 그래프와 직선 $y=-3$의 교점의 x좌표를 구하면,

$$y=x^2-2x \xrightarrow{y=-3\text{대입}} x^2-2x=-3 \Rightarrow x^2-2x+3=0 \Rightarrow x^2-2x+1=-2$$

$\Rightarrow (x-1)^2=-2 \Rightarrow$ 해는 없다. ← 해가 없으므로 교점도 없다. 위의 그래프에서 확인할 수 있다.

이를 일반화하면 다음과 같다.

$y=ax^2+bx+c$와 $y=k$의	수식적 해석 → / ← 그래프적 해석	이차방정식 $ax^2+bx+c=k$의
① 그래프의 교점의 x좌표		① 해
② 그래프의 교점의 개수		② 해의 개수

▶확장 이차방정식 $ax^2+bx+c-k=0$의 해의 개수는 판별식의 부호를 이용하여 구할 수 있다. 따라서 판별식의 부호를 이용하면 교점의 개수를 파악할 수 있다.

- $D>0$이면 해가 2개 ⇨ $y=ax^2+bx+c$와 $y=k$의 그래프의 교점도 2개
- $D=0$이면 해가 1개 ⇨ $y=ax^2+bx+c$와 $y=k$의 그래프의 교점도 1개
- $D<0$이면 해가 없다. ⇨ $y=ax^2+bx+c$와 $y=k$의 그래프의 교점도 없다. ← 만나지 않는다.

(2) 이차함수와 일차함수의 그래프의 교점과 방정식의 관계

> 이차함수 $y=ax^2+bx+c$의 그래프와 일차함수 $y=mx+n$의 그래프의 교점의 x좌표는 $ax^2+bx+c=mx+n$에서 이차방정식 $ax^2+(b-m)x+(c-n)=0$의 해이다.

+설명 이차함수 $y=x^2$과 일차함수 $y=x+2$의 그래프의 교점의 좌표를 구해 보자.

x의 값에 따른 각각의 함숫값을 표로 나타내면

x	…	-2	-1	0	1	2	…
$y=x^2$	…	4	1	0	1	4	…
$y=x+2$	…	0	1	2	3	4	…

위의 표에서 두 함수 $y=x^2$과 $y=x+2$는

$x=-1$일 때 $y=1$이고, $x=2$일 때 $y=4$이다.

이를 그래프에서 확인해 보면 오른쪽 그림과 같이 두 함수의 그래프의 교점인 $(-1, 1)$과 $(2, 4)$로 나타난다.

즉, 두 함수 $y=x^2$과 $y=x+2$의 그래프의 교점의 좌표는

두 함수식 $y=x^2$과 $y=x+2$을 동시에 만족하는 x, y의 값이다.

↳ 연립방정식 $\begin{cases} y=x^2 \\ y=x+2 \end{cases}$ 의 해

이 교점을 식으로 구하려면 $x^2=x+2$을 만족하는 x의 값을 구하면 된다.

$$x^2=x+2 \Rightarrow x^2-x-2=0 \Rightarrow (x+1)(x-2)=0 \Rightarrow x=-1 \text{ 또는 } x=2$$

↳ 교점의 x좌표를 나타낸다.

이렇게 구한 $x=-1$ 또는 $x=2$를 두 함수 $y=x^2$과 $y=x+2$에 대입해 검산해 보면, y의 값이 같은 값으로 나오는 것을 확인할 수 있다.

연립방정식 $x^2=x+2$의 해가 2개이므로 당연히 두 함수의 교점의 개수도 2개다.

이를 일반화하면 다음과 같다.

↳ 수능까지 연결되는 중요한 개념

$y=ax^2+bx+c$와 $y=mx+n$의		이차방정식 $ax^2+bx+c=mx+n$의
① 그래프의 교점의 x좌표	수식적 해석 → ← 그래프적 해석	① 해
② 그래프의 교점의 개수		② 해의 개수

+참고 연립일차방정식 단원에서 배운 것과 같은 내용이다. 함수식만 이차식으로 확장된 것 뿐이다.

(예) 이차함수 $y=x^2-3$과 일차함수 $y=2x-4$의 그래프의 교점의 개수와 교점의 좌표를 구하시오.

+풀이 $y=x^2-3$과 $y=2x-4$를 연립하면,

$$x^2-3=2x-4 \Rightarrow x^2-2x+1=0 \Rightarrow (x-1)^2=0 \Rightarrow x=1$$

$x=1$을 $y=2x-4$에 대입하면 $y=-2$

$\therefore$ 두 함수 $y=x^2-3$과 $y=2x-4$의 교점은 1개이고, 좌표는 $(1, -2)$이다.

! 중요 그래프를 그려 확인해 봐도 좋다. 식과 그래프를 서로 연계하는 연습을 하는 것이 가장 좋은 습관이다.

이차함수 $y=ax^2+bx+c$의 그래프와 직선 $y=mx+n$의 교점의 개수는

이차방정식 $ax^2+(b-m)x+(c-n)=0$ ⋯ ㉠ 의 해의 개수와 같다.

$y=ax^2+bx+c$와 $y=mx+n$의 그래프	두 점에서 만난다.	한 점에서 만난다.	만나지 않는다.
교점의 개수	2개	1개	없다.
이차방정식 ㉠의 해의 개수	2개	1개	없다.
㉠의 판별식 D의 부호	$D>0$	$D=0$	$D<0$

+참고 직선 $y=mx+n$에서 $m=0$이면 x축에 평행인 직선이 된다.

이는 앞에서 배운 '이차함수 $y=ax^2+bx+c$와 직선 $y=k$의 관계'와 같다.

이차방정식 $ax^2+bx+(c-k)=0$을 ㉡이라 하면, 다음이 성립한다.

$y=ax^2+bx+c$와 $y=k$의 그래프	두 점에서 만난다.	한 점에서 만난다.	만나지 않는다.
교점의 개수	2개	1개	없다.
이차방정식 ㉡의 해의 개수	2개	1개	없다.
㉡의 판별식 D의 부호	$D>0$	$D=0$	$D<0$

(3) 이차함수의 그래프 해석하기

> 이차함수의 그래프가 주어지면
> i) x의 값에 따른 y의 값 또는 그 부호를 알아낼 수 있고,
> ii) y의 값에 따른 x의 값 또는 그 부호 및 x의 값의 개수를 알아낼 수 있다.

예 이차함수 $y=f(x)$의 그래프가 아래 그림과 같을 때, 다음 물음에 답하시오.

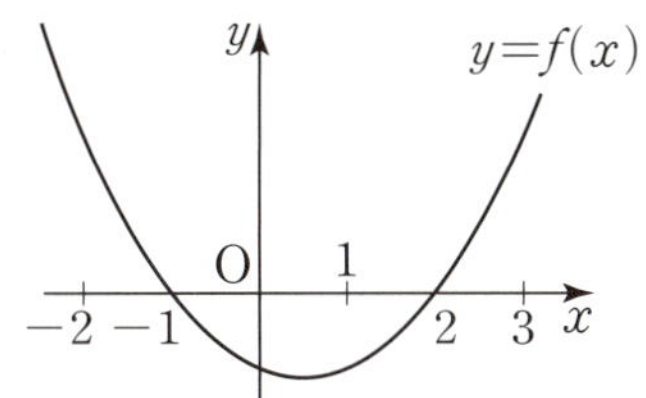

① $f(-2)$, $f(-1)$, $f(0)$, $f(1)$, $f(2)$, $f(3)$의 부호를 조사하시오.
↳ $x=-2$일 때 y의 값

풀이 오른쪽 그림과 같이 이차함수 $y=f(x)$의 그래프가 지나는 점을 $(-2, \square)$라고 하면, $\square>0$.

따라서 $x=-2$일 때, y의 값 □는 양수이므로

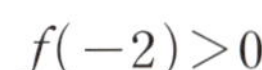

$f(-2)>0$

비슷한 방법으로 그래프를 해석하면

$f(-1)=0$, $f(0)<0$, $f(1)<0$,

$f(2)=0$, $f(3)>0$

② $f(x)=0$을 만족하는 x의 값을 구하시오.

풀이 $f(x)=0$을 만족하는 x의 값은 -1과 2이다. ← ①의 결과를 이용

$\therefore x=-1$, $x=2$

▶확인1 이차함수가 두 점 $(-1, 0)$, $(2, 0)$을 지나므로 축은 $x=\frac{1}{2}$임을 알 수 있다.

▶확인2 이차함수의 식은 $f(x)=a(x+1)(x-2)$이다. ($a>0$이다.)

③ $f(x)=1$을 만족하는 x의 값의 개수를 구하시오.
↳ x의 값이 얼마일 때, y의 값이 1이 되는지 구하기

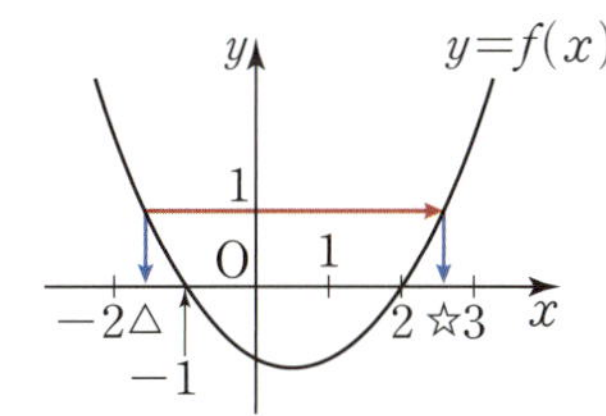

풀이 오른쪽 그림과 같이 y좌표가 1이 되는 x의 값은 △와 ☆ 두 개이다. ⇒ ∴ 2개

▶확인 △와 ☆의 값을 정확히 알 수는 없지만,

$-2<△<-1$, $2<☆<3$임을 예측할 수는 있다.

④ $f(x)>0$를 만족하는 x의 값의 범위를 구하시오.
↳ y의 값이 0보다 크게 하는 x의 값 구하기

풀이 그래프에서 y좌표가 0보다 큰 점들의 x의 값들의 범위를 구하면 된다.

$\therefore x<-1$ 또는 $x>2$

고등 수학에 꼭 필요한 **핵심 개념 익히기**

• 이차함수와 그래프

41 다음 중 이차함수인 것은?

① $y=-1+5x$
② $y=-x(x-5)$
③ $y=\frac{1}{x^2}+1$
④ $y=(x-2)^2-x^2$
⑤ $y=3x^2-x(3x+1)$

42 이차함수 $y=ax^2$의 그래프를 y축의 방향으로 -1만큼 평행 이동하면 점 $(-2, 7)$을 지난다. 이때 상수 a의 값을 구하여라.

43 이차함수 $y=2(x+1)^2-5$의 그래프를 x축의 방향으로 -2만큼, y축의 방향으로 m만큼 평행 이동한 그래프의 꼭짓점이 직선 $y=-x-5$ 위에 있을 때, m의 값을 구하여라.

44 이차함수 $y=-2x^2+4x+5$을 $y=a(x-p)^2+q$꼴로 나타낼 때, 상수 a, p, q의 합 $a+p+q$의 값을 구하시오.

• 이차함수 그래프의 활용

45 이차함수 $y=-x^2+4x$의 그래프를 y축에 대하여 대칭이동한 후 x축의 방향으로 3만큼, y축의 방향으로 -5만큼 평행 이동한 그래프가 나타내는 이차함수의 식을 구하여라.

46 오른쪽 그림과 같이 이차함수 $y=x^2+x-6$의 그래프가 x축과 두 점 A, C에서 만나고, y축과 점 B에서 만날 때, $\triangle$ABC의 넓이를 구하여라.

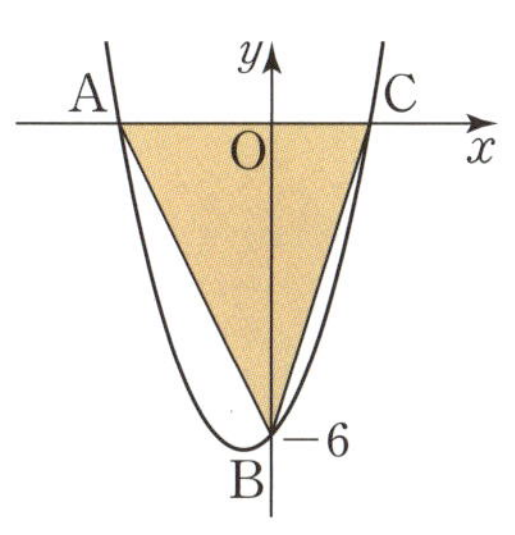

47 이차함수 $y=ax^2+bx+c$의 그래프가 오른쪽 그림과 같을 때, 다음 중 옳지 않은 것은?

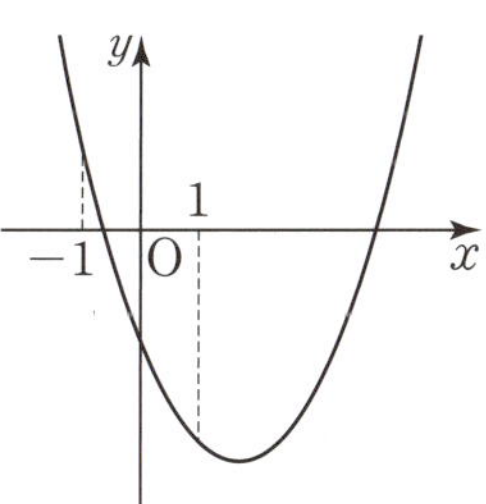

① 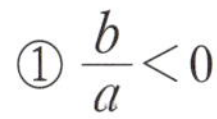 $\frac{b}{a}<0$　　② $\frac{a}{c}<0$

③ $abc>0$　　④ $a-b+c>0$

⑤ $a+b+c>0$

• 이차함수 식 구하기

48 축의 방정식이 $x=-3$이고 두 점 $(1,\ -8)$, $(-2,\ 7)$을 지나는 이차함수 그래프의 꼭짓점의 좌표를 구하시오.

49 이차함수 $y=ax^2+bx+c$의 그래프가 오른쪽 그림과 같을 때, 상수 a, b, c에 대하여 $a+b+c$의 값을 구하시오.

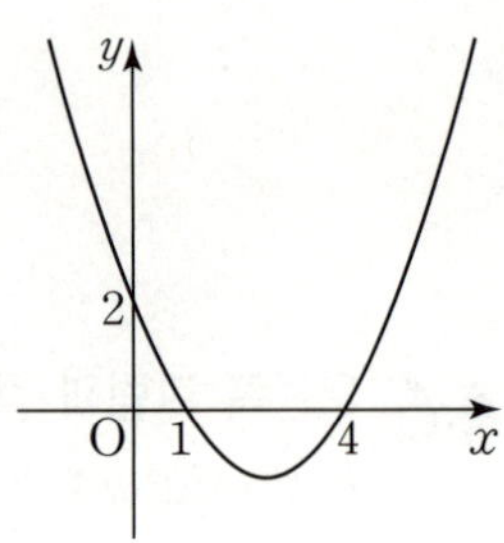

• 이차함수와 직선과의 위치관계

50 다음 중 x축과 두 점에서 만나는 이차함수는?

① $y=-x^2-2x-2$
② $y=-x^2+2x-2$
③ $y=-x^2+2x+2$
④ $y=x^2-2x+2$
⑤ $y=x^2+2x+2$

51 이차함수 $y=x^2+3x$의 그래프와 직선 $y=-x+5$의 교점의 좌표를 모두 구하여라.

기하

[1–2 과정]

01 기본도형

02 삼각형의 합동

03 다각형

04 원과 부채꼴

05 입체도형

✚ 고등 수학에 꼭 필요한 핵심 개념 익히기

[2–2 과정]

01 삼각형의 성질

02 삼각형의 외심과 내심

03 평행사변형과 여러 가지 사각형

04 도형의 닮음

05 닮음의 활용

06 피타고라스 정리

✚ 고등 수학에 꼭 필요한 핵심 개념 익히기

[3–2 과정]

01 삼각비

02 삼각비의 활용

03 원과 직선

04 원주각

✚ 고등 수학에 꼭 필요한 핵심 개념 익히기

[1-2 과정]

01 기본도형

1 점, 선, 면(★)

핵심개념

(1) 도형의 기본 요소

① 도형을 이루는 기본 요소 : 점, 선, 면

⇨ 평면도형은 점, 선으로 이루어져 있고, 입체도형은 점, 선, 면으로 이루어져 있다.

② 점이 연속하여 움직인 자리는 선이 되고, 선이 연속하여 움직인 자리는 면이 된다.

점이 연속하여 움직인 자리는 선　　　선이 연속하여 움직인 자리는 면

③ 선 위에는 무수히 많은 점이 있고, 면 위에는 무수히 많은 선이 있다.

! 주의 점은 '·'으로 나타내지만, 실제로는 크기가 없고 위치만을 나타낸다.
또한, 선은 '—'으로 나타내지만, 실제로는 폭이 없고 길이만 있는 도형이다.
따라서 선이나 점은 실제로는 그릴 수 없는, 머릿속으로만 상상할 수 있는 도형이다. 하지만 상상 속의 도형을 표현하기 위해서 점은 '·'으로, 선은 '—'(직선)이나 '～'(곡선)의 모양으로 그린다.

(2) 도형의 종류

① 평면도형 : 삼각형, 원과 같이 한 평면 위에 있는 도형

② 입체도형 : 직육면체, 원기둥, 구와 같이 한 평면 위에 있지 않은 도형

(3) 교점과 교선

① 교점 : 선과 선 또는 선과 면이 만나서 생기는 점

② 교선 : 면과 면이 만나서 생기는 선

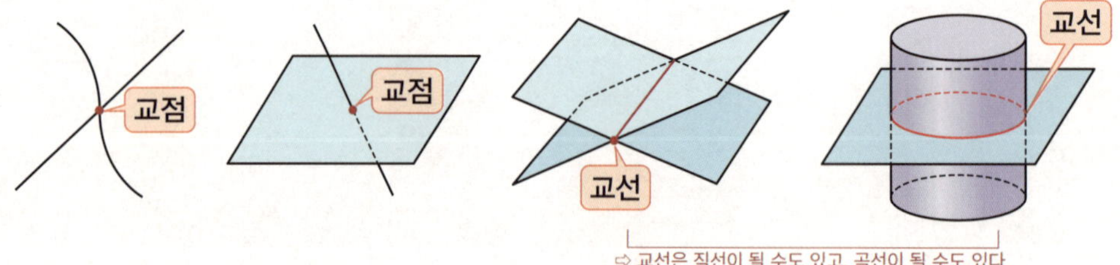

⇨ 교선은 직선이 될 수도 있고, 곡선이 될 수도 있다.

2 선분, 반직선, 직선

핵심개념

(1) 직선이 정해질 조건과 직선

한 점 A를 지나는 직선은 무수히 많지만 서로 다른 두 점 A, B를 지나는 직선은 오직 하나뿐이다. 이것을 '직선 AB'라고 하고, 기호로 $\overleftrightarrow{AB}$와 같이 나타낸다.

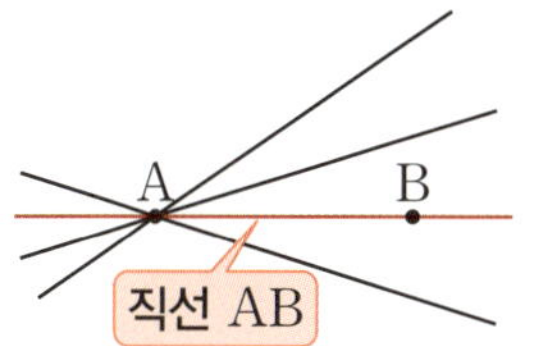

(2) '점이 직선 위에 있다.'의 뜻

오른쪽 그림과 같이 직선 l이 점 A를 지날 때,

'점 A는 직선 l 위에 있다.'라고 한다.

또, 직선 l이 점 B를 지나지 않을 때,

'점 B는 직선 l 위에 있지 않다.' 또는 '점 B는 직선 l 밖에 있다.'라고 한다.

! 주의 '점이 직선 위에 있다는 것'은 위 그림의 점 B와 같이 점이 직선의 윗부분에 있다는 것을 뜻하지 않는다. '점이 직선 위에 있다는 것'은 바둑판의 선 위에 바둑돌을 올려놓은 것처럼 점이 직선 위에 올려져 있는 것을 뜻하는 것이다.

+참고 일반적으로 점은 알파벳 대문자 A, B, C, …를 사용하여 나타내고, 직선은 알파벳 소문자 l, m, n, …을 사용하여 나타낸다.

(3) 직선, 반직선, 선분

① 직선 AB : 서로 다른 두 점 A, B를 지나는 직선
② 반직선 AB : 직선 AB 위의 한 점 A에서 시작하여 점 B의 방향으로 한없이 연장한 선
③ 선분 AB : 직선 AB 위의 점 A에서 점 B까지의 부분

이름	기호	그림
직선 AB	$\overleftrightarrow{AB}$	A B
반직선 AB	$\overrightarrow{AB}$	A B
반직선 BA	$\overrightarrow{BA}$	A B
선분 AB	$\overline{AB}$	A B

⇨ 반직선 AB와 반직선 BA는 다르다.

예1 오른쪽 그림에 대한 설명 중 옳은 것은 ○, 틀린 것은 ×를 쓰시오.

① $\overline{AB}=\overline{BA}$ ( ) ② $\overleftrightarrow{AB}=\overleftrightarrow{CD}$ ( )
③ $\overrightarrow{AB}=\overrightarrow{AC}$ ( ) ④ $\overleftrightarrow{AD}=\overleftrightarrow{BC}$ ( )
⑤ $\overrightarrow{AB}=\overrightarrow{BA}$ ( )

+풀이 ① ○ ② ○ ③ ○ ← 시작점도 같고, 방향도 같은 두 반직선은 서로 같은 도형
④ ○ ⑤ × ← 시작점이 다르거나 방향이 다른 두 반직선은 서로 다른 도형

예2 한 평면 위에 있는 서로 다른 4개의 점으로 만들 수 있는 직선의 개수를 a, 선분의 개수를 b라 할 때, $a+b$의 값을 구하시오. (단, 어느 세 점도 한 직선 위에 있지 않다.)

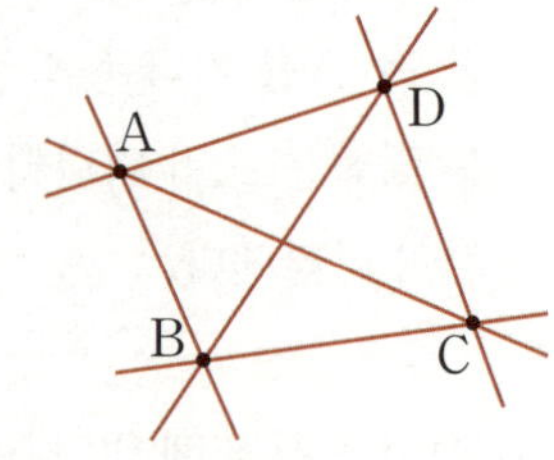

풀이 오른쪽 그림과 같이 서로 다른 네 점을 각각 A, B, C, D라 하면, 반직선의 개수는 시작점과 지나는 점을 선택하는 경우의 수와 같다.

따라서

(반직선의 개수)$=4\times3=12 \Rightarrow \therefore b=12$

시작점을 선택하는 경우의 수 / 지나는 다른 점을 선택하는 경우의 수

지나는 두 점이 같은 직선은 서로 같으므로 (예: $\overleftrightarrow{AB}=\overleftrightarrow{BA}$)

(직선의 개수)$=\dfrac{4\times3}{2}=6 \Rightarrow \therefore a=6$

$\therefore a+b=18$

확인 예2에서 반직선과 직선을 모두 구하면 다음과 같다.

반직선 : $\overrightarrow{AB}$, $\overrightarrow{AC}$, $\overrightarrow{AD}$, $\overrightarrow{BA}$, $\overrightarrow{BC}$, $\overrightarrow{BD}$, $\overrightarrow{CA}$, $\overrightarrow{CB}$, $\overrightarrow{CD}$, $\overrightarrow{DA}$, $\overrightarrow{DB}$, $\overrightarrow{DC}$의 12개

직선 : $\overleftrightarrow{AB}(=\overleftrightarrow{BA})$, $\overleftrightarrow{AC}$, $\overleftrightarrow{AD}$, $\overleftrightarrow{BC}$, $\overleftrightarrow{BD}$, $\overleftrightarrow{CD}$의 6개

(4) 두 점 사이의 거리

① 두 점 A, B 사이의 거리

두 점 A, B를 양 끝점으로 하는 무수히 많은 선 중에서 길이가 가장 짧은 선인 선분 AB의 길이를 뜻하며, 기호로 $\overline{AB}$라고 쓴다.

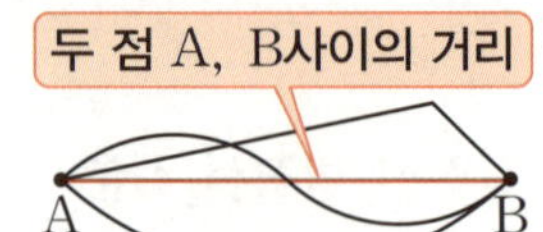

주의 $\overline{AB}$는 선분 AB를 나타내는 기호이고, $\overline{AB}=2$는 선분 AB의 길이가 2임을 나타낸다. 또한, 선분 AB의 길이와 선분 CD의 길이가 같을 때, 이것을 $\overline{AB}=\overline{CD}$로 나타낸다.

② 선분 AB의 중점 ← 선분 AB의 정가운데에 위치한 점

선분 AB 위에 있는 점 M이 $\overline{AM}=\overline{MB}$일 때, 점 M을 선분 AB의 중점이라고 한다.

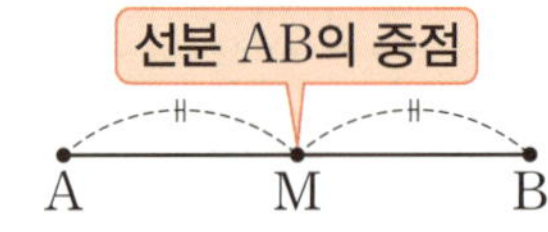

$$\overline{AM}=\overline{BM}=\frac{1}{2}\overline{AB}$$

예 오른쪽 그림과 같이 세 점 A, B, C가 한 직선 위에 있을 때, 점 M은 $\overline{AB}$의 중점이고, 점 N은 $\overline{BC}$의 중점이다. $\overline{BN}=6$, $3\overline{AB}=2\overline{BC}$일 때, $\overline{MN}$의 길이를 구하시오.

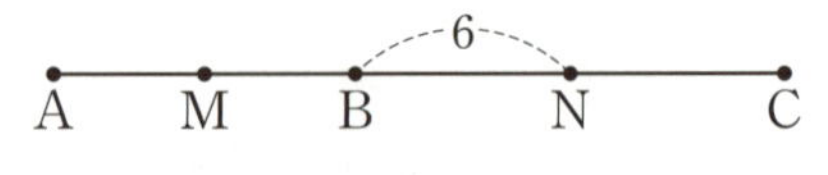

풀이 점 N이 $\overline{BC}$의 중점이므로 $\overline{BN}=\overline{NC}=6$이고, $\overline{BC}=12$이다.

$3\overline{AB}=2\overline{BC}$이므로 $3\overline{AB}=2\times12=24 \Rightarrow \overline{AB}=8$

점 M이 $\overline{AB}$의 중점이므로 $\overline{MB}=\dfrac{1}{2}\overline{AB}=4$

따라서 $\overline{MN}=\overline{MB}+\overline{BN}=4+6=10$

꿀팁 오른쪽과 같이 조건을 그림에 직접 표시해가면서 각각의 길이를 ❶, ❷, ❸, ❹의 순서대로 구하면 편리하다.

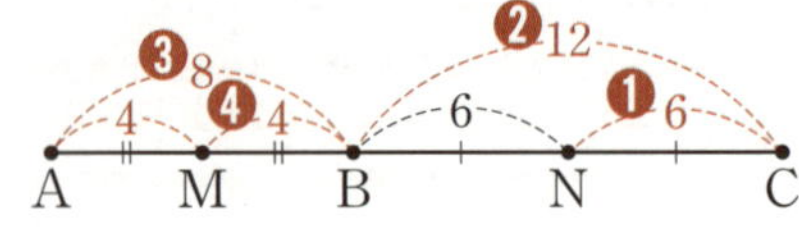

3 각, 교각, 맞꼭지각(★)

핵심개념

(1) 각 : 시작점이 같은 두 반직선으로 이루어진 도형

설명 오른쪽 그림과 같이 두 반직선 OA, OB로 이루어진 도형을 기호로

$\angle AOB$, $\angle BOA$, $\angle O$, $\angle a$

와 같이 나타낸다. 이때

점 O를 각의 꼭짓점, 반직선 OA, OB를 각의 변이라고 한다.

$\angle AOB$에서 반직선 OA가 점 O를 중심으로 반직선 OB까지 회전한 양을 $\angle AOB$의 크기라고 한다.

B
각의 변
각의 크기
각의 변
O
a
A
각의 꼭짓점

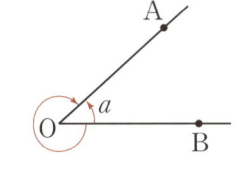

각은 꼭짓점을 중심으로 두 직선이 벌어진 정도를 나타내는 도형이다.

따라서 벌어진 정도(각의 크기)가 같은 두 각은 같은 도형이다. $\angle a$와 $\angle b$의 크기가 같을 때, $\angle a=\angle b$와 같이 나타낸다.

! 주의 $\angle AOB$는 도형으로서 각을 나타내기도 하고, 각의 크기를 나타내기도 한다.

$\angle AOB=30°$는 각 AOB의 크기가 30°임을 나타낸다.

참고 오른쪽 그림에서 두 반직선 OA, OB로 이루어진 각은 2개지만, $\angle AOB$는 보통 작은 쪽의 각인 $\angle a$를 나타낸다.

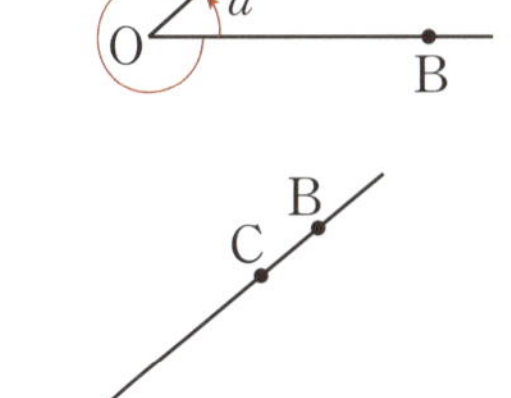

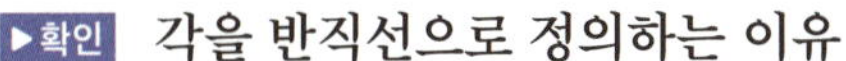

▶확인 각을 반직선으로 정의하는 이유

오른쪽 그림과 같이 $\angle BOA$의 변 OB 위에 B가 아닌 점 C를 찍어 $\angle COA$를 만들어 보자.

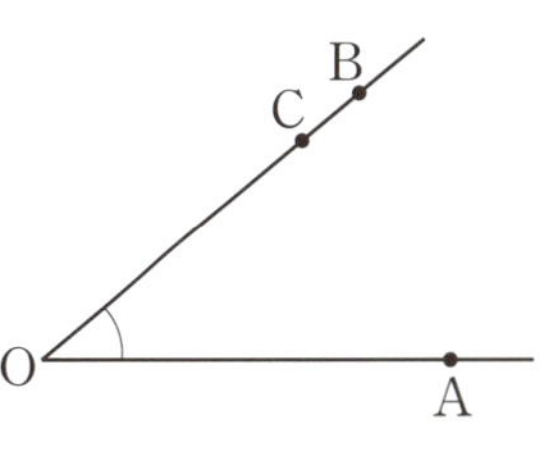

각을 선분으로 정의하면 선분 OB와 선분 OC는 다른 선분이므로 $\angle BOA\neq\angle COA$이다. 즉, 변의 길이가 다르면 벌어진 정도가 같아도 다른 각이 된다. 하지만 각을 반직선으로 정의하면 $\overrightarrow{OB}=\overrightarrow{OC}$이므로 $\angle BOA=\angle COA$이다. 즉, 벌어진 정도가 같으면 같은 각으로 보기 위해 각을 반직선으로 정의한다.

(2) 각의 크기에 따른 분류

① 평각 : $\angle AOB$의 두 변 OA와 OB가 한 직선을 이루고 점 O에 대하여 서로 반대쪽에 있을 때, $\angle AOB$를 평각이라고 한다. 평각의 크기는 180°이다.

② 직각 : 평각의 크기의 $\frac{1}{2}$인 각으로 크기는 90°이다.

③ 예각 : 0°보다 크고 90°보다 작은 각

④ 둔각 : 90°보다 크고 180°보다 작은 각

평각, 직각, 예각, 둔각을 각의 크기에 따라 나타내면 다음과 같다.

$0°<$(예각)$<90°$	(직각)$=90°$	$90°<$(둔각)$<180°$	(평각)$=180°$
	직각		평각 A O B

(3) 교각, 맞꼭지각 ← 사귈 교(交) 뿔 각(角) : 직선이 교차할 때 생기는 각

① 교각 : 서로 다른 두 직선이 한 점에서 만날 때 생기는 네 개의 각

오른쪽 그림에서 $\angle a$, $\angle b$, $\angle c$, $\angle d$

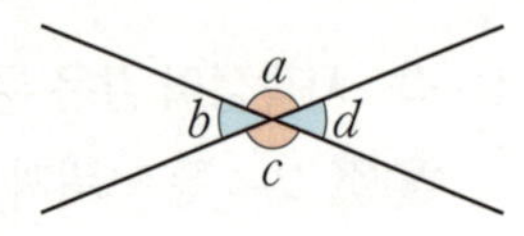

② 맞꼭지각 : 교각 중에서 서로 마주 보는 두 각

$\angle a$와 $\angle c$, $\angle b$와 $\angle d$

③ 맞꼭지각의 성질 : 맞꼭지각의 크기는 서로 같다. ← $\angle b=180^\circ-\angle a$이고, $\angle d=180^\circ-\angle a$이므로

$\angle a=\angle c$, $\angle b=\angle d$

! 주의 오른쪽 그림에서 $\angle a$와 $\angle c$, $\angle b$와 $\angle d$는 맞꼭지각이 아니다. 맞꼭지각은 두 직선이 한 점에서 만날 때 생기는 각이다.

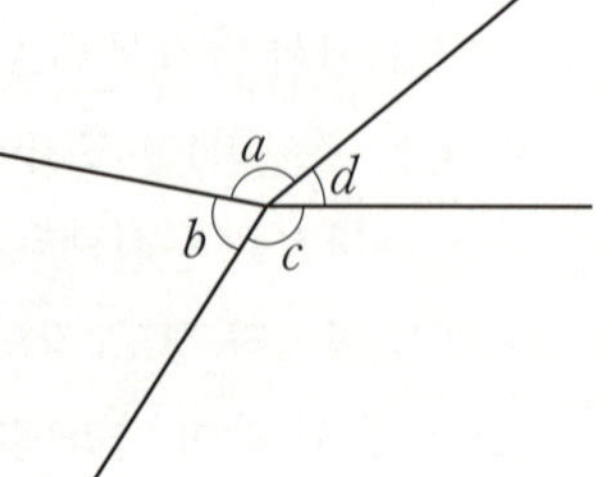

예1 오른쪽 그림과 같이 세 직선이 한 점에서 만날 때, $\angle x$, $\angle y$의 크기를 각각 구하시오.

+풀이 $\angle x+35^\circ=\angle 2x+10^\circ$ ← 맞꼭지각으로 같다.

$\Rightarrow \therefore \angle x=25^\circ$

또한, $\angle y+(\angle 2x+10^\circ)+35^\circ=180^\circ$이므로

$\angle y+60^\circ+35^\circ=180^\circ$ ← $x=25^\circ$대입

$\Rightarrow \therefore \angle y=85^\circ$

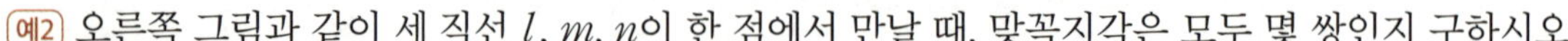

예2 오른쪽 그림과 같이 세 직선 l, m, n이 한 점에서 만날 때, 맞꼭지각은 모두 몇 쌍인지 구하시오.

+풀이 서로 다른 두 직선이 만날 때, 2쌍의 맞꼭지각이 생긴다. 따라서 세 직선 l, m, n으로 만들어지는 맞꼭지각은 l과 m에서 2쌍, l과 n에서 2쌍, m과 n에서 2쌍으로 6쌍이 생긴다.

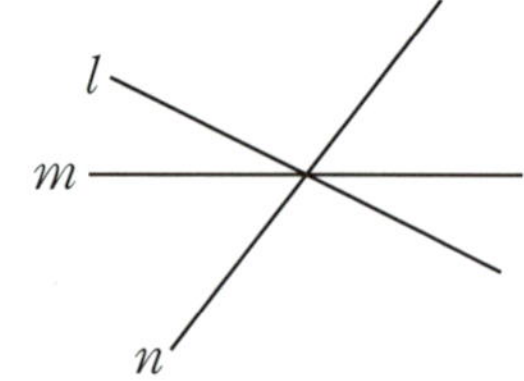

4 수직, 수선, 수선의 발, 점과 직선 사이의 거리

핵심개념

(1) 수직, 수선, 수직이등분선

① 수직, 직교

오른쪽 그림과 같이 두 직선 AB, CD의 교각이 직각일 때, '두 직선은 직교한다.' 또는 '두 직선은 서로 수직이다.' 라고 하고, 기호로 $\overleftrightarrow{AB}\perp\overleftrightarrow{CD}$와 같이 나타낸다.

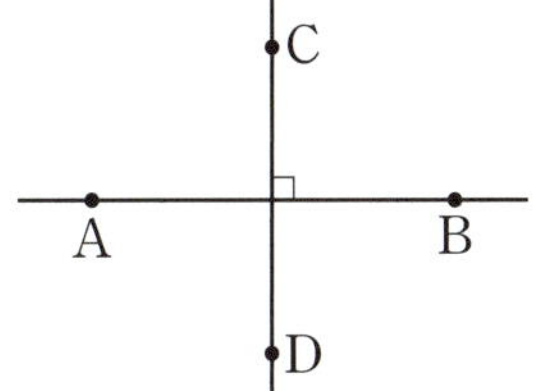

+참고 선분과 반직선에서도 교각이 직각일 때 '직교한다'라고 하고 $\overline{AB}\perp\overline{CD}$, $\overrightarrow{AB}\perp\overrightarrow{CD}$와 같이 나타낸다.

② 수선

두 직선이 수직일 때, 한 직선을 다른 직선의 수선이라고 한다.

예 위 그림에서 직선 AB는 직선 CD의 수선, 직선 CD는 직선 AB의 수선

③ 수직이등분선

오른쪽 그림과 같이 선분 AB의 중점 M을 지나고 선분 AB에 수직인 직선 l을 선분 AB의 수직이등분선이라고 한다.

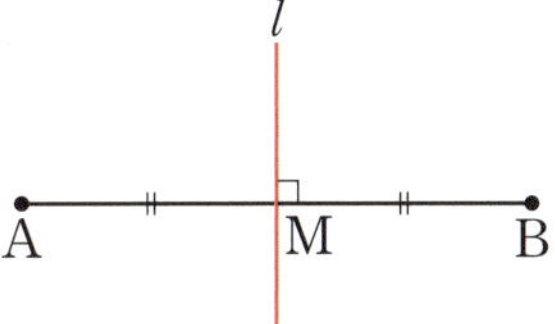

(2) 수선의 발, 점과 직선 사이의 거리

① 수선의 발

오른쪽 그림과 같이 직선 l 밖의 한 점 P에서 직선 l에 그은 수선과 직선 l의 교점 H를 점 P에서 직선 l에 내린 수선의 발이라고 한다.

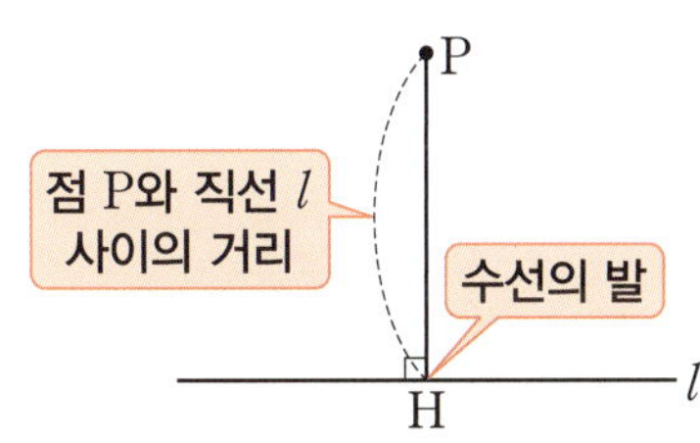

② 점과 직선 사이의 거리

오른쪽 그림에서 선분 PH의 길이를 점 P와 직선 l 사이의 거리라고 한다. 점 P와 직선 l 사이의 거리는 아래 그림과 같이 점 P와 직선 l위의 점을 연결한 선분 중 가장 짧은 선분의 길이를 뜻한다.

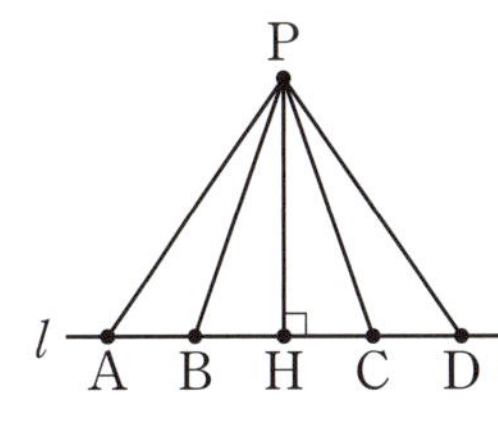

⇒ 점 P와 직선 l 사이의 거리 중 가장 짧은 길이는 점 P에서 직선 l에 이르는 수직거리이고, 이는 점 P와 직선 l 사이의 거리인 $\overline{PH}$의 길이이다.

예 오른쪽 그림에 대한 설명 중 옳은 것은 ○, 틀린 것은 ×를 쓰시오.

① 직선 AB와 직선 AC는 서로 수직이다. ( )

② 점 B에서 직선 AH에 내린 수선의 발은 점 C이다. ( )

③ 점 C와 직선 AB 사이의 거리는 15cm이다. ( )

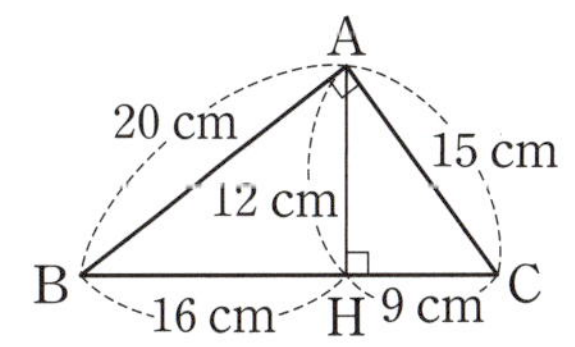

+풀이 ① ○ ② × ③ ○

└→점 B에서 직선 AH에 내린 수선의 발은 점 H

5 위치 관계(★)

핵심개념

(1) 점과 직선의 위치 관계

① 점이 직선 위에 있다.	② 점이 직선 위에 있지 않다.
A, l	A, l

(2) 점과 평면의 위치 관계

① 점이 평면 위에 있다. ⇨ 평면 P가 점 A를 포함한다.	② 점이 평면 위에 있지 않다. ⇨ 평면 P가 점 A를 포함하지 않는다.

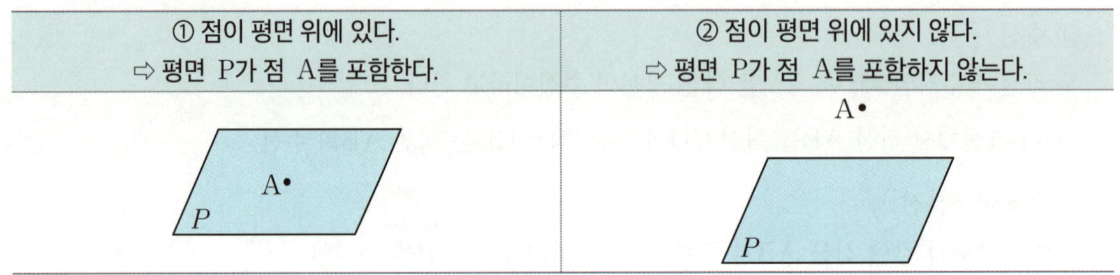

! 주의 점이 평면 위에 있다는 것도 점이 평면의 위쪽에 있다는 것이 아니라, 책상 위에 동전을 올려 놓은 것처럼 평면과 점이 만난다는 것을 뜻한다.

(3) 평면에서 두 직선의 위치 관계

① 한 점에서 만난다.	② 평행하다. ($l /\!/ m$)	③ 일치한다.

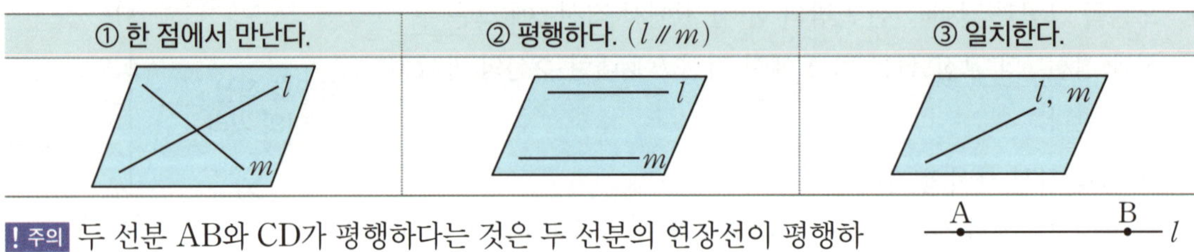

! 주의 두 선분 AB와 CD가 평행하다는 것은 두 선분의 연장선이 평행하다는 것이다. 즉, 오른쪽 그림과 같이 선분 AB를 포함하는 직선 l과 선분 CD를 포함하는 직선 m이 평행할 때, $\overline{AB} /\!/ \overline{CD}$이다.

(그림: A, B, l / C, D, m)

(4) 공간에서 두 직선의 위치 관계

① 한 점에서 만난다.	② 평행하다. ($l /\!/ m$)	③ 일치한다.	④ 꼬인 위치에 있다.

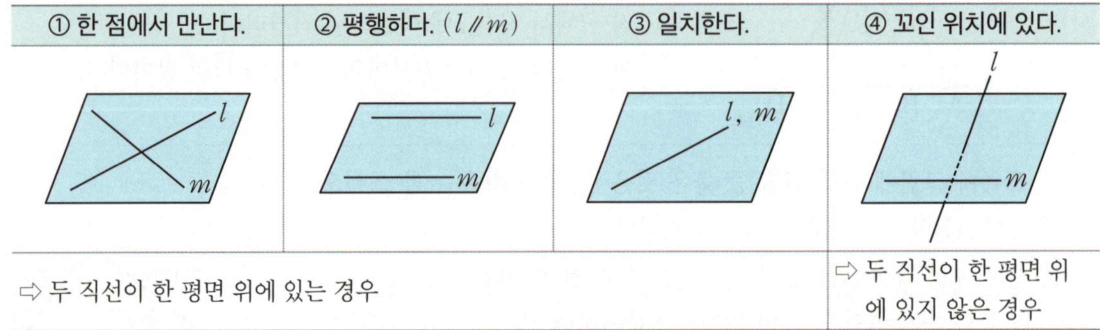

⇨ 두 직선이 한 평면 위에 있는 경우			⇨ 두 직선이 한 평면 위에 있지 않은 경우

+설명 두 직선이 만나지도 않고 평행하지도 않을 때, 두 직선은 **꼬인 위치**에 있다고 한다.

(5) 공간에서 직선과 평면의 위치 관계

① 한 점에서 만난다.	② 평행하다. (만나지 않는다.)	③ 직선이 평면에 포함된다.
l, P	l, P ⇨ $l /\!/ \mathrm{P}$	l, P

+추가 설명 직선과 평면의 수직

오른쪽 그림과 같이 직선 l이 평면 P와 한 점 O에서 만나고 점 O를 지나는 평면 P위의 모든 직선과 서로 수직일 때, '직선 l과 평면 P는 서로 수직이다'라고 하고, 이것을 기호로 $l \perp \mathrm{P}$와 같이 나타낸다. 이때 직선 l을 평면 P의 수선이라 하고, 직선 l위의 O가 아닌 한 점 A에 대하여 점 O를 점 A에서 평면 P에 내린 수선의 발이라고 한다.

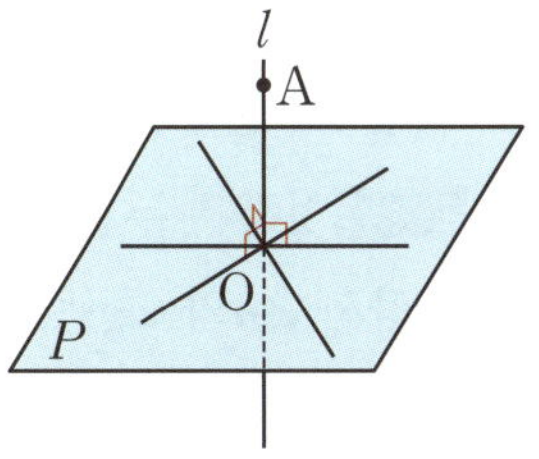

(6) 공간에서 두 평면의 위치 관계

① 한 직선에서 만난다.	② 평행하다. (만나지 않는다.)	③ 일치한다.
P, Q	P, Q ➡➡ $\mathrm{P} /\!/ \mathrm{Q}$	P, Q

+추가 설명 두 평면의 수직

오른쪽 그림과 같이 평면 P가 평면 Q와 수직인 직선 l을 포함할 때, '평면 P와 평면 Q는 서로 수직이다'라고 하고, 이것을 기호로 $P \perp Q$와 같이 나타낸다.

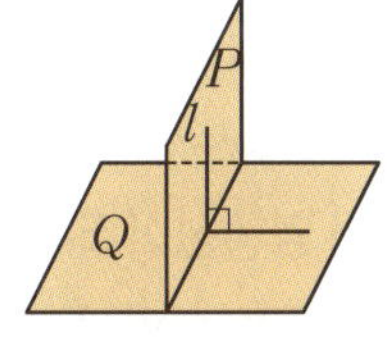

예1 오른쪽 그림과 같은 직육면체에서

① 직선 AB와 평행한 직선 : 직선 DC, EF, HG

② 직선 AB와 만나는 직선 : 직선 AD, AE, BC, BF

③ 직선 AB와 꼬인 위치에 있는 직선 : 직선 DH, EH, CG, FG

④ 직선 AB와 평행한 평면 : 평면 EFGH, DCGH

⑤ 평면 ABCD와 수직으로 만나는 직선 : 직선 AE, BF, CG, DH

⑥ 평면 ABCD와 평행한 직선 : 직선 EF, FG, GH, HE

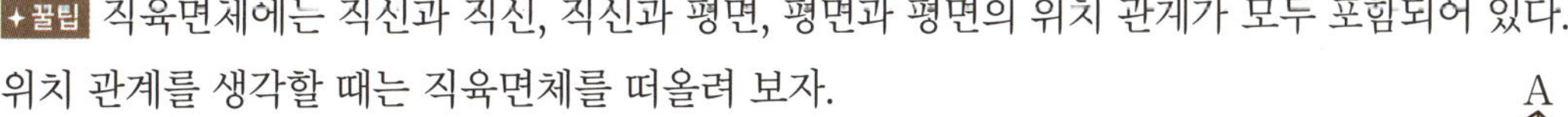
+꿀팁 직육면체에는 직신과 직신, 직신과 평면, 평면과 평면의 위치 관계가 모두 포함되어 있다. 위치 관계를 생각할 때는 직육면체를 떠올려 보자.

예2 오른쪽 그림과 같은 삼각기둥에서

① 평면 DEF와 평행인 평면 : 평면 ABC

② 평면 ABED와 수직으로 만나는 평면 : 평면 ACFD, ABC, DEF

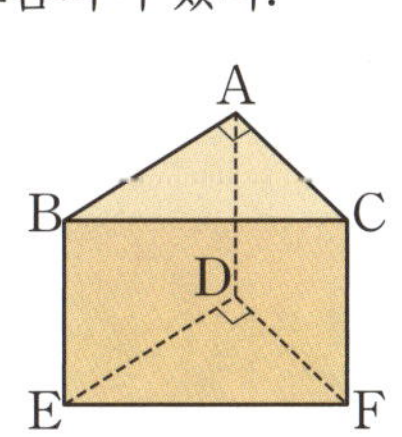

6 동위각, 엇각, 평행선의 성질(★)

핵심개념

(1) 동위각과 엇각

오른쪽 그림과 같이 한 평면 위에 두 직선 l, m이 다른 한 직선 n과 만날 때 생기는 8개의 각 중에서

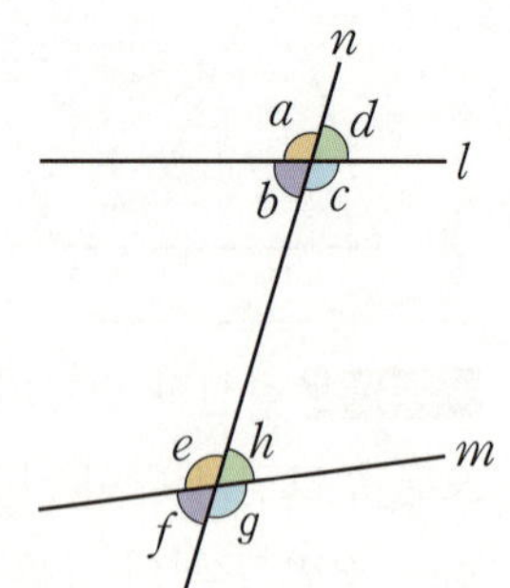

① 동위각 : 서로 같은 위치에 있는 두 각 ← 동일한 위치의 각

⇨ $\angle a$와 $\angle e$(왼쪽 위), $\angle b$와 $\angle f$(왼쪽 아래),
$\angle c$와 $\angle g$(오른쪽 아래), $\angle d$와 $\angle h$(오른쪽 위) ← 4쌍 존재

② 엇각 : 서로 엇갈린 위치에 있는 두 각 ← 엇갈린 위치의 각

⇨ $\angle b$와 $\angle h$, $\angle c$와 $\angle e$ ← 2쌍 존재

! 주의 엇각은 두 직선의 사이에 있는 각($\angle b$, $\angle c$, $\angle e$, $\angle h$)에 대해서만 생각한다.
따라서 $\angle a$와 $\angle g$는 엇각이라 하지 않는다. ($\angle d$와 $\angle f$도 엇각이라 하지 않는다.)

(2) 평행선의 성질

평행한 두 직선 l, m이 한 직선 n과 만날 때,

① 동위각의 크기는 같다. ($\angle a=\angle b$)	② 엇각의 크기는 같다. ($\angle c=\angle d$)

! 주의 동위각과 엇각의 크기가 항상 같은 것은 아니다.
평행한 두 직선이 한 직선과 만날 때에만 동위각과 엇각이 같다. 주의하자.

(3) 평행선이 되기 위한 조건

오른쪽 그림과 같이 두 직선 l, m이 한 직선 n과 만날 때,

① 동위각의 크기가 같으면($\angle a=\angle b$) l, m은 평행

② 엇각의 크기는 같으면($\angle a=\angle c$) l, m은 평행

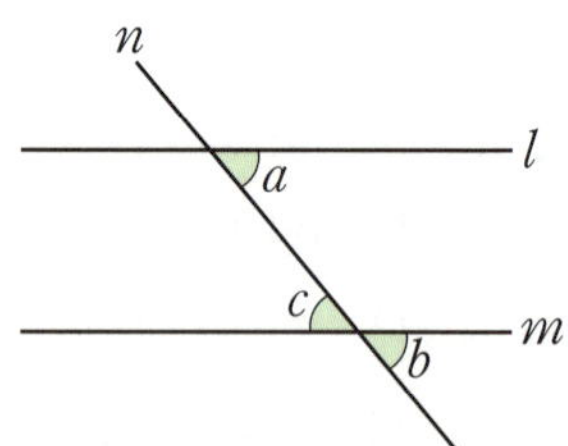

예1 아래 [그림1]에서 두 직선 l, m이 서로 평행할 때, $\angle x$의 크기를 구하려면 [그림2]와 같이 $\angle x$의 꼭짓점을 지나고 직선 l, m에 평행한 보조직선 n을 그려본다.

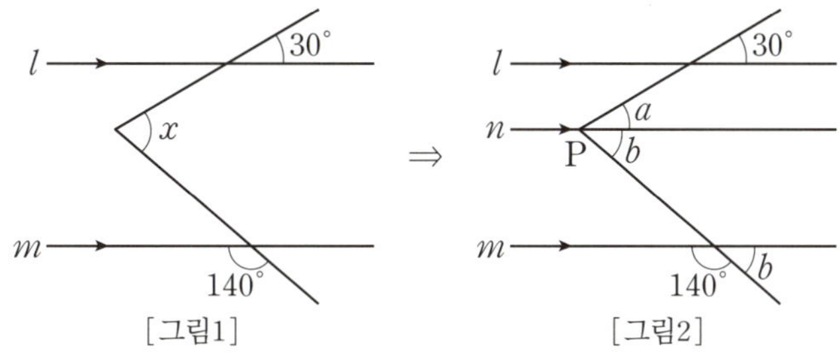

[그림1] [그림2]

이때, $\angle a=30°$, $\angle b=40°$ ← 평행선의 동위각

$\therefore \angle x=\angle a+\angle b=70°$

예2 오른쪽 그림에서 두 직선 l, m이 $l /\!/ m$일 때, $\angle a+\angle b$의 크기를 구하시오.

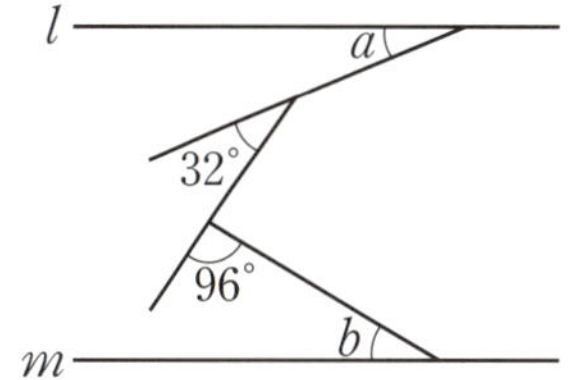

풀이 아래 그림과 같이 두 직선 l, m에 평행한 보조선 n, k를 긋자.

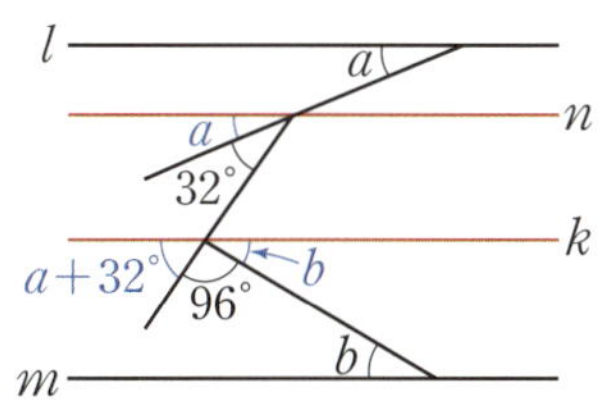

네 직선 l, m, n, k가 평행하므로 각각의 동위각과 엇각은 같다. 위의 그림과 같이 $\angle a$의 동위각을 찾아 표시하고, $\angle a+32°$의 동위각을 찾아 표시하자. 또한, $\angle b$의 엇각을 찾아 표시하면

$\angle a+32°+96°+\angle b=180° \Rightarrow \therefore \angle a+\angle b=52°$

예3 오른쪽 그림과 같이 폭이 같은 종이를 선분 AB를 따라 접었을 때, $\angle x$의 크기를 구하시오.

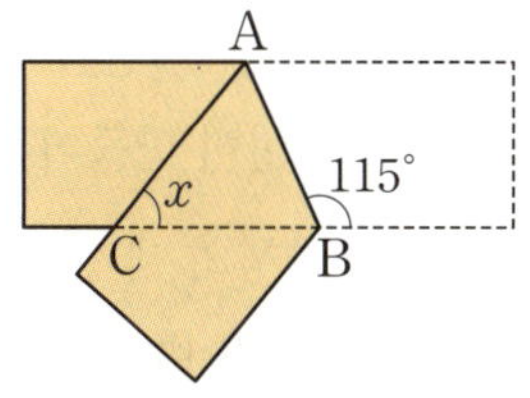

풀이 종이를 접었을 때, 접은 각과 펼친 각은 같다. 즉, 오른쪽 그림과 같이 종이의 윗변 위의 한 점을 P라 하면, $\angle PAB=\angle CAB$이다.

또한, $\angle PAB=\angle CBA$ ($\because$평행선의 엇각)

따라서 $\angle CAB=\angle CBA$이므로 $\triangle CAB$는 이등변삼각형이다.

한편, $\angle CBA=180°-115°=65°$이므로

$\angle x=180°-(65°+65°)=50° \Rightarrow \therefore \angle x=50°$

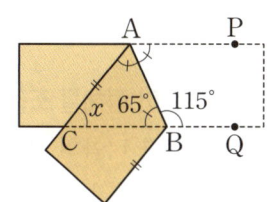

▶확인 오른쪽 그림과 같이 직사각형 모양의 종이를 접을 때, 겹치는 부분($\triangle GEF$)은 이등변삼각형이다.

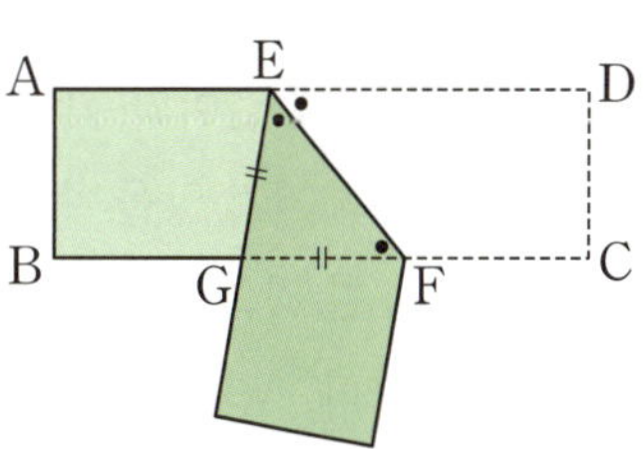

[1-2 과정]

02 삼각형의 합동

1 삼각형(★)

핵심개념

(1) 삼각형의 기호와 용어

세 꼭짓점이 A, B, C인 삼각형을 기호로 △ABC와 같이 나타낸다.

① 대변 : 한 각과 마주 보는 변 ← 마주할 대(對) 가장자리 변(邊)

예 ∠A의 대변은 $\overline{BC}$

② 대각 : 한 변과 마주 보는 각 ← 마주할 대(對) 뿔 각(角)

예 $\overline{BC}$의 대각은 ∠A

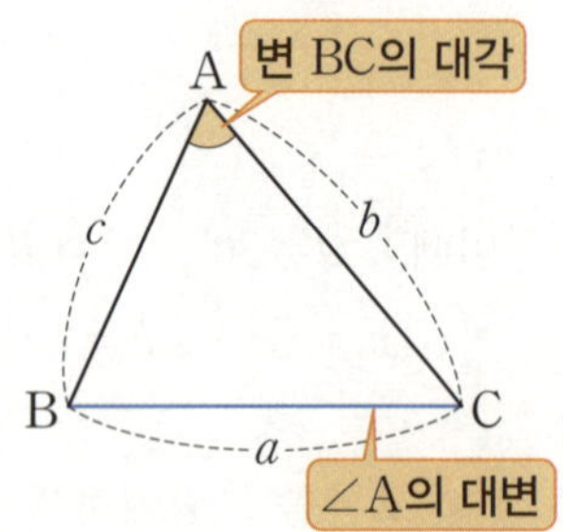

+참고 일반적으로 △ABC에서 ∠A, ∠B, ∠C의 대변의 길이를 각각 a, b, c로 나타낸다.

(2) 삼각형이 만들어질 조건

삼각형이 만들어지려면 (가장 긴 변의 길이)<(나머지 두 변의 길이의 합)

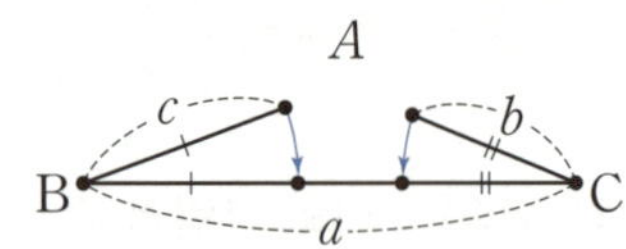	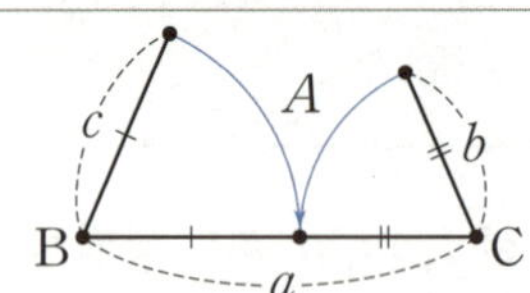
가장 긴 변이 a일 때, $a>b+c$ 이면 삼각형이 만들어질 수 없다.	가장 긴 변이 a일 때, $a=b+c$ 이면 삼각형이 만들어질 수 없다.

! 주의 가장 긴 변의 길이를 알 수 없을 때는 (두 변의 길이의 합)>(나머지 한 변의 길이)를 만족해야 삼각형이 만들어진다. 즉, $a+b>c$, $b+c>a$, $c+a>b$가 모두 성립해야 한다.

예 삼각형의 세 변의 길이가 3, 5, a일 때, a의 값으로 가능한 자연수의 개수는

i) 가장 긴 변의 길이가 a이면 $a<5+3 \Rightarrow \therefore a<8$

ii) 가장 긴 변의 길이가 5이면 $5<a+3 \Rightarrow \therefore a>2$

따라서 가능한 a의 값은 $2<a<8$이므로 자연수의 개수는 3, 4, 5, 6, 7의 5개

(3) 삼각형이 정해질 조건

삼각형은 다음의 각 경우에 모양과 크기가 하나로 정해진다.

① 세 변의 길이가 주어질 때

② 두 변의 길이와 그 끼인각의 크기가 주어질 때

③ 한 변의 길이와 그 양 끝 각의 크기가 주어질 때

! 주의 두 변의 길이와 끼인각이 아닌 한 각의 크기가 주어질 때는 삼각형이 하나로 정해지지 않을 수 있다. 한 예로 오른쪽 그림과 같이 두 변의 길이가 7, 5이고, 한 각의 크기가 45°인 삼각형은 △ABC와 △ABD의 두 가지 모양이 존재한다.

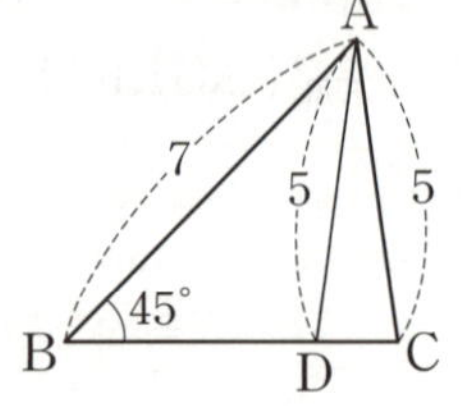

2 삼각형의 합동조건(★)

핵심개념

(1) 도형의 합동

모양과 크기가 같아서 포개었을 때 완전히 겹쳐지는 두 도형을 서로 합동이라고 한다.

삼각형 ABC와 삼각형 DEF가 서로 합동일 때, 이것을 기호로 △ABC≡△DEF와 같이 나타낸다. 합동인 두 도형은 대응변의 길이와 대응각의 크기가 각각 서로 같다.

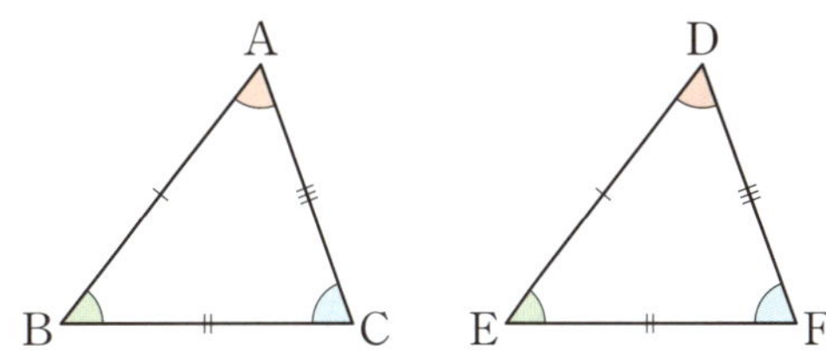

(2) 삼각형의 합동 조건

① 대응하는 세 변의 길이가 각각 같을 때 : SSS합동

예

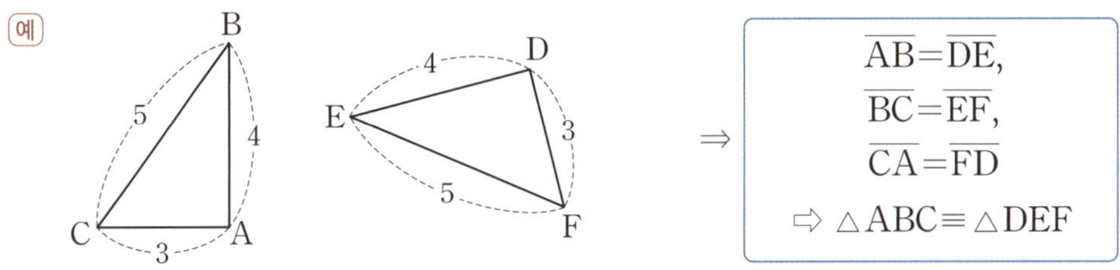

② 대응하는 두 변의 길이가 각각 같고, 그 끼인각의 크기가 같을 때 : SAS합동

예

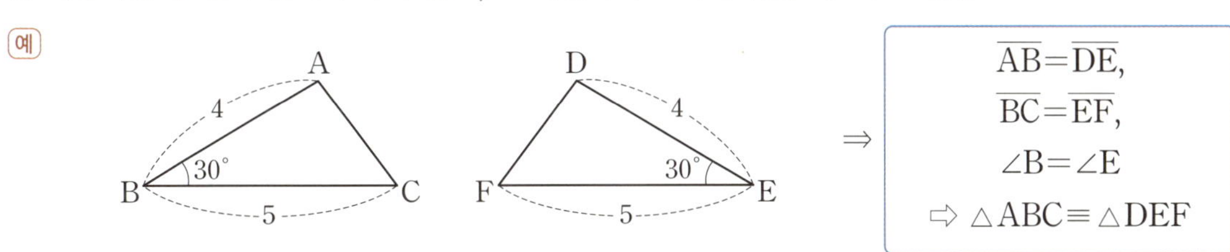

③ 대응하는 한 변의 길이가 같고, 그 양 끝 각의 크기가 각각 같을 때 : ASA합동

예

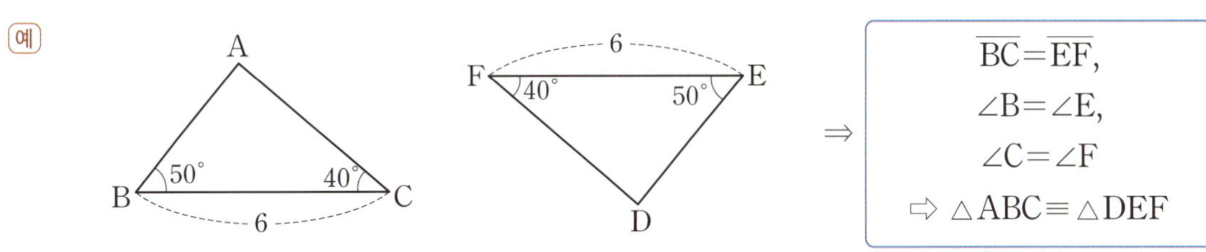

여기에서 S는 삼각형의 변(Side)을 뜻하고, A는 삼각형의 각(Angle)을 뜻한다.

! 중요 합동을 기호로 나타낼 때는 두 도형의 대응하는 꼭짓점을 순서에 맞춰 써야 한다. 비교하기가 편리하기 때문이다. 두 도형이 합동임을 보일 때도 마찬가지로 대응점을 순서에 맞춰 쓴다.

+꿀팁 한 도형을 머릿속에서 회전하거나 뒤집어서 움직여 가며 다른 도형과 정확히 포개질 수 있는지를 따져보면 좋다.

예1 오른쪽 그림과 같은 $\overline{AB}=\overline{DC}$, $\overline{AC}=\overline{DB}$, $\overline{AD}/\!/\overline{BC}$인 사다리꼴 ABCD에서 $\overline{AC}$와 $\overline{BD}$의 교점을 O라 할 때, 합동인 삼각형은 모두 몇 쌍인지 구하시오.

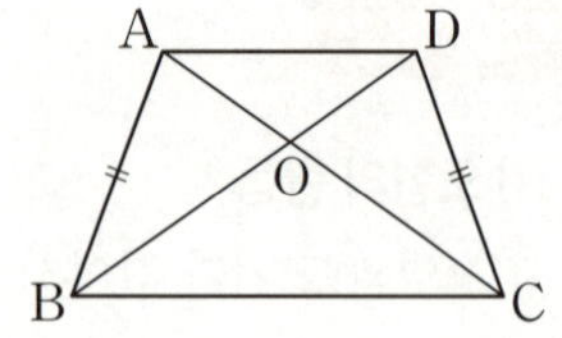

+풀이 합동인 삼각형은

① $\triangle ABC \equiv \triangle DCB$ ← SSS합동 : $\overline{AB}=\overline{DC}$, $\overline{AC}=\overline{DB}$, $\overline{BC}$는 공통

② $\triangle BAD \equiv \triangle CDA$ ← SSS합동 : $\overline{BA}=\overline{CD}$, $\overline{BD}=\overline{CA}$, $\overline{AD}$는 공통

③ $\triangle OAB \equiv \triangle ODC$ ← ASA합동 : $\angle OAB=\angle ODC(\because ①)$, $\angle OBA=\angle OCD(\because ②)$, $\overline{AB}=\overline{DC}$

$\therefore$ 합동인 삼각형은 3쌍이다.

예2 오른쪽 그림에서 삼각형 ABC와 삼각형 DCE는 정삼각형이다. $\overline{AH}=3\text{cm}$, $\overline{DE}=6\text{cm}$일 때, 삼각형 BCD의 넓이를 구하시오.

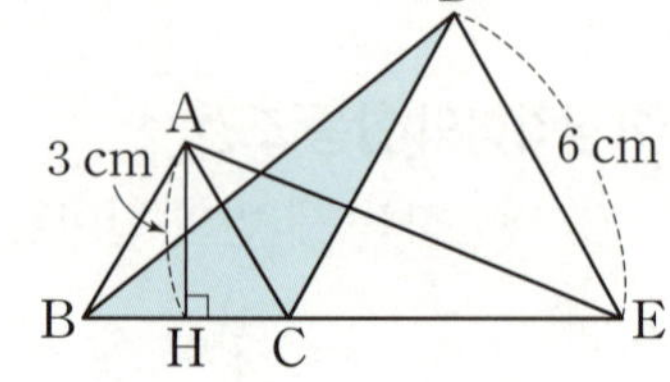

+풀이 $\triangle BCD \equiv \triangle ACE$이다. 왜냐하면,

$\overline{BC}=\overline{AC}$, $\overline{CD}=\overline{CE}$, $\angle BCD=\angle ACE=120°$ ⇨ SAS합동

따라서 $\triangle BCD=\triangle ACE=\dfrac{1}{2}\times 6\times 3=9$

$\Rightarrow \therefore$ ($\triangle BCD$의 넓이)$=9\text{cm}^2$

+꿀팁 점 C를 중심으로 $\triangle BCD$를 시계방향으로 60°만큼 회전하면 $\triangle ACE$와 포개어진다. 이를 생각하면 문제의 그림과 비슷한 모양에서 합동인 삼각형을 쉽게 떠올릴 수 있다.

예3 아래 그림과 같이 정사각형 ABCD의 두 변 BC, CD위에 $\angle EAF=45°$, $\angle AEF=68°$가 되도록 점 E, F를 잡았을 때, $\angle AFD$의 크기를 구하시오.

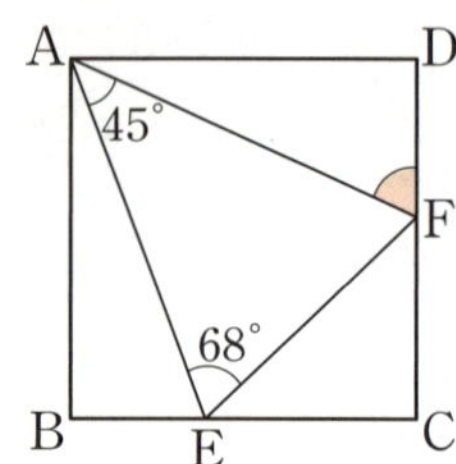

+풀이 오른쪽 그림과 같이 선분 BC의 연장선 위에 $\overline{DF}=\overline{BF'}$인 점 F′을 잡으면, $\triangle AFD \equiv \triangle AF'B$이다.

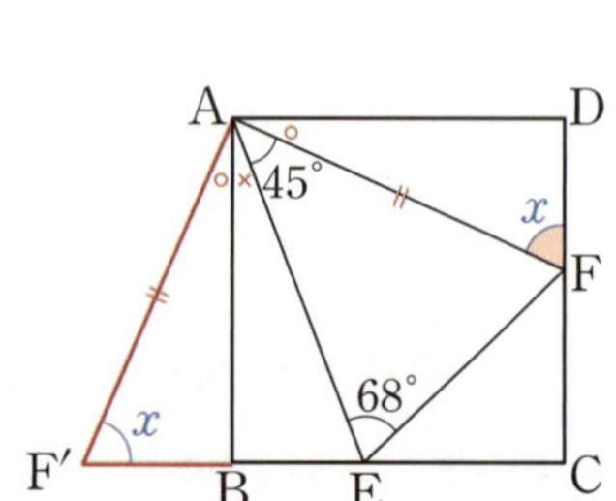

$\overline{DF}=\overline{BF'}$, $\angle ADF=\angle ABF'=90°$, $\overline{AD}=\overline{AB}$ ⇨ SAS합동

따라서 $\overline{AF}=\overline{AF'}$, $\angle FAD=\angle F'AB$이다.

$\angle FAD=\circ$, $\angle EAB=\times$ 라 하면,

$\angle BAD=\times+45°+\circ=90° \Rightarrow \circ+\times=45°$

따라서 $\triangle AF'E \equiv \triangle AFE$이다.

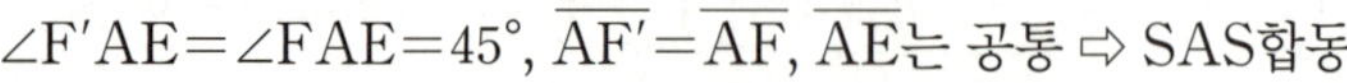

$\angle F'AE=\angle FAE=45°$, $\overline{AF'}=\overline{AF}$, $\overline{AE}$는 공통 ⇨ SAS합동

$\angle AFD=x$라 하면, $\angle AFD=\angle AF'B=\angle AFE$이므로

$\triangle AEF$에서 $45°+68°+x=180° \Rightarrow \therefore x=47°$

+꿀팁 점 A를 중심으로 $\triangle ADF$를 시계방향으로 90°만큼 회전하여 생각해 보면 쉽다.

[1-2 과정]

03 다각형

1 다각형, 정다각형 용어 정리 및 내각, 외각, 대각선(★)

핵심개념

(1) 다각형 : 3개 이상의 선분으로 둘러싸인 평면도형

① 변 : 다각형을 이루는 선분

② 꼭짓점 : 변과 변이 만나는 점

③ 내각 : 다각형의 이웃하는 두 변으로 이루어진 내부의 각

④ 외각 : 다각형의 각 꼭짓점에서 한 변과 그 변에 이웃한 변의 연장선으로 이루어진 각 ⇒ (내각의 크기)+(외각의 크기)=180°

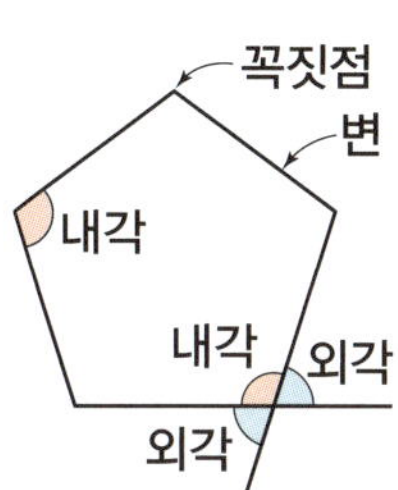

⑤ 대각선 : 다각형의 이웃하지 않는 두 꼭짓점을 이은 선분

✦참고 한 내각에 대한 외각은 두 개이지만 맞꼭지각으로 크기가 같으므로 하나를 택하여 생각하면 된다.

(2) 정다각형 : 변의 길이가 모두 같고, 내각의 크기가 모두 같은 다각형

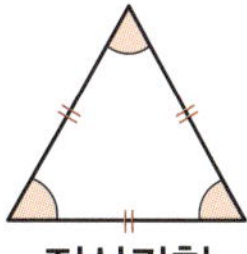

정삼각형

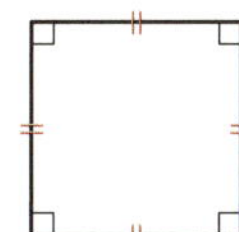
정사각형

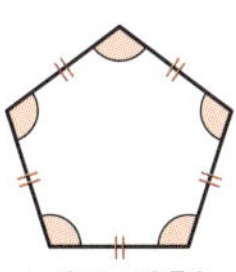
정오각형

…

위 그림과 같이 정다각형은 변의 개수에 따라 정삼각형, 정사각형, 정오각형, …이라고 하며, 변의 개수가 n개인 정다각형을 정n각형이라고 한다.

! 주의 ① 변의 길이가 모두 같고, ② 내각의 크기도 모두 같아야만 정다각형이다.

① 모든 변의 길이가 같아도 크기가 다른 내각이 있다면 정다각형이 아니다.	② 모든 내각의 크기가 같아도 길이가 다른 변이 있다면 정다각형이 아니다.
예 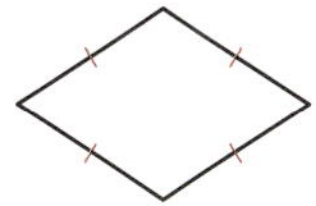  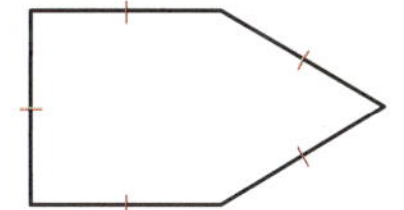	예 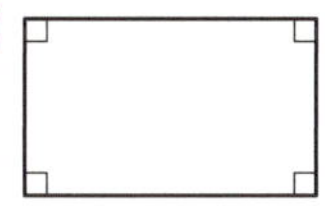 

다만, 삼각형은 모든 변의 길이 또는 모든 각의 크기 중 한 가지만 같아도 정삼각형이 된다.

핵심공식

(3) 다각형의 대각선의 개수

① n각형의 한 꼭짓점에서 그을 수 있는 대각선의 개수 : $(n-3)$개
(자기 자신인 점 1개와 이웃한 꼭짓점 2개를 뺀 나머지 점에 대각선을 그을 수 있다.)

② n각형의 대각선의 개수 : $\dfrac{n(n-3)}{2}$
(n: 꼭짓점의 개수, $n-3$: 한 꼭짓점에서 그을 수 있는 대각선의 개수, 2: 한 대각선이 두 번씩 중복되어 세어지므로 2로 나눈다.)

예 오른쪽 그림과 같이 육각형의 한 꼭짓점에서 그을 수 있는 대각선의 개수는 $6-3=3$(개)이고, 모든 대각선의 개수는 $\dfrac{6\times3}{2}=9$(개)이다.

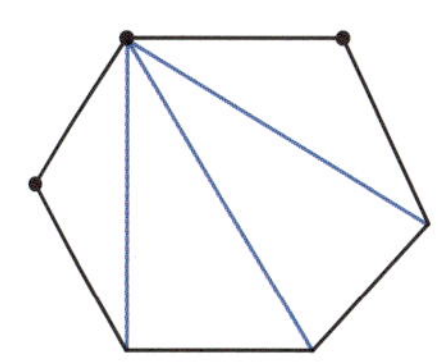

핵심공식

(4) 다각형의 내각과 외각의 크기

① n각형의 한 꼭짓점에서 대각선을 모두 그었을 때 생기는 삼각형의 개수 : $(n-2)$개

② n각형의 내각의 크기의 합 : $180° \times (n-2)$

삼각형의 세 내각의 크기의 합 ↲ ↳ n각형에 포함된 삼각형의 개수

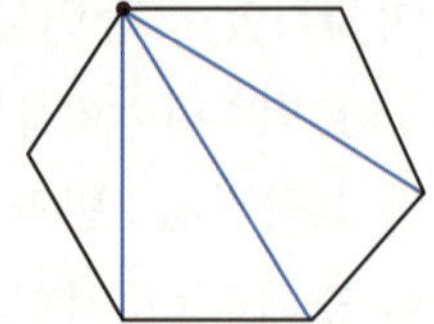

예 오른쪽 그림과 같이 육각형의 한 꼭짓점에서 대각선을 모두 그으면 $4(=6-2)$개의 삼각형이 생기므로 육각형의 내각의 크기의 합은

$180° \times 4 = 720°$

③ 정n각형의 한 내각의 크기 : $\dfrac{180° \times (n-2)}{n}$ ← 내각의 크기의 합을 n등분

④ n각형의 외각의 크기의 합 : $360°$

+설명1 n각형의 한 꼭짓점에서 내각과 외각의 크기의 합은 $180°$이고, n각형에는 n개의 꼭짓점이 있으므로

(내각의 크기의 합)+(외각의 크기의 합)$=180° \times n$

따라서

(n각형의 외각의 크기의 합)$=180° \times n-$(n각형의 내각의 크기의 합)

$=180° \times n - 180° \times (n-2)$

$=180° \times n - 180° \times n + 360° = 360°$

+설명2 아래 그림과 같이 외각의 꼭짓점이 한 점에서 만나도록 모으면 외각의 크기의 합은 $360°$임을 알 수 있다.

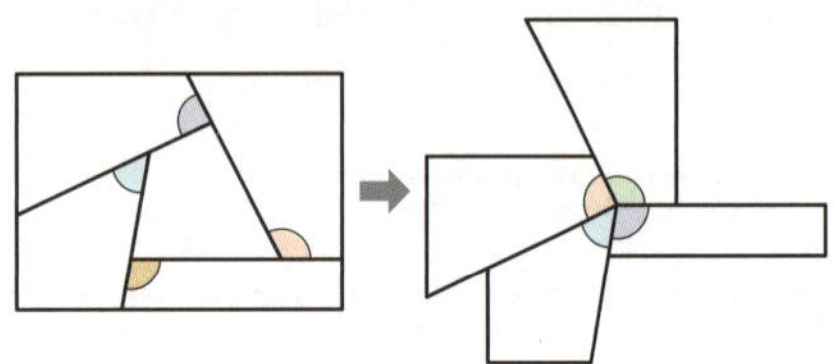

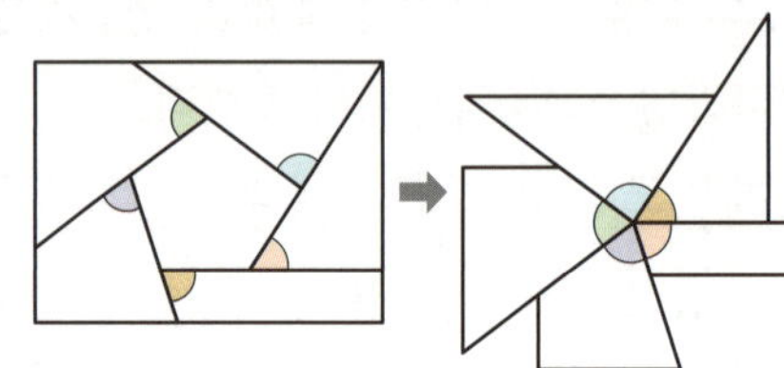

⑤ 정n각형의 한 외각의 크기 : $\dfrac{360°}{n}$ ← 외각의 크기의 합을 n등분

예1 내각의 크기의 합이 $540°$인 다각형의 대각선의 개수를 구하시오.

+풀이 (n각형의 내각의 크기의 합)$=180° \times (n-2) = 540° \Rightarrow n=5$

오각형의 대각선의 개수는 $\dfrac{5 \times (5-3)}{2} = 5$(개)

예2 칠각형의 외각의 크기의 합을 구하시오.

+풀이 다각형의 외각의 크기의 합은 항상 $360°$이므로 칠각형의 외각의 크기의 합도 $360°$이다.

예3 한 내각의 크기가 $140°$인 정다각형의 꼭짓점의 개수를 구하시오.

+풀이 (정n각형의 한 내각의 크기)$=\dfrac{180° \times (n-2)}{n} = 140°$

이 방정식을 풀면 $9(n-2)=7n \Rightarrow 9n-7n=18 \Rightarrow n=9$

∴ 정구각형이므로 꼭짓점의 개수는 9개

2 삼각형의 내각과 외각의 성질(★)

핵심개념+핵심공식

(1) 삼각형의 내각과 외각

① 삼각형의 세 내각의 크기의 합 : $180°$

② 삼각형의 내각과 외각 사이의 관계

⇨ 삼각형의 한 외각의 크기는 그와 이웃하지 않은 두 내각의 합과 같다.

+설명 오른쪽 그림과 같이 △ABC에서 변 BC의 연장선 위에 한 점 D를 잡고, 점 C에서 변 AB와 평행한 반직선 CE를 그으면

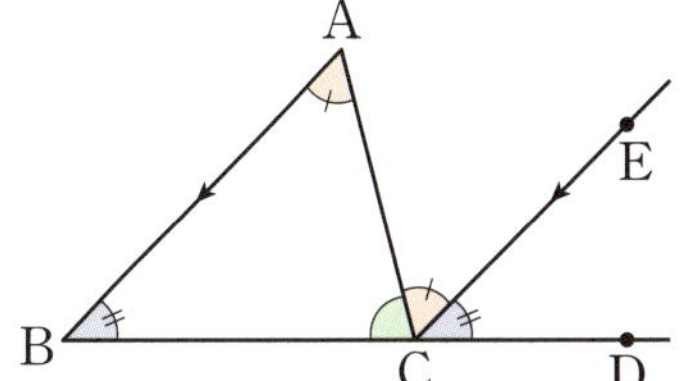

$\angle A=\angle ACE$ ← 평행선의 엇각

$\angle B=\angle ECD$ ← 평행선의 동위각

이므로 △ABC의 내각의 크기의 합은

$$\angle A+\angle B+\angle BCA=\angle ACE+\angle ECD+\angle BCA$$
$$=\angle BCD=180°$$

이다. 따라서,

(△ABC에서 ∠C의 외각의 크기) $=\angle ACE+\angle ECD=\angle A+\angle B$

핵심공식

(2) 삼각형의 외각을 응용할 수 있는 모양

① 삼각형의 외각	② 나비 넥타이 모양	③ 화살촉 모양
$\angle a+\angle b=\angle x$	$\angle a+\angle b=\angle c+\angle d(=\angle x)$	$\angle a+\angle b+\angle c=\angle x$

예1 다음 그림에서 $\angle x$의 크기를 구하시오.

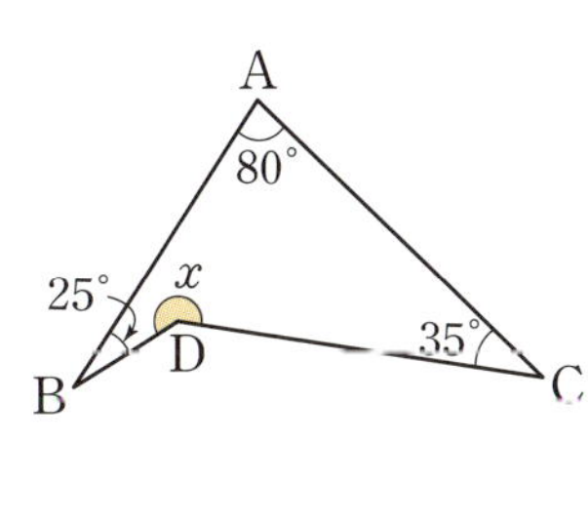

+풀이 오른쪽 그림과 같이 점 A와 점 D를 잇는 선분의 연장선을 긋고, 그 위에 점 P를 잡자.

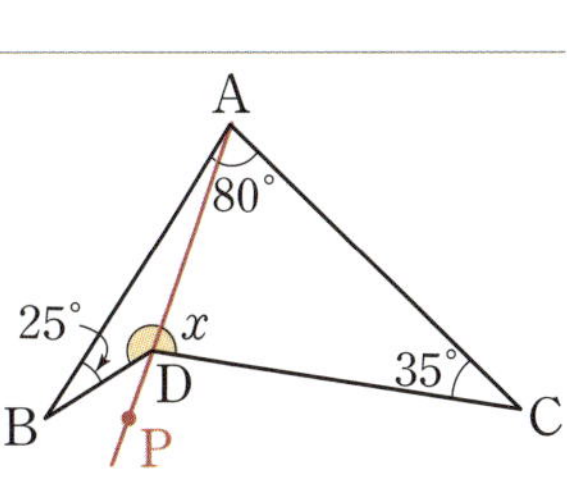

$\angle BAD=\angle y$, $\angle CAD=\angle z$ 라고 하면,

$\angle y+\angle z=80°$.

△ABD에서 $\angle BDP=\angle y+25°$ ← 삼각형의 외각

△ACD에서 $\angle CDP=\angle z+35°$ ← 삼각형의 외각

따라서

$\angle BDC=\angle BDP+\angle CDP$

$=(\angle y+25°)+(\angle z+35°)=140°$ ← 화살촉 모양의 원리

$\therefore\ \angle x=360°-\angle BDC=360°-140°=220°$

+참고 예1은 보조선 $\overline{BC}$를 그은 뒤, 삼각형의 내각의 크기의 합을 이용하여 문제를 풀 수도 있다. 하지만 일반적으로 화살촉 모양은 외각을 이용하는 것이 편리하다.

예2 다음 그림에서 $\angle x$의 크기를 구하시오.

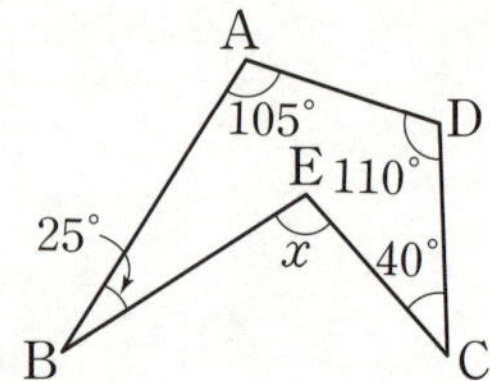

+풀이 오른쪽 그림과 같이 보조선 $\overline{BC}$를 긋자.

$\angle EBC=\angle y$, $\angle ECB=\angle z$라 하면,

사각형 ABCD의 내각의 크기의 합은 360°이므로

$105°+(25°+\angle y)+(40°+\angle z)+110°=360°$

$\Rightarrow \angle y+\angle z=80°$

$\triangle EBC$에서 $\angle x+\angle y+\angle z=180°$이므로

$\angle x+80°=180° \Rightarrow \therefore \angle x=100°$

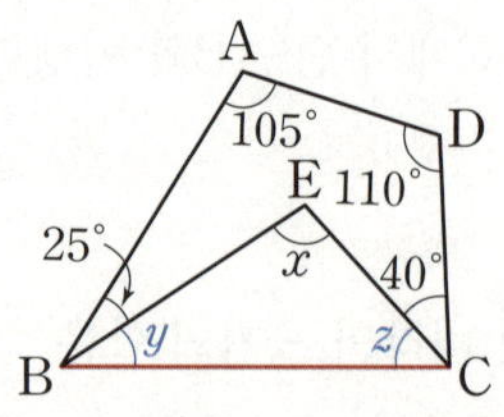

예3 다음 그림에서 $x+y$의 값을 구하시오.

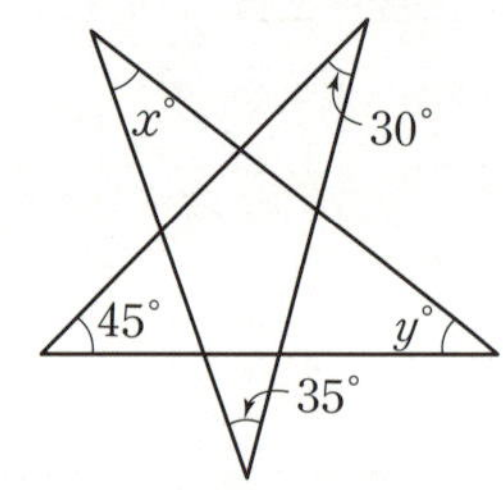

+풀이 1 오른쪽 그림과 같이 각 점을 A, B, C, D, E, F, G, H, I, J라 하자.

($\triangle ADG$에서 $\angle D$의 외각의 크기)$=\angle A+\angle G$

$=x°+y°$

($\triangle BEI$에서 $\angle B$의 외각의 크기)$=\angle I+\angle E$

$=30°+35°=65°$

$\triangle BCD$의 내각의 합은 180°이므로

$(x°+y°)+65°+45°=180° \Rightarrow \therefore x+y=70$

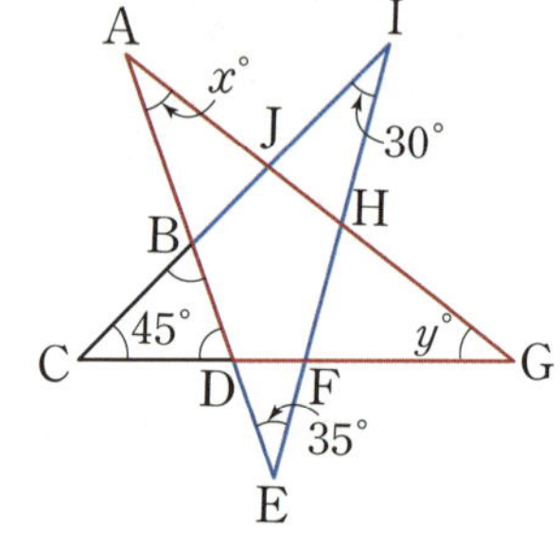

+풀이 2 오른쪽 그림과 같이 빨간색 보조선($\overline{CE}$)을 그으면

$\bullet+\times=x°+y°$ ← 빨간 선과 파란 선이 나비모양을 이룬다.

이다. 이때, 30°를 끼고 있는 큰 삼각형($\triangle ICE$)에서

$30°+(\bullet+45°)+(\times+35°)=180° \Rightarrow \bullet+\times=70°$

$\therefore x+y=70$

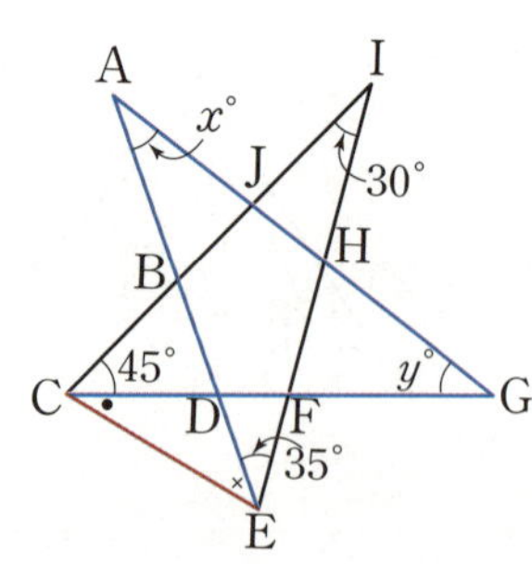

[1-2 과정]

04 원과 부채꼴

1 원과 부채꼴 (★★) : 대수 삼각함수

핵심개념

(1) 원과 부채꼴의 정의 및 용어 정리

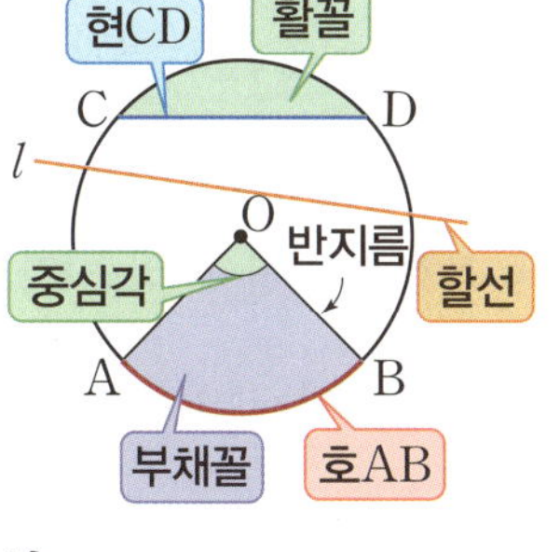

① 원 : 평면 위의 한 점 O로부터 일정한 거리에 있는 점들로 이루어진 도형

② 호 AB($\overset{\frown}{AB}$) : 원 O위의 두 점 A, B를 양 끝으로 하는 원의 일부분

③ 현 CD($\overline{CD}$) : 원 O위의 두 점 C, D를 이은 선분

④ 할선 : 원 O위의 두 점을 지나는 직선 l

⑤ 부채꼴 AOB : 원 O에서 두 반지름 OA, OB와 호 AB로 이루어진 도형

⑥ 부채꼴 AOB의 중심각 : 부채꼴 AOB에서 ∠AOB (호 AB에 대한 중심각이라고도 한다.)

⑦ 활꼴 : 호 CD와 현 CD로 이루어진 도형

+참고 $\overset{\frown}{AB}$는 보통 길이가 짧은 쪽의 호를 나타내고, 길이가 긴 쪽의 호는 그 호 위의 한 점 C를 잡아 $\overset{\frown}{ACB}$와 같이 나타낸다.

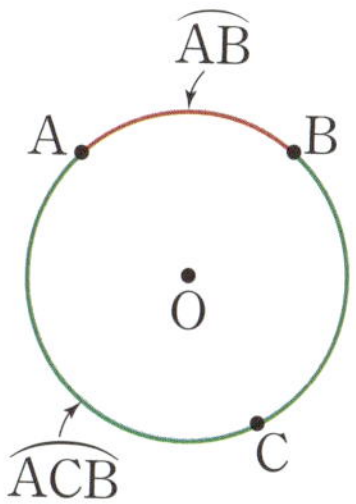

핵심개념

(2) 부채꼴의 중심각의 크기에 따른 호의 길이와 넓이

한 원에서 또는 합동인 두 원에서

① 중심각의 크기가 같은 두 부채꼴은 합동이므로 호의 길이와 넓이는 각각 같다. (그림1)

② 부채꼴의 호의 길이와 넓이는 중심각의 크기에 정비례한다. (그림2)

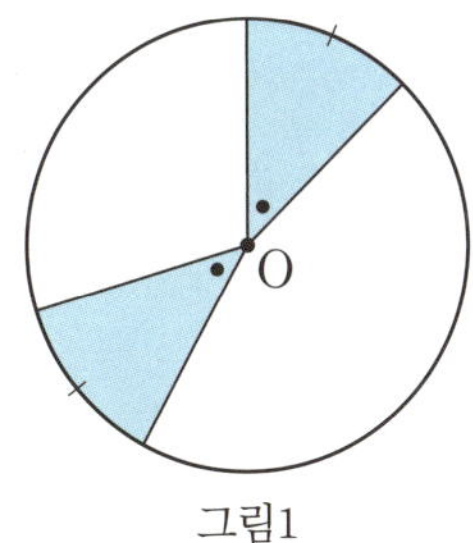

그림1

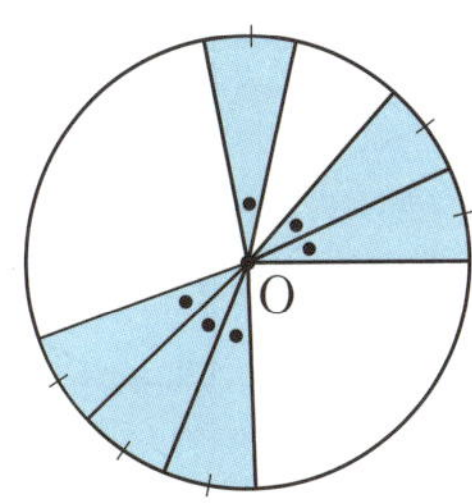

그림2

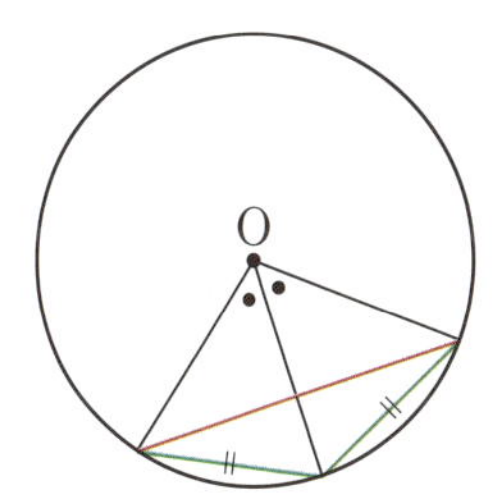

그림3

! 주의 부채꼴의 현의 길이는 중심각의 크기에 정비례하지 않는다. (그림3)

예 다음 그림에서 x의 값을 구하시오.

①

2 cm $x°$ O 120° 8 cm

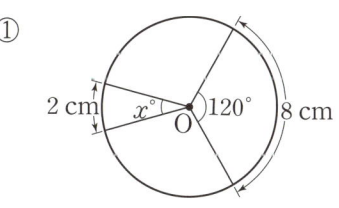

②

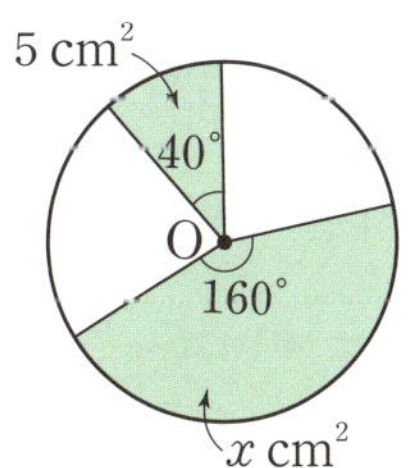

+풀이 ① 2cm : 8cm$=x°$: 120° ⇒ $x=30$

② 5cm² : $x$cm²$=40°$: 160° ⇒ $x=20$

핵심개념+핵심공식

(3) 원의 둘레의 길이와 넓이

① 원주율 : 원의 지름의 길이에 대한 원의 둘레의 길이(원주)의 비율로 기호로 π와 같이 나타내고 '파이'라고 읽는다.

$$(\text{원주율})=\frac{(\text{원의 둘레의 길이})}{(\text{원의 지름의 길이})}=3.14\cdots=\pi$$ ← π는 수다.

+참고 원주율을 구하면 3.1415926535…로 소수점 아래의 숫자가 불규칙하게 한없이 계속된다. 이 복잡한 수를 'π'라는 기호로 간단히 나타낸 것이다.

② 원의 둘레의 길이와 넓이

반지름이 r인 원의 둘레의 길이를 l, 넓이를 S라 하면,

❶ $l=2\pi r$ ❷ $S=\pi r^2$

(4) 부채꼴의 호의 길이와 넓이

반지름이 r이고, 중심각의 크기가 $x°$인 부채꼴의 호의 길이를 l, 넓이를 S라 하면,

❶ $l=2\pi r\times\frac{x}{360}$ ❷ $S=\pi r^2\times\frac{x}{360}=\frac{1}{2}rl$

❷의 증명 : $S=\pi r^2\times\frac{x}{360}=r\times\pi r\times\frac{x}{360}=\frac{1}{2}\times r\times\left(2\pi r\times\frac{x}{360}\right)=\frac{1}{2}rl$

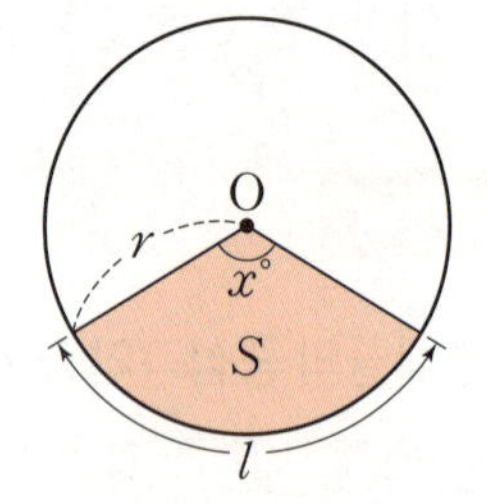

예 다음 그림에서 색칠한 부분의 둘레의 길이와 넓이를 구하시오.

①

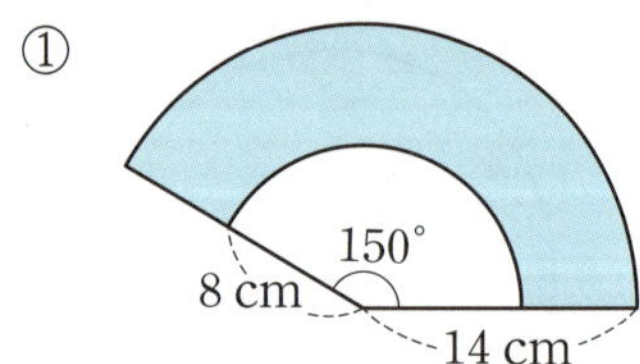

②

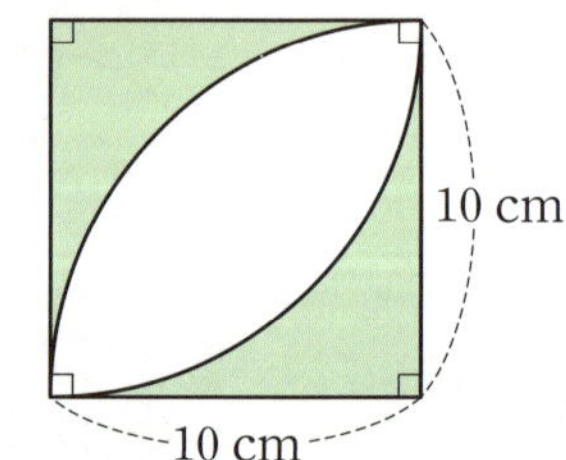

+풀이 ① 둘레의 길이 : (선분의 길이)×2+(두 부채꼴의 호의 길이의 합)

$$=(14-8)\times2+\left(2\pi\times8\times\frac{150}{360}+2\pi\times14\times\frac{150}{360}\right)=\mathbf{12+\frac{55}{3}\pi(cm)}$$

넓이 : {(큰 부채꼴의 넓이)−(작은 부채꼴의 넓이)}

$$=\left(\pi\times14^2\times\frac{150}{360}\right)-\left(\pi\times8^2\times\frac{150}{360}\right)=\mathbf{55\pi(cm^2)}$$

② 둘레의 길이 : (정사각형의 둘레의 길이)+{(부채꼴의 호의 길이)×2}

$$=40+\left(2\pi\times10\times\frac{90}{360}\right)\times2=\mathbf{40+10\pi(cm)}$$

넓이 : {(정사각형의 넓이)−(부채꼴의 넓이)}×2

$$=\left\{100-\left(\pi\times10^2\times\frac{90}{360}\right)\right\}\times2=\mathbf{200-50\pi(cm^2)}$$

[1-2 과정]

05 입체도형

1 다면체

핵심개념

(1) 다면체의 정의 및 용어정리

다각형인 면으로만 둘러싸인 입체도형을 다면체라고 한다.

다면체를 둘러싸고 있는 면이 n개이면 n면체라고 한다.

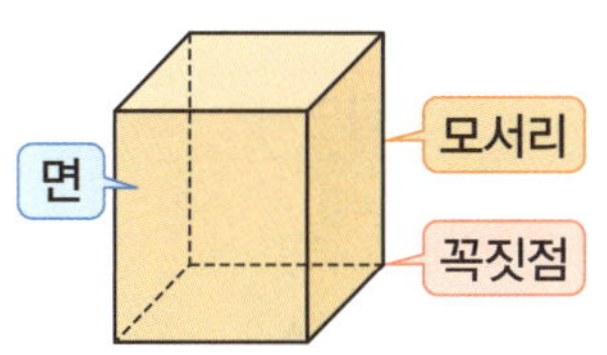

① 면 : 다면체를 둘러싸고 있는 다각형

② 모서리 : 다면체를 이루는 다각형의 변 (두 면의 교선)

③ 꼭짓점 : 다면체를 이루는 다각형의 꼭짓점 (모서리의 교점)

사면체의 모양은 한 가지(삼각뿔 모양)이지만, 오면체, 육면체 등은 여러 가지 모양이 있다.

사면체	오면체	육면체	…
			…

(2) 각기둥, 각뿔, 각뿔대

① 각기둥 : 두 밑면이 서로 평행하고 합동인 다각형이고 옆면은 모두 직사각형인 다면체

② 각뿔 : 밑면은 다각형이고 옆면은 모두 삼각형인 다면체

③ 각뿔대 : 각뿔을 밑면에 평행한 평면으로 잘라서 생기는 두 다면체 중 각뿔이 아닌 쪽의 다면체

밑면의 모양에 따라 삼각기둥, 사각뿔, 오각뿔대, …라 한다.

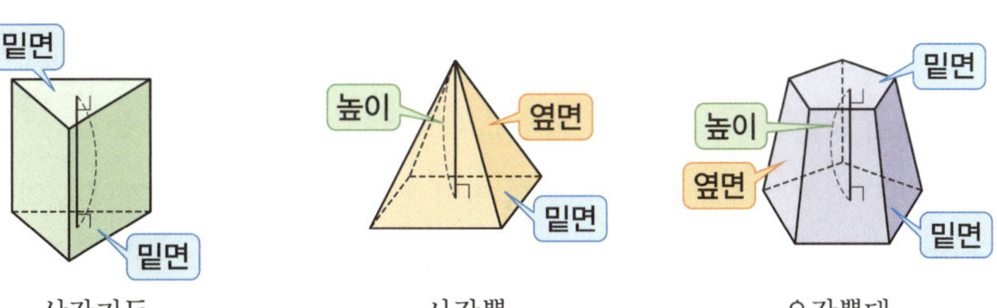

삼각기둥 사각뿔 오각뿔대

특징 \ 입체도형	n각기둥	n각뿔	n각뿔대
밑면의 개수	2	1	2
옆면의 모양	직사각형	삼각형	사다리꼴
꼭짓점의 개수	$2n$	$n+1$	$2n$
모서리의 개수	$3n$	$2n$	$3n$
면의 개수	$n+2$	$n+1$	$n+2$
몇 면체인가?	$(n+2)$면체	$(n+1)$면체	$(n+2)$면체

핵심개념

(3) 정다면체

① 정다면체의 뜻

모든 면이 서로 합동인 정다각형이고, 각 꼭짓점에 모여 있는 면의 개수가 같은 다면체

두 조건을 모두 만족해야 한다.

② 정다면체의 종류

정다면체	정사면체	정육면체	정팔면체	정십이면체	정이십면체
겨냥도	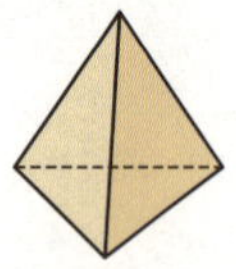	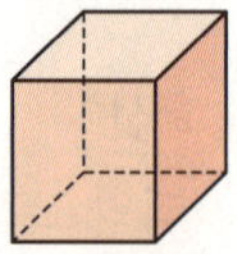	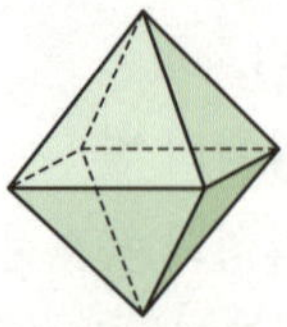	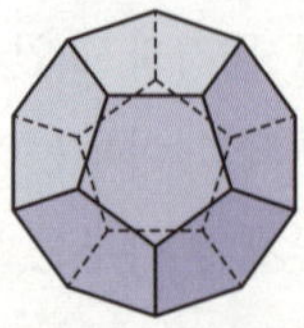	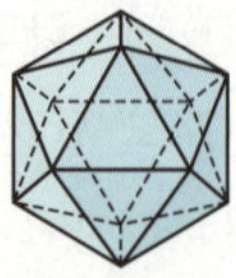
전개도	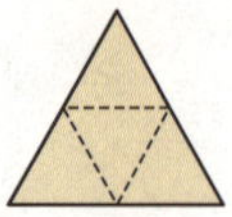	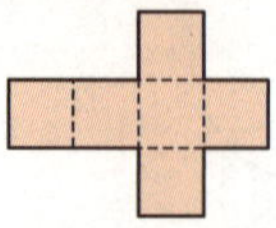	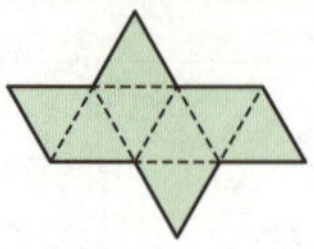	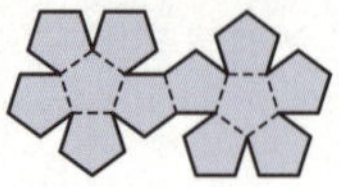	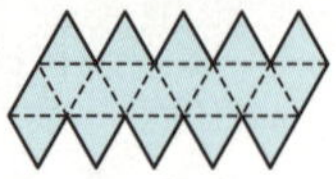
면의 모양	정삼각형	정사각형	정삼각형	정오각형	정삼각형
한 꼭짓점에 모인 면의 개수	3	3	4	3	5
면의 개수	4	6	8	12	20
꼭짓점의 개수	4	8	6	20	12
모서리의 개수	6	12	12	30	30

❶ (정다면체의 꼭짓점의 개수)

=(면을 이루는 정다각형의 꼭짓점의 개수)×(면의 개수)÷(한 꼭짓점에 모이는 면의 개수)

→모든 꼭짓점의 개수를 →겹쳐지는 점의 개수로 나눈다.

❷ (정다면체의 모서리의 개수)

=(면을 이루는 정다각형의 변의 개수)×(면의 개수)÷(한 모서리에 모이는 면의 개수)

→모든 변의 개수를 →겹쳐지는 변의 개수로 나눈다.

모서리에는 두 개의 변이 겹쳐지므로 겹쳐지는 변의 개수는 2이다.

③ 정다면체가 5가지뿐인 이유

정다면체는 입체도형이므로 한 꼭짓점에 3개 이상의 면이 모여야 하고, 한 꼭짓점에 모인 각의 크기의 합이 360°보다 작아야 한다. 따라서 정다면체의 면이 될 수 있는 다각형은 아래 그림과 같이 정삼각형, 정사각형, 정오각형뿐이고, 만들 수 있는 정다면체는 다음과 같다.

한 면이 정삼각형			한 면이 정사각형	한 면이 정오각형
정사면체	정팔면체	정이십면체	정육면체	정십이면체
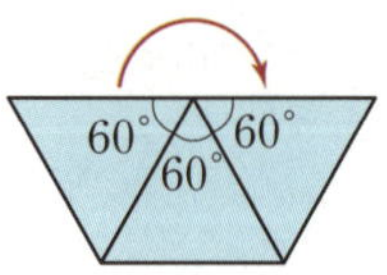 60° 60° 60°	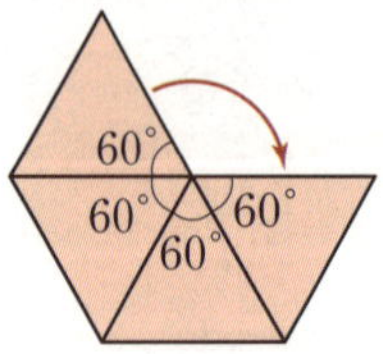 60° 60° 60° 60°	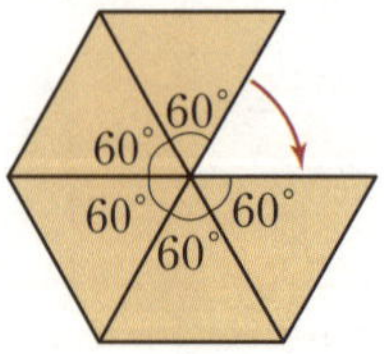 60° 60° 60° 60° 60°	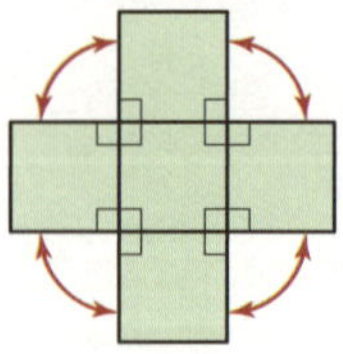	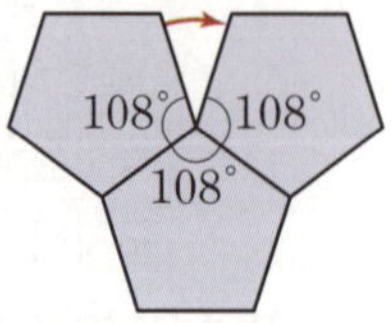 108° 108° 108°

2 회전체

핵심개념

(1) 회전체의 정의 및 용어 정리

한 직선을 축으로 하여 평면도형을 1회전시킬 때 생기는 입체도형을 회전체라고 한다.

① 회전축 : 회전시킬 때 축으로 사용하는 직선

② 모선 : 회전체에서 옆면을 만드는 선분 ←구는 곡선이 회전한 것이므로 모선이라는 말을 쓰지 않는다.

③ 회전체의 종류 : 원기둥, 원뿔, 구 등이 있다.

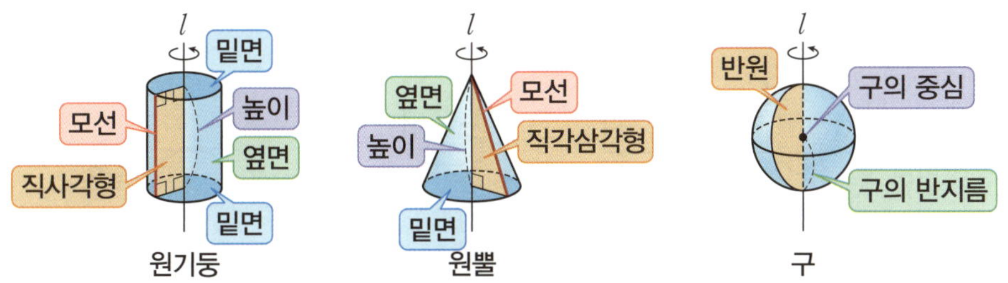

(2) 원뿔대

원뿔을 밑면에 평행한 평면으로 자를 때 생기는 두 입체도형 중에서 원뿔이 아닌 쪽의 입체도형

① 밑면 : 원뿔대에서 서로 평행한 두 면

② 옆면 : 모선을 회전시켜 생기는 면

③ 높이 : 두 밑면에 수직인 선분의 길이

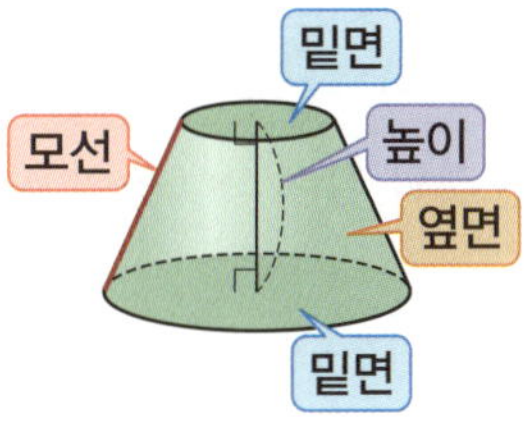

(3) 회전체의 성질

① 회전체를 회전축에 수직인 평면으로 잘라서 생긴 단면의 모양은 항상 원이다.

원기둥	원뿔	원뿔대	구
l 원	l 원	l 원	l 원

② 회전체를 회전축을 포함하는 평면으로 잘라서 생긴 단면은 모두 합동이고, 회전축을 대칭축으로 하는 선대칭도형이다.

원기둥	원뿔	원뿔대	구
l 직사각형	l 이등변 삼각형	l 사다리꼴	l 원

3 입체도형의 겉넓이와 부피(★)

핵심개념+핵심공식

(1) 기둥의 겉넓이와 부피

① 기둥의 겉넓이

+설명 각기둥과 원기둥의 전개도는 아래 그림과 같다.

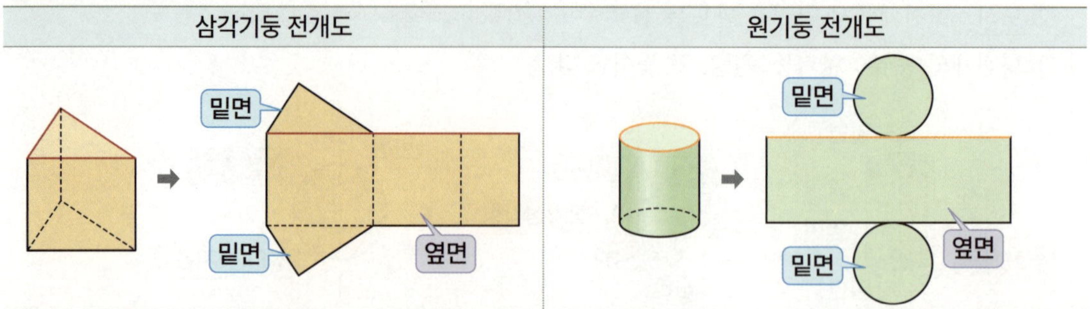

따라서 기둥의 겉넓이는 다음과 같이 구할 수 있다.

> (기둥의 겉넓이)=(밑넓이)×2+(옆넓이) ← 합동인 두 밑면과 직사각형 모양의 옆면의 합
>
> (옆넓이) → (밑면의 둘레의 길이)×(높이)

▶확인 기둥의 전개도에서 옆면을 이루는 직사각형의 가로는 밑면의 둘레의 길이와 같다.
따라서 (옆넓이)=(밑면의 둘레의 길이)×(높이)와 같다.

② 기둥의 부피

+설명 직육면체는 모양과 크기가 같은 두 개의 삼각기둥으로 나눌 수 있으므로

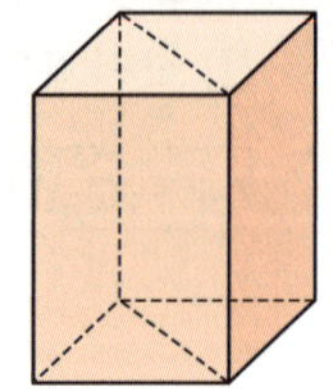

(삼각기둥의 부피)$=\frac{1}{2}\times$(직육면체의 부피)

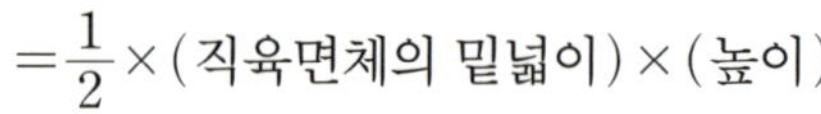

$=\frac{1}{2}\times$(직육면체의 밑넓이)×(높이)

=(삼각기둥의 밑넓이)×(높이)

각기둥은 여러 개의 삼각기둥으로 나눌 수 있으므로

(각기둥의 부피)=(나누어진 삼각기둥의 부피의 합)

=(나누어진 삼각기둥의 밑넓이의 합)×(높이)

=(각기둥의 밑넓이)×(높이)

원기둥 안에 꼭 맞게 들어가는 밑면이 정다각형인 각기둥에서 밑면의 변의 개수를 계속 늘려 가면 각기둥은 원기둥에 가까워지므로 원기둥의 부피도 각기둥과 같은 방법으로 구할 수 있다.

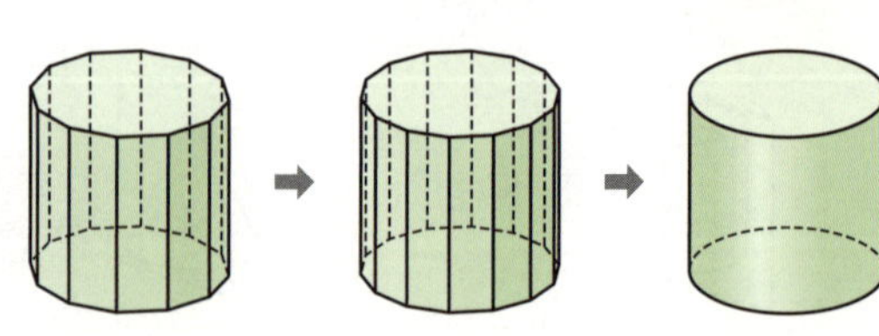

따라서 기둥의 부피는 다음과 같이 구할 수 있다.

> (기둥의 부피)=(밑넓이)×(높이)

예1 다음 기둥의 겉넓이와 부피를 구하시오.

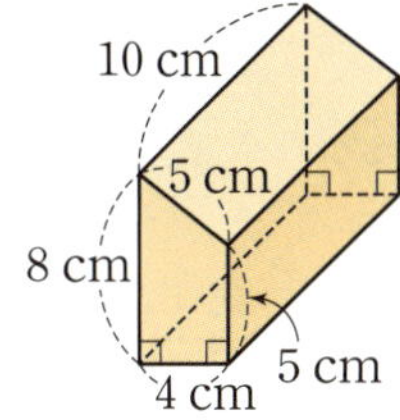

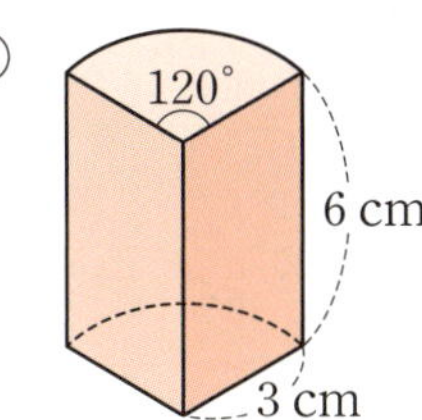

풀이 ① 주어진 입체도형은 밑면이 사다리꼴인 사각기둥과 같다.

$$(\text{겉넓이})=\{\underbrace{(8+5)\times4\div2}_{\text{밑넓이}}\}\times2+\underbrace{(8+4+5+5)\times10}_{\text{옆넓이}}=52+220=\mathbf{272(cm^2)}$$

$$(\text{부피})=\underbrace{(8+5)\times4\div2}_{\text{밑넓이}}\times\underbrace{10}_{\text{높이}}=\mathbf{260(cm^3)}$$

② $$(\text{겉넓이})=\underbrace{\left(\pi\times3^2\times\frac{120}{360}\right)}_{\text{밑넓이}}\times2+\underbrace{\left\{3+3+\left(2\pi\times3\times\frac{120}{360}\right)\right\}\times6}_{\text{옆넓이}}$$

$$=6\pi+(6+2\pi)\times6=\mathbf{36+18\pi(cm^2)}$$

$$(\text{부피})=\underbrace{\left(\pi\times3^2\times\frac{120}{360}\right)}_{\text{밑넓이}}\times\underbrace{6}_{\text{높이}}=\mathbf{18\pi(cm^3)}$$

예2 다음 입체도형의 겉넓이와 부피를 구하시오.

① 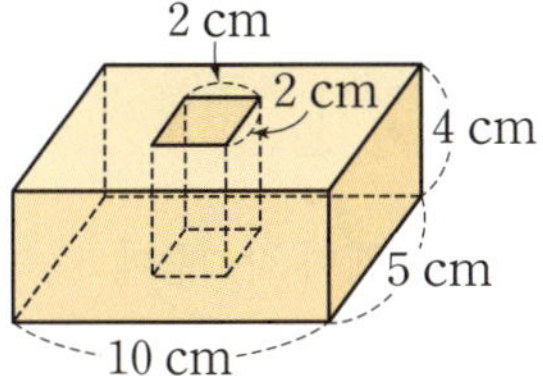

② 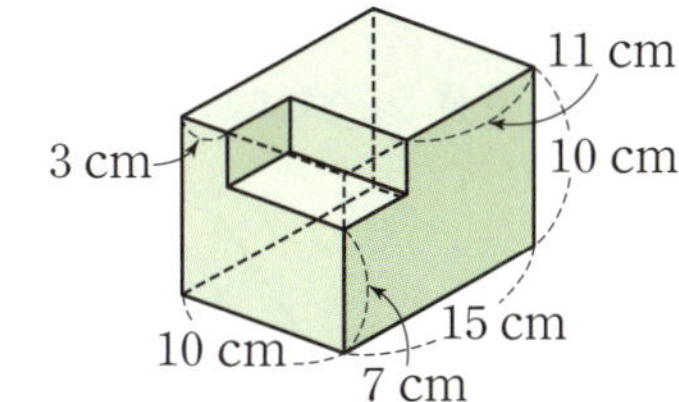

풀이 ① $$(\text{겉넓이})=\underbrace{(10\times5-2\times2)}_{\text{밑넓이}}\times2+\underbrace{(10+5+10+5)\times4}_{\text{큰 기둥 옆넓이}}+\underbrace{(2+2+2+2)\times4}_{\text{작은 기둥 옆넓이}}$$

$$=92+120+32=\mathbf{244(cm^2)}$$

$$(\text{부피})=\underbrace{(10\times5-2\times2)}_{\text{밑넓이}}\times\underbrace{4}_{\text{높이}}=\mathbf{184(cm^3)}$$

② 잘린 단면을 이동하면 주어진 입체도형의 겉넓이는 직육면체의 겉넓이와 같다.

$$(\text{겉넓이})=\underbrace{(10\times15)}_{\text{밑넓이}}\times2+\underbrace{(10+15+10+15)\times10}_{\text{옆넓이}}$$

$$=300+500=\mathbf{800(cm^2)}$$

$$(\text{부피})=\underbrace{(10\times15\times10)}_{\text{큰 직육면체의 부피}}-\underbrace{(10-3)\times(15-11)\times(10-7)}_{\text{잘린 직육면체의 부피}}$$

$$=1500-84=\mathbf{1416(cm^3)}$$

핵심개념+핵심공식

(2) 뿔의 겉넓이와 부피

① 뿔의 겉넓이

+설명 각뿔과 원뿔의 전개도는 아래 그림과 같다.

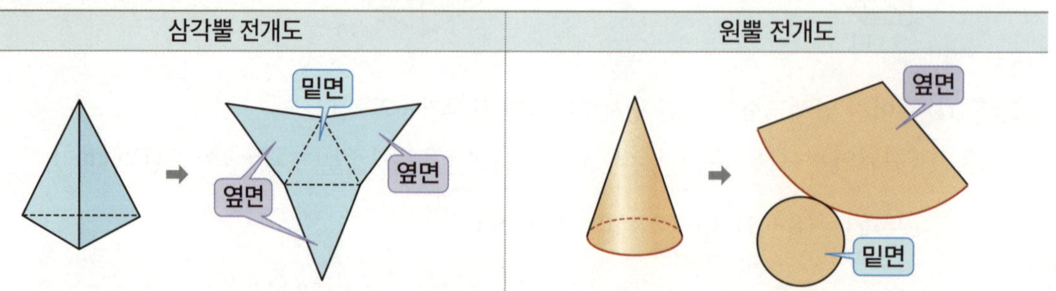

따라서 뿔의 겉넓이는 다음과 같이 구할 수 있다.

> (뿔의 겉넓이)=(밑넓이)+(옆넓이)

! 주의 원뿔의 전개도에서 옆면은 부채꼴이다. 삼각형이라고 착각하지 말자.

▶확인 원뿔의 전개도에서 옆면인 부채꼴의 호의 길이는 밑면인 원의 둘레의 길이와 같다.

② 뿔의 부피

+설명 밑면이 합동이고 높이가 같은 각뿔과 각기둥의 부피 관계는 다음과 같이 측정할 수 있다.

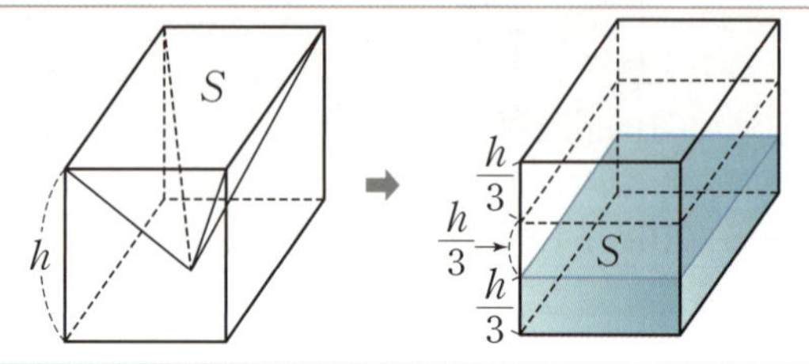

⇨ 각뿔에 물을 가득 채워 각기둥에 세 번 부으면 각기둥이 가득 채워진다. 즉, 각뿔의 부피는 각기둥의 부피의 $\frac{1}{3}$이다. 이는 원뿔과 원기둥에서도 마찬가지이다.

따라서 뿔과 기둥의 부피 사이에는 다음이 성립한다.

> (뿔의 부피)$=\frac{1}{3}\times$(기둥의 부피)$=\frac{1}{3}\times$(밑넓이)$\times$(높이)

▶확장 아래 그림과 같은 사각뿔의 전개도를 접어서 3개의 사각뿔을 만들자. 아래 그림과 같이 붙이면 정육면체(사각기둥)를 만들 수 있다. 이를 통하여 뿔의 부피가 기둥의 부피의 $\frac{1}{3}$임을 유추할 수 있다.

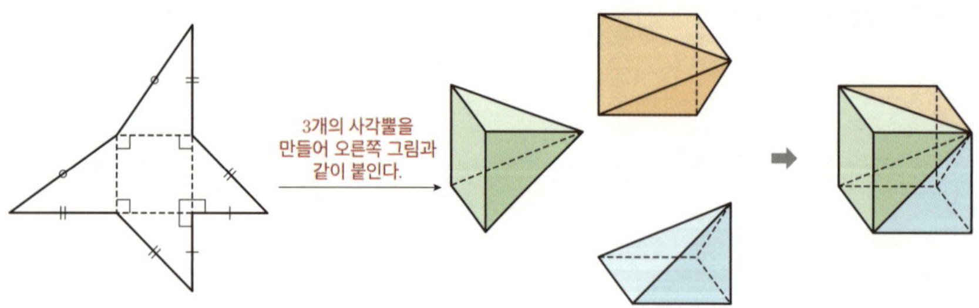

예1 다음 뿔의 겉넓이를 구하시오.

① 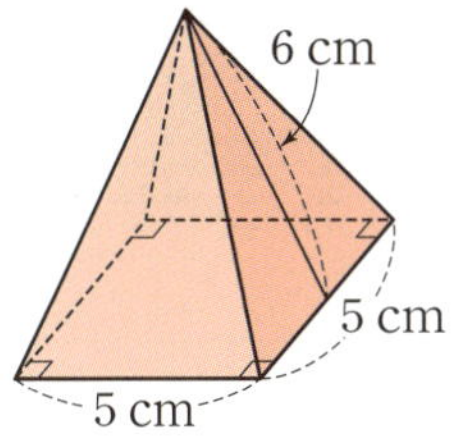

② 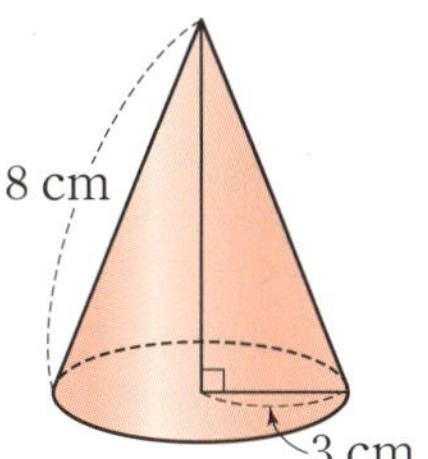

풀이 각각의 전개도는 다음과 같다.

① 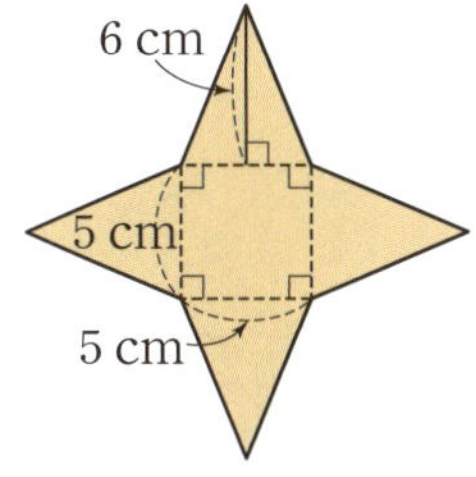

② 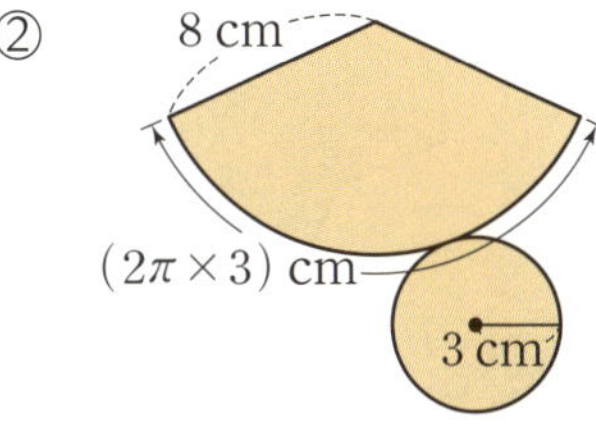

① (밑넓이)$=5\times5=25$, (옆넓이)$=\left(\frac{1}{2}\times5\times6\right)\times4=60$

∴ (겉넓이)$=25+60=$**85(cm²)**

② 옆면인 부채꼴의 호의 길이와 밑면인 원의 둘레의 길이는 같으므로

(부채꼴의 호의 길이)$=2\pi\times3=6\pi$

(밑넓이)$=\pi\times3^2=9\pi$, (옆넓이)$=\frac{1}{2}\times8\times6\pi=24\pi$ ← (부채꼴의 넓이)$=\frac{1}{2}rl$

∴ (겉넓이)$=9\pi+24\pi=$**33π(cm²)**

예2 다음 입체도형의 부피를 구하시오.

① 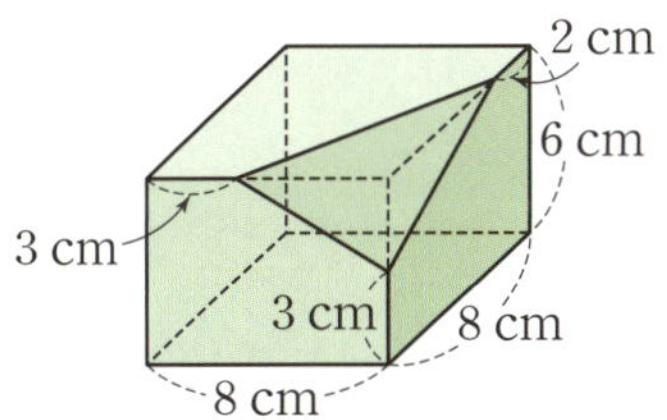

② 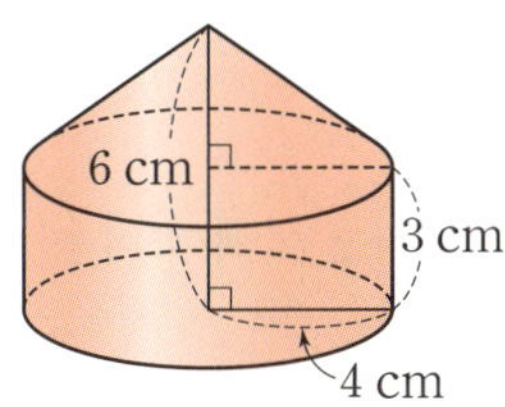

풀이 ① (직육면체의 부피)$=(8\times8\times6)=384$

(잘라낸 삼각뿔의 부피)$=\frac{1}{3}\times\left\{\underbrace{\left(\frac{1}{2}\times5\times3\right)}_{\text{밑넓이}}\right\}\times\underbrace{6}_{\text{높이}}=15$

∴ (입체도형의 부피)$=384-15=$**369(cm³)**

② (원기둥의 부피)$=\pi\times4^2\times3=48\pi$, (원뿔의 부피)$=\frac{1}{3}\times(\underbrace{\pi\times4^2}_{\text{밑넓이}})\times\underbrace{3}_{\text{높이}}=16\pi$

∴ (입체도형의 부피)$=48\pi+16\pi=$**64π(cm³)**

핵심개념+핵심공식

(3) 뿔대의 겉넓이와 부피

① 뿔대의 겉넓이

+설명 각뿔대와 원뿔대의 전개도는 아래 그림과 같다.

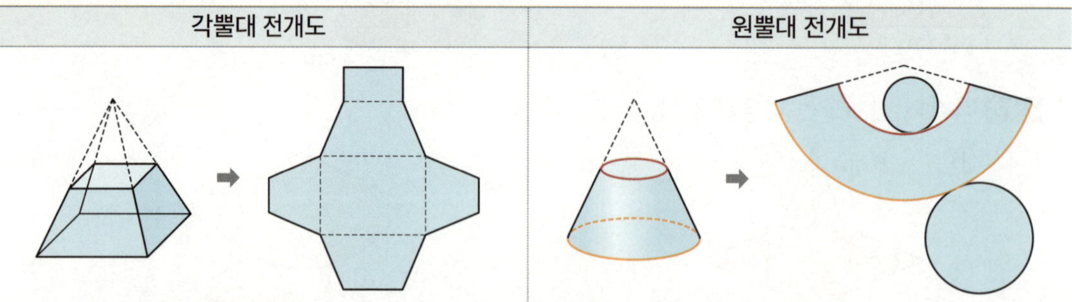

따라서 뿔대의 겉넓이는 다음과 같이 구할 수 있다.

(뿔대의 겉넓이)=(두 밑넓이의 합)+(옆넓이)

각뿔대의 옆넓이는 사다리꼴의 넓이의 합으로 구할 수 있고,
원뿔대의 옆넓이는 (큰 부채꼴의 넓이)−(작은 부채꼴의 넓이)로 구할 수 있다.

이때, (부채꼴의 넓이)$=\frac{1}{2}\times$(부채꼴의 반지름)$\times$(부채꼴의 호의 길이)를 이용하면 편리하다.

↳(부채꼴의 넓이)$=\frac{1}{2}rl$

! 주의 원뿔대의 전개도에서 옆면은 큰 부채꼴에서 작은 부채꼴을 잘라낸 모양이다. 옆면의 모양을 사다리꼴이라고 착각하지 말자.

▶확인 원뿔대의 전개도에서 옆면의 작은 부채꼴과 큰 부채꼴의 호의 길이는 각각 밑면인 작은 원과 큰 원의 둘레의 길이와 같다.

② 뿔대의 부피

+설명 뿔대는 아래 그림과 같이 큰 뿔에서 작은 뿔을 잘라낸 것이다.

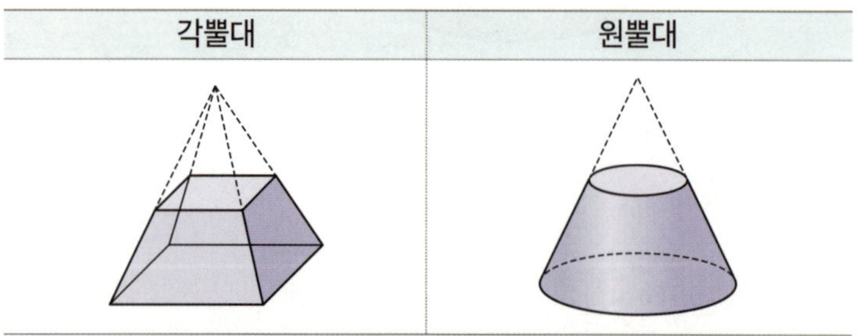

따라서 뿔대의 부피는 다음과 같이 구할 수 있다.

(뿔대의 부피)=(큰 뿔의 부피)−(작은 뿔의 부피)

예1 다음 뿔대의 겉넓이를 구하시오.

① 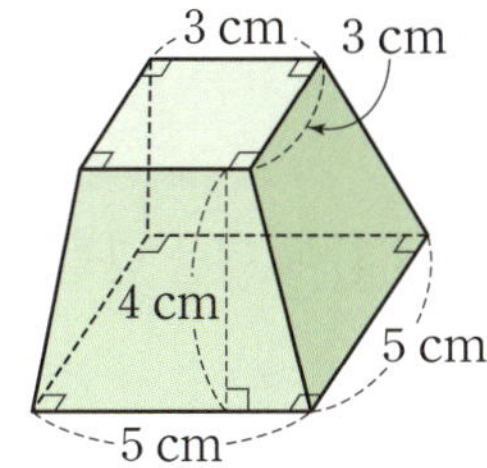

② 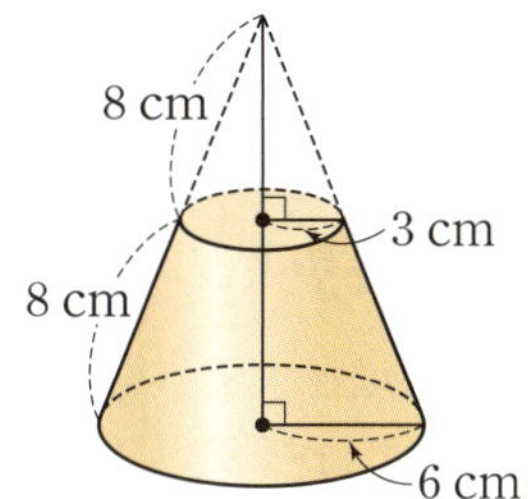

풀이 ① (두 밑넓이의 합)$=3\times3+5\times5=34$

(옆넓이)$=\{(3+5)\times4\div2\}\times4=64$

$\therefore$ (겉넓이)$=34+64=$**98(cm²)**

② 원뿔대의 전개도는 오른쪽 그림과 같다.

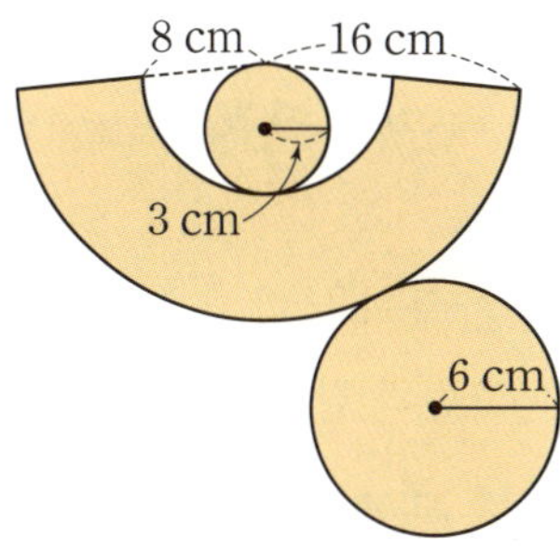

(두 밑넓이의 합)$=\pi\times3^2+\pi\times6^2=45\pi$

(옆넓이)$=\frac{1}{2}\times16\times(2\pi\times6)-\frac{1}{2}\times8\times(2\pi\times3)=72\pi$

$\therefore$ (겉넓이)$=45\pi+72\pi=\mathbf{117\pi(cm^2)}$

예2 다음 뿔대의 부피를 구하시오.

① 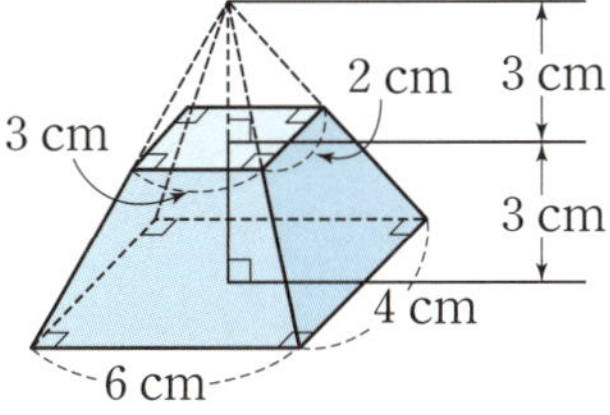

② 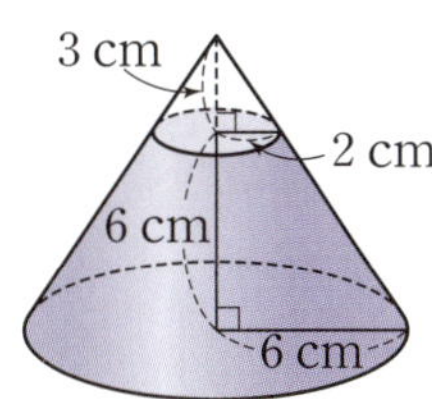

풀이 ① (큰 사각뿔의 부피)$=\frac{1}{3}\times(6\times4\times6)=48$

(작은 사각뿔의 부피)$=\frac{1}{3}\times(3\times2\times3)=6$

$\therefore$ (사각뿔대의 부피)$=48-6=\mathbf{42(cm^3)}$

② (큰 원뿔의 부피)$=\frac{1}{3}\times(\pi\times6^2\times9)=108\pi$

(작은 원뿔의 부피)$=\frac{1}{3}\times(\pi\times2^2\times3)=4\pi$

$\therefore$ (원뿔대의 부피)$=108\pi-4\pi=\mathbf{104\pi(cm^3)}$

핵심개념+핵심공식

(4) 구의 겉넓이와 부피

① 구의 겉넓이

반지름의 길이가 r인 구의 표면을 끈으로 감은 후, 그 끈을 풀어서 평면 위에 감아 원을 만들면 반지름의 길이가 $2r$인 원이 된다.

즉, 반지름의 길이가 r인 구의 겉넓이는 반지름이 $2r$인 원의 넓이와 같다.

(구의 겉넓이)$=\pi\times(2r)^2=4\pi r^2$

② 구의 부피

그림과 같이 반지름이 r이고 높이가 $2r$인 원기둥 모양의 그릇에 물을 가득 채우고 반지름이 r인 구를 물 속에 완전히 잠기도록 넣었다가 꺼내면 원기둥에 남아 있는 물의 높이는 원기둥 높이의 $\frac{1}{3}$이 된다. 따라서 구의 부피는 원기둥의 부피의 $\frac{2}{3}$이다.

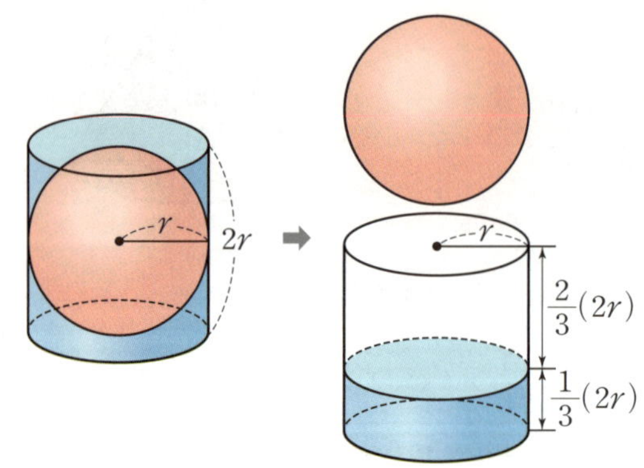

이를 정리하면

(구의 부피)$=(\pi r^2\times 2r)\times\frac{2}{3}=\frac{4}{3}\pi r^3$

└→원기둥의 부피

반지름의 길이가 r인 구의 겉넓이와 부피

(구의 겉넓이)$=4\pi r^2$

(구의 부피)$=\frac{4}{3}\pi r^3$

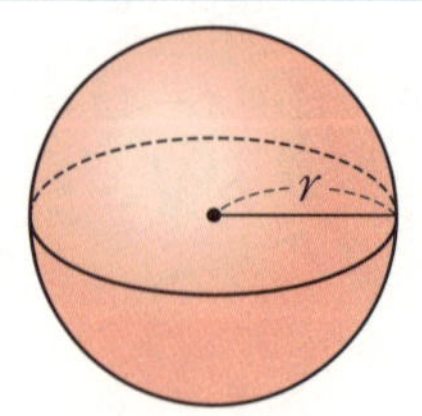

예1 다음 입체도형의 겉넓이와 부피를 구하시오.

①

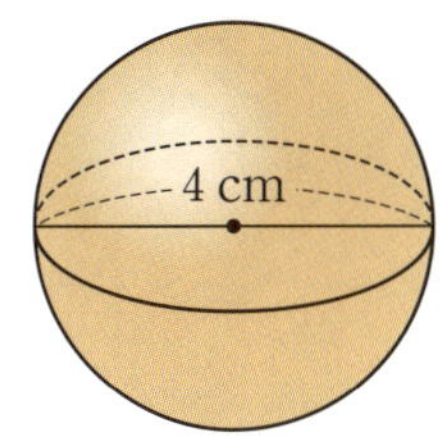

②

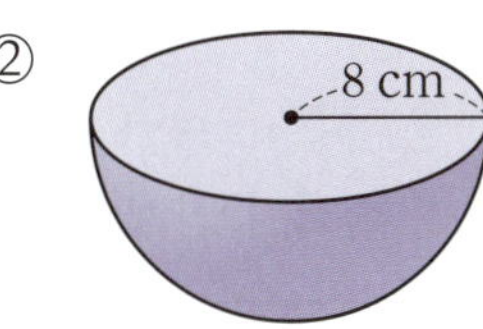

+풀이 ① (겉넓이) $=4\pi\times2^2=\mathbf{16\pi(cm^2)}$ ← 그림에서 구의 반지름은 2cm이다.

(부피) $=\frac{4}{3}\times\pi\times2^3=\mathbf{\frac{32}{3}\pi(cm^3)}$

② 주어진 입체도형은 반구이다.

(겉넓이) $=\frac{1}{2}\times4\pi\times8^2+\pi\times8^2=\mathbf{192\pi(cm^2)}$

(부피) $=\frac{1}{2}\times\left(\frac{4}{3}\times\pi\times8^3\right)=\mathbf{\frac{1024}{3}\pi(cm^3)}$

예2 다음 입체도형의 겉넓이와 부피를 구하시오.

①

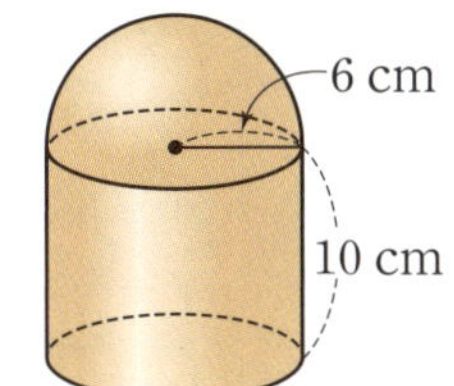

②

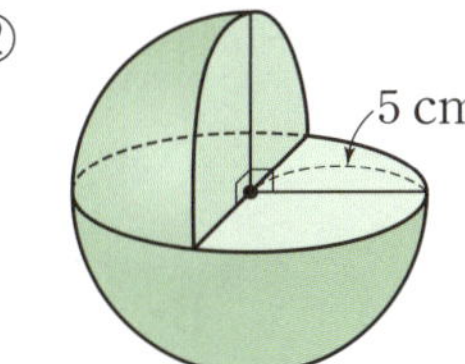

+풀이 ① 반지름이 6cm인 반구와 원기둥으로 이루어진 입체도형이다.

입체도형의 겉넓이는

(반구의 겉넓이)+(원기둥의 옆면의 넓이)+(원기둥의 한 밑면의 넓이)

와 같다.

(겉넓이) $=\frac{1}{2}\times(4\pi\times6^2)+(2\pi\times6\times10)+(\pi\times6^2)=\mathbf{228\pi(cm^2)}$

입체도형의 부피는

(반구의 부피)+(원기둥의 부피)와 같다.

(부피) $=\frac{1}{2}\times\left(\frac{4}{3}\times\pi\times6^3\right)+(\pi\times6^2\times10)=\mathbf{504\pi(cm^3)}$

② 구의 $\frac{1}{4}$을 잘라냈으므로 남은 부분의 겉넓이는 구의 겉넓이의 $\frac{3}{4}$과 반지름의 길이가 5cm인 원의 넓이의 합과 같고, 부피는 구의 부피의 $\frac{3}{4}$과 같다.

(겉넓이) $=\frac{3}{4}\times(4\pi\times5^2)+(\pi\times5^2)=\mathbf{100\pi(cm^2)}$

(부피) $=\frac{3}{4}\times\left(\frac{4}{3}\times\pi\times5^3\right)=\mathbf{125\pi(cm^3)}$

고등 수학에 꼭 필요한 **핵심 개념 익히기**

• 기본 도형

1 아래 그림과 같이 직선 위에 점 A, B, C, D가 있다. 다음 중 옳지 않은 것은?

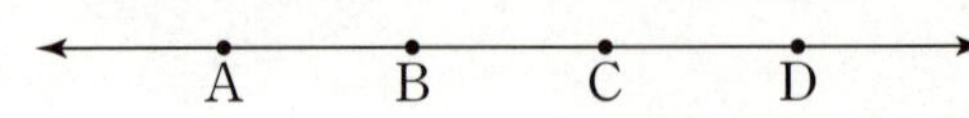

① $\overrightarrow{BC}=\overrightarrow{BD}$
② $\overrightarrow{AC}=\overrightarrow{BD}$
③ $\overrightarrow{AB}=\overrightarrow{AD}$
④ $\overrightarrow{AC}$와 $\overrightarrow{BD}$의 공통부분은 $\overline{BC}$이다.
⑤ $\overrightarrow{AC}$와 $\overrightarrow{DC}$의 공통부분은 $\overline{AD}$이다.

2 다음 그림과 같이 어느 세 점도 한 직선 위에 있지 않은 6개의 점 A, B, C, D, E, F가 있을 때 두 점을 골라 만들 수 있는 선분의 개수를 구하시오.

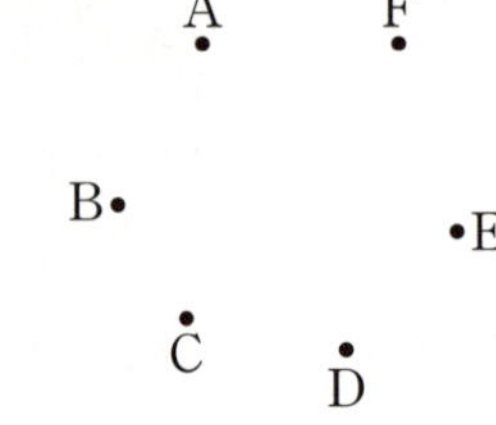

3 $\overline{AB}$의 중점이 M이고, $\overline{AM}$, $\overline{MB}$의 중점을 각각 P, Q라 할 때, 다음 중 옳지 않은 것은?

① $\overline{AM}=\overline{BM}$ ② $\overline{AB}=2\overline{PQ}$ ③ $\overline{AM}=\frac{1}{2}\overline{AB}$
④ $\overline{PM}=2\overline{PQ}$ ⑤ $\overline{AB}=4\overline{PM}$

4 다음 그림에서 $\angle AOC=2\angle COD$, $\angle BOE=2\angle EOD$일 때, $\angle COE$의 크기를 구하시오.

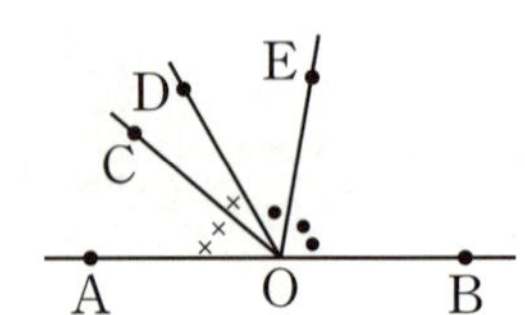

5 다음 그림에서 $x+y$의 값을 구하시오.

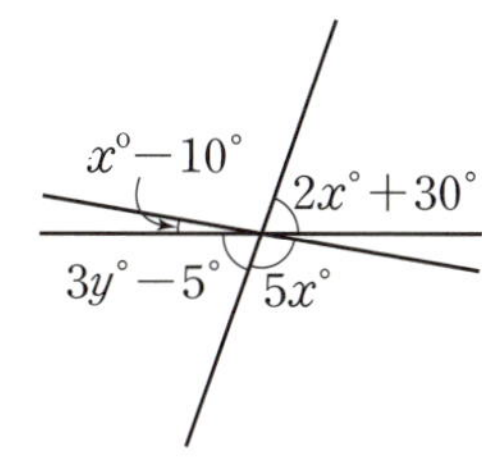

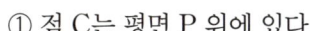

6 다음 중 아래 그림에 대한 설명으로 옳지 않은 것은?

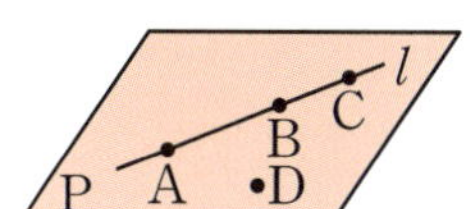

① 점 C는 평면 P 위에 있다.
② 점 A는 직선 l 위에 있다.
③ 점 D는 직선 l 위에 있지 않다.
④ 평면 P는 점 D를 포함하지 않는다.
⑤ 점 E는 평면 P 위에 있지 않다.

7 다음 그림의 삼각기둥에서 $\overline{\mathrm{AB}}$와 꼬인 위치에 있는 모서리의 개수를 a, $\overline{\mathrm{AB}}$와 평행한 모서리의 개수를 b라 할 때 $a-b$의 값을 구하시오.

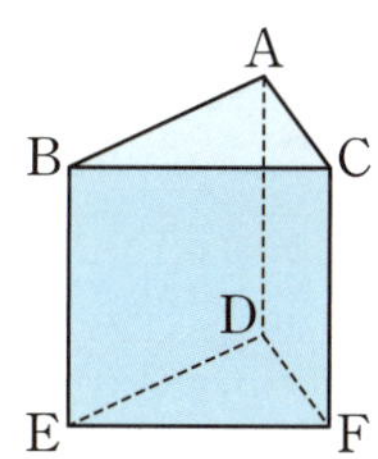

8 다음 그림은 정육면체를 평면 ABCD로 잘랐을 때 남은 한 쪽이다. 면 ABCD에 수직인 면의 개수는?

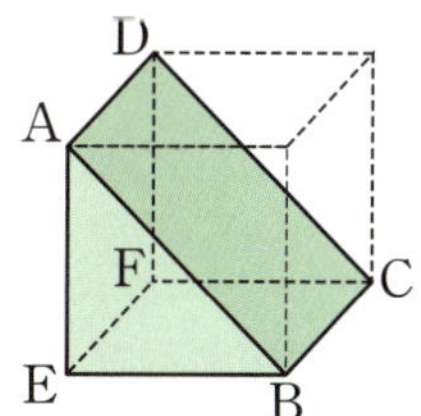

① 1개
② 2개
③ 3개
④ 4개
⑤ 없다.

9 아래 그림과 같이 세 직선이 만날 때, 다음 중 옳지 않은 것은?

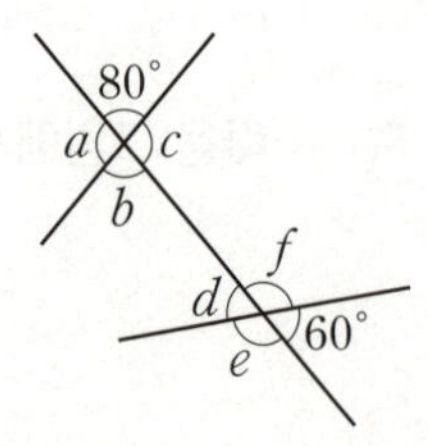

① $\angle b$의 엇각은 $\angle f$이다.
② $\angle c$의 동위각의 크기는 $60°$이다.
③ $\angle f$의 엇각의 크기는 $80°$이다.
④ $\angle d$의 엇각의 크기는 $80°$이다.
⑤ $\angle d$의 동위각의 크기는 $100°$이다.

10 다음 그림에서 $l /\!/ m$일 때, x의 값을 구하시오.

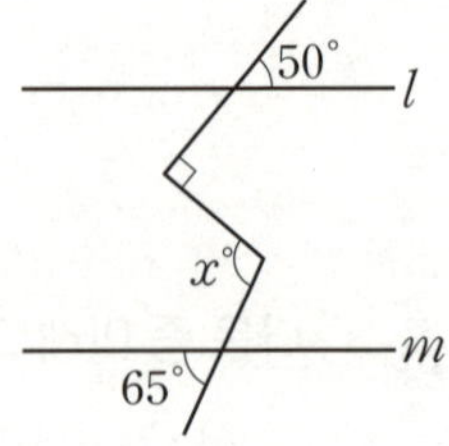

11 삼각형의 세 변의 길이가 $5\text{ cm}, 11\text{ cm}, x\text{ cm}$일 때, 다음 중 x의 값이 될 수 없는 것은?

① 8
② 10
③ 12
④ 14
⑤ 16

12 다음 그림에서 서로 합동인 두 삼각형과 합동 조건이 아닌 것을 모두 고르면?

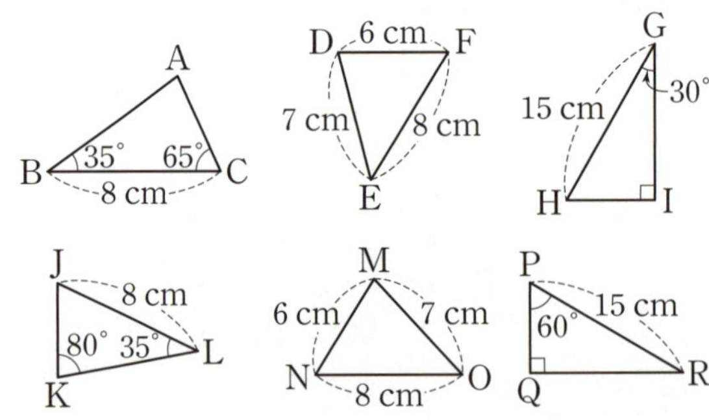

① △ABC≡△KLJ (ASA)
② △ABC≡△MON (ASA)
③ △DEF≡△MON (SSS)
④ △DEF≡△RPQ (SSS)
⑤ △GHI≡△RPQ (ASA)

13 다음 중 다각형이 아닌 것을 모두 고른 것은? (정답 2개)

① 원　② 오각형　③ 직육면체
④ 직각삼각형　⑤ 정육각형

14 다음 그림의 $\triangle$ABC에서 $\angle$B의 이등분선과 $\angle$C의 외각의 이등분선의 교점을 P라 하자. $\angle BAC=68°$ 일 때, $\angle x$의 크기는?

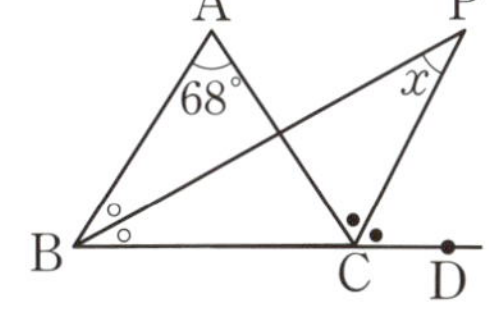

① 28°　② 33°
③ 34°　④ 38°
⑤ 44°

15 다음 그림에서 $\overline{AB}=\overline{AC}=\overline{CD}=\overline{DE}$ 이고 $\angle B=21°$일 때, $\angle x$의 크기는?

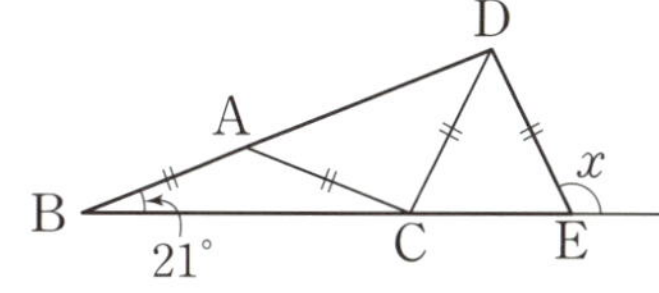

① 111°　② 113°
③ 115°　④ 117°
⑤ 119°

16 다음 그림에서 $\angle x$의 크기는?

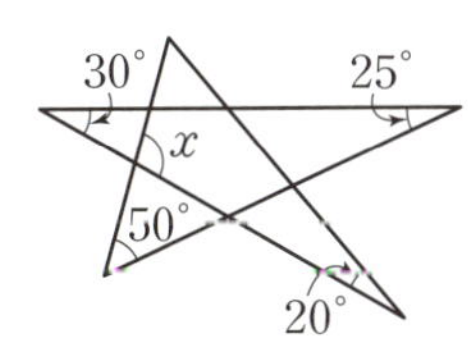

① 95°　② 100°
③ 105°　④ 110°
⑤ 115°

17 꼭짓점의 개수가 13개인 다각형의 한 꼭짓점에서 그을 수 있는 대각선의 개수를 구하시오.

18 대각선의 총 개수가 27인 다각형의 한 꼭짓점에서 그을 수 있는 대각선의 개수는?

① 4 ② 5 ③ 6
④ 7 ⑤ 8

19 다음 그림에서 x의 값을 구하시오.

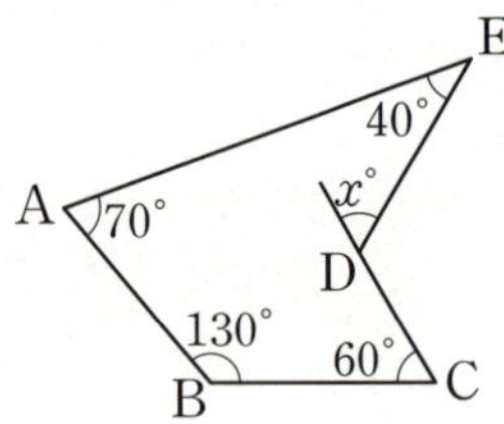

20 한 내각의 크기가 $135°$인 정다각형의 대각선의 총 개수를 구하시오.

21 다음 그림과 같은 정구각형에서 $\angle x$의 크기는?

① $130°$ ② $135°$
③ $140°$ ④ $145°$
⑤ $150°$

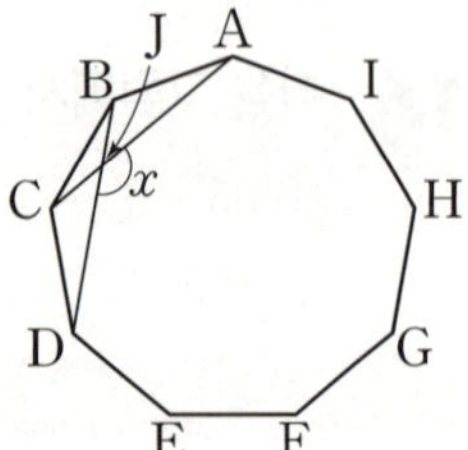

22 다음 그림의 원 O에서 $\overline{AD} /\!/ \overline{OC}$이고 호 BC의 길이가 5일 때, 호 AD의 길이는? (단, 선분 AB는 원 O의 지름이다.)

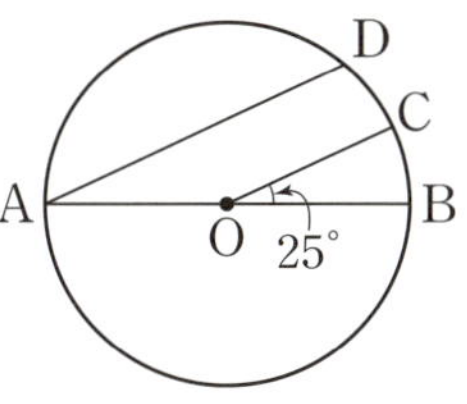

① 26　② 27　③ 28　④ 29　⑤ 30

23 반지름의 길이가 7 cm, 넓이가 28π cm^{2}인 부채꼴의 호의 길이는?

① 4π cm　② 5π cm　③ 6π cm　④ 7π cm　⑤ 8π cm

24 다음 그림과 같이 지름의 길이가 6 cm인 반원을 시계 반대방향으로 60°만큼 회전시켰을 때, 색칠한 부분의 둘레의 길이는?

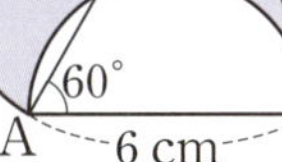

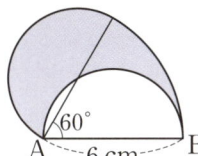

① 6π cm　② 7π cm　③ 8π cm　④ 9π cm　⑤ 10π cm

• 입체 도형

25 다음 보기 중 칠면체의 개수를 구하시오.

㉠ 오각기둥	㉡ 칠각기둥	㉢ 칠각뿔	㉣ 삼각뿔
㉤ 오각뿔대	㉥ 삼각뿔대	㉦ 사각기둥	㉧ 육각뿔

26 다음 보기 중 사각뿔대에 대한 설명으로 옳은 것만을 있는 대로 고른 것은?

[보기]

ㄱ. 옆면의 모양은 사다리꼴이다.
ㄴ. 두 밑면은 합동이다.
ㄷ. 사각뿔보다 면이 1개 많다.
ㄹ. 사각기둥과 꼭짓점의 개수가 같다.

① ㄱ, ㄴ ② ㄱ, ㄷ ③ ㄱ, ㄹ
④ ㄱ, ㄴ, ㄷ ⑤ ㄱ, ㄷ, ㄹ

27 다음 조건을 모두 만족시키는 입체도형의 꼭짓점의 개수를 a, 모서리의 개수를 b라 할 때, $a+b$의 값을 구하시오.

(가) 모든 면은 정오각형이다.
(나) 각 꼭짓점에 모인 면의 개수는 3이다.

28 다음 회전체가 아닌 것은?

① 구 ② 원뿔 ③ 정육면체 ④ 원뿔대 ⑤ 원기둥

29 다음 회전체에 대한 설명 중 옳지 않은 것은?

① 구, 원기둥, 원뿔, 원뿔대는 모두 회전체에 속한다.
② 구는 어느 방향으로 잘라도 단면의 모양이 항상 원이다.
③ 회전체의 옆면을 만드는 선분을 모서리라고 한다.
④ 회전체를 회전축을 포함하는 평면으로 자른 단면은 회전축을 대칭축으로 하는 선대칭도형이다.
⑤ 회전체를 회전축에 수직인 평면으로 자른 단면은 항상 원이다.

30 다음 그림의 삼각기둥의 밑면은 한 변의 길이가 각각 3 cm, 4 cm인 직각삼각형이고, 그 겉넓이는 96 cm^2이다. 이 삼각기둥의 높이는?

① 5 cm　　② 6 cm　　③ 7 cm
④ 8 cm　　⑤ 9 cm

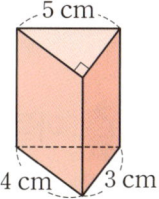

31 밑면의 반지름의 길이가 8 cm이고 옆넓이가 96π cm^2인 원뿔의 전개도에서 부채꼴의 중심각의 크기는?

① 150°　　② 180°　　③ 210°　　④ 240°　　⑤ 270°

32 다음 그림과 같은 사각뿔대의 겉넓이는?

① 98 cm^2　　② 104 cm^2
③ 197 cm^2　　④ 221 cm^2
⑤ 232 cm^2

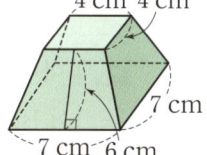

33 직육면체 모양의 그릇에 물을 담은 후 기울였더니 다음 그림과 같았다. 이때 물의 부피는?

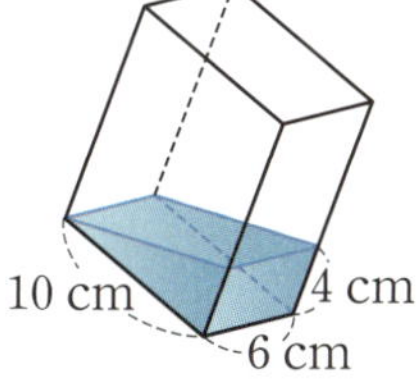

① 60 cm^3　　② 90 cm^3
③ 120 cm^3　　④ 150 cm^3
⑤ 180 cm^3

34 다음 그림과 같이 반지름이 6 cm이고 높이가 10 cm인 원기둥 모양의 금덩이를 녹여서 반지름이 3 cm인 금구슬을 만든다면 금구슬을 몇 개 만들 수 있는가?

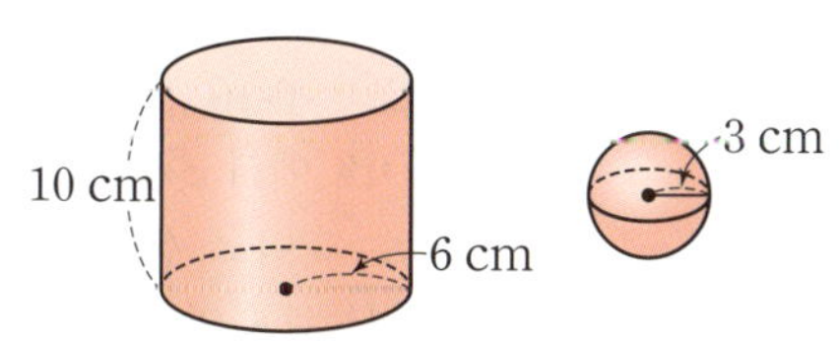

① 10개　　② 15개　　③ 20개　　④ 25개　　⑤ 30개

[2-2 과정]

01 삼각형의 성질

1 이등변삼각형(★)

핵심개념

(1) 이등변삼각형의 정의 및 용어 정리

두 변의 길이가 같은 삼각형을 이등변삼각형이라고 한다.

① 꼭지각 : 이등변삼각형에서 길이가 같은 두 변이 이루는 각

② 밑변 : 꼭지각의 대변

③ 밑각 : 밑변의 양 끝 각

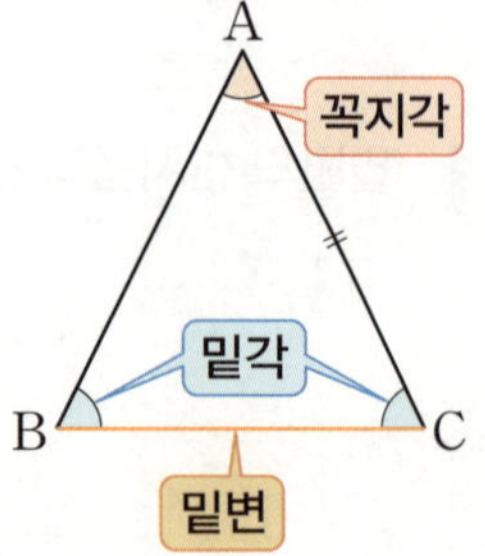

(2) 이등변삼각형의 성질

① 이등변삼각형의 두 밑각의 크기는 서로 같다.

② 이등변삼각형의 꼭지각의 이등분선은 밑변을 수직이등분 한다.

+증명 아래 [그림1]과 같이 $\overline{AB}=\overline{AC}$인 이등변삼각형 ABC에서 [그림2]와 같이 $\angle A$의 이등분선을 그어 $\overline{BC}$와 만나는 점을 D라고 하자. 이때, $\triangle ABD$와 $\triangle ACD$는 합동이다. 왜냐하면 $\overline{AB}=\overline{AC}$, $\angle BAD=\angle CAD$, $\overline{AD}$는 공통 ⇨ SAS합동.

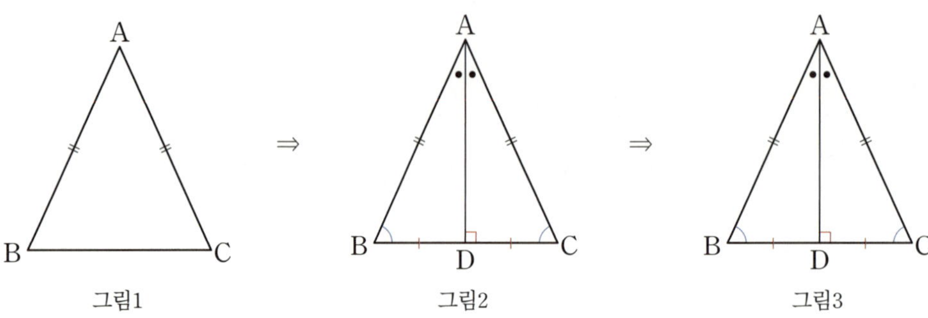

그림1 그림2 그림3

따라서 $\angle B=\angle C$ (① 성립), $\overline{BD}=\overline{CD}$, $\angle ADB=\angle ADC=90^\circ$이다. (② 성립)

+꿀팁 성질 ①, ②의 내용을 [그림3]의 모양으로 기억해 두면 편리하다.

(3) 이등변삼각형이 되는 조건

두 내각의 크기가 같은 삼각형은 이등변삼각형이다. ← 이등변삼각형의 성질①을 거꾸로 한 것과 같다.

예 아래 그림에서 x의 값을 구하시오.

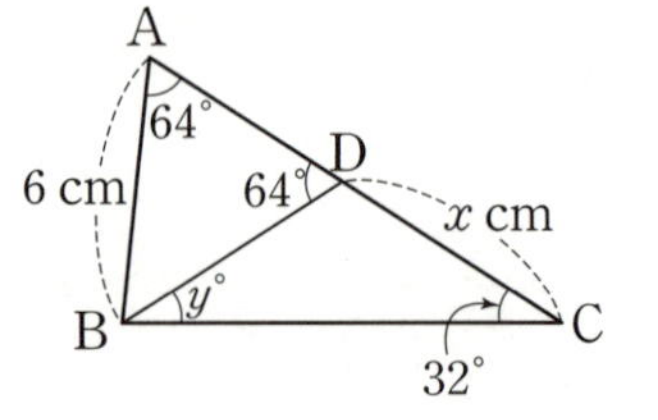

+풀이 $\angle BAD=\angle BDA$이므로 $\triangle BAD$는 이등변삼각형이다.

따라서 $\overline{BD}=6\text{cm}$

삼각형 DBC에서 $y^\circ+32^\circ=64^\circ$ ← 삼각형의 외각

따라서 $y=32$이고, 삼각형 DBC는 이등변삼각형이다.

따라서 $\overline{DB}=\overline{DC}$이므로 $x=6$

$\therefore x=6, y=32$

2 직각삼각형(★)

핵심개념

(1) 직각삼각형의 정의 및 용어 정리

한 각이 직각인 삼각형을 직각삼각형이라고 하고, 직각의 대변을 빗변이라고 한다.

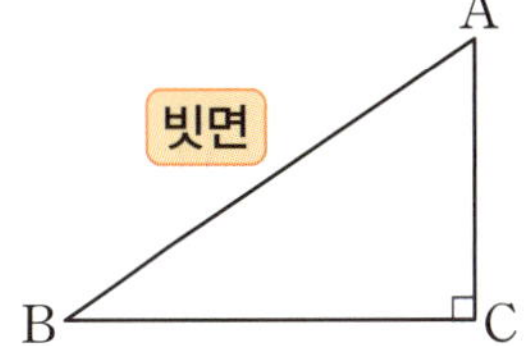

(2) 직각삼각형의 합동 조건

두 직각삼각형 △ABC, △DEF는 다음 각 경우에 서로 합동이다.

① 빗변(H)의 길이와 한 예각(A)의 크기가 각각 같은 두 직각(R)삼각형 ⇨ RHA합동	② 빗변(H)의 길이와 다른 한 변(S)의 길이가 각각 같은 두 직각(R)삼각형 ⇨ RHS합동
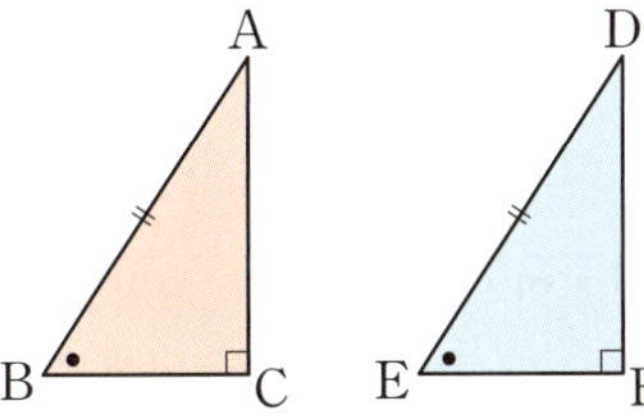	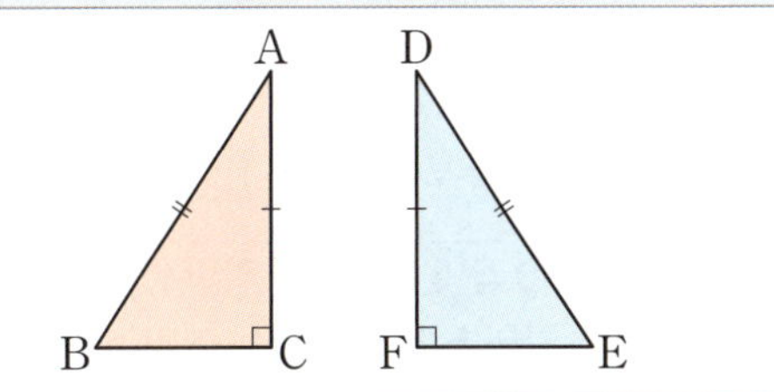
+증명 ∠C=∠F=90°이고, ∠B=∠E이므로 ∠A=∠D(=90°−•) 이때, $\overline{AB}=\overline{DE}$이므로 △ABC≡△DEF (ASA합동)	**+증명** $\overline{AC}$와 $\overline{DF}$가 맞닿도록 붙이면 △ABE는 이등변삼각형이므로 ∠B=∠E 따라서 △ABC≡△DEF (RHA합동)

+참고 직각삼각형의 합동조건에서 R, H, A, S는 각각 다음의 약자이다.
R : Right angle (직각), H : Hypotenuse (빗변), A : Angle (각), S : Side (변)

예1 다음 6개의 직각삼각형 중 서로 합동인 삼각형을 모두 찾아 기호로 나타내보자.

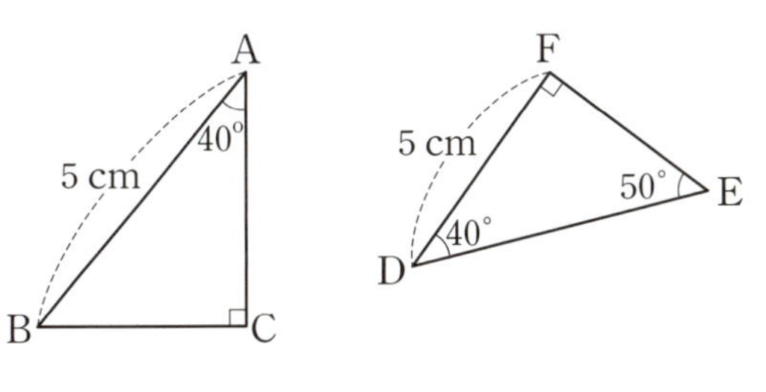

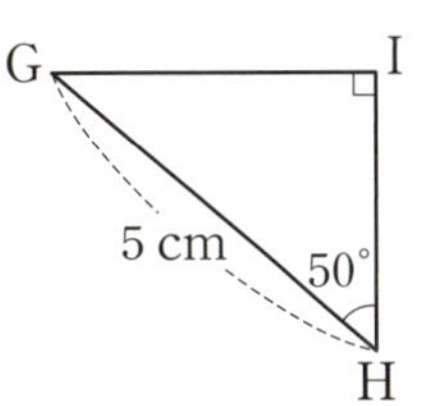

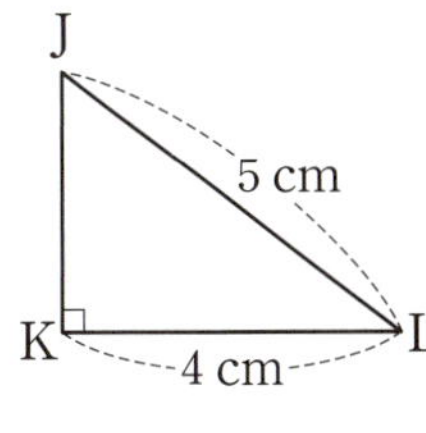

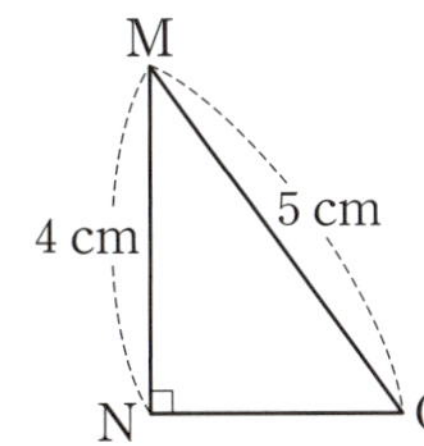

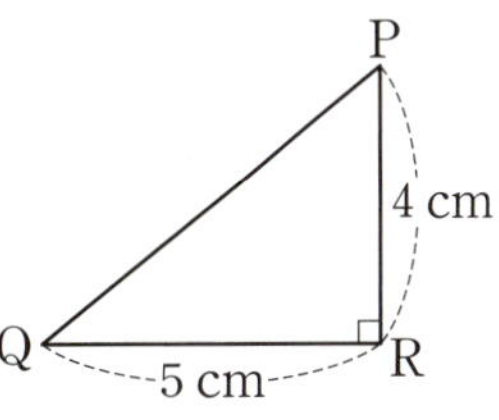

합동인 삼각형은 △ABC≡△GHI (RHA합동), △JKL≡△ONM (RHS합동)이다.

+꿀팁 빗변의 길이가 같은 두 직각삼각형을 찾은 뒤,
- 크기가 같은 예각이 있으면 RHA합동
- 길이가 같은 빗변이 아닌 변이 있으면 RHS합동

예2 오른쪽 그림과 같이 $\overline{AB}=\overline{AC}$인 직각이등변삼각형의 두 꼭짓점 B, C에서 꼭짓점 A를 지나는 직선에 내린 수선의 발을 각각 D, E라고 하자. $\overline{BD}=7$cm, $\overline{CE}=4$cm일 때, △ADB의 넓이를 구하시오.

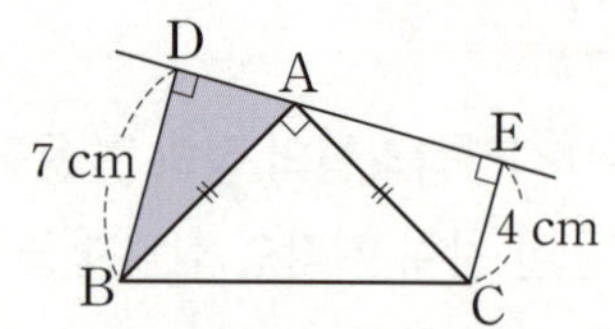

+풀이 ∠BAD=•이라고 하면 오른쪽 그림과 같이

∠ABD=90°−•이고, ∠CAE=90°−•이다.

따라서 △ABD≡△CAE (RHA합동)이므로

↳ 빗변이 같은 두 직각삼각형에서 다른 예각이 같다.

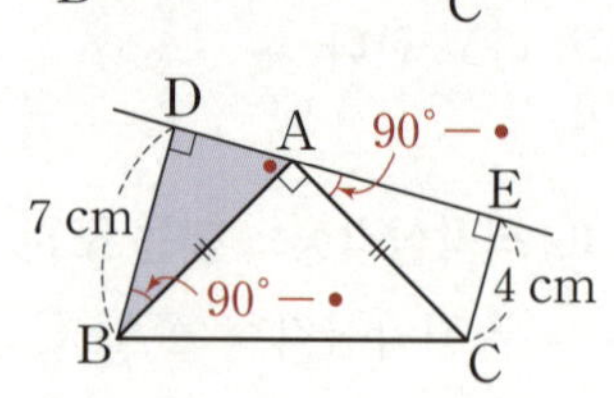

$\overline{AD}=\overline{CE}=4$(cm), $\overline{BD}=\overline{AE}=7$(cm)

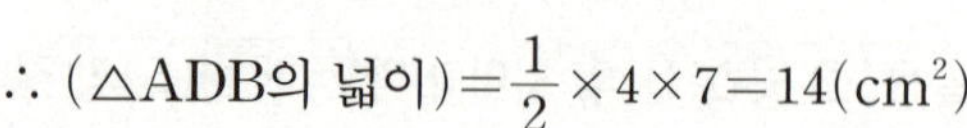

∴ (△ADB의 넓이)$=\frac{1}{2}\times4\times7=14$(cm²)

(3) 각의 이등분선의 성질

∠XOY의 이등분선 위의 점 P에서 반직선 OX, OY에 내린 수선의 발을 각각 A, B라 할 때,

① 각의 이등분선 위의 한 점에서 각의 두 변에 이르는 거리는 같다.	② 각의 두 변에서 같은 거리에 있는 점은 그 각의 이등분선 위에 있다.
+증명 각의 이등분선 위의 한 점을 P라 하면, △POA≡△POB이다. 왜냐하면 ∠POA=∠POB, ∠OAP=∠OBP=90°, $\overline{OP}$는 공통 } RHA합동 따라서 $\overline{PA}=\overline{PB}$이므로 ①이 성립.	**+증명** 두 변에서 같은 거리에 있는 점을 P라 하면, △POA≡△POB이다. 왜냐하면 $\overline{PA}=\overline{PB}$, ∠OAP=∠OBP=90°, $\overline{OP}$는 공통 } RHS합동 따라서 ∠POA=∠POB이므로 ②가 성립.

예 오른쪽 그림과 같이 ∠C=90°인 직각삼각형 ABC에서 ∠A의 이등분선이 $\overline{BC}$와 만나는 점을 D라고 하자. 점 D에서 $\overline{AB}$에 내린 수선의 발을 E라 할 때, 사각형 AEDC의 넓이를 구하시오.

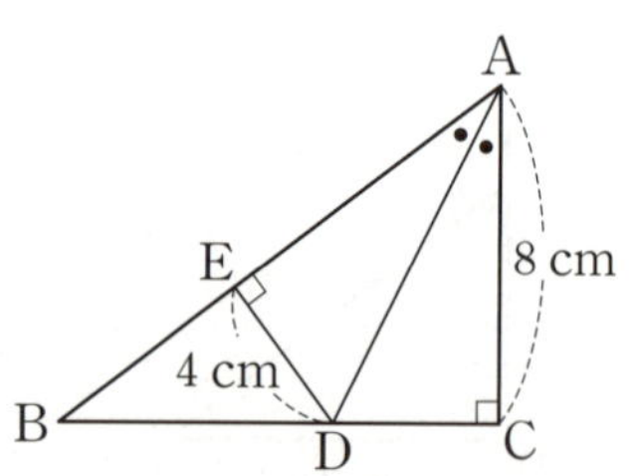

+풀이 △ADE와 △ADC에서

∠AED=∠ACD=90°, $\overline{AD}$는 공통, ∠DAE=∠DAC

따라서 △ADE≡△ADC (RHA합동)이므로

$\overline{DE}=\overline{DC}=4$(cm), $\overline{AE}=\overline{AC}=8$(cm)

∴ (사각형 AEDC의 넓이)=(△ADE의 넓이)+(△ADC의 넓이)

$$=\left(\frac{1}{2}\times4\times8\right)\times2=32$$

▶확인 각의 이등분선의 성질 ①을 적용하면 $\overline{DE}=\overline{DC}$임을 바로 알 수 있다.

[2-2 과정]

02 삼각형의 외심과 내심

1 삼각형의 외심(★★) : 공통수학2 도형의 방정식

핵심개념

(1) 삼각형의 외접원과 외심

① 외접원 : 삼각형 ABC의 세 꼭짓점 A, B, C가 한 원 O위에 있을 때, 원 O는 삼각형 ABC에 외접한다고 하고, 원 O를 삼각형 ABC의 외접원이라고 한다.

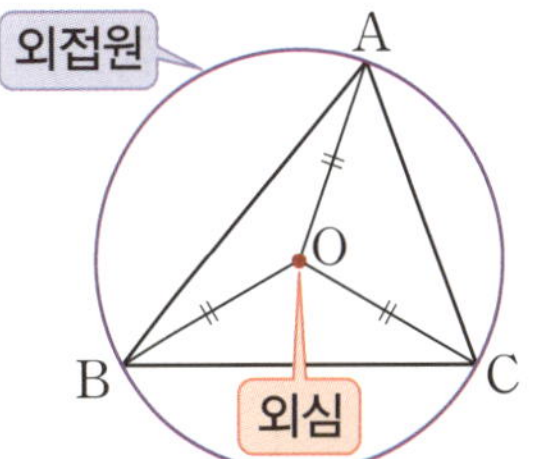

② 외심 : **외**접원의 중**심** (점 O)

+참고 일반적으로 다각형의 모든 꼭짓점을 지나는 원이 존재할 때, 이 원을 그 다각형의 외접원이라고 하고, 다각형의 외접원의 중심을 외심이라고 한다.

(2) 삼각형의 외심의 성질

① 삼각형의 세 변의 수직이등분선은 한 점(외심)에서 만난다.

↳ △OAD≡△OBD, △OBE≡△OCE이므로 △OAF≡△OCF이다.

> ! 중요 삼각형의 외심은 세 변의 수직이등분선의 교점이다.

그림을 직접 그려보자.
성질을 기억하기 쉬울 것이다.

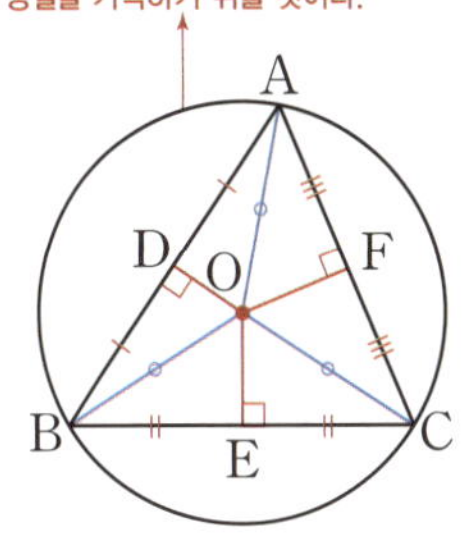

② 삼각형의 외심에서 세 꼭짓점에 이르는 거리는 같다.

> ⇨ $\overline{OA}=\overline{OB}=\overline{OC}=$(외접원 O의 반지름의 길이)
> ⇨ △OAB, △OBC, △OCA는 모두 이등변삼각형이다.

! 주의 오른쪽 그림과 같이 삼각형 △ABC의 외심 O에 대하여 $\overline{OD}$, $\overline{OE}$, $\overline{OF}$의 길이는 정삼각형이나 이등변삼각형인 경우가 아니면 모두 다르다.

(3) 삼각형의 외심의 위치

(외접원의 반지름의 길이) $=\frac{1}{2}\times$(빗변의 길이)

예각삼각형 ⇒ 삼각형의 내부	직각삼각형 ⇒ 빗변의 중점	둔각삼각형 ⇒ 삼각형의 외부
O	O	O

예 다음 그림과 같은 직각삼각형 ABC의 외접원의 둘레의 길이를 구하시오.

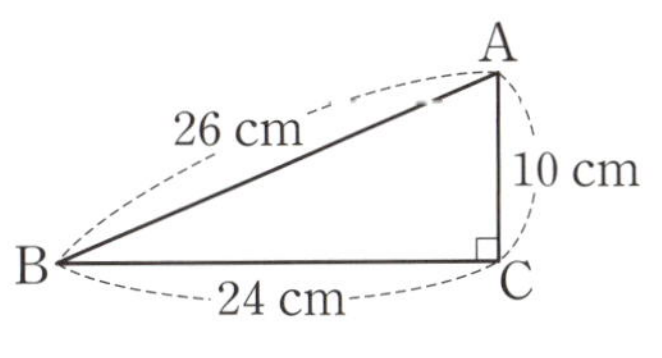

+풀이 직각삼각형의 외접원의 중심은 빗변의 중점이다. 외접원의 반지름의 길이는 13 cm이므로

∴ (외접원의 둘레의 길이)

$=2\pi\times13=26\pi$(cm)

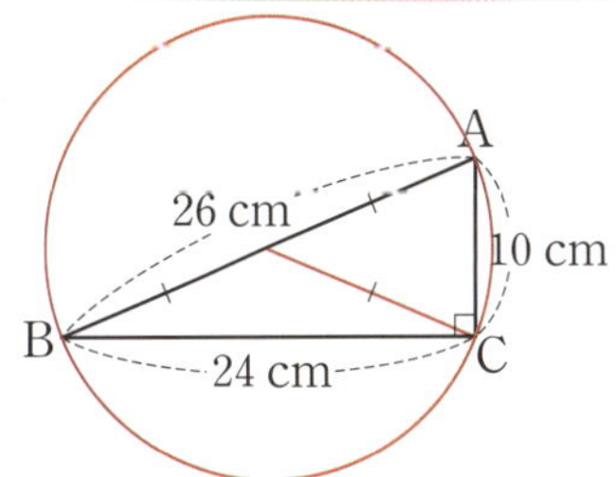

핵심공식

(4) 삼각형의 외심의 활용

점 O가 삼각형 ABC의 외심일 때,

① $\angle x+\angle y+\angle z=90°$	② $\angle BOC=2\angle A$
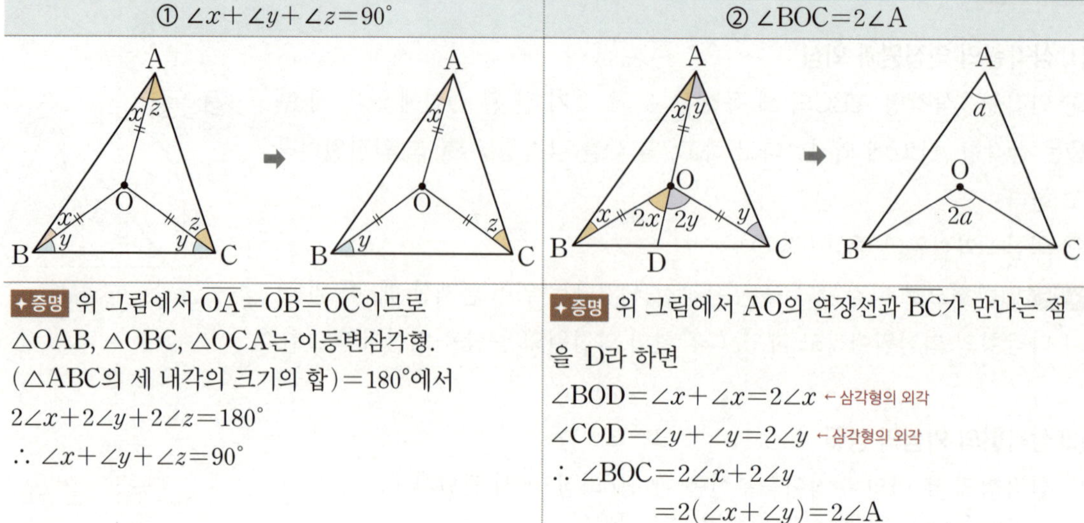	
+증명 위 그림에서 $\overline{OA}=\overline{OB}=\overline{OC}$이므로 $\triangle OAB$, $\triangle OBC$, $\triangle OCA$는 이등변삼각형. ($\triangle ABC$의 세 내각의 크기의 합)$=180°$에서 $2\angle x+2\angle y+2\angle z=180°$ $\therefore \angle x+\angle y+\angle z=90°$	**+증명** 위 그림에서 $\overline{AO}$의 연장선과 $\overline{BC}$가 만나는 점을 D라 하면 $\angle BOD=\angle x+\angle x=2\angle x$ ←삼각형의 외각 $\angle COD=\angle y+\angle y=2\angle y$ ←삼각형의 외각 $\therefore \angle BOC=2\angle x+2\angle y$ $=2(\angle x+\angle y)=2\angle A$

+꿀팁 외심에서 각의 크기나 선분의 길이에 대한 문제는 $\overline{OA}=\overline{OB}=\overline{OC}$를 바탕으로 이등변삼각형을 그려보면 좋다.

(예) 다음 그림에서 점 O가 $\triangle ABC$의 외심일 때, $\angle x$의 크기를 구하시오.

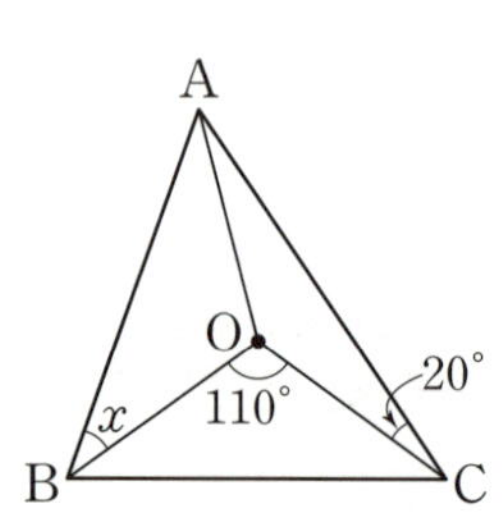

+풀이 1 $\overline{OA}=\overline{OB}=\overline{OC}$이고,
$\triangle OAB$, $\triangle OBC$, $\triangle OCA$는 이등변삼각형이다.
$\triangle OBC$에서
$\angle OBC=\angle OCB=35°$
마찬가지로 $\triangle OAB$, $\triangle OCA$에서 크기가 같은 각을 오른쪽 그림과 같이 표시할 수 있다. $\triangle ABC$에서
$2(\angle x+20°+35°)=180°$
$\therefore \angle x=35°$

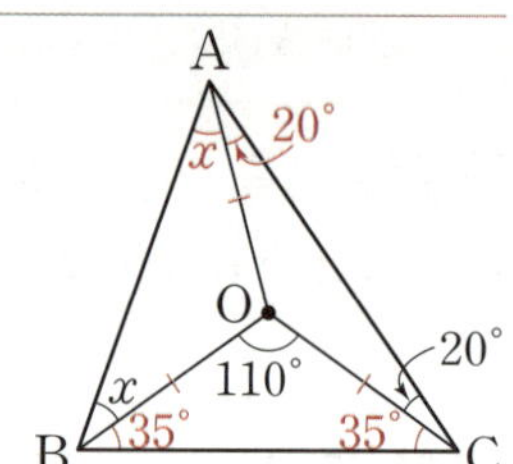

+풀이 2 공식 이용
$\triangle OAB$, $\triangle OAC$는 이등변삼각형이므로
$\angle OBA=\angle OAB=\angle x$, $\angle OCA=\angle OAC=20°$
따라서 $\angle A=(\angle x+20°)$이다.
$\angle BOC=2\angle A$이므로 $2\times(\angle x+20°)=110° \Rightarrow \therefore \angle x=35°$

2 삼각형의 내심(★)

핵심개념

(1) 원의 접선

직선 l이 원 O와 한 점 T에서 만날 때, 직선 l이 원 O에 접한다고 하고, 직선 l을 원 O의 접선이라고 한다.

① 접점 : 원 O와 접선 l이 만나는 점 T

② 접선의 성질

> **! 중요** 원의 접선은 그 접점을 지나는 반지름과 서로 수직($l\perp\overline{\text{OT}}$)이고, $\overline{\text{OT}}$의 길이는 원 O의 반지름의 길이와 같다. ($\overline{\text{OT}}=r$)

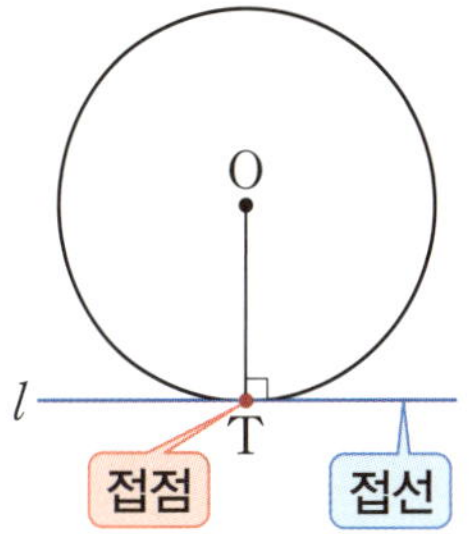

(2) 삼각형의 내접원과 내심

① 내접원 : 삼각형 ABC의 세 변이 모두 원 I와 접할 때, 이 원 I는 삼각형 ABC에 내접한다고 하고, 원 I를 삼각형 ABC의 내접원이라고 한다.

② 내심 : **내**접원의 중**심** (점 I)

+참고 일반적으로 다각형의 모든 변에 한 원이 접할 때, 이 원을 그 다각형의 내접원이라고 하고, 다각형의 내접원의 중심을 내심이라고 한다.

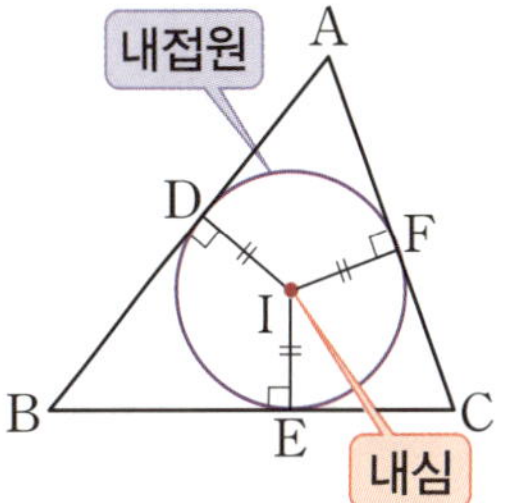

(3) 삼각형의 내심의 성질

① 삼각형의 세 내각의 이등분선은 한 점(내심)에서 만난다.

> **! 중요** 삼각형의 내심은 세 내각의 이등분선의 교점이다.

→ △AID≡△AIF, △BID≡△BIE이므로 △CIE≡△CIF이다.

② 삼각형의 내심에서 세 변에 이르는 거리는 같다.

⇨ $\overline{\text{ID}}=\overline{\text{IE}}=\overline{\text{IF}}=$(내접원 I의 반지름의 길이)

! 주의 오른쪽 그림과 같이 삼각형의 내심 I에 대하여 $\overline{\text{AI}}$, $\overline{\text{BI}}$, $\overline{\text{CI}}$의 길이는 정삼각형이나 이등변삼각형인 경우가 아니면 모두 다르다.

그림을 직접 그려보자.
성질을 기억하기 쉬울 것이다.

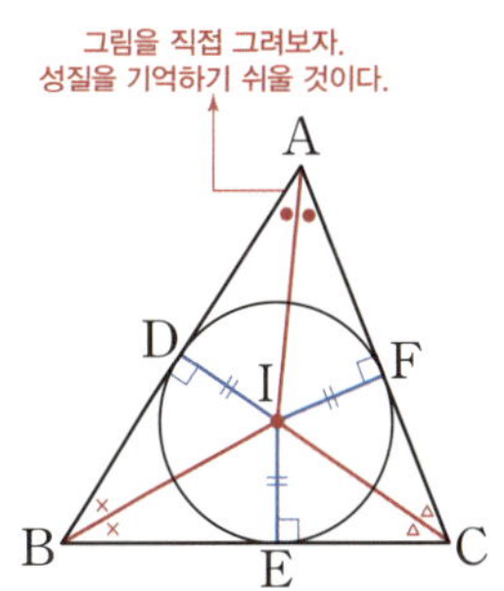

(4) 삼각형의 내심의 위치

삼각형의 내심은 삼각형의 내부에 있다. 특히 이등변삼각형과 정삼각형의 내심은 다음과 같다.

① 이등변삼각형의 내심과 외심은 꼭지각의 이등분선 위에 있다.	② 정삼각형의 내심과 외심은 일치한다.
A, O, I, B, C	A, O=I, B, C

핵심공식

(5) 삼각형의 내심의 활용

점 I가 삼각형 ABC의 내심일 때,

① $\angle x+\angle y+\angle z=90^\circ$	② $\angle \mathrm{BIC}=90^\circ+\frac{1}{2}\angle \mathrm{A}$
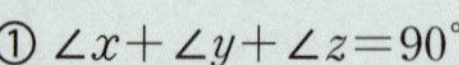 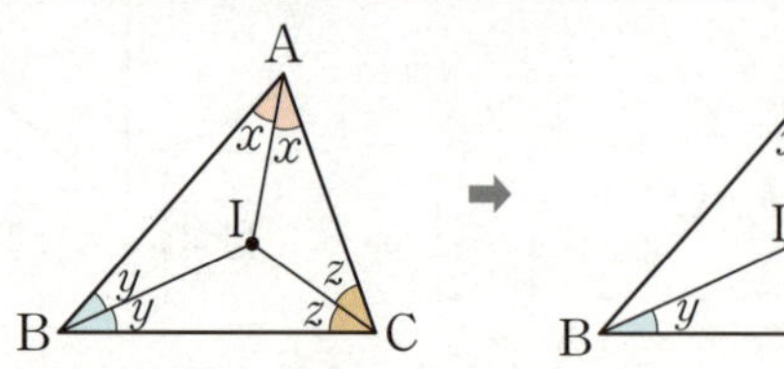	 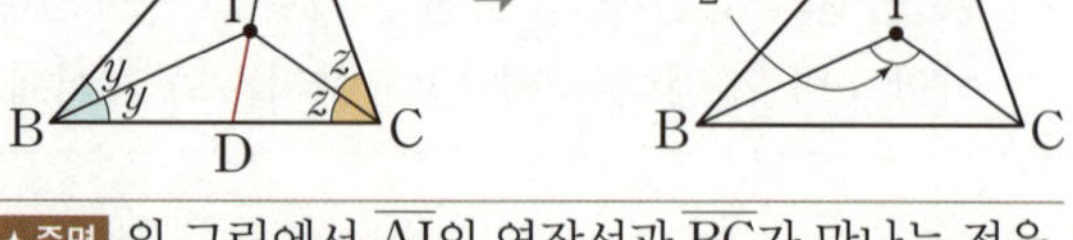
+증명 $\overline{\mathrm{AI}}$, $\overline{\mathrm{BI}}$, $\overline{\mathrm{CI}}$는 세 내각의 이등분선. ($\triangle$ABC의 세 내각의 크기의 합)$=180^\circ$에서 $2\angle x+2\angle y+2\angle z=180^\circ$ $\therefore\ \angle x+\angle y+\angle z=90^\circ$	**+증명** 위 그림에서 $\overline{\mathrm{AI}}$의 연장선과 $\overline{\mathrm{BC}}$가 만나는 점을 D라 하면 $\angle \mathrm{BID}=\angle x+\angle y$ ← 삼각형의 외각 $\angle \mathrm{CID}=\angle x+\angle z$ ← 삼각형의 외각 $\therefore\ \angle \mathrm{BIC}=\angle x+\angle x+\angle y+\angle z$ $=90^\circ+\angle x=90^\circ+\frac{1}{2}\angle \mathrm{A}$

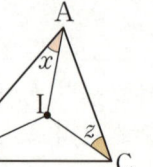

▶확인 ②는 삼각형의 세 내각의 크기의 합이 180°임을 이용하여 증명할 수도 있다.

+꿀팁 내심에서 각의 크기와 연관된 문제는 각의 이등분선을 떠올리자.

예1 다음 그림에서 점 I가 $\triangle$ABC의 내심일 때, $\angle x$의 크기를 구하시오.

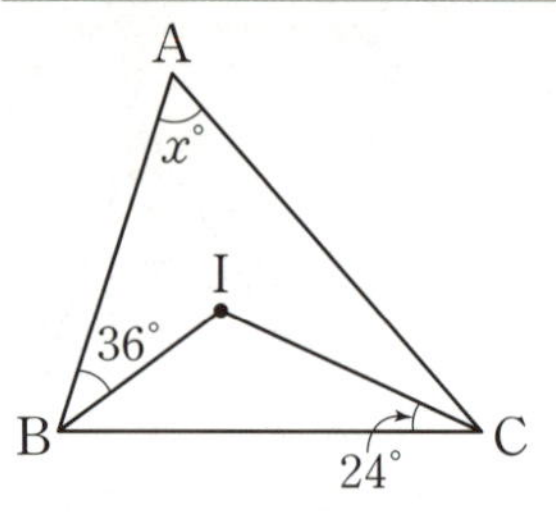

+풀이 $\overline{\mathrm{BI}}$, $\overline{\mathrm{CI}}$는 각각 $\angle$B, $\angle$C의 이등분선이다.
오른쪽 그림과 같이 크기가 같은 각을 표시하면,
$\triangle$ABC에서
$2(36^\circ+24^\circ)+\angle x=180^\circ$
$\therefore\ \angle x=60^\circ$

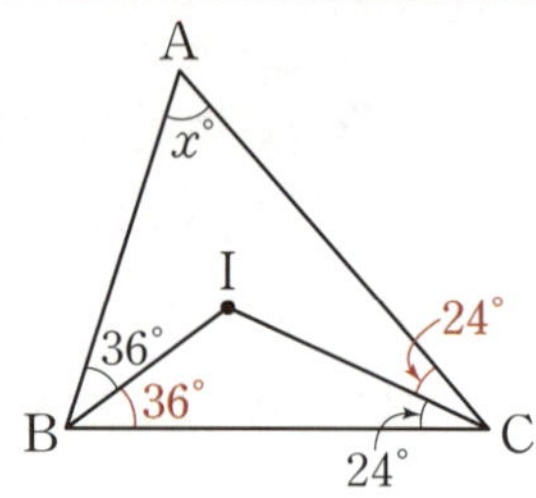

예2 다음 그림에서 점 I가 $\triangle$ABC의 내심일 때, $\angle x$의 크기를 구하시오.

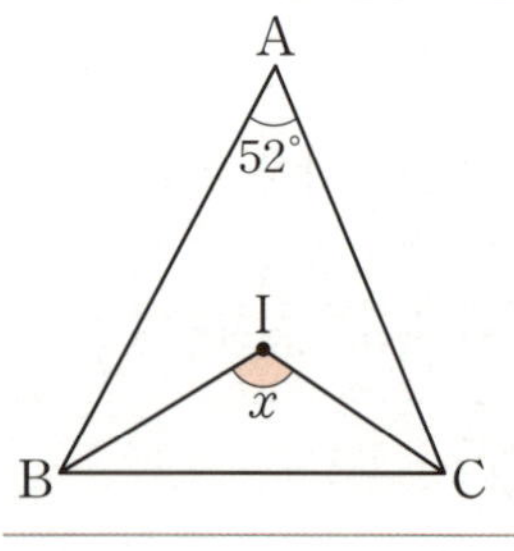

+풀이 $\overline{\mathrm{BI}}$, $\overline{\mathrm{CI}}$는 각각 $\angle$B, $\angle$C의 이등분선이다.
오른쪽 그림과 같이 크기가 같은 각을 표시하면,
$\triangle$ABC에서
$52^\circ+2(\bullet+\times)=180^\circ$
$\Rightarrow\ \bullet+\times=64^\circ$
$\triangle$IBC에서
$\angle x+(\bullet+\times)=180^\circ \Rightarrow \therefore\ \angle x=116^\circ$

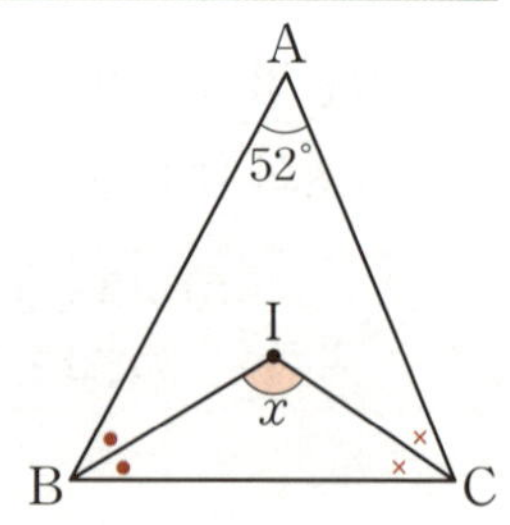

▶확인 예2는 공식 ②를 이용하여 바로 구할 수도 있다.

확장개념+응용공식

(6) 삼각형과 내접원의 관계

점 I가 △ABC의 내심이고, 내접원과 세 변 $\overline{AB}$, $\overline{BC}$, $\overline{CA}$의 접점을 각각 D, E, F라 할 때,

① 내접원과 길이의 관계

$\overline{AD}=\overline{AF}$, $\overline{BD}=\overline{BE}$, $\overline{CE}=\overline{CF}$

⇨ 원 밖의 한 점에서 원에 그은 두 접선의 길이는 같다.

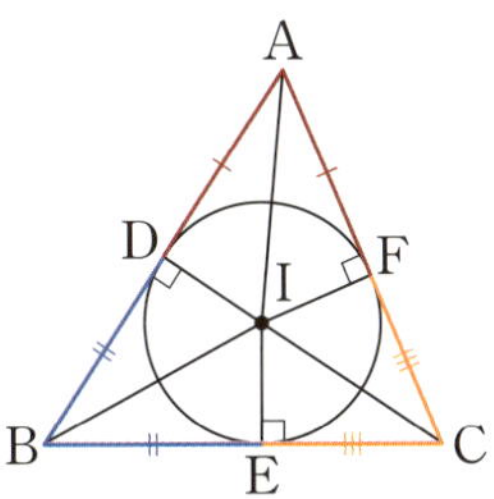

✚증명 △AID≡△AIF

△BID≡△BIE

△CIE≡△CIF

이므로 $\overline{AD}=\overline{AF}$, $\overline{BD}=\overline{BE}$, $\overline{CE}=\overline{CF}$

② 내접원과 넓이의 관계

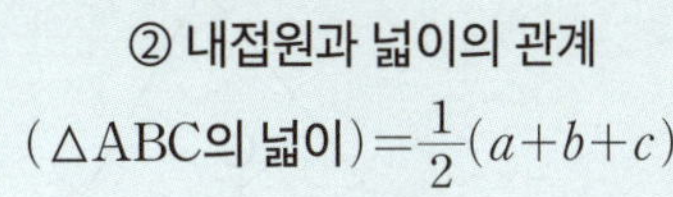

(△ABC의 넓이)$=\frac{1}{2}(a+b+c)r$

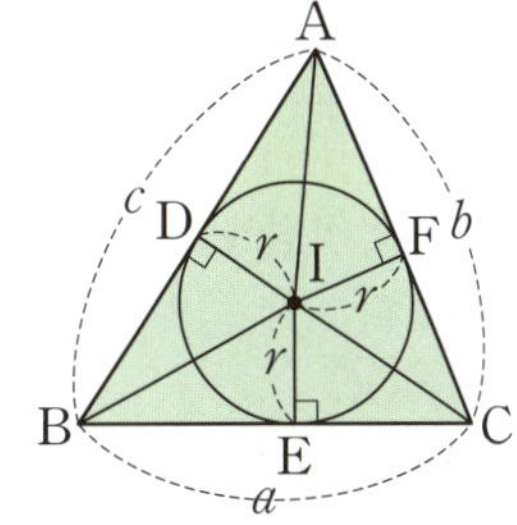

✚증명 (△ABC)=(△IAB+△IBC+△ICA)

$=\frac{1}{2}ar+\frac{1}{2}br+\frac{1}{2}cr$

$=\frac{1}{2}(a+b+c)r$

예1 다음 그림에서 점 I는 △ABC의 내심이고, 세 점 D, E, F는 내접원과 △ABC의 접점일 때, $\overline{BD}$의 길이를 구하시오.

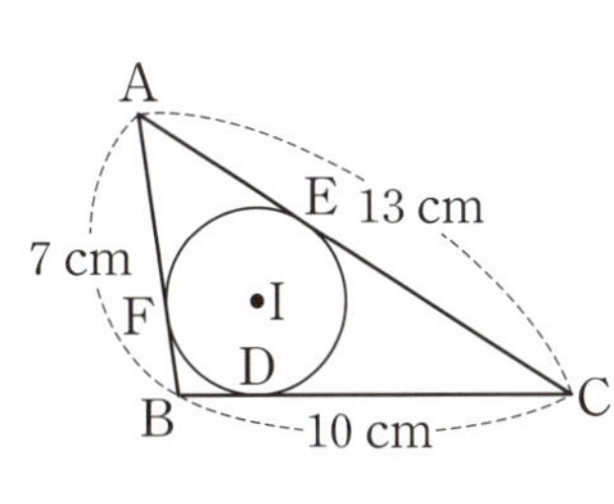

✚풀이 $\overline{BD}=x$라 하면,

오른쪽 그림과 같이

$\overline{BD}=\overline{BF}=x$

$\overline{AF}=\overline{AE}=7-x$

$\overline{CD}=\overline{CE}=10-x$

이다. 이때, $\overline{AC}=\overline{AE}+\overline{CE}$에서

$(7-x)+(10-x)=13$

$\Rightarrow \therefore x=2(\text{cm})$

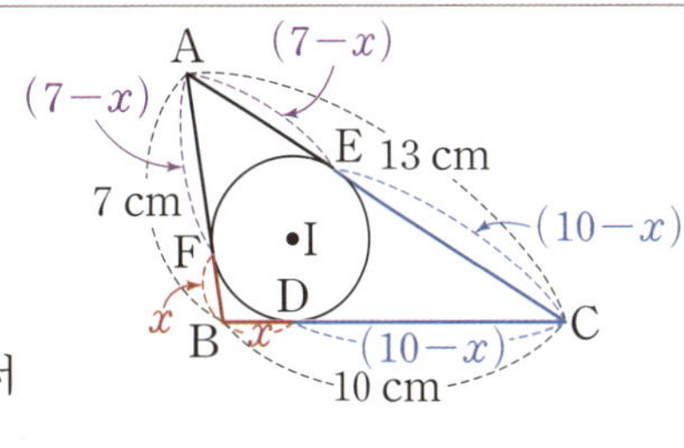

예2 다음 그림에서 점 I는 △ABC의 내심이다. △ABC의 넓이가 48cm^2일 때, △IBC의 넓이를 구하시오.

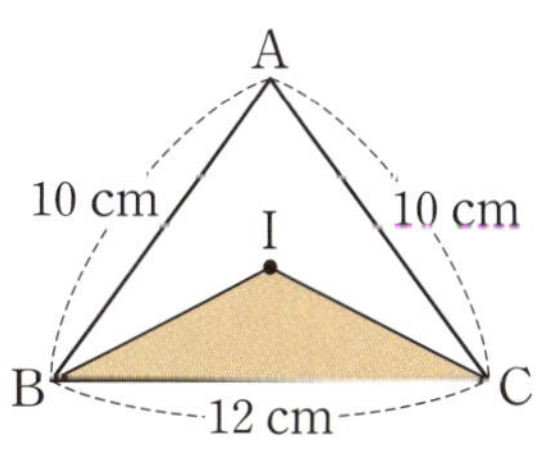

✚풀이 오른쪽 그림과 같이 내접원의 반지름을 r이라고 하면, △ABC의 넓이에서

$\frac{1}{2}(10+10+12)r=48$

$\Rightarrow r=3(\text{cm})$

$\therefore$ (△IBC의 넓이)$=\frac{1}{2}\times 12\times 3$

$=18(\text{cm}^2)$

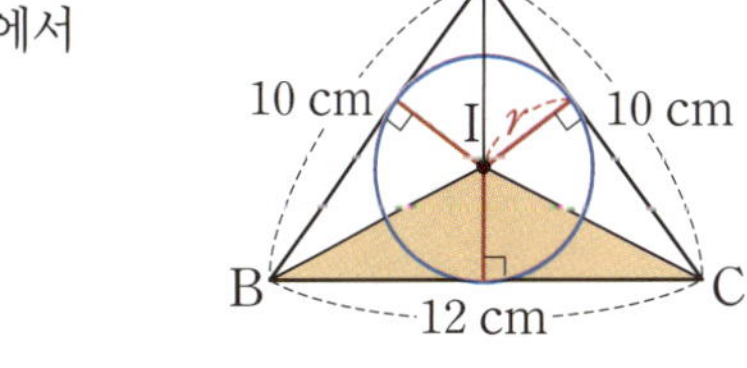

! 주의 내심과 외심의 특징을 헷갈리는 경우가 많다. 다음과 같이 정리해 두도록 하자.

	외심(O) ⇨ 외접원의 중심		내심(I) ⇨ 내접원의 중심	
작도	세 변의 수직이등분선의 교점 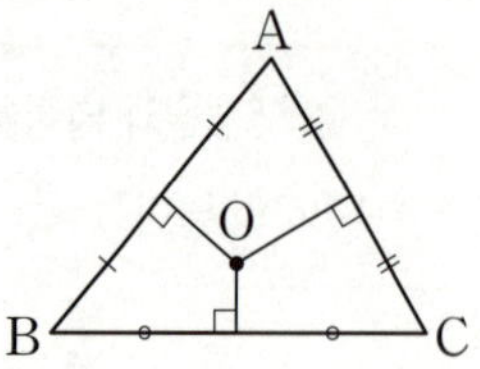		세 내각의 이등분선의 교점 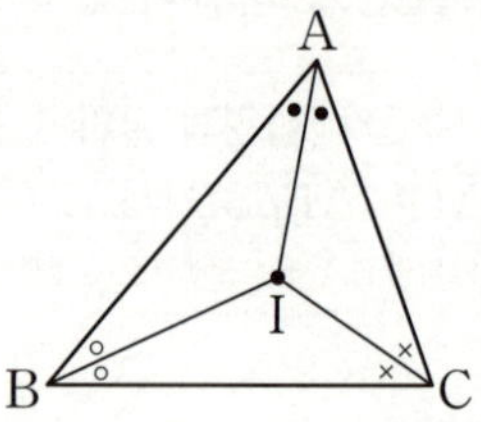	
성질	외심에서 세 꼭짓점에 이르는 거리는 같다. $\overline{OA}=\overline{OB}=\overline{OC}$ =(외접원의 반지름) 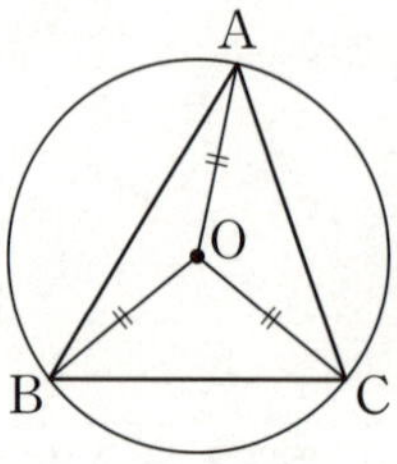		내심에서 세 변에 이르는 거리는 같다. $\overline{ID}=\overline{IE}=\overline{IF}$ =(내접원의 반지름) 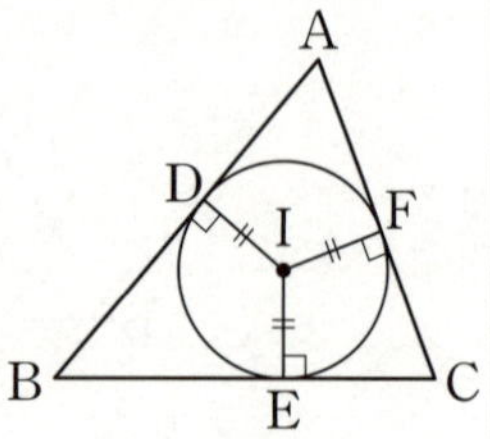	
활용	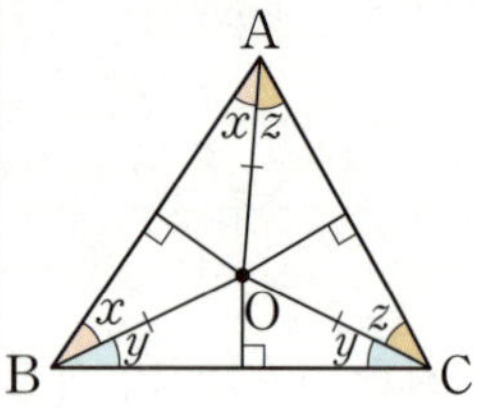 $\angle x+\angle y+\angle z=90°$	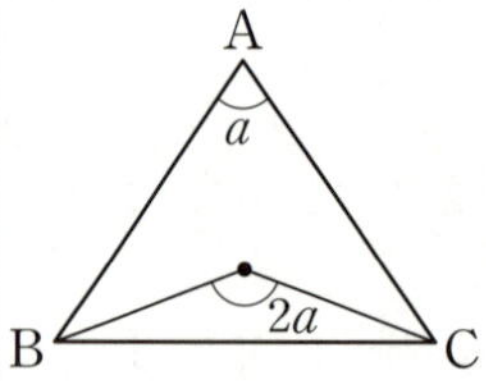 $\angle BOC=2\angle A$	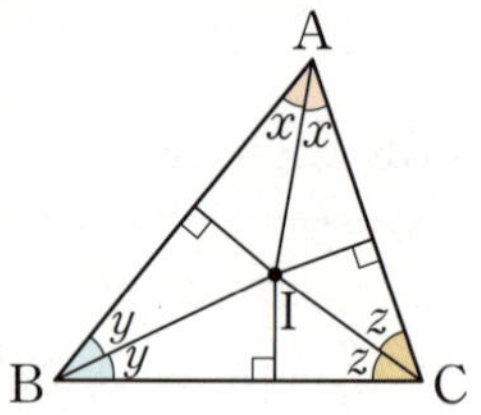 $\angle x+\angle y+\angle z=90°$	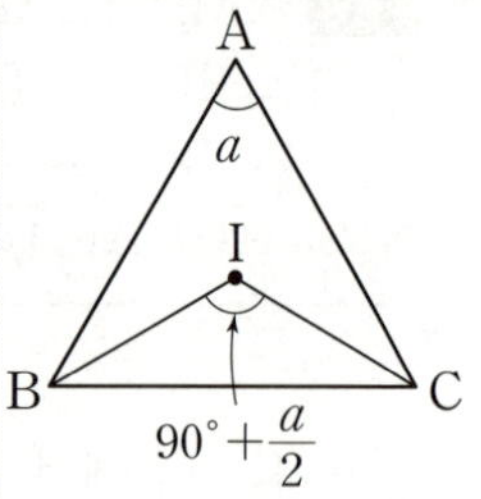 $\angle BIC=90°+\frac{1}{2}\angle A$
위치	예각삼각형 ⇒ 삼각형의 내부 직각삼각형 ⇒ 빗변의 중점 둔각삼각형 ⇒ 삼각형의 외부		모든 삼각형의 내심은 삼각형의 내부에 존재 이등변삼각형의 외심과 내심은 꼭지각의 이등분선 위에 존재 정삼각형의 외심과 내심은 일치	
합동인 삼각형	△OAD≡△OBD △OBE≡△OCE △OAF≡△OCF 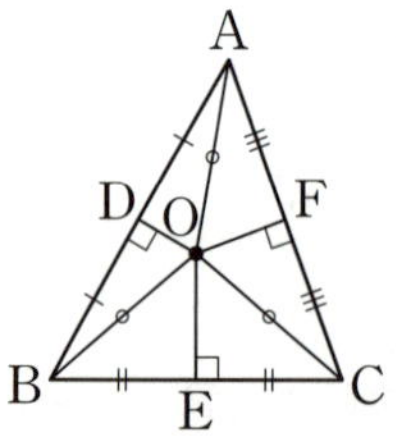		△AID≡△AIF △BID≡△BIE △CIE≡△CIF 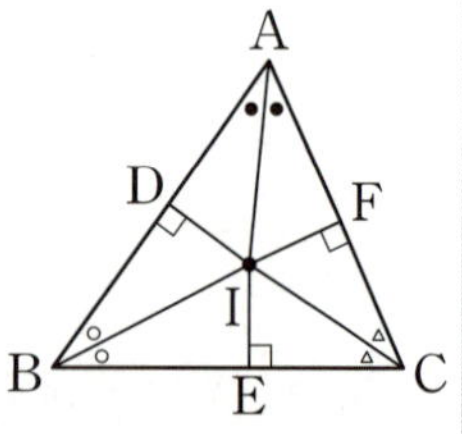	
넓이			(△ABC의 넓이) $=\frac{1}{2}(a+b+c)r$ 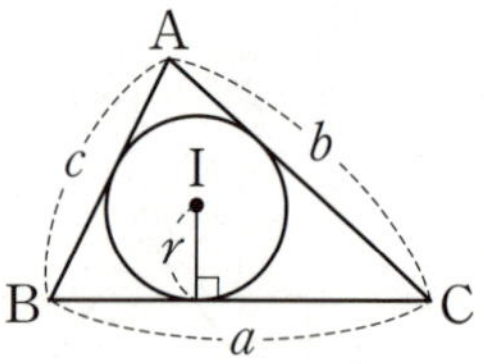	

[2-2 과정]

03 평행사변형과 여러 가지 사각형

1 평행사변형(★)

핵심개념

(1) 사각형의 기호와 용어

사각형 ABCD는 기호로 □ABCD와 같이 나타낸다. 또한, 사각형에서 서로 마주 보는 변을 대변, 마주 보는 각을 대각이라 한다.

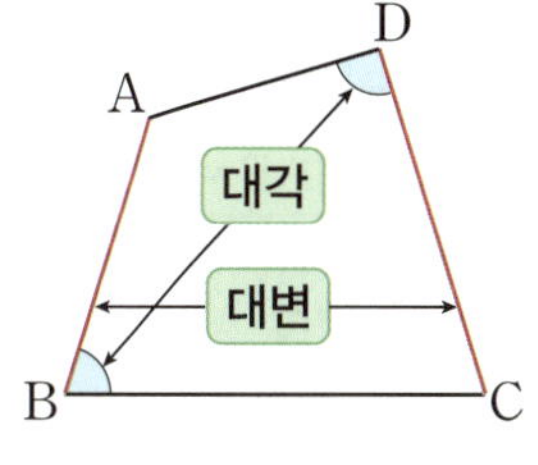

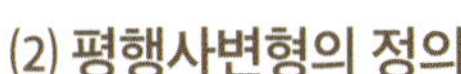

(2) 평행사변형의 정의

두 쌍의 대변이 각각 평행한 사각형

⇨ □ABCD에서 $\overline{AB} /\!/ \overline{DC}$, $\overline{AD} /\!/ \overline{BC}$

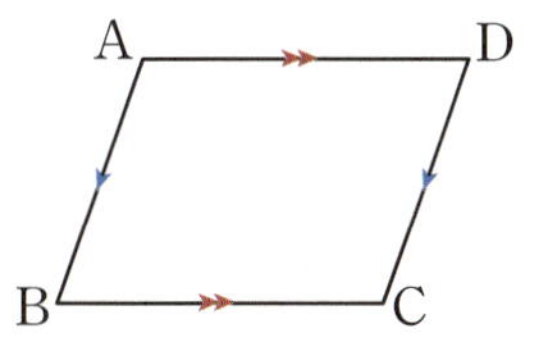

(3) 평행사변형의 성질 ← 성질은 정의를 이용하여 증명한다. 증명한 성질은 다른 성질을 증명할 때 이용할 수 있다.

① 두 쌍의 대변의 길이는 같다.	② 두 쌍의 대각의 크기는 같다.	③ 두 대각선은 서로 다른 것을 이등분한다.
$\overline{AD}=\overline{BC}$, $\overline{AB}=\overline{DC}$	$\angle A=\angle C$, $\angle B=\angle D$	$\overline{OA}=\overline{OC}$, $\overline{OB}=\overline{OD}$

+증명 오른쪽 그림과 같이 대각선을 그으면

$\angle BAC=\angle DCA$, $\angle DAC=\angle BCA$, $\overline{AC}$는 공통 (평행선의 엇각)

⇨ $\triangle ABC \equiv \triangle CDA$ (ASA합동)이므로

① $\overline{AD}=\overline{BC}$, $\overline{AB}=\overline{DC}$이고, ② $\angle A=\angle C$, $\angle B=\angle D$

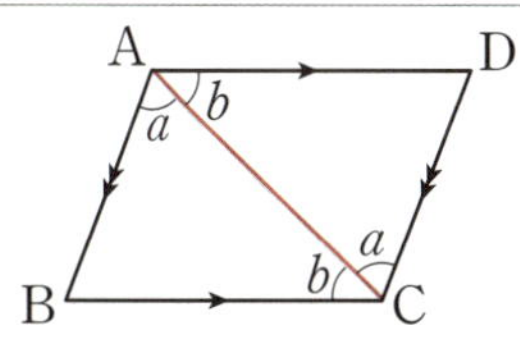

오른쪽 그림과 같이 두 대각선을 그으면

$\angle ABO=\angle CDO$, $\angle BAO=\angle DCO$, $\overline{AB}=\overline{DC}$ (평행선의 엇각, 성질 ①)

⇨ $\triangle AOB \equiv \triangle COD$ (ASA합동)이므로

③ $\overline{OA}=\overline{OC}$, $\overline{OB}=\overline{OD}$

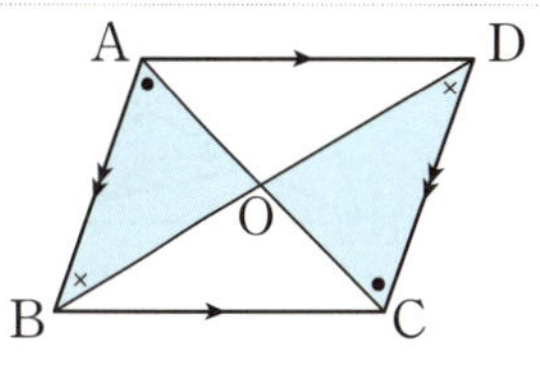

▶확인 평행사변형에서 이웃하는 두 내각의 크기의 합은 180°이다. ($\angle A+\angle B=180°$)

(예) 다음 평행사변형 ABCD에서 x, y의 값을 구하시오.

①

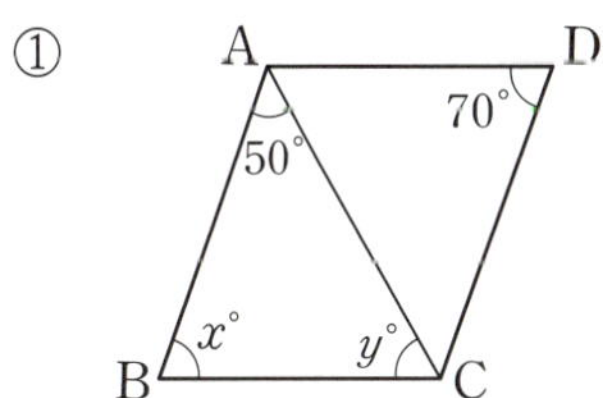

②

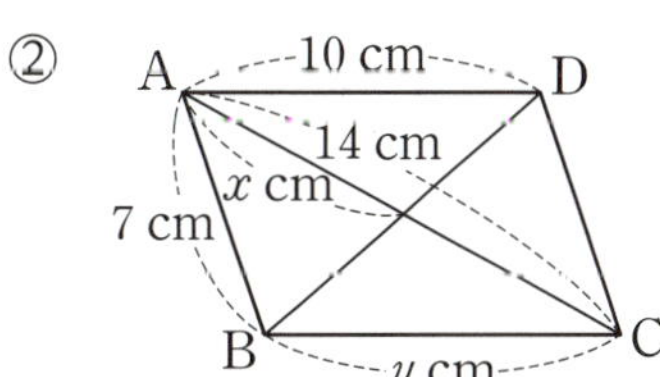

+풀이 ① $\angle B=\angle D$에서 $x=70$, $\triangle ABC$에서 $50°+\angle x+\angle y=180°$이므로 $y=60$

② 대각선이 서로 이등분하므로 $x=7$, 대변의 길이가 같으므로 $y=10$

(4) 평행사변형이 되는 조건 ← 아래와 같이 그림을 그려가면서 직접 표현해 보면 기억하기 편리하다.

다음 중 어느 한 조건을 만족시키는 사각형은 평행사변형이다.

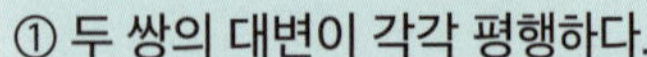 ① 두 쌍의 대변이 각각 평행하다.	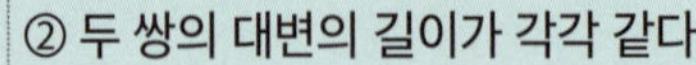 ② 두 쌍의 대변의 길이가 각각 같다.	③ 두 쌍의 대각의 크기가 각각 같다.
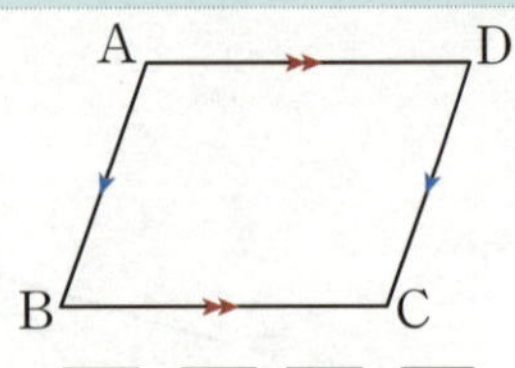 $\overline{AB} /\!/ \overline{DC}$, $\overline{AD} /\!/ \overline{BC}$	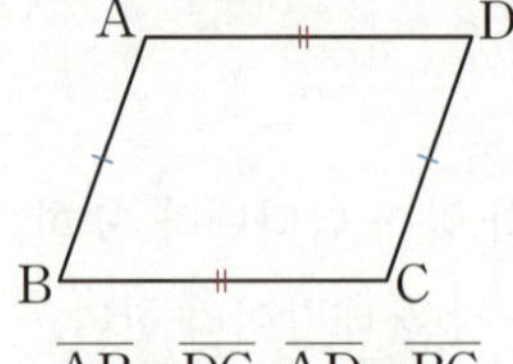 $\overline{AB}=\overline{DC}$, $\overline{AD}=\overline{BC}$	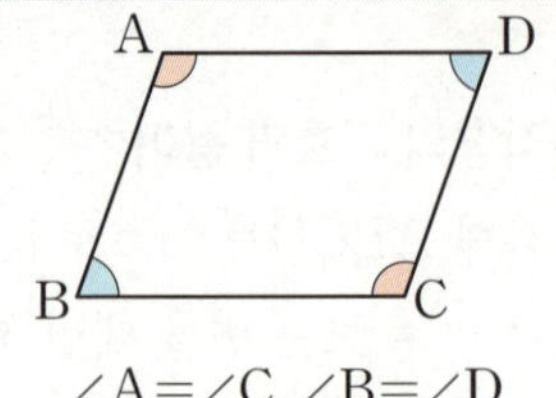 $\angle A=\angle C$, $\angle B=\angle D$
④ 두 대각선이 서로 다른 것을 이등분한다.	⑤ 한 쌍의 대변이 평행하고 그 길이가 같다.	
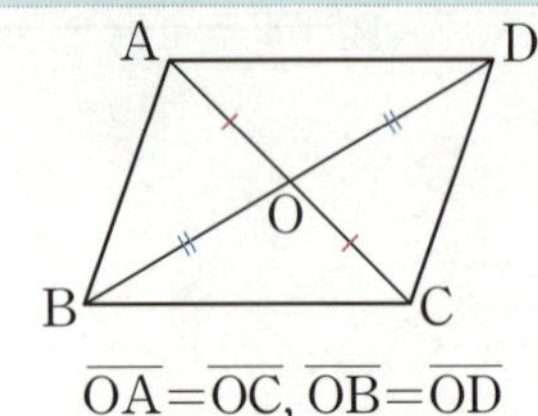 $\overline{OA}=\overline{OC}$, $\overline{OB}=\overline{OD}$	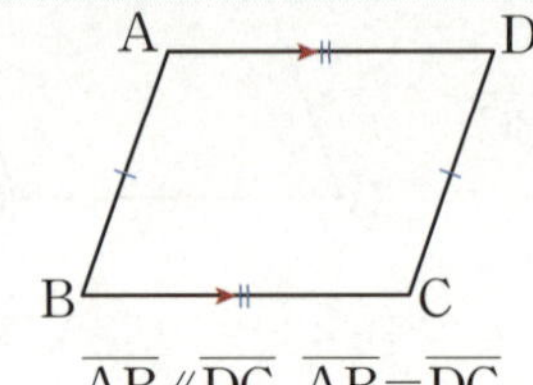 $\overline{AB} /\!/ \overline{DC}$, $\overline{AB}=\overline{DC}$	①은 평행사변형의 정의를 만족하므로 평행사변형이다. ③은 동위각 또는 엇각이 같음을 보여 두 쌍의 대변이 평행함을 증명하면 된다. ②, ④, ⑤는 주어진 조건을 이용하여 합동인 삼각형을 찾아낸 뒤, 엇각이 같음을 보여 두 쌍의 대변이 평행함을 증명한다.

확장개념

(5) 평행사변형이 되는 조건 활용

사각형 ABCD가 평행사변형일 때, 다음 그림에서 색칠한 사각형 AECF는 평행사변형이다.

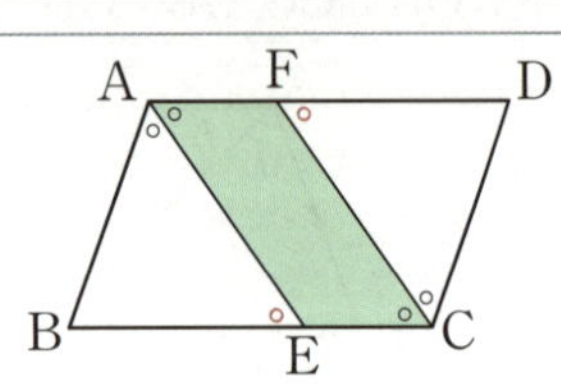	$\angle A$, $\angle C$의 이등분선과 변의 교점을 각각 E, F라 하면, □AECF는 평행사변형이다. **+증명** $\angle AEC=\angle CFA$, $\angle EAF=\angle ECF$이므로 조건 ③을 만족 ↳ $\angle FAE=\angle AEB=\circ$, $\angle ECF=\angle DFC=\circ$ (엇각)
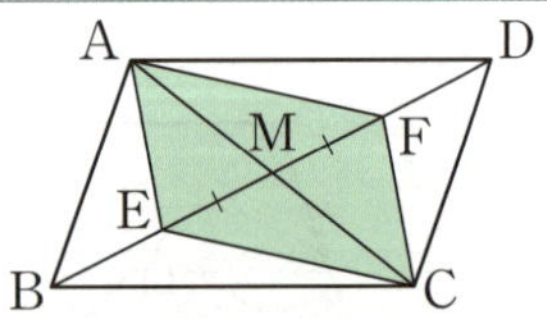	두 대각선의 교점을 M이라 할 때, $\overline{BD}$위에 $\overline{EM}=\overline{FM}$인 두 점 E, F를 잡으면 □AECF는 평행사변형이다. **+증명** $\overline{AM}=\overline{CM}$, $\overline{EM}=\overline{FM}$이므로 조건 ④를 만족
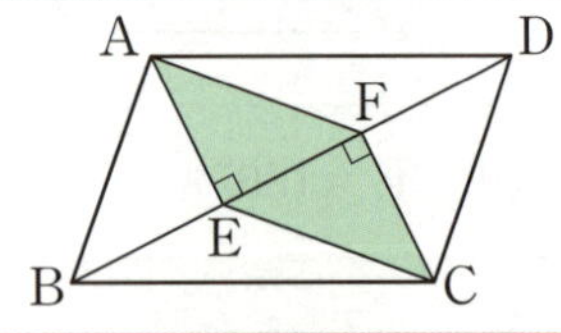	두 꼭짓점 A, C에서 대각선 BD에 내린 수선의 발을 각각 E, F라 하면 □AECF는 평행사변형이다. **+증명** $\overline{AE} /\!/ \overline{CF}$, $\overline{AE}=\overline{CF}$이므로, 조건 ⑤를 만족 ↳ 엇각 ↳ $\triangle ABE \equiv \triangle CDF$ (RHA합동)
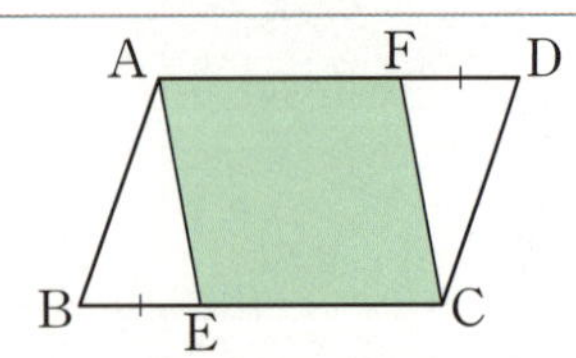	두 변 BC, DA위에 $\overline{BE}=\overline{DF}$인 두 점 E, F를 잡으면 □AECF는 평행사변형이다. **+증명** $\overline{AF} /\!/ \overline{CE}$, $\overline{AF}=\overline{CE}$이므로, 조건 ⑤를 만족

(예) 오른쪽 그림과 같은 평행사변형 ABCD에서 점 O는 대각선의 교점이고 $\overline{BE}=\overline{DF}$일 때, $\angle AFC$의 크기를 구하시오.

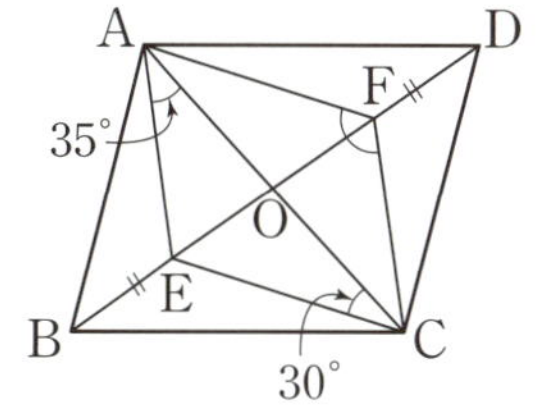

풀이 오른쪽 그림에서 사각형 AECF는 평행사변형이다. 왜냐하면

$\overline{AO}=\overline{CO}$, $\overline{BO}=\overline{DO}$이고, $\overline{BE}=\overline{DF}$에서 $\overline{EO}=\overline{FO}$이므로
(↳ 대각선이 서로를 이등분)

사각형 AECF의 대각선이 서로를 이등분하기 때문이다.

따라서 $\angle AFC=\angle AEC$이고, 삼각형 AEC에서

$\angle AEC=180°-(35°+30°)=115°$

$\therefore \angle AFC=115°$

핵심개념

(6) 평행사변형과 넓이

① 평행사변형의 넓이는 한 대각선에 의하여 이등분된다.

$\triangle ABC=\triangle CDA=\frac{1}{2}\square ABCD$
(↳ $\triangle ABC\equiv\triangle CDA$이므로)

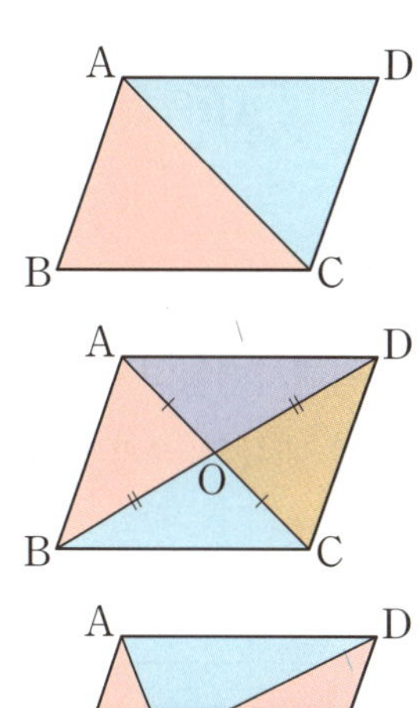

② 평행사변형의 넓이는 두 대각선에 의하여 사등분된다.

⇨ $\triangle ABO=\triangle CDO=\triangle ADO=\triangle CBO=\frac{1}{4}\square ABCD$
(↳ 밑변의 길이가 같고($\overline{AO}=\overline{CO}$) 높이가 같으므로)

③ 평행사변형 ABCD 내부에 한 점 P에 대하여

$\triangle PAB+\triangle PCD=\triangle PDA+\triangle PBC=\frac{1}{2}\square ABCD$

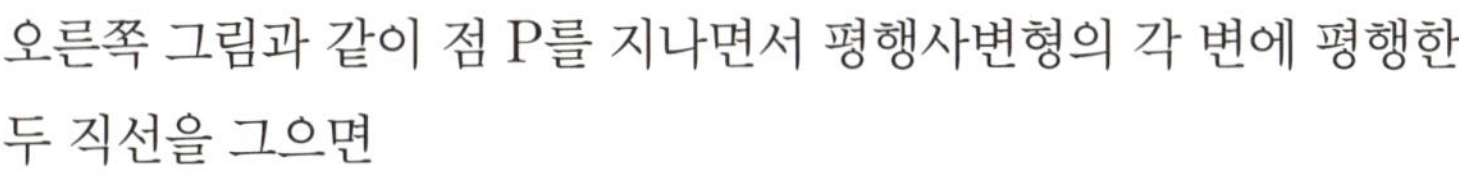

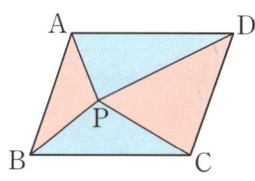

오른쪽 그림과 같이 점 P를 지나면서 평행사변형의 각 변에 평행한 두 직선을 그으면

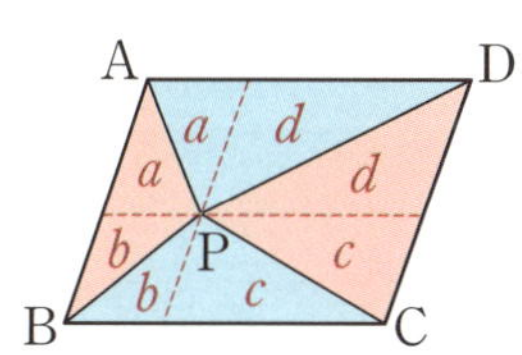

$\triangle PAB+\triangle PCD=(a+b)+(c+d)=a+b+c+d$

$\triangle PDA+\triangle PBC=(a+d)+(b+c)=a+b+c+d$

이므로 ③이 성립한다.

(예) 오른쪽 그림에서 평행사변형 ABCD의 넓이는 42cm^2이고, $\triangle PCD$의 넓이는 9cm^2일 때, $\triangle PAB$의 넓이를 구하시오.

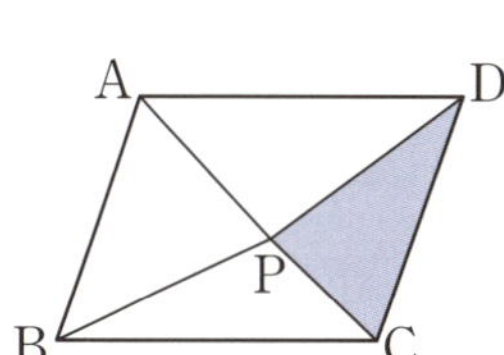

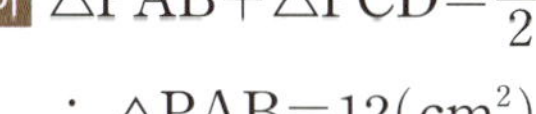

풀이 $\triangle PAB+\triangle PCD=\frac{1}{2}\square ABCD=21(\text{cm}^2)$

$\therefore \triangle PAB=12(\text{cm}^2)$

2 직사각형(★)

핵심개념

(1) 직사각형의 정의

네 내각의 크기가 모두 같은 사각형

⇨ $\angle A=\angle B=\angle C=\angle D=90°$

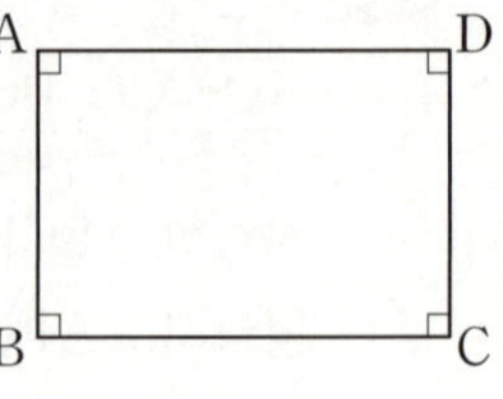

+참고 직사각형은 네 내각의 크기가 같으므로 두 쌍의 대각의 크기가 각각 같다. 따라서 직사각형은 평행사변형이므로 평행사변형의 성질을 모두 만족시킨다.

⇓

(2) 직사각형의 성질 ← 오른쪽과 같이 그림에 직접 표현해 보면 기억하기 편리하다.

두 대각선의 길이가 같다.

⇨ $\overline{AC}=\overline{BD}$

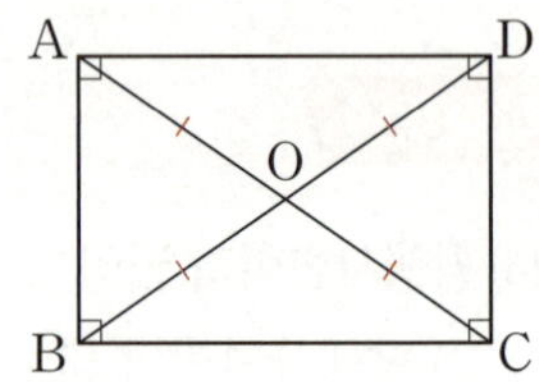

+증명 직사각형 ABCD에 대각선을 그으면 $\triangle ABC\equiv\triangle DCB$이다.

$\overline{AB}=\overline{DC}$, $\angle ABC=\angle DCB=90°$, $\overline{BC}$는 공통 ⇨ SAS합동
(└ 평행사변형의 성질, └ 직사각형의 정의)

따라서 $\overline{AC}=\overline{BD}$이므로 직사각형의 두 대각선은 길이가 같다.

(3) 평행사변형이 직사각형이 되는 조건

① 한 내각의 크기가 90°이다. ② 두 대각선의 길이가 같다.

예1 아래 그림과 같은 직사각형 ABCD에서 x, y의 값을 각각 구하시오.

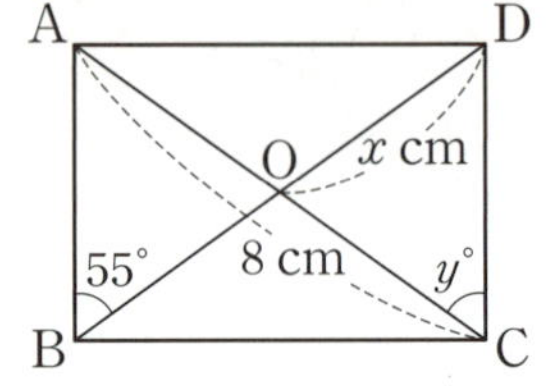

+풀이 직사각형의 두 대각선은 길이가 같고 서로 다른 것을 이등분하므로
$\overline{AC}=\overline{BD}=8(\text{cm})$ ⇒ $\therefore x=4$
$\triangle OAB$는 이등변삼각형이므로 $\angle OAB=\angle OBA$
또한, $\angle OAB=\angle OCD$ (엇각)이므로 $\therefore y=55$

예2 다음은 두 대각선의 길이가 같고, 서로 다른 것을 이등분하는 사각형은 직사각형임을 설명한 것이다. ☐에 알맞은 것을 쓰시오.

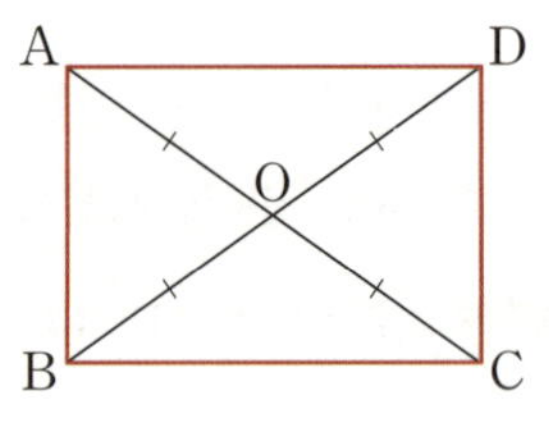

> 오른쪽 그림과 같이 길이가 같고, 서로 다른 것을 이등분하는 $\overline{AC}$와 $\overline{BD}$를 긋자.
> $\overline{AC}$와 $\overline{BD}$의 교점을 O라고 하면 $\overline{OA}=\overline{OB}=\overline{OC}=\overline{OD}$이다.
> $\angle AOB=$ ☐ (맞꼭지각)이므로 $\triangle OAB\equiv\triangle OCD$이고,
> $\angle AOD=$ ☐ (맞꼭지각)이므로 $\triangle OAD\equiv$ ☐이다.
> $\triangle OAB$와 $\triangle OAD$는 이등변삼각형이므로 $\angle OAB=\angle x$, $\angle OAD=\angle y$라고 하면,
> $\angle OAB=\angle OBA=\angle OCD=\angle ODC=\angle x$, $\angle OAD=\angle ODA=\angle OBC=\angle OCB=\angle y$.
> □ABCD에서 $\angle A=\angle B=\angle C=\angle D=\angle x+\angle y=$ ☐이므로 □ABCD는 직사각형이다.

+풀이 ☐에 알맞은 것을 차례대로 쓰면 $\angle COD$, $\angle COB$, $\triangle OCB$, $90°$.

3 마름모(★)

(1) 마름모의 정의

네 변의 길이가 모두 같은 사각형

⇨ $\overline{AB}=\overline{BC}=\overline{CD}=\overline{DA}$

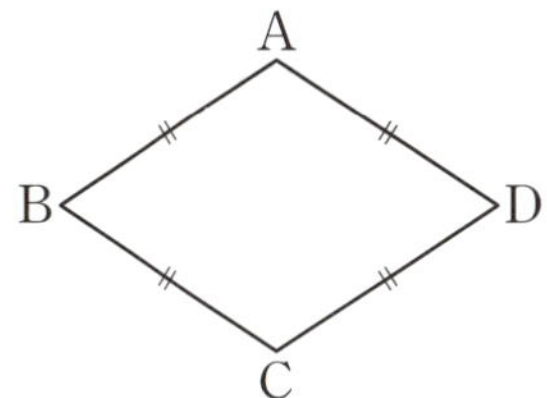

+참고 마름모는 두 쌍의 대변의 길이가 같다. 따라서 마름모는 평행사변형이므로 평행사변형의 성질을 모두 만족시킨다.

(2) 마름모의 성질 ← 오른쪽과 같이 그림에 직접 표현해 보면 기억하기 편리하다.

두 대각선은 서로 다른 것을 수직이등분한다.

⇨ $\overline{OA}=\overline{OC}$, $\overline{OB}=\overline{OD}$이고 $\overline{AC}\perp\overline{BD}$

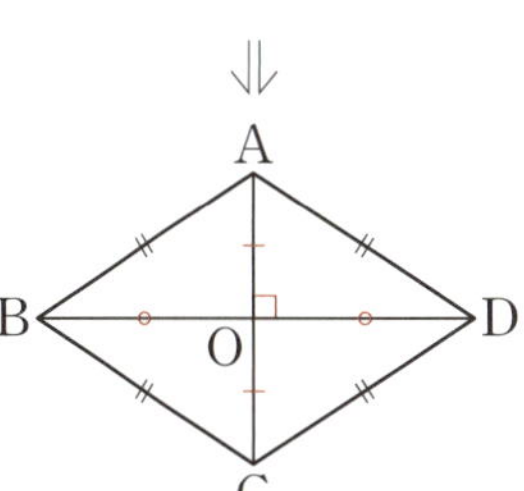

+증명 마름모 ABCD에 두 대각선의 교점을 O라고 하면

$\triangle ABO\equiv\triangle ADO$이다.

$\overline{BO}=\overline{DO}$, $\overline{AB}=\overline{AD}$, $\overline{AO}$는 공통 ⇨ SSS합동

평행사변형의 성질 ← ↳ 마름모의 정의

따라서 $\angle AOB=\angle AOD=90°$에서 $\overline{AC}\perp\overline{BD}$이므로 두 대각선은 서로 수직이다.

(3) 평행사변형이 마름모가 되는 조건

① 이웃하는 두 변의 길이가 같다. ② 두 대각선이 직교한다.

예1 아래 그림과 같은 마름모 ABCD의 넓이를 구하시오.

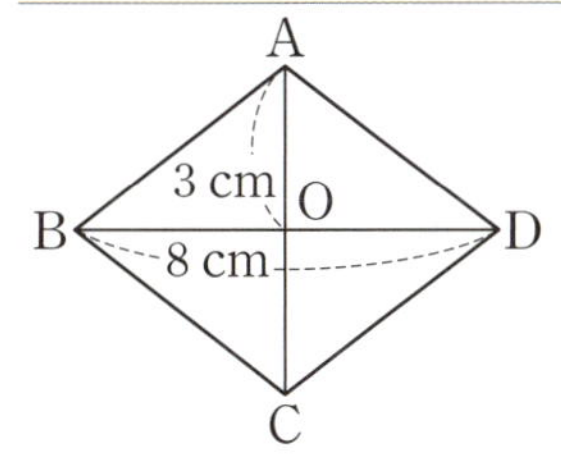

+풀이 마름모의 두 대각선은 서로 다른 것을 수직 이등분하므로 $\angle AOB=90°$이다. 따라서

$\triangle ABD=\frac{1}{2}\times8\times3=12$

$\therefore \square ABCD=2\times\triangle ABD=24(cm^2)$

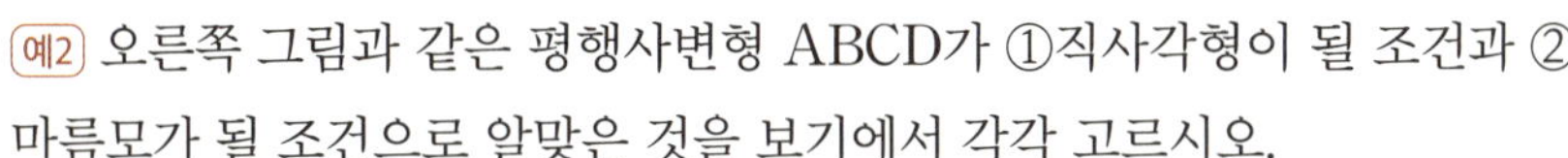

예2 오른쪽 그림과 같은 평행사변형 ABCD가 ①직사각형이 될 조건과 ② 마름모가 될 조건으로 알맞은 것을 보기에서 각각 고르시오.

A, D, 12 cm, O, B, C, 8 cm

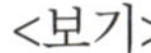

<보기>

ㄱ. $\angle A=90°$	ㄴ. $\overline{AB}=8cm$
ㄷ. $\angle B+\angle D=180°$	ㄹ. $\overline{OC}=6cm$
ㅁ. $\angle AOB=90°$	ㅂ. $\overline{AD}=8cm$

+풀이 ① 직사각형이 될 조건 : ㄱ, ㄷ, ㄹ ← ㄱ, ㄷ:한 내각의 크기가 90°, ㄹ:대각선의 길이가 같다

② 마름모가 될 조건 : ㄴ, ㅁ ← ㄴ:이웃하는 두 변의 길이가 같다. ㅁ:대각선이 서로 수직

4 정사각형(★)

핵심개념

(1) 정사각형의 정의

네 내각의 크기가 모두 같고, 네 변의 길이가 모두 같은 사각형

⇨ $\angle A = \angle B = \angle C = \angle D = 90°$, $\overline{AB} = \overline{BC} = \overline{CD} = \overline{DA}$

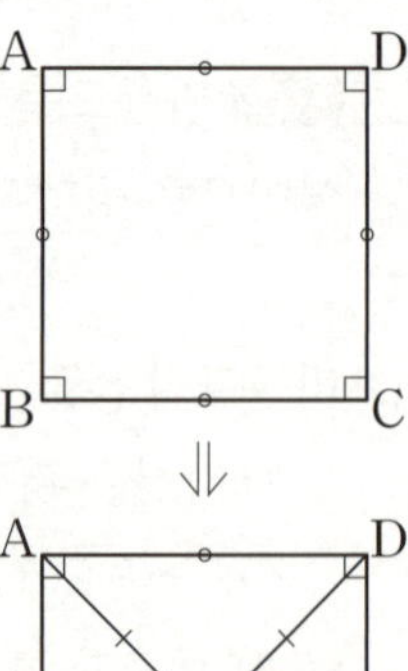

+참고 정사각형은 네 내각의 크기가 모두 같고, 네 변의 길이가 모두 같으므로 마름모의 성질과 직사각형의 성질을 모두 만족시킨다.

(2) 정사각형의 성질 ← 오른쪽과 같이 그림에 직접 표현해 보면 기억하기 편리하다.

두 대각선은 길이가 같고, 서로 다른 것을 수직이등분한다.

⇨ $\overline{AC} = \overline{BD}$, $\overline{OA} = \overline{OB} = \overline{OC} = \overline{OD}$이고 $\overline{AC} \perp \overline{BD}$

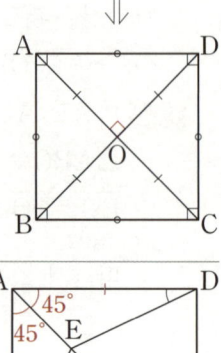

예1 아래 그림과 같은 정사각형 ABCD에서 점 E가 $\overline{AC}$ 위에 있을 때, $\angle ADE$의 크기를 구하시오.

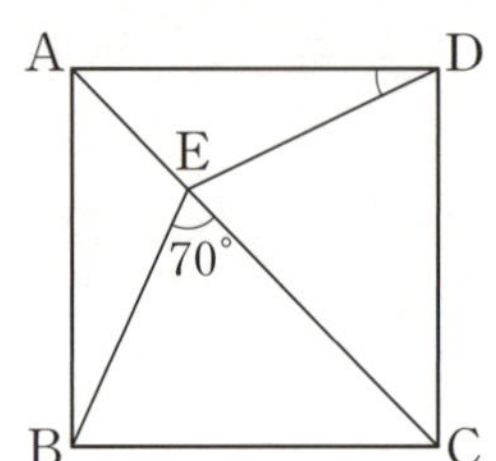

+풀이 △ABC, △ADC는 직각이등변삼각형이다.

$\angle BAC = \angle DAC = 45°$

$\overline{AB} = \overline{AD}$

$\overline{AE}$는 공통

⇨ △BAE≡△DAE (SAS합동)

따라서 $\angle ADE = \angle ABE$이다. △ABE에서

$45° + \angle ABE = 70° \Rightarrow \therefore \angle ADE = \angle ABE = 25°$

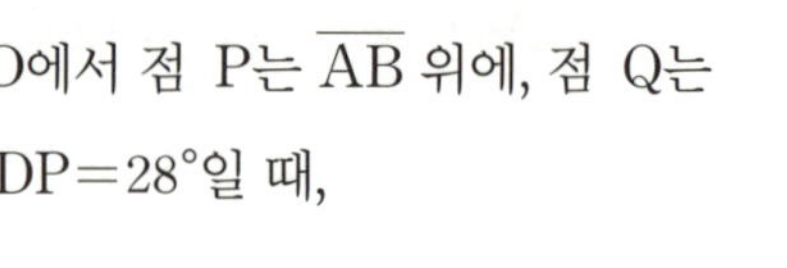

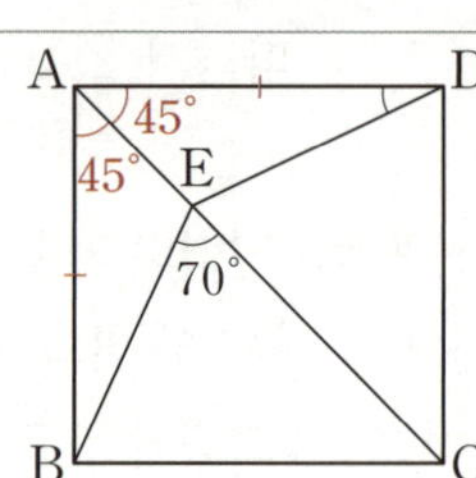

예2 오른쪽 그림과 같은 정사각형 ABCD에서 점 P는 $\overline{AB}$ 위에, 점 Q는 $\overline{BC}$의 연장선 위에 있다. $\overline{DP} = \overline{DQ}$, $\angle ADP = 28°$일 때, $\angle BQP$의 크기를 구하시오.

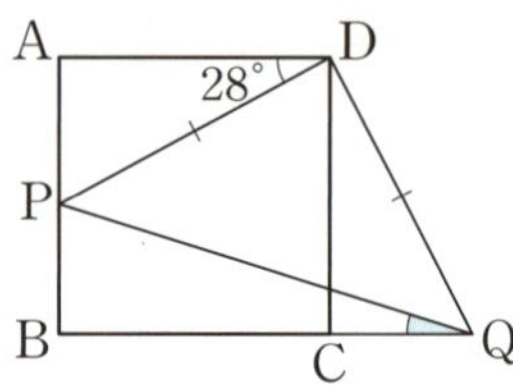

+풀이 □ABCD가 정사각형이므로

$\overline{DA} = \overline{DC}$, $\angle DAP = \angle DCQ = 90°$

문제의 조건에서 $\overline{DP} = \overline{DQ}$

⇨ △DPA≡△DQC (RHS합동)

$\angle PDA = \angle QDC = 28°$

$\angle PDC = 90° - 28° = 62°$

△DPQ는 이등변삼각형이므로 $\angle DQP = 45°$

△DCQ에서 $\angle CDQ + \angle CQD = 90°$이므로

$28° + (45° + \angle CQP) = 90° \Rightarrow \therefore \angle CQP = 27° (= \angle BQP)$

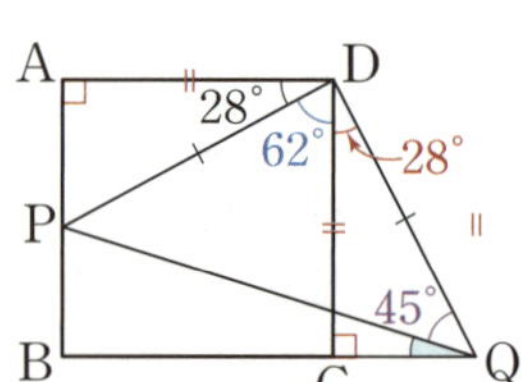

+참고 그림에서 빨간색 → 파란색 → 보라색의 순서로 파악해가면 된다.

+꿀팁 △DAP를 점 D를 중심으로 시계 반대 방향으로 90°만큼 회전하면 △DCQ가 된다.

5 등변사다리꼴(★)

핵심개념

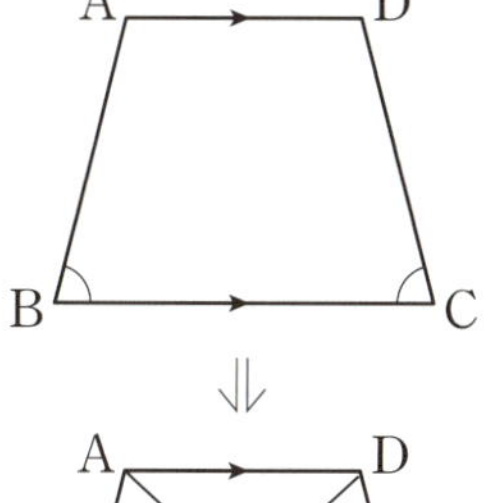

(1) 등변사다리꼴의 정의

밑변의 양 끝 각의 크기가 같은 사다리꼴

⇨ $\overline{AD} /\!/ \overline{BC}$, $\angle B = \angle C$

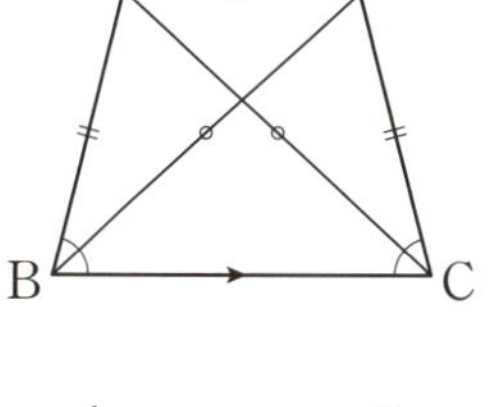

(2) 등변사다리꼴의 성질

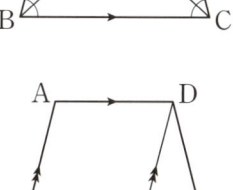

① 평행하지 않은 한 쌍의 대변의 길이가 같다. ⇨ $\overline{AB} = \overline{DC}$

② 두 대각선의 길이가 같다. ⇨ $\overline{AC} = \overline{DB}$

증명 ① 오른쪽 그림과 같이 점 D를 지나고, $\overline{AB}$와 평행한 직선을 그어
(↳등변사다리꼴에서 자주 이용하는 보조선이다.)
$\overline{BC}$와 만나는 점을 E라고 하면,
□ABED는 평행사변형이므로 $\overline{AB} = \overline{DE}$이다. 또한,
$\angle ABC = \angle DEC$ (∵ 평행선의 동위각)
이고, 등변사다리꼴의 정의에서 $\angle ABC = \angle DCE$이므로
$\angle ABC = \angle DEC = \angle DCE$
따라서 $\overline{AB} = \overline{DE} = \overline{DC}$ (∵ △DEC는 이등변삼각형)

② $\overline{AB} = \overline{DC}$, $\angle B = \angle C$, $\overline{BC}$는 공통 ⇨ △ABC≡△DCB (SAS합동)
(↳성질 ① / ↳등변사다리꼴의 정의)
따라서 $\overline{AC} = \overline{DB}$

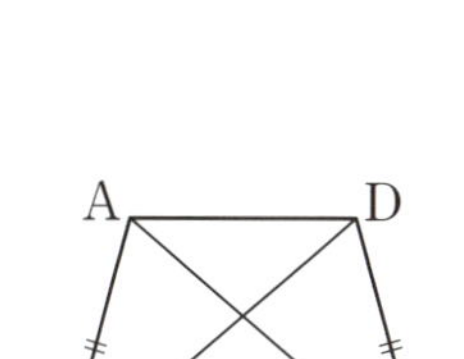

예1 아래 그림에서 □ABCD가 등변사다리꼴일 때, x, y의 값을 구하시오.

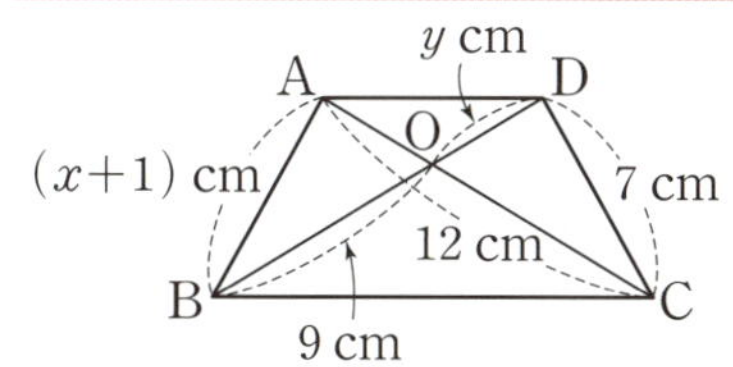

풀이 $\overline{AB} = \overline{DC}$이므로 $x+1=7 \Rightarrow \therefore x=6$
대각선의 길이가 같으므로
$9+y=12 \Rightarrow \therefore y=3$

예2 아래 그림에서 □ABCD가 등변사다리꼴일 때, ∠A의 크기를 구하시오.

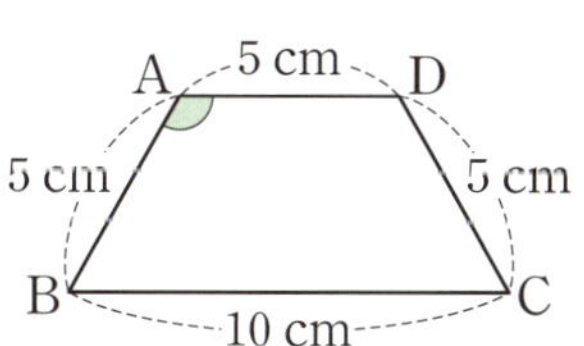

풀이 점 D를 지나고 $\overline{AB}$에 평행한 직선을 그어 $\overline{BC}$와 만나는 점을 E라 하면,
□ABED는 평행사변형이다.
$\overline{BE} = \overline{AD} = 5$(cm),
$\overline{DE} = \overline{AB} = 5$(cm)
이고, $\overline{EC} = 5$(cm)이므로 △DEC는 정삼각형이다.
따라서 $\angle DEC = 60°$이므로
$\therefore \angle A = \angle BED = 120°$ ←평행사변형의 성질

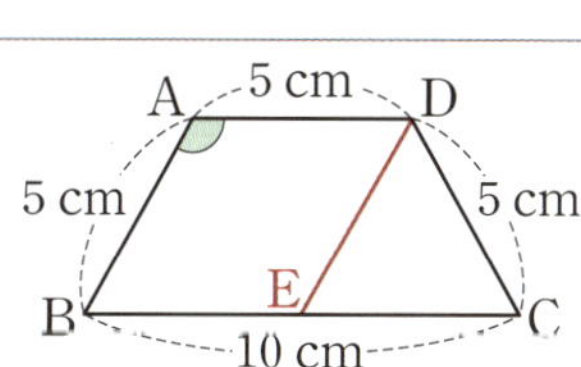

6 여러 가지 사각형 사이의 관계(★)

핵심개념

(1) 여러 가지 사각형 사이의 관계

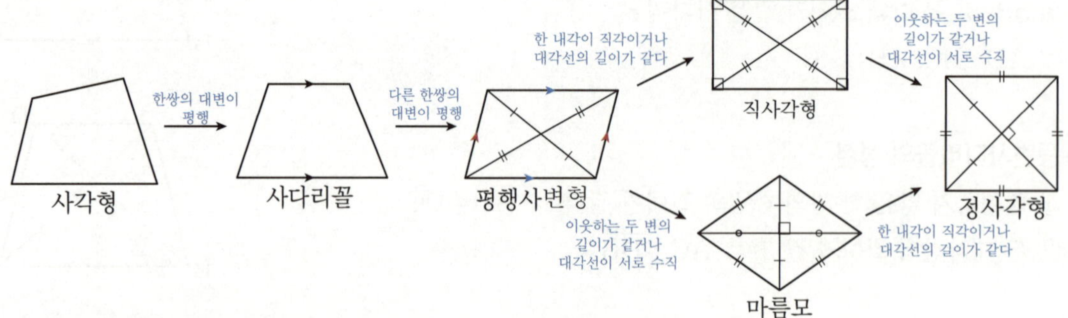

▶확인 여러 가지 사각형의 포함관계를 그림으로 나타내면 다음과 같다.

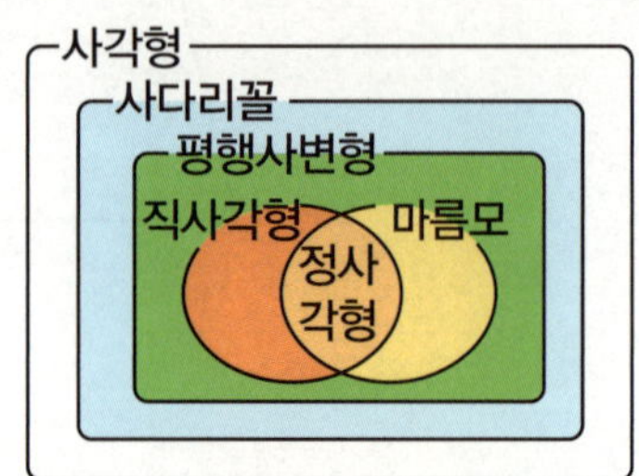

확장개념

(2) 사각형의 각 변의 중점을 연결하여 만든 사각형

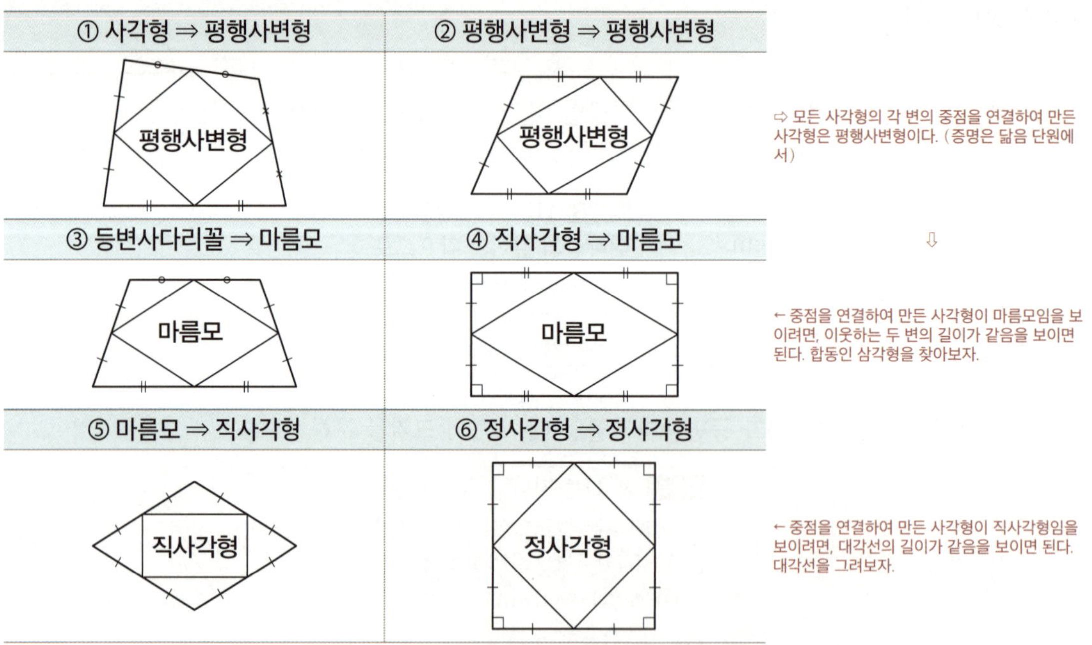

⇨ 모든 사각형의 각 변의 중점을 연결하여 만든 사각형은 평행사변형이다. (증명은 닮음 단원에서)

⇩

← 중점을 연결하여 만든 사각형이 마름모임을 보이려면, 이웃하는 두 변의 길이가 같음을 보이면 된다. 합동인 삼각형을 찾아보자.

← 중점을 연결하여 만든 사각형이 직사각형임을 보이려면, 대각선의 길이가 같음을 보이면 된다. 대각선을 그려보자.

▶확인 ②의 증명은 마주 보는 두 쌍의 삼각형이 각각 합동임을 이용해도 된다.

7 평행선과 삼각형의 넓이(★)

핵심개념

(1) 평행선과 삼각형의 넓이의 비

두 직선 l, m이 평행할 때, 세 삼각형 ABC, DBC, EBC는 밑변 BC가 공통이고 높이는 h로 같으므로, 세 삼각형은 모두 넓이가 같다.

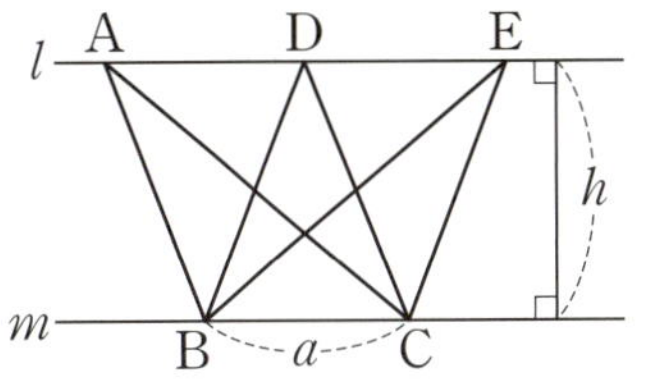

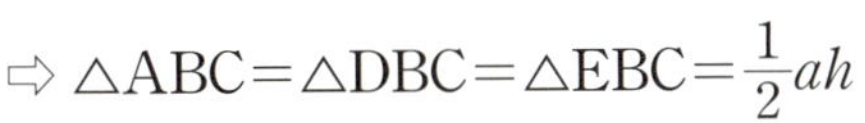

⇨ $\triangle ABC=\triangle DBC=\triangle EBC=\frac{1}{2}ah$

즉, 밑변의 길이와 높이가 각각 같은 삼각형들은 넓이가 같다.

(2) 높이가 같은 삼각형의 넓이의 비

높이가 같은 두 삼각형의 넓이의 비는 밑변의 길이의 비와 같다.

⇨ $\triangle ABC : \triangle ACD = m : n$ ← $\triangle ABC=\frac{1}{2}mh$, $\triangle ACD=\frac{1}{2}nh$

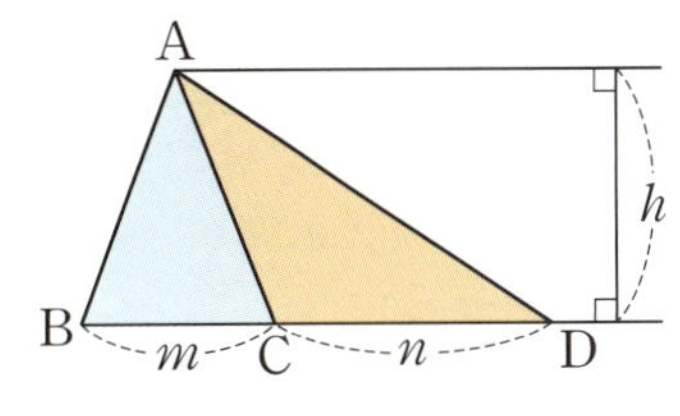

예1 오른쪽 그림과 같은 평행사변형 ABCD에서 $\overline{BD} /\!/ \overline{EF}$이고, 점 E가 $\overline{BC}$의 중점일 때, 다음 중 넓이가 같지 않은 삼각형은?

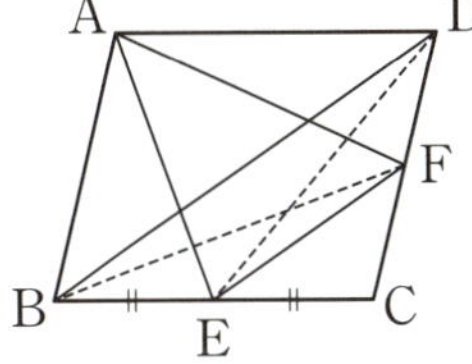

① △ABE ② △BDF
③ △DCE ④ △BCF
⑤ △AEF

+풀이 △ABE=△DBE ← $\overline{BE}$를 밑변으로 보면 밑변이 공통이고 높이가 같다.

△DBE=△DCE ← $\overline{BE}=\overline{CE}$이므로 밑변의 길이와 높이가 각각 같다.

△DBE=△DBF ← $\overline{DB}$를 밑변으로 보면 밑변이 공통이고 높이가 같다.

△BDF=△BCF ← △DBE=S라 하면 △DBC=2S이고, △DBF=S이므로 △BCF=△DBC−△DBF=S

따라서 넓이가 같지 않은 삼각형은 ⑤△AEF이다.

▶확인 △ABE, △BDF, △DCE, △BCF의 넓이는 모두 평행사변형의 넓이의 $\frac{1}{4}$로 같다.

예2 다음 그림에서 $\overline{AE} : \overline{EB}=1:1$, $\overline{BD} : \overline{DC}=2:1$이고, △ABC의 넓이가 18cm^2일 때, △BED의 넓이를 구하시오.

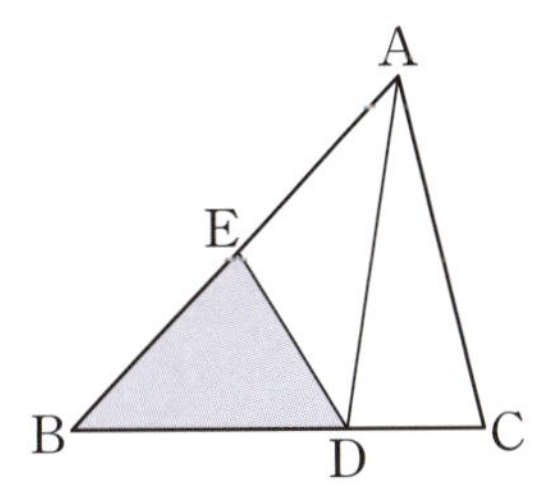

+풀이 △BED의 넓이를 S라 하면,

△AED=△BED=S
↳ $\overline{AE} : \overline{EB}=1:1$이므로

따라서 △ABD=2S이다. 또한,

$\overline{BD} : \overline{DC}=2:1$에서

△ABD : △ADC=2 : 1

따라서 △ADC=S이므로

△ABC=3S=18 ⇒ ∴ $S=6(\text{cm}^2)$

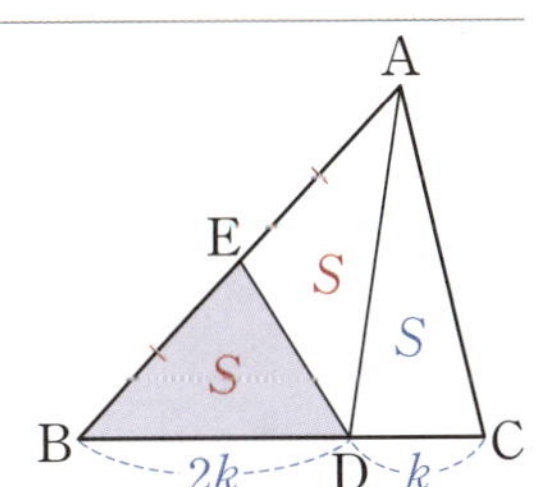

(3) 평행선과 넓이가 같은 다각형

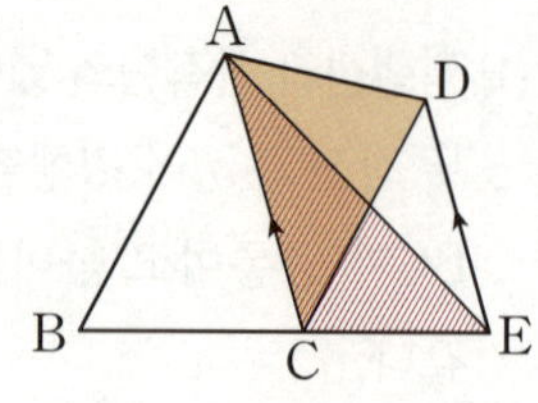

오른쪽 그림에서 $\overline{AC} /\!/ \overline{DE}$이므로

① $\triangle ACD = \triangle ACE$, $\triangle DEA = \triangle DEC$ ← 밑변과 높이가 같은 두 삼각형

② $\square ABCD = \triangle ABE$

└ $\square ABCD = \triangle ABC + \triangle ACD = \triangle ABC + \triangle ACE = \triangle ABE$

예 아래 그림에서 $\overline{AC} /\!/ \overline{DE}$이고, $\square ABCD = 46cm^2$, $\triangle ABC = 21cm^2$ 일 때, $\triangle ACE$의 넓이를 구하시오.

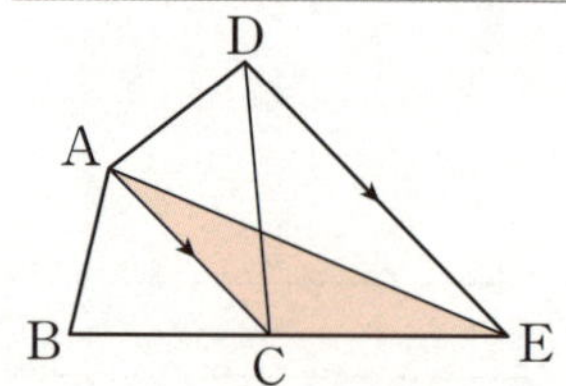

풀이 $\overline{AC} /\!/ \overline{DE}$이므로 $\triangle ACD = \triangle ACE$

$\square ABCD = \triangle ABC + \triangle ACD$

$= \triangle ABC + \triangle ACE$

이므로 $46 = 21 + \triangle ACE$

$\therefore \triangle ACE = 25(cm^2)$

핵심공식

(4) 사다리꼴에서 삼각형의 넓이의 비

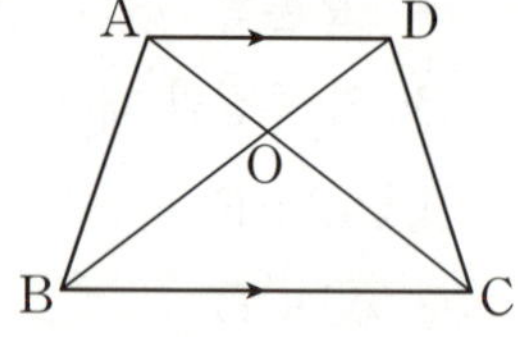

$\overline{AD} /\!/ \overline{BC}$인 사다리꼴 ABCD에서 두 대각선의 교점을 O라 하면,

① $\triangle ABC = \triangle DBC$, $\triangle BAD = \triangle CAD$ ← 밑변과 높이가 같은 두 삼각형

② $\triangle AOB = \triangle DOC$ ← $\triangle ABC = \triangle DBC = S$, $\triangle OBC = T$라 하면, $\triangle AOB = \triangle DOC = S - T$

③ $\triangle OAB : \triangle OCB = \triangle OAD : \triangle OCD = \overline{OA} : \overline{OC}$

└ 높이가 같은 두 삼각형에서 넓이의 비는 밑변의 길이의 비

예 아래 그림과 같이 $\overline{AD} /\!/ \overline{BC}$인 사다리꼴 ABCD에서 두 대각선의 교점을 O라 하자. $\overline{OA} : \overline{OC} = 1 : 2$, $\triangle OAB = 12cm^2$일 때, $\triangle DBC$의 넓이를 구하시오.

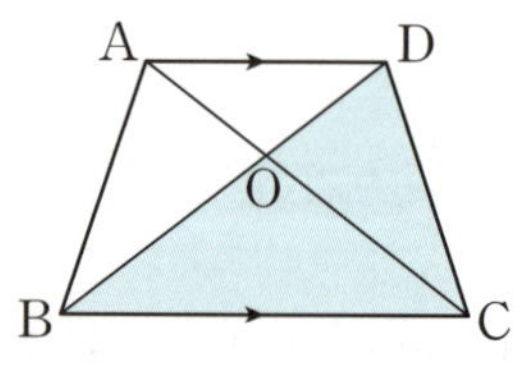

풀이 $\triangle OAB$, $\triangle OCB$는 $\overline{OA}$, $\overline{OC}$를 각각 밑변으로 보면 높이가 같은 두 삼각형이므로

$\triangle OAB : \triangle OCB = \overline{OA} : \overline{OC} = 1 : 2$

$\triangle OAB = 12(cm^2)$이므로 $\triangle OCB = 24(cm^2)$

따라서

$\triangle ABC = \triangle OAB + \triangle OCB = 12 + 24 = 36(cm^2)$

이고, $\triangle ABC = \triangle DBC$이므로

$\therefore \triangle DBC = 36(cm^2)$

[2-2 과정]

04 도형의 닮음

1 닮은 도형

핵심개념

(1) 닮은 도형

한 도형을 일정한 비율로 확대 또는 축소한 도형이 다른 도형과 합동일 때, 이 두 도형은 서로 닮음인 관계에 있다고 하고, 서로 닮은 도형이라 한다.

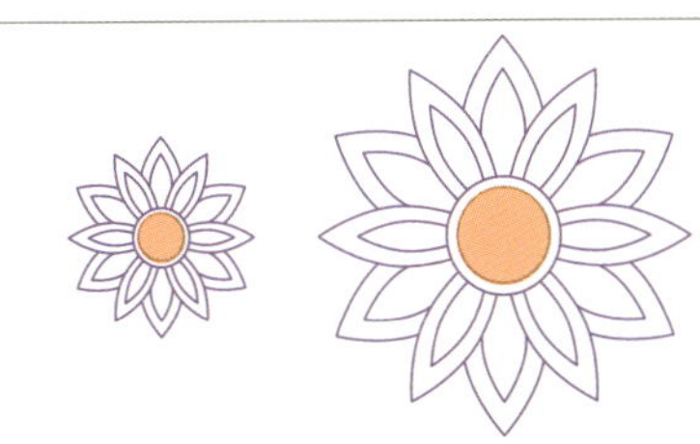	
가로와 세로를 각각 2배씩 확대 ⇨ 닮은 도형	가로는 그대로 두고, 세로만 2배로 확대 ⇨ 닮은 도형이 아니다.

(2) 닮음 기호

△ABC와 △DEF가 서로 닮은 도형일 때, 기호 ∽을 사용하여 △ABC∽△DEF와 같이 나타낸다.

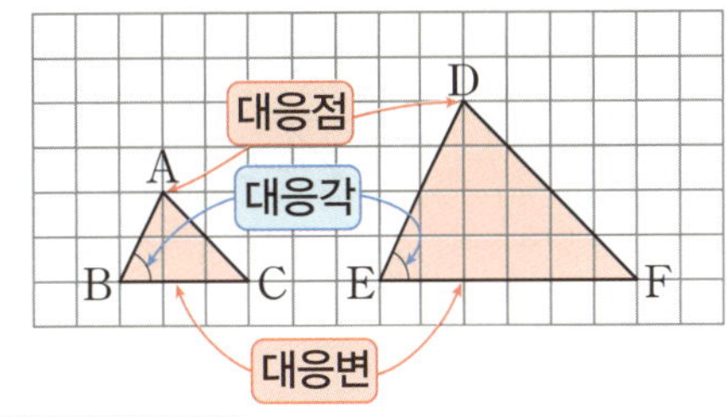

! 주의 닮음을 기호로 나타낼 때는 합동에서와 마찬가지로 두 도형의 꼭짓점을 대응하는 순서대로 써야 한다.

▶확인 기호의 구분

△ABC∽△DEF	△ABC≡△DEF	△ABC=△DEF
(닮음)	(합동)	(넓이가 같음)

2 닮은 도형의 성질

(1) 닮은 두 평면도형에서

① 대응변의 길이의 비는 일정하다. ⇨ 대응변의 길이의 비를 닮음비라고 한다.

⇨ $\overline{AB}:\overline{DE}=\overline{BC}:\overline{EF}=\overline{CA}:\overline{FD}$

② 대응각의 크기는 각각 같다.

⇨ ∠A=∠D, ∠B=∠E, ∠C=∠F

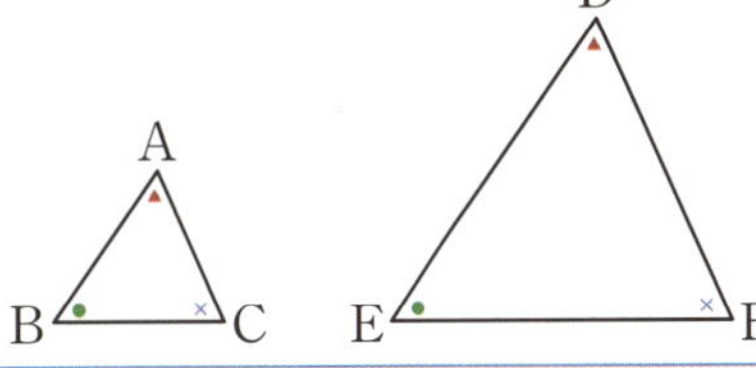

(2) 닮은 두 입체도형에서

① 대응변의 모서리의 길이의 비(닮음비)는 일정하다.

⇨ $\overline{AB}:\overline{EF}=\overline{AC}:\overline{EG}=\overline{AD}:\overline{EH}=\cdots$

② 대응하는 면은 서로 닮은 도형이다.

⇨ △ABC∽△EFG, △ABD∽△EFH,
△ACD∽△EGH, △BCD∽△FGH

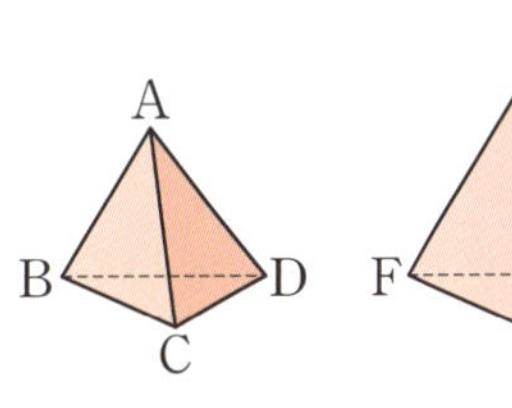

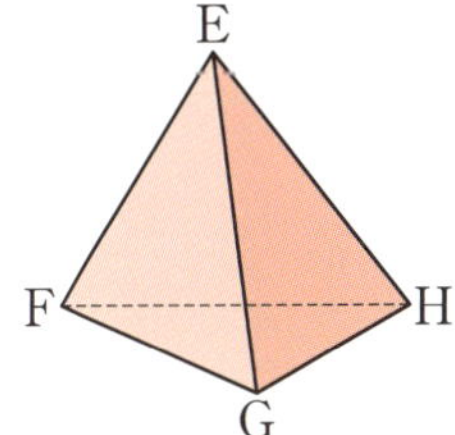

3 삼각형의 닮음 조건(★)

핵심개념

(1) 삼각형의 닮음 조건

두 삼각형이 다음의 어느 한 조건을 만족하면 닮음이다.

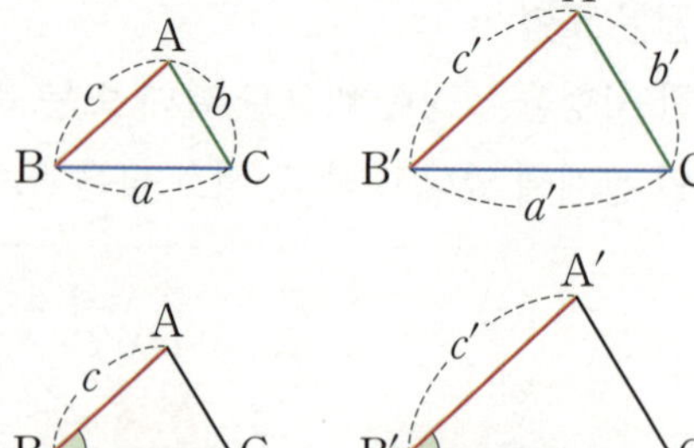

① 세 쌍의 대응변의 길이의 비가 같다. (SSS닮음)

$a : a' = b : b' = c : c'$

⇒ △ABC를 $\frac{a'}{a}$배 만큼 확대하면 △A′B′C′와 SSS합동이므로 닮음이다.

② 두 쌍의 대응변의 길이의 비가 같고, 그 끼인각의 크기가 같다. (SAS닮음)

$a : a' = b : b'$, $\angle B = \angle B'$

⇒ △ABC를 $\frac{a'}{a}$배 만큼 확대하면 △A′B′C′와 SAS합동이므로 닮음이다.

③ 두 쌍의 대응각의 크기가 각각 같다. (AA닮음)

$\angle B = \angle B'$, $\angle C = \angle C'$

⇒ △ABC를 $\frac{\overline{B'C'}}{\overline{BC}}$배 만큼 확대하면 △A′B′C′와 ASA합동이므로 닮음이다.

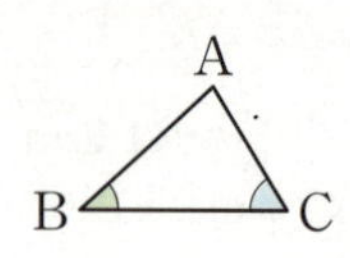

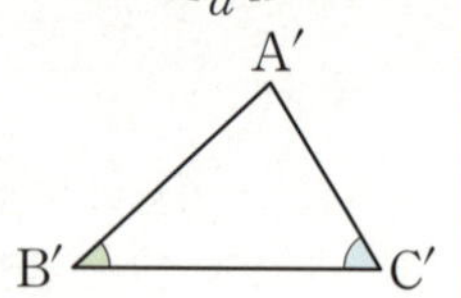

예1 다음 삼각형 중에서 닮음인 것을 모두 찾아 기호로 나타내고, 닮음 조건을 쓰시오.

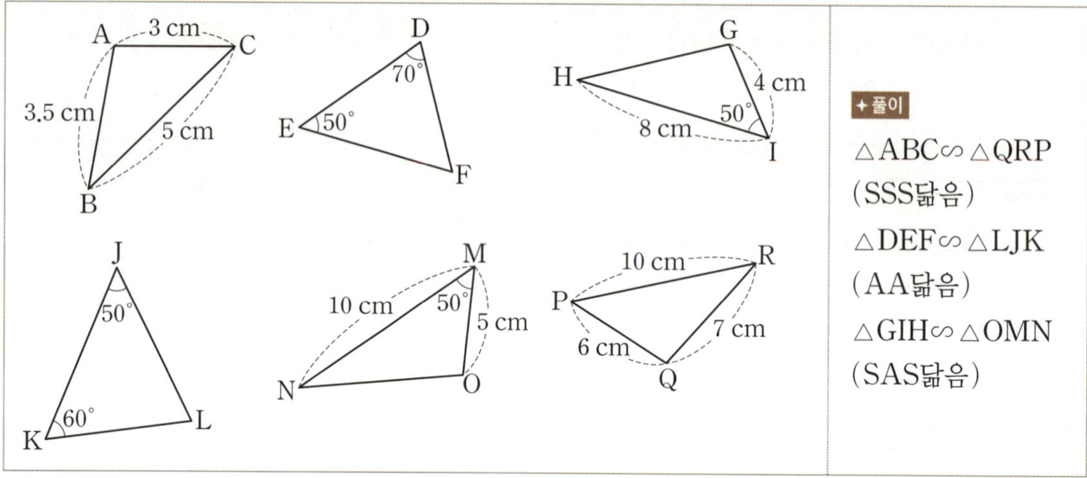

✦풀이
△ABC∽△QRP (SSS닮음)
△DEF∽△LJK (AA닮음)
△GIH∽△OMN (SAS닮음)

예2 오른쪽 그림에서 △ABC는 △ADE를 2배로 확대한 것이다.
옳은 것은 ○, 틀린 것은 ×를 써 넣어 보자.

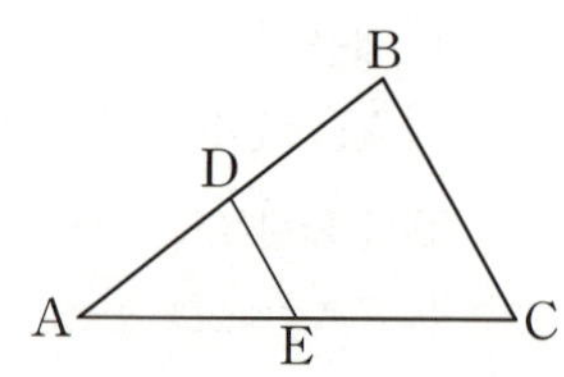

① $\overline{BC} = 2\overline{DE}$ ( )

② $\angle ADE = \angle ABC$ ( )

③ $\overline{AD} = \overline{DB}$ ( )

④ △ADE와 △ABC의 닮음비는 $\overline{AE} : \overline{EC}$이다. ( )

✦풀이 ① (○) ② (○) ③ (○) ④ (×) ← 닮음비는 $\overline{AE} : \overline{AC}$(=1:2)

└→ $\overline{AB} = 2\overline{AD}$이므로

핵심개념

(2) 닮음인 삼각형 찾기 : 두 삼각형의 한 각이 겹쳐져 있는 경우 닮은 삼각형을 찾는 방법

① SAS닮음인 삼각형 찾기

겹쳐진 각을 기준으로 대응변의 길이의 비가 같도록 작은 삼각형을 뒤집어서 생각하자.

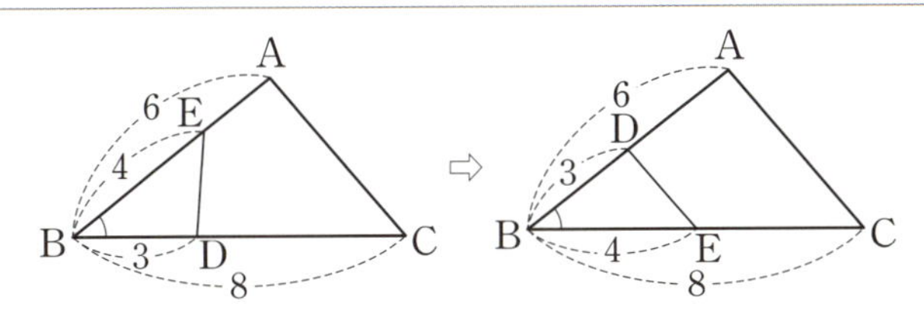

$\angle B$는 공통,
$\overline{BA} : \overline{BD} = \overline{BC} : \overline{BE} = 2 : 1$
⇒ SAS 닮음
⇒ $\triangle ABC \backsim \triangle DBE$

예 다음 그림에서 x의 값을 구하시오.

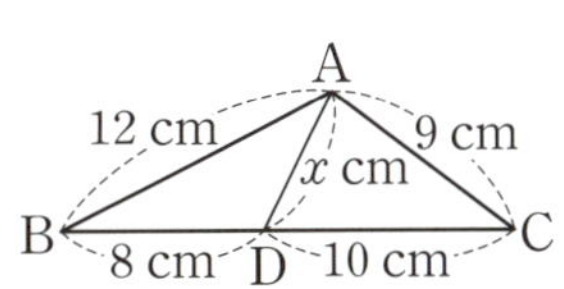

풀이 $\angle B$를 기준으로 $\triangle ABD$를 뒤집어서 생각해 보면, (A가 이동된 점을 A′이라 하자.)

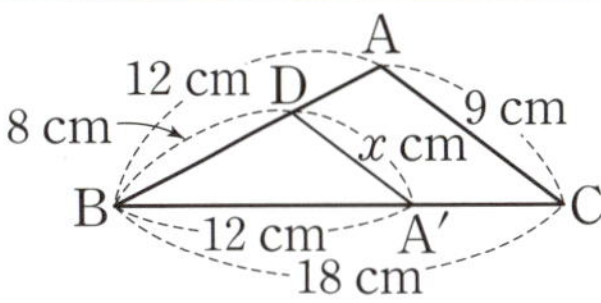

$\angle B$는 공통,
$\overline{BA} : \overline{BD} = \overline{BC} : \overline{BA'} = 3 : 2$
⇒ $\triangle ABC \backsim \triangle DBA'$ (SAS 닮음)
따라서 $\overline{AC} : \overline{DA'} = 9 : x = 3 : 2$
$\therefore x = 6$

② AA닮음인 삼각형 찾기

겹쳐진 각이 아닌 다른 한 각의 크기가 같다면 겹쳐진 각을 기준으로 크기가 같은 각의 위치가 같은 쪽에 있도록 작은 삼각형을 뒤집어서 생각하자. ← 대응각의 위치를 같게 한다.

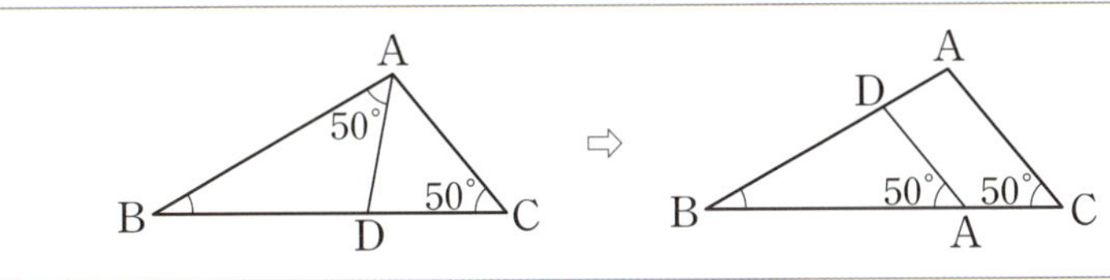

$\angle B$는 공통, $\angle A = \angle C$
⇒ AA닮음
⇒ $\triangle ABC \backsim \triangle DBA$

예 다음 그림에서 $\overline{BC}$의 길이를 구하시오.

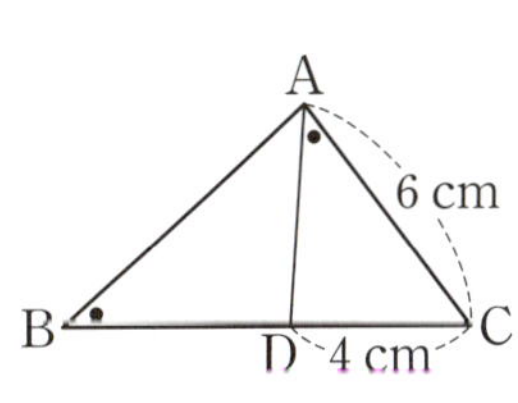

풀이 $\angle ABC = \angle DAC$이고, $\angle C$는 공통이므로
$\triangle ABC \backsim \triangle DAC$ (AA닮음)
$\triangle DAC$를 $\angle C$를 기준으로 오른쪽 그림과 같이 뒤집어서 생각해 보면, (점 A, D가 이동된 점을 각각 A′, D′이라 하자.)

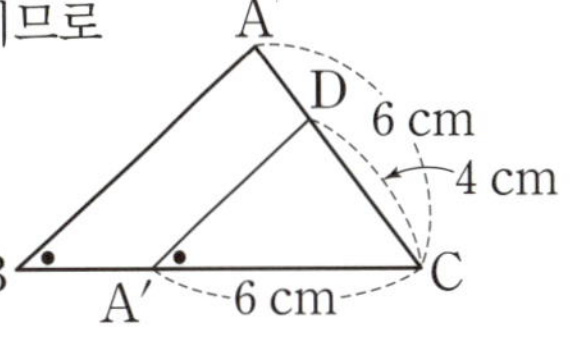

$\overline{CA} : \overline{CD'} = \overline{CB} : CA' \Rightarrow 6 : 4 = BC : 6$
$\therefore \overline{BC} = 9(\text{cm})$

꿀팁 문제에 적용할 때는 삼각형의 변을 번갈아 가면서 비례식을 세우는 것보다 '$\triangle$DCA의 (짧은 변) : (긴 변)' = '$\triangle$ACB의 (짧은 변) : (긴 변)'으로 생각하는 것이 편리할 수 있다.

4 직각삼각형의 닮음(★)

핵심개념

(1) 직각삼각형의 닮음

한 예각의 크기가 같은 두 직각삼각형은 서로 닮은 도형이다. (AA닮음)

예 다음 그림에서 x의 값을 구하시오.

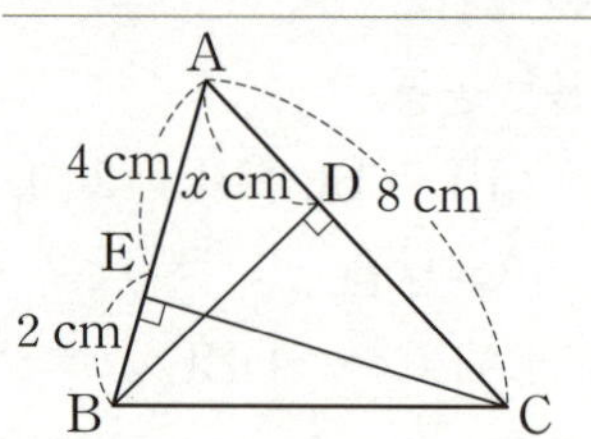

풀이 △ABD∽△ACE이다. 왜냐하면

∠A는 공통, ∠ADB=∠AEC=90° ⇨ AA닮음

따라서 $\overline{AB}:\overline{AD}=\overline{AC}:\overline{AE}$ ← (긴 변):(짧은 변)=(긴 변):(짧은 변)

↳ △ABD를 ∠A를 기준으로 뒤집어서 생각하자.

$\Rightarrow 6:x=8:4 \Rightarrow \therefore x=3$

핵심공식

(2) 직각삼각형의 닮음의 응용

∠A=90°인 직각삼각형 ABC의 꼭짓점 A에서 빗변 BC에 내린 수선의 발을 D라 할 때,

△ABC∽△DBA∽△DAC (AA닮음) ⇒ $(①)^2=②\times③$ ← 많이 쓰이는 공식이므로 꼭 기억하자.

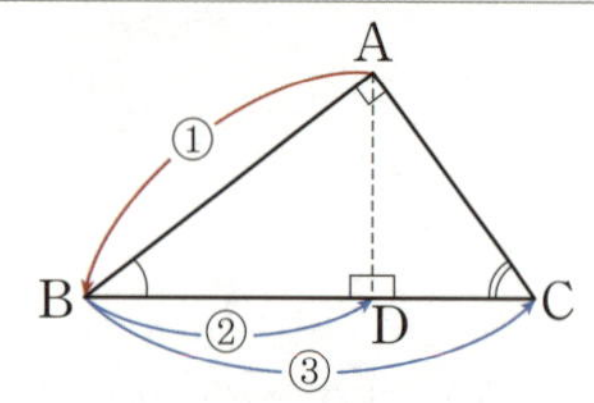	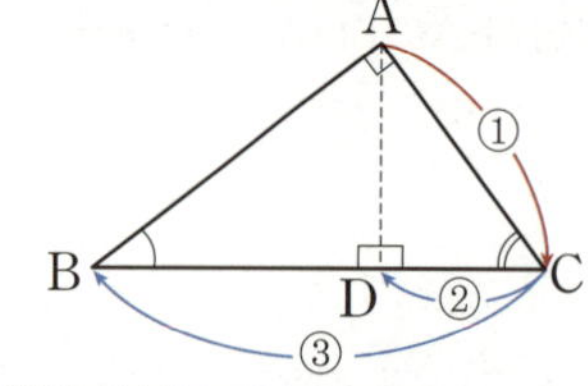	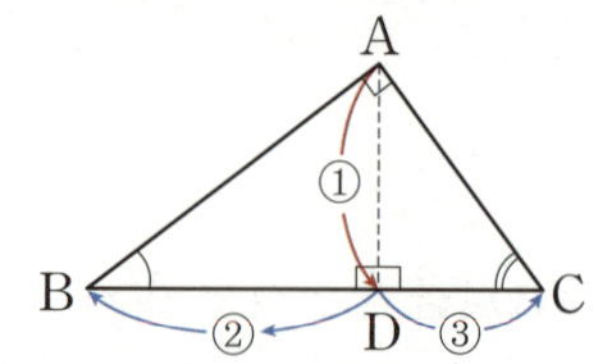
① △ABC∽△DBA에서 $\overline{AB}:\overline{DB}=\overline{CB}:\overline{AB}$ $\Rightarrow \overline{AB}^2=\overline{BD}\times\overline{BC}$	② △ABC∽△DAC에서 $\overline{AC}:\overline{DC}=\overline{BC}:\overline{AC}$ $\Rightarrow \overline{AC}^2=\overline{CD}\times\overline{CB}$	③ △ABD∽△CAD에서 $\overline{BD}:\overline{AD}=\overline{AD}:\overline{CD}$ $\Rightarrow \overline{AD}^2=\overline{DB}\times\overline{DC}$

참고 뒤에 나오는 피타고라스의 정리의 증명에서도 위 공식을 이용한다.

! 중요 위의 그림에서 다음 식도 성립한다.

⇨ $\triangle ABC=\frac{1}{2}\times\overline{AB}\times\overline{AC}=\frac{1}{2}\times\overline{BC}\times\overline{AD}$이므로 $\overline{AB}\times\overline{AC}=\overline{AD}\times\overline{BC}$ ← 꼭 기억하자.

예 다음 그림에서 x, y의 값을 각각 구하시오.

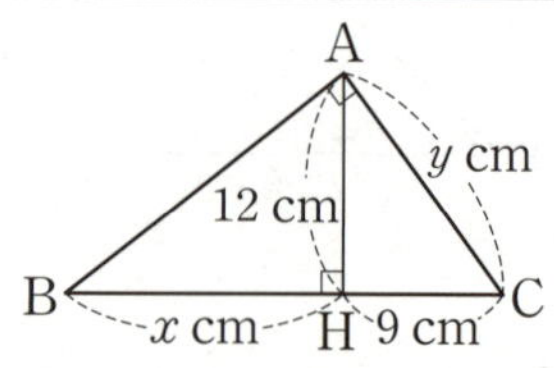

풀이 공식에 적용해 보자.

$\overline{AH}^2=\overline{HB}\times\overline{HC}$에서 $12^2=x\times9$

$\Rightarrow \therefore x=16$

$\overline{AC}^2=\overline{CH}\times\overline{CB}$에서 $y^2=9\times(9+16)$

$\Rightarrow y^2=9\times25 \Rightarrow \therefore y=15$

▶확인 공식을 외우고 있다면 바로 적용하는 것이 편리하다. 하지만 공식이 생각나지 않을 경우를 대비해 닮은 삼각형을 찾아 닮음비를 적용하는 풀이도 해보길 바란다.

[2-2 과정]

05 닮음의 활용

1 삼각형에서 평행선과 선분의 길이의 비(★)

핵심개념

삼각형 ABC에서 두 점 D, E가 각각 변 AB, AC 또는 그 연장선 위에 있을 때,

(1) $\overline{BC} /\!/ \overline{DE}$이면

① $\overline{AB} : \overline{AD} = \overline{AC} : \overline{AE} = \overline{BC} : \overline{DE}$ ← △ABC∽△ADE (AA닮음)이므로

② $\overline{AD} : \overline{DB} = \overline{AE} : \overline{EC}$

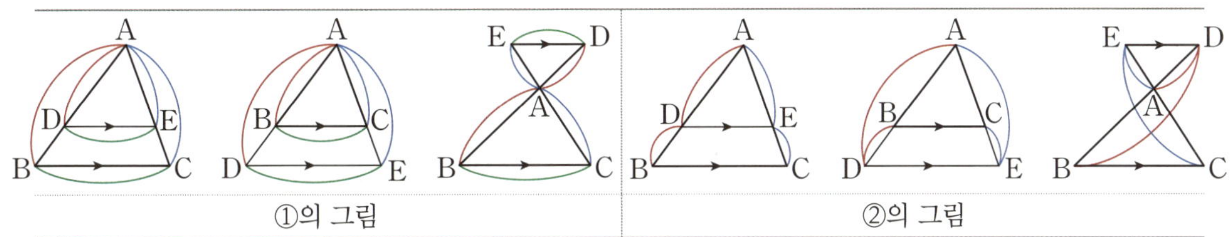

+증명 ②의 그림에서 점 E를 지나고 변 AB에 평행한 직선을 그어 변 BC와 만나는 점을 F라고 하자.

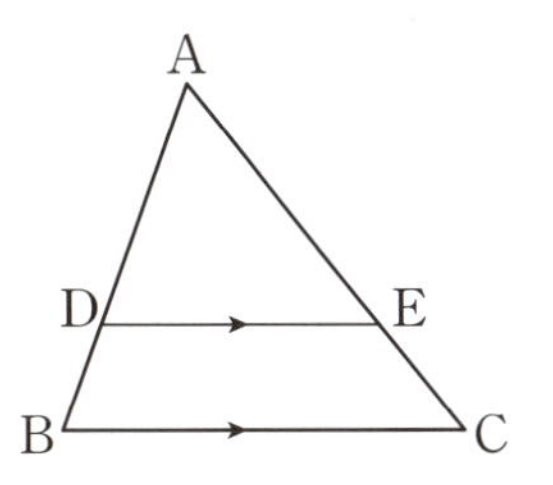

⇒

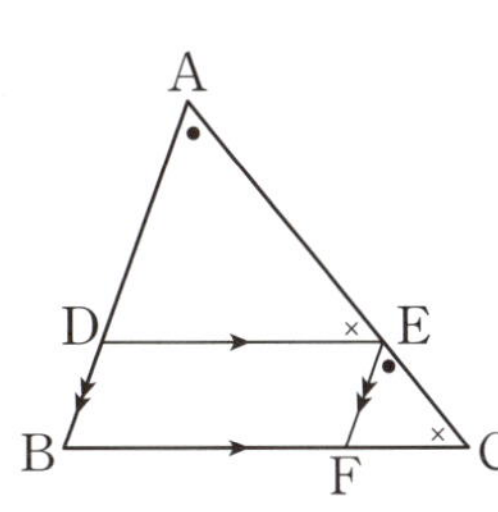

왼쪽 그림에서

△ADE∽△EFC (AA닮음)

$\overline{AD} : \overline{EF} = \overline{AE} : \overline{EC}$

⇒ $\overline{AD} : \overline{DB} = \overline{AE} : \overline{EC}$ ← $\overline{EF} = \overline{DB}$

마찬가지 방법으로 다른 그림에서도 공식을 유도할 수 있다.

+꿀팁 ①, ②의 그림을 직접 그려가면서 공식을 외우면 편리하다. 그림으로 공식을 기억하자.

+참고 (1)의 역도 성립한다. 즉,

① $\overline{AB} : \overline{AD} = \overline{AC} : \overline{AE}$이면 $\overline{BC} /\!/ \overline{DE}$

② $\overline{AD} : \overline{DB} = \overline{AE} : \overline{EC}$이면 $\overline{BC} /\!/ \overline{DE}$

(예) 다음 그림에서 $\overline{BC} /\!/ \overline{DE}$일 때, x, y의 값을 각각 구하시오.

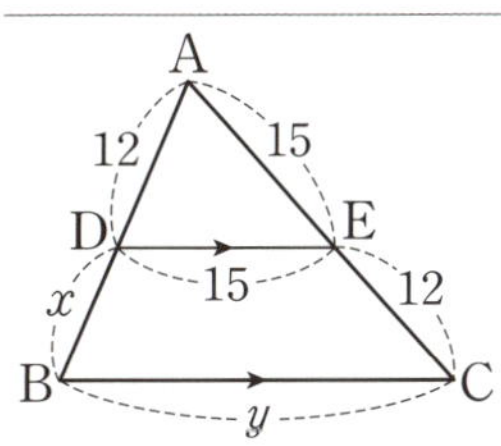

+풀이 공식에 적용해 보자.

$\overline{BC} /\!/ \overline{DE}$이면 $\overline{AD} : \overline{DB} = \overline{AE} : \overline{ED}$이므로

$12 : x = 15 : 12 \Rightarrow \therefore x = \frac{48}{5}$

$\overline{AE} : \overline{AC} = \overline{DE} : \overline{BC}$이므로 ← △ADE∽△ABC (AA닮음)이므로

$15 : 27 = 15 : y \Rightarrow \therefore y = 27$

! 주의 위 공식을 잘못 생각해서 $\overline{AD} : \overline{DB} = \overline{DE} : \overline{BC}$로 쓰는 경우가 있다. 닮음비를 생각하면 $\overline{AD} : \overline{AB} = \overline{DE} : \overline{BC}$는 맞지만 $\overline{AD} : \overline{DB} = \overline{DE} : \overline{BC}$는 틀리다. 주의하자.

핵심개념+핵심공식

(2) 사각형의 네 변의 중점을 연결한 선분의 성질

사각형 ABCD의 네 변의 중점을 각각 E, F, G, H라 하면,

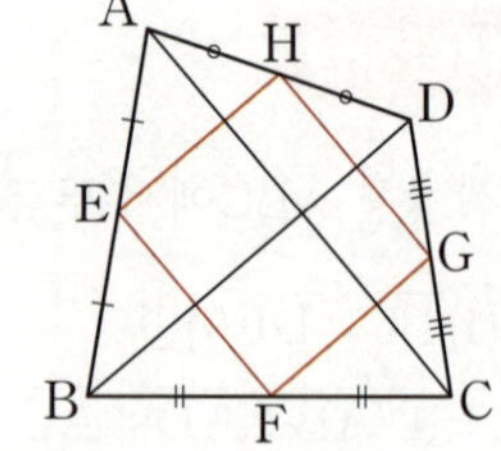

① $\overline{BD}/\!/\overline{EH}/\!/\overline{FG}$이고, $\overline{EH}=\overline{FG}=\frac{1}{2}\overline{BD}$

② $\overline{AC}/\!/\overline{GH}/\!/\overline{EF}$이고, $\overline{EF}=\overline{GH}=\frac{1}{2}\overline{AC}$

③ $(\square\text{EFGH}$의 둘레의 길이$)=\overline{EF}+\overline{FG}+\overline{GH}+\overline{HE}$

$=2(\overline{EF}+\overline{EH})=\overline{AC}+\overline{BD}$ ← 사각형 ABCD의 대각선 길이의 합

+증명 ①, ②의 증명은 다음과 같다.

$\triangle$EBF$\backsim\triangle$ABC이고 닮음비는 1 : 2이다. ⇨ $\overline{AC}/\!/\overline{EF}$이고 $\overline{EF}=\frac{1}{2}\overline{AC}$

$\triangle$HDG$\backsim\triangle$ADC이고 닮음비는 1 : 2이다. ⇨ $\overline{AC}/\!/\overline{HG}$이고 $\overline{HG}=\frac{1}{2}\overline{AC}$

따라서 $\overline{AC}/\!/\overline{EF}/\!/\overline{HG}$이고, $\overline{EF}=\overline{HG}=\frac{1}{2}\overline{AC}$이므로 $\square$EFGH는 평행사변형이다.

마찬가지 방법으로 $\overline{BD}/\!/\overline{EH}/\!/\overline{FG}$이고, $\overline{EH}=\overline{FG}=\frac{1}{2}\overline{BD}$이다.

▶확인 이를 통하여 사각형의 네 변의 중점을 연결한 사각형은 평행사변형임을 알 수 있다.

예1 다음 그림에서 점 D, E, F는 각각 세 변 AB, BC, CA의 중점일 때, $\triangle$DEF의 둘레의 길이를 구하시오.

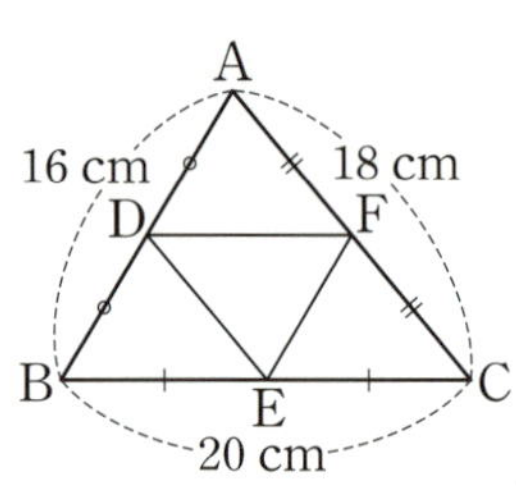

+풀이 $\triangle$ADF$\backsim\triangle$ABC이다. 왜냐하면

$\overline{AD}:\overline{AB}=\overline{AF}:\overline{AC}=1:2$, $\angle$A는 공통 ⇨ SAS닮음

닮음비는 1 : 2이므로

$\overline{DF}=\frac{1}{2}\overline{BC}=10$(cm)

마찬가지 방법으로

$\overline{DE}=\frac{1}{2}\overline{AC}=9$(cm), $\overline{EF}=\frac{1}{2}\overline{BA}=8$(cm)

∴ ($\triangle$DEF의 둘레의 길이)$=27$(cm)

예2 다음 그림에서 $\square$PQRS의 둘레의 길이를 구하시오.

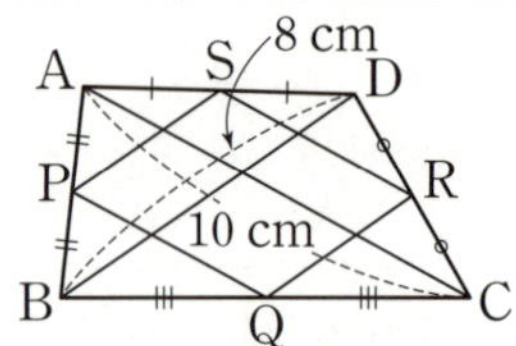

+풀이 예1 에서와 같은 방법으로 $\overline{PS}$, $\overline{QR}$, $\overline{PQ}$, $\overline{SR}$의 길이를 구하면

$\overline{PS}=\overline{QR}=\frac{1}{2}\overline{BD}=4$(cm), $\overline{PQ}=\overline{SR}=\frac{1}{2}\overline{AC}=5$(cm)

∴ ($\square$PQRS의 둘레의 길이)$=4+4+5+5=18$(cm)

2 삼각형의 각의 이등분선(★★): 공통수학2 도형의 방정식

확장개념+응용공식

(1) 삼각형의 내각의 이등분선의 성질

삼각형 ABC에서 ∠A의 이등분선이 변 BC와 만나는 점을 D라고 하면

$\overline{AB}:\overline{AC}=\overline{BD}:\overline{CD}$

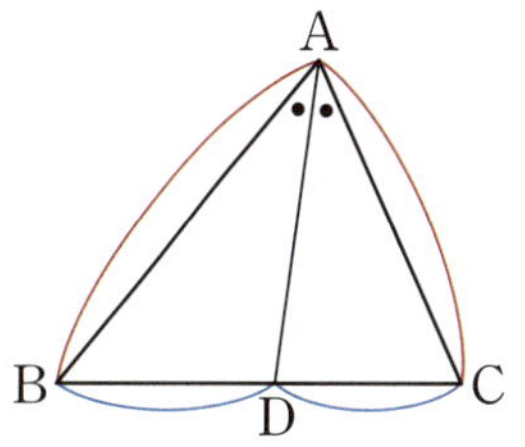

증명 오른쪽 그림과 같이 점 C를 지나면서 선분 AD에 평행한 직선이 선분 AB의 연장선과 만나는 점을 E라 하면,

∠BAD=∠BEC ← 평행선의 동위각

∠DAC=∠ACE ← 평행선의 엇각

따라서 △ACE는 이등변삼각형이므로 $\overline{AE}=\overline{AC}$이다.

이때, △ABD∽△EBC이므로

$\overline{BA}:\overline{AE}=\overline{BD}:\overline{DC} \Rightarrow a:b=c:d$

$\Rightarrow \overline{AB}:\overline{AC}=\overline{BD}:\overline{CD}$

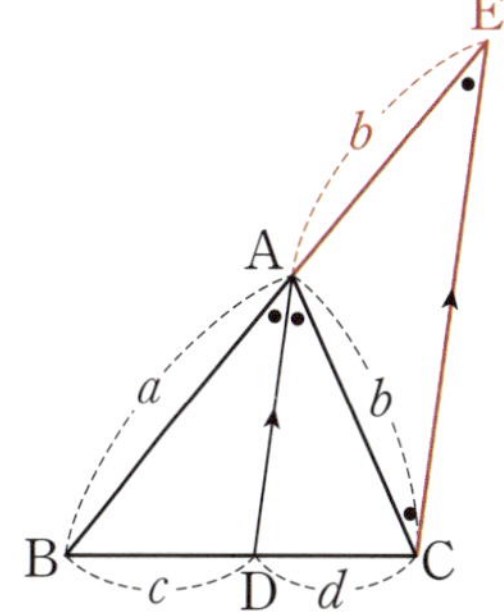

! 중요 각의 이등분선의 성질을 이용하는 문제는 시험에 자주 출제되므로 공식을 반드시 알아두도록 하자.

예1 다음 그림에서 $\overline{AD}$는 ∠A의 이등분선일 때, x의 값을 구하시오.

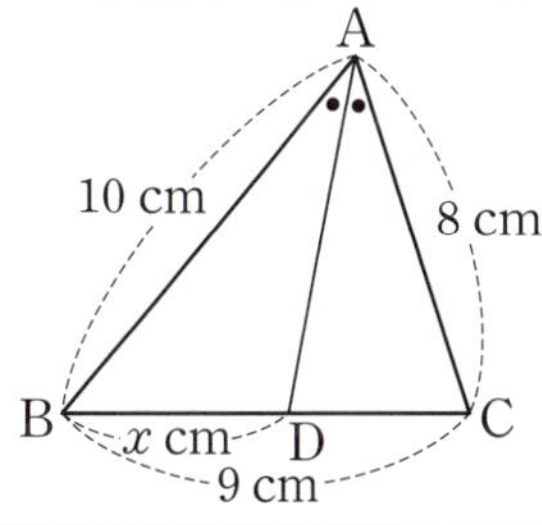

풀이 삼각형의 각의 이등분선의 성질(공식)을 이용하자.

$\overline{AB}:\overline{AC}=\overline{BD}:\overline{CD}$에서

$10:8=\overline{BD}:\overline{CD} \Rightarrow \overline{BD}:\overline{CD}=5:4$

따라서 $\overline{BD}=\frac{5}{9}\overline{BC}=5(\text{cm}) \Rightarrow \therefore x=5$

예2 다음 그림에서 $\overline{AD}$는 ∠A의 이등분선이다. △ABC의 넓이가 65cm^2일 때, △ABD의 넓이를 구하시오.

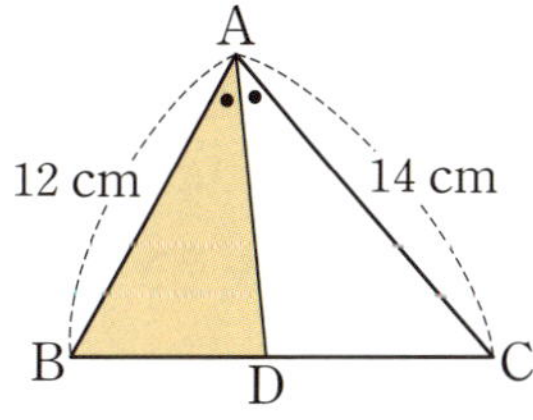

풀이 각의 이등분선의 성질(공식)을 이용하자.

$\overline{AB}:\overline{AC}=\overline{BD}:\overline{CD}$에서 $\overline{BD}:\overline{CD}=12:14=6:7$

△ABD와 △ACD는 높이가 같은 삼각형이므로 넓이의 비는 밑변의 비이다. 따라서 △ABD : △ACD=6 : 7

$\therefore \triangle ABD=\frac{6}{13}\times\triangle ABC=\frac{6}{13}\times 65=30(\text{cm}^2)$

(2) 삼각형의 외각의 이등분선의 성질

삼각형 ABC에서 $\angle$A의 외각의 이등분선이 변 BC의 연장선과 만나는 점을 D라 하면

$\overline{AB}:\overline{AC}=\overline{BD}:\overline{CD}$

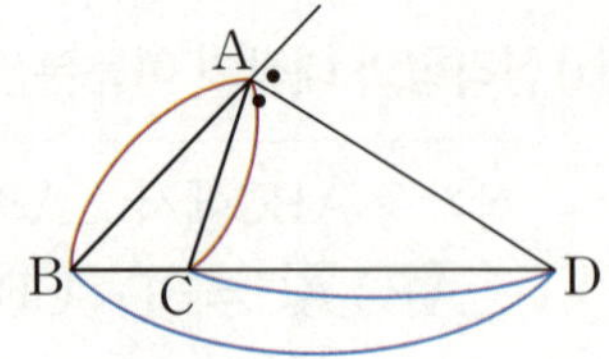

증명 오른쪽 그림과 같이 점 C를 지나면서 선분 AD에 평행한 직선이 선분 AB와 만나는 점을 E라 하면,

$\angle FAD=\angle AEC$ ← 평행선의 동위각

$\angle DAC=\angle ACE$ ← 평행선의 엇각

따라서 $\triangle AEC$는 이등변삼각형이므로 $\overline{AE}=\overline{AC}$이다.

이때, $\triangle ABD \backsim \triangle EBC$이므로

$\overline{BA}:\overline{AE}=\overline{BD}:\overline{DC} \Rightarrow a:b=c:d$

$\Rightarrow \overline{AB}:\overline{AC}=\overline{BD}:\overline{CD}$

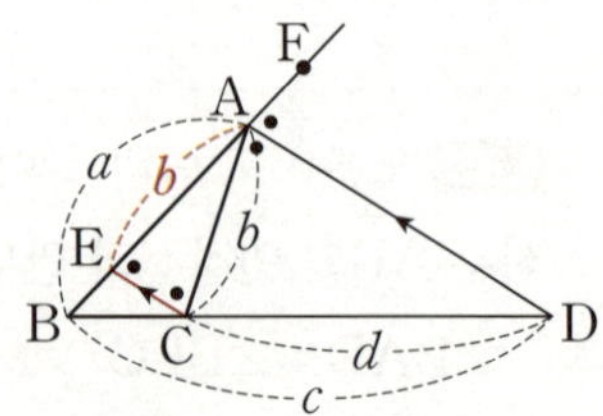

예1 다음 그림의 $\triangle ABC$에서 $\overline{AD}$가 $\angle$A의 외각의 이등분선일 때, $\overline{BC}$의 길이를 구하시오.

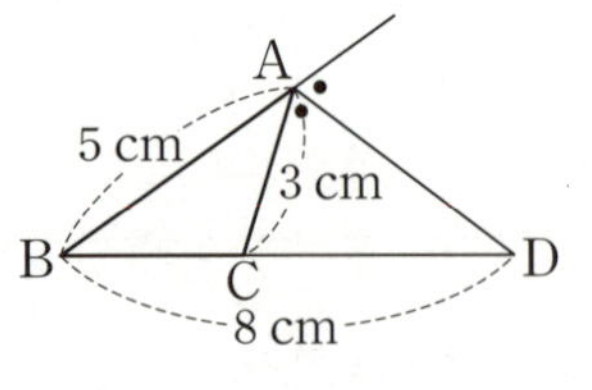

풀이 삼각형의 외각의 이등분선의 성질(공식)을 이용하자. $\overline{BC}=x$cm라고 하면, $\overline{CD}=(8-x)$cm이므로

$\overline{AB}:\overline{AC}=\overline{BD}:\overline{CD}$에서

$5:3=8:(8-x) \Rightarrow 5(8-x)=24$

$\Rightarrow 8-x=\frac{24}{5}$

$\Rightarrow \therefore x=\frac{16}{5}$(cm)

예2 다음 그림의 $\triangle ABC$에서 $\angle$A의 이등분선과 $\overline{BC}$의 교점을 D, $\angle$A의 외각의 이등분선과 $\overline{BC}$의 연장선과의 교점을 E라고 할 때, $\triangle ABC$와 $\triangle ACE$의 넓이의 비를 서로 소인 자연수의 비로 나타내시오.

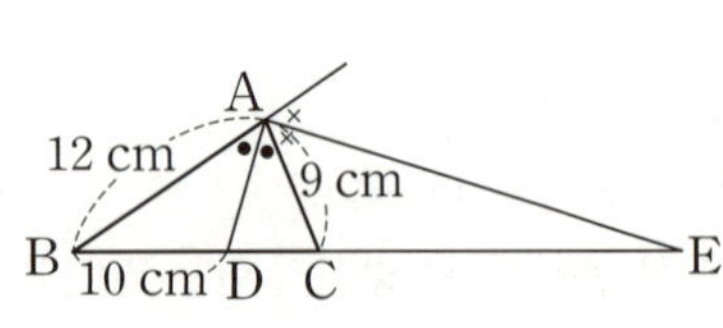

풀이 삼각형의 각의 이등분선의 성질에 의해

$\overline{AB}:\overline{AC}=\overline{BD}:\overline{CD} \Rightarrow 15:9=10:\overline{CD}$

$\Rightarrow \overline{CD}=6$(cm)

$\overline{CE}=x$(cm)라고 하자. 삼각형의 외각의 이등분선의 성질에 의해

$\overline{AB}:\overline{AC}=\overline{BE}:\overline{EC} \Rightarrow 15:9=(16+x):x$

$\Rightarrow 5x=48+3x$

$\Rightarrow x=24$(cm)

$\therefore \triangle ABC:\triangle ACE=\overline{BC}:\overline{CE}=16:24=2:3$

3 평행선 사이의 선분의 길이의 비(★)

핵심개념+핵심공식

(1) 평행선 사이의 선분의 길이의 비

세 개 이상의 평행선이 다른 두 직선과 만날 때, 평행선 사이에 있는 선분의 길이의 비는 같다.

⇒ $l /\!/ m /\!/ n$이면, $a : b = c : d$

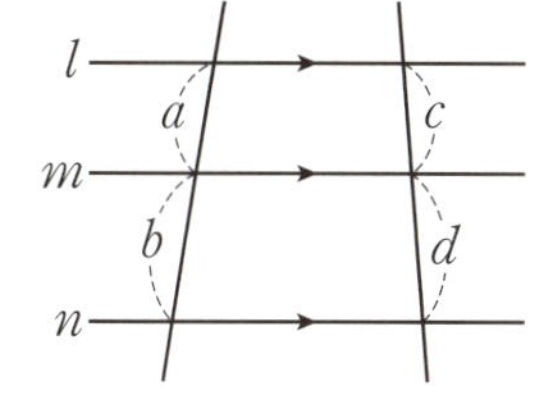

✦증명 오른쪽 그림과 같이 평행한 세 직선 l, m, n과 두 직선 p, q의 교점을 각각 A, B, C, D, E, F이라고 하자. 이때 점 A를 지나고 직선 q에 평행한 직선과 직선 m, n의 교점을 각각 G, H라고 하면

△ACH에서 $\overline{BG} /\!/ \overline{CH}$이므로

$\overline{AB} : \overline{BC} = \overline{AG} : \overline{GH}$

또한, $\overline{AG} = \overline{DE}$, $\overline{GH} = \overline{EF}$이므로 ← □AGED와 □GHFE는 평행사변형

$\overline{AB} : \overline{BC} = \overline{DE} : \overline{EF}$

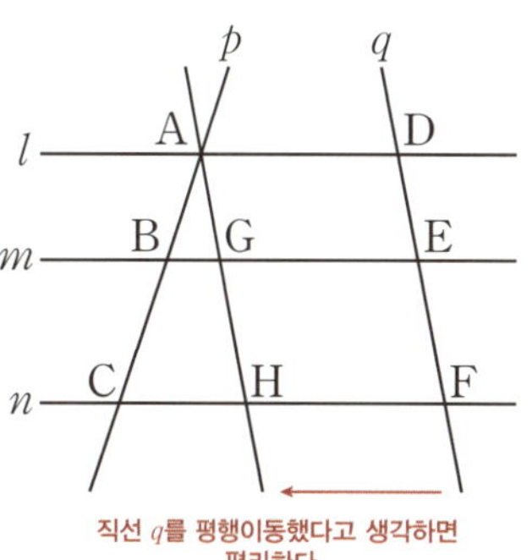

직선 q를 평행이동했다고 생각하면 편리하다

▶확장 다음과 같은 그림에서도 평행선 사이의 선분의 길이의 비가 성립한다. 위의 **✦증명**처럼 한 직선을 평행이동하여 닮은 삼각형을 만들면 길이의 비가 성립함을 알 수 있다.

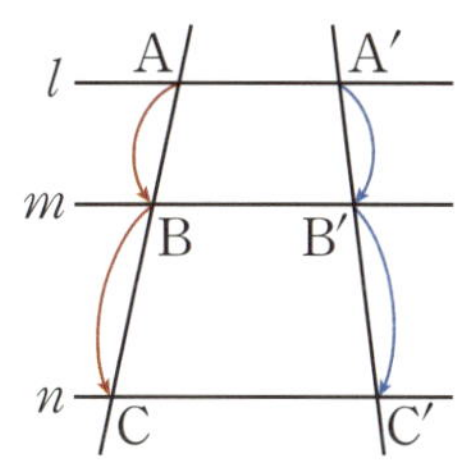

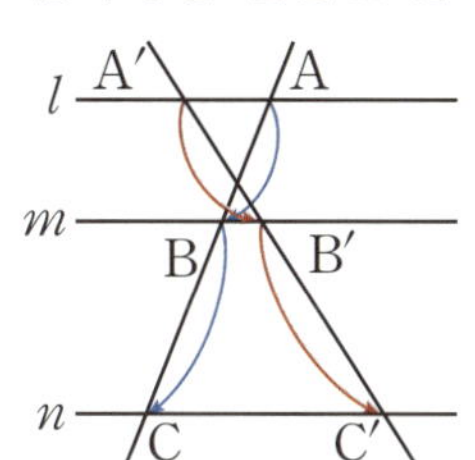

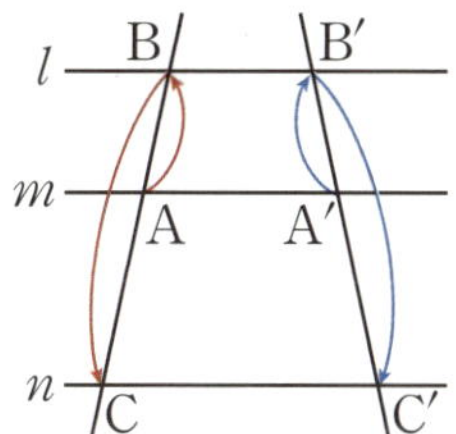

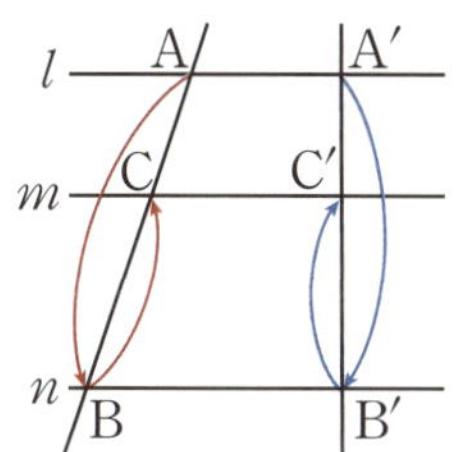

⇨ $l /\!/ m /\!/ n$이면, $\overline{AB} : \overline{BC} = \overline{A'B'} : \overline{B'C'}$

예1 다음 그림에서 $l /\!/ m /\!/ n$일 때, x의 값을 구하시오.

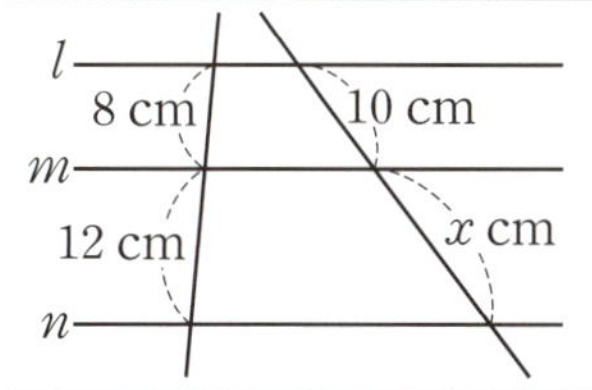

✦풀이 오른쪽 그림과 같이 한 직선을 평행이동하여 생각하면

$8 : 12 = 10 : x$

$\Rightarrow 2 : 3 = 10 : x$

$\Rightarrow \therefore x = 15(\text{cm})$

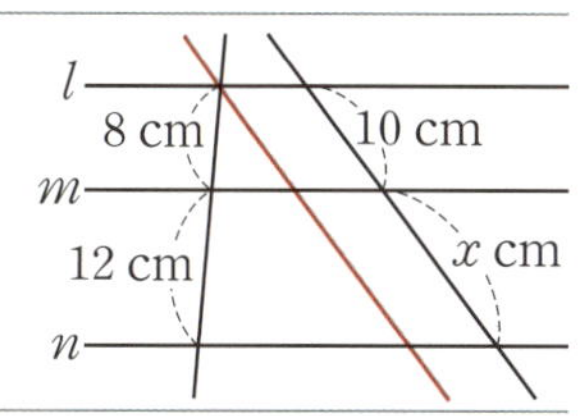

예2 다음 그림에서 $l /\!/ m /\!/ n$일 때, x의 값을 구하시오.

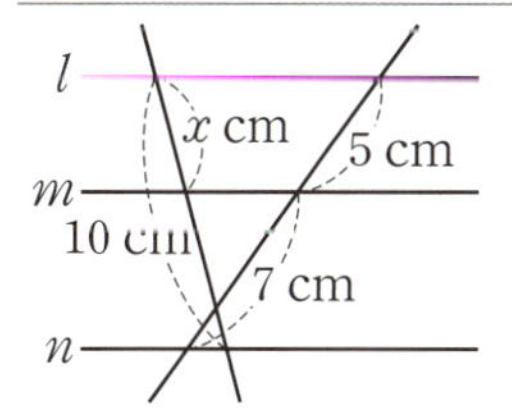

✦풀이 오른쪽 그림과 같이 한 직선을 평행이동하여 생각하면

$10 : x = (7+5) : 5$

$\Rightarrow \therefore x = \frac{50}{12} = \frac{25}{6}(\text{cm})$

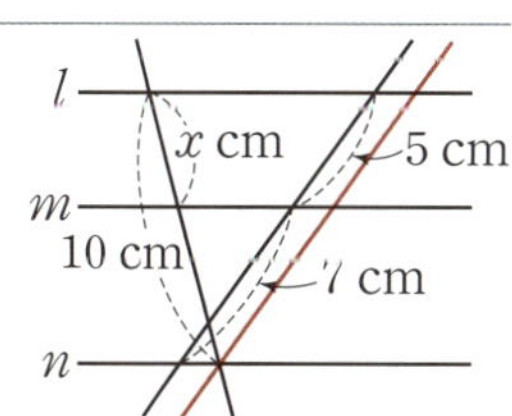

확장개념+응용공식

(2) 사다리꼴에서 평행선과 선분의 길이의 비

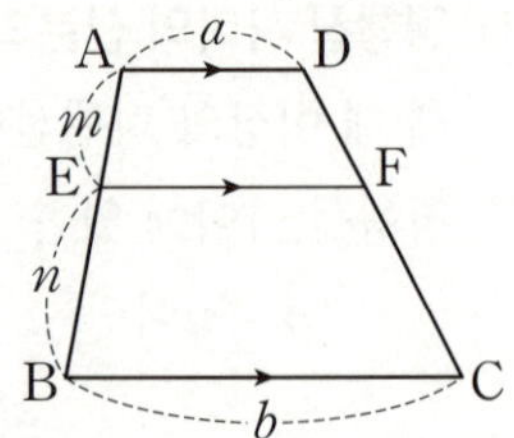

사다리꼴 ABCD에서 $\overline{AD} /\!/ \overline{EF} /\!/ \overline{BC}$이고,

$\overline{AD}=a$, $\overline{BC}=b$, $\overline{AE}=m$, $\overline{EB}=n$이면,

$$\overline{EF}=\frac{an+bm}{m+n}$$

+증명 다음 두 가지 방법으로 증명할 수 있다.

방법1. 평행선 이용	방법2. 대각선 이용
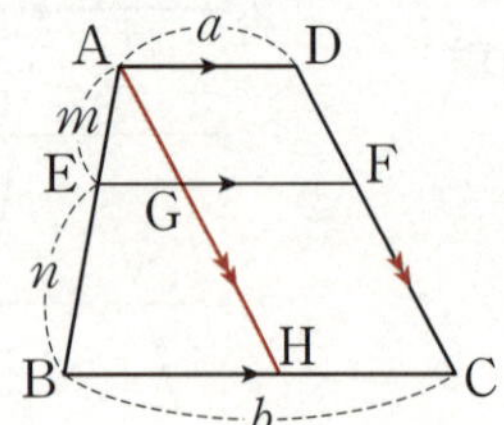	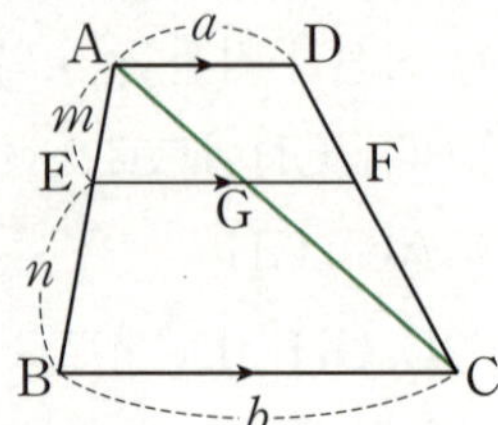
점 A를 지나고 $\overline{DC}$에 평행한 직선을 그으면 $\overline{GF}=a$ 이때, △AEG∽△ABH에서 $m:(m+n)=\overline{EG}:\overline{BH} \Rightarrow \overline{EG}=\frac{m(b-a)}{m+n}$ $\therefore \overline{EF}=\overline{EG}+\overline{GF}=\frac{m(b-a)}{m+n}+a$ $=\frac{an+bm}{m+n}$	대각선 AC를 그으면 △AEG∽△ABC이므로 $m:(m+n)=\overline{EG}:\overline{BC} \Rightarrow \overline{EG}=\frac{bm}{m+n}$ 또한, △CFG∽△CDA이므로 $n:(n+m)=\overline{GF}:\overline{AD} \Rightarrow \overline{GF}=\frac{an}{m+n}$ $\therefore \overline{EF}=\overline{EG}+\overline{GF}=\frac{an+bm}{m+n}$

예1 다음 사다리꼴 ABCD에서 $\overline{AD} /\!/ \overline{EF} /\!/ \overline{BC}$일 때, x, y의 값을 각각 구하시오.

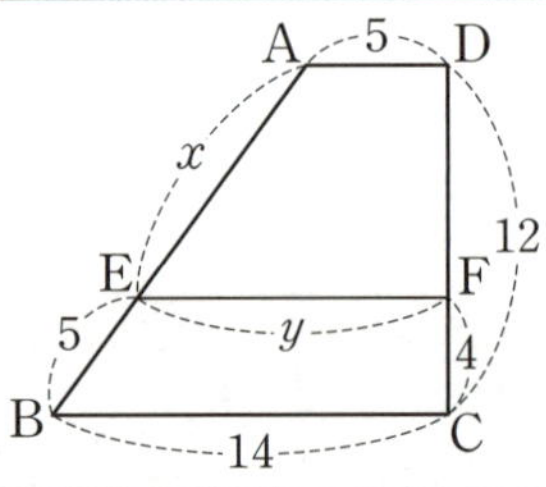

+풀이 공식을 이용해 보자.

평행선 사이의 길이의 비에 의해

$x:5=(12-4):4 \Rightarrow \therefore x=10$

또한, $y=\frac{15\times5+14\times x}{x+5}=\frac{5\times5+14\times10}{10+5}$ ← $x=10$대입

$=11$

예2 다음 사다리꼴 ABCD에서 $\overline{AD} /\!/ \overline{EF} /\!/ \overline{BC}$이고, $\overline{AE}:\overline{EB}=3:1$일 때, $\overline{PQ}$의 길이를 구하시오.

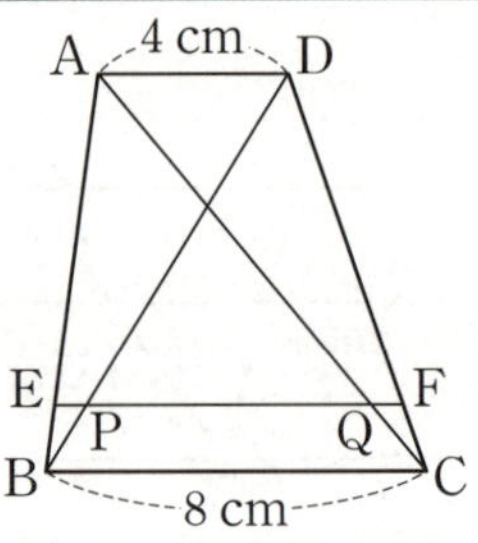

+풀이 △BEP∽△BAD이고 닮음비는 1 : 4이므로

$\overline{EP}:\overline{AD}=1:4 \Rightarrow \overline{EP}=1(\text{cm})$

또한, △AEQ∽△ABC이고 닮음비는 3 : 4이므로

$\overline{EQ}:\overline{BC}=3:4 \Rightarrow \overline{EQ}=6(\text{cm})$

$\therefore \overline{PQ}=\overline{EQ}-\overline{EP}=5(\text{cm})$

확장개념

(3) 평행선과 선분의 길이의 비 응용

삼각형 ABC와 BCD에서 두 선분 AC와 BD의 교점을 E라 할 때, $\overline{AB} /\!/ \overline{EF} /\!/ \overline{DC}$이고, $\overline{AB}=a$, $\overline{CD}=b$이면

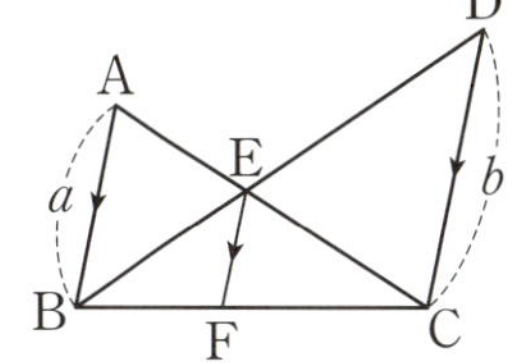

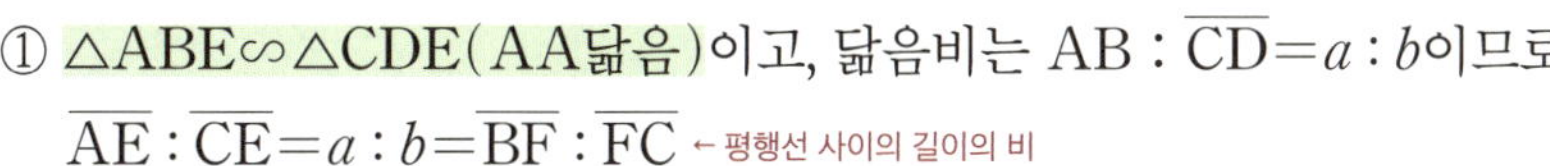

① △ABE∽△CDE(AA닮음)이고, 닮음비는 $\overline{AB} : \overline{CD}=a : b$이므로

$\overline{AE} : \overline{CE}=a : b=\overline{BF} : \overline{FC}$ ← 평행선 사이의 길이의 비

② △CEF∽△CAB(AA닮음)이고, 닮음비는 $\overline{CE} : \overline{CA}=b : (a+b)$

$\Rightarrow \overline{CE} : \overline{CA}=\overline{EF} : \overline{AB}=b : (a+b) \Rightarrow \overline{EF}=\dfrac{ab}{a+b}$

③ △BEF∽△BDC(AA닮음)이고, 닮음비는 $\overline{BE} : \overline{BD}=a : (a+b)$

$\Rightarrow \overline{BE} : \overline{BD}=\overline{EF} : \overline{DC}=a : (a+b) \Rightarrow \overline{EF}=\dfrac{ab}{a+b}$

예 다음 그림에서 $\overline{AB} /\!/ \overline{EF} /\!/ \overline{DC}$일 때, x, y의 값을 각각 구하시오.

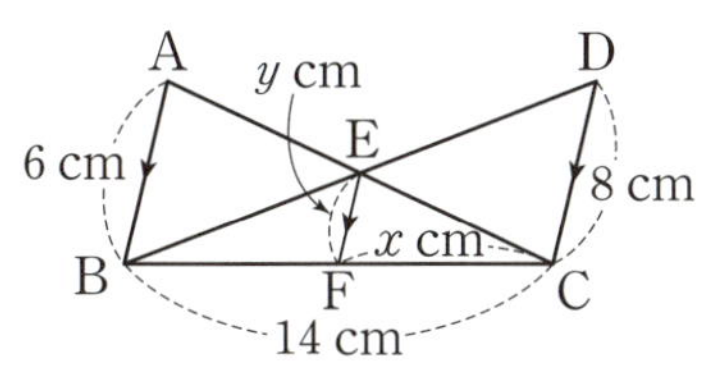

+풀이 △ABE∽△CDE(AA닮음)이므로

$\overline{CE} : \overline{AE}=\overline{CD} : \overline{AB}=8 : 6=4 : 3$

따라서 $\overline{CE} : \overline{CA}=4:7$

△CEF∽△CAB(AA닮음)이므로

$\overline{CE} : \overline{CA}=\overline{CF} : \overline{CB} \Rightarrow 4 : 7=x : 14 \Rightarrow \therefore x=8(\text{cm})$

$\overline{CE} : \overline{CA}=\overline{EF} : \overline{AB} \Rightarrow 4 : 7=y : 6 \Rightarrow \therefore y=\dfrac{24}{7}(\text{cm})$

4 삼각형의 중선과 무게중심(★★) : 공통수학2 도형의 방정식

핵심개념+핵심공식

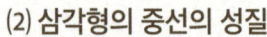

(1) 삼각형의 중선 : 삼각형의 한 꼭짓점과 그 대변의 중점을 이은 선분

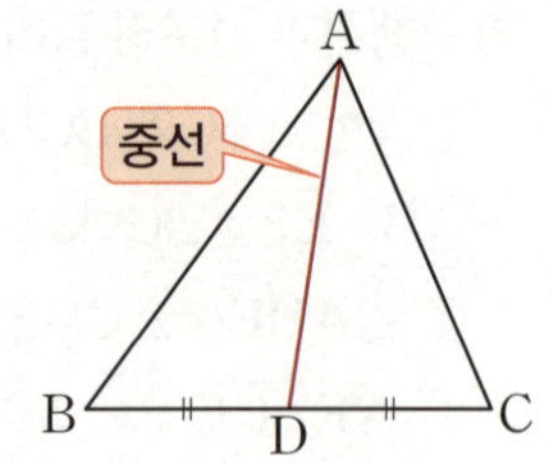

(2) 삼각형의 중선의 성질

삼각형의 한 중선은 그 삼각형의 넓이를 이등분한다.

⇨ $\overline{AD}$가 삼각형 ABC의 중선일 때,

$\triangle ABD = \triangle ACD = \frac{1}{2}\triangle ABC$

(3) 삼각형의 무게중심

삼각형의 세 중선은 한 점에서 만난다. 이 점을 삼각형의 무게중심이라고 한다. 삼각형 ABC의 무게중심을 G라 하면 다음이 성립한다.

① 삼각형의 무게중심과 길이의 비
삼각형의 무게중심은 세 중선의 길이를 각 꼭짓점으로부터 2:1이 되도록 나눈다.
⇨ $\overline{AG}:\overline{GD}=\overline{BG}:\overline{GE}=\overline{CG}:\overline{GF}=2:1$
(그림에서 같은 색의 숫자는 중선의 길이의 비를 뜻한다.)

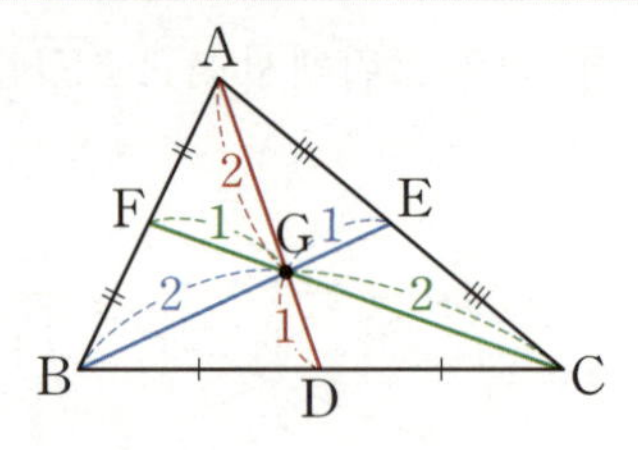

증명 삼각형 ABC의 세 변 BC, CA, AB의 중점을 각각 D, E, F라고 하고, $\overline{BE}$과 $\overline{CF}$의 교점을 G라고 하면,

$\triangle ABC \backsim \triangle AFE$이고 닮음비는 2:1이므로,

$\overline{BC}:\overline{FE}=2:1$, $\overline{BC} /\!/ \overline{FE}$

따라서 $\triangle GBC \backsim \triangle GEF$(AA닮음)이고, 닮음비는 2:1이다. 그러므로

$\overline{CG}:\overline{GF}=\overline{BG}:\overline{GE}=2:1$

즉, 점 G는 중선 $\overline{CF}$, $\overline{BE}$를 2:1로 나누는 점이다.

마찬가지로 방법으로 $\overline{AD}$과 $\overline{BE}$의 교점을 G′이라고 하면,

$\overline{AG'}:\overline{G'D}=\overline{BG'}:\overline{G'E}=2:1$

즉, 점 G와 G′는 모두 $\overline{BE}$을 2:1로 나누는 점이므로 일치한다.

따라서 삼각형의 세 중선은 한 점에서 만나고, 이 점은 세 중선의 길이를 각 꼭짓점으로부터 각각 2:1로 나눈다.

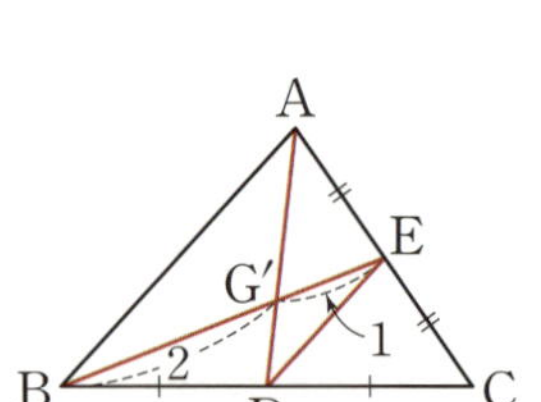

예1 다음 그림에서 점 G가 △ABC의 무게중심일 때, x, y의 값을 각각 구하시오.

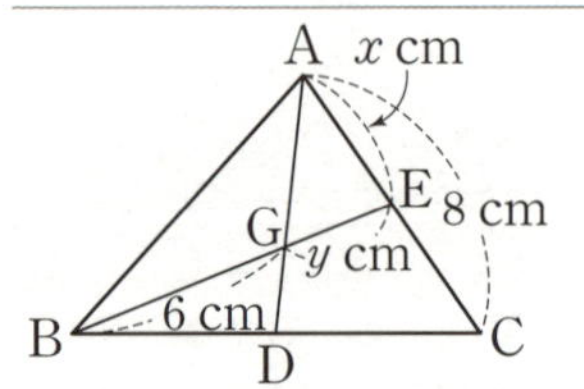

풀이 $\overline{BE}$는 중선이므로 $\overline{AE}=\overline{EC} \Rightarrow \therefore x=4$

무게중심의 성질에 의해 $\overline{BG}:\overline{GE}=2:1$이므로

$6:y=2:1 \Rightarrow \therefore y=3$

예2 다음 그림에서 점 G가 △ABC의 무게중심일 때, x, y의 값을 각각 구하시오.

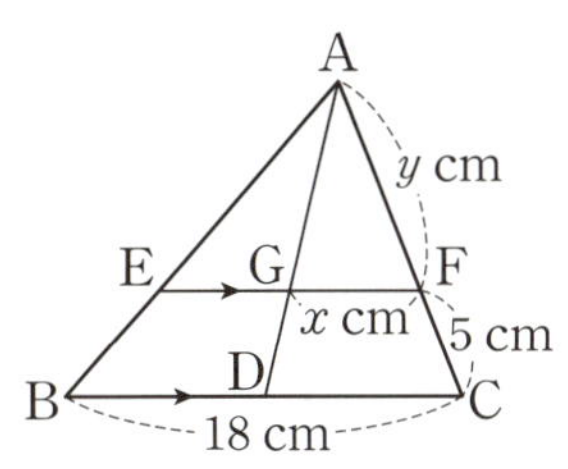

✦풀이 점 G가 △ABC의 무게중심이므로

$\overline{AG}:\overline{GD}=2:1$

이때, $\overline{EF}\,/\!/\,\overline{BC}$이므로

$\overline{AG}:\overline{GD}=\overline{AF}:\overline{FC} \Rightarrow y:5=2:1 \Rightarrow \therefore y=10$

한편, $\overline{AD}$는 중선이므로 $\overline{BD}=\overline{DC} \Rightarrow \overline{DC}=9(\text{cm})$

이때, △AGF∽△ADC이고 닮음비는 $\overline{AG}:\overline{AD}=2:3$.

$\overline{AG}:\overline{AD}=\overline{GF}:\overline{DC} \Rightarrow x:9=2:3 \Rightarrow \therefore x=6$

예3 다음 그림에서 점 G가 △ABC의 무게중심일 때, x의 값을 구하시오.

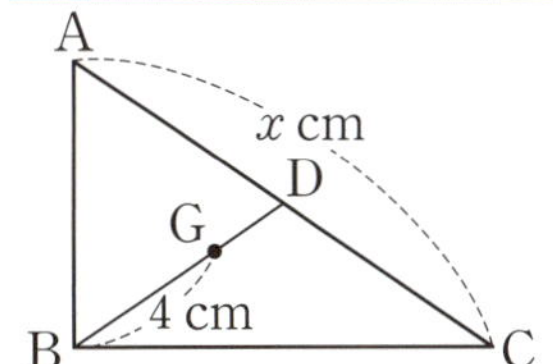

✦풀이 $\overline{BD}$는 중선이다. 또한, 직각삼각형에서 빗변의 중점은 외심이므로 $\overline{AD}=\overline{BD}=\overline{CD}$이다.

점 G가 △ABC의 무게중심이므로

$\overline{BG}:\overline{GD}=2:1 \Rightarrow \overline{GD}=2(\text{cm})$

따라서 $\overline{BD}=6(\text{cm})$이므로 $x=12$

② 삼각형의 무게중심과 넓이

삼각형의 세 중선에 의해 나누어진 6개의 삼각형의 넓이는 모두 같다.

⇨ △GAF=△GBF=△GBD=△GCD=△GCE=△GAE

$=\dfrac{1}{6}$△ABC

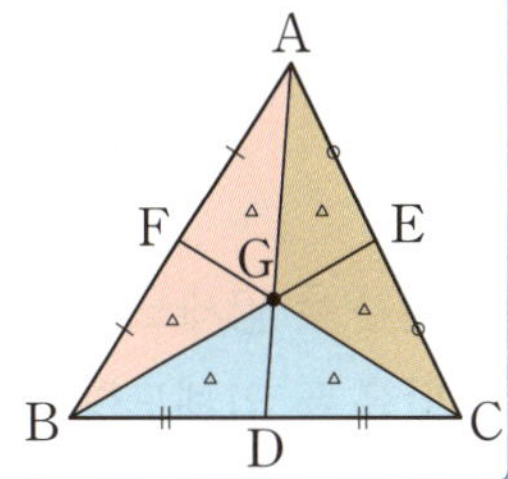

✦증명 △ABD에서 $\overline{AG}:\overline{GD}=2:1$이므로 △AGB : △GDB=2 : 1이다.

또한, △AGB에서 $\overline{AF}=\overline{BF}$이므로 △GAF=△GBF이다.

따라서 △GAF=△GBF=△GBD이다.

마찬가지 방법으로 하면 △GAE=△GCE=△GCD.

이때, △ABC에서 $\overline{BD}=\overline{CD}$이므로 △GBD=△GCD이다.

따라서 △GAF=△GBF=△GBD=△GCD=△GCE=△GAE가 성립한다.

예 다음 그림에서 점 G는 △ABC의 무게중심이고 △GBC=6cm²일 때, △ABC의 넓이를 구하시오.

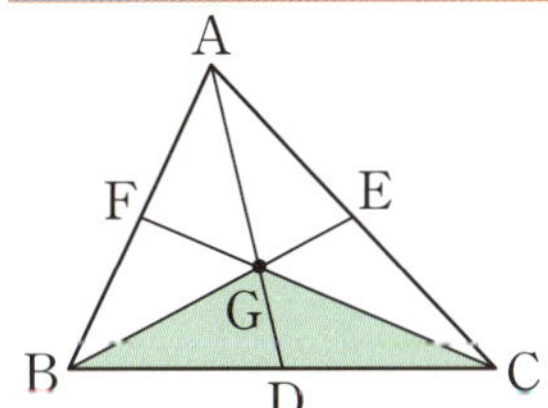

✦풀이 중선으로 나누어진 6개의 삼각형의 넓이는 모두 같으므로 삼각형 한 개의 넓이를 S라 하면,

$S=\dfrac{1}{2}\triangle GBC=3(\text{cm}^2)$

$\therefore \triangle ABC=6S=18(\text{cm}^2)$

5 닮은 도형의 닮음비와 넓이비, 부피비(★)

핵심개념+핵심공식

(1) 닮은 두 평면도형에서의 비

닮은 두 평면도형의 닮음비가 $m:n$일 때,

① 둘레의 길이의 비는 $m:n$

└ $(ma+mb+mc):(na+nb+nc)=m(a+b+c):n(a+b+c)=m:n$

② 넓이의 비는 $m^2:n^2$ ← 높이도 같은 비율로 늘어난다.

└ $\frac{1}{2}(ma)(mh):\frac{1}{2}(na)(nh)=m^2:n^2$

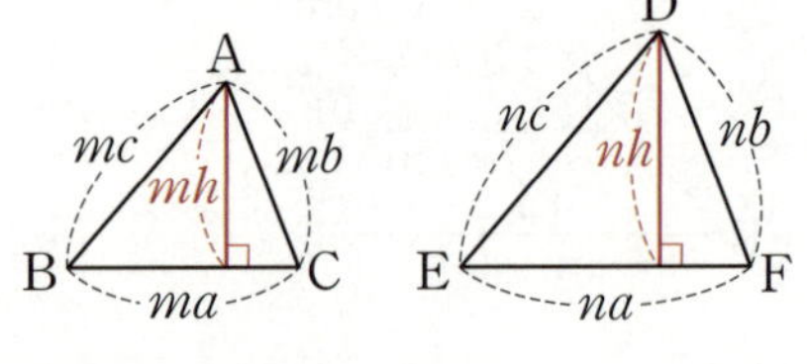

! 주의 높이가 같은 두 삼각형의 넓이비와 혼동하지 않도록 주의하자.
높이가 같은 삼각형의 넓이비는 밑변비이고, 닮은 삼각형의 넓이비는 밑변의 제곱비이다.

(예) 다음 그림에서 △ABC의 넓이가 48cm^2일 때, □ADEC의 넓이를 구하시오.

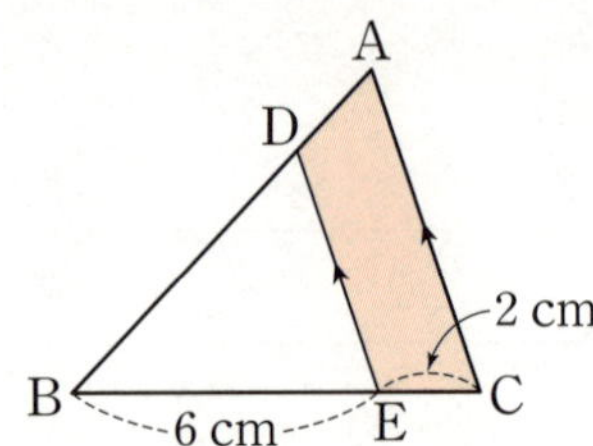

+풀이 △BED∽△BCA이고, 닮음비는 $6:8=3:4$이다.
따라서 △BED와 △BCA의 넓이의 비는 $3^2:4^2=9:16$
⇒ △BED : □ADEC : △BCA $=9:7:16$
∴ □ADEC $=\frac{7}{16}$△ABC $=\frac{7}{16}\times 48=21(\text{cm}^2)$

(2) 닮은 두 입체도형에서의 비

닮은 두 입체도형의 닮음비가 $m:n$일 때,

① 겉넓이의 비는 $m^2:n^2$

② 부피의 비는 $m^3:n^3$

└ $(ma)(mb)(mc):(na)(nb)(nc)=m^3abc:n^3abc=m^3:n^3$

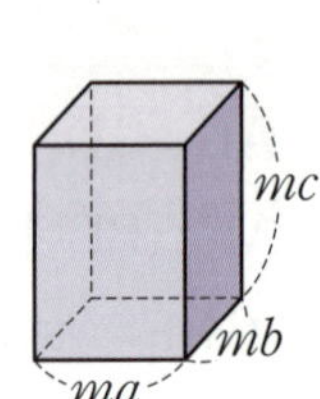

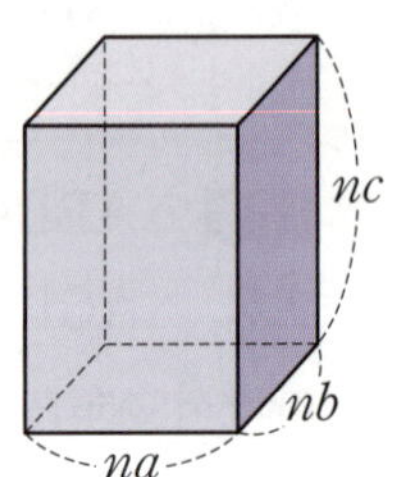

(예) 다음 그림과 같이 원뿔의 모선을 삼등분하여 밑면에 평행한 평면으로 자를 때 생기는 세 입체도형을 차례로 A, B, C라고 하자. 입체도형 A의 부피가 $6\pi\text{cm}^3$일 때, 입체도형 B와 C의 부피를 각각 구하시오.

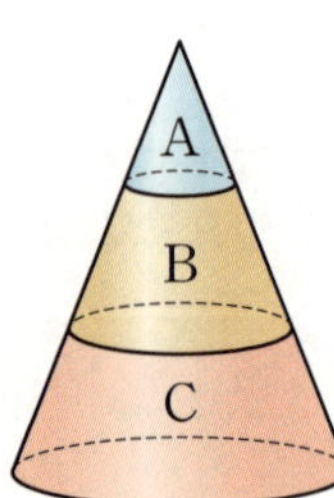

+풀이 세 원뿔 A, (A+B), (A+B+C) 의 닮음비는 $1:2:3$이므로 부피의 비는 $1^3:2^3:3^3=1:8:27$이다.

(A의 부피) : (B의 부피) : (C의 부피)
$=1:(8-1):(27-8)=1:7:19$
∴ (B의 부피) $=6\pi\times 7=42\pi(\text{cm}^3)$
(C의 부피) $=6\pi\times 19=114\pi(\text{cm}^3)$

[2-2 과정]

06 피타고라스 정리

1 피타고라스 정리(★)

핵심개념+핵심공식

(1) 피타고라스 정리

직각삼각형에서 직각을 낀 두 변의 길이를 각각 a, b라고 하고,
빗변의 길이를 c라 하면,
$a^2+b^2=c^2$ ⇨ (밑변)^2+(높이)^2=(빗변)^2

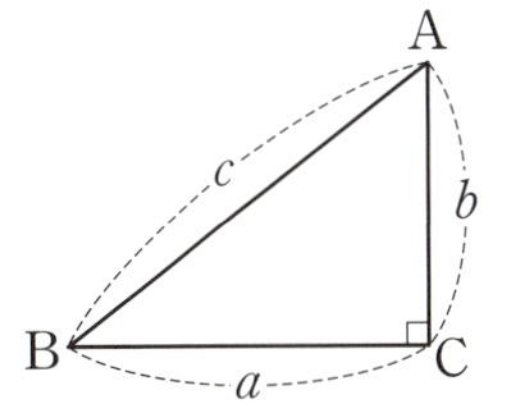

+증명 $\angle C=90°$인 직각삼각형 ABC에서 $\overline{BC}=a$, $\overline{CA}=b$, $\overline{AB}=c$라고 하자.
오른쪽 그림과 같이 점 C에서 $\overline{AB}$에 내린 수선의 발을 D라고 하면,

$\triangle ABC \backsim \triangle ACD \backsim \triangle CBD$ (AA닮음)

따라서 $a^2=\overline{BD}\times c$ …… ㉠
$b^2=\overline{AD}\times c$ …… ㉡

앞에서 공부한 '직각삼각형의 닮음' 단원에서 나온 공식이다.

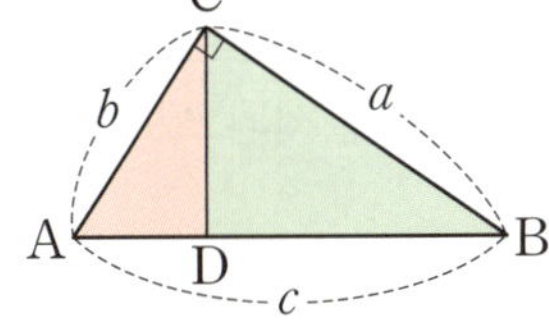

㉠, ㉡을 변끼리 더하면
$a^2+b^2=\overline{BD}\times c+\overline{AD}\times c=(\overline{BD}+\overline{AD})\times c$
이때, $\overline{BD}+\overline{AD}=c$이므로 $a^2+b^2=c^2$이 성립한다.

(예) 다음 그림과 같은 직각삼각형에서 x의 값을 구하시오.

①
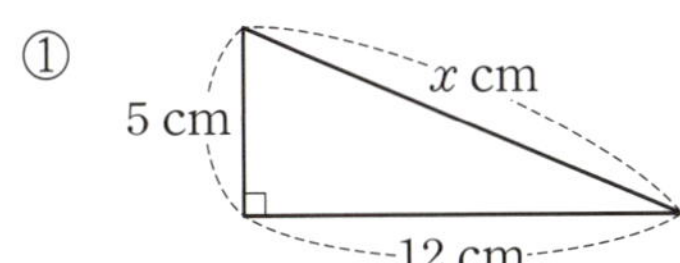

②
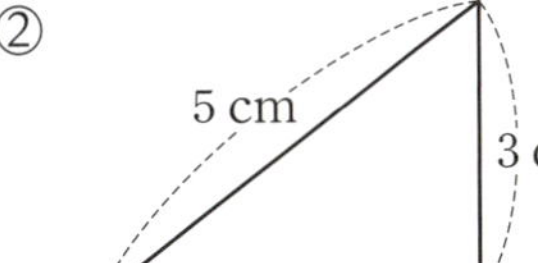

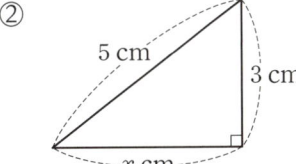

+풀이 ① 피타고라스의 정리에 의하여
$12^2+5^2=x^2 \Rightarrow x^2=169$
이때, $x>0$이므로 $\therefore x=13$

② 피타고라스의 정리에 의하여
$x^2+3^2=5^2 \Rightarrow x^2=25-9=16$
이때, $x>0$이므로 $\therefore x=4$

+꿀팁 다음 다섯 개의 제곱수의 값은 외워두도록 하자. 피타고라스의 정리를 이용할 때 많이 유용할 것이다.
⇨ $11^2=121$, $12^2=144$, $13^2=169$, $14^2=196$, $15^2=225$

핵심개념

(2) 직각삼각형이 될 조건

세 변의 길이가 각각 a, b, c인 삼각형 ABC에서 $a^2+b^2=c^2$이면, 삼각형 ABC는 빗변의 길이가 c인 직각삼각형이다.

예1 세 변의 길이가 3, 4, 5인 삼각형은 $3^2+4^2=25=5^2$이므로 빗변의 길이가 5인 직각삼각형이다.

예2 세 변의 길이가 5, 6, 7인 삼각형은 $5^2+6^2\neq7^2$이므로 직각삼각형이 아니다.

(3) 피타고라스의 수

① 피타고라스 정리를 만족시키는 세 자연수를 피타고라스의 수라고 한다.
대표적인 피타고라스의 수는 (3, 4, 5),(5, 12, 13),(7, 24, 25) 등이 있다.

$3^2+4^2=9+16=25=5^2$, $5^2+12^2=25+144=169=13^2$, …

② 피타고라스의 수를 두 배, 세 배, … 해서 만든 수도 피타고라스의 수이다.

$(3, 4, 5) \xrightarrow{\times 2} (6, 8, 10) \Rightarrow 6^2+8^2=36+64=100=10^2$

! 중요 세 변의 길이의 비가 3 : 4 : 5인 삼각형과 5 : 12 : 13인 삼각형은 직각삼각형이다.
많이 출제되므로 외워 두도록 하자.

(4) 직각삼각형에서 두 변의 길이를 알 때, 나머지 한 변의 길이 구하기

$\angle C=90°$인 직각삼각형 ABC에서
① a, b의 길이를 알 때, $c^2=a^2+b^2$
② b, c의 길이를 알 때, $a^2=c^2-b^2$
③ c, a의 길이를 알 때, $b^2=c^2-a^2$

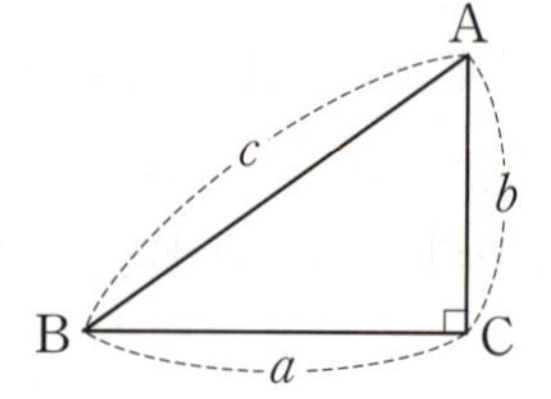

예 다음 그림에서 x, y의 값을 각각 구하시오.

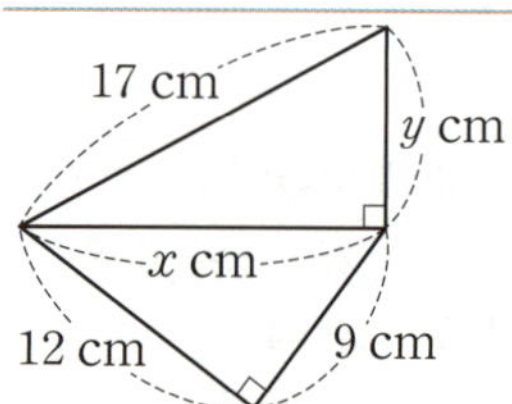

풀이 아래쪽 직각삼각형에서
$12^2+9^2=x^2 \Rightarrow \therefore x=15$(cm)
위쪽 직각삼각형에서
$y^2=17^2-15^2=64 \Rightarrow \therefore y=8$(cm)

2 피타고라스 정리의 다른 증명(★)

핵심개념

(1) 유클리드의 방법

다음 그림과 같이 $\angle C=90^\circ$인 직각삼각형 ABC에 대하여 세 변을 각각 한 변으로 하는 정사각형을 그리자. 꼭짓점 C에서 $\overline{AB}$에 내린 수선의 발을 L, 그 연장선과 $\overline{FG}$가 만나는 점을 M이라고 하면,

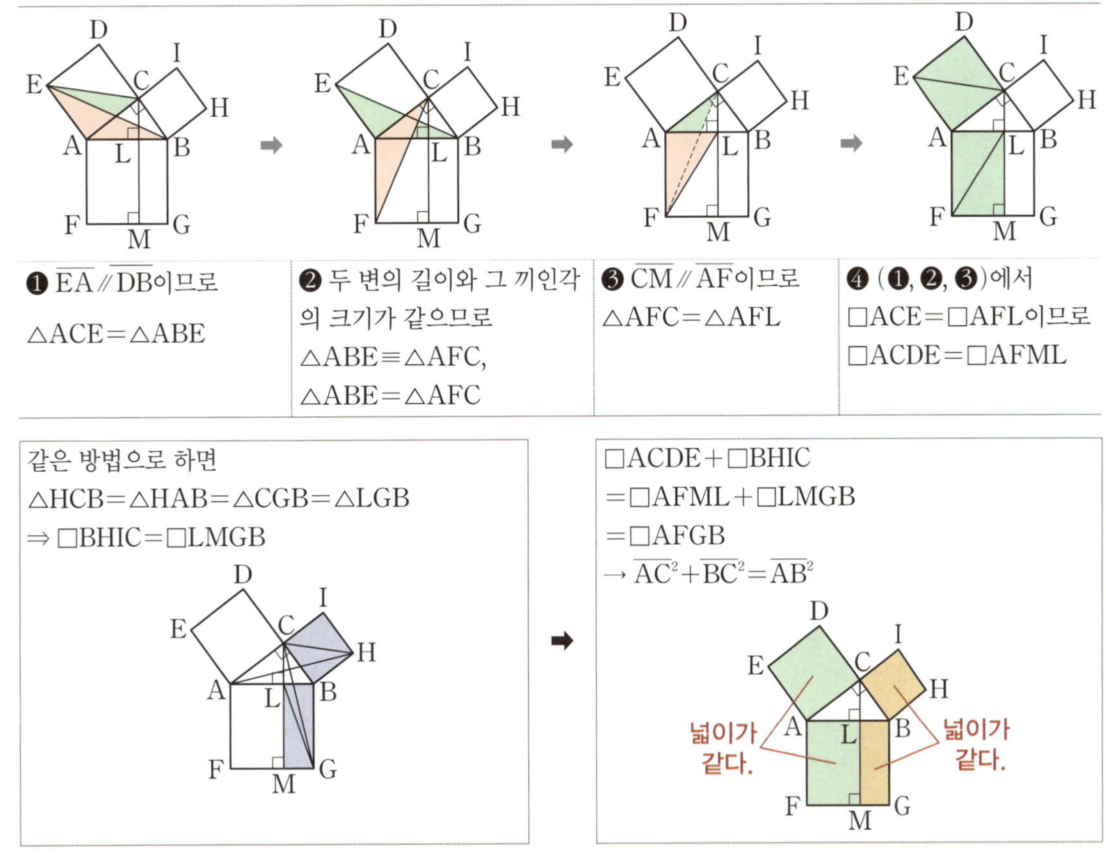

❶ $\overline{EA}/\!/\overline{DB}$이므로
$\triangle ACE=\triangle ABE$
❷ 두 변의 길이와 그 끼인각의 크기가 같으므로
$\triangle ABE\equiv\triangle AFC$,
$\triangle ABE=\triangle AFC$
❸ $\overline{CM}/\!/\overline{AF}$이므로
$\triangle AFC=\triangle AFL$
❹ (❶, ❷, ❸)에서
□ACE=□AFL이므로
□ACDE=□AFML
같은 방법으로 하면
$\triangle HCB=\triangle HAB=\triangle CGB=\triangle LGB$
⇒ □BHIC=□LMGB
□ACDE+□BHIC
=□AFML+□LMGB
=□AFGB
→ $\overline{AC}^2+\overline{BC}^2=\overline{AB}^2$
넓이가 같다.
넓이가 같다.

(2) 피타고라스의 방법

합동인 네 개의 직각삼각형으로 한 변의 길이가 $a+b$인 정사각형을 다음 그림1, 그림2와 같이 두 가지 방법으로 만들 수 있다.

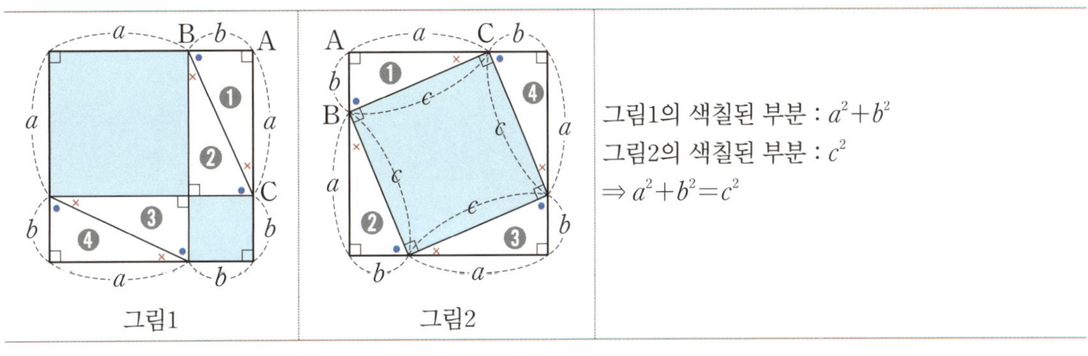

3 피타고라스 정리의 응용(★)

핵심개념

(1) 삼각형의 각의 크기와 변의 길이 사이의 관계

삼각형 ABC에서 $\overline{AB}=c$, $\overline{BC}=a$, $\overline{CA}=b$일 때,
① $c^2<a^2+b^2$이면 $\angle C<90°$
② $c^2=a^2+b^2$이면 $\angle C=90°$
③ $c^2>a^2+b^2$이면 $\angle C>90°$

+설명 각 상황의 그림에서 다음과 같이 유추할 수 있다.

① $c^2<a^2+b^2$일 때	② $c^2=a^2+b^2$일 때	③ $c^2>a^2+b^2$일 때
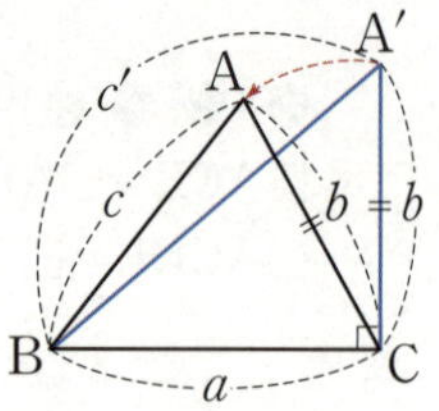 $c^2<c'^2=a^2+b^2 \Rightarrow \angle C<90°$	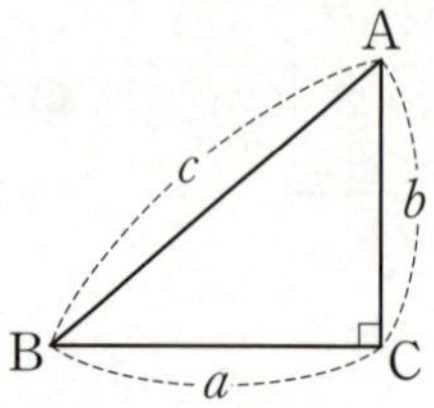 $c^2=a^2+b^2 \Rightarrow \angle C=90°$	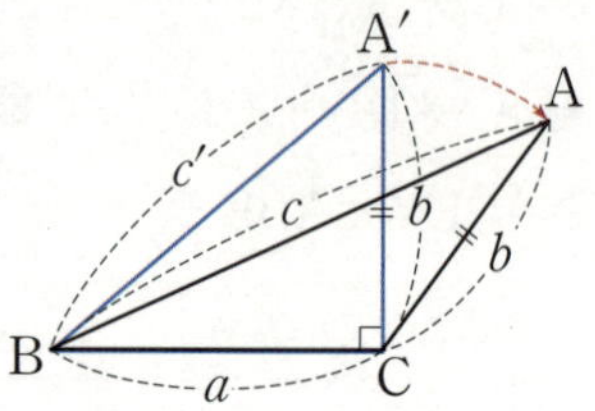 $c^2>c'^2=a^2+b^2 \Rightarrow \angle C>90°$
이때, c가 가장 긴 변이면 △ABC는 예각삼각형	△ABC는 직각삼각형	△ABC는 둔각삼각형

삼각형 ABC가 직각삼각형일 때를 기준으로(②의 상황) a, b는 그대로일 때,
c가 짧아지면 ∠C는 좁아지고($\angle C<90°$), c가 길어지면 ∠C는 커진다.($\angle C>90°$)

! 주의 △ABC에서 $c^2<a^2+b^2$이면 $\angle C<90°$이다. 하지만, 이것이 △ABC가 예각삼각형임을 뜻하는 것은 아니다. ∠A 또는 ∠B가 직각이거나 둔각일 수도 있기 때문이다.

예1 세 변의 길이가 4, 5, 6인 삼각형은 예각, 직각, 둔각 삼각형 중 어떤 삼각형인지 구하시오.

+풀이 주어진 삼각형의 가장 긴 변은 6이다. 따라서 6^2과 4^2+5^2을 비교하면
$6^2<4^2+5^2$이므로 주어진 삼각형은 예각삼각형이다.

예2 세 변의 길이가 5, 7, x인 삼각형이 둔각삼각형일 때, x의 값으로 가능한 자연수를 모두 구하시오.

+풀이 다음 두 가지 상황을 모두 고려해야 한다.

i) 7이 가장 긴 변일 때,
삼각형이 되려면 $5+x>7 \Rightarrow x>2$
둔각삼각형이 되려면 $7^2>x^2+5^2 \Rightarrow x^2<24$
따라서 x의 값으로 가능한 자연수는 $x=3, 4$

ii) x가 가장 긴 변일 때,
삼각형이 되려면 $5+7>x \Rightarrow x<12$
둔각삼각형이 되려면 $x^2>5^2+7^2 \Rightarrow x^2>74$
따라서 x의 값으로 가능한 자연수는 $x=9, 10, 11$

∴ i, ii에서 가능한 자연수 x는 3, 4, 9, 10, 11이다.

핵심공식

(2) 직각삼각형의 수선

$\angle A=90°$인 직각삼각형 ABC의 꼭짓점 A에서 변 BC에 내린 수선의 발을 H라 할 때, 다음이 성립한다.

① 피타고라스 정리

$a^2+b^2=c^2,\ a^2-x^2=b^2-y^2(=h^2)$

② 직각삼각형의 넓이 : (밑변)×(높이)동일

$ab=ch$

③ 직각삼각형의 닮음

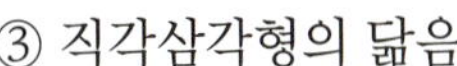

$a^2=xc,\ b^2=yc,\ h^2=xy$ ← ❶ : ❷ = ❸ : ❶ ➡ ❶^2 = ❷ × ❸

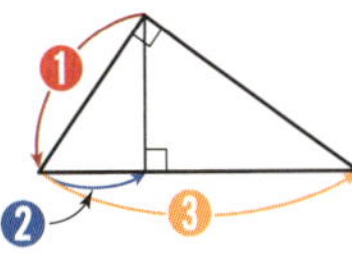
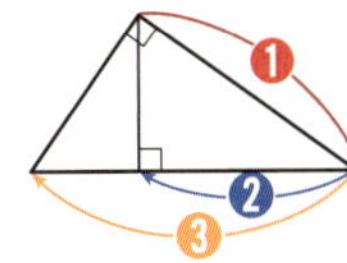
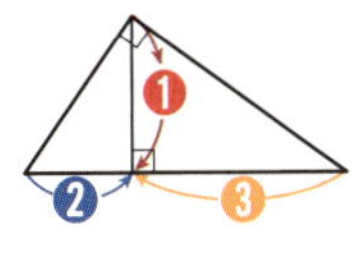

! 중요 위 공식들은 앞에서도 나왔던 공식들을 정리한 것이다. ①, ②, ③을 모두 기억하도록 하자.

(예) 다음 그림에서 x, y의 값을 각각 구하시오.

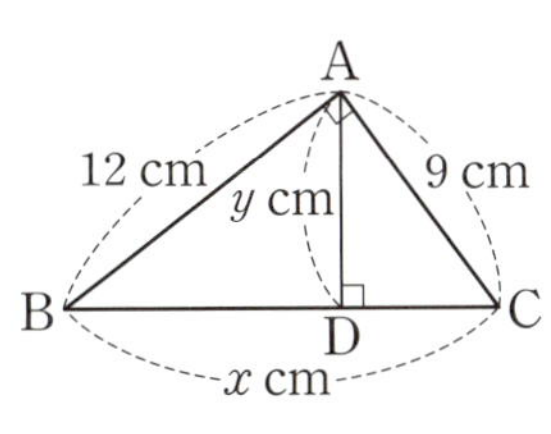

+풀이 직각삼각형 ABC에서

$12^2+9^2=x^2 \Rightarrow \therefore\ x=15$

삼각형 ABC의 넓이는

$\frac{1}{2}\times12\times9=\frac{1}{2}\times x\times y$

$\Rightarrow \therefore\ y=\frac{36}{5}$

(3) 직각삼각형에 응용

$\angle A=90°$인 직각삼각형 ABC에서 $\overline{AB}$, $\overline{AC}$위에 각각 D, E가 있을 때,

$\overline{DE}^2+\overline{BC}^2=\overline{BE}^2+\overline{CD}^2$

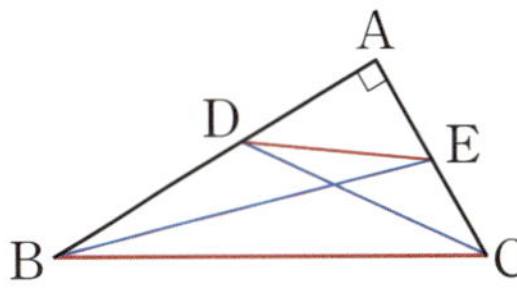

+증명 오른쪽 그림과 같이 $\overline{AB}$, $\overline{AC}$, $\overline{AD}$, $\overline{AE}$의 길이를 각각 a, b, c, d라고 하면,

$\overline{DE}^2+\overline{BC}^2=(c^2+d^2)+(a^2+b^2)=a^2+b^2+c^2+d^2$

$\overline{BE}^2+\overline{CD}^2=(a^2+d^2)+(b^2+c^2)=a^2+b^2+c^2+d^2$

따라서 $\overline{DE}^2+\overline{BC}^2=\overline{BE}^2+\overline{CD}^2$이 성립한다.

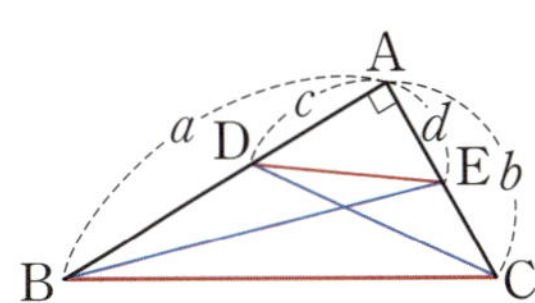

(4) 대각선이 직교하는 사각형에 응용

사각형 ABCD에서 두 대각선이 직교할 때,

$\overline{AB}^2+\overline{CD}^2=\overline{AD}^2+\overline{BC}^2$

↳ $\overline{OA}, \overline{OB}, \overline{OC}, \overline{OD}$의 길이를 각각 a, b, c, d라고 하면, $\overline{AB}^2+\overline{CD}^2=\overline{AD}^2+\overline{BC}^2=a^2+b^2+c^2+d^2$

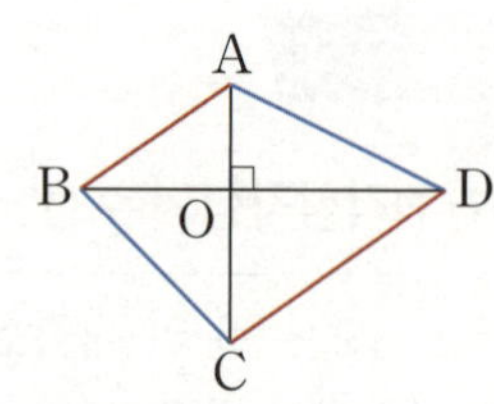

(5) 직사각형에 응용

직사각형 ABCD의 내부에 임의의 점 O에 대하여

$\overline{AO}^2+\overline{CO}^2=\overline{BO}^2+\overline{DO}^2$

↳ △OAB를 평행이동하여 $\overline{AB}$와 $\overline{CD}$를 겹치게 하면 □DOCO′이 (4)의 모양과 같다. ($\overline{AO}=\overline{DO'}$, $\overline{BO}=\overline{CO'}$)

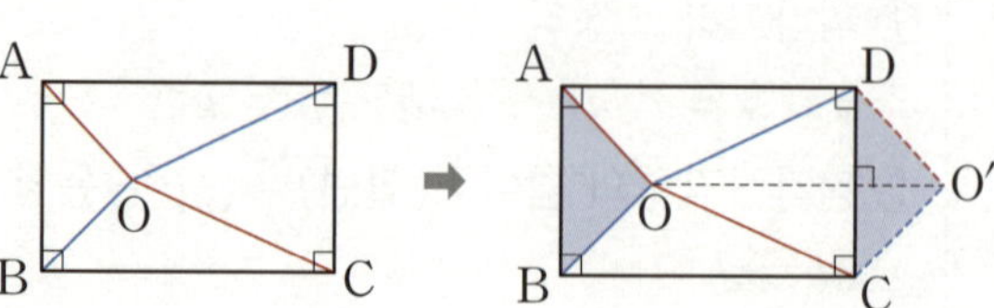

(6) 직각삼각형과 세 반원 사이의 관계

직각삼각형 ABC에서 세 변을 지름으로 하는 반원의 넓이를 각각 S_1, S_2, S_3라 하면,

$S_1+S_2=S_3$

↳ $S_1=\frac{1}{2}\pi\left(\frac{c}{2}\right)^2$, $S_2=\frac{1}{2}\pi\left(\frac{b}{2}\right)^2$, $S_3=\frac{1}{2}\pi\left(\frac{a}{2}\right)^2$이므로

$S_1+S_2=\frac{1}{2}\pi\left(\frac{c}{2}\right)^2+\frac{1}{2}\pi\left(\frac{b}{2}\right)^2=\frac{1}{8}\pi(b^2+c^2)=\frac{1}{8}\pi a^2=S_3$

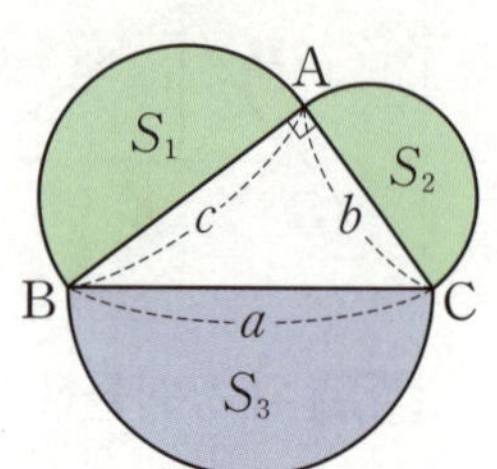

확장개념+응용공식

(7) 삼각형의 높이 구하기 ⇨ 중3 과정의 곱셈공식을 알면 이해할 수 있다.

삼각형의 세 변의 길이를 알면 삼각형의 높이를 구할 수 있다.

△ABC의 꼭짓점 A에서 변 BC에 내린 수선의 발을 H라 할 때,

$\overline{CH}=x$라고 하면,

$c^2-(a-x)^2=b^2-x^2$

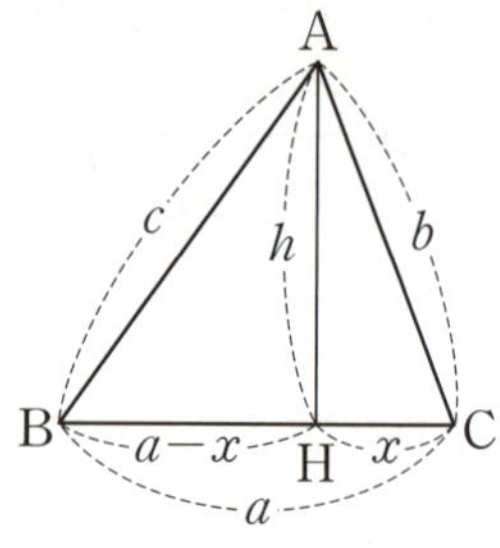

+설명 직각삼각형 ABH에서 $h^2=c^2-(a-x)^2$

직각삼각형 ACH에서 $h^2=b^2-x^2$

따라서 $c^2-(a-x)^2=b^2-x^2$에서 x를 구하면, h를 구할 수 있다.

(예) 다음 △ABC에서 $\overline{AH}$의 길이를 구하시오.

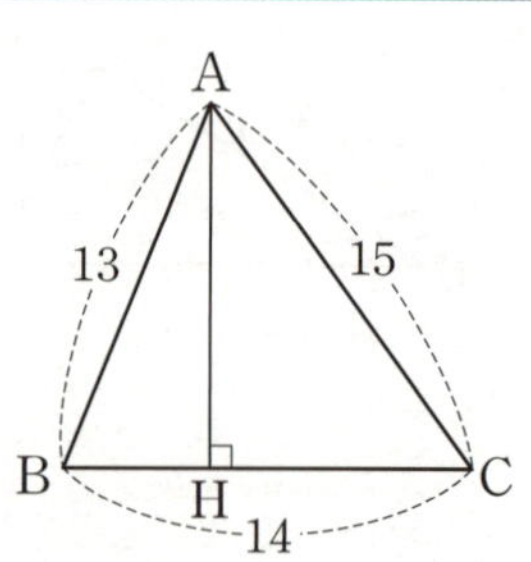

+풀이 $\overline{BH}=x$라 하면,

직각삼각형 ABH에서 $\overline{AH}^2=13^2-x^2$

직각삼각형 ACH에서 $\overline{AH}^2=15^2-(14-x)^2$

따라서 $13^2-x^2=15^2-(14-x)^2$

$\Rightarrow 169-x^2=225-(196-28x+x^2)$

$\Rightarrow 28x=140$

$\Rightarrow x=5$

$\therefore \overline{AH}^2=13^2-5^2=144 \Rightarrow \overline{AH}=12$

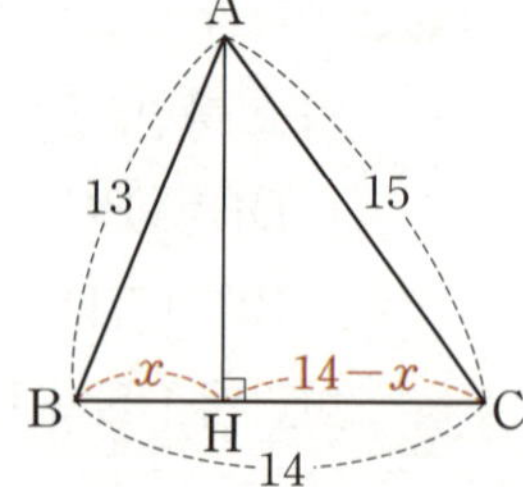

고등 수학에 꼭 필요한 **핵심 개념 익히기**

• 삼각형의 성질

35 다음 그림과 같이 $\overline{AB}=\overline{AC}$인 이등변삼각형 ABC에서 $\angle A=54°$이다. $\angle B$, $\angle C$의 삼등분선의 교점을 각각 D, E라 할 때, $x-y$의 값을 구하시오.

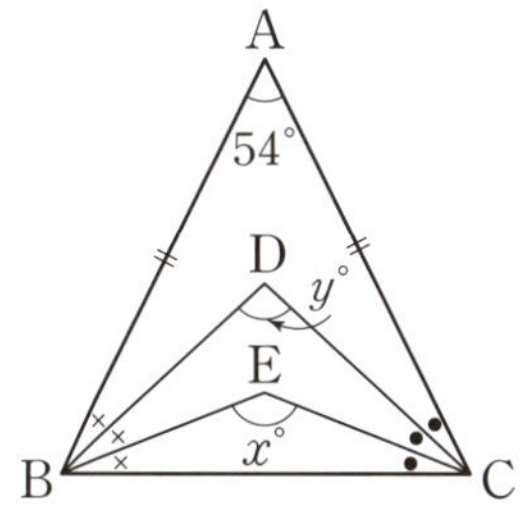

36 폭이 일정한 종이를 다음 그림과 같이 접었다. $\angle DAB=74°$일 때, $\angle ACB$의 크기를 구하시오.

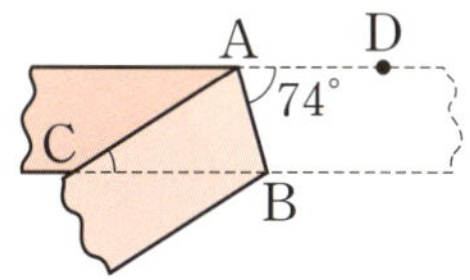

37 다음 그림에서 $\overline{BD}$, $\overline{CE}$는 각각 점 B, C에서 직선 l 위에 내신 수선이고 $\overline{AB}=\overline{AC}$, $\overline{BD}=7$, $\overline{CE}=3$ 일 때, $\triangle ABC$의 넓이는?

① 25 ② 26 ③ 27
④ 28 ⑤ 29

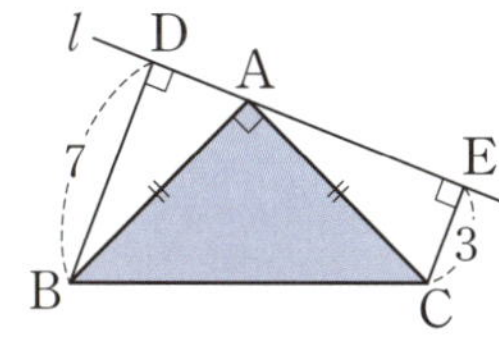

38 다음 그림과 같이 $\angle C=90°$이고 $\overline{AC}=\overline{BC}$인 직각이등변삼각형 ABC에서 $\angle A$의 이등분선이 $\overline{BC}$와 만나는 점을 D라 하자. $\overline{AB}=27$ cm이고 $\triangle ABD$의 넓이가 108 cm^2일 때, $\overline{CD}$의 길이를 구하시오.

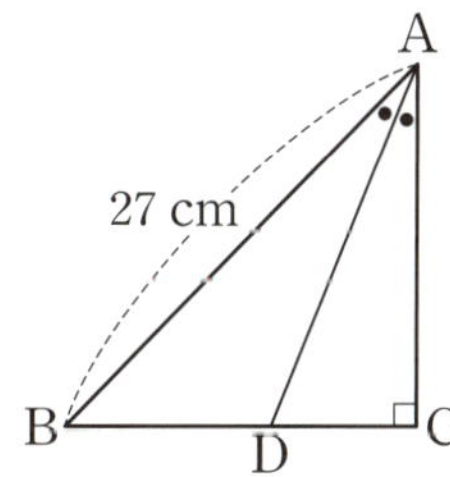

39 다음 그림에서 점 O는 $\angle C=90°$인 직각삼각형 ABC의 외심이다. $\overline{BC}=13$ cm, $\overline{CA}=8$ cm일 때, △OBC의 넓이를 구하시오.

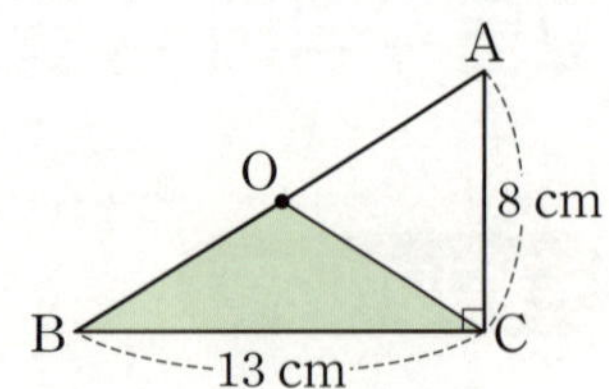

40 다음 그림에서 점 I는 △ABC의 내심이고 $\overline{DE}/\!/\overline{BC}$이다. $\overline{AB}=\overline{AC}=8$ cm일 때, △ADE의 둘레의 길이를 구하시오.

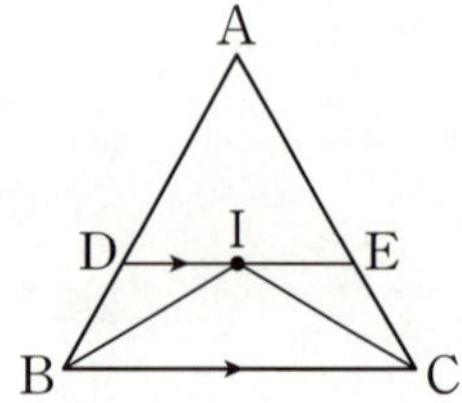

41 다음 그림에서 점 O, I는 각각 △ABC의 외심과 내심이다. $\angle BIC=116°$일 때, $\angle OCB$의 크기를 구하시오.

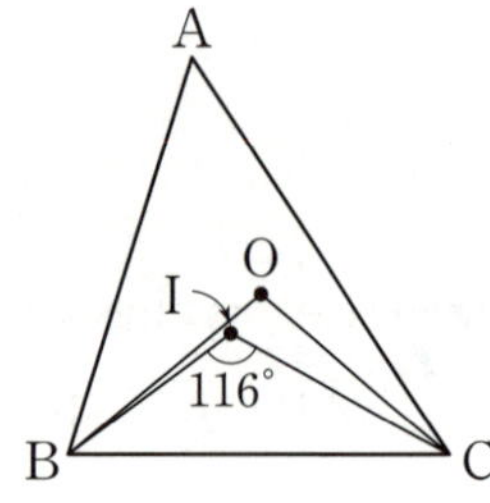

• 사각형의 성질

42 다음 그림과 같은 평행사변형 ABCD에서 $\overline{AE}$와 $\overline{DF}$는 각각 $\angle A$와 $\angle D$의 이등분선이다. $\overline{AB}=12$ cm, $\overline{AD}=15$ cm일 때, $\overline{EF}$의 길이를 구하시오.

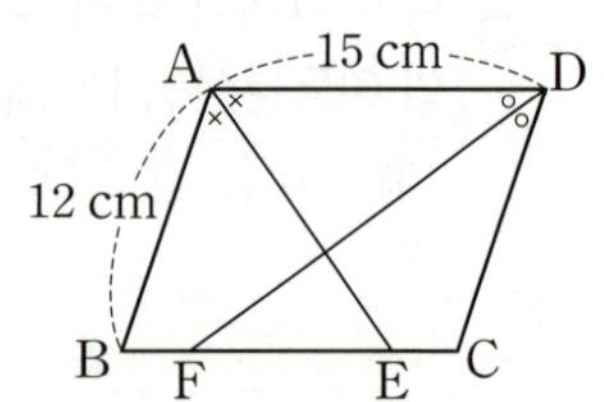

43 다음 그림과 같은 평행사변형 ABCD에서 $\overline{AD}$, $\overline{BC}$의 중점을 각각 M, N이라 하고, 대각선 AC가 $\overline{MB}$, $\overline{DN}$과 만나는 점을 각각 E, F라 하자. □ABCD의 넓이가 $64\ cm^2$일 때, □BNFE의 넓이를 구하시오.

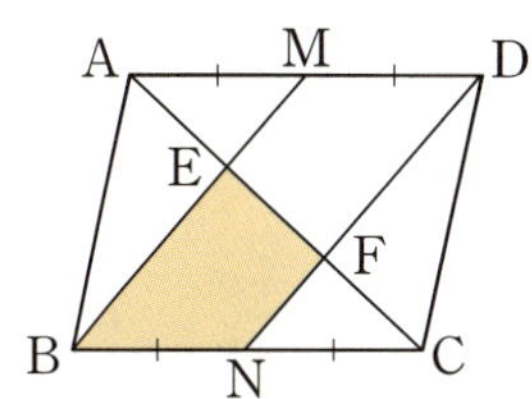

44 다음 그림과 같은 직사각형 ABCD에서 ∠BAC의 이등분선이 $\overline{BC}$와 만나는 점을 P라 할 때, □APCQ는 마름모이다. $\angle x$의 크기를 구하시오.

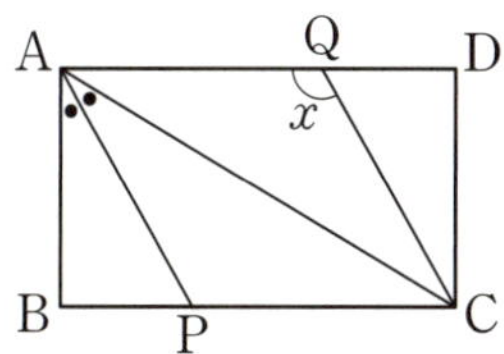

45 다음 그림과 같이 $\overline{AB}=2\overline{AD}$인 평행사변형 ABCD에서 $\overline{BC}$의 연장선 위에 $\overline{EB}=\overline{BC}=\overline{CF}$가 되도록 두 점 E, F를 각각 잡는다. $\overline{AF}$와 $\overline{DE}$의 교점을 O라 할 때, $\angle x+\angle y$의 값을 구하시오.

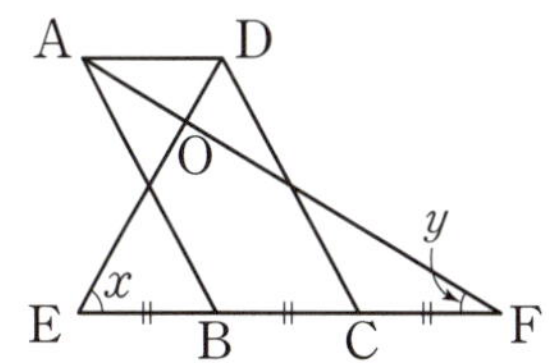

46 다음 그림에서 □ABCD는 정사각형이고, ∠ACD의 이등분선이 $\overline{AD}$와 만나는 점을 E, 점 E에서 $\overline{AC}$에 내린 수선의 발을 F라 하고, $\overline{AD}=10\ cm$, $\overline{AE}=6\ cm$라고 할 때, $\overline{EF}$의 길이는?

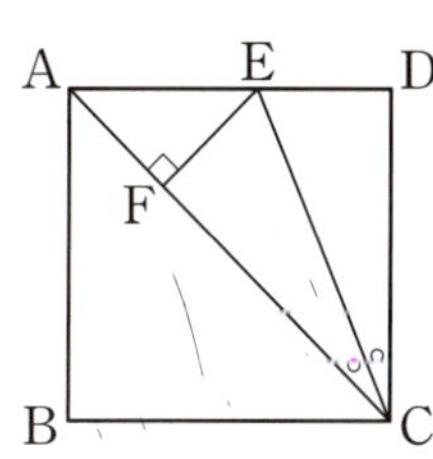

47 다음 그림의 조건 (가), (나)에 들어갈 내용을 바르게 나타낸 것은?

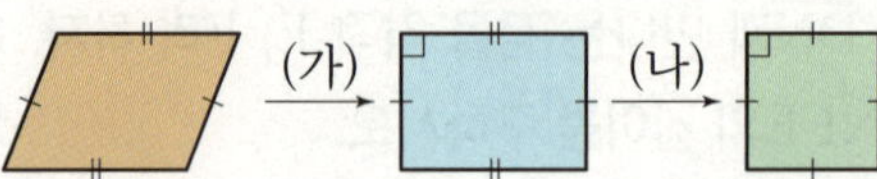

① (가) 두 대각선이 서로 수직이등분한다.
　(나) 한 내각의 크기가 90°이다.
② (가) 90°보다 작은 내각이 존재한다.
　(나) 네 변의 길이가 모두 같다.
③ (가) 한 내각의 크기가 90°이다.
　(나) 두 대각선이 서로 직교한다.
④ (가) 두 대각선이 서로 직교한다.
　(나) 두 대각선의 길이가 같다.
⑤ (가) 두 대각선의 길이가 같다.
　(나) 한 내각의 크기가 90°이다.

48 다음 그림과 같은 $\triangle ABC$에서 $\overline{AC} /\!/ \overline{DE}$이고 $\triangle ABC = 40\ cm^2$, $\triangle ABE = 25\ cm^2$이다. $\triangle ADC$의 넓이가 $x\ cm^2$일 때, x의 값을 구하시오.

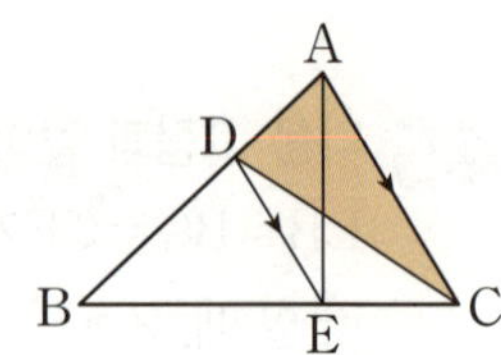

49 다음 그림과 같이 $\overline{AD} /\!/ \overline{BC}$인 사다리꼴 ABCD에서 $\overline{AO}:\overline{CO} = 1:3$이다. $\triangle AOB = 6\ cm^2$일 때, $\triangle OBC$의 넓이를 구하시오. (단, 점 O는 두 대각선의 교점이다.)

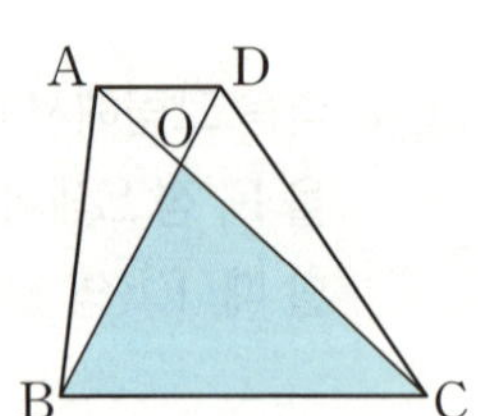

• 도형의 성질

50 다음 그림과 같은 직사각형 ABCD에서 $\overline{AH} \perp \overline{BD}$이고 $\overline{BC}=3$, $\overline{DH}=\frac{9}{5}$일 때, 직사각형 ABCD의 넓이를 구하시오.

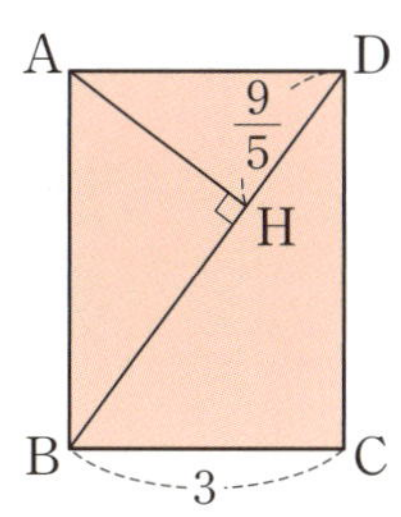

51 다음 그림과 같이 △ABC에서 ∠A의 외각의 이등분선과 $\overline{BC}$의 연장선과 만나는 점을 D라 할 때, x의 값을 구하시오.

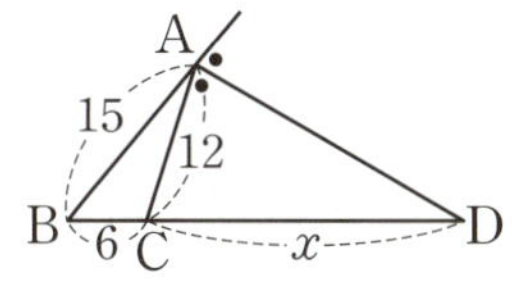

52 다음 그림에서 $\overline{AD} /\!/ \overline{EF} /\!/ \overline{GH} /\!/ \overline{BC}$이고, $\overline{AE}=\overline{EG}=\overline{GB}$ 일 때, $\overline{EF}+\overline{GH}$의 길이는?

① 16 cm　　② 18 cm
③ 20 cm　　④ 22 cm

⑤ 24 cm

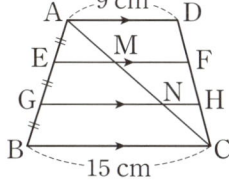

53 다음 그림에서 점 M, N은 각각 $\overline{AB}$, $\overline{AC}$의 중점이고 점 P, Q는 각각 $\overline{DB}$, $\overline{DC}$의 중점이다. $\overline{MN}=8$ cm, $\overline{PR}=3$ cm일 때, $\overline{RQ}$의 길이를 구하시오.

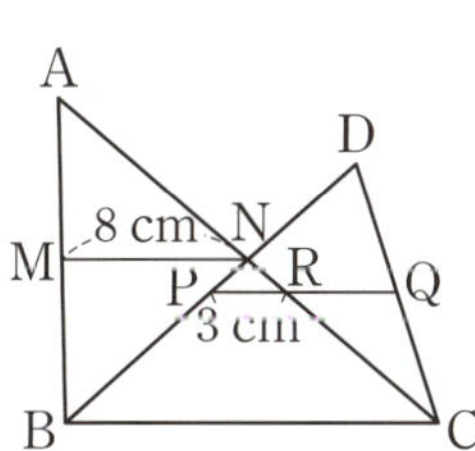

54 다음 그림과 같이 삼각형 ABC에서 AG=GE=EB 이다. $\overline{BC}$의 중점을 D라 하고 $\overline{AC}$의 연장선과 $\overline{ED}$의 연장선의 교점을 F라 하자. $\overline{ED}=7$ cm일 때, $x+y$의 값을 구하시오.

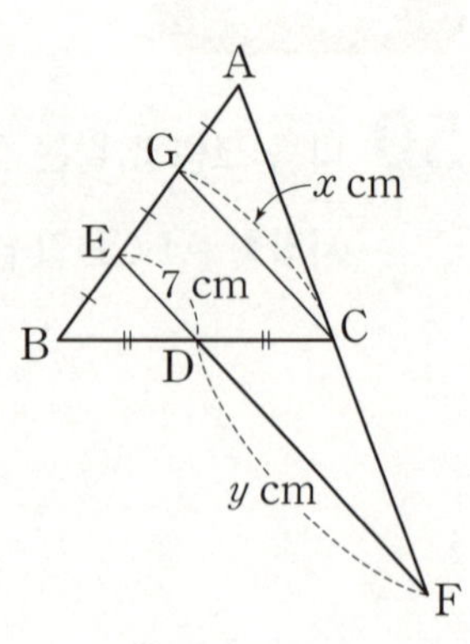

55 다음 그림과 같이 $\overline{AD}/\!/\overline{BC}$인 사다리꼴 ABCD에서 두 점 M, N은 $\overline{AB}$, $\overline{DC}$의 중점이고 선분 MN과 대각선 AC, BD의 교점을 각각 Q, P라 할 때, $\overline{BC}$의 길이를 구하시오.

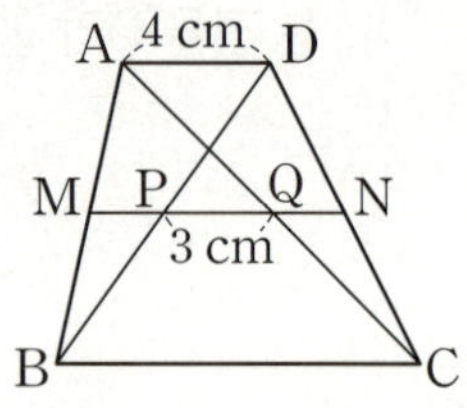

56 다음 그림과 같은 평행사변형 ABCD에서 $\overline{BC}$의 중점을 M이라 하고 $\overline{BD}$와 $\overline{AC}$, $\overline{AM}$의 교점을 각각 O, P라 하자. □ABCD의 넓이가 24 cm^2일 때, 색칠한 부분의 넓이를 구하시오.

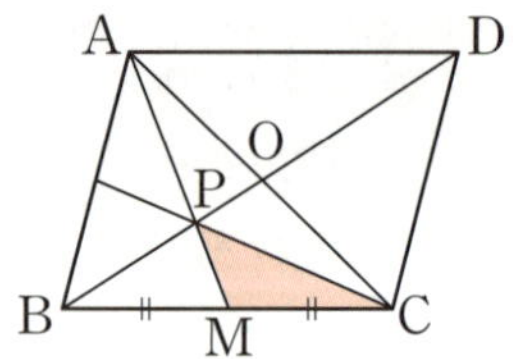

57 다음 그림과 같이 원뿔을 밑면에 평행하고 높이를 이등분하는 평면으로 잘랐을 때, 원뿔 A와 원뿔대 B의 부피의 비는?

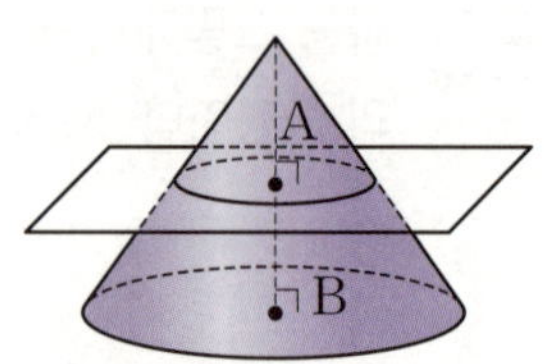

① 1:7 ② 1:8
③ 2:5 ④ 3:4
⑤ 4:7

• 피타고라스 정리

58 다음 그림과 같이 $\angle B=90^\circ$인 직각삼각형 ABC에서 $\overline{AD}=\frac{15}{4}$, $\overline{BD}=\frac{9}{4}$, $\overline{DC}=\frac{7}{4}$일 때, xy의 값을 구하시오.

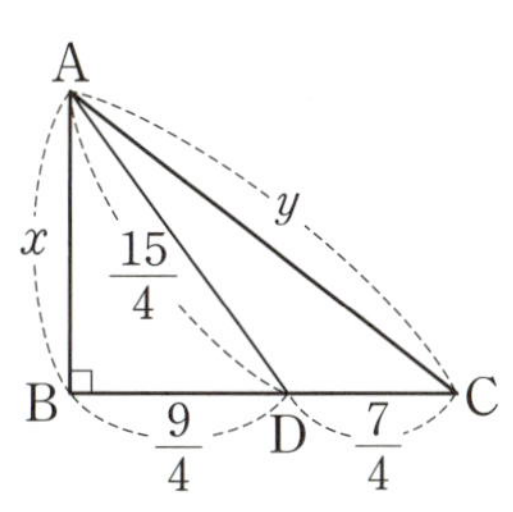

59 다음 중 옳은 것을 고르면?

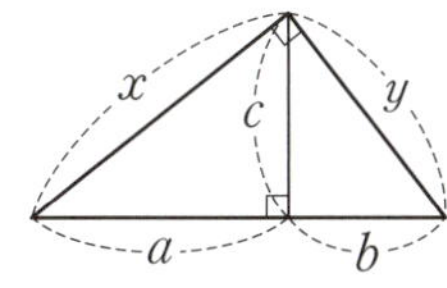

① $x^2-a^2=y^2-b^2$　② $a^2+c^2=y^2$　③ $y^2-c^2=x^2-c^2$
④ $b^2=x^2-c^2$　⑤ $a^2+b^2=x^2+y^2$

60 다음 그림과 같은 사다리꼴 ABCD에서 $\overline{BD}$의 길이는?

① 11 cm　② 12 cm
③ 13 cm　④ 14 cm
⑤ 15 cm

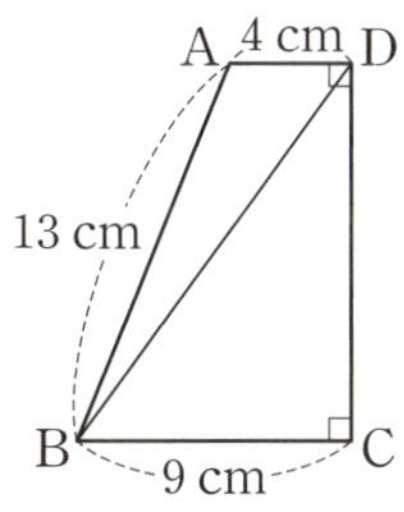

61 다음 그림과 같이 직사각형 ABCD의 두 꼭짓점 A, C에서 대각선 BD에 내린 수선의 발을 각각 E, F라 할 때, $\overline{EF}$의 길이를 구하시오.

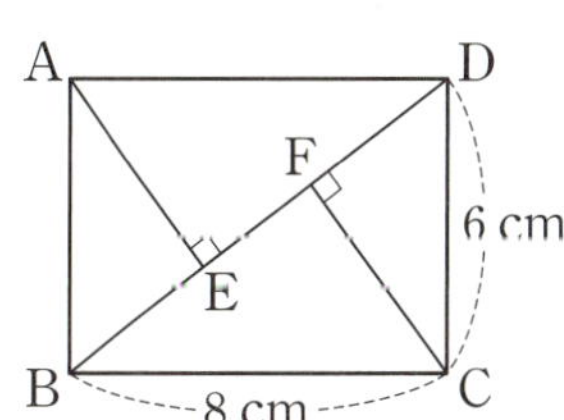

62 다음 그림은 직각삼각형 ABC의 각 변을 한 변으로 하는 정사각형을 그린 것이다. 다음 중 △EBA와 넓이가 같지 않은 삼각형을 모두 고르면? (정답 2개)

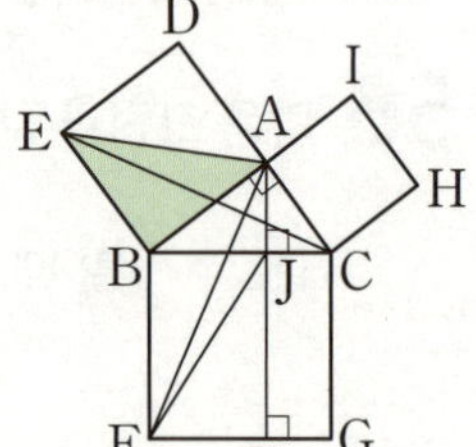

① △BFJ
② △EBC
③ △ECA
④ △ABF
⑤ △ABC

63 다음 그림과 같이 ∠A=90°인 직각삼각형 ABC에서 $\overline{AB}$, $\overline{AC}$의 중점을 각각 D, E라 할 때, $\overline{BE}^2+\overline{CD}^2$의 값은?

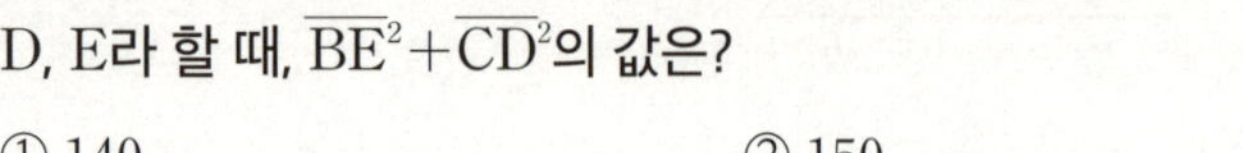

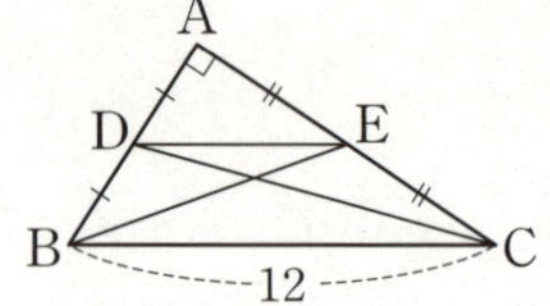

① 140　② 150
③ 160　④ 170
⑤ 180

64 다음 그림에서 두 대각선이 서로 직교할 때, $\overline{AD}^2$의 값을 구하면?

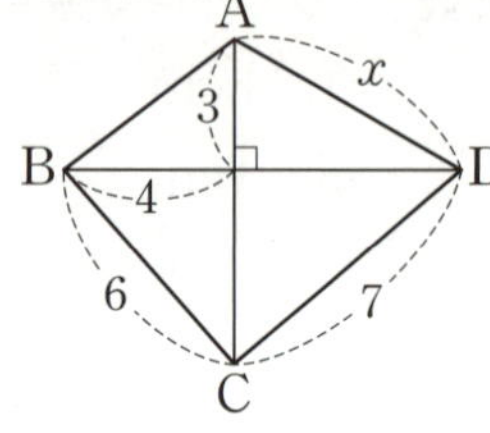

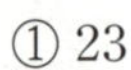

① 23　② 27
③ 31　④ 38
⑤ 45

65 다음 그림과 같은 삼각기둥의 꼭짓점 A에서 모서리 BE와 CF를 차례로 지나 꼭짓점 D에 이르는 최단 거리는?

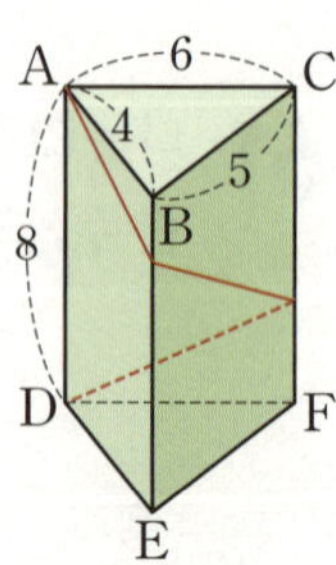

① 12　② 13
③ 15　④ 16
⑤ 17

[3-2 과정]

01 삼각비

1 삼각비(★★★) : 대수 삼각함수

핵심개념

(1) 삼각비의 정의

오른쪽 그림에서 $\triangle ABC$, $\triangle AB_1C_1$, $\triangle AB_2C_2$, …는 $\angle A$를 공통으로 하는 직각삼각형이므로 모두 닮은 도형이다. (AA닮음)

따라서 대응변의 길이의 비는 각각 같으므로 다음이 성립한다.

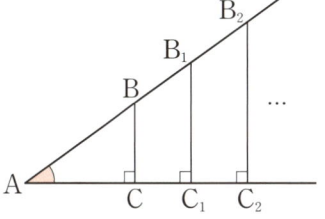

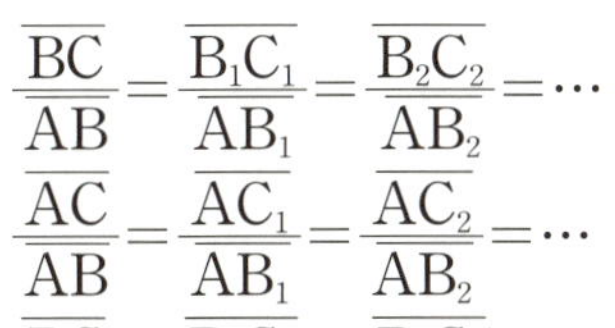

$$\frac{\overline{BC}}{\overline{AB}}=\frac{\overline{B_1C_1}}{\overline{AB_1}}=\frac{\overline{B_2C_2}}{\overline{AB_2}}=\cdots$$

$$\frac{\overline{AC}}{\overline{AB}}=\frac{\overline{AC_1}}{\overline{AB_1}}=\frac{\overline{AC_2}}{\overline{AB_2}}=\cdots$$

$$\frac{\overline{BC}}{\overline{AC}}=\frac{\overline{B_1C_1}}{\overline{AC_1}}=\frac{\overline{B_2C_2}}{\overline{AC_2}}=\cdots$$

이와 같이 $\angle C=90°$인 직각삼각형 ABC에서 $\angle A$의 크기가 정해지면 직각삼각형의 크기에 관계없이 변의 길이의 비

$$\frac{\overline{BC}}{\overline{AB}},\ \frac{\overline{AC}}{\overline{AB}},\ \frac{\overline{BC}}{\overline{AC}}$$

는 각각 일정하다. 이때,

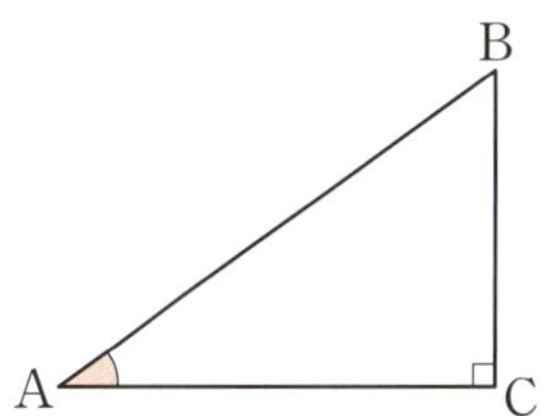

$\dfrac{\overline{BC}}{\overline{AB}}$를 $\angle A$의 사인이라 하고, 기호로 $\sin A$ ← '사인 A' 라고 읽는다.

$\dfrac{\overline{AC}}{\overline{AB}}$를 $\angle A$의 코사인이라 하고, 기호로 $\cos A$ ← '코사인 A' 라고 읽는다.

$\dfrac{\overline{BC}}{\overline{AC}}$를 $\angle A$의 탄젠트이라 하고, 기호로 $\tan A$ ← '탄젠트 A' 라고 읽는다.

와 같이 나타낸다. ⇨ 오른쪽 그림의 모양으로 기억하면 편리하다.

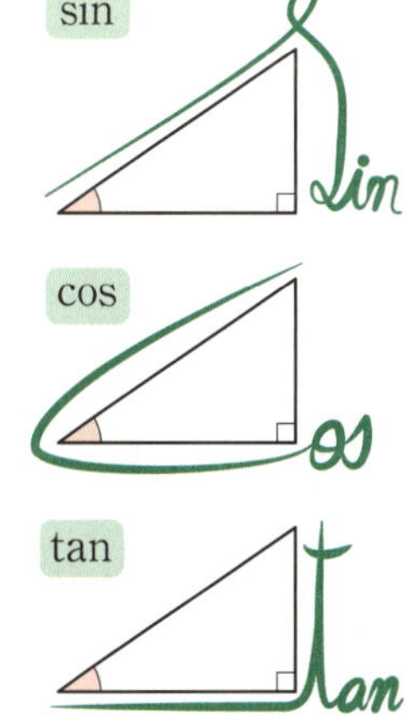

$\angle C=90°$인 직각삼각형 ABC에서

$$\sin A=\frac{\overline{BC}}{\overline{AB}}=\frac{a}{c}\left(=\frac{(\text{높이})}{(\text{빗변})}\right)$$

$$\cos A=\frac{\overline{AC}}{\overline{AB}}=\frac{b}{c}\left(=\frac{(\text{밑변})}{(\text{빗변})}\right)$$

$$\tan A=\frac{\overline{BC}}{\overline{AC}}=\frac{a}{b}\left(=\frac{(\text{높이})}{(\text{밑변})}\right)$$

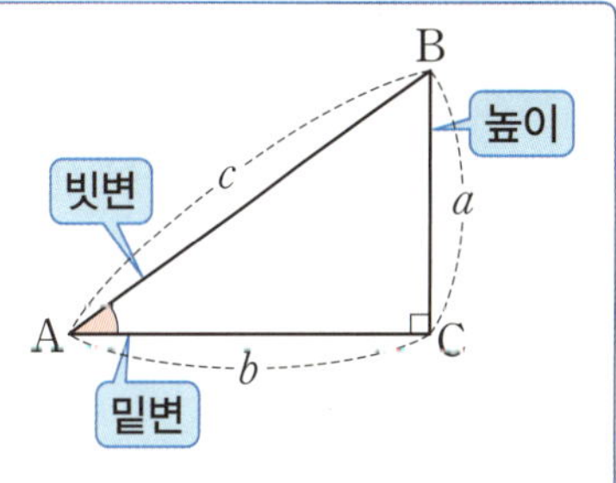

! 주의 $\sin A$, $\cos A$, $\tan A$를 구할 때, 기준이 되는 각 A를 삼각비의 기준각이라고 한다. 삼각비에서의 밑변은 기준각과 직각의 공통변으로 정한다. 삼각비를 구할 때, 밑변과 높이를 설정하는 게 헷갈리다면 기준각과 직각이 아래쪽으로 오도록 삼각형을 돌려가면서 생각하자.

예1 다음 직각삼각형 ABC에서 ∠A의 삼각비를 구해 보자.

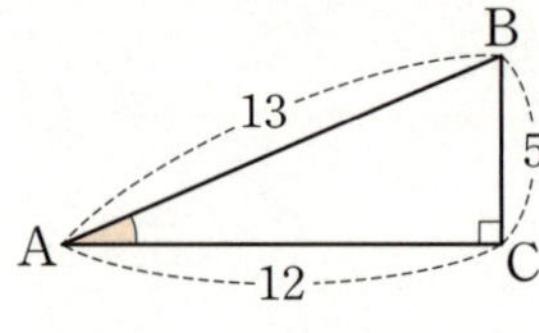

⇨ ∠A와 직각이 아래쪽에 있으므로

밑변은 $\overline{AC}$, 높이는 $\overline{BC}$, 빗변은 $\overline{AB}$

이다. 따라서

$$\sin A=\frac{5}{13},\ \cos A=\frac{12}{13},\ \tan A=\frac{5}{12}$$

예2 다음 직각삼각형 ABC에서 ∠B의 삼각비를 구해 보자.

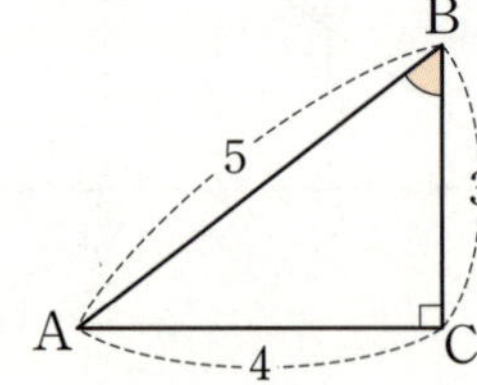

⇨ ∠B와 직각이 아래쪽에 오도록 오른쪽 그림과 같이 삼각형을 돌려보자. ∠B가 기준각일 때,

밑변은 $\overline{BC}$, 높이는 $\overline{AC}$, 빗변은 $\overline{AB}$

이다. 따라서

$$\sin B=\frac{4}{5},\ \cos B=\frac{3}{5},\ \tan B=\frac{4}{3}$$

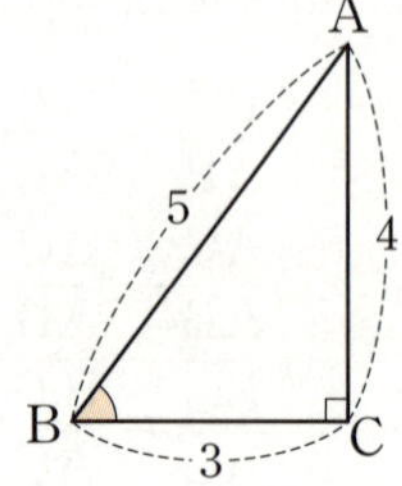

예3 다음 직각삼각형 ABC에서 $\sin C\times\cos C$의 값을 구하시오.

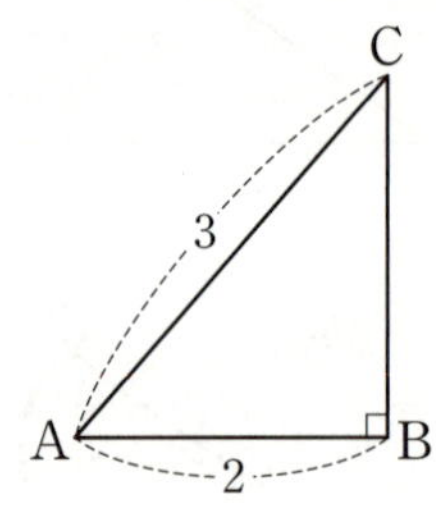

풀이 직각삼각형 ABC에서

$\overline{BC}=\sqrt{3^2-2^2}=\sqrt{5}$ ← 피타고라스 정리

∠C를 기준각으로 보면,

밑변은 $\overline{BC}$, 높이는 $\overline{AB}$, 빗변은 $\overline{AC}$이다. 따라서

$$\sin C=\frac{2}{3},\ \cos C=\frac{\sqrt{5}}{3}$$

$$\therefore\ \sin C\times\cos C=\frac{2\sqrt{5}}{9}$$

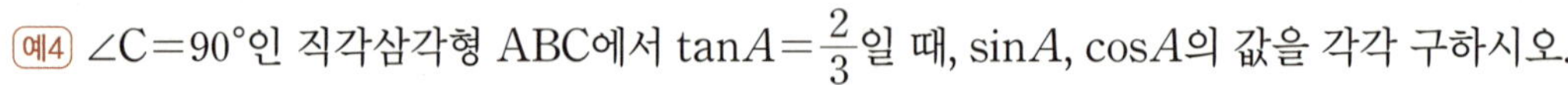

예4 ∠C=90°인 직각삼각형 ABC에서 $\tan A=\frac{2}{3}$일 때, $\sin A$, $\cos A$의 값을 각각 구하시오.

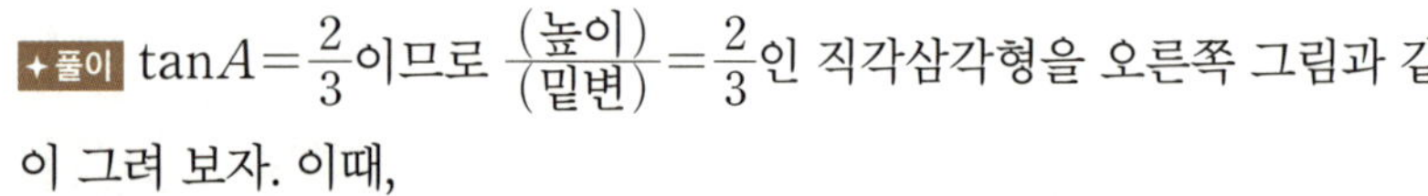

풀이 $\tan A=\frac{2}{3}$이므로 $\frac{(\text{높이})}{(\text{밑변})}=\frac{2}{3}$인 직각삼각형을 오른쪽 그림과 같이 그려 보자. 이때,

$\overline{AB}=\sqrt{(3a)^2+(2a)^2}=\sqrt{13}a$ ← 피타고라스 정리

따라서 $\sin A=\frac{2a}{\sqrt{13}a}=\frac{2\sqrt{13}}{13}$, $\cos A=\frac{3a}{\sqrt{13}a}=\frac{3\sqrt{13}}{13}$

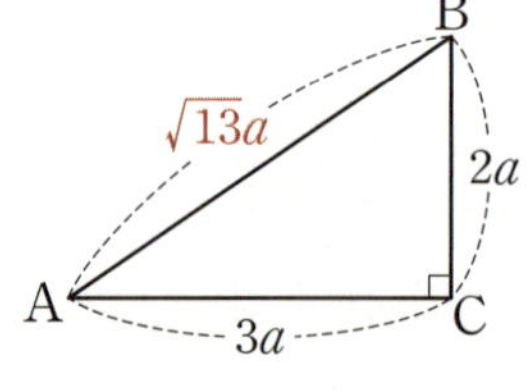

꿀팁 삼각비는 기준각의 크기가 정해지면, 길이에 관계없이 일정하므로 (밑변)=3, (높이)=2로 설정하여 삼각비를 구해도 답은 같다.

핵심공식

(2) 30°, 45°, 60°의 삼각비의 값

한 변의 길이가 2인 정삼각형과 한 변의 길이가 1인 정사각형을 각각 반으로 접으면 세 내각의 크기가 30°, 60°, 90°인 직각삼각형과 45°, 45°, 90°인 직각삼각형을 만들 수 있다. 피타고라스의 정리를 이용하여 이 직각삼각형의 세 변의 길이의 비를 구하면 30°, 45°, 60°의 삼각비의 값을 구할 수 있다.

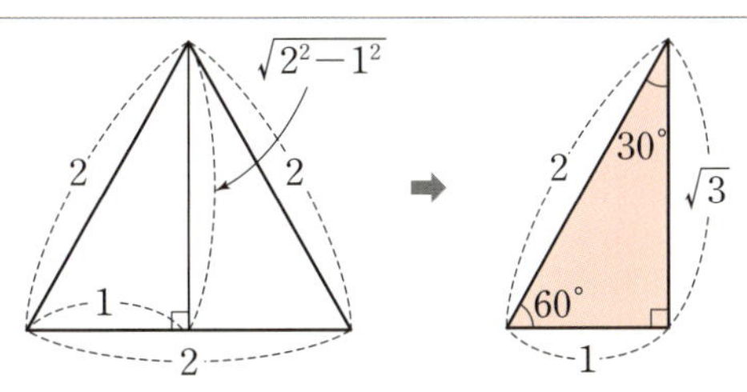

⇨ 한 내각의 크기가 30° (또는 60°)인 직각삼각형의 세 변의 길이의 비는 $1:\sqrt{3}:2$

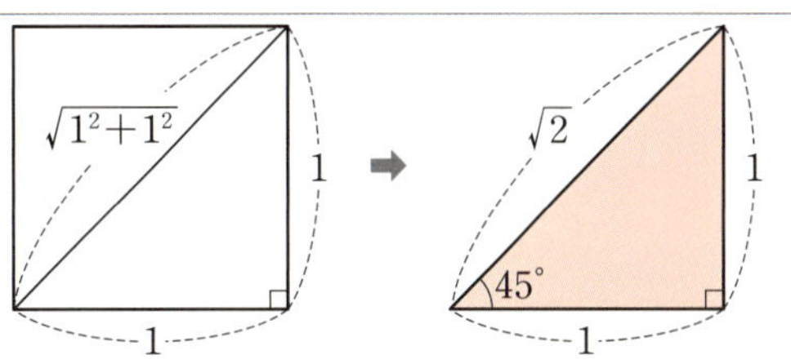

⇨ 한 내각의 크기가 45°인 직각이등변삼각형의 세 변의 길이의 비는 $1:1:\sqrt{2}$

위 직각삼각형에서

삼각비 \ A	30°	45°	60°
sinA	$\frac{1}{2}$	$\frac{\sqrt{2}}{2}$	$\frac{\sqrt{3}}{2}$
cosA	$\frac{\sqrt{3}}{2}$	$\frac{\sqrt{2}}{2}$	$\frac{1}{2}$
tanA	$\frac{\sqrt{3}}{3}\left(=\frac{1}{\sqrt{3}}\right)$	1	$\sqrt{3}$

! 중요 30°, 45°, 60°의 삼각비를 특수각의 삼각비라고 한다. 특수각의 삼각비는 반드시 외워두도록 하자.

예1 다음 값을 계산해 보자.

① $\sin 30° + \cos 45°$　　② $\cos 30° \times \tan 60° + \cos 60°$

③ $\tan 30° \times \sin 60° + \sin 30°$　　④ $\cos 60° \times \tan 45° + \sin 45° \times \cos 45°$

+풀이 ① $\sin 30° + \cos 45° = \frac{1}{2} + \frac{\sqrt{2}}{2} = \frac{1+\sqrt{2}}{2}$

② $\cos 30° \times \tan 60° + \cos 60° = \frac{\sqrt{3}}{2} \times \sqrt{3} + \frac{1}{2} = 2$

③ $\tan 30° \times \sin 60° + \sin 30° = \frac{\sqrt{3}}{3} \times \frac{\sqrt{3}}{2} + \frac{1}{2} = 1$

④ $\cos 60° \times \tan 45° + \sin 45° \times \cos 45° = \frac{1}{2} \times 1 + \frac{\sqrt{2}}{2} \times \frac{\sqrt{2}}{2} = 1$

예2 다음 그림에서 x, y의 값을 각각 구하시오.

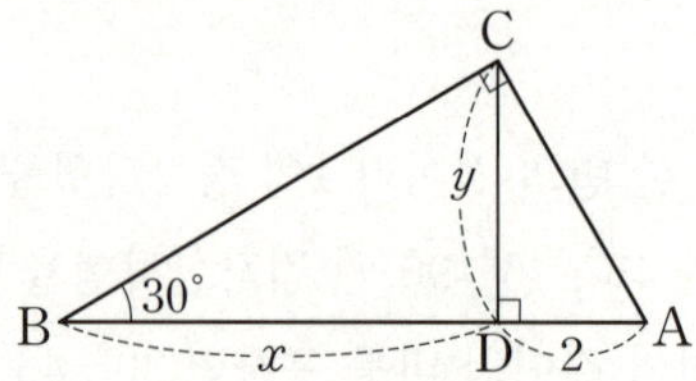

+풀이 오른쪽 그림과 같이 $\angle A=60°$ ← △ABC는 직각삼각형이므로

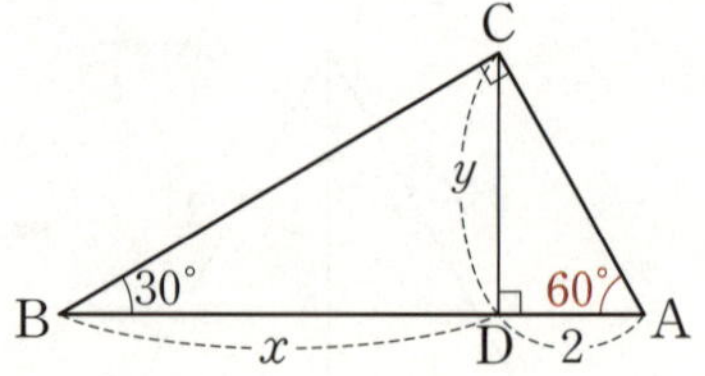

△ACD에서 $\tan A=\dfrac{y}{2}=\sqrt{3}$ ← $\tan A=\tan 60°=\sqrt{3}$

$\therefore y=2\sqrt{3}$

△BCD에서 $\tan B=\dfrac{2\sqrt{3}}{x}=\dfrac{1}{\sqrt{3}}$ ← $\tan B=\tan 30°=\dfrac{1}{\sqrt{3}}$

$\therefore x=2\sqrt{3}\times\sqrt{3}=6$

+꿀팁 세 내각의 크기가 30°, 60°, 90°인 직각삼각형의 길이의 비는 $1:\sqrt{3}:2$임을 이용하여 x, y의 값을 구할 수도 있다. 즉, 직각삼각형 ACD에서

(짧은 변) : (중간 변) $=1:\sqrt{3}=2:y \Rightarrow y=2\sqrt{3}$

직각삼각형 BCD에서

(짧은 변) : (중간 변) $=1:\sqrt{3}=y:x \Rightarrow x=\sqrt{3}y=\sqrt{3}\times2\sqrt{3}=6$

일반적으로 길이의 비를 이용하는 방법이 간단하지만, 특수각이 아닌 각에서는 이를 이용할 수 없으므로 두 가지 방법을 모두 알아두도록 하자.

2 예각의 삼각비의 값(★★★) : 대수 삼각함수

핵심개념

(1) 예각의 삼각비의 값

좌표평면의 원점 O를 중심으로 하고 반지름의 길이가 1인 사분원에서 ∠AOB$=x$라 할 때

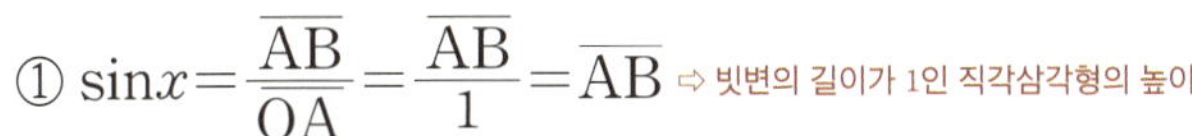

① $\sin x=\dfrac{\overline{AB}}{\overline{OA}}=\dfrac{\overline{AB}}{1}=\overline{AB}$ ⇨ 빗변의 길이가 1인 직각삼각형의 높이

② $\cos x=\dfrac{\overline{OB}}{\overline{OA}}=\dfrac{\overline{OB}}{1}=\overline{OB}$ ⇨ 빗변의 길이가 1인 직각삼각형의 밑변

③ $\tan x=\dfrac{\overline{AB}}{\overline{OB}}=\dfrac{\overline{CD}}{\overline{OD}}=\dfrac{\overline{CD}}{1}=\overline{CD}$ ⇨ 밑변의 길이가 1인 직각삼각형의 높이

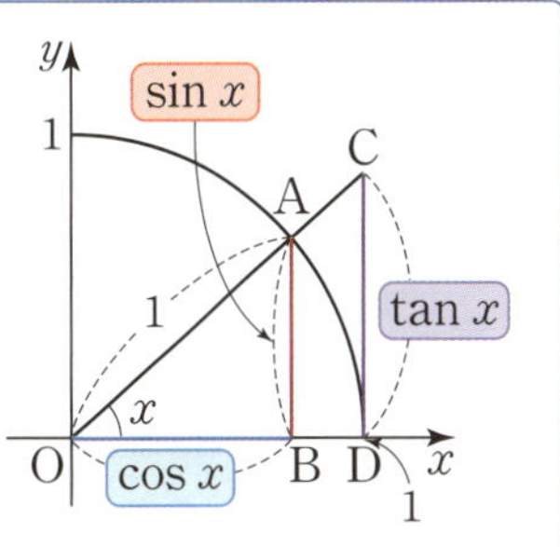

이와 같이 $0°\le x\le 90°$에서의 삼각비는 선분의 길이로 나타낼 수 있다. (단, $\tan 90°$ 제외)
따라서 선분의 길이를 재어 삼각비의 값을 구할 수 있다.

(2) 삼각비의 값의 변화

오른쪽 그림과 같이 $0°\le x\le 90°$인 범위에서 x의 크기가 커지면

① $\sin x$의 값($\overline{AB}$의 길이)은 0에서 1까지 증가한다.

② $\cos x$의 값($\overline{OB}$의 길이)은 1에서 0까지 감소한다.

③ $\tan x$의 값($\overline{CD}$의 길이)은 0에서부터 한없이 증가한다.

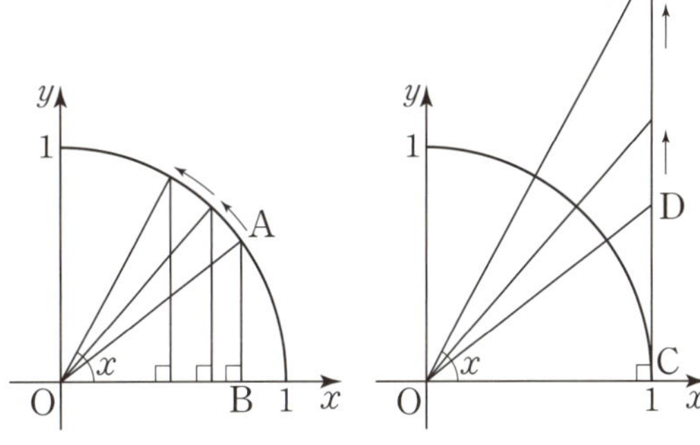

예1 오른쪽 그림은 반지름의 길이가 1인 사분원이다. ☐에 알맞은 것을 써 넣어보자.

① $\sin x=\dfrac{\square}{\overline{OA}}=\square$

② $\cos x=\dfrac{\square}{\overline{OA}}=\square$

③ $\tan x=\dfrac{\square}{\overline{OC}}=\square$

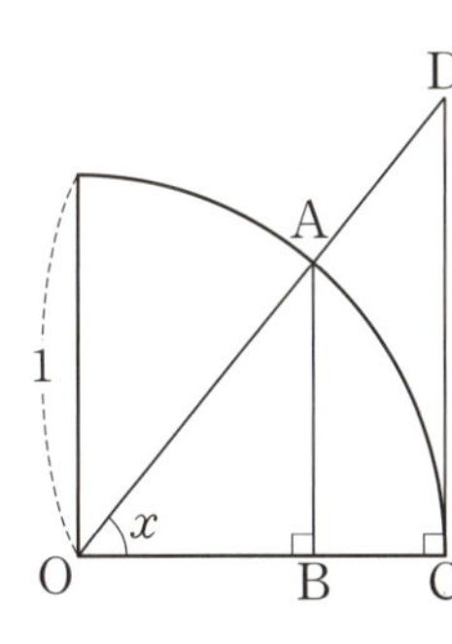

▶정답 ① $\overline{AB}$ ② $\overline{OB}$ ③ $\overline{CD}$

예2 좌표평면 위에 오른쪽 그림과 같이 반지름의 길이가 1인 사분원이 있다. 이때, 다음 삼각비의 값을 구해 보자.

① $\sin 38°$

② $\cos 38°$

③ $\tan 38°$

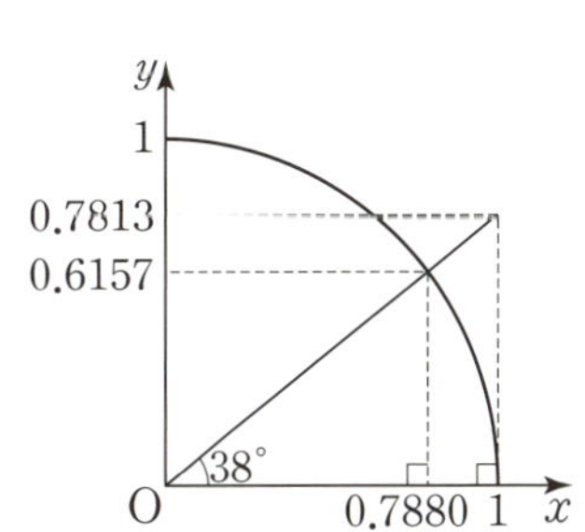

▶정답 ① 0.6157 ② 0.7880 ③ 0.7813

(3) 0°와 90°의 삼각비의 값

다음 그림과 같이 반지름의 길이가 1인 사분원에서

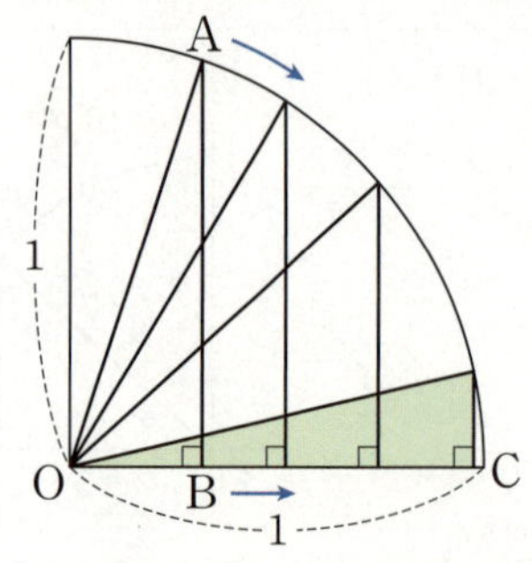

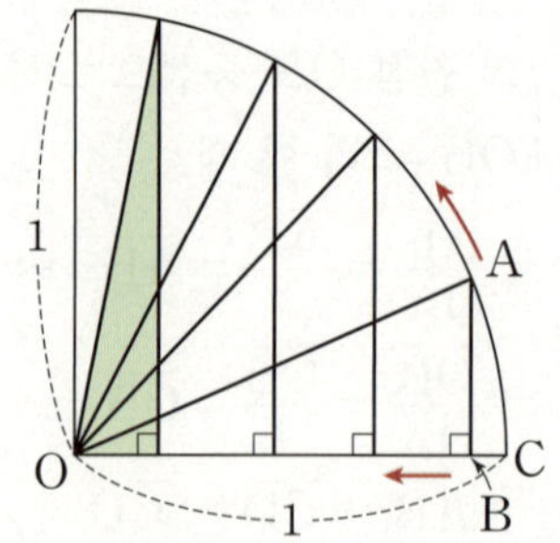

① ∠AOB의 크기가 0°에 가까워지면 $\overline{AB}$의 길이는 0에 가까워지고, $\overline{OB}$의 길이는 1에 가까워진다. 따라서

$\sin 0° = 0$, $\cos 0° = 1$

└→ $x=0°$일 때, $\overline{AB}=0$, $\overline{OB}=1$이므로

② ∠AOC의 크기가 90°에 가까워지면 $\overline{AB}$의 길이는 1에 가까워지고, $\overline{OB}$의 길이는 0에 가까워진다. 따라서

$\sin 90° = 1$, $\cos 90° = 0$

└→ $x=90°$일 때, $\overline{AB}=1$, $\overline{OB}=0$이므로

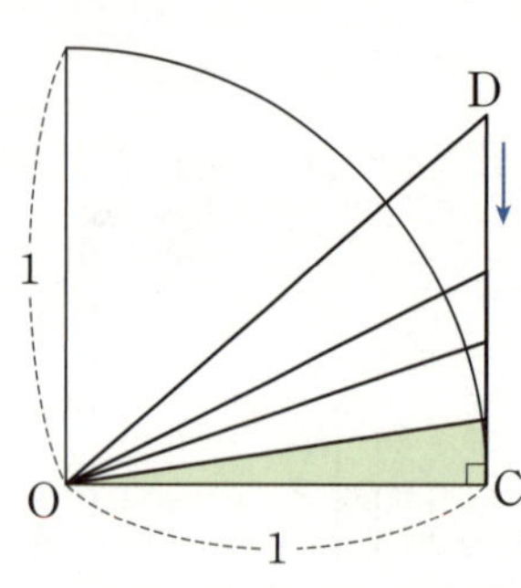

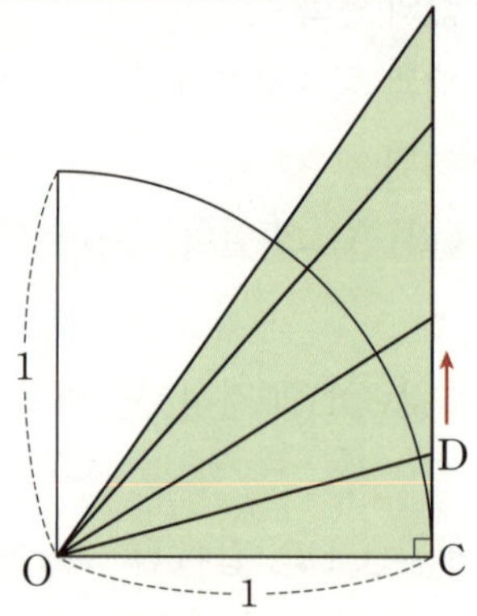

③ ∠DOC의 크기가 0°에 가까워지면 $\overline{CD}$의 길이는 0에 가까워진다. 따라서

$\tan 0° = 0$ ← $x=0°$일 때, $\overline{CD}=0$이므로

④ ∠DOC의 크기가 90°에 가까워지면 $\overline{CD}$의 길이는 한없이 커진다. 따라서

$\tan 90°$의 값은 존재하지 않는다.

(4) 각의 크기에 따른 삼각비 사이의 관계

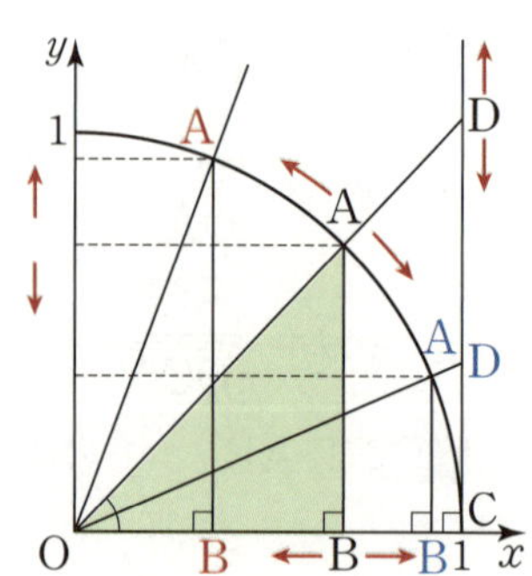

오른쪽 그림에서 $\angle AOB = x$라고 하면,

① $0° \le x < 45°$일 때, $\sin x < \cos x$ ← $\overline{AB} < \overline{OB}$이므로

② $x = 45°$일 때, $\sin x = \cos x$ ← $\overline{AB} = \overline{OB}$이므로

③ $45° < x < 90°$일 때, $\cos x < \sin x < \tan x$

└→ $\overline{OB} < \overline{AB} < \overline{CD}$이므로

3 삼각비 사이의 관계(★★★) : 대수 삼각함수

확장개념+응용공식

$\angle C=90^\circ$인 직각삼각형 ABC에서 $\angle A=x$라고 하면, $\angle B=90^\circ-x$이다.
따라서 다음이 성립한다. (단, $0^\circ<x<90^\circ$)

① $\sin x=\cos(90^\circ-x)$ ← $\sin x=\frac{a}{c}$, $\cos(90^\circ-x)=\frac{a}{c}$이므로

② $\cos x=\sin(90^\circ-x)$ ← $\cos x=\frac{b}{c}$, $\sin(90^\circ-x)=\frac{b}{c}$이므로

③ $\tan x=\dfrac{1}{\tan(90^\circ-x)}$ ← $\tan x=\frac{a}{b}$, $\tan(90^\circ-x)=\frac{b}{a}$이므로

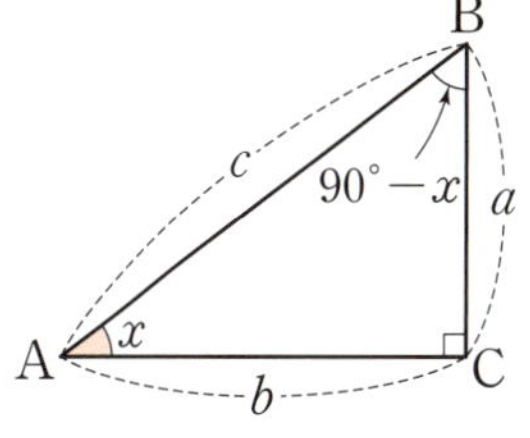

예 $\sin 20^\circ=\cos 70^\circ$

$\cos 20^\circ=\sin 70^\circ$

$\tan 20^\circ=\dfrac{1}{\tan 70^\circ}$

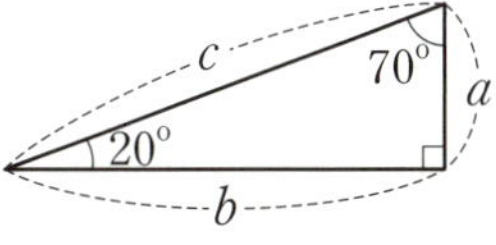

4 삼각비의 표

삼각비의 값을 반올림하여 소수점 아래 넷째 자리까지 나타낸 표로 아래와 같이 삼각비의 값을 읽는다.

각도	사인(sin)	코사인(cos)	탄젠트(tan)
⋮	⋮	⋮	⋮
37°	0.6018	0.7986	0.7536
38°	0.6157	0.7880	0.7813
39°	0.6293	0.7771	0.8098
⋮	⋮	⋮	⋮

⇨ ① $\sin 38^\circ=0.6157$

② $\cos 38^\circ=0.7780$

③ $\tan 38^\circ=0.7813$

← 삼각비의 표에 있는 값은 어림한 값이지만 등호를 사용하여 나타낸다.

[3-2 과정]

02 삼각비의 활용

1 삼각형의 변의 길이(★★) : 대수 삼각함수

핵심개념+핵심공식

(1) 직각삼각형에서 변의 길이

직각삼각형에서 한 변의 길이와 한 예각의 크기를 알면 삼각비를 이용하여 나머지 두 변의 길이를 구할 수 있다.

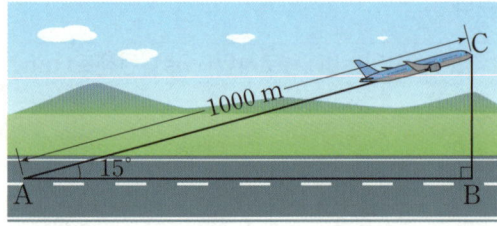

① $\angle A$의 크기와 빗변 AB의 길이 c를 알 때,

$a=c\sin A$, $b=c\cos A$

└ $\sin A=\frac{a}{c}$ └ $\cos A=\frac{b}{c}$ 이므로

② $\angle A$의 크기와 밑변 AC의 길이 b를 알 때,

$a=b\tan A$, $c=\frac{b}{\cos A}$

└ $\tan A=\frac{a}{b}$ └ $\cos A=\frac{b}{c}$

③ $\angle A$의 크기와 높이 BC의 길이 a를 알 때,

$c=\frac{a}{\sin A}$, $b=\frac{a}{\tan A}$

└ $\sin A=\frac{a}{c}$ └ $\tan A=\frac{a}{b}$ 이므로

(예1) 오른쪽 그림과 같이 비행기가 지면과 15°의 각을 이루면서 일정하게 1000m를 올라갔을 때, 이 비행기의 지면으로부터의 높이를 구하시오.
(단, $\sin 15°=0.2588$로 계산한다.)

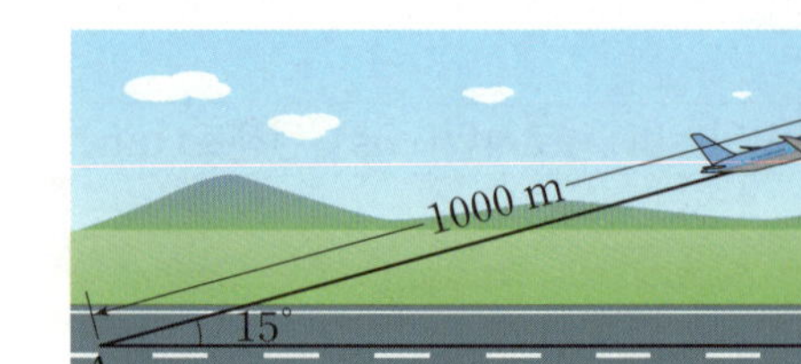

+풀이 비행기의 지면으로부터의 높이는 $\overline{BC}$이다. 삼각형 ABC에서

$$\sin 15°=\frac{\overline{BC}}{1000} \Rightarrow \overline{BC}=1000\sin 15° \Rightarrow \therefore \overline{BC}=1000\times 0.2588=258.8(\text{m})$$

(예2) 오른쪽 그림과 같이 재석이가 건물로부터 50m떨어진 지점에서 건물의 꼭대기 A지점을 올려다본 각의 크기가 40°이다. 재석이의 눈높이가 1.6m일 때, 건물의 높이를 반올림하여 소수점 아래 둘째 자리까지 구하시오.
(단, $\sin 40°=0.6428$, $\cos 40°=0.7660$, $\tan 40°=0.8391$ 중 하나를 이용하여 계산한다.)

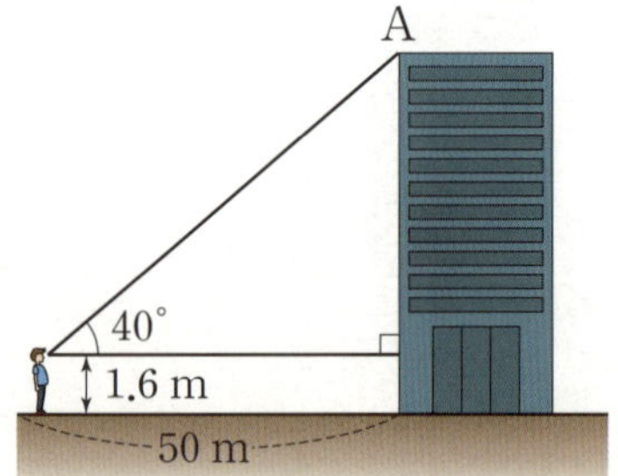

+풀이 그림의 삼각형에서 밑변의 길이는 50m이다. 밑변과 높이에 관한 삼각비는 tan이므로

$$\tan 40°=\frac{(\text{높이})}{50} \Rightarrow (\text{높이})=50\tan 40°=50\times 0.8391=41.955$$

따라서 건물의 높이는 $1.6+41.955=43.555 \Rightarrow \therefore 43.56\text{m}$

(2) 일반삼각형에서 변의 길이

① 삼각형 ABC에서 두 변의 길이 a, c와 그 끼인각 $\angle B$의 크기를 알 때,
꼭짓점 A에서 $\overline{BC}$에 내린 수선의 발을 H라 하면,
직각삼각형 ABH에서 $\overline{AH}=c\sin B$, $\overline{BH}=c\cos B$이므로

$$\overline{AC}=\sqrt{\overline{AH}^2+\overline{CH}^2}$$
$$=\sqrt{(c\sin B)^2+(a-c\cos B)^2}$$

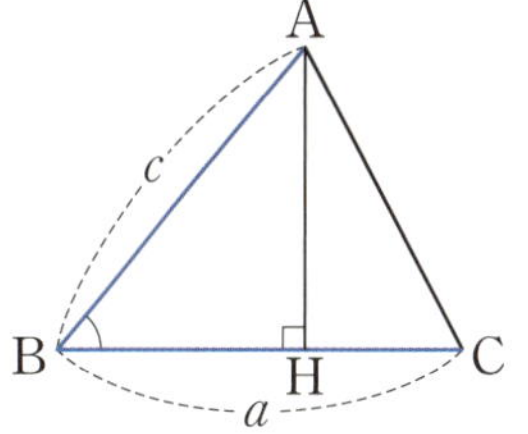

예1 다음 그림의 $\triangle ABC$에서 $\overline{BC}$의 길이를 구하시오.

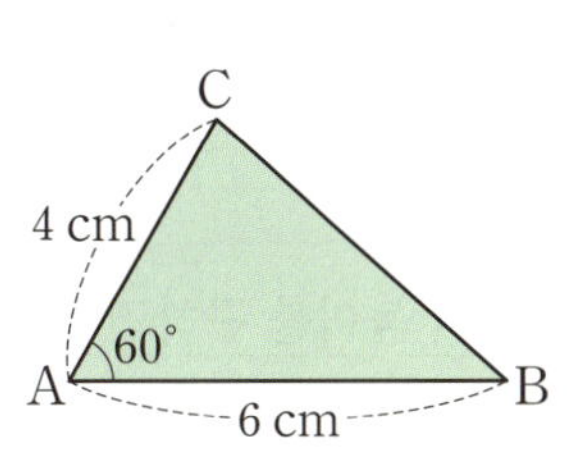

풀이 점 C에서 $\overline{AB}$에 내린 수선의 발을 H라고 하자.
직각삼각형 ACH에서
$\overline{CH}=4\sin 60°=2\sqrt{3}(\text{cm})$
$\overline{AH}=4\cos 60°=2(\text{cm})$
$\overline{BH}=6-2=4(\text{cm})$
직각삼각형 BHC에서 피타고라스의 정리를 이용하면,
$\overline{BC}^2=(2\sqrt{3})^2+(4)^2=28$
$\therefore \overline{BC}=2\sqrt{7}(\text{cm})$

예2 다음 그림의 $\triangle ABC$에서 $\overline{AC}$, $\overline{BC}$의 길이를 각각 구하시오

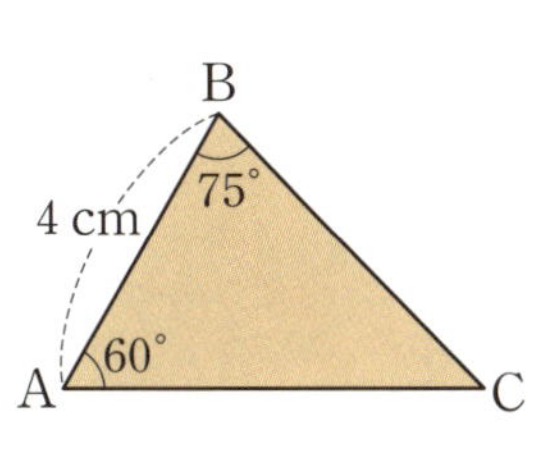

풀이 점 B에서 $\overline{AC}$에 내린 수선의 발을 H라고 하자.
직각삼각형 ABH에서
$\overline{BH}=4\sin 60°=2\sqrt{3}(\text{cm})$
$\overline{AH}=4\cos 60°=2(\text{cm})$
한편, $\angle C=180°-(60°+75°)=45°$이므로
$\triangle BHC$는 $\overline{BH}=\overline{CH}$인 직각이등변삼각형이다.
따라서 $\overline{CH}=2\sqrt{3}(\text{cm})$이므로
$\therefore \overline{AC}=2+2\sqrt{3}(\text{cm})$
직각삼각형 BHC에서 피타고라스의 정리를 이용하면,
$\overline{BC}^2=(2\sqrt{3})^2+(2\sqrt{3})^2=24 \Rightarrow \therefore \overline{BC}=2\sqrt{6}(\text{cm})$

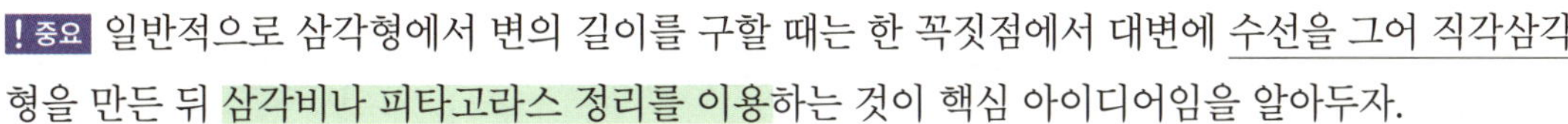

! 중요 일반적으로 삼각형에서 변의 길이를 구할 때는 한 꼭짓점에서 대변에 수선을 그어 직각삼각형을 만든 뒤 삼각비나 피타고라스 정리를 이용하는 것이 핵심 아이디어임을 알아두자.

꿀팁 위의 예2 의 가장 빠른 풀이 방법은 점 B에서 $\overline{AC}$에 수선의 발을 내린 후,
세 내각이 30°, 60°, 90°인 삼각형의 길이의 비를 이용하여 $\triangle ABH$의 세 변의 길이를 구하고,
세 내각이 45°, 45°, 90°인 삼각형의 길이의 비를 이용하여 $\triangle CBH$의 세 변의 길이를 구하는 것이다.

2 삼각형, 사각형의 넓이(★★) : 대수 삼각함수

핵심개념+핵심공식

(1) 삼각형의 넓이

삼각형 ABC에서 두 변의 길이 b, c와 그 끼인 각 ∠A의 크기를 알 때, 삼각형 ABC의 넓이를 S라 하면,

① ∠A가 예각일 때,	② ∠A가 둔각일 때,
$S=\frac{1}{2}bc\sin A$	$S=\frac{1}{2}bc\sin(180°-A)$

! 중요 삼각형의 넓이를 구할 때는 한 꼭짓점에서 대변에 수선을 그어 삼각형의 높이를 구하면 된다.

(예1) 다음 그림과 같은 삼각형 ABC의 넓이를 구하시오.

①

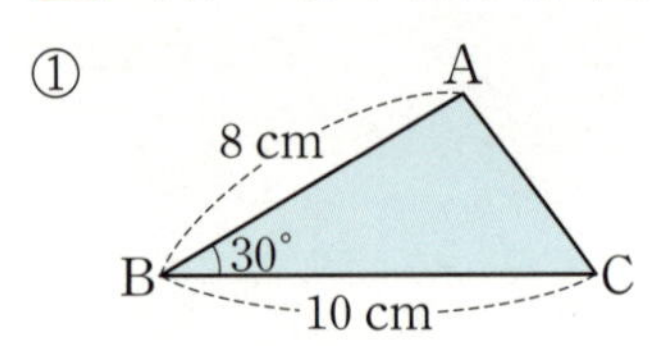

+풀이 $\frac{1}{2}\times8\times10\times\sin30°$

$=20(\text{cm}^2)$

②

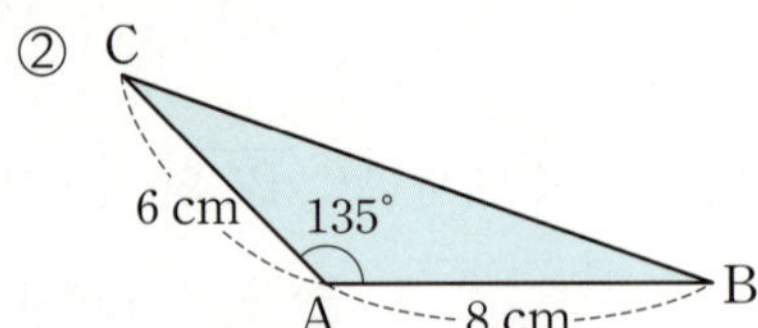

+풀이 $\frac{1}{2}\times8\times6\times\sin(180°-135°)$

$=12\sqrt{2}(\text{cm}^2)$

(예2) 다음 그림과 같은 □ABCD의 넓이를 구하시오. ⇨ 두 삼각형의 넓이의 합으로 구할 수 있다.

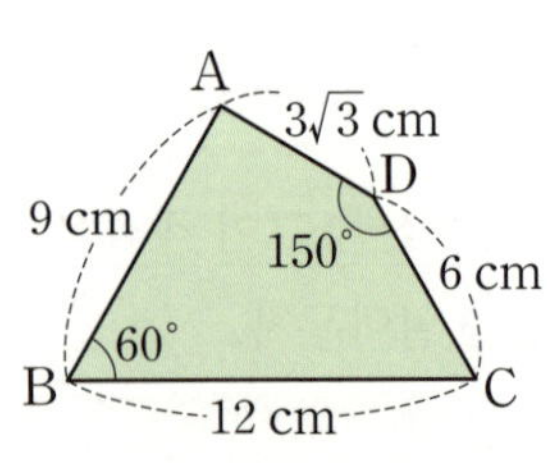

+풀이 오른쪽 그림과 같이 대각선 $\overline{AC}$를 그으면,

□ABCD=△ABC+△ADC

$\triangle ABC=\frac{1}{2}\times9\times12\times\sin60°$

$=27\sqrt{3}$

$\triangle ADC=\frac{1}{2}\times3\sqrt{3}\times6\times\sin(180°$

$-150°)=\frac{9}{2}\sqrt{3}$

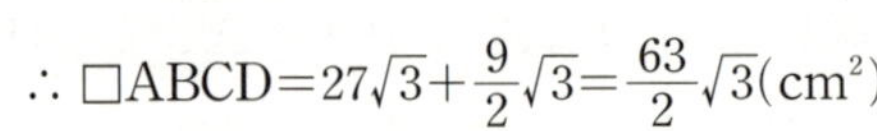

∴ $\square ABCD=27\sqrt{3}+\frac{9}{2}\sqrt{3}=\frac{63}{2}\sqrt{3}(\text{cm}^2)$

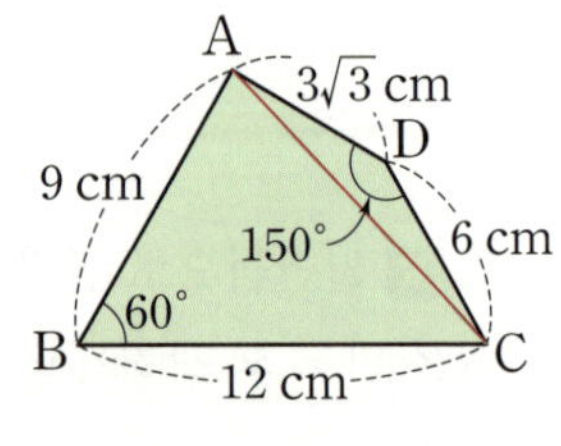

(2) 평행사변형의 넓이

평행사변형 ABCD의 이웃하는 두 변의 길이가 a, b이고 그 끼인각 $\angle$B의 크기를 알 때, 평행사변형 ABCD의 넓이를 S라 하면,

① $\angle$B가 예각일 때,	② $\angle$B가 둔각일 때,
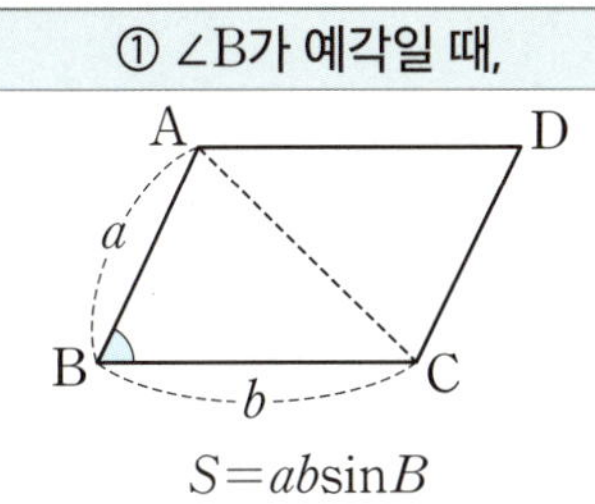 $S=ab\sin B$	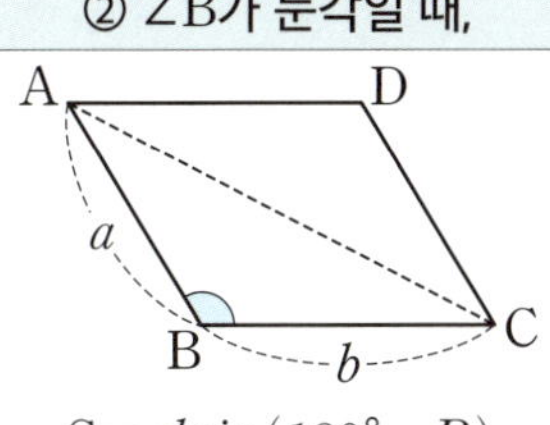 $S=ab\sin(180^\circ-B)$

← □ABCD=2×(△ABC)

예 다음 그림과 같은 □ABCD의 넓이를 구하시오.

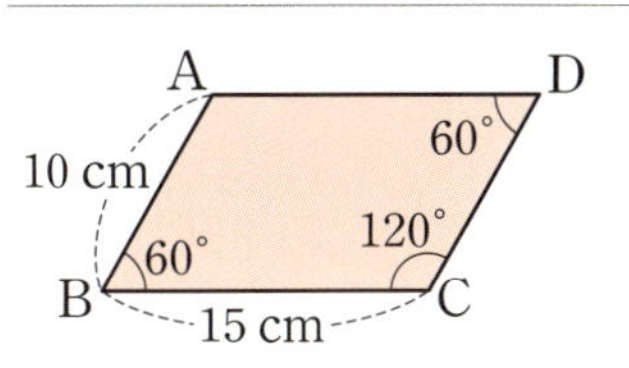

풀이 사각형이 내각의 총합은 360°이므로 $\angle A=120^\circ$이다. 따라서 □ABCD는 마주 보는 두 쌍의 대각의 크기가 각각 같으므로 평행사변형이다.

$\therefore$ □ABCD $=10\times15\times\sin60^\circ$

$=75\sqrt{3}(\text{cm}^2)$

확장개념+응용공식

(3) 일반 사각형의 넓이

사각형 ABCD의 두 대각선의 길이가 a, b와 두 대각선이 이루는 각의 크기 x를 알 때, 사각형 ABCD의 넓이를 S라 하면,

$$S=\frac{1}{2}ab\sin x$$

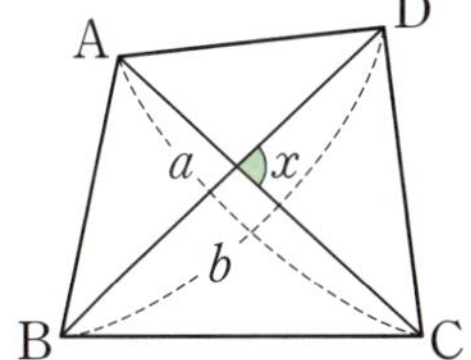

증명 오른쪽 그림과 같이 대각선과 평행하고 각 꼭짓점을 지나는 직선을 그어 평행사변형 EFGH를 만들면

$$\square ABCD=\frac{1}{2}\square EFGH$$

이때, □EFGH의 넓이는 $ab\sin x$이므로

$$\square ABCD=\frac{1}{2}ab\sin x$$

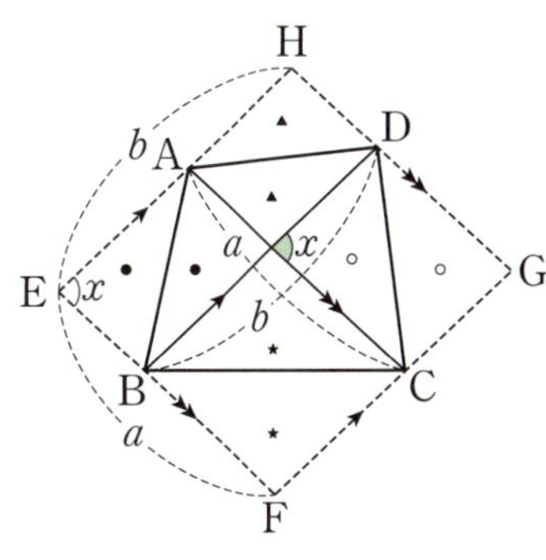

03 원과 직선

[3-2 과정]

1 원과 현(★)

핵심개념

(1) 원의 중심과 현의 수직이등분선

① 원의 중심에서 현에 내린 수선은 그 현을 이등분한다.
⇨ $\overline{AB}\perp\overline{OM}$이면 $\overline{AM}=\overline{BM}$

② 원에서 현의 수직이등분선은 그 원의 중심을 지난다.

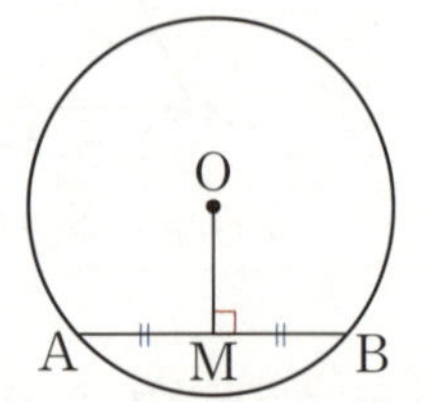

+증명 $\overline{OA}$, $\overline{OB}$를 그으면 $\triangle OAB$는 이등변삼각형이다. 이등변삼각형의 성질을 이용한다.

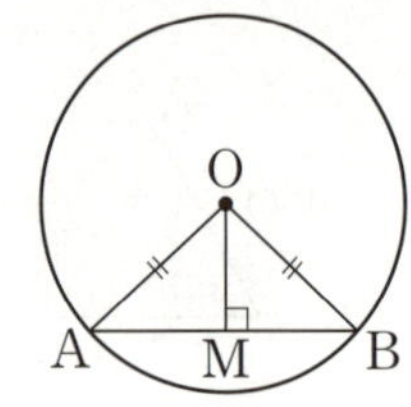

① 오른쪽 그림과 같이 $\overline{OA}$, $\overline{OB}$를 긋고, 원 O의 중심에서 현 AB에 내린 수선의 발을 M이라 하면,

$\overline{OA}=\overline{OB}$, $\overline{OM}$은 공통, $\angle OMA=\angle OMB=90°$

따라서 $\triangle OAM\equiv\triangle OBM$(RHS합동)이므로 $\overline{AM}=\overline{BM}$이다.

② 오른쪽 그림과 같이 $\overline{AB}$의 양 끝점으로부터 같은 거리에 있는 점은 $\overline{AB}$의 수직이등분선 위에 있다. 원의 중심 O는 현 AB의 양 끝점으로부터 같은 거리에 있으므로 현 AB의 수직이등분선 위에 있다. 따라서 현 AB의 수직이등분선은 원의 중심 O를 지난다.

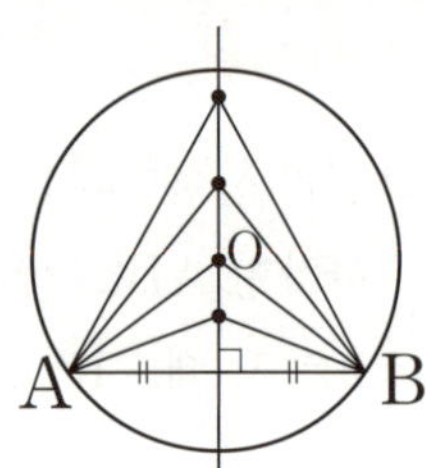

예1 다음 그림에서 x의 값을 구하시오.

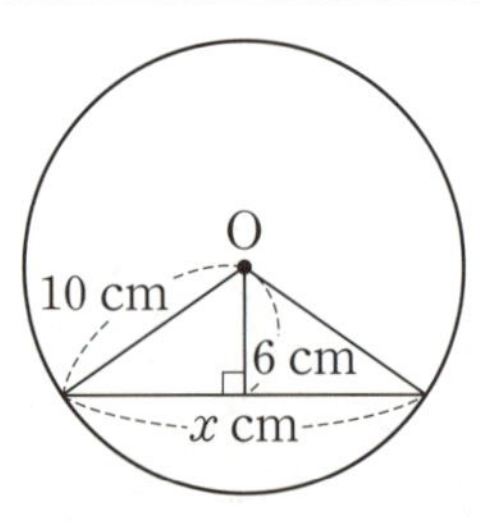

+풀이 직각삼각형 OAM에서

$\overline{AM}=\sqrt{10^2-6^2}=8$

원의 중심 O에서 현에 내린 수선의 발은 두 현을 수직이등분하므로

$\therefore x=2\overline{AM}=16$(cm)

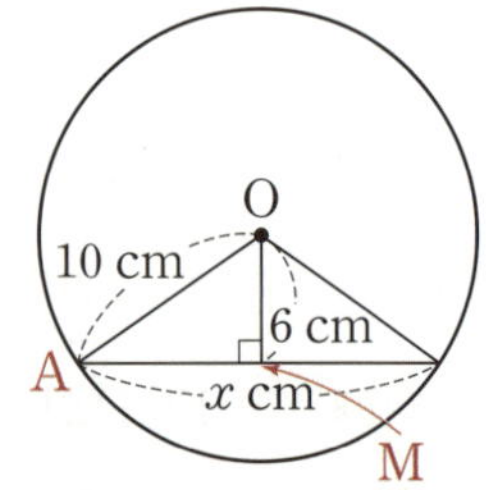

예2 다음 그림과 같이 원 위의 한 점이 원의 중심 O를 지나도록 접었다. $\overline{AB}=6\sqrt{3}$일 때, 원 O의 반지름의 길이를 구하시오.

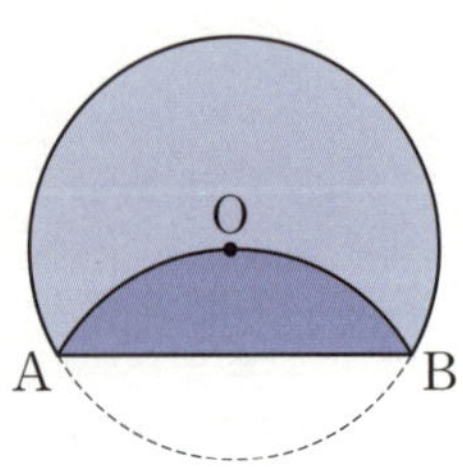

+풀이 원 O의 반지름을 x라고 하자.

점 O에서 $\overline{AB}$에 내린 수선의 발을 M이라고 하면, $\overline{OM}=\frac{x}{2}$, $\overline{AM}=3\sqrt{3}$이다.

직각삼각형 OAM에서

$(3\sqrt{3})^2+\left(\frac{x}{2}\right)^2=x^2 \Rightarrow \therefore x=6$

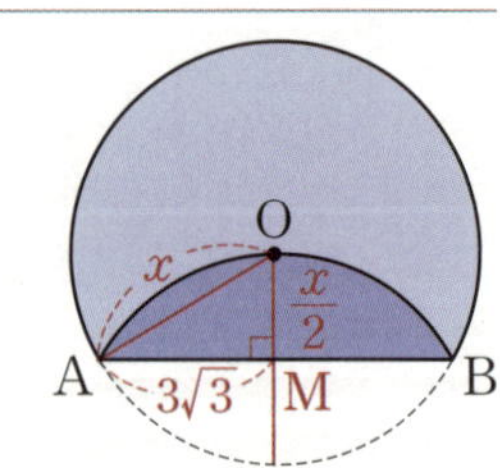

(2) 원의 중심과 현의 길이

① 한 원에서 중심으로부터 같은 거리에 있는 두 현의 길이는 서로 같다.
⇨ $\overline{OM}=\overline{ON}$이면 $\overline{AB}=\overline{CD}$

② 한 원에서 길이가 같은 두 현은 원의 중심으로부터 같은 거리에 있다.
⇨ $\overline{AB}=\overline{CD}$이면 $\overline{OM}=\overline{ON}$

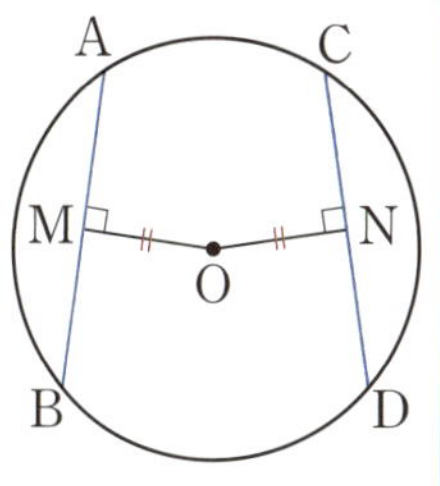

✦증명 원 위의 점과 중심을 연결하여 합동인 삼각형을 찾아보자.

① $\overline{OA}$, $\overline{OC}$를 그으면

$\overline{OA}=\overline{OC}$, $\overline{OM}=\overline{ON}$, $\angle OMA=\angle ONC=90°$

따라서 $\triangle OAM\equiv\triangle OCN$(RHS합동)이므로 $\overline{AM}=\overline{CN}$이고, $\overline{AB}=\overline{CD}$이다.

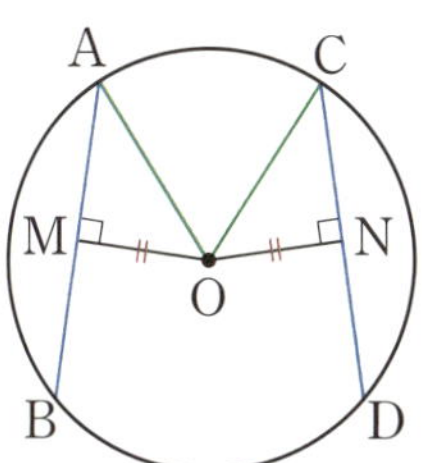

② ①에서와 비슷한 방법으로 $\overline{OA}$, $\overline{OC}$를 그으면

$\overline{OA}=\overline{OC}$, $\overline{AM}=\overline{CN}$, $\angle OMA=\angle ONC=90°$

따라서 $\triangle OAM\equiv\triangle OCN$(RHS합동)이므로 $\overline{OM}=\overline{ON}$이다.

✦꿀팁 **✦증명**에서와 같이 원 위의 점이 나오면 원의 중심과 연결해 보자. 연결하는 순간 반지름을 이용할 수 있는 힌트가 보일 것이다.

예1 다음 그림에서 x의 값을 구하시오.

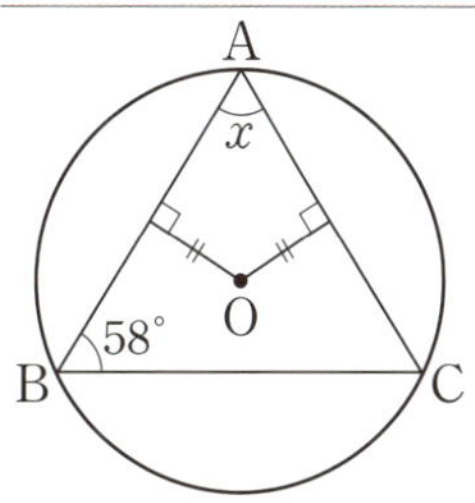

✦풀이 $\overline{AB}$와 $\overline{AC}$는 원의 중심에서 같은 거리만큼 떨어져 있으므로 $\overline{AB}=\overline{AC}$이다. 따라서 $\triangle ABC$는 이등변삼각형이므로 $\angle C=58°$이다.
$x+58°+58°=180°$이므로 $\therefore\ x=64°$

예2 다음 그림에서 $\overline{ON}$의 길이를 구하시오.

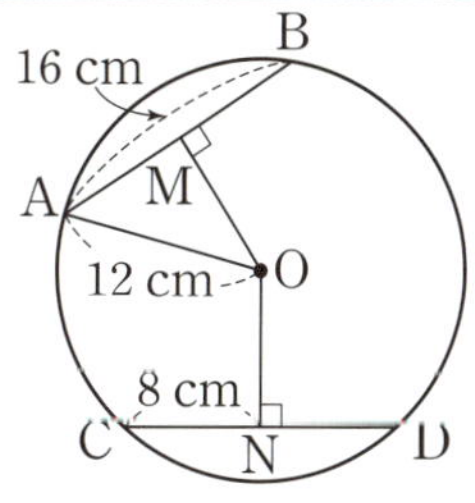

✦풀이 원의 중심에서 현에 내린 수선은 현을 이등분하므로
$\overline{CN}=\overline{DN}=8$(cm) 따라서 $\overline{CD}=16$(cm)
$\overline{AB}=\overline{CD}$이므로 $\overline{OM}=\overline{ON}$.
한편, $\triangle OAM$에서
$\overline{OM}=\sqrt{12^2-8^2}=4\sqrt{5}$
$\therefore\ \overline{ON}=4\sqrt{5}$(cm)

2 원의 접선(★)

핵심개념

(1) 원의 접선

원의 접선은 그 접점을 지나는 반지름과 수직이다.

⇨ $l \perp \overline{OA}$

! 중요 원의 접선에 대한 문제를 풀 때는

① 원의 중심과 접점을 연결하는 보조선을 그린 후,

② 직각 표시를 하면

문제를 해결하는 실마리를 찾는 데 많은 도움이 된다.

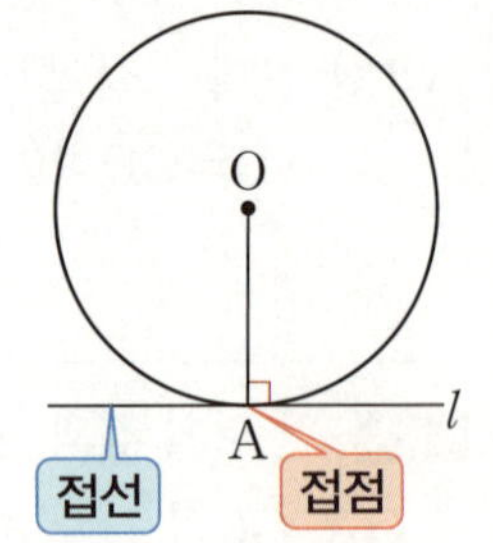

(2) 원 밖의 한 점에서 원에 그은 접선의 성질

① 원 밖의 한 점에서 그 원에 그을 수 있는 접선은 2개다.

② 원 밖의 한 점에서 그 원에 그은 두 접선의 길이는 같다.

⇨ $\overline{PA}=\overline{PB}$ ← 선분 OP를 그으면 △OPA≡△OPB이므로

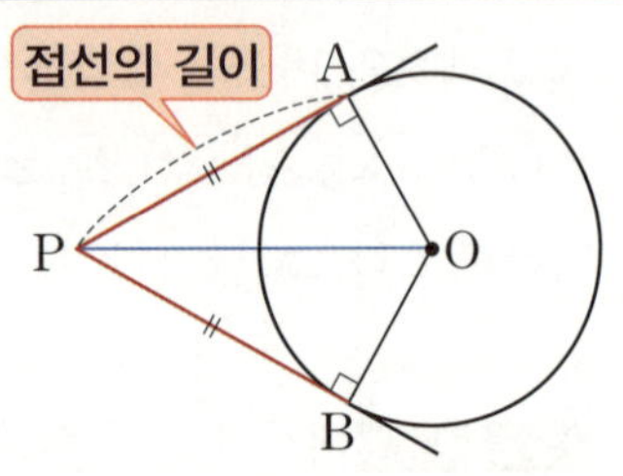

예1 다음 그림에서 두 점 A, B는 점 P에서 원 O에 그은 두 접선의 접점이다. x의 값을 구하시오.

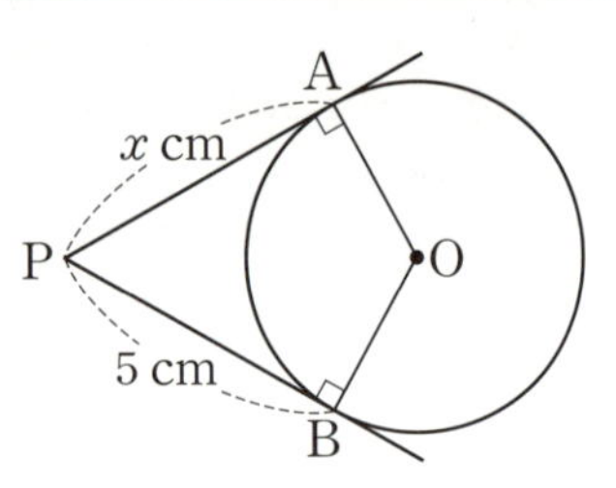

풀이 오른쪽 그림과 같이 $\overline{OP}$를 그으면

$\overline{OA}=\overline{OB}$, $\overline{OP}$는 공통

$\angle OAP=\angle OBP=90°$

⇨ △OPA≡△OPB(RHS합동)

따라서 $\overline{PA}=\overline{PB}$이므로 $x=5$

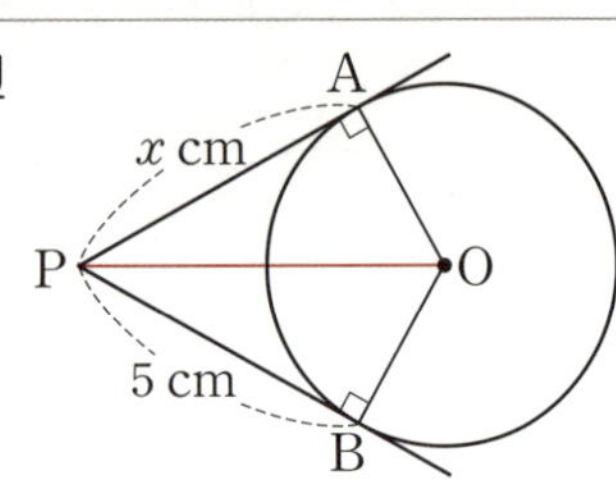

예2 다음 그림에서 두 점 A, B는 점 P에서 원 O에 그은 두 접선의 접점이다. 색칠한 부분의 넓이를 구하시오.

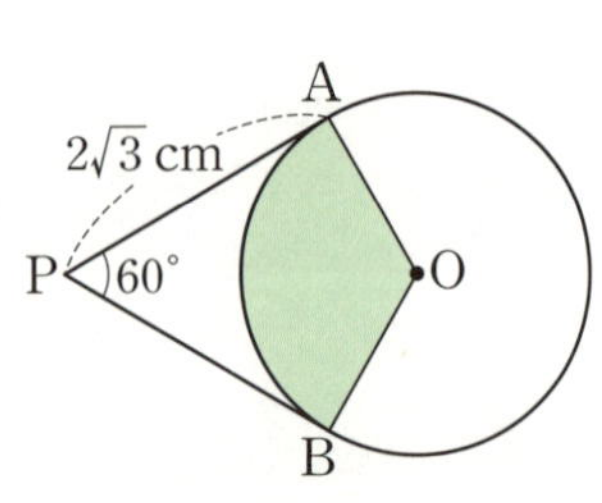

풀이 오른쪽 그림에서 $\overline{OA}\perp\overline{AP}$이다.

$\overline{OP}$를 그으면

$\angle APO=\angle BPO=30°$,

$\angle AOB=120°$

△APO에서 $\overline{OA}:\overline{AP}=1:\sqrt{3}$

$\Rightarrow \overline{OA}=2$

색칠한 부분은 부채꼴이므로

$\therefore$ (색칠한 부분의 넓이)$=\pi\times2^2\times\frac{120}{360}=\frac{4}{3}\pi$

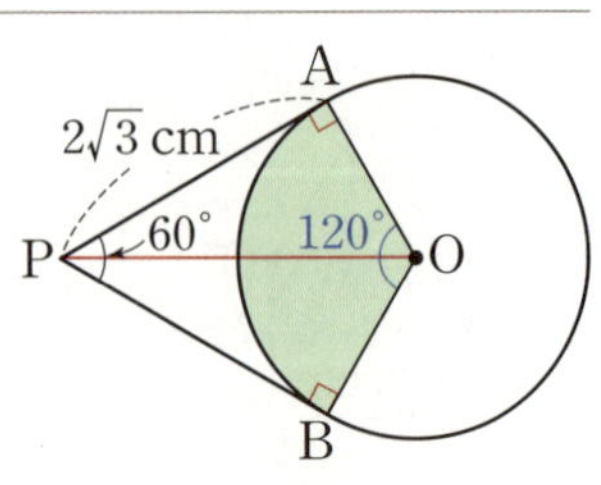

3 원의 접선의 성질 활용(★)

핵심개념+핵심공식

(1) 삼각형의 내접원

반지름의 길이가 r인 원 O가 △ABC의 내접원이고
세 점 D, E, F가 접점일 때,

① $\overline{AD}=\overline{AF}$, $\overline{BD}=\overline{BE}$, $\overline{CE}=\overline{CF}$ ← 접선의 성질

② (△ABC의 둘레의 길이) $=a+b+c$
$=2(x+y+z)$

③ $\triangle ABC=\frac{1}{2}r(a+b+c)$

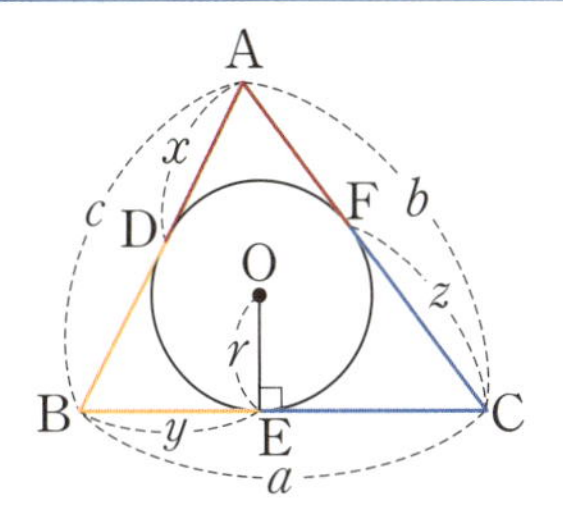

▶확인 삼각형의 내심에서 배웠던 내용이다.

예1 다음 그림에서 원 O가 △ABC의 내접원이고 세 점 D, E, F가 접점일 때, x의 값을 구하시오.

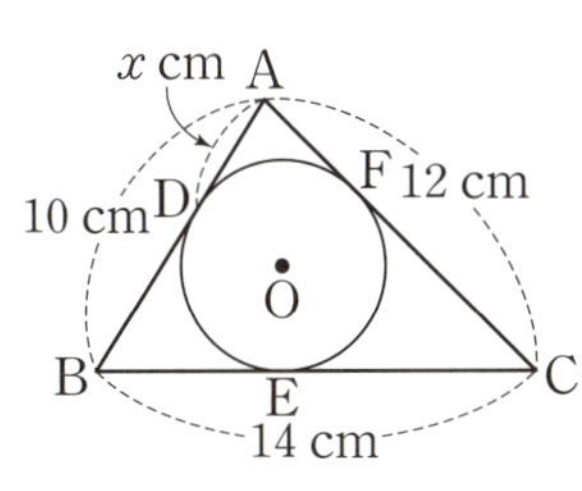

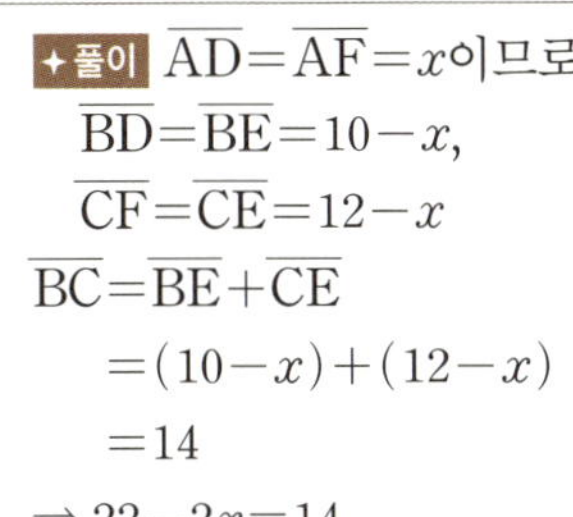

✦풀이 $\overline{AD}=\overline{AF}=x$이므로
$\overline{BD}=\overline{BE}=10-x$,
$\overline{CF}=\overline{CE}=12-x$
$\overline{BC}=\overline{BE}+\overline{CE}$
$=(10-x)+(12-x)$
$=14$
$\Rightarrow 22-2x=14$
$\Rightarrow \therefore x=4$

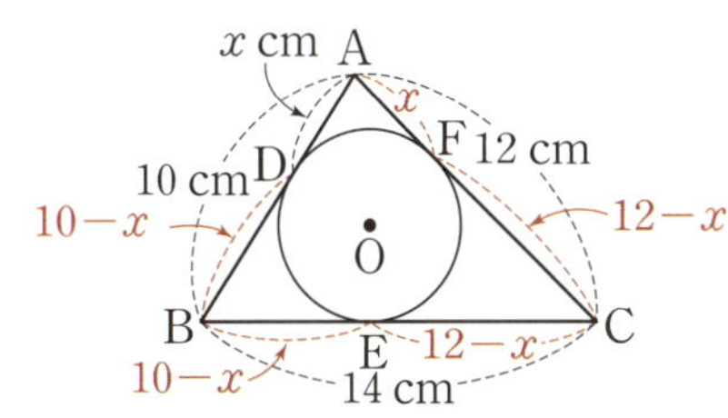

예2 다음 그림에서 원 O는 직각삼각형 ABC의 내접원이고, 세 점 D, E, F는 접점이다. 원 O의 반지름의 길이를 구하시오.

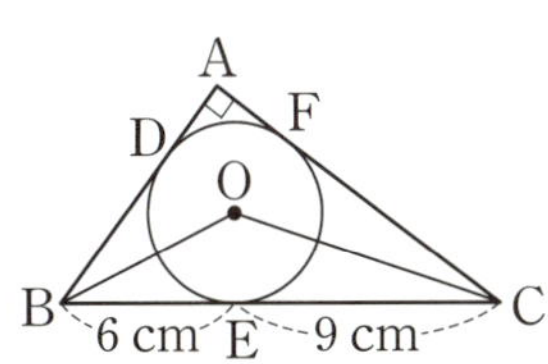

✦풀이 오른쪽 그림과 같이 원의 중심과 접점을 연결하자. 원의 반지름의 길이를 r이라 하면,
$\overline{OD}=\overline{OF}=r$이고,
$\angle A=\angle ODA=\angle OFA=90^\circ$이므로
□ODAF는 정사각형이다.
따라서 $\overline{AD}=\overline{AF}=r$이다.
한편, $\overline{BE}=\overline{BD}$, $\overline{CE}=\overline{CF}$이고 △ABC는 직각삼각형이므로
$(6+r)^2+(9+r)^2=15^2$ ← 피타고라스의 정리
$\Rightarrow 2r^2+30r-108=0 \Rightarrow r^2+15r-54=0$
$\Rightarrow (r+18)(r-3)=0$
$r>0$이므로 $\therefore r=3$

(2) 원에 외접하는 사각형

① 원에 외접하는 사각형의 대변의 길이의 합은 같다.

⇨ $\overline{AB}+\overline{CD}=\overline{AD}+\overline{BC}$

└ $\overline{AS}=\overline{AP}=a$, $\overline{BP}=\overline{BQ}=b$, $\overline{CQ}=\overline{CR}=c$, $\overline{DR}=\overline{DS}=d$라고 하면
$\overline{AB}+\overline{CD}=(a+b)+(c+d)$, $\overline{AD}+\overline{BC}=(a+d)+(b+c)$

② 대변의 길이의 합이 같은 사각형은 원에 외접한다.

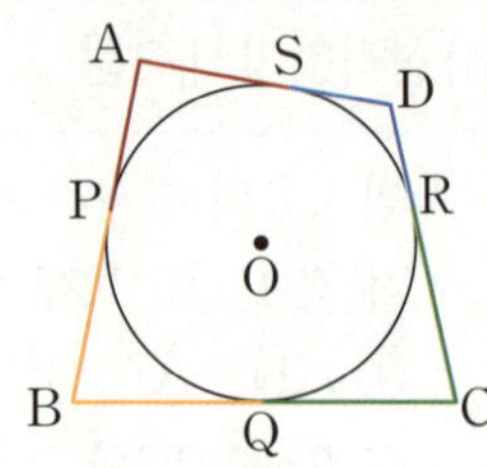

예1 다음 그림에서 사각형 ABCD는 원 O에 외접한다. $\overline{AP}$의 길이를 구하시오.

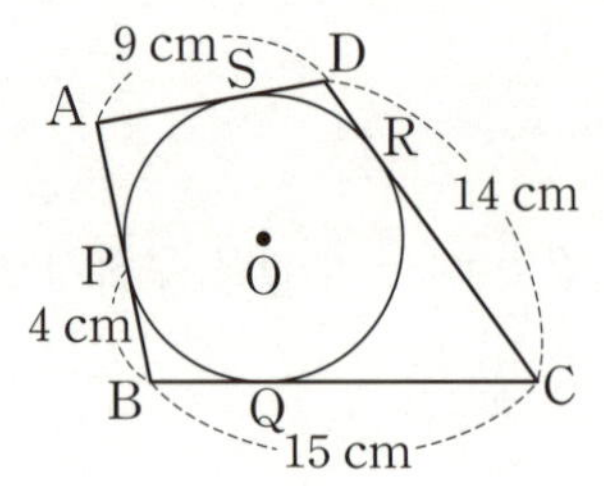

풀이 원에 외접하는 사각형에서 대변의 길이의 합은 같다.

$\overline{AB}+\overline{CD}=\overline{AD}+\overline{BC}$

이므로 $\overline{AP}=x$cm라고 하면,

$(x+4)+14=9+15 \Rightarrow \therefore\ x=6$

예2 다음 그림에서 사다리꼴 ABCD는 네 점 P, Q, R, S에서 원 O와 접한다. $\overline{AD}$의 길이를 구하시오.

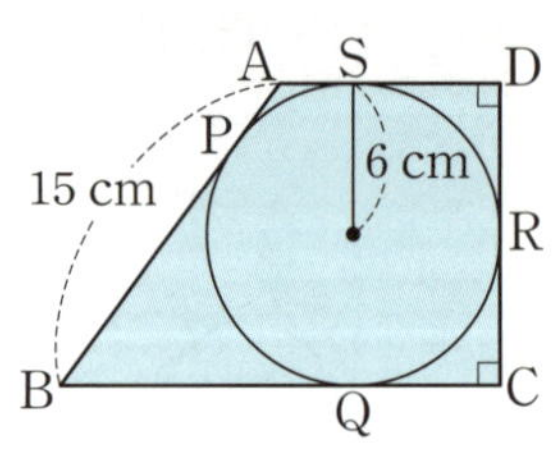

풀이 오른쪽 그림과 같이 점 B에서 $\overline{AD}$의 연장선에 내린 수선의 발을 H라고 하자.

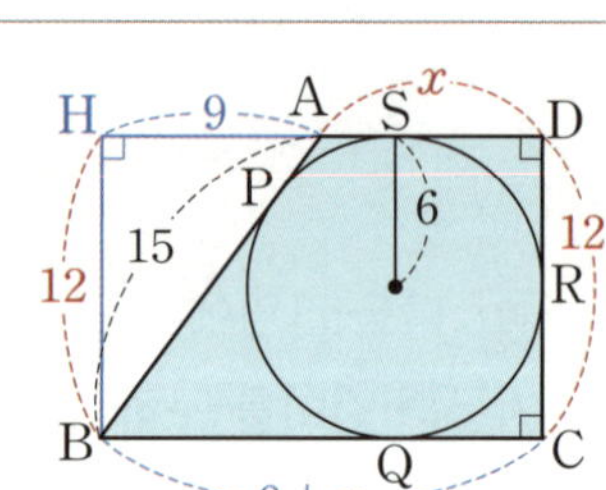

$\overline{CD}=\overline{BH}=12$ ← 원의 지름의 길이

이때, 직각삼각형 ABH에서

$\overline{AH}^2+12^2=15^2 \Rightarrow \overline{AH}=9$

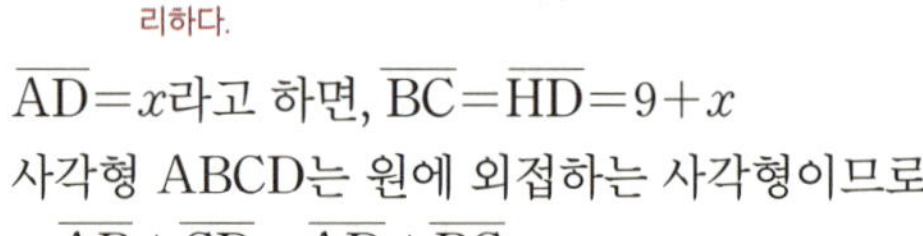

└ 피타고라스의 수(3:4:5=9:12:15)를 이용하면 편리하다.

$\overline{AD}=x$라고 하면, $\overline{BC}=\overline{HD}=9+x$

사각형 ABCD는 원에 외접하는 사각형이므로

$\overline{AB}+\overline{CD}=\overline{AD}+\overline{BC}$

$\Rightarrow 15+12=x+(9+x) \Rightarrow 2x=18 \Rightarrow x=9$

$\therefore\ \overline{AD}=9$

확장개념+응용공식

(3) 원의 접선의 성질 활용 1

오른쪽 그림과 같이 세 직선 AD, AE, BC가 원 O의 접선이고,
세 점 D, E, F가 접점일 때,

① $\overline{AE}=\overline{AD}$, $\overline{BD}=\overline{BF}$, $\overline{CE}=\overline{CF}$ ← 접선의 성질

② ($\triangle$ABC의 둘레의 길이)$=\overline{AB}+\overline{BF}+\overline{FC}+\overline{AC}$
$=(\overline{AB}+\overline{BD})+(\overline{CE}+\overline{AC})$
$=\overline{AD}+\overline{AE}=2\overline{AD}(=2\overline{AE})$

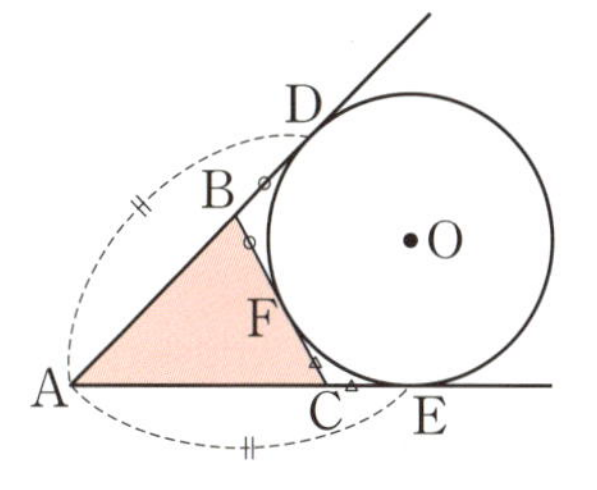

예 다음 그림에서 $\overline{PA}$, $\overline{PB}$, $\overline{CD}$는 원 O의 접선이고, A, B, E는 접점이다. $\overline{PD}$의 길이를 구하시오.

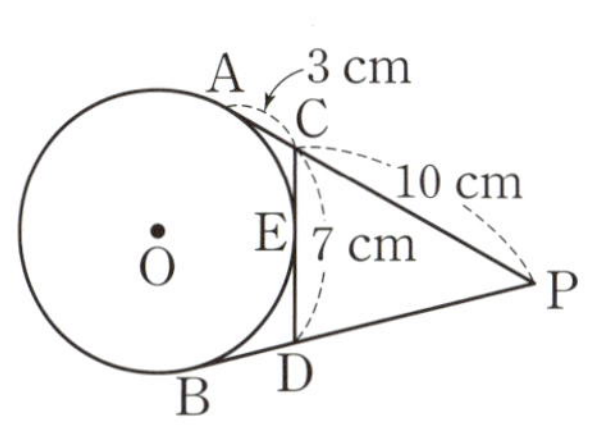

+풀이 오른쪽 그림에서

$\overline{CA}=\overline{CE}=3$(cm)

$\overline{DE}=\overline{CD}-\overline{CE}$
$=7-3=4$(cm)

$\overline{DE}=\overline{DB}=4$(cm)

한편, $\overline{AP}=\overline{BP}$이므로 $\overline{BP}=13$

$\therefore$ $\overline{PD}=\overline{BP}-\overline{BD}=13-4=9$(cm)

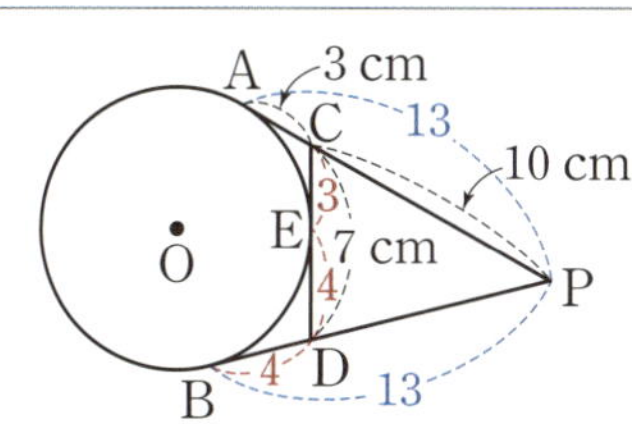

(4) 원의 접선의 성질 활용 2

오른쪽 그림과 같이 반원 O위의 한 점 E에서 그은 접선과 지름 BC의 양 끝점에서 그은 접선의 교점을 각각 A, D라 하고, 점 A에서 $\overline{CD}$에 내린 수선의 발을 H라 하자.

$\overline{AB}=a$, $\overline{CD}=b$라고 하면,

① $\overline{AB}=\overline{AE}=a$, $\overline{CD}=\overline{DE}=b$

② $\overline{BC}=\sqrt{(a+b)^2-(b-a)^2}$ ← 직각삼각형 ADH에서 피타고라스 정리 이용

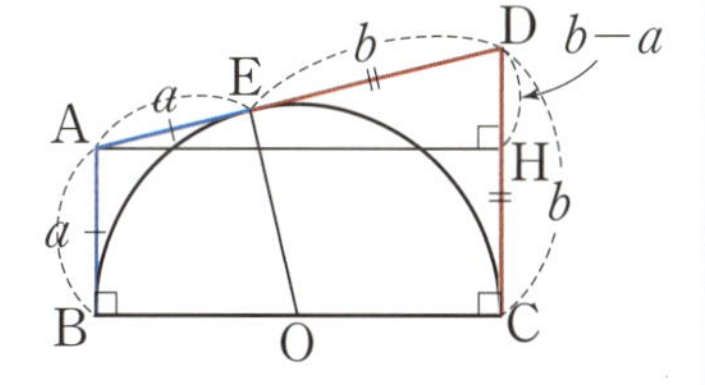

예 다음 그림에서 $\overline{AB}$는 원 O의 지름이고 $\overline{AD}$, $\overline{BC}$, $\overline{CD}$는 원 O의 접선이다. $\overline{AB}$의 길이를 구하시오.

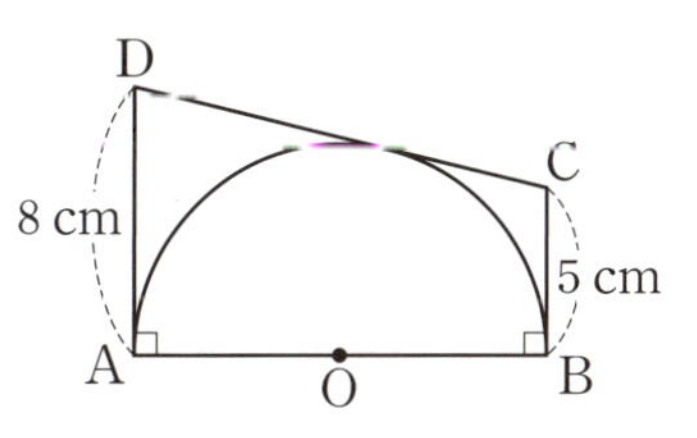

+풀이 오른쪽 그림에서 $\overline{CD}$와 원의 접점을 E, 점 C에서 $\overline{AD}$에 내린 수선의 발을 H라고 하면,

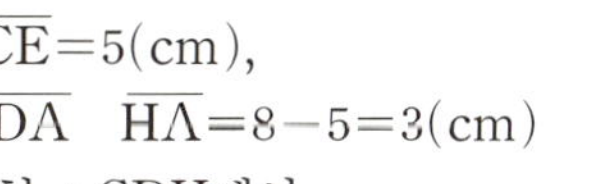

$\overline{DA}=\overline{DE}=8$(cm),

$\overline{CB}=\overline{CE}=5$(cm),

$\overline{DH}=\overline{DA}$ $\overline{HA}=8-5=3$(cm)

직각삼각형 $\triangle$CDH에서

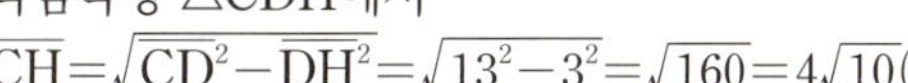

$\overline{CH}=\sqrt{\overline{CD}^2-\overline{DH}^2}=\sqrt{13^2-3^2}=\sqrt{160}=4\sqrt{10}$(cm)

$\therefore$ $\overline{AB}=4\sqrt{10}$(cm)

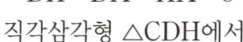

[3-2 과정]

04 원주각

1 원주각(★)

핵심개념

(1) 원주각

원 O에서 호 AB 위에 있지 않은 원 위의 점 P에 대하여
① 각 APB를 호 AB에 대한 원주각이라 하고,
② 호 AB를 원주각 APB에 대한 호라 한다.

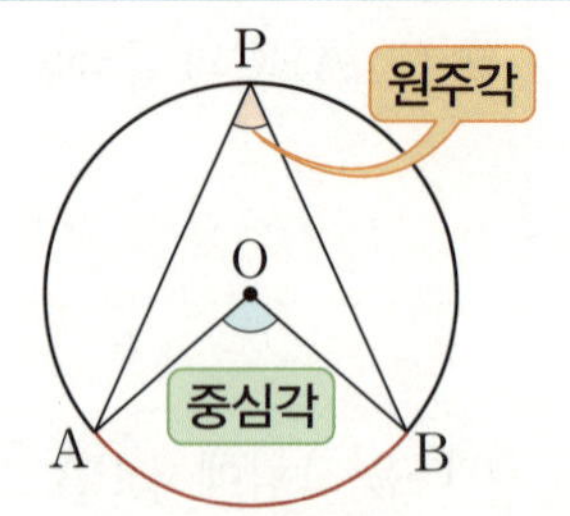

! 주의 호 AB에 대한 중심각은 ∠AOB하나로 정해지지만, 그 호에 대한 원주각 ∠APB는 점 P의 위치에 따라 무수히 많이 그릴 수 있다.

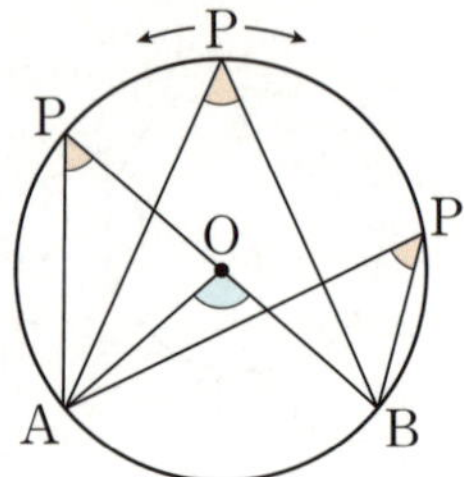

(2) 원주각과 중심각의 크기

① 한 원에서 한 호에 대한 원주각의 크기는 그 호에 대한 중심각의 크기의 $\frac{1}{2}$이다.

⇨ $\angle APB=\frac{1}{2}\angle AOB$ ← 점 O는 △PAB, △QAB의 외심이다.

② 한 원에서 한 호에 대한 원주각의 크기는 모두 같다.

⇨ $\angle APB=\angle AQB=\frac{1}{2}\angle AOB$

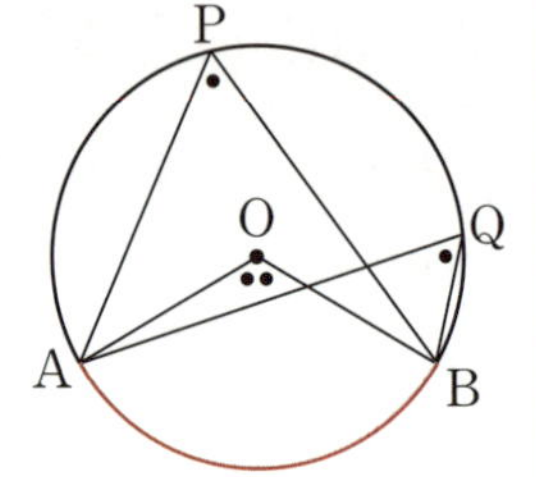

+증명 중심 O가 ∠APB의 내부에 있는 경우에 대해 증명해 보자.
오른쪽 그림과 같이 직선 PO를 그으면 △OPA, △OPB는 모두 이등변삼각형이다.

$\angle AOQ=2\angle APO$, $\angle BOQ=2\angle BPO$ ← 삼각형의 외각

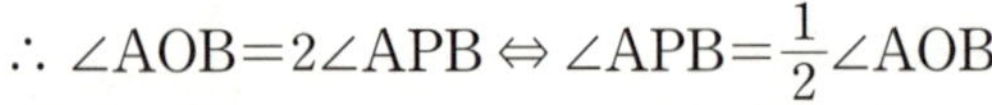

$\therefore \angle AOB=2\angle APB \Leftrightarrow \angle APB=\frac{1}{2}\angle AOB$

▶확인 삼각형의 외심에서 배웠던 내용과 비슷하다.

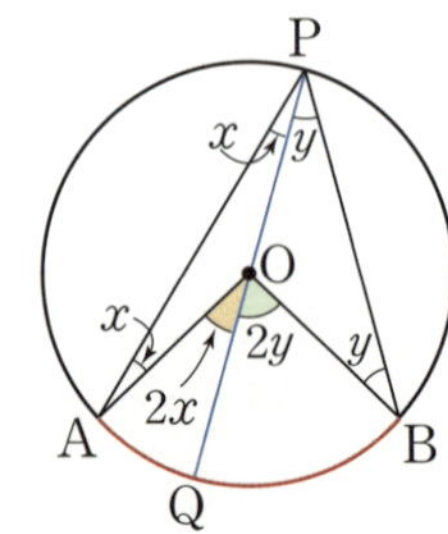

③ 반원에 대한 원주각의 크기는 90°이다.
⇨ 선분 AB가 원 O의 지름이면 ∠APB=90°이다.

▶확인 원에 내접하는 직각삼각형의 빗변은 원의 지름이다.
(삼각형의 외심에서 배웠던 내용과 비슷하다.)

⇨ 많이 출제되는 내용이므로 오른쪽과 같이 그림을 직접 그려가면서 외워 두도록 하자.

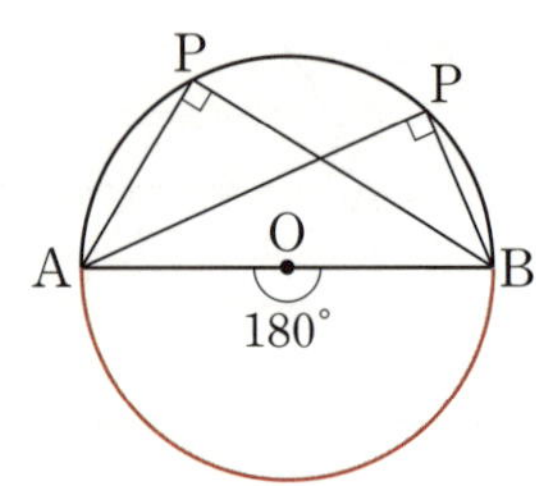

 다음 그림에서 $\angle x$의 크기를 구하시오.

① 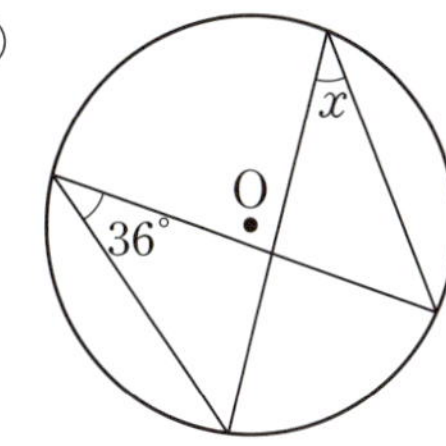

② 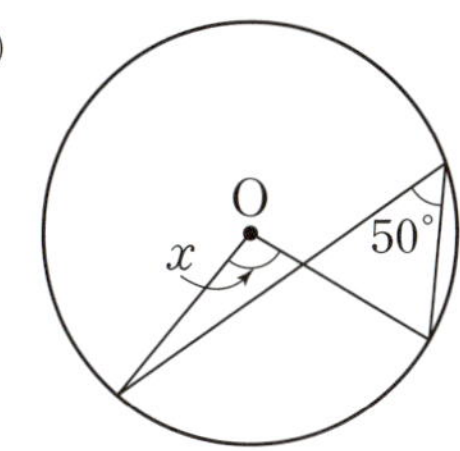

③ 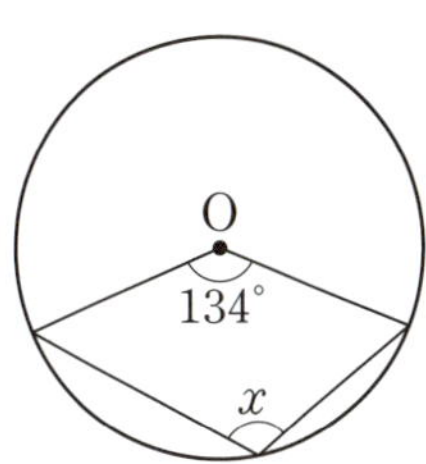

+풀이 ① 한 호에 대한 원주각의 크기는 같으므로 $x=36°$

② 원주각이 $50°$이므로 같은 호에 대한 중심각의 크기 $x=100°$

③ 오른쪽 그림과 같이 원주각이 x인 호에 대한 중심각의 크기는 $2x$이다. 따라서

$2x+134°=360° \Rightarrow x=113°$

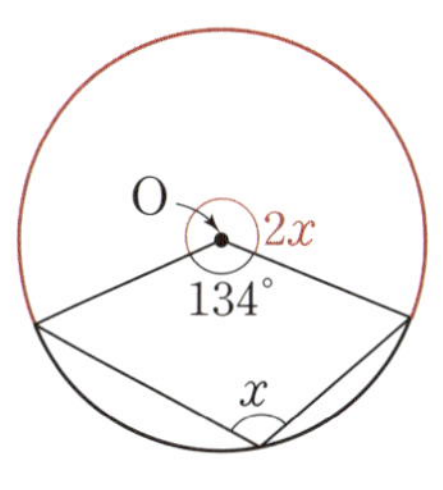

예2 다음 그림에서 $\angle x$의 크기를 구하시오.

① 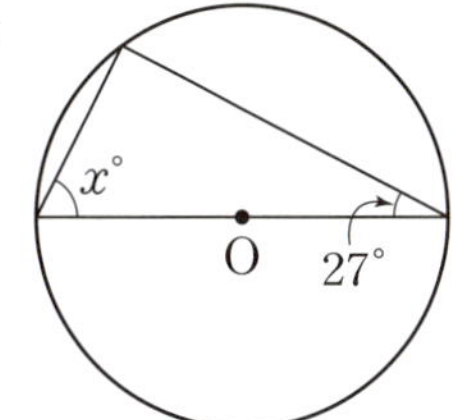

② 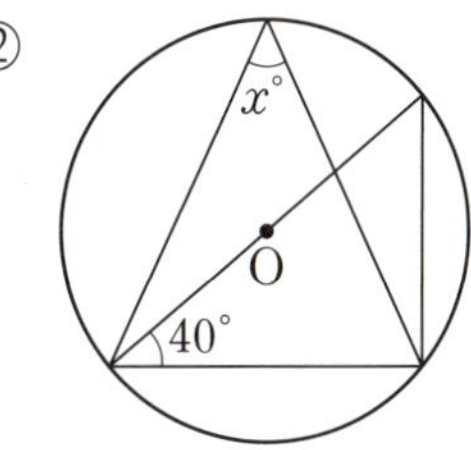

+풀이 ① 반원에 대한 원주각은 $90°$이다. 따라서 $x+27=90 \Rightarrow x=63$

② 오른쪽 그림과 같이 네 점 A, B, P, Q를 잡으면

$\angle APB=\angle AQB$ ← 호 AB에 대한 원주각

이때, $\overline{AQ}$는 지름이므로 $\angle ABQ=90°$이다. $\triangle ABQ$에서

$40°+x°+90°=180° \Rightarrow x=50$

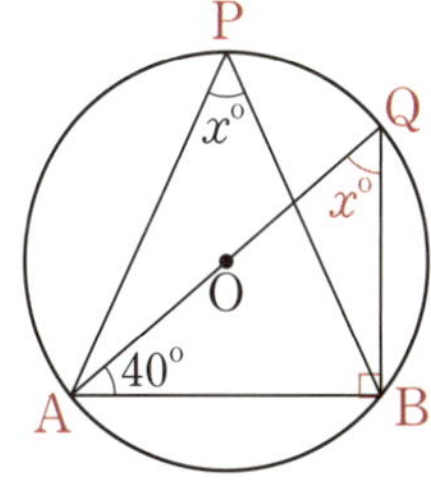

예3 다음 그림에서 $\angle x$의 크기를 구하시오.

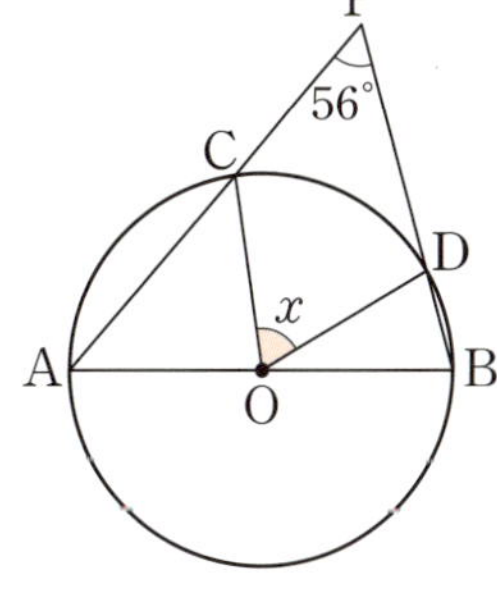

+풀이 오른쪽 그림과 같이 보조선 $\overline{AD}$를 긋자.

$\angle CAD$는 호 CD의 원주각이므로

$\angle CAD=\frac{1}{2}\angle COD=\frac{1}{2}x$

이때, $\overline{AB}$는 원 O의 지름이므로

$\angle ADB=90°$

$\triangle PAD$에서 $\frac{1}{2}x+56°+90°=180°$

$\therefore x=68°$

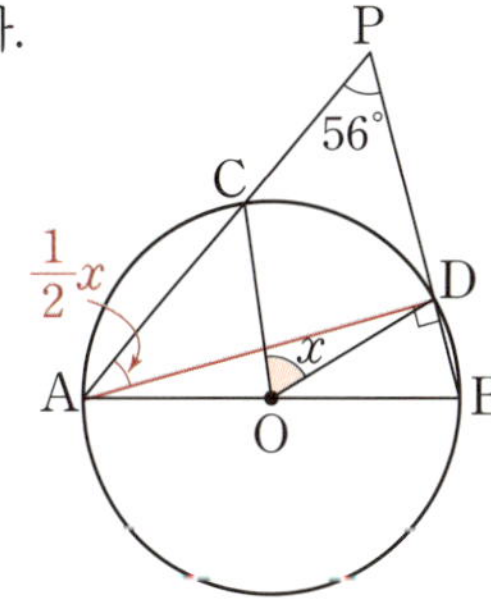

핵심개념

(3) 원주각의 크기와 호의 길이

한 원 또는 합동인 두 원에서

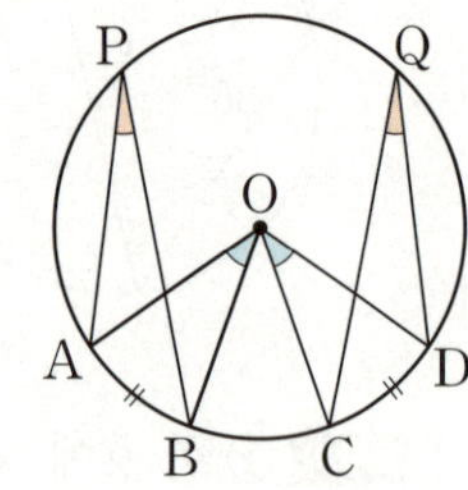

① 길이가 같은 호에 대한 원주각의 크기는 서로 같다.

⇨ $\widehat{AB}=\widehat{CD}$이면 $\angle APB=\angle CQD$

└ $\angle AOB=\angle COD$이므로 $\angle APB=\angle CQD=\frac{1}{2}\angle AOB$

② 크기가 같은 원주각에 대한 호의 길이는 서로 같다.

⇨ $\angle APB=\angle CQD$이면 $\widehat{AB}=\widehat{CD}$

③ 호의 길이는 그 호에 대한 원주각의 크기에 정비례한다.

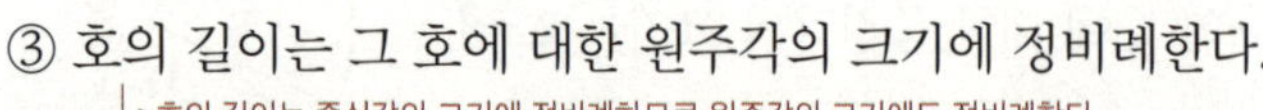

└ 호의 길이는 중심각의 크기에 정비례하므로 원주각의 크기에도 정비례한다.

! 주의 현의 길이는 원주각의 크기에 정비례하지 않는다.

예1 다음 그림에서 $\angle x$의 크기를 구하시오.

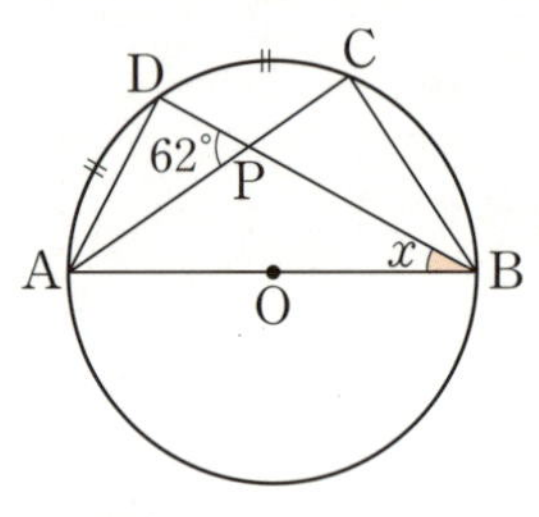

+풀이 $\widehat{AD}=\widehat{CD}$이므로

$\angle ABD=\angle CBD$

$\overline{AB}$는 원 O의 지름이므로

$\angle ACB=90°$

또한, $\angle APD=\angle BPC$ ← 맞꼭지각

$\triangle BPC$에서 $x+62°+90°=180°$

$\therefore x=28°$

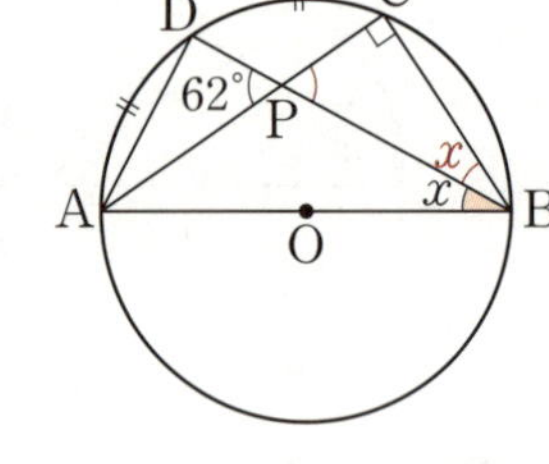

예2 다음 그림의 원 O에서 $\widehat{AB}=3\text{cm}$, $\widehat{BC}=9\text{cm}$이고, $\angle BOC=120°$이다. $\angle x$의 크기를 구하시오.

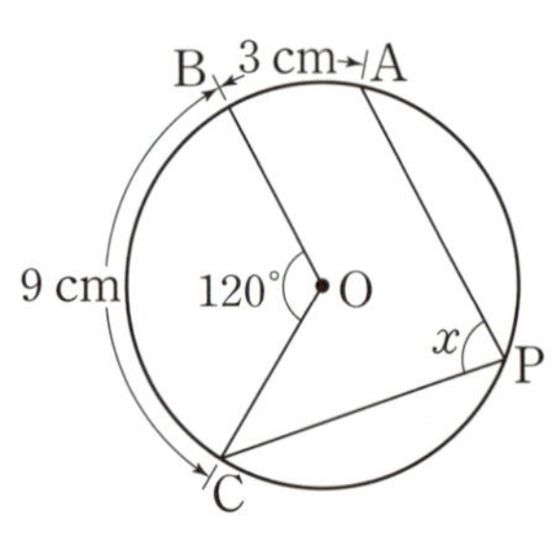

+풀이 오른쪽 그림과 같이 $\overline{OA}$를 긋자.

이때, $\widehat{AB}:\widehat{BC}=1:3$이므로

$\angle AOB:\angle BOC=1:3$

$\Rightarrow \angle AOB=40°$

$\angle APC$는 $\widehat{ABC}$의 원주각이므로

$\angle APC=\frac{1}{2}\angle AOC=\frac{1}{2}\times 160°=80°$

$\therefore x=80°$

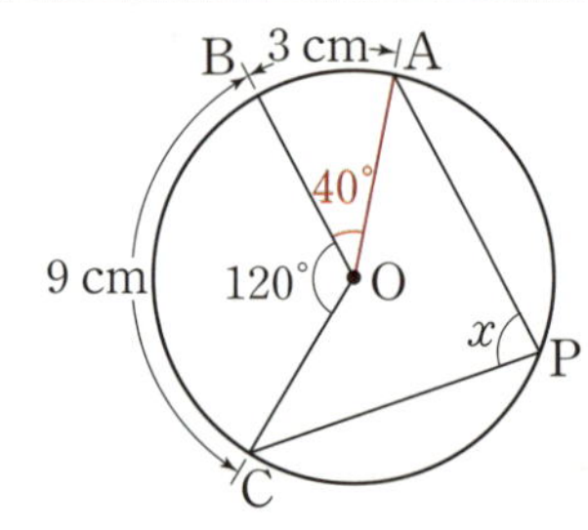

확장개념+응용공식

(4) 원에 내접하는 삼각형과 원주각

① 원주각의 크기와 호의 길이

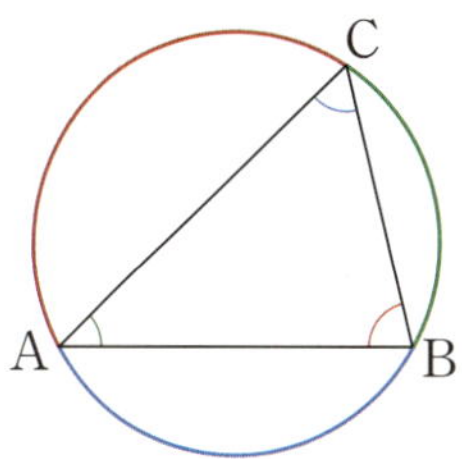

원에 내접하는 삼각형 ABC에서 세 호 $\overset{\frown}{AB}$, $\overset{\frown}{BC}$, $\overset{\frown}{CA}$에 대한 중심각의 크기의 합은 360°이므로 원주각의 합은 180°이다. 원주각의 크기는 호의 길이에 정비례하므로

$$\angle A=180^\circ\times\frac{\overset{\frown}{BC}}{(\text{원의 둘레})}$$

$$\angle B=180^\circ\times\frac{\overset{\frown}{CA}}{(\text{원의 둘레})}$$

$$\angle C=180^\circ\times\frac{\overset{\frown}{AB}}{(\text{원의 둘레})}$$

예 다음 그림에서 $\overset{\frown}{AB}:\overset{\frown}{BC}:\overset{\frown}{CA}=3:4:5$이다. $a+c-b$의 값을 구하시오.

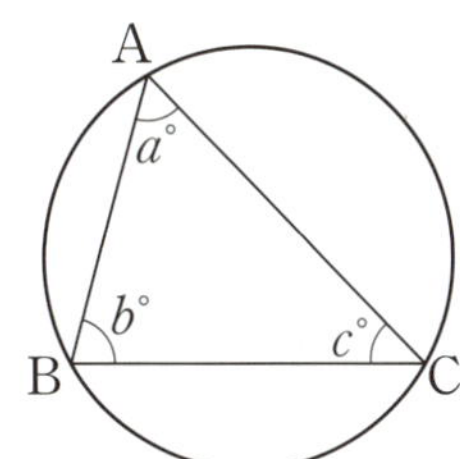

+풀이 호의 길이는 원주각의 크기에 정비례하므로

$\overset{\frown}{AB}:\overset{\frown}{BC}:\overset{\frown}{CA}=c:a:b=3:4:5$

△ABC에서

$$\angle A=180^\circ\times\frac{4}{3+4+5}=60^\circ$$

$$\angle B=180^\circ\times\frac{5}{3+4+5}=75^\circ$$

$$\angle C=180^\circ\times\frac{3}{3+4+5}=45^\circ$$

$\therefore a+c-b=60+45-75=30$

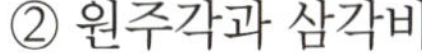

② 원주각과 삼각비

삼각형 ABC의 외접원의 반지름을 R이라고 할 때,

$$\sin A=\frac{a}{2R}$$

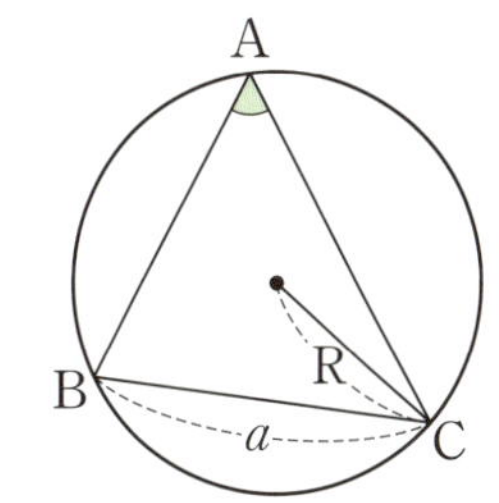

+증명 오른쪽 그림과 같이 원의 중심을 지나는 직선 BO와 원의 교점을 A′이라 하면,

$\angle BAC=\angle BA'C$ ← 원주각의 성질

이때, △A′BC는 직각삼각형이므로

$$\therefore \sin A=\sin x=\frac{a}{2R}$$

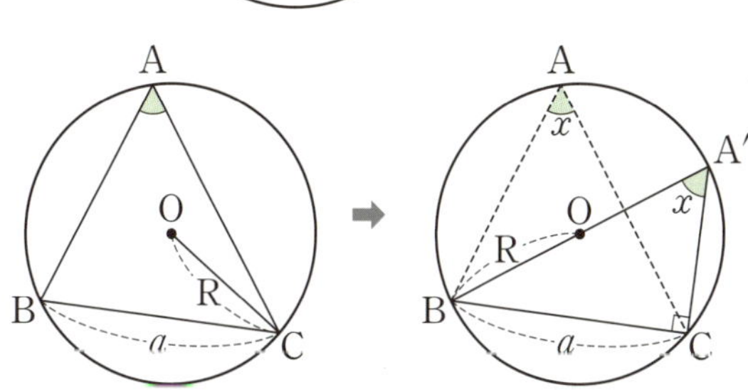

2 원주각의 활용(★)

핵심개념+핵심공식

(1) 네 점이 한 원 위에 있을 조건 ⇨ 도깨비 뿔 모양

두 점 C, D가 직선 AB에 대하여 같은 쪽에 있을 때,
$\angle ACB=\angle ADB$이면 네 점 A, B, C, D는 한 원 위에 있다.
(사각형 ABCD는 원에 내접한다.)

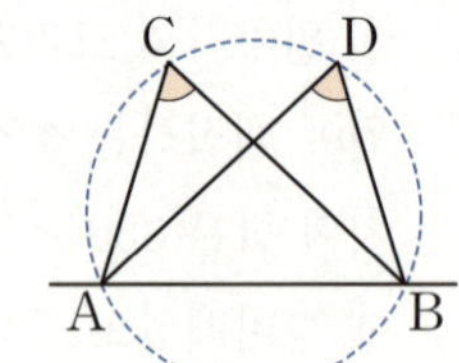

예) 다음 그림에서 $\angle ADB=\angle ACB$일 때, $\angle x$의 크기를 구하시오.

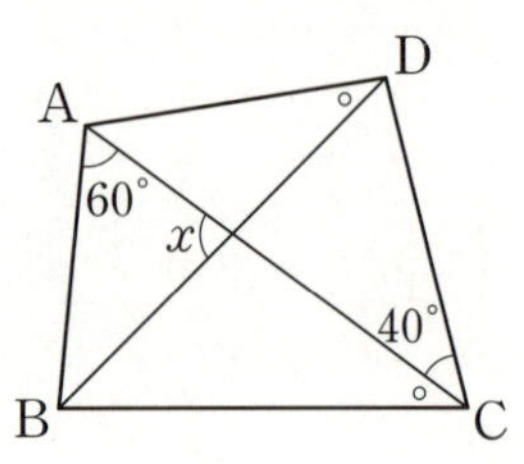

풀이 $\angle ADB=\angle ACB$이므로 네 점 A, B, C, D는 한 원 위에 있다.
오른쪽 그림과 같이 보조원을 그리면
$\angle ACD=\angle ABD$
그림에서 $60°+40°+x°=180°$이므로
$\therefore x=80$

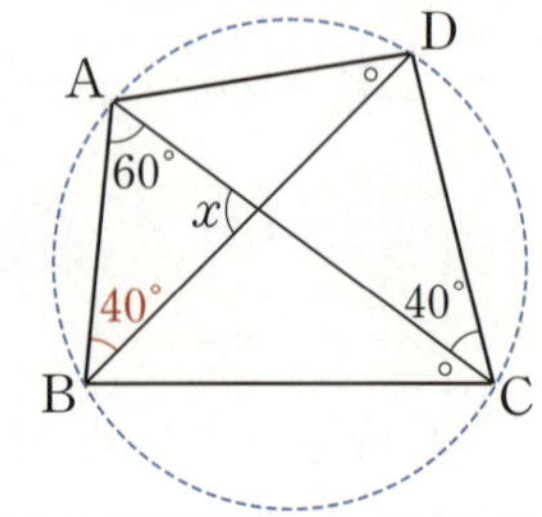

(2) 원에 내접하는 사각형의 성질 ⇨ 마주보는 각의 합

① 원에 내접하는 한 쌍의 대각의 크기의 합은 180°이다. ⇨ $\angle A+\angle C=180°$, $\angle B+\angle D=180°$	② 원에 내접하는 사각형의 한 외각의 크기는 그 내대각의 크기와 같다. ⇨ $\angle DCE=\angle A$ └ 한 외각에 이웃한 내각의 대각
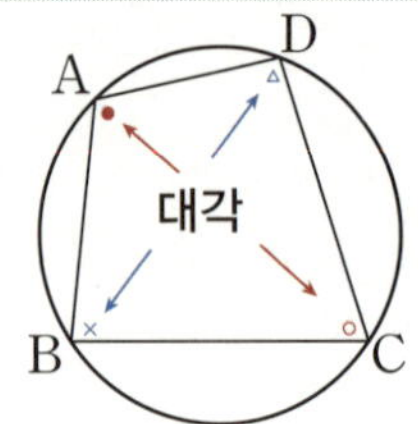	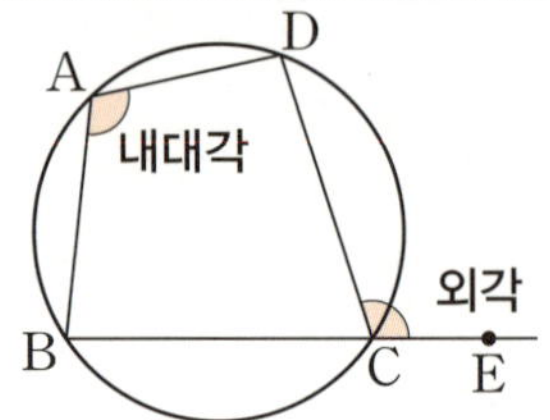

증명 오른쪽 그림과 같이 원 O에 내접하는 □ABCD에서 호 BCD와 호 BAD에 대한 중심각의 크기를 각각 $2a$, $2b$라고 하면
$\angle BAD=a$, $\angle BCD=b$
이때, $2a+2b=360°$이므로 $\angle A+\angle C=a+b=180°$
마찬가지로 $\angle B+\angle D=180°$이다. 따라서 원에 내접하는 사각형에서 한 쌍의 대각의 크기의 합은 180°이다.

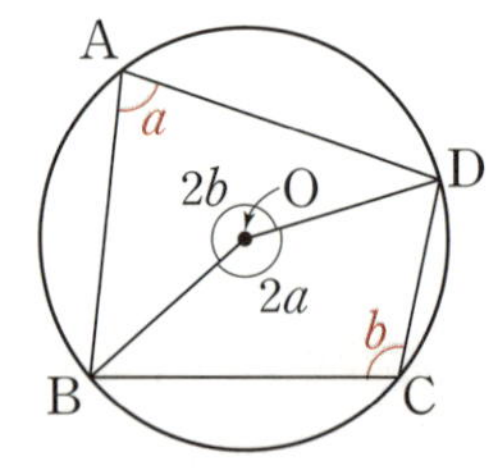

(3) 사각형이 원에 내접하기 위한 조건

① 한 쌍의 대각의 크기의 합은 180°인 사각형은 원에 내접한다.	② 한 외각의 크기와 그 내대각의 크기가 같은 사각형은 원에 내접한다.
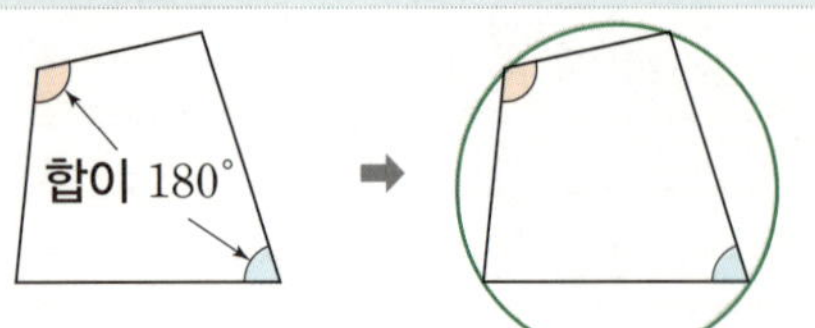	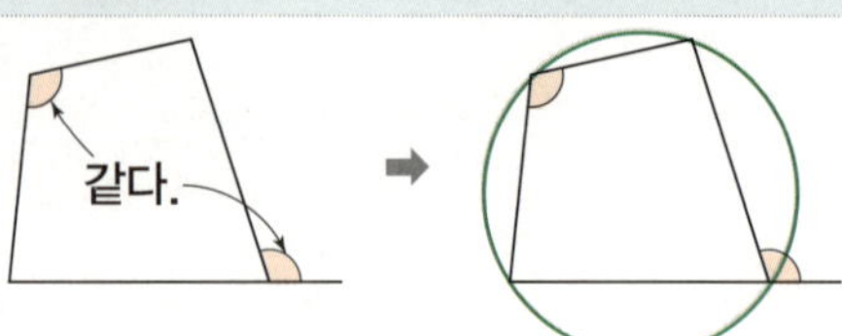

예1 다음 그림에서 $\angle x$, $\angle y$의 크기를 각각 구하시오.

① 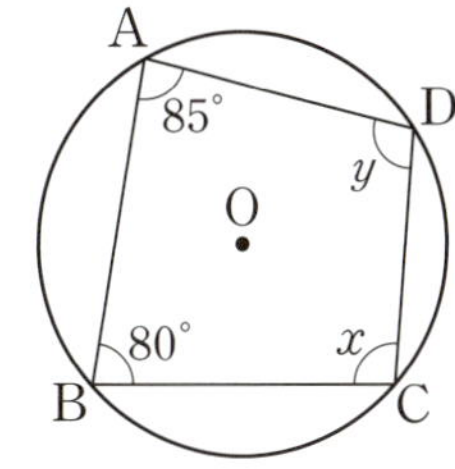

② 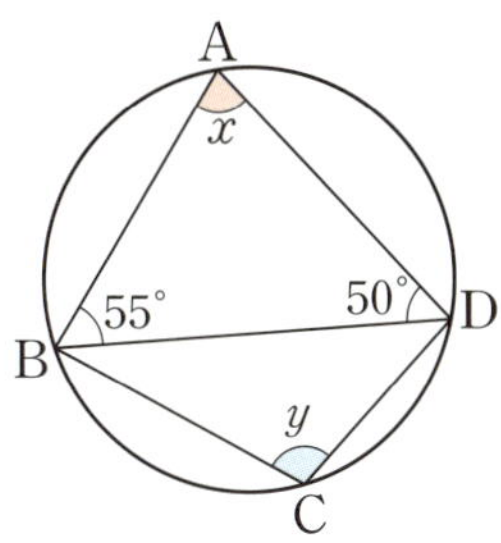

③ 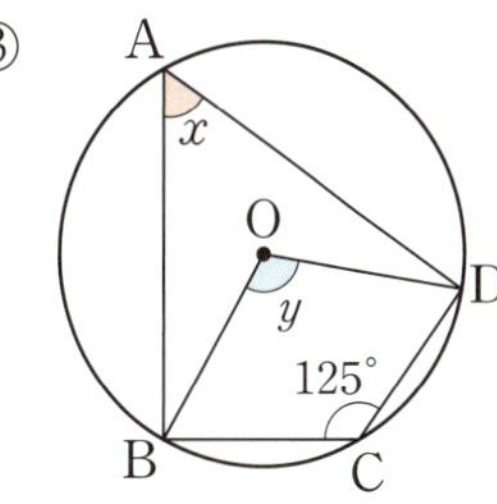

풀이 원에 내접하는 사각형에서 마주보는 두 각의 합은 180°이다.

① $\angle x=95°$, $\angle y=100°$

② △ABC에서 $\angle x+55°+50°=180° \Rightarrow \angle x=75°$

$\angle x+\angle y=180°$이므로 $\angle y=105°$

③ $\angle x+125°=180°$이므로 $\angle x=55°$

$\angle y=2\angle x=110°$

예2 다음 그림에서 □ABCD는 원에 내접하는 사각형이고, 점 E, F는 각각 사각형의 변의 연장선의 교점이다. $\angle x$의 크기를 구하시오.

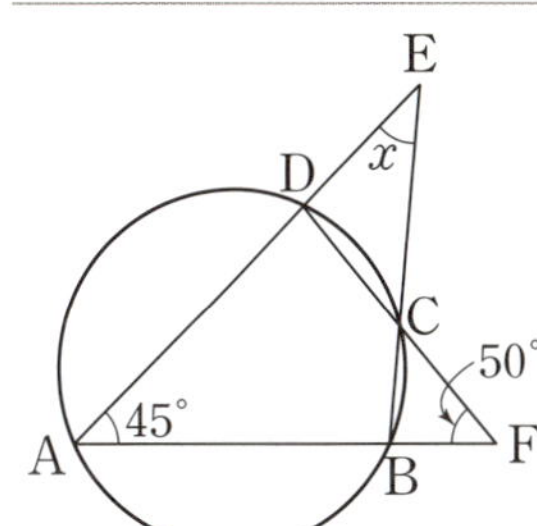

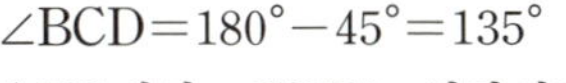

풀이 □ABCD가 원에 내접하므로

$\angle BCD=180°-45°=135°$

△AFD에서 $\angle FDE$는 외각이므로

$\angle FDE=45°+50°=95°$

△CDE에서 $\angle BCD$는 외각이므로

$\angle x+95°=135°$

$\therefore x=40°$

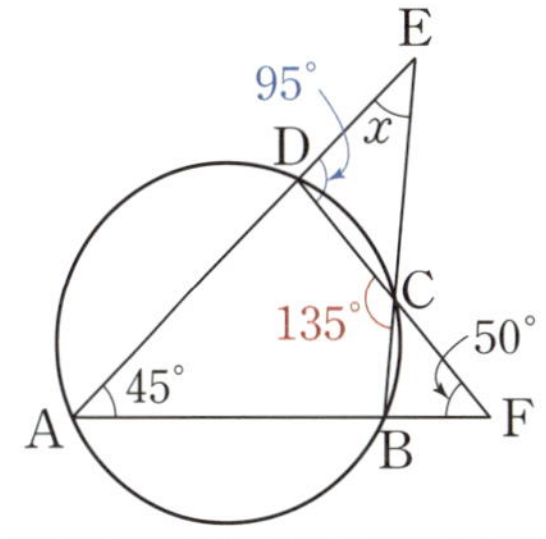

예3 다음 그림에서 오각형 ABCDE는 원 O에 내접한다. $\angle x$의 크기를 구하시오.

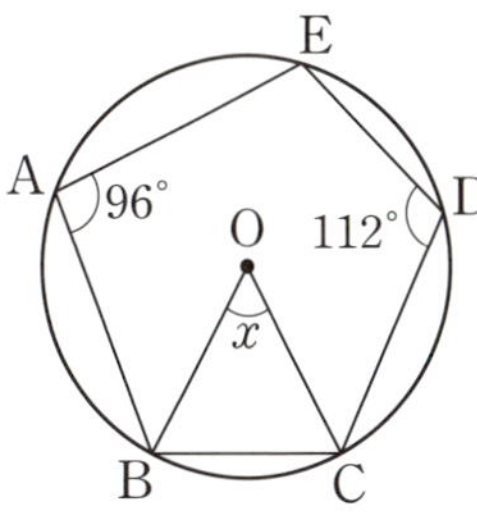

풀이 오른쪽 그림과 같이 $\overline{BD}$를 긋자.

□ABDE는 원에 내접하는 사각형이므로

$\angle EAB+\angle EDB=180°$

따라서

$\angle EDB=180°-96°=84°$

이고,

$\angle BDC=112°-84°=28°$이다.

또한, $\angle BOC=2\angle BDC$이므로 ← 원주각과 중심각의 관계

$\therefore x=2\times 28°=56°$

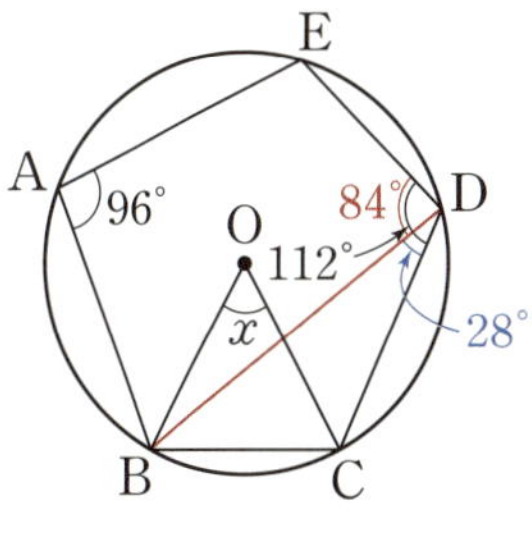

핵심개념

(4) 원의 접선과 현이 이루는 각

① 원의 접선과 그 접점을 지나는 현이 이루는 각의 크기는 그 각의 내부에 있는 호에 대한 원주각의 크기와 같다.

⇨ $\angle BAT=\angle BCA$

② 역으로 원 O에서 $\angle BAT=\angle BCA$이면 직선 AT는 원 O의 접선이다.

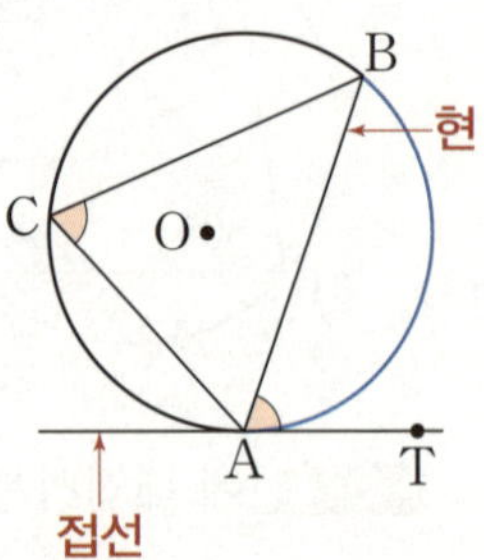

+증명 다음과 같이 $\angle BAT$가 직각, 예각, 둔각인 세 가지 경우로 나누어 생각하자.

i) $\angle BAT$가 직각인 경우	ii) $\angle BAT$가 예각인 경우	iii) $\angle BAT$가 둔각인 경우
⇓	⇓	⇓
$\overline{AB}$는 원 O의 지름이므로 $\angle BCA=90°$ 따라서 $\angle BAT=\angle BCA$	지름 AD를 그으면 $\angle DAT=\angle DCA=90°$ $\angle BAT=90°-\angle BAD$ $\angle BCA=90°-\angle BCD$ 이때, $\angle BAD=\angle BCD$. 따라서 $\angle BAT=\angle BCA$	지름 AD를 그으면 $\angle DAT=\angle DCA=90°$ $\angle BAT=90°+\angle BAD$ $\angle BCA=90°+\angle BCD$ 이때, $\angle BAD=\angle BCD$. 따라서 $\angle BAT=\angle BCA$

예 다음 그림에서 직선 AT가 원 O의 접선일 때, $\angle x$, $\angle y$의 크기를 구하시오.

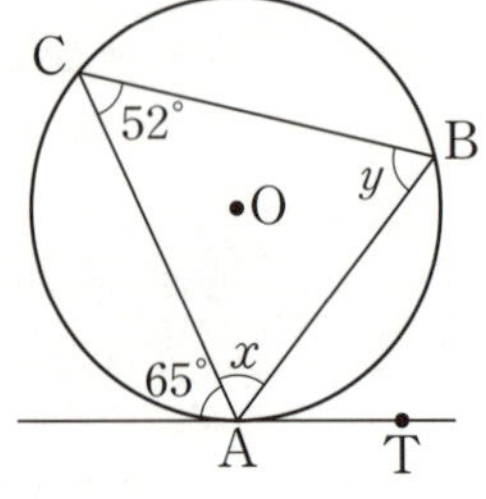

+풀이 $\angle BCA=\angle BAT$이므로

$\angle BAT=52°$

직선 AT에서

$65°+\angle x+52°=180°$

$\therefore \angle x=63°$

$\angle CBA=\angle CAS$이므로

$\therefore \angle y=65°$

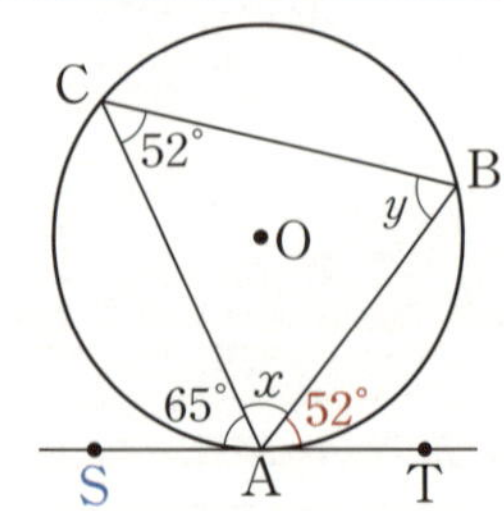

고등 수학에 꼭 필요한 **핵심 개념 익히기**

• 삼각비

66 $0° < A < 90°$ 일 때, $\tan A = \frac{2}{5}$라고 한다. $\sin A \times \cos A$의 값은?

① $\frac{8}{29}$　② $\frac{10}{29}$　③ $\frac{12}{29}$　④ $\frac{14}{29}$　⑤ $\frac{16}{29}$

67 다음 그림과 같이 $\angle A = 90°$인 직각삼각형 ABC에서 $\overline{AH} \perp \overline{BC}$이고 $\angle BAH = x$, $\angle CAH = y$일 때, $\cos x + \sin y$의 값을 구하시오.

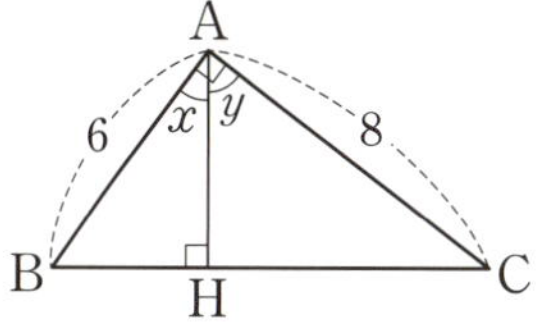

68 $\cos 2x = \sin 30°$일 때, x의 값을 구하시오. (단, $0° < 2x < 90°$)

69 다음 그림과 같이 한 모서리 길이가 4인 정사면체에서 $\overline{BM} = \overline{CM}$이고 $\angle AMD = x$일 때, $\sin x + \tan x$의 값은?

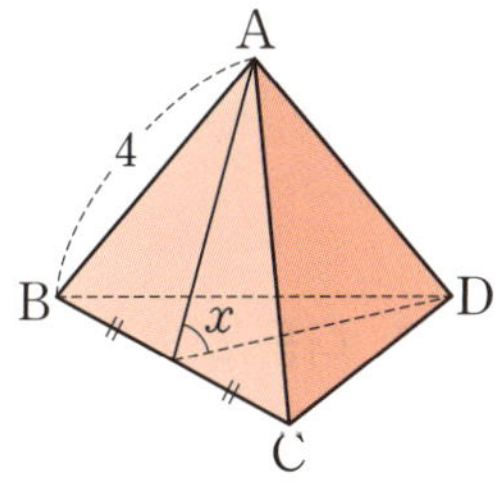

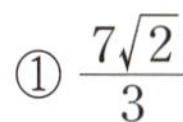
① $\frac{7\sqrt{2}}{3}$　② $\frac{8\sqrt{2}}{3}$

③ $3\sqrt{2}$　④ $\frac{10\sqrt{2}}{3}$

⑤ $\frac{11\sqrt{2}}{3}$

70 아래 그림과 같이 반지름의 길이가 1인 사분원에서 $\overline{AB}$의 길이가 대략 0.68이고 아래 삼각비의 표를 이용한다고 할 때, 다음 중 옳은 것은?

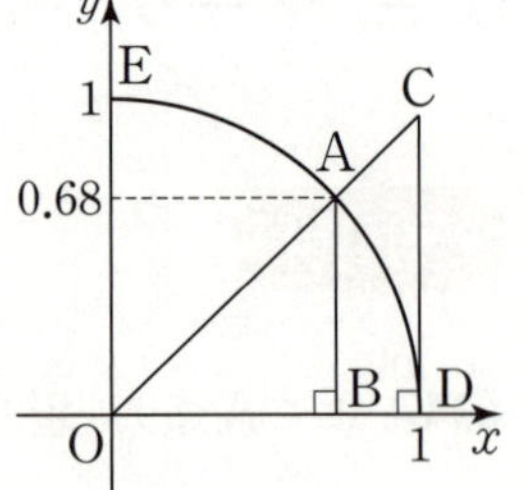

각도	사인(sin)	코사인(cos)	탄젠트(tan)
43°	0.68	0.73	0.93
47°	0.73	0.68	1.07

① $\angle AOB=47°$　② $\angle OCD=43°$
③ $\overline{OB}=0.73$　④ $\overline{CD}=1.07$
⑤ $\overline{BD}=0.32$

71 다음 그림의 $\triangle ABC$에서 $\overline{AB}=9$, $\overline{BC}=8$, $\cos B=\frac{2}{3}$일 때, $\overline{AC}$의 길이를 구하시오.

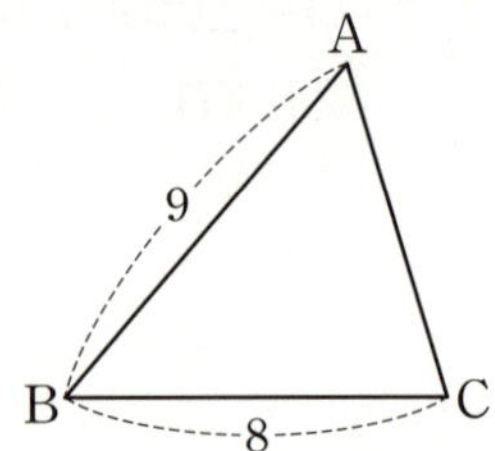

72 다음 그림과 같이 $\overline{AB}=9$, $\overline{BC}=12$, $\overline{CD}=6$, $\angle ABC=60°$인 □ABDE가 있다. $\overline{AC}/\!/\overline{ED}$일 때, □ABCE의 넓이를 구하시오.

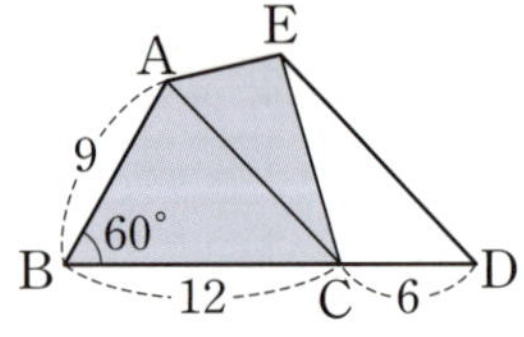

73 다음 그림의 □ABCD에서 $\overline{AC}=7\text{ cm}$, $\overline{BD}=8\text{ cm}$, $\angle AOB=60°$일 때, □ABCD의 넓이를 구하시오.

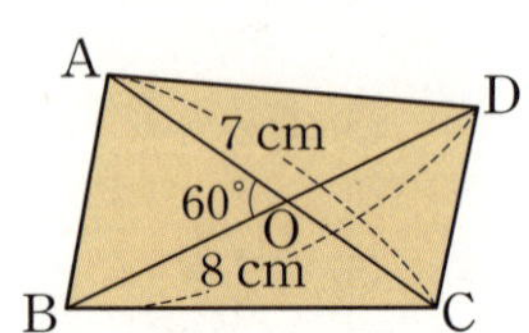

• 원과 직선

74 다음 그림은 원의 일부분이다. $\overline{AB}=6\sqrt{3}$, $\overline{MH}=3$일 때, 이 원의 반지름의 길이를 구하시오.

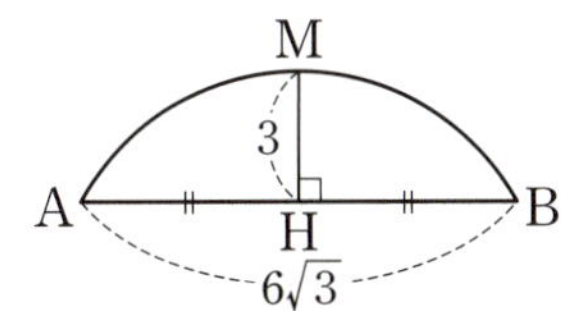

75 다음 그림과 같이 반지름의 길이가 8인 원 O의 원주 위의 한 점이 원의 중심 O에 겹쳐지도록 $\overline{AB}$를 접는 선으로 하여 접었을 때, 색칠한 부분의 넓이를 구하시오.

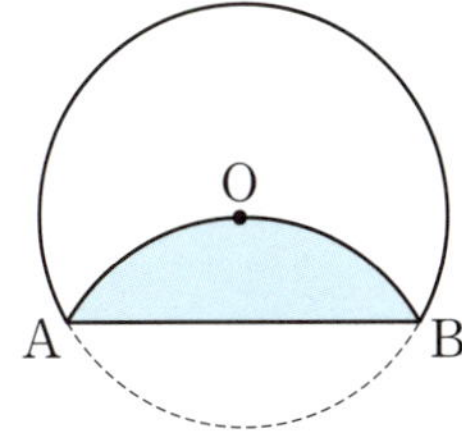

76 다음 그림의 원 O에서 $\overline{OE}\perp\overline{AB}$, $\overline{OF}\perp\overline{CD}$, $\overline{AB}=\overline{CD}$이고 $\overline{OA}=10$ cm, $\overline{OF}=6$ cm일 때, △ABO의 넓이를 구하시오.

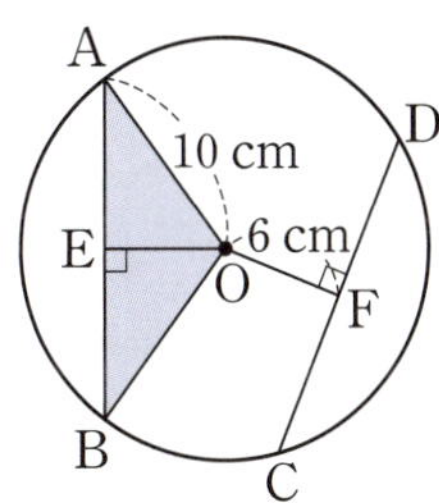

77 아래 그림에서 두 점 A, B는 점 P에서 원 O에 그은 두 접선의 접점이다. ∠APB=60°, $\overline{OA}=6$ cm일 때, 다음 중 옳지 않은 것은?

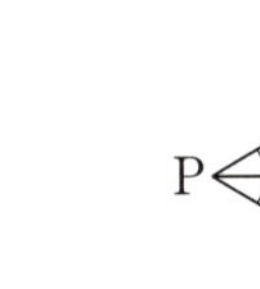

① $\overline{PO}=12$ cm
② $\overline{PB}=6\sqrt{3}$ cm
③ $\overline{AB}=6\sqrt{3}$ cm
④ □APBO$=36$ cm²
⑤ ∠OAB=30°

78 다음 그림과 같이 원 O의 지름의 양 끝 점 A, B를 지나는 접선과 원 위의 점 P에서 그은 접선의 교점을 각각 C, D라 할 때, $\angle x$의 크기를 구하시오.

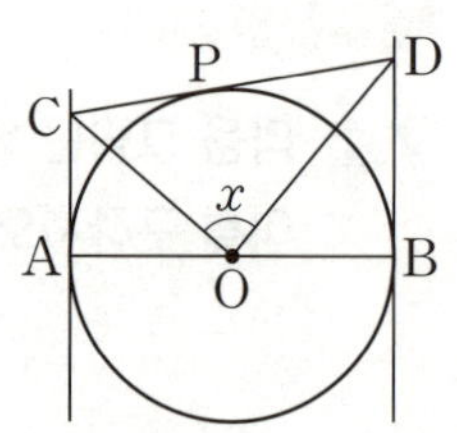

79 다음 그림에서 원 O는 직각삼각형 ABC의 내접원이고 $\overline{BO}=10$, $\overline{CD}=3$이다. 이때 △ABC의 넓이를 구하시오.

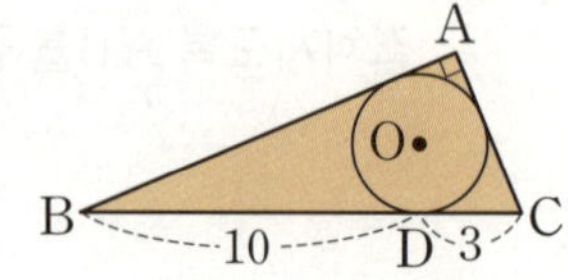

80 다음 그림과 같이 □ABCD가 원 O에 외접할 때, $\overline{AD}$의 길이를 구하시오.

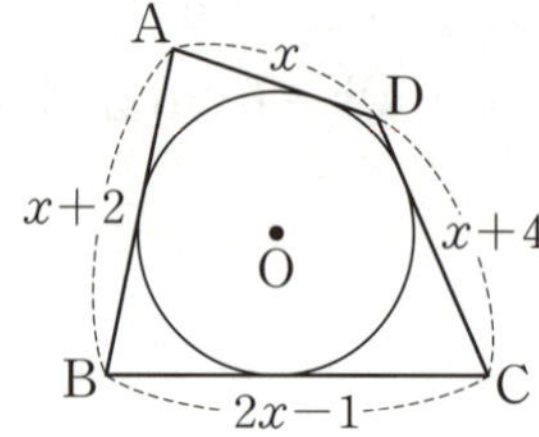

81 다음 그림과 같이 직사각형 ABCD의 세 변에 접하는 원 O가 있다. $\overline{CF}$가 원 O의 접선일 때, $\overline{CF}=\frac{b}{a}$이다. 이때 $a+b$의 값을 구하시오.(단, a, b는 서로소)

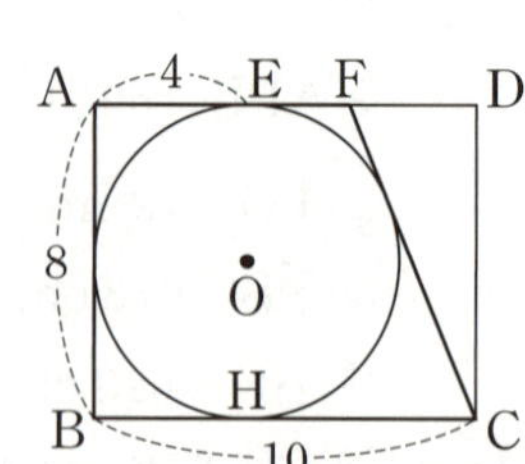

• 원주각

82 다음 그림에서 $\angle z$의 크기를 구하시오.

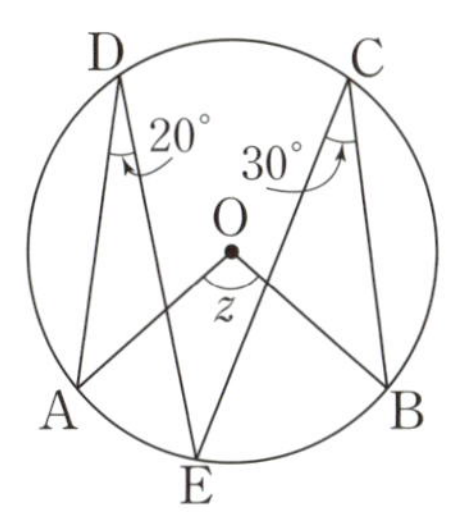

83 다음 그림에서 $\overline{AB}$는 원 O의 지름이고 $\angle DCB=34°$, $\angle CDB=40°$이다. 두 현 AB와 CD의 교점을 P라 할 때, $\angle OCD$의 크기를 구하시오.

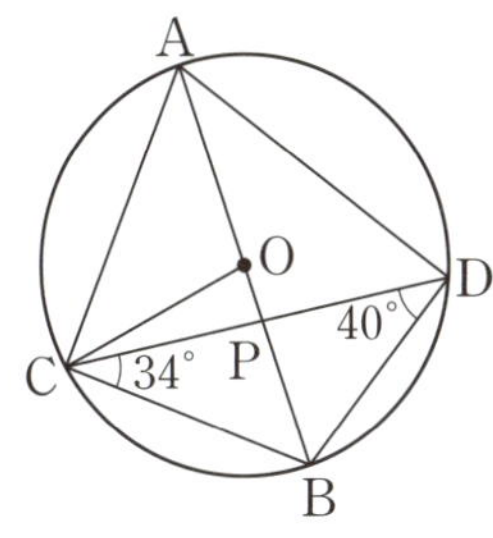

84 다음 그림에서 $\widehat{BC}=\widehat{CD}$이고 $\angle BAC=32°$, $\angle ABD=50°$일 때, $\angle x$의 크기를 구하시오.

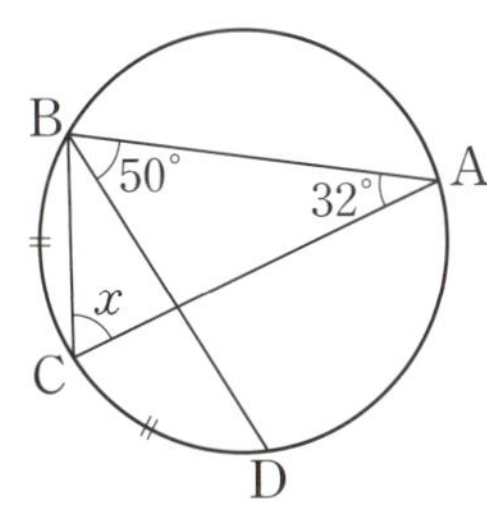

85 다음 그림에서 점 P는 두 현 AB, CD의 교점이고 $\widehat{BC}=8$ cm, $\angle ACD=30°$, $\angle BPC=75°$일 때, 이 원의 둘레의 길이를 구하시오.

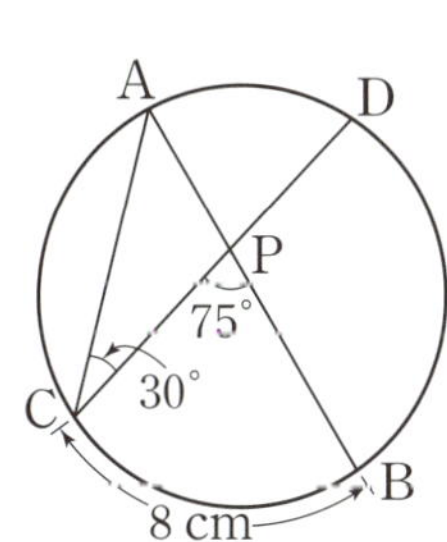

86 다음 그림에서 $\angle BAD=103°$, $\angle CBD=35°$이고 네 점 A, B, C, D가 한 원 위에 있을 때, $\angle y-\angle x$의 크기를 구하시오.

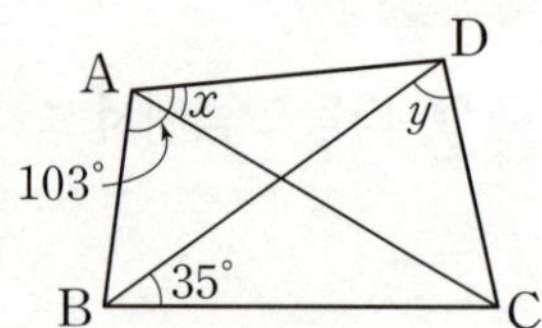

87 다음 그림에서 □ABCD는 원 O에 내접하고 $\angle BAC=40°$, $\angle DCE=85°$일 때, $\angle DBC$의 크기를 구하시오.

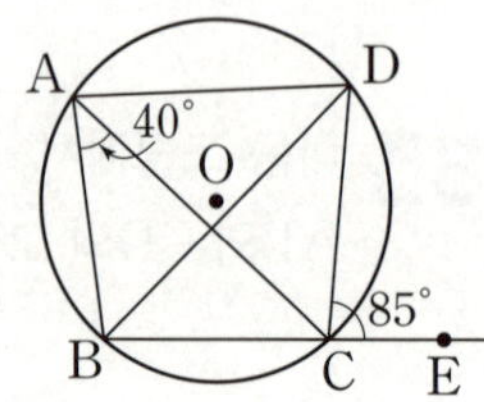

88 다음 그림과 같이 오각형 ABCDE가 원 O에 내접할 때, $\angle BOC$의 크기를 구하시오.

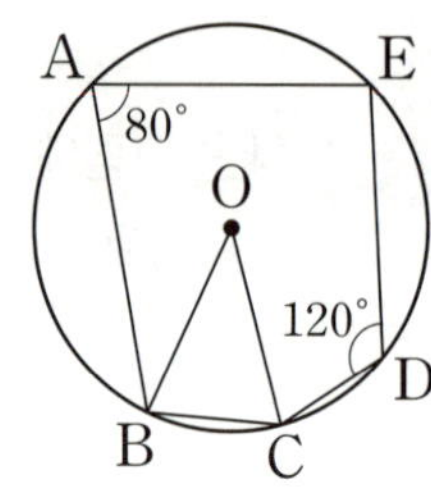

89 다음 그림에서 $\angle A=85°$일 때, $\angle x$의 크기를 구하시오.

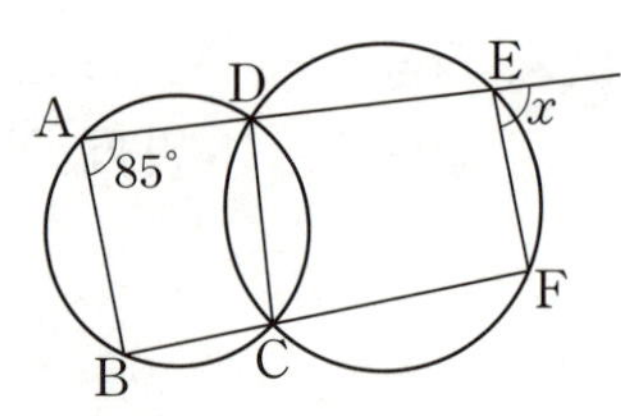

90 다음 그림에서 직선 AT가 원 O의 접선이고 점 A가 접점일 때, ∠BAT의 크기를 구하시오.

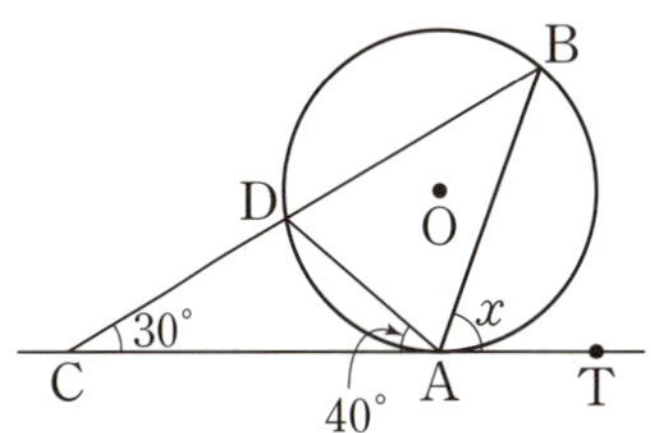

91 다음 그림에서 원 O는 △ABC의 내접원이면서 △DEF의 외접원이다. D, E, F는 접점이고 ∠BAC=40°, ∠DFE=60°일 때, ∠BCA의 크기를 구하시오.

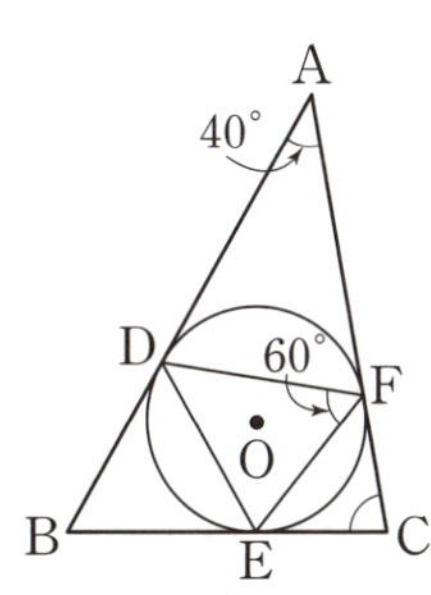

[1-2 과정]

01 도수분포표와 그래프

02 상대도수와 그래프

+ 고등 수학에 꼭 필요한 핵심 개념 익히기

[2-2 과정]

01 사건과 경우의 수

02 확률

+ 고등 수학에 꼭 필요한 핵심 개념 익히기

[3-2 과정]

01 대푯값과 산포도

02 상관관계

+ 고등 수학에 꼭 필요한 핵심 개념 익히기

V 확률과 통계

[1-2 과정]

01 도수분포표와 그래프

1 줄기와 잎 그림

핵심개념

(1) 줄기와 잎 그림

① 변량 : 키, 몸무게, 성적 등의 자료를 수량으로 나타낸 것

② 줄기와 잎 그림 : 세로 선으로 줄기와 잎을 구별하고 이를 이용하여 자료를 나타낸 그림

(2) 줄기와 잎 그림을 나타내는 순서

❶ 자료를 줄기와 잎으로 구별한다.

❷ 세로선을 긋고, 세로선의 왼쪽에 줄기에 해당하는 수를 크기가 작은 수부터 세로로 쓴다.

❸ 세로선의 오른쪽에 각 줄기에 해당되는 잎을 작은 수부터 가로로 쓴다.
↳자료의 분포를 쉽게 파악하기 위함

이때 중복되는 자료는 중복된 횟수만큼 쓴다.
↳자료의 손실을 막기 위함

❹ 그림의 오른쪽 위에 '줄기|잎'의 뜻을 설명한다.

(예) 다음은 성민이네 반 학생들의 몸무게를 조사하여 나타낸 자료이다. 자료의 분포상태를 알아보기 쉽도록 줄기와 잎 그림으로 나타내면 아래의 오른쪽 그림과 같다.
(줄기에는 십의 자리의 숫자, 잎에는 일의 자리의 숫자를 쓴다.)

[자료]

몸무게 (단위 : kg)

45, 47, 68, 57, 74
52, 65, 72, 80, 62
47, 58, 65, 81, 75

↳ 변량

줄기와 잎 그림 →

[줄기와 잎 그림]

몸무게 (4|5는 45kg)

줄기	잎
4	5 7 7
5	2 7 8
6	2 5 5 8
7	2 4 5
8	0 1

▶확인 위의 줄기와 잎 그림에서 다음을 확인할 수 있다.

① 잎이 가장 많은 줄기는 6이다.

② 가장 큰 몸무게는 81kg이다.

③ 몸무게가 3번째로 큰 학생의 몸무게는 75kg이다.

④ 조사한 학생은 모두 15명이다. ← 잎의 수는 자료의 수와 같다.

+참고 줄기와 잎 그림의 장점과 단점

장점	단점
① 원래의 자료를 훼손시키지 않는다. ② 특정한 위치에 있는 값을 쉽게 찾을 수 있다.	① 변량의 개수가 많아지면 정리가 번거롭다. ② 변량이 속한 범위가 너무 넓거나 너무 좁으면 줄기를 설정하기 힘들다.

2 도수분포표

(1) 도수분포표

① 계급 : 변량을 일정한 간격으로 나눈 구간

② 계급의 크기 : 구간의 너비, 즉 계급의 양끝 값의 차

③ 도수 : 각 계급에 속하는 자료의 개수

④ 도수분포표 : 자료를 몇 개의 계급으로 나누고, 각 계급의 도수를 조사하여 나타낸 표

(2) 도수분포표를 만드는 순서

❶ 변량 중에서 가장 큰 값과 가장 작은 값을 찾는다.

❷ 계급의 크기를 정하여 계급을 나눈다. ← 계급의 개수는 보통 5~15 정도로 한다.

❸ 각 계급에 속하는 변량의 개수를 세서 도수를 구한다.

예 다음은 어느 동호회 회원 25명의 키를 조사하여 나타낸 자료이다. 이 자료를 도수분포표로 나타내면 아래의 오른쪽 표와 같다.

[자료]

(단위 : cm)

152, 147, 178, 167, 154
155, 176, 170, 180, 163
149, 158, 168, 181, 172
157, 168, 162, 174, 172
169, 165, 163, 182, 175

└→ 변량

도수분포표 →

[도수분포표]

키(cm)	학생 수(명)
145이상 ~ 150미만	2
150 ~ 155	2
155 ~ 160	3
160 ~ 165	3
165 ~ 170	5
170 ~ 175	4
175 ~ 180	3
180 ~ 185	3
합계	25

계급 ← / → 도수

▶확인 위의 도수분포표에서 다음을 확인할 수 있다.

① 계급의 개수는 8개, 계급의 크기는 5cm이다.

② 도수가 가장 큰 계급은 165cm 이상 170cm 미만이다.

③ 키가 4번째로 작은 학생이 속한 계급은 150cm 이상 155cm 미만이다.

④ 조사한 학생은 모두 25명이다.

! 주의 150cm 이상 155cm 미만의 계급에는 150cm는 포함되지만 155cm는 포함되지 않는다.

+참고 도수분포표에서는 각각의 변량이 정확히 얼마인지는 알 수 없다.

3 히스토그램

(1) 히스토그램

도수분포표를 이용하여 다음 순서에 따라 그린 그래프를 히스토그램이라고 한다.

❶ 가로축에 각 계급의 양끝 값을 차례로 써넣는다.

❷ 세로축에 도수를 차례로 써넣는다.

❸ 각 계급의 크기를 가로로 하고, 그 도수를 세로로 하는 직사각형을 차례로 그린다.

예1 다음은 윤민이네 반 학생 30명의 수학 성적의 도수분포표이다. 이를 히스토그램으로 나타내면 아래의 오른쪽 그래프와 같다.

[도수분포표]

점수	학생 수(명)
50이상 ~ 60미만	3
60 ~ 70	5
70 ~ 80	8
80 ~ 90	10
90 ~ 100	4
합계	30

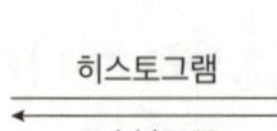

[히스토그램]

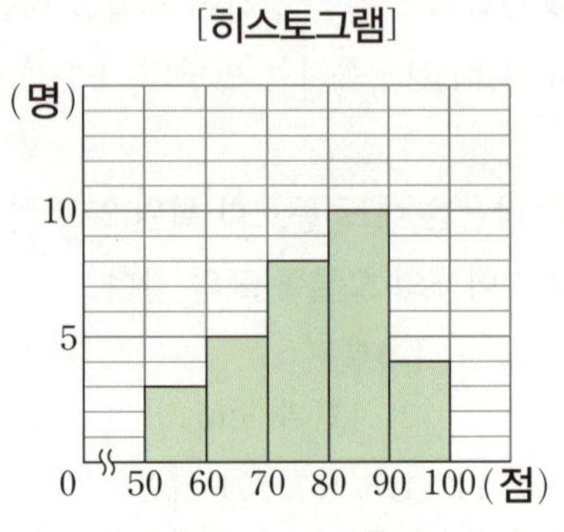

+참고 도수분포표를 이용하면 각 계급의 도수와 도수의 총합을 바로 알아볼 수 있고, 히스토그램을 이용하면 자료의 전체적인 분포상태를 한눈에 알아볼 수 있다.

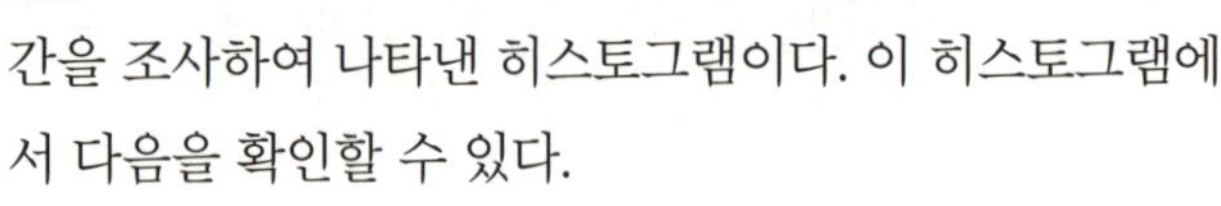

예2 오른쪽은 A 축구 동호회 회원들의 일주일간 운동 시간을 조사하여 나타낸 히스토그램이다. 이 히스토그램에서 다음을 확인할 수 있다.

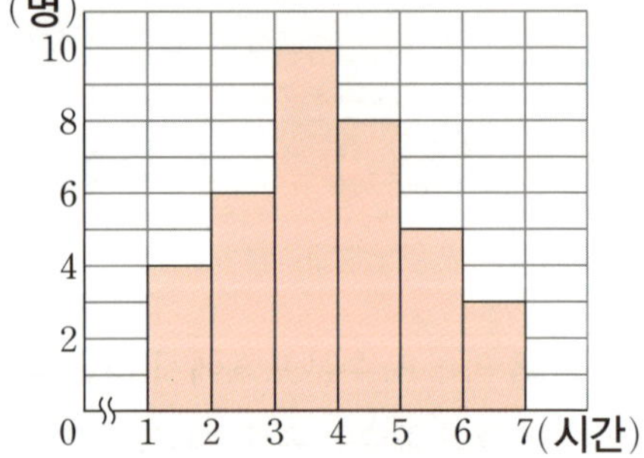

① 계급의 개수는 6개, 계급의 크기는 1시간이다.
⇨ 직사각형의 개수, 직사각형의 가로의 길이를 확인한다.

② 도수가 가장 큰 계급은 3시간 이상 4시간 미만이다.
⇨ 세로의 길이가 가장 긴 직사각형을 찾는다.

③ 도수의 총합은 36명이다.
⇨ 직사각형의 세로의 길이의 합을 구한다.

④ 운동 시간이 5시간 이상인 회원은 8명이다.

(2) 히스토그램의 특징

① 히스토그램에서 계급의 크기는 모두 같으므로 각 직사각형의 넓이는 각 계급의 도수에 정비례한다.

② (히스토그램에서 직사각형의 넓이의 합) $=$ {(각 계급의 크기) $\times$ (그 계급의 도수)}의 합
$=$ (계급의 크기) $\times$ (도수의 총합)

4 도수분포다각형

(1) 도수분포다각형

히스토그램을 이용하여 다음 순서에 따라 그린 그래프를 도수분포다각형이라 한다.

❶ 각 직사각형의 윗변의 중앙에 점을 찍는다.

❷ 양 끝에 도수가 0인 계급이 하나씩 더 있다고 생각하고 그 중앙에 점을 찍는다.

❸ ❶과 ❷에서 찍은 점을 차례로 선분으로 연결한다.

예 다음은 윤민이네 반 학생들의 수학 성적을 나타낸 히스토그램이다. 이 히스토그램을 도수분포다각형으로 나타내면 아래의 오른쪽 그래프와 같다.

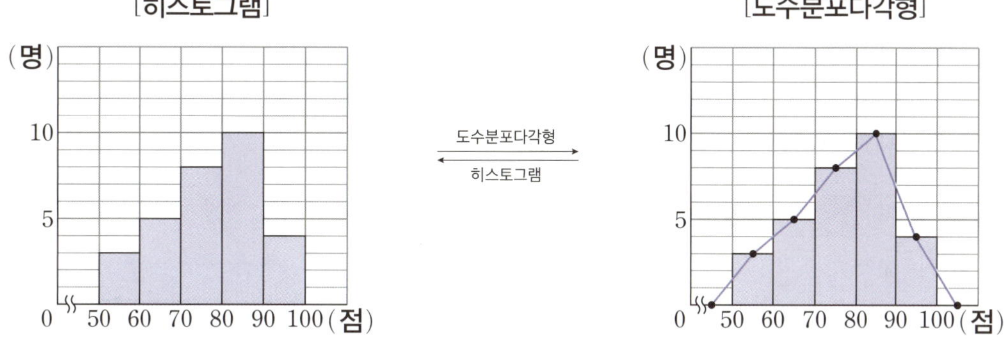

! 주의 양 끝의 도수가 0인 계급은 실제 계급이 아니므로 계급의 개수에 포함시키지 않는다.

(2) 도수분포다각형의 특징

① 자료의 분포상태를 연속적으로 관찰할 수 있다.

② 도수분포 다각형은 두 개 이상의 자료의 분포상태를 비교하는 데 편리하다.

③ (도수분포다각형과 가로축으로 둘러싸인 부분의 넓이)
↳ 오른쪽 그림의 노란 부분의 넓이
=(히스토그램의 직사각형의 넓이의 합)

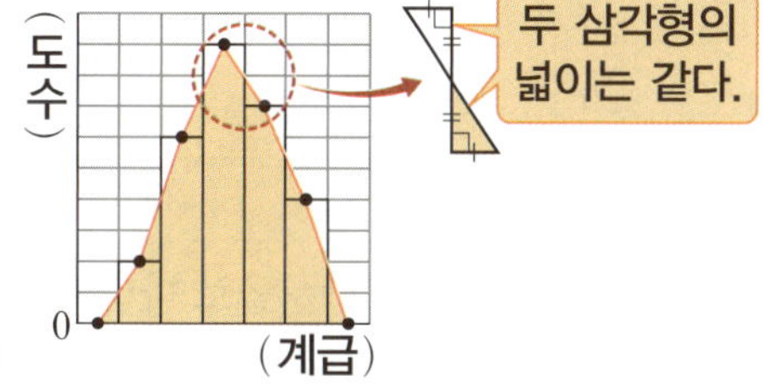

예 오른쪽은 A모임과 B모임 학생들의 100m 달리기 기록을 조사하여 나타낸 도수분포다각형이다. 이 도수분포다각형에서 다음을 확인할 수 있다.

① A모임의 학생 수는 2+3+7+10+3+1=26(명)
B모임의 학생 수는 2+3+5+8+6+2=26(명)
두 모임의 도수의 총합은 서로 같다.

② A모임의 기록이 B모임의 기록보다 짧은 편이다.
⇨ 기록이 짧은 시간대에서 A모임의 도수가 B모임보다 크다.

③ 기록이 15초 이상 17초 미만인 학생 수는
A모임(10+3=13명)이 B모임(3+5=8명)보다 많다.

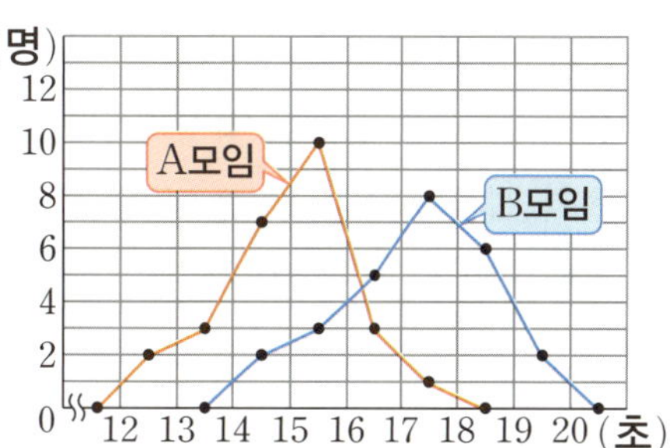

[1-2 과정]

02 상대도수와 그래프

1 상대도수(★★) : 확률과 통계(확률 분포)

핵심개념

(1) **상대도수** : 도수의 총합에 대한 각 계급의 도수의 비율

$$(\text{어떤 계급의 상대도수})=\frac{(\text{그 계급의 도수})}{(\text{도수의 총합})}$$

(2) **상대도수의 분포표** : 각 계급의 상대도수를 나타낸 표

(3) **상대도수의 분포를 나타낸 그래프** : 상대도수 분포표를 히스토그램이나 도수분포다각형 모양으로 나타낸 그래프

예) 다음은 윤민이네 반 학생들의 영어 성적에 대한 상대도수 분포표이다. 이 상대도수 분포표를 그래프로 나타내면 아래의 오른쪽 그래프와 같다.

점수	학생 수(명)	상대도수
50이상 ~ 60미만	2	$\frac{2}{20}=0.1$
60 ~ 70	4	$\frac{4}{20}=0.2$
70 ~ 80	5	$\frac{5}{20}=0.25$
80 ~ 90	6	$\frac{6}{20}=0.3$
90 ~ 100	3	$\frac{3}{20}=0.15$
합계	20	1

➡

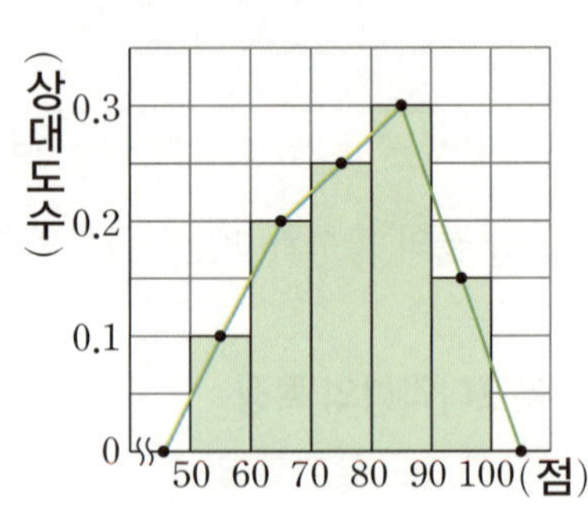

+참고1 상대도수를 백분율로 나타내기도 한다.

⇨ (각 계급의 백분율)=(각 계급의 상대도수)×100

+참고2 상대도수는 보통 소수로 표시하는 것이 일반적이다. ←분수보다 비교가 편리하기 때문

(4) **상대도수의 특징**

① 상대도수의 총합은 항상 1이다.

② 각 계급의 상대도수는 그 계급의 도수에 정비례한다.

③ 도수의 총합이 다른 두 개의 자료를 비교할 때 편리하다.

예) 상대도수가 0.2인 계급의 도수가 7일 때, 도수의 총합을 구하시오.

+풀이 1 상대도수의 총합은 1이므로, 도수의 총합을 x라 하면,

$0.2:7=1:x \Rightarrow 0.2x=7 \Rightarrow x=35 \Rightarrow \therefore$ 도수의 총합은 35이다.

+풀이 2 $(\text{상대도수})=\frac{(\text{도수})}{(\text{도수의 총합})}$를 변형하면,

$(\text{도수})=(\text{도수의 총합})\times(\text{상대도수})$, $(\text{도수의 총합})=\frac{(\text{도수})}{(\text{상대도수})}$

이므로 $(\text{도수의 총합})=\frac{7}{0.2}=35$

(5) 도수의 총합이 다른 두 집단의 분포 비교

도수의 총합이 다른 두 자료를 비교할 때는

① 각 계급의 도수를 그대로 비교하지 않고, 상대도수를 구하여 각 계급별로 비교한다.

② 두 자료의 그래프를 함께 나타내 보면, 두 자료의 분포상태를 한눈에 비교할 수 있다.

예 오른쪽 그림은 A학교 학생 400명과 B학교 학생 300명의 하루 동안 컴퓨터 사용 시간에 대한 상대도수의 분포를 그래프로 나타낸 것이다. 이때,

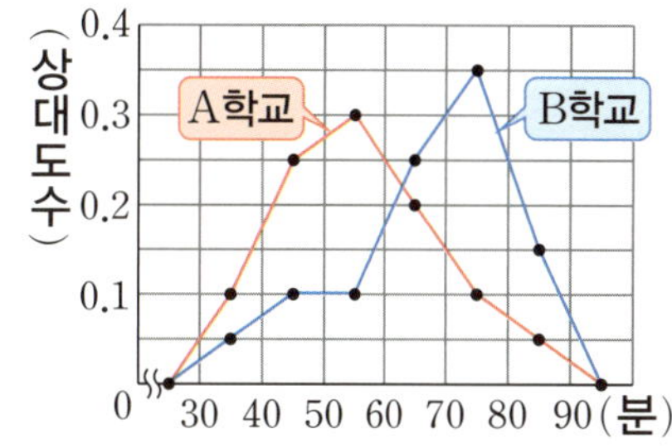

① A학교 학생 중 컴퓨터 사용 시간이 70분 이상 80분 미만인 학생은 40명이다. (○) ← 400×0.1=40(명)

② 컴퓨터 사용 시간이 60분 이상 70분 미만인 학생 수의 비율은 B학교가 A학교보다 높다. (○)

③ 컴퓨터 사용 시간이 60분 이상 70분 미만인 학생 수는 B학교가 A학교보다 많다. (×)

↳ A학교 : 400×0.2=80(명), B학교 : 300×0.25=75(명) ⇒ A학교의 학생 수가 더 많다.
⇨ 상대도수가 크다고 해서 도수가 큰 건 아니다.

④ B학교가 A학교보다 컴퓨터 사용 시간이 상대적으로 많은 편이다. (○)

↳ B학교의 상대도수를 나타내는 그래프가 A학교보다 오른쪽(사용시간이 많은 쪽)으로 치우쳐 있다.

+참고 상대도수의 분포를 나타낸 그래프와 가로축으로 둘러싸인 부분의 넓이는 계급의 크기와 같다. 오른쪽 그림에서

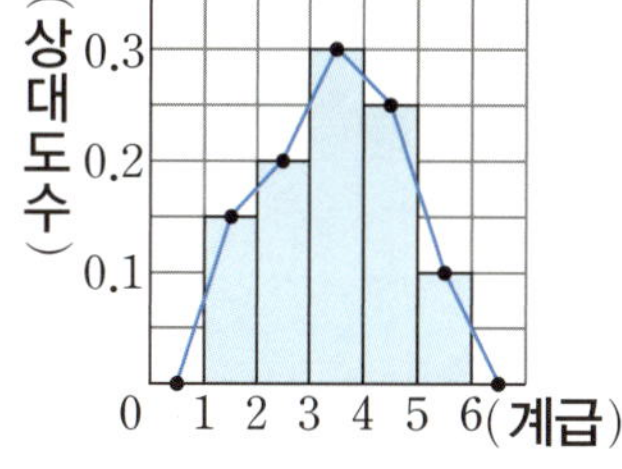

(히스토그램 모양에서 직사각형의 넓이의 총합)

=(계급의 크기)×(상대도수의 총합)

=(계급의 크기)×1

=(계급의 크기)

고등 수학에 꼭 필요한 **핵심 개념 익히기**

• 도수분포와 그래프

1 아래는 어느 과수원에서 수확한 사과의 무게를 조사하여 나타낸 줄기와 잎 그림이다. 다음 중 옳은 것은?

(단위는 g)

줄기	잎
4	0 2 3 4 5 9
5	1 3 4 5 5 8 8
6	1 2 2 6 7 7 9
7	3 4 5 6 6

① 잎이 가장 적은 줄기는 5이다.
② 무게가 55g인 사과는 4개다.
③ 수확한 사과는 25개다.
④ 무게가 70g 이상인 사과는 6개다.
⑤ 무게가 8번째로 가벼운 사과의 무게는 67g이다.

2 오른쪽은 어느 학급 학생들의 신발치수를 조사하여 나타낸 도수분포표이다. 다음 중 옳지 않은 것은?

① 계급의 개수는 5이다.
② 계급의 크기는 20mm이다.
③ 도수의 총합은 20이다.
④ 도수가 가장 큰 계급의 계급값은 285mm이다.
⑤ 신발치수가 300mm 이상인 학생은 12명이다.

신발 치수(mm)	도수(곳)
260이상 ~ 280미만	2
280 ~ 300	6
300 ~ 320	4
320 ~ 340	5
340 ~ 360	3
합계	

3 오른쪽 그림은 어느 학급 학생들이 1년 동안 읽은 책의 권수를 조사하여 나타낸 히스토그램이다. 다음 중 옳지 않은 것은?

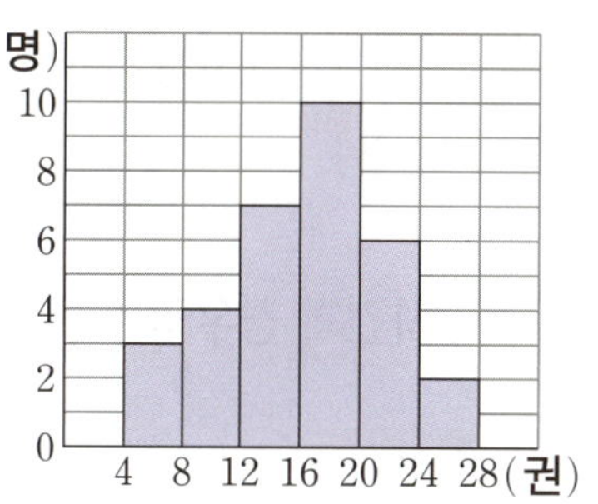

① 계급의 크기는 4권이다.
② 전체 학생 수는 32이다.
③ 도수가 가장 작은 계급의 계급값은 26권이다.
④ 책을 20권 이상 읽은 학생은 전체의 24%이다.
⑤ 책을 8번째로 적게 읽은 학생이 속하는 계급은 12권 이상 16권 미만이다.

4 오른쪽 그림은 넷플릭스 드라마의 시청률을 조사하여 나타낸 도수분포다각형이다. 다음 중 옳지 않은 것은?

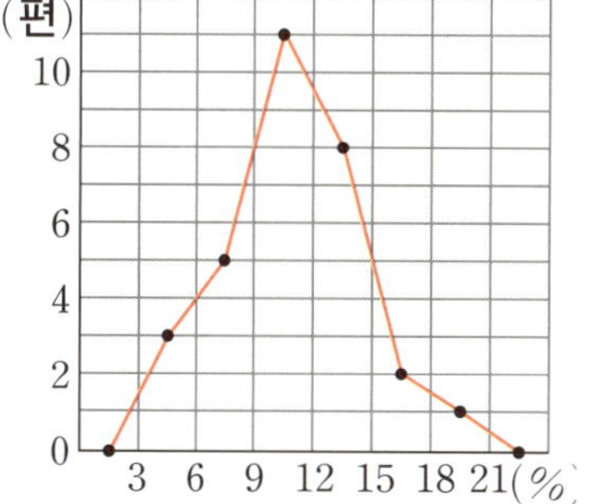

① 계급의 개수는 8이다.
② 계급의 크기는 3%이다.
③ 방영한 드라마는 30편이다.
④ 시청률이 9% 미만인 드라마는 8편이다.
⑤ 시청률이 10%인 드라마가 속하는 계급의 도수는 11편이다.

• 상대도수와 그래프

5 오른쪽은 어느 학급 학생들의 몸무게 기록을 조사하여 나타낸 상대도수의 분포표이다. 다음 중 A~E의 값으로 옳지 않은 것은?

점수	도수(명)	상대도수
40이상 ~ 45미만	2	0.1
45 ~ 50	3	A
50 ~ 55	10	B
55 ~ 60	C	0.2
60 ~ 65	1	0.05
합계	D	E

① $A=0.25$ ② $B=0.5$ ③ $C=4$
④ $D=20$ ⑤ $E=1$

6 오른쪽 그림은 어느 학교 학생 50명의 수학 점수에 대한 상대도수의 분포를 나타낸 그래프이다. 다음 중 옳지 않은 것은?

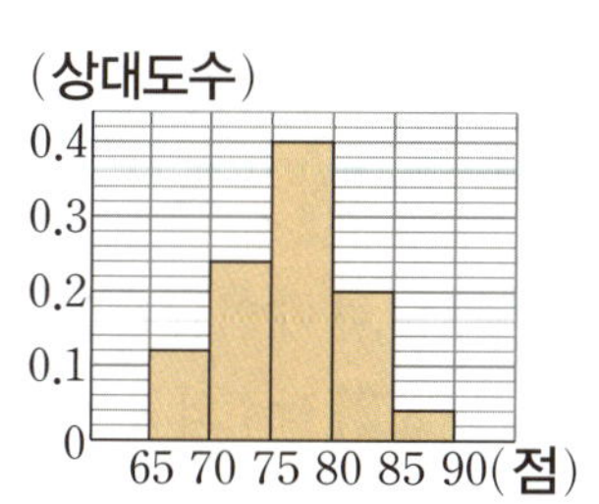

① 계급의 크기는 5점이다.
② 75점 이상 80점 미만인 계급의 도수가 가장 크다.
③ 수학 점수가 70점 이상 75점 미만인 학생은 전체의 24%이다.
④ 수학 점수가 80점 이상인 학생은 10명이다.
⑤ 수학 점수가 10번째로 낮은 학생이 속하는 계급은 70점 이상 75점 미만이다.

[2-2 과정]

01 사건과 경우의 수

1 사건과 경우의 수(★★) : 공통수학 I 경우의 수

핵심개념

(1) 사건과 경우의 수

① 사건 : 주사위나 동전 던지기처럼 같은 조건에서 반복할 수 있는 실험이나 관찰에 의하여 나타나는 결과

② 경우의 수 : 어떤 사건이 일어나는 모든 가짓수

예) 한 개의 주사위를 던질 때, 짝수의 눈이 나오는 경우의 수는 2, 4, 6의 3가지이다.

! 주의 경우의 수를 구할 때는 ① 모든 경우를 빠짐없이 ② 중복되지 않게 구해야 한다.

(2) 사건 A 또는 사건 B가 일어나는 경우의 수

두 사건 A와 B가 동시에 일어나지 않을 때,

사건 A가 일어나는 경우의 수가 m, 사건 B가 일어나는 경우의 수가 n일 때,

(사건 A 또는 사건 B가 일어나는 경우의 수)
=(사건 A가 일어나는 경우의 수)+(사건 B가 일어나는 경우의 수)
$=m+n$

+설명 예를 들어 한 개의 주사위를 던질 때, 2 이하 또는 5 이상의 눈이 나오는 경우의 수를 구하면 다음과 같다.

i) 2 이하의 눈이 나오는 경우 : 1, 2 ⇒ 2가지

ii) 5 이상의 눈이 나오는 경우 : 5, 6 ⇒ 2가지

∴ (2 이하 또는 5 이상의 눈이 나오는 경우의 수)=2+2=4(가지) ← 1, 2 또는 5, 6의 4가지

! 중요 2 이하의 눈이면서 5 이상의 눈이 나오는 경우는 없다. 즉, 두 사건에는 중복되는 경우가 없다. 따라서 두 사건의 경우의 수를 더하기만 하면 된다.

확장개념+응용공식

사건 A와 사건 B에 모두 해당하는 경우(중복되는 경우)가 있다면 중복되는 경우의 수를 빼주어야 한다. 즉,

(사건 A 또는 사건 B가 일어나는 경우의 수)
=(사건 A의 경우의 수)+(사건 B의 경우의 수)−(공통된 사건의 경우의 수)

예) 한 개의 주사위를 던질 때, 짝수 또는 3의 배수의 눈이 나오는 경우의 수를 구하시오.

+풀이 짝수의 눈이 나오는 경우 : 2, 4, 6 ⇒ 3가지
3의 배수의 눈이 나오는 경우 : 3, 6 ⇒ 2가지
} 2, 3, 4, 6의 4가지

이때 두 사건에 중복되는 경우는 6이 나오는 경우의 1가지로 존재한다. 따라서

∴ (짝수 또는 3의 배수의 눈이 나오는 경우)=3+2−1=4(가지)

(3) 사건 A와 사건 B가 동시에 일어나는 경우의 수 ← A도 일어나고 B도 일어나는 경우의 수를 뜻함

사건 A가 일어나는 경우의 수가 m이고, 그 각각에 대하여 사건 B가 일어나는 경우의 수가 n일 때,

> (사건 A와 사건 B가 동시에 일어나는 경우의 수)
> =(사건 A가 일어나는 경우의 수)×(사건 B가 일어나는 경우의 수)
> $=m\times n$

+설명 예를 들어 동전 한 개와 주사위 한 개를 동시에 던질 때, 일어나는 모든 경우의 수를 구해 보자. 동전 한 개를 던질 때 나오는 면은 앞면과 뒷면의 2가지이고, 그 각각에 대하여 주사위 한 개를 던질 때 나오는 눈의 수는 1, 2, 3, 4, 5, 6의 6가지이므로 일어나는 모든 경우를 나열하면 다음과 같다.

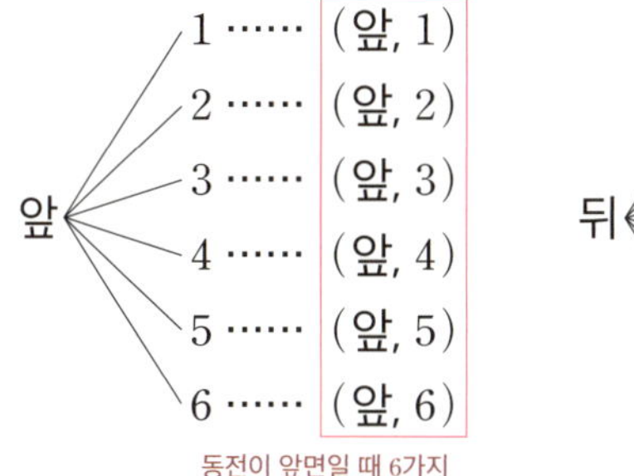

동전이 앞면일 때 6가지

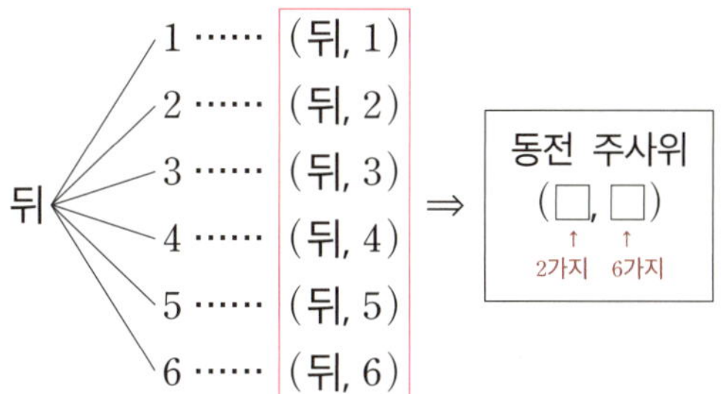

동전이 뒷면일 때 6가지

따라서 경우의 수는 $2\times6(=12)$가지이다. ← 동전의 경우의 수 2가지와 주사위의 경우의 수 6가지의 곱

이와 같이 사건 A가 일어나는 경우의 수가 m이고, 그 각각에 대하여 사건 B가 일어나는 경우의 수가 n일 때, 사건 A와 사건 B가 동시에 일어나는 경우의 수는 모든 경우를 순서쌍으로 나열하여 그 개수를 구하면 $m\times n$ 가지이다.

(예) 오른쪽 그림과 같은 도로망에서 A지점에서 P지점을 거쳐 B지점까지 최단 거리로 가는 경우의 수를 구하시오.

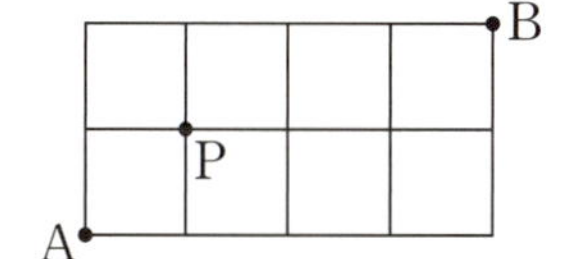

+풀이 A에서 P로 가는 경우의 수 : 2가지
└→ (→, ↑), (↑, →)의 2가지

P에서 B로 가는 경우의 수 : 4가지
└→ (→, →, →, ↑), (→, →, ↑, →), (→, ↑, →, →), (↑, →, →, →)의 4가지

$\therefore 2\times4=8$ ← A에서 P로 가는 경우의 수 2가지당 P에서 B로 가는 경우의 수 4가지의 곱

확장개념+응용공식

같은 사건을 여러 번 반복했을 때의 경우의 수

⇨ 경우의 수가 m가지인 사건을 n번 시행했을 때, 일어나는 모든 경우의 수는 m^n가지이다.

(예1) 서로 다른 주사위 3개를 동시에 던질 때 일어나는 모든 경우의 수를 구하시오.

+풀이 서로 다른 주사위 3개를 각각 ㉠, ㉡, ㉢이라 하고, 아래와 같이 순서쌍으로 표현하면,

㉠ ㉡ ㉢
(□, □, □) ⇒ $\therefore 6\times6\times6=6^3$
6가지 6가지 6가지

(예2) 서로 다른 동전 3개와 서로 다른 주사위 2개를 동시에 던질 때, 일어나는 모든 경우의 수는 $2^3\times6^2$ 가지이다. ← 순서쌍을 생각하여 각각의 경우의 수를 곱해보면, $2\times2\times2\times6\times6$

2 여러 가지 경우의 수(★★) : 공통수학 I /순열 조합

(1) 한 줄로 세우는 경우의 수

① n명을 한 줄로 세우는 경우의 수 : $n\times(n-1)\times(n-2)\times\cdots\times2\times1$

첫째 자리	둘째 자리	셋째 자리	…	n째 자리
□	□	□	…	□
↑ n가지	↑ $(n-1)$가지	↑ $(n-2)$가지	…	↑ 1가지

+설명 한 예로 A, B, C, D, E의 다섯 명을 한 줄로 세우는 경우의 수를 구해 보자.

다섯 명이 한 줄로 설 자리를 다음과 같이 그려 놓고, 각 자리에 설 사람을 정하는 경우의 수를 구하면

첫째 자리	둘째 자리	셋째 자리	넷째 자리	다섯째 자리
□	□	□	□	□ ← 그림으로 상황 설정을 해보면 좋다.
↑ 5가지	↑ 4가지	↑ 3가지	↑ 2가지	↑ 1가지

첫째 자리에 설 사람을 정하는 경우의 수는 A, B, C, D, E의 5가지이다.

둘째 자리에 설 사람을 정하는 경우의 수는 첫째 자리에 선 사람을 제외한 4가지이다.

셋째 자리에 설 사람을 정하는 경우의 수는 첫째 자리와 둘째 자리에 선 사람을 제외한 3가지이다.

마찬가지로 하면 넷째, 다섯째 자리에 설 사람을 정하는 경우의 수는 각각 2가지, 1가지이다.

따라서 구하는 모든 경우의 수는 $5\times4\times3\times2\times1(=120)$ 가지이다.

이를 일반화하면 n명을 한 줄로 세우는 경우의 수는 $n\times(n-1)\times(n-2)\times\cdots\times2\times1$ 이다.

② n명 중에서 2명을 뽑아 한 줄로 세우는 경우의 수 : $n\times(n-1)$

예 A, B, C, D, E의 다섯 명 중에서 두 명을 뽑아 한 줄로 세우는 경우의 수를 구하시오.

+풀이 다음과 같이 두 자리를 마련해 놓고, 들어갈 사람을 뽑는 경우의 수를 구하면

첫째 자리	둘째 자리	
□	□	$\Rightarrow\ \therefore\ 5\times4=20$
↑ 5가지	↑ 4가지	

③ n명 중에서 3명을 뽑아 한 줄로 세우는 경우의 수 : $n\times(n-1)\times(n-2)$

예 A, B, C, D, E의 다섯 명 중에서 세 명을 뽑아 한 줄로 세우는 경우의 수를 구하시오.

+풀이 $5\times4\times3=60$ ← 위의 예에서와 마찬가지 방법으로 생각하면 된다.

④ 특정 대상을 이웃하여 세우는 경우의 수

이웃하는 것끼리 묶어서 하나로 취급한다.

묶음과 나머지 것들 모두를 한 줄로 세우는 경우의 수	×	묶음 안에 있는 것들끼리 자리를 바꾸는 경우의 수

예1 A, B, C, D의 네 명을 한 줄로 세울 때, A와 B가 이웃하는 경우의 수를 구하시오.

+풀이 A와 B를 묶어서 하나로 취급하자. 즉, [A, B], C, D ⇒ □, C, D

□와 나머지 사람 C, D 모두를 한 줄로 세우는 경우의 수는

$3\times2\times1=6$ ⇨ □CD, □DC, C□D, D□C, CD□, DC□의 6가지

□안에 있는 A와 B가 자리를 정하는 경우의 수는

$2\times1=2$ ⇨ AB, BA의 2가지

즉, □, C, D를 나열하는 6가지의 경우마다 □안에 있는 A와 B가 자리를 정하는 경우의 수는 각각 2가지씩 존재한다. ← 예를 들면 □CD는 [AB]CD와 [BA]CD의 2가지

따라서 구하는 경우의 수는 $6\times2=12$가지이다.

예2 A, B, C, D의 네 명을 한 줄로 세울 때, A와 B가 이웃하지 않는 경우의 수를 구하시오.

+풀이 1 전체 경우의 수에서 A와 B가 이웃하는 경우의 수를 빼면 A와 B가 이웃하지 않는 경우의 수가 된다.

A, B, C, D의 네 명이 한 줄로 서는 경우의 수는 $4\times3\times2\times1=24$가지

A와 B가 이웃하는 경우의 수는 예1 에서와 같이 12가지

따라서 구하는 경우의 수는

(전체 경우의 수)−(A와 B가 이웃하는 경우의 수)

$=4\times3\times2\times1-12=12$

(2) 자연수의 개수

① 0을 포함하지 않는 경우

0이 아닌 서로 다른 한 자리의 숫자가 각각 하나씩 적힌 n장의 카드 중에서

i) 2장을 뽑아 만들 수 있는 두 자리 자연수의 개수 : $n\times(n-1)$

ii) 3장을 뽑아 만들 수 있는 세 자리 자연수의 개수 : $n\times(n-1)\times(n-2)$

예 1, 2, 3, 4, 5의 숫자가 적힌 5장의 카드에서

i) 2장을 뽑아 만들 수 있는 두 자리 자연수의 개수

십의 자리　일의 자리

□　□　$\Rightarrow \therefore 5\times4=20$

↑5가지　↑4가지

ii) 3장을 뽑아 만들 수 있는 세 자리 자연수의 개수

백의 자리　십의 자리　일의 자리

□　□　□　$\Rightarrow \therefore 5\times4\times3=60$

↑5가지　↑4가지　↑3가지

② 0을 포함하는 경우 ← 주의 맨 앞자리에는 0이 올 수 없다.

0을 포함한 서로 다른 한 자리의 숫자가 각각 하나씩 적힌 n장의 카드 중에서

i) 2장을 뽑아 만들 수 있는 두 자리 자연수의 개수 : $(n-1)\times(n-1)$

ii) 3장을 뽑아 만들 수 있는 세 자리 자연수의 개수 : $(n-1)\times(n-1)\times(n-2)$

예 0, 1, 2, 3, 4의 숫자가 적힌 5장의 카드에서

i) 2장을 뽑아 만들 수 있는 두 자리 자연수의 개수

십의 자리　일의 자리

□　□　$\Rightarrow \therefore 4\times4=16$

↑ 0을 제외한 4장 중 1장을 뽑는 경우의 수 : 4가지

└ 십의 자리에 있는 숫자를 제외한 4장 중 1장을 뽑는 경우의 수 : 4가지

ii) 3장을 뽑아 만들 수 있는 세 자리 자연수의 개수

백의 자리　십의 자리　일의 자리

□　□　□　$\Rightarrow \therefore 4\times4\times3=48$

↑4가지　↑4가지　↑3가지

iii) 3장을 뽑아 만들 수 있는 세 자리 짝수의 개수

짝수는 일의 자리 숫자가 0 또는 짝수여야 한다.

일의 자리 숫자가 0일 때	일의 자리 숫자가 2 또는 4일 때,
백의 자리 □ (4가지), 십의 자리 □ (3가지), 일의 자리 [0] $\Rightarrow 4\times3=12$	백의 자리 □ (3가지), 십의 자리 □ (3가지), 일의 자리 [2] 백의 자리 □ (3가지), 십의 자리 □ (3가지), 일의 자리 [4] $\Rightarrow 3\times3\times2=18$

$\therefore\ 12+18=30$

(3) 대표를 뽑는 경우의 수

① 자격이 다른 대표를 뽑는 경우

i) n명 중에서 자격이 다른 대표 2명을 뽑는 경우의 수 : $n\times(n-1)$

ii) n명 중에서 자격이 다른 대표 3명을 뽑는 경우의 수 : $n\times(n-1)\times(n-2)$

② 자격이 같은 대표를 뽑는 경우

i) n명 중에서 자격이 같은 대표 2명을 뽑는 경우의 수 : $\dfrac{n\times(n-1)}{2}$

ii) n명 중에서 자격이 같은 대표 3명을 뽑는 경우의 수 : $\dfrac{n\times(n-1)\times(n-2)}{6}$

예1 A, B, C, D, E의 5명 중에서 2명을 뽑을 때

① 회장 1명, 부회장 1명을 뽑는 경우의 수	② 대표 2명을 뽑는 경우의 수
회장 □ (5가지), 부회장 □ (4가지) ← (회장A, 부회장B)와 (회장B, 부회장A)는 결과가 다르다. $\Rightarrow \therefore\ 5\times4=20$	대표 □ (5가지), 대표 □ (4가지) ← (대표A, 대표B)와 (대표B, 대표A)는 결과가 같다. $\Rightarrow \therefore\ \dfrac{5\times4}{2}=10$ ← 각 경우마다 2가지씩 중복되므로 2로 나눈다.

예2 A, B, C, D, E의 5명 중에서 3명을 뽑을 때

① 회장, 부회장, 총무를 각각 1명씩 뽑는 경우의 수	② 대표 3명을 뽑는 경우의 수
회장 부회장 총무 □ □ □ ↑ ↑ ↑ 5가지 4가지 3가지 (A, B, C), (B, A, C), (C, A, B) (A, C, B), (B, C, A), (C, B, A)는 결과가 다르다. $\Rightarrow \therefore 5\times4\times3=60$	대표 대표 대표 □ □ □ ↑ ↑ ↑ 5가지 4가지 3가지 (A, B, C), (B, A, C), (C, A, B) (A, C, B), (B, C, A), (C, B, A)는 결과가 같다. $\Rightarrow \therefore \dfrac{5\times4\times3}{6}=10$ ← 각 경우마다 6가지씩 중복되므로 6으로 나눈다.

▶확인 n명 중에서 자격이 같은 m명을 뽑는 경우의 수는 다음과 같다.

(자격이 같은 m명을 뽑는 경우의 수)

=(자격이 다른 m명을 뽑는 경우의 수)÷(뽑힌 m명끼리 자리를 바꾸는 경우의 수)

└→(m명을 한 줄로 세우는 경우의 수) $=m\times(m-1)\times(m-2)\times\cdots\times2\times1$

(4) 선분 또는 삼각형의 개수

어느 세 점도 한 직선 위에 있지 않은 n개의 점 중에서

① 두 점을 이어 만들 수 있는 선분의 개수 : $\dfrac{n\times(n-1)}{2}$

└→(A, B), (B, A)는 모두 $\overline{AB}$를 나타낸다. (2가지씩 중복)

② 세 점을 이어 만들 수 있는 삼각형의 개수 : $\dfrac{n\times(n-1)\times(n-2)}{6}$

└→(A, B, C), (B, A, C), (C, A, B), (A, C, B), (B, C, A), (C, B, A)는 모두 △ABC를 나타낸다. (6가지씩 중복)

[2-2 과정]

02 확률

1 확률(★★★) : 확률과 통계(확률)

핵심개념

(1) 확률

① 확률

같은 조건에서 실험이나 관찰을 여러 번 반복할 때, 어떤 사건이 일어나는 상대도수가 가까워지는 일정한 값을 확률이라고 한다. 간단히 말하면 어떤 사건이 일어날 수 있는 가능성을 수로 나타낸 것이 확률이다.

② 사건 A가 일어날 확률 p

어떤 실험이나 관찰에서 각각의 경우가 일어날 가능성이 같을 때,

↳동전이나 주사위를 던질 때, 각 면이 나올 수 있는 가능성은 모두 같다.

일어날 수 있는 모든 경우의 수가 n가지이고, 사건 A가 일어나는 경우의 수가 a가지이면, 사건 A가 일어날 확률 p는

$$p=\frac{(\text{사건 }A\text{가 일어나는 경우의 수})}{(\text{일어나는 모든 경우의 수})}=\frac{a}{n}$$

+참고 확률은 보통 영어 단어 probability의 첫 글자 p로 나타낸다.

예 한 개의 동전을 던질 때,

일어나는 모든 경우의 수는 앞면, 뒷면의 2가지이고, 앞면이 나오는 경우의 수는 1가지이므로 앞면이 나올 확률은 $\frac{1}{2}$이다.

! 주의 동전을 한 개 던질 때 '앞면이 나올 확률은 $\frac{1}{2}$이다.' 라는 것은 동전을 두 번 던지면 앞면이 반드시 한 번 나온다는 말이 아니다. 동전을 던지는 횟수가 많아지면 앞면이 나온 횟수에 대한 상대도수가 $\frac{1}{2}$에 가까워진다는 뜻이다.

(2) 확률의 성질

① 어떤 사건이 일어날 확률을 p라고 하면 $0\le p\le 1$이다.

② 반드시 일어나는 사건의 확률은 1이다.

③ 절대로 일어나지 않는 사건의 확률은 0이다.

예 서로 다른 두 개의 주사위를 던질 때, ←모든 경우의 수는 6×6

① 두 눈의 합이 4일 확률 : $\frac{3}{6\times6}=\frac{1}{12}$ ←두 눈의 합이 4인 경우는 (1, 3), (2, 2), (3, 1)의 3가지

② 두 눈의 합이 2 이상일 확률 : $\frac{6\times6}{6\times6}=1$ ←두 눈의 합이 2 이상인 경우는 모든 경우이다.

③ 두 눈의 합이 13 이상일 확률 : $\frac{0}{6\times6}=0$ ←두 눈의 합이 13 이상인 경우는 없다.

(3) 어떤 사건이 일어나지 않을 확률

사건 A가 일어날 확률을 p라고 하면

(사건 A가 일어나지 않을 확률)$=1-p$

⇨ 사건 A가 일어나지 않을 확률보다 일어날 확률을 계산하는 것이 편리할 때 이용한다.

예1 주사위를 세 번 던질 때, 3의 배수의 눈이 적어도 한 번 이상 나올 확률을 구하시오.

풀이 3의 배수의 눈이 적어도 한 번 이상 나올 때는

i) 3의 배수의 눈이 한 번만 나올 때

ii) 3의 배수의 눈이 두 번만 나올 때

iii) 3의 배수의 눈이 세 번 모두 나올 때

로 경우를 나누어 구해야 한다. 이보다는 3의 배수의 눈이 한 번도 나오지 않을 확률을 구하는 것이 편리하다. 주사위를 세 번 던질 때, 3의 배수의 눈이 나오지 않는 경우의 수는 $4\times4\times4$이므로 ← 주사위를 한 번 던질 때, 3의 배수가 아닌 눈은 1, 2, 4, 5의 4가지이므로

(3의 배수의 눈이 한 번도 나오지 않을 확률)$=\dfrac{4\times4\times4}{6\times6\times6}=\dfrac{8}{27}$

$\therefore$ (3의 배수의 눈이 적어도 한 번 이상 나올 확률)$=1-\dfrac{8}{27}=\dfrac{19}{27}$

예2 1, 2, 3, 4, 5가 적힌 5장의 카드 중에서 3장의 카드를 뽑아 세 자리 자연수를 만들 때, 이 자연수가 3의 배수가 아닐 확률을 구하시오.

풀이 3의 배수가 아닌 세 자리 자연수보다 3의 배수인 세 자리 자연수를 찾는 것이 편리하다. 3의 배수는 각 자리의 숫자의 합이 3의 배수이어야 하므로, 합이 6, 9, 12인 세 숫자를 찾으면

→ 1, 2, 3으로 만들 수 있는 세 자리 자연수는 모두 3의 배수이다.

합이 6인 세 수 : (1, 2, 3)
합이 9인 세 수 : (1, 3, 5), (2, 4, 6)
합이 12인 세 수 : (3, 4, 5)
} 4종류

4종류 각각에서 만들 수 있는 세 자리 3의 배수의 개수 : $4\times(3\times2\times1)$ ← 서로 다른 세 개의 숫자를 나열하여 만들 수 있는 세 자리 자연수의 개수

1, 2, 3, 4, 5로 만들 수 있는 모든 세 자리 자연수의 개수 : $5\times4\times3$

(3의 배수일 확률)$=\dfrac{4\times(3\times2\times1)}{5\times4\times3}=\dfrac{2}{5}$

$\therefore$ (3의 배수가 아닐 확률)$=1-\dfrac{2}{5}=\dfrac{3}{5}$

! 중요 배수 판정법

① 2의 배수(짝수) : 끝자리 숫자가 0 또는 2의 배수인 수

② 3의 배수 : 각 자리의 숫자의 합이 3의 배수인 수

③ 4의 배수 : 끝의 두 자리의 수가 00 또는 4의 배수인 수

④ 5의 배수 : 끝자리 숫자가 0 또는 5인 수

⑤ 6의 배수 : 2의 배수와 3의 배수의 특징을 동시에 만족하는 수

⑥ 9의 배수 : 각 자리의 숫자의 합이 9의 배수인 수

2 확률의 계산(★★★) : 확률과 통계(확률)

핵심개념

(1) 사건 A 또는 사건 B가 일어날 확률

두 사건 A, B가 동시에 일어나지 않을 때, 사건 A가 일어날 확률을 p, 사건 B가 일어날 확률을 q라고 하면

(사건 A 또는 사건 B가 일어날 확률)$=p+q$

+설명 한 예로 주사위를 한 번 던질 때, 짝수의 눈 또는 5의 약수의 눈이 나올 확률을 구해 보자.

(짝수의 눈이 나올 확률)$=\frac{3}{6}$, (5의 약수의 눈이 나올 확률)$=\frac{2}{6}$

한편, 짝수의 눈인 동시에 5의 약수의 눈은 없으므로 짝수 또는 5의 약수의 눈이 나올 경우의 수는 $3+2=5$이다. 따라서

(짝수의 눈 또는 5의 약수의 눈이 나올 확률)
사건 A / 사건 B

$=\frac{3+2}{6}=\frac{3}{6}+\frac{2}{6}$

$=$(짝수의 눈이 나올 확률)$+$(5의 약수의 눈이 나올 확률)

예 서로 다른 두 개의 주사위를 동시에 던질 때, 나온 눈의 수의 차가 2 또는 4일 확률을 구하시오.

+풀이 (나온 눈의 수의 차가 2일 확률)$=\frac{8}{36}$ ← (1, 3), (2, 4), (3, 5), (4, 6)의 4가지와 이 숫자들이 자리를 바꿔 나오는 경우이므로 $4\times2=8$

(나온 눈의 수의 차가 4일 확률)$=\frac{4}{36}$ ← (1, 5), (2, 6)의 2가지와 이 숫자들이 자리를 바꿔 나오는 경우이므로 $4\times2=8$

나온 눈의 수의 차가 2이면서 4인 경우는 없으므로

∴ (나온 눈의 수의 차가 2 또는 4일 확률)$=\frac{8}{36}+\frac{4}{36}=\frac{12}{36}=\frac{1}{3}$

확장개념+응용공식

두 사건 A, B를 모두 만족하는 경우가 있을 때, 사건 A, B가 일어날 확률이 각각 p, q이고, 사건 A, B를 모두 만족할 확률이 r이면

(사건 A 또는 사건 B가 일어날 확률)$=p+q-r$

예 A, B, C, D, E 5명을 한 줄로 세울 때, 맨 앞에 A가 오거나 맨 뒤에 B가 올 확률을 구하시오.

+풀이 5명을 한 줄로 세우는 모든 경우의 수 : $5\times4\times3\times2\times1$

(맨 앞에 A가 올 확률)$=\frac{4\times3\times2\times1}{5\times4\times3\times2\times1}=\frac{1}{5}$ ← (A뒤에) 4명이 서는 경우의 수는 $4\times3\times2\times1$

(맨 뒤에 B가 올 확률)$=\frac{4\times3\times2\times1}{5\times4\times3\times2\times1}=\frac{1}{5}$ ← (B앞에) 4명이 서는 경우의 수는 $4\times3\times2\times1$

(맨 앞에 A가 오고, 맨 뒤에 B가 올 확률)$=\frac{3\times2\times1}{5\times4\times3\times2\times1}=\frac{1}{20}$
└→ (A와 B사이에) 3명이 서는 경우의 수는 $3\times2\times1$

∴ (맨 앞에 A가 오거나 맨 뒤에 B가 올 확률)$=\frac{1}{5}+\frac{1}{5}-\frac{1}{20}=\frac{7}{20}$

(2) 사건 A와 사건 B가 동시에 일어날 확률

두 사건 A, B가 서로 영향을 끼치지 않을 때, 사건 A가 일어날 확률을 p, 사건 B가 일어날 확률을 q라고 하면

(사건 A와 사건 B가 동시에 일어날 확률)$=p\times q$

+설명 한 예로 동전과 주사위를 동시에 던질 때, 동전은 앞면이 나오고 주사위는 3의 배수의 눈이 나올 확률을 구해 보자.

(동전의 앞면이 나올 확률)$=\frac{1}{2}$, (주사위가 3의 배수의 눈이 나올 확률)$=\frac{2}{6}$

한편, 모든 경우의 수는 $2\times6=12$이고, 이 중에서 동전은 앞면이 나오고 주사위는 3의 배수의 눈이 나오는 경우의 수는 $1\times2=2$이다. 따라서

(동전은 앞면이 나오고 주사위는 3의 배수의 눈이 나올 확률)$=\frac{1\times2}{2\times6}=\frac{1}{2}\times\frac{2}{6}$
(동전은 앞면이 나오고: 사건 A, 주사위는 3의 배수의 눈이: 사건 B)

$=$(앞면이 나올 확률)$\times$(3의 배수의 눈이 나올 확률)

+보충설명 '두 사건 A, B가 서로 영향을 끼치지 않을 때,' 의 뜻

동전 1개와 주사위 1개를 동시에 던질 때,

사건 A : 동전의 앞면이 나오는 사건

사건 B : 주사위의 눈이 1이 나오는 사건

이라 하자. 사건 A가 일어나건 일어나지 않건 간에, 사건 B가 일어날 확률은 항상 $\frac{1}{6}$이다. 이처럼 두 사건 A, B가 서로 영향을 끼치지 않는다는 것은 사건 A의 발생 여부에 관계없이 사건 B가 일어날 확률이 항상 일정하다는 것을 뜻한다.

예1 A, B가 안타를 칠 확률이 각각 $\frac{1}{4}$, $\frac{1}{3}$일 때, A, B 모두 안타를 치지 못할 확률을 구하시오.

+풀이 (A가 안타를 치지 못할 확률)$=1-\frac{1}{4}=\frac{3}{4}$

(B가 안타를 치지 못할 확률)$=1-\frac{1}{3}=\frac{2}{3}$

$\therefore$ (A, B 모두 안타를 치지 못할 확률)$=\frac{3}{4}\times\frac{2}{3}=\frac{1}{2}$

예2 A와 B가 가위바위보를 할 때, 첫 번째는 비기고 두 번째에 승부가 결정될 확률을 구하시오.

+풀이 두 사람이 가위바위보를 할 때, 모든 경우의 수는 $3\times3=9$

가위바위보에서 비기는 경우는 (바위, 바위), (가위, 가위), (보, 보)의 3가지

승부가 결정되는 경우는 (전체 경우의 수)$-$(비기는 경우의 수)$=9-3=6$

따라서 (비길 확률)$=\frac{3}{9}=\frac{1}{3}$, (승부가 결정될 확률)$=\frac{6}{9}=\frac{2}{3}$

$\therefore$ (첫 번째는 비기고 두 번째에 승부가 결정될 확률)$=\frac{1}{3}\times\frac{2}{3}=\frac{2}{9}$

(3) 연속하여 꺼내는 경우의 확률

① 꺼낸 것을 다시 넣고 뽑는 경우

전체의 개수가 처음의 상태로 복원되므로, 처음 꺼낼 때와 나중에 꺼낼 때의 조건이 같다. 즉, 처음에 일어난 사건이 나중에 일어난 사건에 영향을 주지 않는다.

(예) 빨간 공 3개와 파란 공 2개가 들어 있는 주머니에서 공을 한 개씩 두 번 꺼낼 때, 꺼낸 공을 다시 넣는다면

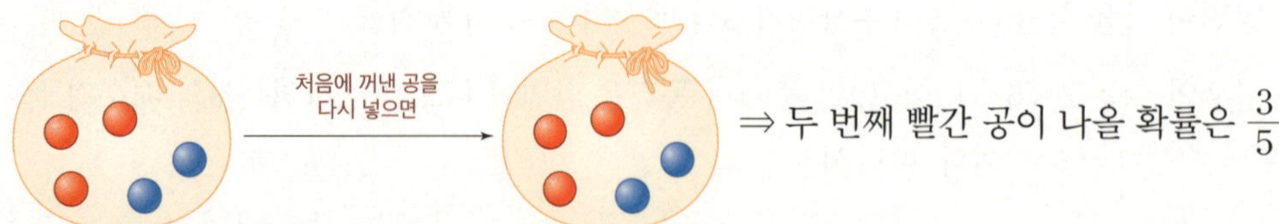

⇒ 두 번째 빨간 공이 나올 확률은 $\frac{3}{5}$

처음에 꺼낸 공의 색깔에 관계없이 나중에 빨간 공을 꺼낼 확률은 일정하다.

따라서 꺼낸 공이 모두 빨간 공일 확률은 $\frac{3}{5}\times\frac{3}{5}=\frac{9}{25}$

② 꺼낸 것을 다시 넣지 않고 뽑는 경우

처음 꺼낸 것이 제외되므로 전체의 개수가 원래의 상태로 복원되지 않는다. 따라서 처음 꺼낼 때와 나중에 꺼낼 때의 조건이 다르다. 즉, 처음에 일어난 사건이 나중에 일어난 사건에 영향을 준다.

(예) 빨간 공 3개와 파란 공 2개가 들어 있는 주머니에서 공을 한 개씩 두 번 꺼낼 때, 꺼낸 공을 다시 넣지 않는다면

i) 처음에 빨간 공을 꺼낸 경우

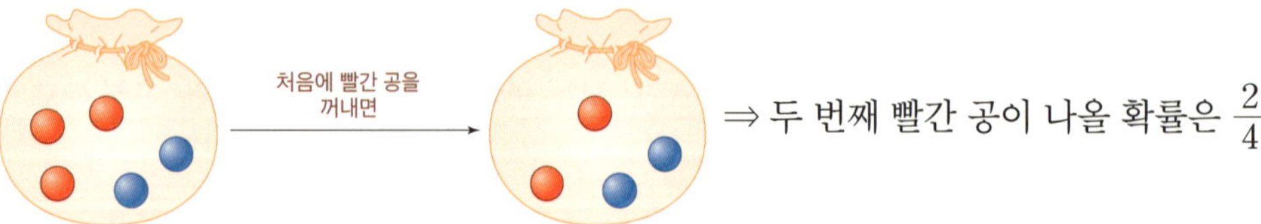

⇒ 두 번째 빨간 공이 나올 확률은 $\frac{2}{4}$

ii) 처음에 파란 공을 꺼낸 경우

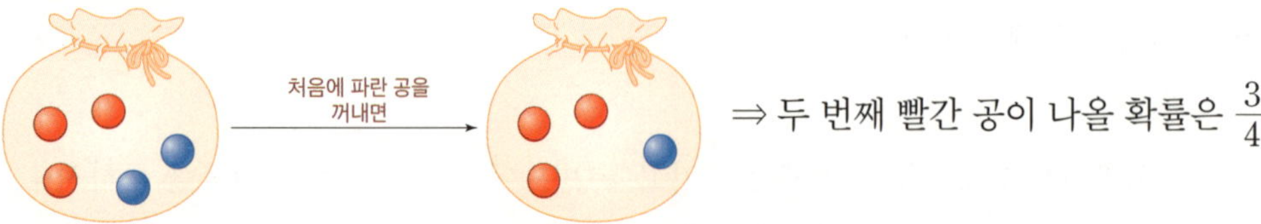

⇒ 두 번째 빨간 공이 나올 확률은 $\frac{3}{4}$

처음에 꺼낸 공의 색깔에 따라 나중에 빨간 공을 꺼낼 확률이 바뀐다.

따라서 꺼낸 공이 모두 빨간 공일 확률은 $\frac{3}{5}\times\frac{2}{4}=\frac{3}{10}$

+참고 이 내용은 고등과정 확률과 통계의 조건부 확률과 연결된다.

(4) 도형에서의 확률

도형에서 어떤 확률을 구할 때는 도형 전체의 넓이를 모든 경우의 수로, 어떤 부분의 넓이를 어떤 사건이 일어나는 경우로 생각한다.

$$(\text{도형에서의 확률}) = \frac{(\text{사건에 해당하는 부분의 넓이})}{(\text{도형 전체의 넓이})}$$ ← 넓이의 비율이 확률

✦설명 다음과 같은 두 원판에 화살을 각각 한 번씩 쏠 때, 1이 나올 확률은 서로 다르다.

원판1	원판2
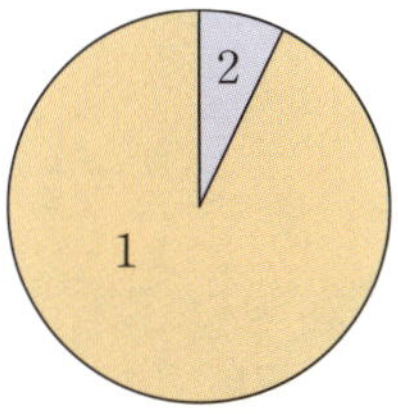	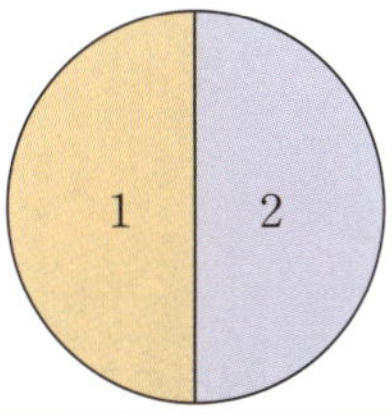
1의 영역이 크므로 1이 나올 확률이 2가 나올 확률보다 크다.	1의 영역과 2의 영역이 같으므로 1이 나올 확률과 2가 나올 확률이 같다.

원판1에서 1과 2가 차지하는 영역이 다름에도 불구하고, 1이 나올 확률을 단순히 경우의 수로만 계산한다면, 나올 수 있는 모든 경우의 수는 1, 2의 2가지이고, 1이 나오는 경우는 1가지이므로

$$(\text{원판1에서 1이 나올 확률}) = \frac{1}{2}$$

이 된다. 하지만 이는 1이 나올 가능성과 2가 나올 가능성이 다름을 반영하지 않은 것이므로 실제와는 동떨어진 값이 된다.

이처럼 도형과 연관된 확률에서 각각의 사건이 차지하는 영역이 다를 때, 어떤 사건이 일어날 확률은 단순히 경우의 수로만 확률을 구하지 않고, 그 사건이 차지하는 영역의 비율로 확률을 구한다. 어떤 사건이 차지하는 영역이 크면 그 사건이 일어날 확률도 크기 때문이다.

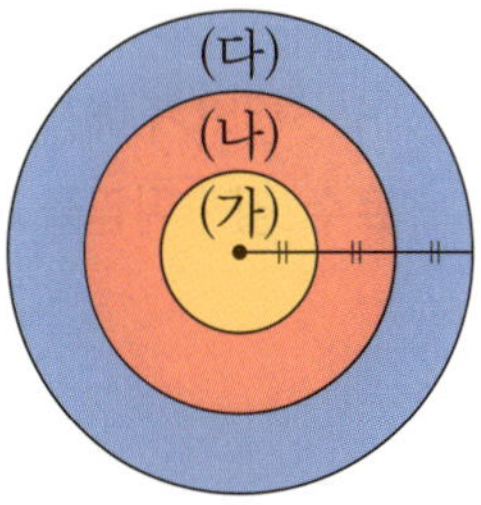

예 오른쪽 그림과 같은 원 모양의 과녁에 화살을 한 발 쏠 때, (가), (나), (다) 영역에 화살이 맞을 확률을 각각 구하시오. (단, 화살이 과녁을 벗어나는 경우는 없고, 경계선에 맞는 것은 생각하지 않는다.)

✦풀이 원의 반지름을 각각 r, $2r$, $3r$이라고 하자.

전체 영역의 넓이 : $\pi(3r)^2 = 9\pi r^2$

(가) 영역의 넓이 : πr^2

(나) 영역의 넓이 : $\pi(2r)^2 - \pi(r)^2 = 3\pi r^2$

(다) 영역의 넓이 : (전체 영역의 넓이)−((가)+(나) 영역의 넓이)$=5\pi r^2$

$\therefore$ ((가) 영역에 화살이 맞을 확률)$= \frac{\pi r^2}{9\pi r^2} = \frac{1}{9}$

((나) 영역에 화살이 맞을 확률)$= \frac{3\pi r^2}{9\pi r^2} = \frac{1}{3}$

((다) 영역에 화살이 맞을 확률)$= \frac{5\pi r^2}{9\pi r^2} = \frac{5}{9}$

고등 수학에 꼭 필요한 **핵심 개념 익히기**

• 사건과 경우의 수

7 두 개의 주사위 A, B를 동시에 던질 때, 나오는 두 눈의 수의 차가 1 또는 4인 경우의 수를 구하시오.

8 시헌이네 학교에서 서점으로 가는 길은 4가지, 서점에서 집으로 가는 길은 3가지가 있다. 시헌이가 학교에서 출발하여 서점에 들렀다가 집으로 가는 방법의 수를 구하시오.

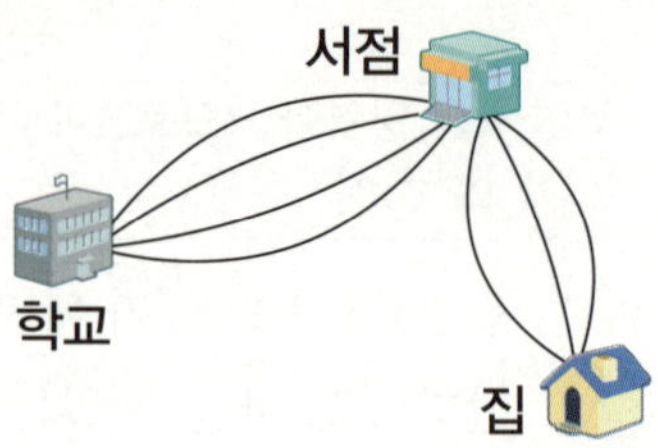

9 어느 햄버거 매장은 3종류의 햄버거, 7종류의 음료수, 2종류의 감자튀김이 있다. 이 매장에서 햄버거와 음료수, 감자튀김을 하나씩 넣은 세트메뉴를 만드는 경우의 수를 구하시오.

10 한 개의 주사위를 두 번 던질 때, 처음에는 3의 배수의 눈이 나오고 나중에는 6의 약수의 눈이 나오는 경우의 수를 구하시오.

11 남학생 2명, 여학생 4명이 한 줄로 설 때, 남학생끼리 이웃하여 서는 경우의 수를 구하시오.

12 0, 1, 2, 3, 4, 5의 숫자가 각각 적힌 6장의 카드 중에서 3장을 뽑아 만들 수 있는 세 자리 자연수 중 5의 배수의 개수를 구하시오.

13 8명의 학생 중에서 2명의 대표를 뽑는 경우의 수를 구하시오.

14 오른쪽 그림과 같은 모양의 도로가 있을 때, 집에서 서점을 거쳐 학교까지 최단 거리로 가는 방법의 수를 구하시오.

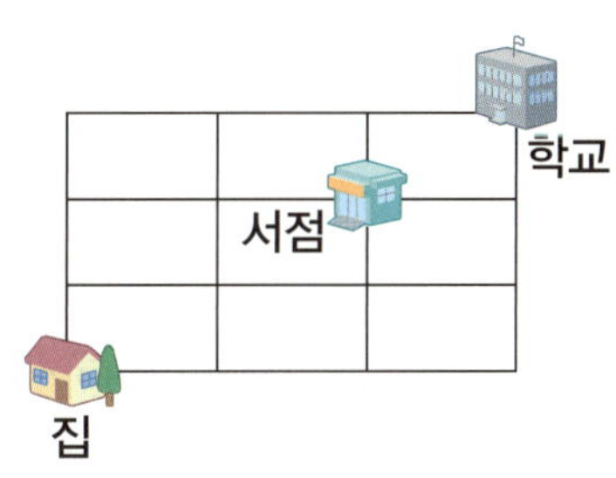

• 확률

15 선거를 하는데 후보자로 남자 5명과 서현이를 포함한 여자 3명이 출마하였다. 다음 물음에 답하시오.

(1) 회장 1명, 부회장 1명을 뽑을 때, 서현이가 부회장으로 뽑힐 확률을 구하시오.

(2) 대의원 3명을 뽑을 때, 서현이가 대의원으로 뽑힐 확률을 구하시오.

16 다음 보기 중 옳은 것을 모두 고르시오.

[보기]

ㄱ. 반드시 일어나는 사건의 확률은 1이다.

ㄴ. 절대로 일어나지 않는 사건의 확률은 0이다.

ㄷ. 어떤 사건이 일어날 확률을 p, 일어나지 않을 확률을 q라 하면 $q=p-1$이다.

17 두 개의 주사위 A, B를 동시에 던질 때, 적어도 한 개는 1의 눈이 나올 확률을 구하시오.

18 1부터 30까지의 자연수가 각각 적힌 30장의 카드 중에서 한 장을 뽑을 때, 2의 배수 또는 5의 배수가 적힌 카드가 나올 확률을 구하시오.

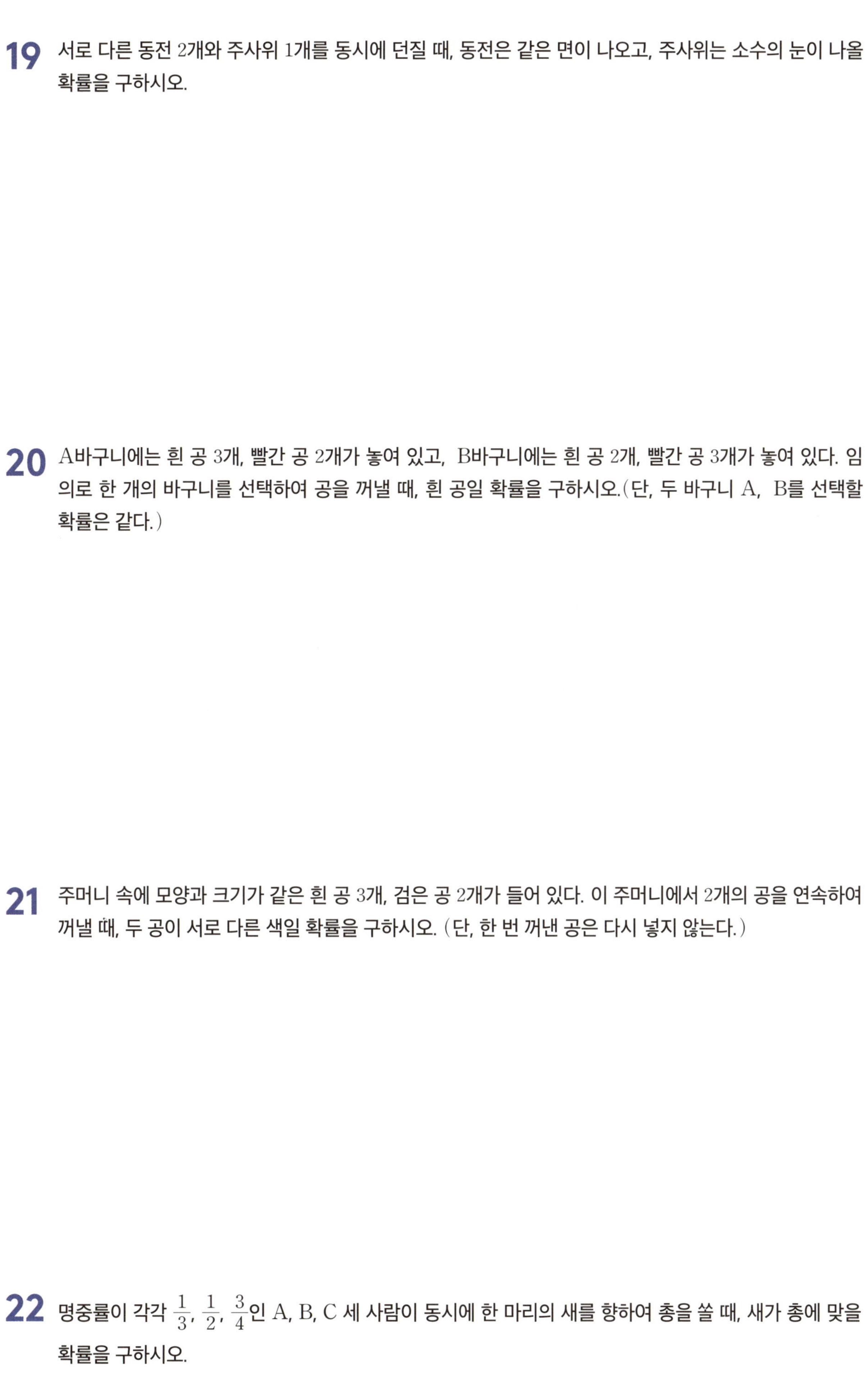

19 서로 다른 동전 2개와 주사위 1개를 동시에 던질 때, 동전은 같은 면이 나오고, 주사위는 소수의 눈이 나올 확률을 구하시오.

20 A바구니에는 흰 공 3개, 빨간 공 2개가 놓여 있고, B바구니에는 흰 공 2개, 빨간 공 3개가 놓여 있다. 임의로 한 개의 바구니를 선택하여 공을 꺼낼 때, 흰 공일 확률을 구하시오.(단, 두 바구니 A, B를 선택할 확률은 같다.)

21 주머니 속에 모양과 크기가 같은 흰 공 3개, 검은 공 2개가 들어 있다. 이 주머니에서 2개의 공을 연속하여 꺼낼 때, 두 공이 서로 다른 색일 확률을 구하시오. (단, 한 번 꺼낸 공은 다시 넣지 않는다.)

22 명중률이 각각 $\frac{1}{3}$, $\frac{1}{2}$, $\frac{3}{4}$인 A, B, C 세 사람이 동시에 한 마리의 새를 향하여 총을 쏠 때, 새가 총에 맞을 확률을 구하시오.

[3-2 과정]

01 대푯값과 산포도

1 대푯값(2022 교육과정에서 중 1-2로 이동)

핵심개념

(1) 대푯값 : 자료 전체의 중심적인 경향이나 특징을 대표적으로 나타내는 값

+참고 대푯값에는 평균, 중앙값, 최빈값 등이 있으며 이 중 평균을 가장 많이 사용한다.

(2) 평균 : 전체 변량의 총합을 변량의 개수로 나눈 값(★★) : 확률과 통계(확률분포)

$$(\text{평균})=\frac{(\text{변량의 총합})}{(\text{변량의 개수})}$$

예 A학교 농구부 6명의 키가 다음과 같을 때, 키의 평균을 구하시오. (단위는 cm)

178, 185, 196, 180, 189, 200

+풀이 $(\text{평균})=\frac{178+185+196+180+189+200}{6}=188(\text{cm})$

(3) 중앙값 : 자료의 변량을 작은 값부터 크기순으로 나열했을 때, 중앙에 위치하는 값

① 자료의 개수가 홀수인 경우 ⇨ 한 가운데 위치하는 값이 중앙값

② 자료의 개수가 짝수인 경우 ⇨ 한 가운데에 있는 두 값의 평균이 중앙값

예 다음 자료의 중앙값을 구하시오.

① 4, 8, 6, 7, 30　　② 5, 2, 50, 8, 10, 6

+풀이 자료를 작은 값부터 크기순으로 나열한 뒤 중앙값을 구한다.

① 4, 8, 6, 7, 30 $\xrightarrow[\text{크기순으로 나열}]{\text{작은 값부터}}$ 4, 6, 7, 8, 30 ⇨ (중앙값)=7

② 5, 2, 50, 8, 10, 6 $\xrightarrow[\text{크기순으로 나열}]{\text{작은 값부터}}$ 2, 5, 6, 8, 10, 50 ⇨ $(\text{중앙값})=\frac{6+8}{2}=7$

+참고 자료 중에서 매우 크거나 매우 작은 값이 있는 경우에는 평균이 한쪽으로 치우치는 경향이 있다. 이때는 중앙값이 그 자료 전체의 중심적인 경향을 잘 나타낸다.

(4) 최빈값 : 자료의 변량 중에서 가장 많이 나타나는 값

예 다음은 학생 10명의 신발 크기를 조사하여 나타낸 자료이다. 최빈값을 구하시오.

225, 230, 250, 275, 270, 280, 270, 260, 260, 265

+풀이 (최빈값)=260, 270

+참고1 최빈값은 자료에 따라 2개 이상일 수도 있고, 없을 수도 있다.
(└→ 같은 자료들이 모두 같은 개수만큼 있는 경우)

① 2, 4, 5, 7, 9 ⇨ 최빈값은 없다.　　② 2, 2, 4, 4, 5, 5 ⇨ 최빈값은 없다.

+참고2 최빈값은 '가장 좋아하는 음식' 등과 같이 자료가 수가 아닐 때도 구할 수 있다.

2 산포도 (★★) : 확률과 통계(확률분포) ← 산(散) : 흩어지다, 포(布) : 넓게 펴다, 도(度) : 정도

핵심개념

(1) 산포도 : 변량들이 대푯값을 중심으로 흩어져 있는 정도를 하나의 수로 나타낸 값

자료의 변량들이 대푯값에 모여 있을수록 흩어져 있는 정도가 작고(산포도가 작고), 대푯값으로부터 멀리 떨어져 있을수록 흩어져 있는 정도가 크다(산포도가 크다).

+참고 산포도는 평균을 대푯값으로 하여 구한 분산과 표준편차를 많이 사용한다.

(2) 편차 : 각 변량에서 평균을 뺀 값

(편차)=(변량)−(평균)

① 편차의 총합은 항상 0이다. ⇨ 이 때문에 편차의 합만으로는 변량이 평균으로부터 흩어진 정도를 알 수 없다.

② 평균보다 큰 변량의 편차는 양수, 평균보다 작은 변량의 편차는 음수이다.

③ 편차의 절댓값이 클수록 그 변량은 평균에서 멀리 떨어져 있고, 편차의 절댓값이 작을수록 그 변량은 평균 가까이에 있다.

예 학생 5명의 수학 점수가 각각 70, 78, 82, 96, 84점일 때,

$$(\text{평균})=\frac{70+78+82+96+84}{5}=82(\text{점})$$

따라서 각 점수들의 편차를 구하면

수학 점수(점)	70	78	82	96	84	
편차(점)	−12	−4	0	14	2	← 총합 : 0

(3) 분산 : 각 편차의 제곱의 합을 전체 변량의 개수로 나눈 값. 즉, '편차 제곱'들의 평균

$$(\text{분산})=\frac{(\text{편차})^2\text{의 총합}}{(\text{변량의 개수})}$$

예 위의 예에서 수학 점수 70, 78, 82, 96, 84점의 분산을 구하려면

수학 점수(점)	70	78	82	96	84	
편차(점)	−12	−4	0	14	2	← 총합 : 0
(편차)	144	16	0	196	4	← 총합 : 360

$(\text{분산})=\{(\text{편차})^2\text{의 평균}\}=\frac{360}{5}=72$ ← 분산은 단위를 쓰지 않는다.

(4) 표준편차 : 분산의 음이 아닌 제곱근

$(\text{표준편차})=\sqrt{(\text{분산})}$ ← 제곱하면 단위가 달라지므로 단위를 맞추기 위해 √를 씌움

예 위의 예에서 수학 점수 70, 78, 82, 96, 84점의 표준편차를 구하면

$(\text{표준편차})=\sqrt{72}=6\sqrt{2}(\text{점})$

! 중요 분산, 표준편차를 구하는 순서

평균 —(변량)−(평균)→ 편차 —$(\text{편차})^2$의 평균→ 분산 —√ 씌우기→ 표준편차

(5) 자료의 분석

자료의 그래프를 분석하여 산포도를 비교할 수도 있다.

자료가 평균에 몰려 있을수록 분산과 표준편차가 작고, ⇨ 자료의 분포상태가 고르다.

평균으로부터 멀리 흩어져 있을수록 분산과 표준편차가 크다. ⇨ 자료의 분포상태가 고르지 않다.

+설명 다음은 A, B, C, D, E가 [영화1]과 [영화2]에 준 평점을 그래프로 나타낸 것이다.

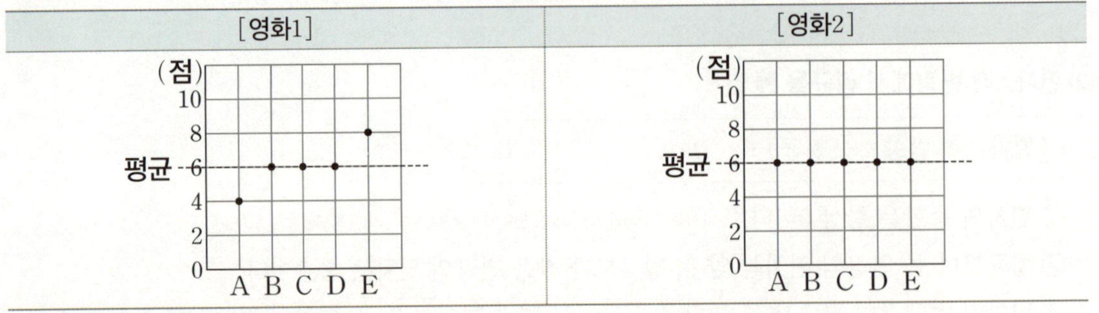

두 영화의 평점의 평균은 6점으로 서로 같다. ← $\frac{4+6+6+6+8}{5}=\frac{6+6+6+6+6}{5}=6$

하지만 [영화2]의 자료들은 평균인 6에 몰려 있고, [영화1]의 자료들은 [영화2]에 비해 평균으로부터 멀리 흩어진 자료들이 많다. 따라서 [영화1]의 분산이 [영화2]보다 큼을 알 수 있다.

이는 두 영화의 분산을 실제로 계산해 봐도 알 수 있다.

$$(\text{영화1의 분산})=\frac{(-2)^2+0+0+0+2^2}{5}=\frac{8}{5}$$

⇨ [영화1]의 분산이 [영화2]의 분산보다 크다.

$$(\text{영화2의 분산})=\frac{0+0+0+0+0}{5}=0$$

(예) 다음 네 자료 A, B, C, D를 표준편차가 작은 것부터 차례대로 나열하시오.

자료 A : 5, 5, 5, 5, 5, 5, 5	자료 B : 1, 3, 4, 5, 6, 7, 9
자료 C : 1, 3, 5, 5, 5, 7, 9	자료 D : 1, 1, 3, 5, 7, 9, 9

+풀이 1 표준편차는 평균을 중심으로 흩어진 정도를 나타내므로 흩어진 정도가 가장 작은 것부터 나열하면 A, C, B, D이다.

+풀이 2 네 자료의 평균은 모두 5이다.

자료A의 편차는 모두 0 ⇒ 편차 제곱 : 모두 0

자료B의 편차는 −4, −2, −1, 0, 1, 2, 4 ⇒ 편차 제곱 : 16, 4, 1, 0, 1, 4, 16

자료C의 편차는 −4, −2, 0, 0, 0, 2, 4 ⇒ 편차 제곱 : 16, 4, 0, 0, 0, 4, 16

자료D의 편차는 −4, −4, −2, 0, 2, 4, 4 ⇒ 편차 제곱 : 16, 16, 4, 0, 4, 16, 16

편차 제곱의 합을 비교하면 자료A < 자료C < 자료B < 자료D

∴ 표준편차가 작은 것부터 나열하면 A, C, B, D이다.

+꿀팁 네 자료의 분산을 직접 구해도 된다. 하지만, **+풀이 1**과 같이 어떤 자료가 상대적으로 평균에 더 몰려 있는지를 비교할 수 있다면 분산이 작은 것을 감각적으로도 찾을 수 있다.

확장개념+응용공식

모든 변량에 각각 일정한 값이 더해지거나 곱해지는 경우, 바뀐 변량들의 평균, 분산, 표준편차는 처음의 평균, 분산, 표준편차를 이용하여 간단히 구할 수 있다.

+설명 세 변량 10, 20, 30의 평균과 분산을 구하면,

$$(\text{평균})=20,\ (\text{분산})=\frac{(-10)^2+0+10^2}{3}=\frac{200}{3},\ (\text{표준편차})=\sqrt{\frac{200}{3}}$$

① 세 변량 10, 20, 30에 각각 10을 더하여 변량을 바꾸면

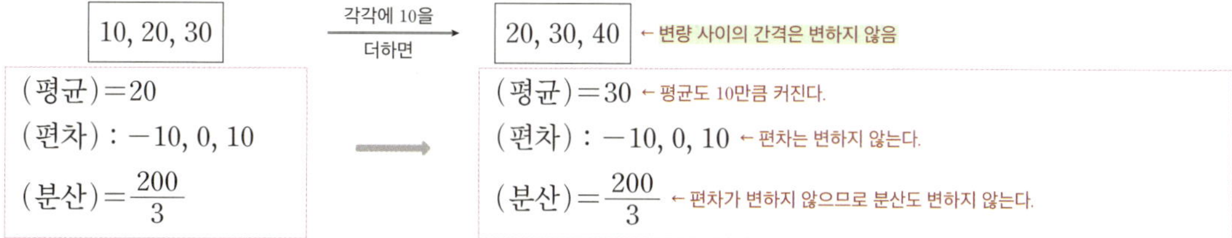

10, 20, 30
각각에 10을 더하면
20, 30, 40
← 변량 사이의 간격은 변하지 않음
(평균)=20
(편차) : −10, 0, 10
(분산)=200/3
(평균)=30 ← 평균도 10만큼 커진다.
(편차) : −10, 0, 10 ← 편차는 변하지 않는다.
(분산)=200/3 ← 편차가 변하지 않으므로 분산도 변하지 않는다.

② 세 변량 10, 20, 30에 각각 2를 곱하여 변량을 바꾸면

10, 20, 30 —(각각에 2를 곱하면)→ 20, 40, 60 ← 변량 사이의 간격도 2배만큼 벌어짐

(평균)=20
(편차) : -10, 0, 10
(분산)$=\frac{200}{3}$
(표준편차)$=\sqrt{\frac{200}{3}}$

→

(평균)=40 ← 평균도 2배가 된다.
(편차) : -20, 0, 20 ← 편차도 2배가 된다.
(분산)$=\frac{800}{3}$ ← 편차가 2배가 되므로 (편차)^{2}은 $(2)^2$배. 따라서 분산은 4배가 된다.
(표준편차)$=\sqrt{\frac{800}{3}}=2\sqrt{\frac{200}{3}}$ ← 분산이 4배이므로 표준편차는 $\sqrt{4}=2$배

③ 세 변량 10, 20, 30에 각각 2를 곱하고 10을 더하여 변량을 바꾸면

10, 20, 30 —(2를 곱하고 10을 더하면)→ 30, 50, 70 ← 변량 사이의 간격은 2배만큼 벌어짐

(평균)=20
(편차) : -10, 0, 10
(분산)$=\frac{200}{3}$
(표준편차)$=\sqrt{\frac{200}{3}}$

→

(평균)=50 ← 평균도 곱하기 2, 더하기 10이 된다.
(편차) : -20, 0, 20 ← 편차는 2배만 된다.
(분산)$=\frac{800}{3}$ ← 분산은 2^2배가 된다.
(표준편차)$=\sqrt{\frac{800}{3}}=2\sqrt{\frac{200}{3}}$ ← 표준편차는 2배

이는 일반적으로 다음과 같이 정리할 수 있다.

> 변량 a, b, c의 평균이 m, 분산이 s^2, 표준편차가 s일 때, ← 변량의 개수가 더 많아도 된다.
> 변량 $pa+q, pb+q, pc+q$의 ← 모든 변량에 각각 p를 곱하고, q를 더하여 변량을 바꿈
> ① 평균 : $pm+q$ ② 분산 : p^2s^2 ③ 표준편차 : $|p|s$

+참고 이 내용은 고등과정 확률과 통계의 이산확률분포와 연결된다.

예1 4개의 변량 a, b, c, d의 평균이 8이고, 분산이 6일 때, $5a, 5b, 5c, 5d$의 평균과 분산을 구하시오.

+풀이 1 변량 $5a, 5b, 5c, 5d$는 변량 a, b, c, d에 각각 5를 곱한 값이다.
따라서 평균도 5배가 되고, 분산은 (곱해진 수)^{2}이 곱해진다.
$\therefore$ (평균)$=5\times8=40$, (분산)$=5^2\times6=150$

+풀이 2 a, b, c, d의 평균이 8, 분산이 6이므로

$$\frac{a+b+c+d}{4}=8,\ \frac{(a-8)^2+(b-8)^2+(c-8)^2+(d-8)^2}{4}=6$$

4개의 변량 $5a, 5b, 5c, 5d$에 대하여

$$(\text{평균})=\frac{5a+5b+5c+5d}{4}=5\times\Big(\underbrace{\frac{a+b+c+d}{4}}_{a,\,b,\,c,\,d\text{의 평균}}\Big)=40$$

$$(\text{분산})=\frac{(5a-40)^2+(5b-40)^2+(5c-40)^2+(5d-40)^2}{4}$$
$$=5^2\times\Big\{\underbrace{\frac{(a-8)^2+(b-8)^2+(c-8)^2+(d-8)^2}{4}}_{a,\,b,\,c,\,d\text{의 분산}}\Big\}$$
$$=5^2\times6=150$$

예2 5개의 변량 a, b, c, d, e의 평균이 5, 분산이 10일 때,

$3a-2, 3b-2, 3c-2, 3d-2, 3e-2$

의 평균과 분산을 구하시오.

+풀이 1 변량 $3a-2, 3b-2, 3c-2, 3d-2, 3e-2$는 모든 변량에 각각 3을 곱하고 -2를 더한 값이다. 이때 평균은 같은 규칙으로 변화하고, 분산은 (곱해진 수)^{2}이 곱해진 값으로 바뀐다. (변량에 일정한 수를 더하는 것은 분산에 영향을 주지 않는다.)
$\therefore$ (평균)$=3\times5-2=13$, (분산)$=3^2\times10=90$

+풀이 2 a, b, c, d, e의 평균이 5, 분산이 10이므로

$$\frac{a+b+c+d+e}{5}=5,\ \frac{(a-5)^2+(b-5)^2+(c-5)^2+(d-5)^2+(e-5)^2}{5}=10$$

5개의 변량 $3a-2, 3b-2, 3c-2, 3d-2, 3e-2$에서

$$(\text{평균})=\frac{(3a-2)+(3b-2)+(3c-2)+(3d-2)+(3e-2)}{5}$$
$$=\frac{3(a+b+c+d+e)-10}{5}=3\times\Big(\underbrace{\frac{a+b+c+d+e}{5}}_{a,\,b,\,c,\,d\ e\text{의 평균}}\Big)-2$$
$$=3\times5-2=13$$

주어진 변량의 편차는 $(3a-2)-13=3a-15$와 같이 구할 수 있으므로

$$(\text{분산})=\frac{(3a-15)^2+(3b-15)^2+(3c-15)^2+(3d-15)^2+(3e-15)^2}{5}$$
$$=3^2\times\Big\{\underbrace{\frac{(a-5)^2+(b-5)^2+(c-5)^2+(d-5)^2+(e-5)^2}{5}}_{a,\,b,\,c,\,d,\,e\text{의 분산}}\Big\}$$
$$=3^2\times10=90$$

[3-2 과정]

02 상관관계

1 산점도 ← 산(散) : 흩어지다, 점(點) : 점, 도(圖) : 그림

핵심개념

(1) 산점도 : 어떤 자료에서 두 변량 x와 y에 대하여 순서쌍 (x, y)를 좌표평면 위에 점으로 나타낸 그래프

예 다음 표는 학생 10명의 수학 점수와 과학 점수를 조사하여 나타낸 것이다. 수학 점수를 x점, 과학 점수를 y점이라 할 때, 이 두 변량 x, y의 산점도를 그리면 아래의 오른쪽과 같다.

[자료]

수학(점)	70	60	80	90	70
과학(점)	80	80	70	80	90
수학(점)	90	70	70	100	90
과학(점)	100	60	70	80	90

➡

[산점도]

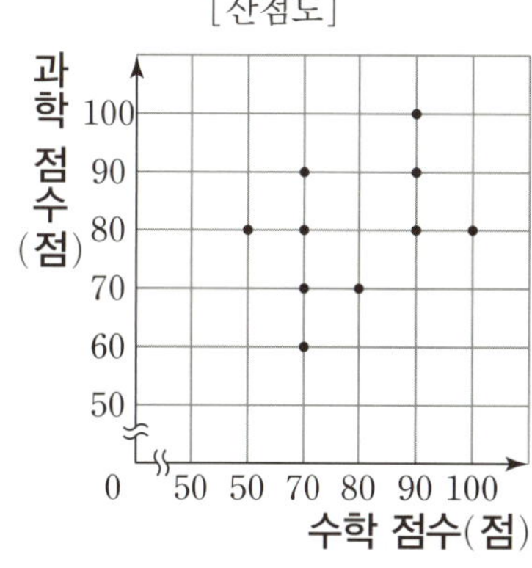

(2) 산점도에서 특정한 조건을 만족하는 경우 찾기

① 산점도에서 '변량 x 또는 y의 값이 어떤 상수보다 크다 혹은 작다' 라는 조건이 있는 경우에는 기준이 되는 보조선(x축 또는 y축에 평행)을 그어 생각한다.

② 산점도에서 두 변량을 비교할 경우, 대각선(직선 $y=x$)를 그어 생각한다. 대각선 위의 점은 x와 y가 같은 점이다.

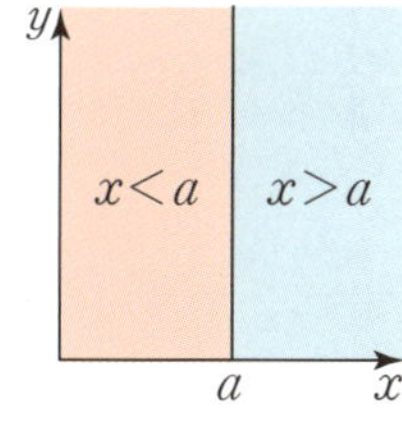

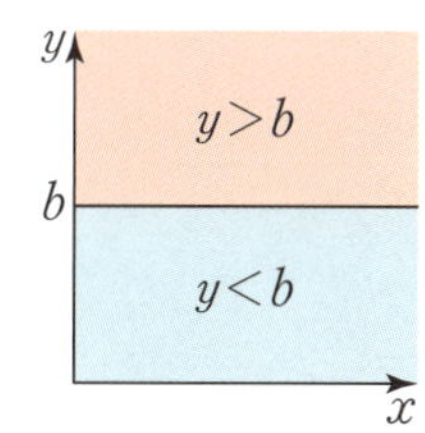

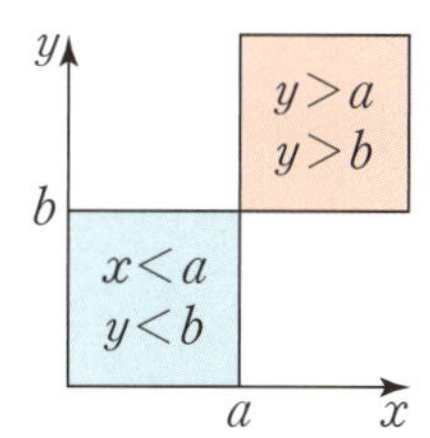

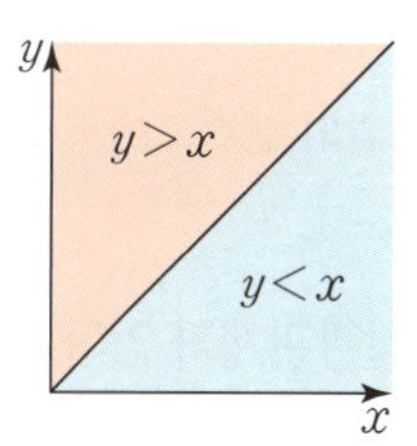

예 오른쪽은 학생 10명의 수학 점수와 과학 점수를 나타낸 산점도이다. 이때

① 수학 점수가 90점 이상인 학생 수 : 4명
　└ 직선 $x=90$ 위의 점 ⊕ 직선의 오른쪽에 있는 점

② 과학 점수가 80점 이상인 학생 수 : 7명
　└ 직선 $y=80$ 위의 점 ⊕ 직선의 위쪽에 있는 점

③ 수학 점수가 과학 점수보다 높은 학생 수 : 4명
　└ 직선 $y=x$의 아래쪽에 있는 점

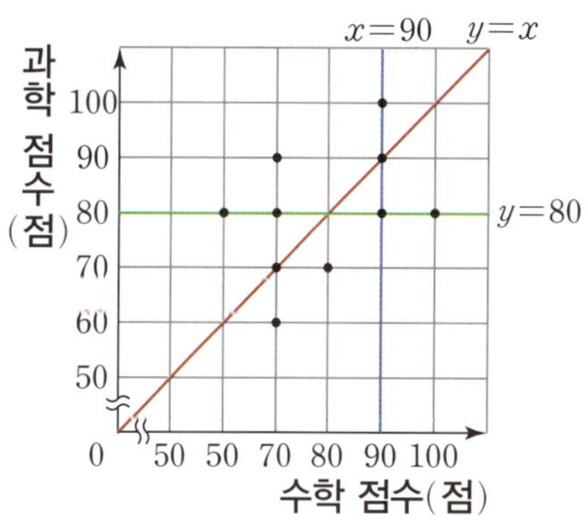

2 상관관계

두 변량 중 한쪽이 증가할 때, 다른 한쪽이 증가 또는 감소하는 경향을 나타내는 두 변량 사이의 관계를 상관관계라고 한다. 산점도에서 점들이 한 직선에 가까이 분포되어 있을수록 '상관관계가 강하다'라고 하고, 흩어져 있을수록 '상관관계가 약하다'라고 한다.

(1) 양의 상관관계

어떤 자료에서 두 변량 x, y에 대하여 x의 값이 커짐에 따라 y의 값도 대체로 커지는 관계

예 기온과 냉방비, 도시의 인구수와 교통량, 통학 거리와 통학 시간 등

↳ 기온이 높아지면 냉방비도 증가한다.

[양의 상관관계]

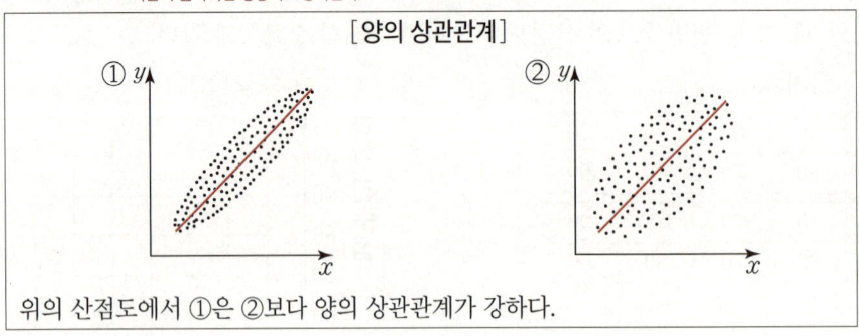

위의 산점도에서 ①은 ②보다 양의 상관관계가 강하다.

(2) 음의 상관관계

어떤 자료에서 두 변량 x, y에 대하여 x의 값이 커짐에 따라 y의 값은 대체로 작아지는 관계

예 물건의 가격과 판매량, 지면으로부터의 높이와 기온, 하루 중 낮의 길이와 밤의 길이 등

↳ 가격이 올라가면 판매량은 떨어진다.

[음의 상관관계]

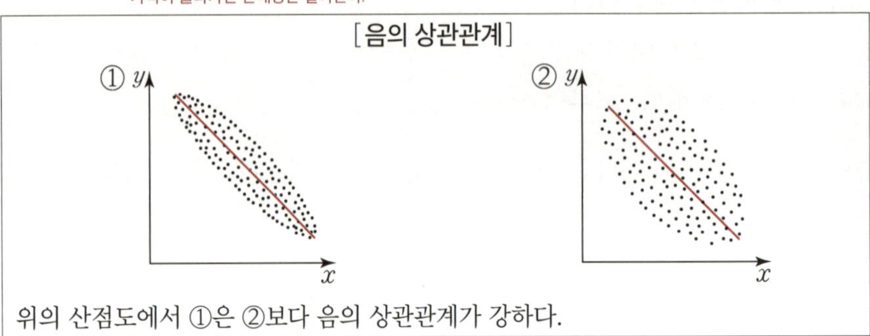

위의 산점도에서 ①은 ②보다 음의 상관관계가 강하다.

(3) 상관관계가 없다.

어떤 자료에서 두 변량 x, y에 대하여 x의 값이 커짐에 따라 y의 값이 커지는지 또는 작아지는지 그 관계가 분명하지 않은 경우

[상관관계가 없는 경우]

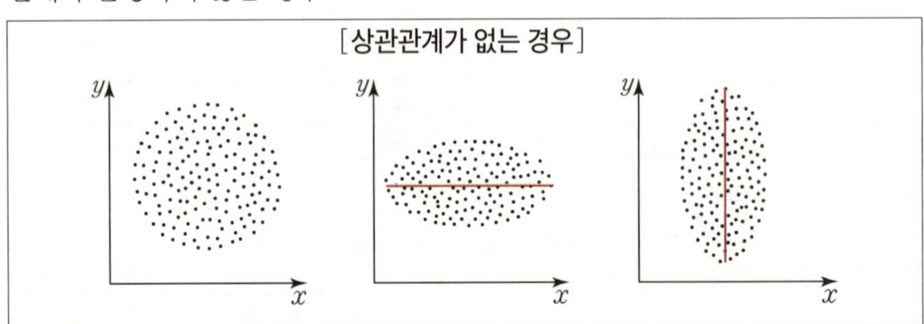

고등 수학에 꼭 필요한 **핵심 개념 익히기**

• 대푯값과 산포도

23 현준이가 4회에 걸쳐 받은 영어 점수가 85점, 87점, 92점, 96점이다. 5회에 걸쳐 받은 영어 점수의 평균이 91점이 되려면 5회째 시험에서 몇 점을 받아야 하는지 구하시오.

24 다음은 서현이네 반 학생 16명의 수학 점수를 조사하여 만든 자료이다. 이 자료의 중앙값을 a회, 최빈값을 b회라 할 때, $a+b$의 값을 구하시오.

(단위 : 회)

86	72	79	97	81	77	80	86
82	90	79	88	86	93	84	75

25 다음은 규리가 5회에 걸쳐 본 국어 시험 점수의 편차를 조사하여 나타낸 표이다. 규리의 국어 점수의 평균이 92점일 때, 4회의 국어 점수를 구하시오.

회	1	2	3	4	5
편차(점)	-2	1	3	x	-1

26 5개의 변량 6, 7, 10, 12, x의 평균이 9일 때, 분산을 구하시오.

27 다음은 어느 중학교 1학년 다섯 학급의 수학 점수를 조사하여 나타낸 표이다. 다섯 학급 중 수학 점수가 가장 고른 학급을 구하시오.

(단, 각 학급의 학생 수는 모두 같다.)

학급	1반	2반	3반	4반	5반
평균(점)	72	69	73	76	78
표준편차(점)	5.3	7.7	6.8	3.2	4.4

• 상관관계

28 오른쪽은 시은이네 반 학생 20명의 음악 필기 점수와 실기 점수를 조사하여 나타낸 산점도이다. 다음 중 옳지 않은 것은?

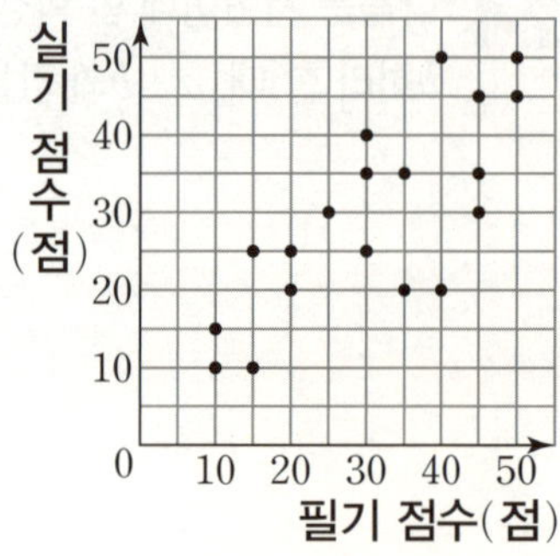

① 필기 점수가 40점 이상인 학생은 7명이다.
② 실기 점수가 25점 미만인 학생은 6명이다.
③ 필기 점수가 15점 이상 30점 이하인 학생은 8명이다.
④ 필기 점수와 실기 점수가 모두 45점 이상인 학생은 4명이다.
⑤ 필기 점수와 실기 점수가 같은 학생은 5명이다.

29 다음 보기의 산점도에 대한 설명 중 옳은 것은?

[보기]

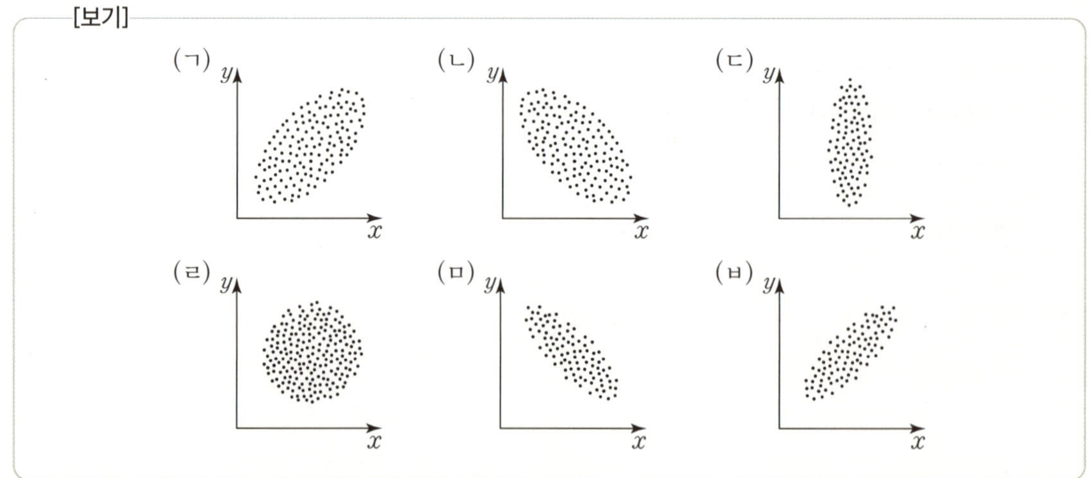

① 양의 상관관계를 나타내는 것은 (ㄱ), (ㄷ), (ㅂ)이다.
② 상관관계가 없는 것은 (ㄹ)뿐이다.
③ (ㄴ)은 (ㅁ)보다 강한 상관관계를 나타낸다.
④ (ㄱ)은 통학 거리와 통학 시간 사이의 상관관계와 같은 상관관계를 나타낸다.
⑤ (ㅂ)은 물건의 공급량과 판매 가격 사이의 상관관계와 같은 상관관계를 나타낸다.

고등수학 전에 꼭 봐야 할 총정리!

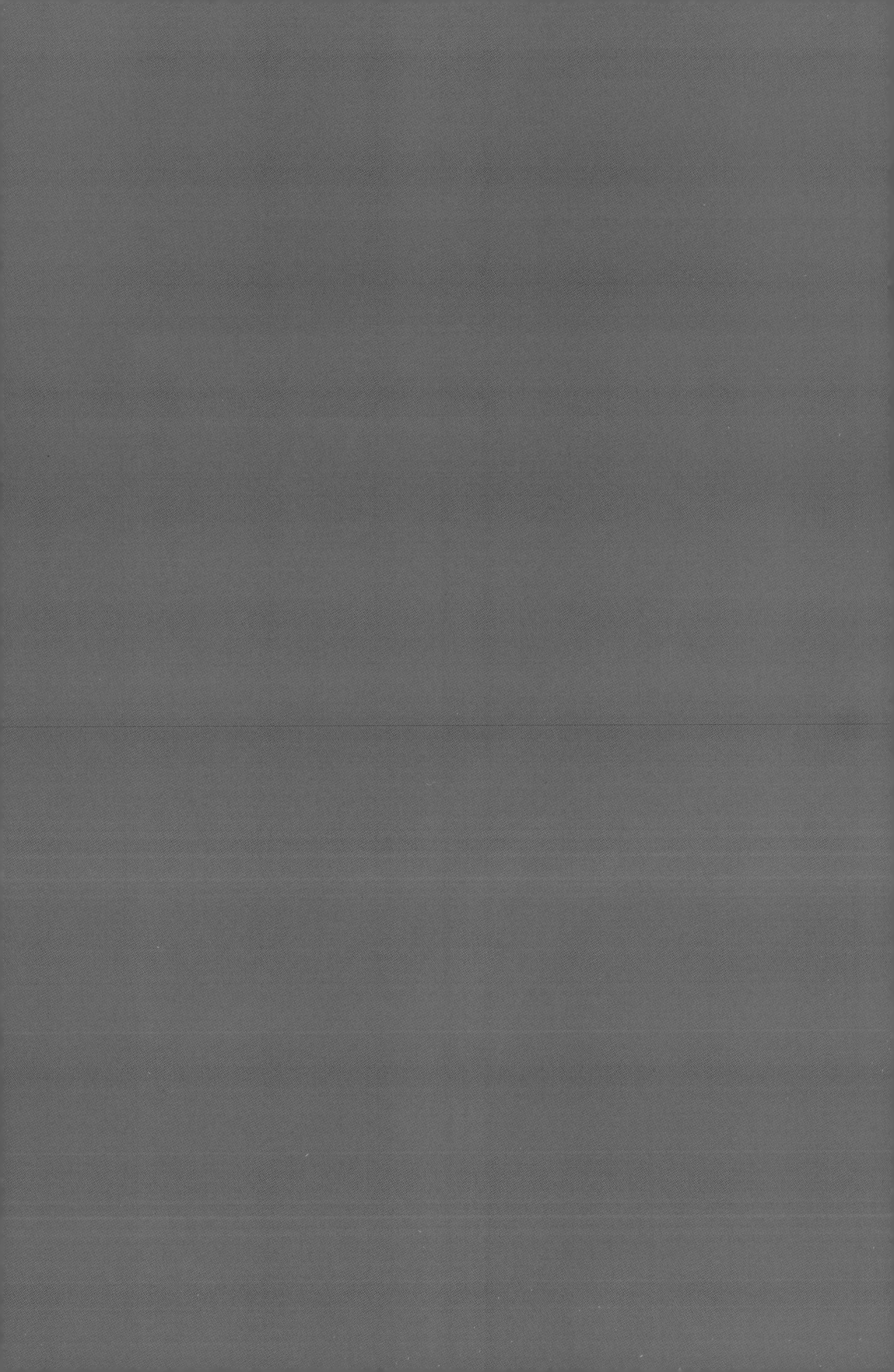

중학생을 위한 수학의 정석

중등 수학 한 권에 쏙!

류승재, 김영조 지음

정답 및 해설

중학생을 위한 수학의 정석

중등 수학 한 권에 쏙!

류승재, 김영조 지음

정답 및 해설

[수와 연산]

1 답 ③, ④

① 2는 소수이지만 짝수이다.

② 가장 작은 소수는 2이다.

⑤ 2는 소수이고 2의 약수의 합은 $1+2=3$ 이때 3은 소수이므로 소수의 약수의 합이 항상 합성수인 것은 아니다.

2 답 11

$252=2^2\times3^2\times7$이므로

$a=2,\ b=2,\ c=7$

$\therefore a+b+c=2+2+7=11$

3 답 ④

$150=2\times3\times5^2$이고 2, 3의 지수가 짝수가 되어야 하므로

$a=2\times3=6$

$\therefore b^2=2\times3\times5^2\times2\times3=2^2\times3^2\times5^2$

따라서 $b=2\times3\times5=30$이므로

$b-a=30-6=24$

4 답 ②, ④

① 5^3의 약수의 개수는$3+1=4$

② $2^2\times9=2^2\times3^2$의 약수의 개수는

$(2+1)\times(2+1)=9$

③ $2\times3\times5\times7$의 약수의 개수는

$(1+1)\times(1+1)\times(1+1)\times(1+1)=16$

④ $150=2\times3\times5^2$의 약수의 개수는

$(1+1)\times(1+1)\times(2+1)=12$

$72=2^3\times3^2$의 약수의 개수는

$(3+1)\times(2+1)=12$

⑤ $192=2^6\times3$의 약수의 개수는

$(6+1)\times(1+1)=14$

5 답 5

최대공약수와 최소공배수의 소인수 2의 지수가 모두 2이므로 $a=2$

소인수 3의 지수 2, c 중 큰 것이 4이므로 $c=4$

소인수 5의 지수 b, 2 중 작은 것이 1이므로 $b=1$

$\therefore a+b+c=2+1+4=7$

6 답 60

A, B의 최대공약수가 6이므로

$$6\underline{\big)\ A\quad B}\\ \quad a\quad b$$

$A=6\times a,\ B=6\times b\ (a,\ b$는 서로소)

라 하자. 이때 $A\times B=180$이므로

$6\times a\times6\times b=180$

$\therefore a\times b=5$

따라서 두 수의 최소공배수는

$6\times a\times b=6\times5=30$

7 답 ③

① 정수는 양의 정수, 0, 음의 정수로 이루어져 있다.

② 0은 정수이다.

④ $\frac{1}{3}$은 정수가 아니지만 유리수이다.

⑤ 0과 1 사이에는 정수가 없다.

8 답 ③

② 절댓값이 1보다 작은 정수는 0뿐이다.

③ 음수의 절댓값은 0보다 크다.

9 답 $\left|-\frac{22}{7}\right|,\ -\frac{16}{3}$

$\left|-\frac{20}{7}\right|=\frac{20}{7}$이므로 주어진 수의 대소를 비교하면

$-\frac{16}{3}<-2<-0.7<0<\frac{11}{4}<\left|-\frac{22}{7}\right|$

따라서 가장 큰 수는 $\left|-\frac{22}{7}\right|$, 가장 작은 수는 $-\frac{16}{3}$이다.

10 답 ②

① $(+4)-(-1)+(-2)$

$=\{(+4)+(+1)\}+(-2)$

$=(+5)+(-2)$

$=3$

② $(-8)+(+6)-(-4)$

$=(-8)+\{(+6)+(+4)\}$

$=(-8)+(+10)$

$=2$

③ $(+11)-(+12)+(+4.5)$

$=\{(+11)+(-12)\}+(+4.5)$

$=(-1)+(+4.5)$

$=3.5$

④ $(-2)+\left(-\frac{1}{3}\right)-\left(-\frac{11}{2}\right)$

$=(-2)+\left\{\left(-\frac{2}{6}\right)+\left(+\frac{33}{6}\right)\right\}$

$=(-2)+\left(+\frac{31}{6}\right)$

$=\left(-\frac{12}{6}\right)+\left(+\frac{31}{6}\right)$

$=\frac{19}{6}$

⑤ $\left(-\frac{5}{4}\right)-\left(-\frac{9}{2}\right)+\left(-\frac{2}{3}\right)$

$=\left\{\left(-\frac{5}{4}\right)+\left(+\frac{18}{4}\right)\right\}+\left(-\frac{2}{3}\right)$

$=\left(+\frac{13}{4}\right)+\left(-\frac{2}{3}\right)$

$=\left(+\frac{39}{12}\right)+\left(-\frac{8}{12}\right)$

$=\frac{31}{12}$

11 답 ③

③ $-(-7)^2=-49$

12 답 ④

① $(+4)\times(-3)\div(-6)=(+4)\times(-3)\times\left(-\frac{1}{6}\right)$

$=+\left(4\times3\times\frac{1}{6}\right)=2$

② $\left(+\frac{7}{5}\right)\div(-14)\times\left(+\frac{5}{6}\right)$

$=\left(+\frac{7}{5}\right)\times\left(-\frac{1}{14}\right)\times\left(+\frac{5}{6}\right)$

$=-\left(\frac{7}{5}\times\frac{1}{14}\times\frac{5}{6}\right)=-\frac{1}{12}$

③ $\left(-\frac{1}{5}\right)\times(+15)\times(-0.9)$

$=\left(-\frac{7}{5}\right)\times(+15)\times\left(-\frac{10}{9}\right)$

$=+\left(\frac{1}{5}\times15\times\frac{10}{9}\right)=\frac{10}{3}$

④ $\left(-\frac{5}{6}\right)\div\left(-\frac{1}{3}\right)^2\times\left(-\frac{2}{15}\right)$

$=\left(-\frac{5}{6}\right)\times(+9)\times\left(-\frac{2}{15}\right)$

$=+\left(\frac{5}{6}\times9\times\frac{2}{15}\right)=1$

⑤ $\left(-\frac{3}{4}\right)^2\times(-6)\div\left(+\frac{21}{4}\right)$

$=\left(+\frac{9}{16}\right)\times(-6)\times\left(+\frac{4}{21}\right)$

$=-\left(\frac{9}{16}\times6\times\frac{4}{21}\right)=-\frac{9}{14}$

13 답 3

(주어진 식) $=4-\left\{3-\frac{2}{7}\times\left(25\div\frac{10}{3}-\frac{1}{2}\right)\right\}$

$=4-\left\{3-\frac{2}{7}\times\left(25\times\frac{3}{10}-\frac{1}{2}\right)\right\}$

$=4-\left\{3-\frac{2}{7}\times\left(\frac{15}{2}-\frac{1}{2}\right)\right\}$

$=4-\left(3-\frac{2}{7}\times7\right)$

$=4-(3-2)$

$=4-1$

$=3$

14 답 ②, ③

① $\frac{5}{3}$는 유리수이다.

④ $\frac{1}{7}=1\div7=0.142857\cdots$이므로 $\frac{1}{7}$을 소수로 나타내면 무한소수이다.

⑤ $\frac{3}{8}=3\div8=0.375$이므로 $\frac{3}{8}$을 소수로 나타내면 유한소수이다.

15 답 33

$\frac{1}{12}=\frac{1}{2^2\times3}$, $\frac{3}{70}=\frac{3}{2\times5\times7}$

두 분수에 각각 a를 곱하여 모두 유한소수로 나타낼 수 있으려면

a는 3과 7의 공배수이어야 한다.

따라서 가장 작은 자연수 a는 3과 7의 최소공배수이므로

$3\times7=21$

16 답 ④

④, ⑤ $x=32.4757575\cdots$이므로

$1000x=32475.757575\cdots$, $10x=324.757575\cdots$

따라서 $1000x-10x=32151$이므로

$990x=32151$

$\therefore x=\frac{32151}{990}=\frac{10717}{330}$

17 답 ④

① $5.\dot{2}=\frac{52-5}{9}=\frac{47}{9}$

② $0.5\dot{1}=\frac{51-5}{90}=\frac{46}{90}=\frac{23}{45}$

③ $3.\dot{0}\dot{7}=\frac{307-3}{99}=\frac{304}{99}$

⑤ $0.\dot{2}3\dot{5}=\frac{235}{999}$

18 답 ②, ④

② -9의 제곱근은 없다.

④ 제곱근 15는 $\sqrt{15}$이다.

19 답 $-2x-1$

$1-x>0$, $-x-2<0$이므로

$\sqrt{(1-x)^2}-\sqrt{(-x-2)^2}$

$=(1-x)-\{-(-x-2)\}$

$=1-x-x-2$

$=-2x-1$

20 답 $-1-\sqrt{2}$, $-2+\sqrt{2}$

$\overline{AQ}=\overline{AC}=\sqrt{1^2+1^2}=\sqrt{2}$

$\overline{BP}=\overline{BD}=\sqrt{1^2+1^2}=\sqrt{2}$

따라서 점 P에 대응하는 수는 $-1-\sqrt{2}$이고, 점 Q에 대응하는 수는 $-2+\sqrt{2}$이다.

21 답 정답 ④

④ 두 정수 2와 3 사이에는 정수가 없다.

22 답 ④

① $\sqrt{3}\times\sqrt{12}=\sqrt{3\times12}=\sqrt{36}=6$

② $\sqrt{27}\div(-3)=-\frac{\sqrt{27}}{3}=-\sqrt{\frac{27}{9}}=-\sqrt{3}$

③ $5\sqrt{5}\times3\sqrt{2}\times2\sqrt{3}=5\times3\times2\times\sqrt{5\times2\times3}$
$=30\sqrt{30}$

④ $\frac{1}{\sqrt{7}}\div\frac{\sqrt{5}}{\sqrt{14}}\div\frac{1}{\sqrt{10}}=\frac{1}{\sqrt{7}}\times\frac{\sqrt{14}}{\sqrt{7}}\times\sqrt{10}$
$=\sqrt{\frac{1}{7}\times\frac{14}{5}\times10}$
$=\sqrt{4}=2$

⑤ $\sqrt{18}\div\left(-\frac{\sqrt{3}}{\sqrt{2}}\right)\div\frac{\sqrt{6}}{\sqrt{11}}=\sqrt{18}\times\left(-\frac{\sqrt{2}}{\sqrt{3}}\right)\times\frac{\sqrt{11}}{\sqrt{6}}$
$=-\sqrt{18\times\frac{2}{3}\times\frac{11}{6}}$
$=-\sqrt{22}$

23 답 ⑤

① $\sqrt{0.015}=\sqrt{\frac{1.5}{100}}=\frac{\sqrt{1.5}}{10}=0.122$

② $\sqrt{0.15}=\sqrt{15\times\frac{1}{100}}=\frac{\sqrt{15}}{10}=0.387$

③ $\sqrt{150}=\sqrt{1.5\times100}=10\sqrt{1.5}=12.2$

④ $\sqrt{1500}=\sqrt{15\times100}=10\sqrt{15}=38.7$

⑤ $\sqrt{15000}=\sqrt{1.5\times10000}=100\sqrt{1.5}=122$

24 답 -1

$\frac{15}{\sqrt{3}}-\sqrt{96}-\frac{12}{\sqrt{3}}+\sqrt{24}$

$=5\sqrt{3}-4\sqrt{6}-4\sqrt{3}+2\sqrt{6}$

$=\sqrt{3}-2\sqrt{6}$

따라서 $a=1$, $b=-2$이므로

$a+b=-1$

25 답 ③

① $(\sqrt{54}+\sqrt{24})\div\sqrt{2}=(3\sqrt{6}+2\sqrt{6})\times\frac{1}{\sqrt{2}}$
$=5\sqrt{6}\times\frac{1}{\sqrt{2}}$
$=5\sqrt{3}$

② $\frac{4}{\sqrt{2}}(\sqrt{2}-\sqrt{3})-\frac{\sqrt{27}}{\sqrt{3}}=2\sqrt{2}(\sqrt{2}-\sqrt{3})-\sqrt{\frac{27}{3}}$
$=4-2\sqrt{6}-3$
$=1-2\sqrt{6}$

③ $\sqrt{48}-\frac{15}{\sqrt{3}}-\frac{4}{\sqrt{8}}+\sqrt{50}=4\sqrt{3}-5\sqrt{3}-\sqrt{2}+5\sqrt{2}$
$=4\sqrt{2}-\sqrt{3}$

④ $3\sqrt{8}+\frac{6}{\sqrt{3}}+\sqrt{2}(\sqrt{6}-3)=6\sqrt{2}+2\sqrt{3}+2\sqrt{3}-3\sqrt{2}$
$=3\sqrt{2}+4\sqrt{3}$

⑤ $\sqrt{3}(2+5\sqrt{2})-3(2\sqrt{3}+\sqrt{6})$
$=2\sqrt{3}+5\sqrt{6}-6\sqrt{3}-3\sqrt{6}$
$=-4\sqrt{3}+2\sqrt{6}$

26 답 ⑤

① $(\sqrt{48}+\sqrt{7})-(7+\sqrt{7})=\sqrt{48}-7=\sqrt{48}-\sqrt{49}<0$
$\therefore\ \sqrt{48}+\sqrt{7}<7+\sqrt{7}$

② $(-\sqrt{11}+7)-(\sqrt{11}+2)=-2\sqrt{11}+5$
$=-\sqrt{44}+\sqrt{25}<0$
$\therefore\ -\sqrt{11}+7<\sqrt{11}+2$

③ $(2\sqrt{5}-3\sqrt{3})-(\sqrt{45}-\sqrt{12})$
$=(2\sqrt{5}-3\sqrt{3})-(3\sqrt{5}-2\sqrt{3})$
$=-\sqrt{5}-\sqrt{3}<0$
$\therefore\ 2\sqrt{5}-3\sqrt{3}<\sqrt{45}-\sqrt{12}$

④ $(3\sqrt{6}+\sqrt{5})-(\sqrt{70}+\sqrt{5})=3\sqrt{6}-\sqrt{70}$
$=\sqrt{54}-\sqrt{70}<0$
$\therefore\ 3\sqrt{6}+\sqrt{5}<\sqrt{70}+\sqrt{5}$

⑤ $(\sqrt{27}+\sqrt{18})-(\sqrt{108}-\sqrt{8})$
$=(3\sqrt{3}+3\sqrt{2})-(6\sqrt{3}-2\sqrt{2})$
$=-3\sqrt{3}+5\sqrt{2}$
$=-\sqrt{27}+\sqrt{50}>0$
$\therefore\ \sqrt{27}+\sqrt{18}>\sqrt{108}-\sqrt{8}$

27 답 10

$3<\sqrt{10}<4$이므로

$-4<-\sqrt{10}<-3$

$\therefore 1<5-\sqrt{10}<2$

즉, $5-\sqrt{10}$의 정수 부분이 1이므로

$k=(5-\sqrt{10})-1=4-\sqrt{10}$

$\therefore (4-k)^2=\{4-(4-\sqrt{10})\}^2=(\sqrt{10})^2=10$

[대수]

1 답 ⑤

⑤ $x+y\times(-1)\div z=x+y\times(-1)\times\frac{1}{z}=x-\frac{y}{z}$

2 답 ⑤

① $x\times 6+y\times 2=6x+2y$ (원)

② $x\div 4=\frac{x}{4}$ (원)

③ $2000-300\times a=2000-300a$ (원)

④ $3000-3000\times\frac{a}{100}=3000-30a$ (원)

⑤ $5\times x-y=5x-y$ (원)

3 답 (ㄱ), (ㄷ)

(ㄴ) (속력)$=\frac{(\text{거리})}{(\text{시간})}$이므로 기차의 속력은 시속 $\frac{y}{2}$km 이다.

이상에서 옳은 것은 (ㄱ), (ㄷ)이다.

4 답 $\left(\frac{5}{100}x+\frac{3}{25}y\right)$g

(소금의 양)$=\frac{(\text{소금의 농도})}{100}\times$(소금물의 양)이므로

5%의 소금물 xg에 들어 있는 소금의 양은

$\frac{5}{100}\times x=\frac{5}{100}x$(g)

12%의 소금물 yg에 들어 있는 소금의 양은

$\frac{12}{100}\times y=\frac{3}{25}y$(g)

따라서 구하는 소금의 양은 $\left(\frac{5}{100}x+\frac{3}{25}y\right)$g

5 답 ④

① 항이 2개이므로 단항식이 아니다.

② 항은 xy, -1의 2개이다.

③ 분모에 문자가 포함되어 있는 식이므로 다항식이 아니다.

⑤ x의 계수는 $-\frac{1}{6}$이다.

6 답 $\frac{8}{3}$

$\frac{x-5}{2}+\frac{3x+4}{3}=\frac{1}{2}x-\frac{5}{2}+x+\frac{4}{3}$

$=\frac{1}{2}x+\frac{2}{2}x-\frac{15}{6}+\frac{8}{6}$

$=\frac{3}{2}x-\frac{7}{6}$

따라서 x의 계수 $a=\frac{3}{2}$, 상수항 $b=-\frac{7}{6}$이므로

$a-b=\frac{3}{2}-\left(-\frac{7}{6}\right)=\frac{9}{6}+\frac{7}{6}=\frac{8}{3}$

7 답 ④

① $x+5=y-4$의 양변에서 1을 빼면
$x+4=y-5$

② $x+5=y-4$의 양변에 2를 곱하면
$2x+10=2y-8$

③ $x+5=y-4$의 양변에서 5를 빼면
$x=y-9$
양변에 z를 더하면 $x+z=y+z-9$

④ $x+5=y-4$의 양변에서 5를 빼면
$x=y-9$
양변에 z를 곱하면 $xz=yz-9z$

⑤ $x+5=y-4$의 양변에 4를 더하면 $x+9=y$
양변을 z로 나누면 $\frac{x+9}{z}=\frac{y}{z}$

8 답 ⑤

x의 값에 관계없이 항상 성립하는 등식은 항등식이다.
⑤ (우변)$=-3(x-3)=-3x+9=$(좌변)이므로 항등식이다.

9 답 ④

$x-4=-4+x$
우변의 x를 이항시킬 경우
$x-x-4=-4$
$\therefore$ $-4=-4$ 따라서 해당 식은 일차식이 아니다.

10 답 ①

① $3x-3=x+6$에서 $3x-x=6+3$
$2x=9$ $\quad\therefore x=\frac{9}{2}$

② $2x+5=3(4-x)$에서 $2x+5=12-3x$
$2x+3x=12-5$, $5x=7$ $\quad\therefore x=\frac{7}{5}$

③ 양변에 6을 곱하면
$4x-6=5x-2$, $4x-5x=-2+6$
$-x=4$ $\quad\therefore x=-4$

④ 양변에 10을 곱하면
$10x-9=2x+15$, $10x-2x=15+9$
$8x=24$ $\quad\therefore x=3$

⑤ 양변에 20을 곱하면
$10(x+2)+5=4x+12$
괄호를 풀면 $10x+20+5=4x+12$
$10x+25=4x+12$, $10x-4x=12-25$
$6x=-13$ $\quad\therefore x=-\frac{13}{6}$

11 답 18

연속하는 세 짝수를 $x-2$, x, $x+2$라 하면
$4x=(x-2)+(x+2)+32$
$4x=2x+32$, $2x=32$
$\therefore x=16$
따라서 연속하는 세 짝수는 14, 16, 18이므로 가장 큰 짝수는 18이다.

12 답 99

처음 수의 일의 자리의 숫자를 x라 하면
$10x+6=(60+x)-27$
$10x+6=x+33$, $9x=27$
$\therefore x=3$
따라서 처음 수는 63이고, 바꾼 수는 36이다. 두 수의 합은 $63+36=99$

13 답 13살

현재 다혜의 나이를 x살이라고 하면 아빠의 나이는 $(x+32)$살이므로
$(x+32)+15=2(x+15)+4$
$x+47=2x+34$, $-x=-13$ $\quad\therefore x=13$
따라서 현재 다혜의 나이는 13살이다.

14 답 8400원

정가를 x원이라 하면
(판매 가격)$=x-\frac{20}{100}x=\frac{4}{5}x$(원)
이때 이익이 원가의 12%이므로
$\frac{4}{5}x-6000=\frac{12}{100}\times6000$
$\frac{4}{5}x-6000=720$, $\frac{4}{5}x=6720$
$\therefore x=8400$
따라서 상품의 정가는 8400원이다.

15 답 9km

올라간 거리를 $x$km라 하면 내려온 거리는 $(x+3)$km이므로

$\frac{x}{4}+\frac{x+3}{2}=6$, $x+2(x+3)=24$

$x+2x+6=24$, $3x=18$

$\therefore x=6$

따라서 내려간 거리는 9km이다.

16 답 9분

하늬가 출발한 지 x분 후에 처음으로 만난다고 하면 다혜가 $(5+x)$분 동안 걸은 거리와 하늬가 x분 동안 걸은 거리의 합은 트랙의 둘레의 길이와 같으므로

$60(5+x)+40x=1200$

$300+60x+40x=1200$

$100x=900 \quad \therefore x=9$

따라서 9분 후에 처음으로 만난다.

17 답 50m

시속 180km는 초속 50m이고 기차의 길이를 xm라 할 때, 이 기차가 길이가 450m인 터널을 완전히 통과하려면

$(450+x)$m를 달려야 하므로

$\frac{450+x}{50}=10$

$450+x=500 \quad \therefore x=50$

따라서 기차의 길이는 50m이다.

18 답 $x=15$

물을 더 넣기 전과 후의 소금물 속에 존재하는 소금의 양은 일정하므로 다음이 성립한다.

$\frac{x}{100}\times 480=\frac{12}{100}\times(480+120)$

$480x=7200 \quad \therefore x=15$

19 답 120g

7%의 설탕물을 xg 섞는다고 하면 12%의 설탕물의 양은 $(200-x)$g이므로

$\frac{7}{100}\times x+\frac{12}{100}\times(200-x)=\frac{9}{100}\times 200$

$7x+2400-12x=1800$

$-5x=-600 \quad \therefore x=120$

따라서 7%의 설탕물을 120g 섞어야 한다.

20 답 ③, ⑤

① $a^2\times a^3\times a^4=a^9$

② $a^{12}\div a\div(a^3)^2=a^{12}\div a\div a^6=a^5$

③ $\left(-\frac{b^4}{a^2}\right)^4=\frac{b^{16}}{a^8}$

④ $3^8\times 9^3\times 27^2=3^8\times(3^2)^3\times(3^3)^2$

$=3^8\times 3^6\times 3^6$

$=3^{20}$

⑤ $2^{15}\div(2^2)^3\div 4^2=2^{15}\div(2^2)^3\div(2^2)^2$

$=2^{15}\div 2^6\div 2^4$

$=2^5$

21 답 81

$A=3^{x-2}=3^x\div 3^2=\frac{3^x}{9}$이므로

$3^x=9A$

따라서

$9^x=(3^2)^x=3^{2x}=(3^x)^2=(9A)^2=81A^2$

이므로 $k=81$

+ 다른풀이

$A=3^{x-2}$에서

$A^2=(3^{x-2})^2=3^{2x-4}$

$9^x=(3^2)^x=3^{2x}$이므로

$3^{2x}=k\times 3^{2x-4}=k(3^{2x}\div 3^4)=\frac{k}{81}\times 3^{2x}$

따라서 $1=\frac{k}{81}$이므로 $k=81$

22 답 ④

① $(-3x^2)^2\times 4x^2\div 3x=9x^4\times 4x^2\times\frac{1}{3x}=12x^5$

② $16x^2y\div 8xy^2\times 2y=16x^2y\times\frac{1}{8xy^2}\times 2y=4x$

③ $(-x^2y)^2\times(5xy)^3=x^4y^2\times 125x^3y^3=125x^7y^5$

④ $(xy^2)^3\div\left(-\frac{1}{2}x^2y\right)^2=x^3y^6\times\frac{4}{x^4y^2}=\frac{4y^4}{x}$

⑤ $(-2xy)^3\times\left(-\frac{1}{xy^2}\right)^2\div 4x^3y$

$=-8x^3y^3\times\frac{1}{x^2y^4}\times\frac{1}{4x^3y}$

$=-\frac{2}{x^2y^2}$

23 답 $-\frac{xy^4}{12}$

$\square=\left(-\frac{1}{2}x^2y^3\right)^3\div(3x^2y)^2\div\frac{1}{6}xy^3$

$= -\frac{1}{8}x^6y^9 \times \frac{1}{9x^4y^2} \times \frac{6}{xy^3}$

$= -\frac{xy^4}{12}$

24 답 0

$\frac{9xy-15y^2}{-3y} - \frac{12x^2-8xy}{2x} = -3x+5y-(6x-4y)$

$= -3x+5y-6x+4y$

$= -9x+9y$

이므로 $A=-9$, $B=9$

$\therefore A+B=0$

25 답 ③

③ $(12x^2y-21x^3y) \div \frac{3}{2}x$

$=(12x^2y-21x^3y) \times \frac{2}{3x}$

$=8xy-14x^2y$

26 답 $9b^2-24b+8$

$a-3ab+1=(-3b+7)-3(-3b+7)b+1$

$=-3b+7+9b^2-21b+1$

$=9b^2-24b+8$

27 답 ⑤

⑤ $a<b$일 때, $-\frac{a}{5} > -\frac{b}{5}$

$\therefore -\frac{a}{5}+2 > -\frac{b}{5}+2$

28 답 ⑤

③ $-2 \le x < 1$의 각 변을 2로 나누면 $-1 \le \frac{x}{2} < \frac{1}{2}$

④ $-2 \le x < 1$의 각 변에 -4를 곱하면

$-4 < -4x \le 8$

⑤ $-2 \le x < 1$의 각 변에 -1을 곱하면 $-1 < -x \le 2$

$-1 < -x \le 2$의 각 변에 5를 더하면 $4 < 5-x \le 7$

29 답 ⑤

① $-x+6 \ge 0$에서 $-x \ge -6$ $\therefore x \le 6$

② $2x-1 < 3x-1$에서 $-x<0$ $\therefore x>0$

③ $0.3x > 0.5x+1.6$에서 $3x > 5x+16$,

$-2x > 16$ $\therefore x < -8$

④ $\frac{x}{2}-3 \le \frac{5}{6}x-2$에서 $3x-18 \le 5x-12$, $-2x \le 6$

$\therefore x \ge -3$

⑤ $\frac{1-2x}{6} \le -3$에서 $1-2x \le -15$, $-2x \le -16$

$\therefore x \ge 8$

30 답 $x>-3$

$(a-2b)x+3a+b>0$, 즉 $(a-2b)x > -3a-b$의 해가 $x<1$이므로

$a-2b<0$ ……㉠

따라서 $x < \frac{-3a-b}{a-2b}$이므로

$\frac{-3a-b}{a-2b}=1$, $-3a-b=a-2b$

$\therefore b=4a$ ……㉡

㉡을 ㉠에 대입하면

$a-8a<0$, $-7a<0$ $\therefore a>0$

㉡을 $(a-b)x+7a-4b<0$에 대입하면

$-3ax-9a<0, -3ax<9a$

$a>0$에서 $-3a<0$이므로

$x > \frac{9a}{-3a}$ $\therefore x>-3$

31 답 -15

$\frac{3x-a}{7} \ge x$에서 $3x-a \ge 7x$

$-4x \ge a$ $\therefore x \le -\frac{a}{4}$

이 부등식을 만족시키는 자연수 x의 개수가 3개가 되려면 오른쪽 그림에서

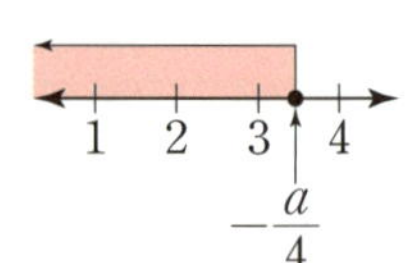

$3 \le -\frac{a}{4} < 4$ $\therefore$

$-16 < a \le -12$

따라서 가장 작은 정수 a의 값은 -15이다.

32 답 ④

자두를 x개 산다고 하면

$3000+900x+2000 \le 20000$

$900x \le 15000$ $\therefore x \le \frac{50}{3}$

따라서 자두를 최대 16개까지 살 수 있다.

33 답 12명

어른이 x명 입장한다고 하면 어린이는 $(15-x)$명 입

장할 수 있으므로

$2500x+1000(15-x) \leq 33000$

$1500x+15000 \leq 33000$

$\therefore x \leq 12$

따라서 어른은 최대 12명까지 입장할 수 있다.

34 답 21명

식물원에 x명이 입장한다고 하면

$4000 \times 4+2000(x-4) \leq 50000$

$2000x+8000 \leq 50000 \qquad \therefore x \leq 21$

따라서 식물원에 입장할 수 있는 최대 인원은 21명이다.

35 답 40000원

정가를 x원이라 하면 10% 할인된 가격은 $0.9x$이므로

$0.9x-30000 \geq 30000 \times 0.2, \qquad 0.9x-30000 \geq 6000$

$9x-300000 \geq 60000 \qquad \therefore x \geq 40000$

따라서 정가를 40000원 이상으로 정하면 된다.

36 답 125분

A요금제와 B요금제의 분당 통화 요금은 각각 60원, 180원이므로 한 달 통화 시간을 x분이라 하면

$35000+60x > 20000+180x$

$\therefore x < 125$

따라서 통화 시간이 125분 미만이어야 한다.

37 답 15명

관람객 수를 x라 하면

$5000 \times 0.7 \times 20 < 5000x \qquad \therefore x > 14$

따라서 15명 이상이면 20명의 단체 입장권을 사는 것이 유리하다.

38 답 3km

역에서 상점까지의 거리를 $x$km라 하면

$\frac{x}{4}+\frac{30}{60}+\frac{x}{4} \leq 2, \qquad x+1 \leq 4$

따라서 3km 이내에 있는 상점을 이용할 수 있다.

39 답 10km

자전거가 고장 난 지점을 집에서 $x$km 떨어진 곳이라 하면 그 지점에서 도서관까지의 거리는 $(14-x)$km 이므로

$\frac{x}{15}+\frac{14-x}{3} \leq 2$

$x+5(14-x) \leq 30, \qquad -4x+70 \leq 30$

$\therefore x \geq 10$

따라서 자전거가 고장 난 지점은 집에서 10km 이상 떨어진 곳이다.

40 답 80g

물을 xg 증발시킨다고 하면,

$\frac{6}{100} \times 200 \geq \frac{10}{100}(200-x)$

$1200 \geq 2000-10x \qquad \therefore x \geq 80$

따라서 증발시켜야 하는 물의 양은 최소 80g이다.

41 답 100g

6%의 소금물을 xg 섞는다고 하면

$\frac{12}{100} \times 200+\frac{6}{100}x \geq \frac{10}{100}(200+x)$

$2400+6x \geq 2000+10x \qquad \therefore x \leq 100$

따라서 6%의 소금물은 최대 100g까지 섞을 수 있다.

42 답 3

$x=-5$, $y=b$를 $x+3y=7$에 대입하면

$-5+3b=7 \qquad \therefore b=4$

$x=-5$, $y=4$를 $x-2y=-2a+1$에 대입하면

$-13=-2a+1 \qquad \therefore a=7$

$\therefore a-b=3$

43 답 $x=3$, $y=1$

$$\begin{cases} \frac{3}{2}x+y=6 & \cdots\cdots ㉠ \\ 4x-5y=-7 & \cdots\cdots ㉡ \end{cases}$$

㉠$\times 8-$㉡$\times 3$을 하면 $23y=69 \qquad \therefore y=3$

$y=3$을 ㉠에 대입하면 $3x+6=12 \qquad \therefore x=2$

따라서 $a=2$, $b=3$이므로

$$\begin{cases} 2x-3y=3 & \cdots\cdots ㉢ \\ 5x+3y=18 & \cdots\cdots ㉣ \end{cases}$$

㉢+㉣을 하면 $7x-21 \qquad \therefore x-3$

$x=3$을 ㉢에 대입하면 $6-3y=3 \qquad \therefore y=1$

44 답 -1

주어진 방정식에서

$\begin{cases} x-1+\frac{y}{2}=\frac{5}{2}x+y \\ \frac{5}{2}x+y=\frac{3}{2}x+\frac{y}{2}-\frac{1}{2} \end{cases}$, 즉 $\begin{cases} 3x+y=-2 & \cdots\cdots ㉠ \\ 2x+y=-1 & \cdots\cdots ㉡ \end{cases}$

㉠－㉡을 하면 $x=-1$

$x=-1$을 ㉠에 대입하면 $-3+y=-2$ $\quad\therefore y=1$

따라서 $p=-1$, $q=1$이므로

$pq=-1$

45 답 3

주어진 연립방정식의 해는 세 방정식을 모두 만족시키므로 연립방정식

$\begin{cases} x+2y=7 & \cdots\cdots ㉠ \\ 2x+y=-1 & \cdots\cdots ㉡ \end{cases}$

의 해와 같다.

㉠×2－㉡을 하면 $3y=15$ $\quad\therefore y=5$

$y=5$를 ㉠에 대입하면 $x+10=7$ $\quad\therefore x=-3$

$x=-3$, $y=5$를 $ax+y=-4$에 대입하면

$-3a+5=-4$ $\quad\therefore a=3$

46 답 ③, ⑤

③ $\begin{cases} 8x+4y=-2 \\ 8x+4y=1 \end{cases}$이므로 해가 없다.

⑤ $\begin{cases} 8x-4y=2 \\ 8x+4y=2 \end{cases}$이므로 해가 한 쌍이다.

47 답 22살

현재 아빠의 나이를 x살, 아들의 나이를 y살이라 하면

$\begin{cases} x+y=71 \\ x+5=2(y+5) \end{cases}$, 즉 $\begin{cases} x+y=71 \cdots\cdots ㉠ \\ x-2y=5 \cdots\cdots ㉡ \end{cases}$

㉠－㉡을 하면 $3y=66$ $\quad\therefore y=22$

$y=22$를 ㉠에 대입하면

$x+22=71$ $\quad\therefore x=49$

따라서 현재 아들의 나이는 22살이다.

48 답 6

맞힌 문제 수를 x, 틀린 문제 수를 y라 하면

$\begin{cases} x+y=25 \\ 4x-2y=64 \end{cases}$ 즉 $\begin{cases} x+y=25 & \cdots\cdots ㉠ \\ 2x-y=32 & \cdots\cdots ㉡ \end{cases}$

㉠＋㉡을 하면 $3x=57$ $\quad\therefore x=19$

$x=19$를 ㉠에 대입하면

$19+y=25$ $\quad\therefore y=6$

따라서 시현이가 틀린 문제 수는 6이다.

49 답 400

작년의 여학생 수를 x, 남학생 수를 y라 하면

$\begin{cases} x+y=900 \\ \frac{4}{100}x-\frac{5}{100}y=-9 \end{cases}$, 즉 $\begin{cases} x+y=900 & \cdots\cdots ㉠ \\ 4x-5y=-900 & \cdots\cdots ㉡ \end{cases}$

㉠×4－㉡을 하면 $9y=4500$ $\quad\therefore y=500$

$y=500$을 ㉠에 대입하면 $x+500=900$ $\quad\therefore x=400$

따라서 작년의 여학생 수는 400이다.

50 답 10000원

A상품의 원가를 x원, B상품의 원가를 y원이라 하면

$\begin{cases} x+y=25000 \\ \frac{12}{100}x+\frac{20}{100}y=3800 \end{cases}$

즉 $\begin{cases} x+y=25000 & \cdots\cdots ㉠ \\ 3x+5y=95000 & \cdots\cdots ㉡ \end{cases}$

㉠×3－㉡을 하면 $-2y=-20000$ $\quad\therefore y=10000$

$y=10000$을 ㉠에 대입하면

$x+10000=25000$ $\quad\therefore x=15000$

따라서 B상품의 원가는 10000원이다.

51 답 12일

전체 일의 양을 1로 놓고, A와 B가 하루에 할 수 있는 일의 양을 각각 x, y라 하면

$\begin{cases} 8x+8y=1 & \cdots\cdots ㉠ \\ 10x+4y=1 & \cdots\cdots ㉡ \end{cases}$

㉠－㉡×2를 하면 $-12x=-1$ $\quad\therefore x=\frac{1}{12}$

$x=\frac{1}{12}$을 ㉠에 대입하면 $\frac{2}{3}+8y=1$ $\quad\therefore y=\frac{1}{24}$

따라서 A가 이 일을 혼자서 하면 12일이 걸린다.

52 답 정지한 물에서의 배의 속력 : 9km/h, 강물의 속력 : 3km/h

정지한 물에서의 배의 속력을 시속 $x$km, 강물의 속력을 시속 $y$km라 하면 배가 강을 거슬러 올라갈 때의 속력은 시속 $(x-y)$km, 내려올 때의 속력은 시속 $(x+y)$km이므로

$\begin{cases} 2(x-y)=12 \\ x+y=12 \end{cases}$, 즉 $\begin{cases} x-y=6 & \cdots\cdots ㉠ \\ x+y=12 & \cdots\cdots ㉡ \end{cases}$

㉠+㉡을 하면 $2x=18$ $\therefore x=9$
$x=9$를 ㉠에 대입하면
$9-y=6$ $\therefore y=3$
정지한 물에서의 배의 속력 : 9km/h, 강물의 속력 : 3km/h

53 답 5%

설탕물 A의 농도를 x%, 설탕물 B의 농도를 y%라 하면

$$\begin{cases} \frac{x}{100}\times100+\frac{y}{100}\times200=\frac{6}{100}\times300 \\ \frac{x}{100}\times200+\frac{y}{100}\times100=\frac{7}{100}\times300 \end{cases}$$

즉 $\begin{cases} x+2y=18 & \cdots\cdots ㉠ \\ 2x+y=21 & \cdots\cdots ㉡ \end{cases}$

㉠×2−㉡을 하면 $3y=15$ $\therefore y=5$
$y=5$를 ㉠에 대입하면
$x+10=18$ $\therefore x=8$
따라서 설탕물 B의 농도는 5%이다.

54 답 5

주어진 식의 전개식에서 xy항은
$ax\times by+2y\times(-4x)=(ab-8)xy$
이므로 $ab-8=-2$ $\therefore ab=6$ ……㉠
또 x항은 $ax\times5=5ax$이므로
$5a=15$ $\therefore a=3$
$a=3$을 ㉠에 대입하면 $b=2$
$\therefore a+b=5$

55 답 ③

③ $(-x-4y)^2=x^2+8xy+16y^2$

56 답 $8\sqrt{3}$

$$\frac{\sqrt{2}}{5-2\sqrt{6}}-\frac{\sqrt{2}}{5+2\sqrt{6}}$$
$$=\frac{\sqrt{2}(5+2\sqrt{6})}{(5-2\sqrt{6})(5+2\sqrt{6})}-\frac{\sqrt{2}(5-2\sqrt{6})}{(5-2\sqrt{6})(5+2\sqrt{6})}$$
$$=5\sqrt{2}+4\sqrt{3}-(5\sqrt{2}-4\sqrt{3})$$
$$=5\sqrt{2}+4\sqrt{3}-5\sqrt{2}+4\sqrt{3}$$
$$=8\sqrt{3}$$

57 답 (1) 5 (2) 1 (3) $\frac{5}{2}$

(1) $a^2+b^2=(a+b)^2-2ab$
$=3^2-2\times2=5$

(2) $(a-b)^2=(a+b)^2-4ab$
$=3^2-4\times2=1$

(3) $\frac{b}{a}+\frac{a}{b}=\frac{a^2+b^2}{ab}=\frac{5}{2}$

58 답 8

$a=3-2\sqrt{2}$에서 $a-3=-2\sqrt{2}$
양변을 제곱하면 $(a-3)^2=(-2\sqrt{2})^2$
$\therefore a^2-6a+9=8$

59 답 13

$4x^2-ax+1$이 완전제곱식이 되려면
$(-a)^2=4\times4\times1$, $a^2=16$
$\therefore a=4(\because a>0)$
x^2-6x+b가 완전제곱식이 되려면
$b=\left(\frac{-6}{2}\right)^2=9$
$\therefore a+b=13$

60 답 ④

④ $10x^2+9x-9=(2x+3)(5x-3)$
⑤ $(x+1)(x+2)-6=x^2+3x+2-6$
$=x^2+3x-4$
$=(x+4)(x-1)$

61 답 1

$x^2+kx-2=(x-1)(x+m)$ (m은 상수)으로 놓으면
$x^2+kx-2=x^2+(m-1)x-m$
양변의 계수를 비교하면 $k=m-1$, $2=m$
$\therefore k=1$

62 답 ③, ④

$(x-1)(x+2)(x-3)(x+4)+24$
$=\{(x-1)(x+2)\}\{(x-3)(x+4)\}+24$
$=(x^2+x-2)(x^2+x-12)+24$
이때 $x^2+x=A$로 놓으면
(주어진 식)$=(A-2)(A-12)+24$
$=A^2-14A+48$
$=(A-6)(A-8)$
$=(x^2+x-6)(x^2+x-8)$
$=(x+3)(x-2)(x^2+x-8)$
따라서 주어진 식의 인수가 아닌 것은 ③, ④이다.

63 답 $(2x+y+3z)(2x+y-3z)$

$4x^2+4xy+y^2-9z^2=(4x^2+4xy+y^2)-9z^2$
$=(2x+y)^2-(3z)^2$
$=(2x+y+3z)(2x+y-3z)$

64 답 $(2x+1)(x-4y+3)$

주어진 식을 y에 대하여 내림차순으로 정리하면

(주어진 식) $=-4y(2x+1)+(2x^2+7x+3)$
$=-4y(2x+1)+(2x+1)(x+3)$
$=(2x+1)(x-4y+3)$

65 답 $-\sqrt{5}$

(주어진 식) $=\dfrac{x^2(x-3)-(x-3)}{(x-3)(x+1)}$
$=\dfrac{(x-3)(x^2-1)}{(x-3)(x+1)}$
$=\dfrac{(x-3)(x+1)(x-1)}{(x-3)(x+1)}$
$=x-1$
$=(1-\sqrt{5})-1$
$=-\sqrt{5}$

66 답 ④

② $-3x^2+5x+2=0$

③ $x^3-4x^2=x^3+x^2+1$ 이므로
$-5x^2-1=0$

④ $4x^2-1=4x^2-x$ 이므로 $x-1=0$

67 답 $\dfrac{19}{2}$

$x=\dfrac{1}{2}$을 주어진 이차방정식에 대입하면

$4\times\left(\dfrac{1}{2}\right)^2-\dfrac{1}{2}a+3=0,\ 4-\dfrac{1}{2}a=0$

$\therefore a=8$

즉 $4x^2-8x+3=0$이므로 $(2x-1)(2x-3)=0$

$\therefore x=\dfrac{1}{2}$ 또는 $x=\dfrac{3}{2}$

따라서 $b=\dfrac{3}{2}$이므로 $a+b=8+\dfrac{3}{2}=\dfrac{19}{2}$

68 답 $\dfrac{5}{4}$

$x^2-4ax-12a-5=0$이 중근을 가지므로

$-12a-5=\left(\dfrac{-4a}{2}\right)^2$

$4a^2+12a+5=0,\ (2a+1)(2a+5)=0$

$\therefore a=-\dfrac{1}{2}$ 또는 $a=-\dfrac{5}{2}$

따라서 모든 a의 값의 곱은

$-\dfrac{1}{2}\times\left(-\dfrac{5}{2}\right)=\dfrac{5}{4}$

69 답 $p+q=\dfrac{8}{3}$

$3x^2+6x-8=0$의 양변을 3으로 나누면

$x^2+2x-\dfrac{8}{3}=0,\qquad x^2+2x=\dfrac{8}{3}$

$x^2+2x+1=\dfrac{8}{3}+1 \qquad \therefore (x+1)^2=\dfrac{11}{3}$

따라서 $p=-1,\ q=\dfrac{11}{3}$이므로

$p+q=\dfrac{8}{3}$

70 답 11

주어진 방정식을 x에 관해 정리하면

$3x+8(x^2+1)=10x^2+5$

$2x^2-3x-3=0$

$\therefore x=\dfrac{-(-3)\pm\sqrt{(-3)^2-4\times2\times(-3)}}{2\times2}$

$=\dfrac{3\pm\sqrt{33}}{4}$

따라서 $a=3,\ b=33$이므로 $\dfrac{b}{a}=11$

71 답 $x=-4$ 또는 $x=5$

$x+2=A$로 놓으면

$A^2-5A-14=0,\ (A+2)(A-7)=0$

$\therefore A=-2$ 또는 $A=7$

즉 $x+2=-2$ 또는 $x+2=7$이므로

$x=-4$ 또는 $x=5$

72 답 1

두 근이 $-\dfrac{1}{4},\ \dfrac{1}{3}$이고 x^2의 계수가 12인 이차방정식은

$12\left(x+\dfrac{1}{4}\right)\left(x-\dfrac{1}{3}\right)=0 \qquad \therefore 12x^2-x-1=0$

따라서 $a=-1,\ b=-1$이므로 $ab=1$

73 답 4년

x년 후에 장호의 나이는 $(x+8)$살이고 유진의 나이는 $(x+5)$살이므로

$(x+8)(x+5)=8\times5+68$, $x^2+13x-68=0$

$(x+17)(x-4)=0$　　$\therefore x=4(\because x>0)$

따라서 지금부터 4년 후이다.

74 답 8초

$40t-5t^2=0$이므로 $t^2-8t=0$

$t(t-8)=0$　　$\therefore t=8(\because t>0)$

따라서 8초 후에 지면에 떨어진다.

75 답 2m

산책로의 폭을 xm라 하면 산책로를 제외한 나머지 부분의 넓이는 가로의 길이가 $(15-x)$m, 세로의 길이가 $(10-x)$m인 직사각형의 넓이와 같으므로

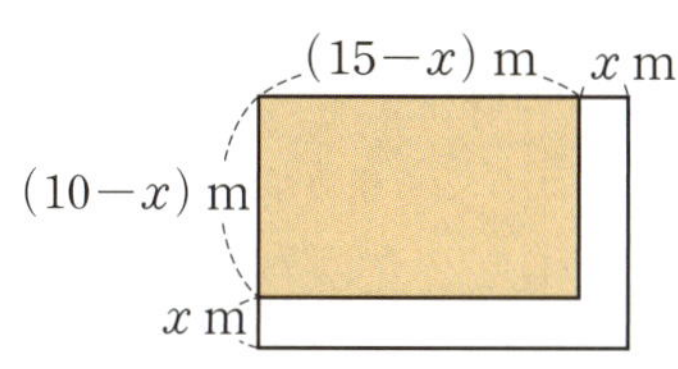

$(15-x)(10-x)=104$, $x^2-25x+46=0$

$(x-2)(x-23)=0$　　$\therefore x=2(\because 0<x<10)$

따라서 산책로의 폭은 2m이다.

[함수]

1 답 B(1)

2 답 $(-5, -3)$

점 $(2a-1, b+3)$이 x축 위에 존재하기 때문에 해당 점의 y좌표는 0 이다.

따라서 $b+3=0$이므로　　$b=-3$

마찬가지로 점 $(a+5, b-2)$이 y축 위에 존재하기 때문에 해당 점의 x좌표는 0이다.

따라서 $a+5=0$이므로　　$a=-5$

$\therefore (-5, -3)$

3 답 $\frac{19}{2}$

오른쪽 그림에서 삼각형 ABC의 넓이는

(직사각형 ADEF의 넓이)

$-$(삼각형 ADB의 넓이)

$-$(삼각형 BEC의 넓이)

$-$(삼각형 ACF의 넓이)

$=4\times5-\frac{1}{2}\times4\times1-\frac{1}{2}$
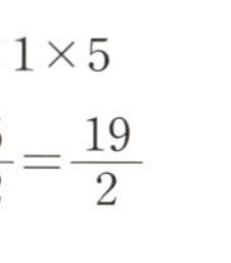
$\times3\times4-\frac{1}{2}\times1\times5$

$=20-2-6-\frac{5}{2}=\frac{19}{2}$

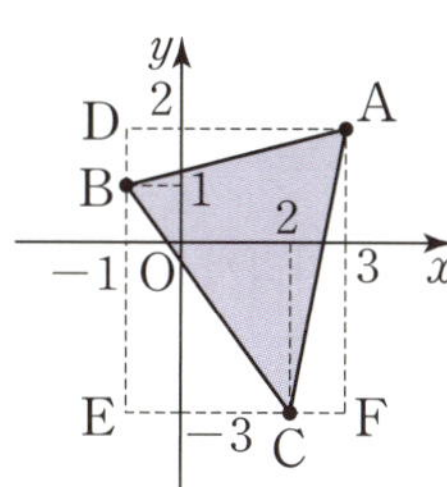

4 답 ②

점 $(-a, b)$가 제2사분면 위이 점이므로

$-a<0, b>0$　　$\therefore a>0, b>0$

① $a>0$, $-b<0$이므로 점 $(a, -b)$는 제4사분면 위의 점이다.

② $b>0$, $a>0$이므로 점 (b, a)는 제1사분면 위의 점이다.

③ $-a<0$, $-b<0$이므로 점 $(-a, -a-b)$는 제3사분면 위의 점이다.

④ $a+b>0$, $-a<0$이므로 점 $(a+b, -a)$는 제4사분면 위의 점이다.

⑤ $-\frac{a}{b}<0$, $ab>0$이므로 점 $\left(-\frac{a}{b}, ab\right)$는 제2사분면 위의 점이나.

5 답 (1) $y=9x$　　(2) 12cm

(1) $y=\frac{1}{2}\times x\times18=9x$이므로 $y=9x$

(2) $y=9x$에 $y=108$을 대입하면

$108=9x$　　$\therefore x=12$

따라서 변 BP의 길이는 12cm이다.

6 답 ㈀, ㈃

㈁ $a<0$일 때, 오른쪽 아래로 향하는 직선이다.
㈂ $a>0$일 때, 제1사분면과 제3사분면을 지난다.
이상에서 옳은 것은 ㈀, ㈃이다.

7 답 ②

$y=ax$의 그래프는 제2사분면과 제4사분면을 지나고 $y=bx$, $y=cx$의 그래프는 제1사분면과 제3사분면을 지나므로

$a<0,\ b>0,\ c>0$

$y=bx$의 그래프가 $y=cx$의 그래프보다 y축에 가까우므로

$|b|>|c| \qquad \therefore b>c$

$\therefore a<c<b$

8 답 5

$y=ax$에 $x=6$, $y=-15$를 대입하면

$-15=6a \qquad \therefore a=-\frac{5}{2}$

따라서 $y=-\frac{5}{2}x$에 $x=-2$, $y=b$를 대입하면

$b=-\frac{5}{2}\times-2=5$

9 답 ③

그래프가 원점과 점 $(6, 2)$를 지나는 직선이므로
$y=ax(a\neq0)$에 $x=6$, $y=2$를 대입하면

$2=6a \qquad \therefore a=\frac{1}{3} \qquad \therefore y=\frac{1}{3}x$

① $y=\frac{1}{3}x$에 $x=-3$, $y=1$을 대입하면

$1\neq\frac{1}{3}\times(-3)$

② $y=\frac{1}{3}x$에 $x=-2$, $y=-\frac{1}{3}$을 대입하면

$-\frac{1}{3}\neq\frac{1}{3}\times(-2)$

③ $y=\frac{1}{3}x$에 $x=-2$, $y=-\frac{2}{3}$을 대입하면

$-\frac{2}{3}=\frac{1}{3}\times-2$

④ $y=\frac{1}{3}x$에 $x=4$, $y=12$를 대입하면

$12\neq\frac{1}{3}\times4$

⑤ $y=\frac{1}{3}x$에 $x=9$, $y=5$를 대입하면

$5\neq\frac{1}{3}\times9$

10 답 (ㄱ), (ㄴ)

(ㄷ) $a<0$이고 $x<0$일 때, x값이 증가하면 y의 값도 증가한다.
이상에서 옳은 것은 (ㄱ), (ㄴ)이다.

11 답 ①

$y=\frac{a}{x}$, $y=\frac{b}{x}$의 그래프는 제2사분면과 제4사분면을 지나고 $y=\frac{c}{x}$의 그래프는 제1사분면과 제3사분면을 지나므로

$a<0,\ b<0,\ c>0$

또 $y=\frac{b}{x}$의 그래프가 $y=\frac{a}{x}$의 그래프보다 좌표축에 가까우므로

$|b|<|a| \qquad \therefore b>a$

$\therefore a<b<c$

12 답 -24

$y=\frac{a}{x}$에 $x=-3$, $y=-7$을 대입하면

$7=\frac{a}{-3} \qquad \therefore a=-21$

$y=-\frac{21}{x}$에 $x=7$, $y=b$를 대입하면

$b=-\frac{21}{7}=-3$

$\therefore a+b=-21+(-3)=-24$

13 답 8

점P는 $y=2x$ 위의 점인 동시에 $y=\frac{a}{x}$ 위에 있는 점이다.
따라서 $y=2x$에 점P의 y좌표인 $y=4$를 대입하면

$4=2x \qquad \therefore x=2 \qquad \therefore$ P$(2, 4)$ 이다.

이어서 $y=\frac{a}{x}$에 $x=2$, $y=4$를 대입하면

$4=\frac{a}{2} \qquad \therefore a=8$ 이다.

14 답 6

점 C의 좌표를 $\left(a, \frac{6}{a}\right)(a>0)$이라 하면

$A\left(0, \frac{6}{a}\right)$, $B(a, 0)$

따라서 직사각형 AOBC의 넓이는

$a\times\frac{6}{a}=6$

15 답 18

$y=x$에 $x=4$을 대입하면

$y=4$ $\quad\therefore$ A(4, 4)

$y=-\frac{1}{2}x$에 $x=4$을 대입하면

$y=-\frac{1}{2}\times4=-2$ $\quad\therefore$ B(4, −2)

따라서 삼각형 AOB의 넓이는

$\frac{1}{2}\times\{4-(-2)\}\times6=\frac{1}{2}\times6\times6=18$

16 답 ③

①

x	1	2	3	4	5	6	7	…
y	0	1	2	3	5	0	1	…

즉 x에 값이 변함에 따라 y의 값이 하나씩 정해지므로 y는 x에 대한 함수이다.

②

x	1	2	3	4	5	…
y	1	1	4	4	9	…

즉 x에 값이 변함에 따라 y의 값이 하나씩 정해지므로 y는 x에 대한 함수이다.

③ x의 값이 6일 때, y의 값은 1, 2, 3으로 하나씩 정해지지 않으므로 y는 x에 대한 함수가 아니다.

④

x	1	2	3	4	5	…
y	6	6	6	12	30	…

즉 x에 값이 변함에 따라 y의 값이 하나씩 정해지므로 y는 x에 대한 함수이다.

⑤

x	1	2	3	4	5	…
y	0	0	1	1	2	…

즉 x에 값이 변함에 따라 y의 값이 하나씩 정해지므로 y는 x에 대한 함수이다.

17 답 7

$f(2)=13$이므로 $2a+9=13$

$\therefore a=2$

따라서 $f(x)=2x+9$이므로

$f(-1)=2\times(-1)+9=7$

18 답 3

$y=3x+k$의 그래프를 y축의 방향으로 -4만큼 평행이동한 그래프의 식은

$y=3x+k-4$

위의 식의 그래프가 점(1, 2)을 지나므로

$2=3\times1+k-4$ $\quad\therefore k=3$

19 답 2

$y=-3x+5$의 그래프를 y축의 방향으로 -8만큼 평행이동한 그래프의 식은

$y=-3x+5-8$ $\quad\therefore y=-3x-3$

$y=0$일 때, $0=-3x-3$ $\quad\therefore x=-1$

$x=0$일 때, $y=-3$

따라서 평행이동한 그래프의 x절편은 -1, y절편은 -3이므로

$m=-1, n=-3$

$\therefore m-n=2$

20 답 10

$y=ax-10$의 그래프의 기울기는 a이므로

$a=\frac{8}{-5-(-1)}=\frac{8}{-4}=-2$

따라서 $y=-2x-10$의 그래프가 점$(1, b)$를 지나므로

$b=-2\times1-10=-12$

$\therefore a-b=10$

21 답 −1

세 점 (−2, 5),(1, 2),(3, a)가 한 직선 위에 있으므로

해당 직선의 기울기는 $\frac{2-5}{1-(-2)}=\frac{a-2}{3-1}$이므로

$-1=\frac{a-2}{2}$, $a-2=-2$

$\therefore a=0$

22 답 ①

$y=ax+b$의 그래프가 두 점 (−2, 0),(0, 1)을 지나므로

$a=\frac{1-0}{0-(-2)}=\frac{1}{2}$, $b=1$

따라서 $y=bx+4a$, 즉 $y=x+2$의 그래프의 x절편은 -2, y절편은 2이므로 그 그래프는 ①이다.

23 답 10

$y=2x+4$의 그래프의 x절편은 -2, y절편은 4이고

$y=-\frac{4}{3}x+4$의 그래프의 x절편은 3, y절편은 4이므로

A$(0, 4)$, B$(-2, 0)$, C$(3, 0)$

$\triangle ABC=\frac{1}{2}\times\{3-(-2)\}\times4=10$

24 답 ④

④ $y=ax-b$에서 $y=0$일 때,

$0=ax-b$ $\therefore x=\frac{b}{a}$

따라서 x절편은 $\frac{b}{a}$, y절편은 $-b$이다

25 답 ③

기울기의 절댓값이 클수록 y축에 가깝다.

따라서 $\left|-\frac{1}{3}\right|<|1|<\left|\frac{3}{2}\right|<\left|\frac{5}{2}\right|<|-3|$이므로 y축에 가장 가까운 것은 ③이다.

26 답 제 1, 2, 4사분면

$a>0$에서 $-a<0$ 또 $b>0$이므로 $y=-ax+b$의 그래프는 오른쪽 그림과 같다.

따라서 제1, 2, 4사분면을 지난다.

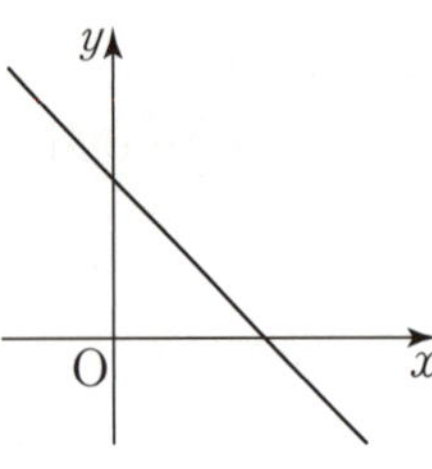

27 답 ②

주어진 그래프가 오른쪽 아래로 향하므로

$-a<0$ $\therefore a>0$

y축과 음의 부분에서 만나므로

$-b<0$ $\therefore b>0$

따라서 x절편이 a, y절편이 b인 일차함수의 그래프로 알맞은 것은 ②이다.

28 답 -3

$y=ax+8$의 그래프가 $y=-4x+5$의 그래프와 평행하므로 $a=-4$

이때 $y=-4x+8$의 그래프의 x절편이 2이므로

$y=\frac{1}{2}x+b$의 그래프의 x절편도 2이다.

따라서 $0=\frac{1}{2}\times2+b$이므로 $b=-1$

$\therefore a-b=-3$

29 답 ④

④ x절편은 $\frac{1}{3}$, y절편은 -1이다.

30 답 3

두 점 $(3, 0)$,$(9, 2)$를 지나므로 기울기는

$\frac{2-0}{9-3}=\frac{1}{3}$

일차함수의 식을 $y=\frac{1}{3}x+b$라 하면 이 그래프가 점 $(9, 2)$를 지나므로

$2=\frac{1}{3}\times9+b$ $\therefore b=-1$

따라서 주어진 두 점을 지나는 일차함수의 그래프의 식은

$y=\frac{1}{3}x-1$

이 그래프를 y축의 방향으로 6만큼 평행이동한 그래프의 식은

$y=\frac{1}{3}x-1+6$ $\therefore y=\frac{1}{3}x+5$

이 그래프가 점 $(-6, k)$를 지나므로

$k=\frac{1}{3}\times(-6)+5=3$

31 답 8°C

지면으로부터 1m 높아질 때마다 기온이 0.006°C씩 내려가므로 지면으로부터 높이가 xm인 지점의 기온을 y°C라 하면

$y=-0.006x+20$

2km=2000m이므로 위의 식에 $x=2000$을 대입하면

$y=-0.006\times2000+20=8$

따라서 지면으로부터 높이가 2km인 산 정상의 기온은 8°C이다.

32 답 30cm^2

점 P는 1초에 $\frac{1}{3}$cm씩 움직이므로 x초 후의 $\overline{BP}$의 길이는 $\frac{1}{3}x$cm x초 후의 △ABP의 넓이를 $y$cm^{2}라 하면

$y=\frac{1}{2}\times\frac{1}{3}x\times12$ $\therefore y=2x$

위의 식에 $x=15$를 대입하면

$y=2\times15=30$

따라서 15초 후의 △ABP의 넓이는 30cm^{2}이다.

33 답 3

$(-a+1)x+by+1=0$에서

$y=\frac{a-1}{b}x-\frac{1}{b}$

위의 식의 그래프의 기울기가 3, y절편이 -1이므로

$\frac{a-1}{b}=3,\ -\frac{1}{b}=-1$ $\quad\therefore a=4,\ b=1$

$\therefore a-b=3$

34 답 ⑤

주어진 그래프는 점 $(-4,\ 0)$을 지나고 y축에 평행한 직선이므로 그래프의 식은 $x=-4$

$x=-4$에서 $x+4=0$ $\quad\therefore 4x+16=0$

위의 식이 $4x-ay+b=0$과 같으므로

$a=0,\ b=16$

$ax-8y-b=0$에서

$-8y-16=0,$ $\quad\therefore y=-2$

따라서 $ax-8y-b=0$의 그래프는 ⑤이다.

35 답 제3사분면

$ax+by+c=0$에서

$y=-\frac{a}{b}x-\frac{c}{b}$

$a>0,\ b>0$이므로

$-\frac{a}{b}<0$

$b>0,\ c<0$이므로

$-\frac{c}{b}>0$

따라서 $ax+by+c=0$의 그래프는 오른쪽 그림과 같으므로 제3사분면을 지나지 않는다.

36 답 1

연립방정식 $\begin{cases}x+ay=-1\\bx+y=11\end{cases}$ 의 해가 $x=3,\ y=2$이므로

$x=3,\ y=2$를 $x+ay=-1$에 대입하면

$3+2a=-1$

$\therefore a=-2$

$x=3,\ y=2$를 $bx+y=11$에 대입하면

$3b+2=11$ $\quad\therefore b=3$

$\therefore a+b=1$

37 답 8

$\begin{cases}y=2x+4 & \cdots\cdots ㉠\\y=-x+1 & \cdots\cdots ㉡\end{cases}$

㉠을 ㉡에 대입하면 $\quad 2x+4=-x+1$

$3x=-3$ $\quad\therefore x=-1$

$x=-1$을 ㉠에 대입하면 $y=-2+4=2$

즉 두 직선 ㉠, ㉡의 교점의 좌표는

$(-1,\ 2)$

따라서 직선 $y=ax+b$가 두 점 $(-1,\ 2),\ (1,\ 8)$를 지나므로

$a=\frac{8-2}{1-(-1)}=3$

즉 직선 $y=3x+b$가 점 $(-1,\ 2)$를 지나므로

$2=-3+b$ $\quad\therefore b=5$

$\therefore a+b=8$

38 답 $\frac{4}{3}$

$\begin{cases}x-2y=-6 & \cdots\cdots ㉠\\4x+y=-6 & \cdots\cdots ㉡\end{cases}$

㉠+㉡×2를 하면 $9x=-18$ $\quad\therefore x=-2$

$x=-2$를 ㉠에 대입하면 $-2-2y=-6$ $\quad\therefore y=2$

즉 두 직선 ㉠, ㉡의 교점의 좌표는

$(-2,\ 2)$

직선 $ax+(2a-1)y=4$가 점 $(-2,\ 2)$를 지나므로

$-2a+2(2a-1)=4,\ 2a=6$

$\therefore a=3$

따라서 $ax+(2a-1)y=4$, 즉 직선 $3x+5y=4$ 의 x절편은 $\frac{4}{3}$이다.

39 답 제1, 2, 3사분면

$ax+y=3$에서 $y=-ax+3$ $\quad\cdots\cdots ㉠$

$8x+by=12$에서 $y=-\frac{8}{b}x+\frac{12}{b}$ $\quad\cdots\cdots ㉡$

주어진 연립방정식의 해가 무수히 많으려면 ㉠, ㉡의 그래프가 일치해야 하므로

$-a=-\frac{8}{b},\ 3=\frac{12}{b}$

$\therefore a=2,\ b=4$

따라서 직선 $y=2x+4$는 오른쪽 그림과 같으므로 제1, 2, 3 사분면을 지난다.

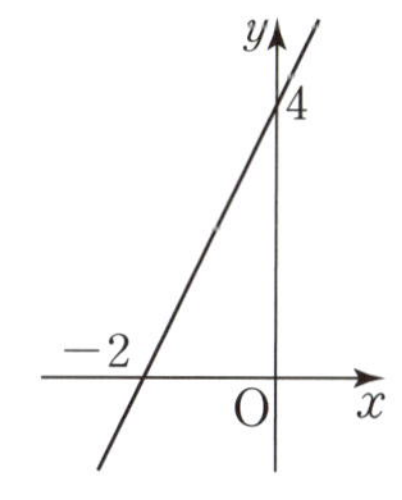

40 답 12

$\begin{cases} x+y+5=0 \cdots\cdots ㉠ \\ 2x-y+4=0 \cdots\cdots ㉡ \end{cases}$

㉠+㉡을 하면 $3x+9=0$ $\therefore x=-3$

$x=-3$을 ㉠에 대입하면 $-3+y+5=0$

$\therefore y=-2$

즉 두 직선 ㉠, ㉡의 교점의 좌표는

$(-3, -2)$

$y=2$를 $x+y+5=0$에 대입하면

$x+2+5=0$ $\therefore x=-7$

$y=2$를 $2x-y+4=0$에 대입하면

$2x-2+4=0$

$\therefore x=-1$

즉 직선 $y=2$와 두 직선 $x+y+5=0$, $2x-y+4=0$의 교점의 좌표는 각각 $(-7, 2)$, $(-1, 2)$이다.

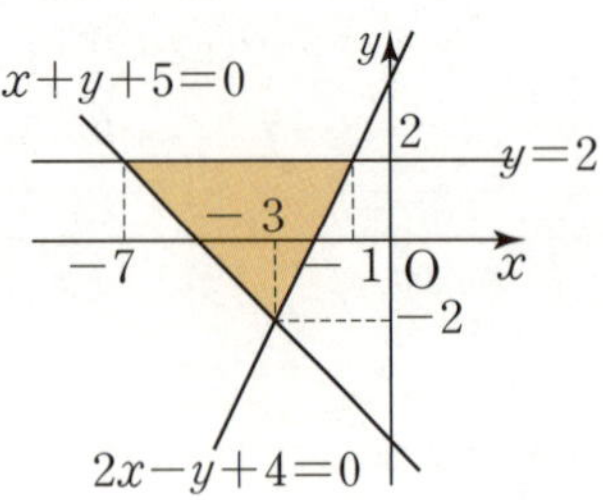

따라서 오른쪽 그림에서 구하는 넓이는

$\frac{1}{2}\times\{-1-(-7)\}\times\{2-(-2)\}=12$

41 답 ②

② $y=-x(x-5)=-x^2+5x$

④ $y=(x-2)^2-x^2=x^2-4x+4-x^2=-4x+4$

⑤ $y=3x^2-x(3x+1)=3x^2-3x^2-x=-x$

42 답 2

$y=ax^2$의 그래프를 y축의 방향으로 -1만큼 평행이동하면

$y=ax^2-1$

이 함수의 그래프가 점 $(-2, 7)$을 지나므로

$7=a\times(-2)^2-1$, $4a=8$ $\therefore a=2$

43 답 3

$y=2(x+1)^2-5$의 그래프를 x축의 방향으로 -2만큼, y축의 방향으로 m만큼 평행이동하면

$y=2(x+2+1)^2-5+m$

$\therefore y=2(x+3)^2-5+m$

이 함수의 그래프의 꼭짓점 $(-3, -5+m)$이 직선 $y=-x-5$ 위에 있으므로

$-5+m=-(-3)-5$ $\therefore m=3$

44 답 6

$y=-2x^2+4x+5$

$=-2(x^2-2x+1-1)+5$

$=-2(x-1)^2+7$

따라서 $a=-2$, $p=1$, $q=7$이므로

$a+p+q=-2+1+7=6$

45 답 $y=-x^2+2x-2$

$y=-x^2+4x$의 그래프를 y축에 대하여 대칭이동하면

$y=-x^2-4x=-(x^2+4x)=-(x+2)^2+4$

이 함수의 그래프를 x축의 방향으로 3만큼, y축의 방향으로 -5만큼 평행이동하면

$y=-(x-3+2)^2+4-5=-(x-1)^2-1$

$\therefore y=-x^2+2x-2$

46 답 15

$y=x^2+x-6$이므로 $x^2+x-6=0$에서

$(x+3)(x-2)=0$

$\therefore x=-3$ 또는 $x=2$

따라서 $A(-3, 0)$, $C(2, 0)$이므로

$\overline{AC}=2-(-3)=5$ 이다.

점 B는 y축과 만나는 지점이므로 $B(0, -6)$이다.

$\therefore \triangle ABC=\frac{1}{2}\times5\times6=15$

47 답 ⑤

①, ②, ③ 그래프가 아래로 볼록하므로 $a>0$

축이 y축의 오른쪽에 위치하므로 $b<0$

y축과의 교점이 원점의 아래쪽에 위치하므로 $c<0$

$\therefore \frac{b}{a}<0$, $\frac{a}{c}<0$, $abc>0$

④ $x=-1$일 때, $y>0$이므로 $a-b+c>0$

⑤ $x=1$일 때, $y<0$이므로 $a+b+c<0$

48 답 $(-3, 8)$

축의 방정식이 $x=-3$이므로 이차함수의 식을 $y=a(x+3)^2+q$로 놓을 수 있다.

이 함수의 그래프가 두 점 $(1, -8)$, $(-2, 7)$을 지나므로 $-8=16a+q$, $7=a+q$

위의 두 식을 연립하여 풀면

$a=-1$, $q=8$

따라서 $y=-(x+3)^2+8$이므로 꼭짓점의 좌표는 $(-3, 8)$이다.

49 답 정답 0

$y=ax^2+bx+c$의 그래프가 x축과 두 점 $(1, 0)$, $(4, 0)$에서 만나므로 이차함수의 식을 $y=a(x-1)(x-4)$로 놓을 수 있다.

이 함수의 그래프가 점 $(0, 2)$를 지나므로

$2=4a \quad \therefore a=\frac{1}{2}$

따라서 $y=\frac{1}{2}(x-1)(x-4)=\frac{1}{2}x^2-\frac{5}{2}x+2$이므로

$b=-\frac{5}{2}, c=2$

$\therefore a+b+c=0$

50 답 정답 ③

이차함수의 그래프가 x축과 두 점에서 만나려면

(i) 아래로 볼록한 함수인 경우 : 꼭짓점의 y좌표가 음수이어야 한다.

(ii) 위로 볼록한 함수인 경우 : 꼭짓점의 y좌표가 양수이어야 한다.

① $y=-x^2-2x-2=-(x+1)^2-1$이므로 꼭짓점은 $(-1, -1)$

② $y=-x^2+2x-2=-(x-1)^2-1$이므로 꼭짓점은 $(1, -1)$

③ $y=-x^2+2x+2=-(x-1)^2+3$이므로 꼭짓점은 $(1, 3)$

④ $y=x^2-2x+2=(x-1)^2+1$이므로 꼭짓점은 $(1, 1)$

⑤ $y=x^2+2x+2=(x+1)^2+1$이므로 꼭짓점은 $(-1, 1)$

따라서 x축과 두 점에서 만나는 이차함수의 그래프의 식은 ③이다

51 답 $(-5, 11)$, $(1, 5)$

$x^2+3x=-x+5$에서

$x^2+4x-5=0$, $(x+5)(x-1)=0$

$\therefore x=-5$ 또는 $x=1$

$x=-5$일 때 $y=-(-5)+6=11$

$x=1$일 때 $y=-1+6=5$

따라서 교점의 좌표는 $(-5, 11)$, $(1, 5)$

[기하]

1 답 ②

② $\overrightarrow{AC}$와 $\overrightarrow{BD}$는 시작점이 다르므로 $\overrightarrow{AC}\neq\overrightarrow{BD}$

따라서 옳지 않은 것은 ②이다.

2 답 15

두 점을 골라 만들 수 있는 선분은 다음 그림과 같으므로

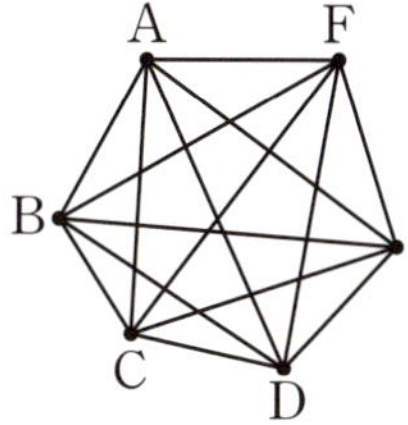

$\overline{AB}$, $\overline{AC}$, $\overline{AD}$, $\overline{AE}$, $\overline{AF}$, $\overline{BC}$, $\overline{BD}$, $\overline{BE}$, $\overline{BF}$, $\overline{CD}$, $\overline{CE}$, $\overline{CF}$, $\overline{DE}$, $\overline{DF}$, $\overline{EF}$의 15개이다.

3 답 ④

④ $\overline{PM}$의 길이는 $\overline{PQ}$의 길이의 $\frac{1}{2}$이므로 $\overline{PM}=\frac{1}{2}\overline{PQ}$이다.

4 답 60°

$\angle COD=\angle a$, $\angle DOE=\angle b$라 하면

$\angle AOC+\angle COD+\angle DOE+\angle EOB=180°$에서

$2\angle a+\angle a+\angle b+2\angle b=180°$

$\Rightarrow 3\angle a+3\angle b=180°$

$\therefore \angle COE=\angle a+\angle b=60°$

5 답 45

$2x+30=3y-5$이므로

$(x-10)+(2x+30)+5x=180$,

$8x=100 \Rightarrow \therefore x=20$, $3y-5=2x+30$이므로

$3y-5=70$, $3y=75 \Rightarrow \therefore y=25$

$\therefore x+y=20+25=45$

6 답 ④

④ 평면 P는 점 D를 포함하고 있다. 따라서 옳지 않은 것은 ④이다.

7 답 2

$\overline{AB}$와 꼬인 위치에 있는 모서리는 $\overline{EF}$, $\overline{DF}$, $\overline{CF}$의 3개이므로 $a=3$,

$\overline{AB}$와 평행한 모서리는 $\overline{DE}$의 1개이므로 $b=1$

$\therefore a-b=3-1=2$

8 답 ②

면 AEB, 면 DFC이므로 모두 2개다.

9 답 ④

③ $\angle f$의 엇각은 $\angle b$이고 맞꼭지각의 크기는 서로 같으므로 $\angle b=80^\circ$

④ $\angle d$의 엇각은 $\angle c$이고, $\angle c=180^\circ-80^\circ=100^\circ$

⑤ $\angle d$의 동위각은 $\angle a$이고 $\angle a=180^\circ-80^\circ=100^\circ$

따라서 옳지 않은 것은 ④

10 답 105

두 직선 l, m에 평행한 직선 p, q를 그으면 다음과 같다.

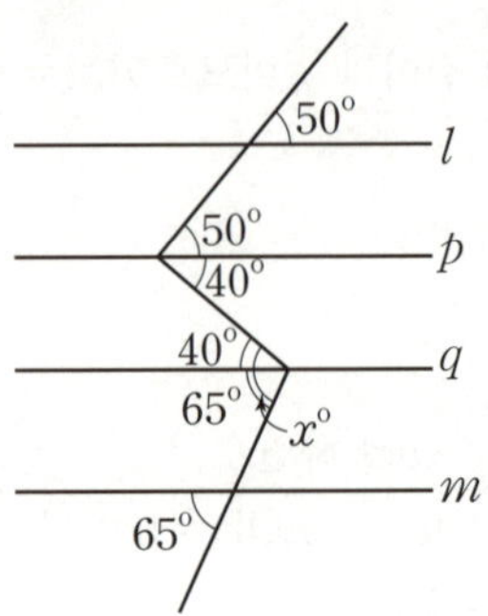

이때 동위각과 엇각의 크기는 각각 같으므로

$x=40+65=105$

11 답 ⑤

1) 가장 긴 변의 길이가 x cm인 경우

$x<5+11 \quad \therefore x<16$

2) 가장 긴 변의 길이가 11 cm인 경우

$11<x+5 \quad \therefore x>6$

1), 2)에 의하여 x의 값의 범위는 $6<x<16$이므로 x의 값이 될 수 없는 것은 ⑤이다.

12 답 ②, ④

② △MON은 각이 나와 있지 않으므로 ASA합동이 될 수 없다.

④ △PQR은 세 변의 길이가 주어진 것이 아니므로 합동이 될 수 없다.

13 답 ①, ③

다각형은 세 개 이상의 선분으로 둘러싸인 평면도형이다.

① 원은 선분이 아닌 곡선으로 둘러싸여 있으므로 다각형이 아니다.

③ 직육면체는 입체도형이므로 다각형이 아니다.

따라서 다각형이 아닌 것은 ①, ③이다.

14 답 ③

△ABC에서 $\angle ACD=68^\circ+\angle B$이므로

$\angle PCD=\frac{1}{2}\angle ACD=\frac{1}{2}(68^\circ+2\angle PBC)$

$=34^\circ+\angle PBC$ ⋯㉠

△PBC에서 $\angle PCD=\angle x+\angle PBC$ ⋯㉡

㉠, ㉡에 의하여 $\angle x=34^\circ$

15 답 ④

△ABC는 $\overline{AB}=\overline{AC}$인 이등변삼각형이므로

$\angle ACB=\angle ABC=21^\circ$

$\therefore \angle CAD=21^\circ+21^\circ=42^\circ$

△ACD는 $\overline{AC}=\overline{CD}$인 이등변삼각형이므로

$\angle CDA=\angle CAD=42^\circ$

△DBC에서 $\angle DCE=21^\circ+42^\circ=63^\circ$

△DCE는 $\overline{CD}=\overline{DE}$인 이등변삼각형이므로

$\angle DEC=\angle DCE=63^\circ$

$\therefore \angle x=180^\circ-63^\circ=117^\circ$

16 답 ③

다음 그림과 같이 $\angle a$를 잡으면

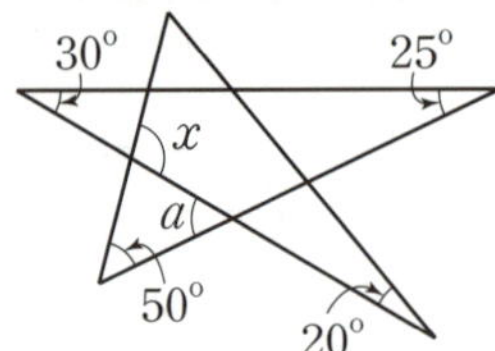

삼각형의 한 외각의 크기는 그와 이웃하지 않는 두 내각의 크기의 합과 같으므로,

$\angle a=30^\circ+25^\circ=55^\circ$이고, $\angle x=50^\circ+55^\circ=105^\circ$이다.

17 답 10

꼭짓점의 개수가 13개인 다각형은 십삼각형이므로 한 꼭짓점에서 그을 수 있는 대각선의 개수는 $13-3=10$

18 답 ③

구하는 다각형을 n각형이라 하면 $\frac{n(n-3)}{2}=27$,

$n(n-3)=54 \quad \therefore n=9$

구각형의 한 꼭짓점에서 그을 수 있는 대각선의 개수는 $9-3=6$

19 답 60

다음 그림과 같이 $\overline{CD}$의 연장선이 $\overline{AE}$와 만나는 점을 F라 하자.

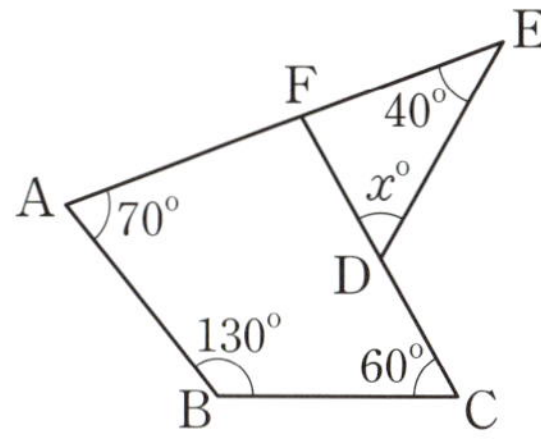

사각형 ABCF의 내각의 크기의 합은 360°이므로

$\angle AFD=360°-(70°+130°+60°)=100°$

따라서 △FDE에서 $100°=40°+x°$ $\therefore x=60$

20 답 20

구하는 정다각형을 정n각형이라 하면

$\frac{180°\times(n-2)}{n}=135°$,

$180°\times n-360°=135°\times n$, $45°\times n=360°$

$\therefore n=8$

따라서 정팔각형의 대각선의 총 개수는

$\frac{8(8-3)}{2}=\frac{8\times5}{2}=20$

21 답 ③

정구각형의 한 내각의 크기는 $\frac{180°\times(9-2)}{9}=140°$

△BCA는 $\overline{BA}=\overline{BC}$인 이등변삼각형이므로

$\angle BCA=\frac{1}{2}\times(180°-140°)=20°$

△CDB는 $\overline{CB}=\overline{CD}$인 이등변삼각형이므로

$\angle CBD=\frac{1}{2}\times(180°-140°)=20°$

△BCJ에서 $\angle x=\angle BJC=180°-(20°+20°)=140°$

22 답 ①

다음 그림과 같이 $\overline{OD}$를 그으면

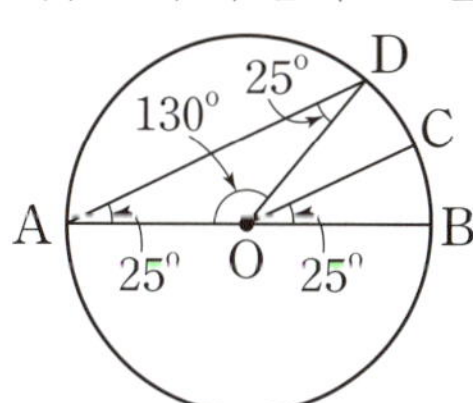

$\widehat{AD}:5=130°:25°=26:5$

$\therefore \widehat{AD}=\frac{26\times5}{5}=26$

23 답 ⑤

호의 길이를 l cm라 하면 $\frac{1}{2}\times l\times7=28\pi$

$\therefore l=8\pi$

따라서 구하는 호의 길이는 8π cm이다.

24 답 ③

(색칠한 부분의 둘레의 길이)=(지름의 길이가 6 cm인 원의 둘레의 길이)

+(반지름의 길이가 6 cm이고 중심각의 크기가 60°인 부채꼴의 호의 길이)

$=(2\pi\times3)+\left(2\pi\times6\times\frac{60}{360}\right)=6\pi+2\pi=8\pi$(cm)

25 답 3

㉠ 오각기둥 : 칠면체

㉡ 칠각기둥 : 구면체

㉢ 칠각뿔 : 팔면체

㉣ 삼각뿔 : 사면체

㉤ 오각뿔대 : 칠면체

㉥ 삼각뿔대 : 오면체

㉦ 사각기둥 : 육면체

㉧ 육각형 : 칠면체

따라서 칠면체는 ㉠, ㉤, ㉧의 3개이다.

26 답 ⑤

ㄱ. 각뿔대의 옆면의 모양은 사다리꼴이다. (참)

ㄴ. 각뿔대의 두 밑면은 합동이 아니다. (거짓)

ㄷ. 사각뿔대의 면의 개수는 4+2=6이고, 사각뿔의 면의 개수는 4+1=5이므로 사각뿔대는 사각뿔보다 면이 1개 많다. (참)

ㄹ. 사각뿔대의 꼭짓점의 개수는 4×2=8이고, 사각기둥의 꼭짓점의 개수도 4×2=8이므로 사각뿔대와 사각기둥의 꼭짓점의 개수는 같다. (참)

따라서 옳은 것은 ㄱ, ㄷ, ㄹ이다.

27 답 50

조건 (가), (나)를 만족시키는 입체도형은 정다면체이고 면의 모양이 정오각형이고 각 꼭짓점에 모인 면의 개수가 3인 정다면체는 정십이면체이다.

정십이면체의 꼭짓점의 개수는 20이므로 $a=20$

정십이면체의 모서리의 개수는 30이므로 $b=30$

$\therefore a+b=20+30=50$

28 답 ③

곡면이 없는 정육면체는 회전체가 아니고 다면체이다.

29 답 ③

③ 회전체의 옆면을 만드는 선분을 모선이라고 한다.

30 답 ③

높이를 x라 하자.

$S=2\times\frac{1}{2}\times3\times4+(3+4+5)\times x=96(\text{cm}^2)$

$\therefore x=7$ cm

31 답 ④

원뿔의 모선의 길이를 l cm라 하면

$\pi\times8\times l=96\pi \qquad \therefore l=12$

부채꼴의 중심각의 크기를 $x°$라 하면

$2\pi\times12\times\frac{x}{360}=2\pi\times8 \qquad \therefore x=240$

따라서 부채꼴의 중심각의 크기는 240°이다.

32 답 ③

사각뿔대의 옆면은 사다리꼴이므로 사각뿔대의 겉넓이는 두 밑면과 네 개의 옆면의 넓이의 합과 같다.

$\therefore$ (겉넓이)$=(4\times4)+(7\times7)+4\times\left(\frac{1}{2}\times(4+7)\times6\right)$

$=197(\text{cm}^2)$

33 답 ③

물의 부피는 삼각기둥의 부피와 같으므로

(물의 부피)$=\left(\frac{1}{2}\times10\times4\right)\times6=120(\text{cm}^3)$

34 답 ①

(원기둥의 부피)$=\pi\times6^2\times10=360\pi(\text{cm}^3)$

(구의 부피)$=\frac{4}{3}\pi\times3^3=36\pi(\text{cm}^3)$

$360\pi\div36\pi=10$

따라서 금구슬을 10개 만들 수 있다.

35 답 42

△ABC에서 $\overline{AB}=\overline{AC}$이므로

$\angle B=\angle C=\frac{1}{2}\times(180°-54°)=63°$

△EBC에서 $\angle EBC=\angle ECB=\frac{1}{3}\times63°=21°$이므로

$\angle BEC=180°-2\times21°=138° \qquad \therefore x=138$

△DBC에서 $\angle DBC=\angle DCB=\frac{2}{3}\times63°=42°$이므로

$\angle BDC=180°-2\times42°=96° \qquad \therefore y=96$

$\therefore x-y=42$

36 답 32°

$\overline{AD}\,/\!/\,\overline{CB}$이므로 $\angle ABC=\angle DAB=74°$(엇각)

또 $\overline{AB}$를 접는 선으로 하여 접었으므로

$\angle BAC=\angle DAB=74°$(접은 각)

따라서 △ACB에서 $\angle ACB=180°-74°\times2=32°$

37 답 ⑤

△ABD≡△CAE(RHA합동)이므로

$\overline{AD}=\overline{CE}=3$, $\overline{AE}=\overline{BD}=7$

(사다리꼴 EDBC의 넓이)

$=\frac{1}{2}\times(\overline{DB}+\overline{EC})\times\overline{ED}$

$=\frac{1}{2}\times(7+3)\times(3+7)=50$

$\triangle BAD=\triangle ACE=\frac{1}{2}\times3\times7=\frac{21}{2}$

$\therefore \triangle ABC=\square EDBC-\triangle BAD-\triangle ACE$

$=50-\frac{21}{2}-\frac{21}{2}=29$

38 답 8 cm

다음 그림과 같이 점 D에서 $\overline{AB}$에 내린 수선의 발을 E라 하면

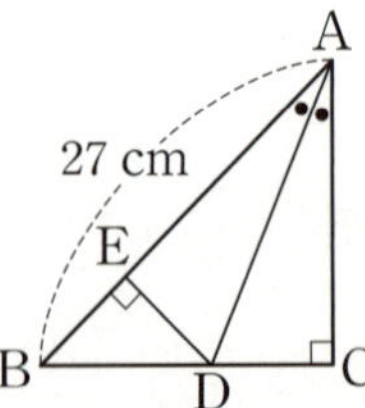

$\overline{AD}$는 ∠A의 이등분선이므로 $\overline{CD}=\overline{DE}$

이때 $\triangle ABD=108\ \text{cm}^2$이므로 $\frac{1}{2}\times27\times\overline{DE}=108$

$\therefore \overline{DE}=8$ cm $\qquad \therefore \overline{CD}=\overline{DE}=8(\text{cm})$

39 답 26 cm²

점 O가 △ABC의 외심이므로 $\overline{OA}=\overline{OB}$

$\therefore \triangle OBC = \frac{1}{2}\triangle ABC$

$= \frac{1}{2} \times \left(\frac{1}{2} \times 13 \times 8\right) = 26(cm^2)$

40 답 16 cm

점 I가 △ABC의 내심이므로 $\angle CBI = \angle DBI$

$\overline{DE} /\!/ \overline{BC}$이므로 $\angle DIB = \angle CBI$ (엇각)

즉, $\angle DBI = \angle DIB$이므로 $\overline{DB} = \overline{DI}$

또한, 점 I가 내심이므로 $\angle ICB = \angle ECI$

$\overline{DE} /\!/ \overline{BC}$이므로 $\angle EIC = \angle ICB$ (엇각)

즉, $\angle ECI = \angle EIC$이므로 $\overline{EC} = \overline{EI}$

∴(△ADE의 둘레의 길이)

$= \overline{AD} + \overline{DE} + \overline{AE} = \overline{AD} + (\overline{DI} + \overline{IE}) + \overline{AE}$

$= (\overline{AD} + \overline{DB}) + (\overline{EC} + \overline{AE}) = \overline{AB} + \overline{AC}$

$= 2\overline{AB} = 2 \times 8 = 16(cm)$

41 답 38°

점 I가 △ABC의 내심이므로 $116° = 90° + \frac{1}{2}\angle A$

$\therefore \angle A = 52°$

점 O가 △ABC의 외심이므로

$\angle BOC = 2 \times \angle A = 2 \times 52° = 104°$

이때 △OBC에서 $\overline{OB} = \overline{OC}$이므로

$\angle OCB = \frac{1}{2} \times (180° - 104°) = 38°$

42 답 9 cm

□ABCD가 평행사변형이므로 $\overline{BC} = \overline{AD} = 15(cm)$

$\overline{AD} /\!/ \overline{BC}$이므로 $\angle ADF = \angle DFC$ (엇각)

따라서 △CDF는 이등변삼각형이므로

$\overline{CD} = \overline{CF} = \overline{AB} = 12(cm)$

$\therefore \overline{BF} = \overline{BC} - \overline{CF} = 15 - 12 = 3(cm)$

또한 $\overline{AD} /\!/ \overline{BC}$ 이므로 $\angle DAE = \angle AEB$ (엇각)

따라서 △ABE는 이등변삼각형이므로

$\overline{BE} = \overline{AB} = 12(cm)$

$\therefore \overline{EF} = \overline{BE} - \overline{BF} = 12 - 3 = 9(cm)$

43 답 16 cm²

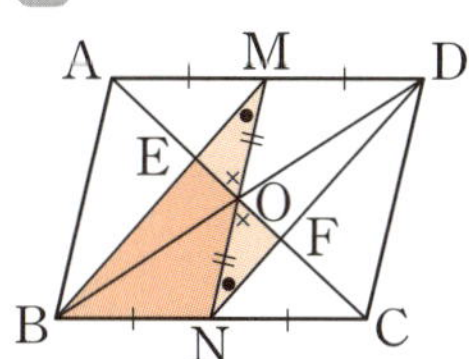

위 그림과 같이 대각선 BD를 긋고, $\overline{AC}$, $\overline{BD}$의 교점을 O라 하면 □ABCD가 평행사변형이므로 $\overline{MD} /\!/ \overline{BN}$, $\overline{MD} = \overline{BN}$

즉, □MBND가 평행사변형이므로 $\overline{MO} = \overline{NO}$,

$\angle EMO = \angle FNO$(엇각),

$\angle MOE = \angle NOF$ (맞꼭지각)

∴ △EMO≡△FNO(ASA합동)

∴ □BNFE=□BNOE+△FNO

=□BNOE+△EMO=△MBN

이때 □ABCD가 평행사변형이므로

$\triangle MBN = \frac{1}{4}\square ABCD$

$\therefore \square BNFE = \triangle MBN = \frac{1}{4}\square ABCD$

$= \frac{1}{4} \times 64 = 16(cm^2)$

44 답 120°

□APCQ는 마름모이므로 △APC에서 $\overline{AP} = \overline{PC}$

$\therefore \angle PAC = \angle PCA \cdots$ ㉠

$\overline{AD} /\!/ \overline{BC}$이므로 $\angle QAC = \angle PAC$(엇각) …㉡

㉠, ㉡에서 $\angle QAC = \angle PAC$

즉 $\angle PAQ = \frac{2}{3}\angle BAD = \frac{2}{3} \times 90° = 60°$

따라서 □APCQ에서

$\angle x = 180° - \angle PAQ = 180° - 60° = 120°$

45 답 90°

다음 그림과 같이 $\overline{AB}$와 $\overline{DE}$의 교점을 G, $\overline{CD}$와 $\overline{AF}$의 교점을 H라 하면

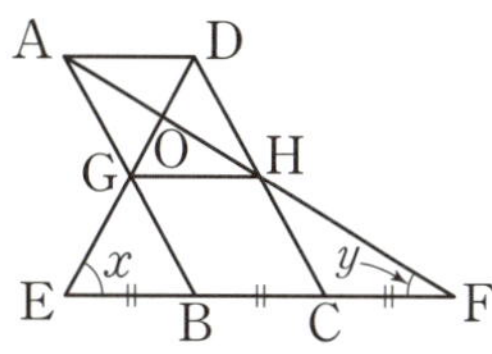

$\overline{AD} /\!/ \overline{EF}$이므로 $\angle ADE = \angle DEC$(엇각)

또한, $\overline{CD} = \overline{CE}$이므로 $\angle CDE = \angle CED = \angle x$

마찬가지로 $\overline{AD} /\!/ \overline{EF}$이므로 $\angle DAF = \angle AFB$(엇각)

또한, $\overline{AB} = \overline{BF}$이므로 $\angle BAF = \angle BFA = \angle y$

$\therefore \angle A = 2\angle y$, $\angle D = 2\angle x$

이때 $\angle A + \angle D = 180°$이므로

$2\angle x + 2\angle y = 180°$ $\therefore \angle x + \angle y = 90°$

46 답 4 cm

$\angle FAE = \angle BAC = 45°$

$\therefore \angle AEF = 90° - 45° = 45°$

즉, △AFE는 $\overline{AF} = \overline{EF}$인 이등변삼각형이다.

또, △CDE와 △CFE에서 ∠CDE=∠CFE=90°, $\overline{EC}$는 공통,
∠DCE=∠FCE이므로 △CDE≡△CFE(RHA합동)
∴ $\overline{EF}=\overline{ED}=10-6=4$

47 답 ③
(가) 평행사변형이 직사각형이 되기 위해서는 한 내각의 크기가 90°이거나 두 대각선의 길이가 같아야 한다.
(나) 직사각형이 정사각형이 되려면 두 대각선이 서로 직교하거나 네 변의 길이가 모두 같아야 한다.

48 답 15
$\overline{AC}/\!/\overline{DE}$이고 밑변과 높이가 같으므로
△ADE=△DEC이다.
△DBC=△DBE+△DEC=△DBE+△ADE
=△ABE=25(cm²)
∴ △ADC=△ABC−△DBC
=40−25=15(cm²)
∴ $x=15$

49 답 18 cm²
△ABO,△OBC는 높이가 같고, $\overline{AO}:\overline{CO}=1:3$이므로
△ABO : △OBC=1 : 3
∴ △OBC=3△ABO=18(cm²)

50 답 12
직각삼각형 ABD에서 $\overline{AD}^2=\overline{DH}\times\overline{DB}$이므로
$3^2=\frac{9}{5}\left(\frac{9}{5}+\overline{BH}\right)$, $5=\frac{9}{5}+\overline{BH}$ ∴ $\overline{BH}=\frac{16}{5}$
$\overline{AH}^2=\overline{BH}\times\overline{DH}=\frac{16}{5}\times\frac{9}{5}=\frac{144}{25}$이므로
$\overline{AH}=\frac{12}{5}$
□ABCD$=\overline{BD}\times\overline{AH}=\left(\frac{16}{5}+\frac{9}{5}\right)\times\frac{12}{5}=12$

51 답 24
$\overline{AB}:\overline{AC}=\overline{BD}:\overline{CD}$이므로 $15:12=(6+x):x$
$12(6+x)=15x$, $72+12x=15x$
$3x=72$ ∴ $x=24$

52 답 ⑤
△ABC에서 $\overline{AE}:\overline{AB}=\overline{EM}:\overline{BC}$이므로
$1:3=\overline{EM}:15$
∴ $\overline{EM}=5$(cm)
또한 $\overline{AG}:\overline{AB}=\overline{GN}:\overline{BC}$이므로 $2:3=\overline{GN}:15$
∴ $\overline{GN}=10$(cm)
△CDA에서 $\overline{CH}:\overline{CD}=\overline{NH}:\overline{AD}$ 이므로
$1:3=\overline{NH}:9$∴ $\overline{NH}=3$(cm)
또한 $\overline{CF}:\overline{CD}=\overline{MF}:\overline{AD}$ 이므로 $2:3=\overline{MF}:9$
∴ $\overline{MF}=6$(cm)
이때, $\overline{EF}=\overline{EM}+\overline{MF}=5+6=11$(cm)
$\overline{GH}=\overline{GN}+\overline{NH}=10+3=13$(cm)
∴ $\overline{EF}+\overline{GH}=11+13=24$(cm)

53 답 5 cm
△ABC에서 점 M, N은 각각 $\overline{AB}$, $\overline{AC}$의 중점이므로
$\overline{BC}=2\overline{MN}=2\times8=16$(cm)
또한 △DBC에서 점P, Q는 각각 $\overline{DB}$, $\overline{DC}$의 중점이므로
$\overline{PQ}=\frac{1}{2}\overline{BC}=\frac{1}{2}\times16=8$(cm)
∴ $\overline{RQ}=\overline{PQ}-\overline{PR}=8-3=5$(cm)

54 답 35
△GBC에서 $\overline{BE}=\overline{EG}$, $\overline{BD}=\overline{DC}$이므로 $\overline{EF}/\!/\overline{GC}$,
$\overline{GC}=2\overline{ED}=2\times7=14$(cm) $x=14$
△AEF에서 $\overline{AG}=\overline{GE}$이고 $\overline{GC}/\!/\overline{EF}$이므로
$\overline{EF}=2\overline{GC}=2\times14=28$(cm)
$\overline{DF}=28-7=21$(cm)
∴ $y=21$ ∴ $x+y=35$

55 답 10 cm
$\overline{AD}/\!/\overline{BC}$, $\overline{AM}=\overline{BM}$이므로 $\overline{AD}/\!/\overline{MN}/\!/\overline{BC}$
$\overline{MP}=\frac{1}{2}\overline{AD}=\frac{1}{2}\times4=2$(cm),
M
$\overline{Q}=\overline{MP}+\overline{PQ}=2+3=5$(cm)
∴$\overline{BC}=2\overline{MQ}=2\times5=10$(cm)

56 답 2 cm²
△PMC$=\frac{1}{12}$□ABCD$=\frac{1}{12}\times24=2$(cm²)

57 답 ①

작은 원뿔과 큰 원뿔의 닮음비는 1 : 2이므로 부피의 비는 1 : 8

∴ (A의 부피) : (B의 부피)=1:7

58 답 15

△ABD에서 $x^2+\left(\frac{9}{4}\right)^2=\left(\frac{15}{4}\right)^2$, $x^2=9$,

$x>0$이므로 $x=3$

△ABC에서 $3^2+4^2=y^2$, $y^2=25$, $y>0$이므로 $y=5$

∴ $xy=3\times5=15$

59 답 ①

① 피타고라스 정리에 의해 $x^2=a^2+c^2$, $c^2=x^2-a^2$이고 $c^2+b^2=y^2$, $c^2=y^2-b^2$이므로 $x^2-a^2=y^2-b^2$이다.

60 답 ⑤

다음 그림과 같이 꼭짓점 A에서 $\overline{BC}$에 내린 수선의 발을 H라 하면

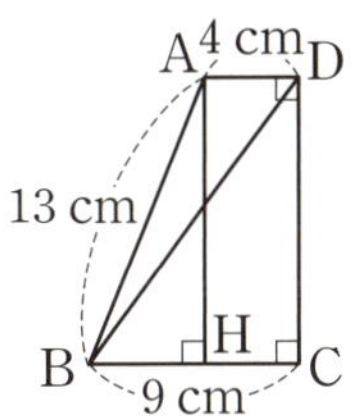

$\overline{CH}=\overline{AD}=4$(cm)이므로 $\overline{BH}=9-4=5$(cm)

△ABH에서 $\overline{AH}^2=13^2-5^2=144=12^2$이므로 $\overline{AH}=12$ cm

∴ $\overline{DC}=\overline{AH}=12$(cm)

△BCD에서 $\overline{BD}^2=12^2+9^2=225=15^2$이므로 $\overline{BD}=15$ cm

61 답 $\frac{14}{5}$ cm

직각삼각형 ABC에서 $\overline{BD}^2=8^2+6^2=100=10^2$이므로 $\overline{BD}=10$(cm)

$\overline{AB}^2=\overline{BE}\times\overline{BD}$이므로 $6^2=\overline{BE}\times10$

∴ $\overline{BE}=\frac{18}{5}$(cm)

$\overline{CD}^2=\overline{DF}\times\overline{DE}$이므로 $6^2=\overline{DF}\times10$

∴ $\overline{DF}=\frac{18}{5}$(cm)

∴ $\overline{EF}=\overline{BD}-(\overline{BE}+\overline{DF})$

$=10-2\times\frac{18}{5}=\frac{14}{5}$(cm)

62 답 ③, ⑤

$\overline{EB}/\!/\overline{DC}$이므로 △EBA=△EBC

△EBC와 △ABF에서 $\overline{EB}=\overline{AB}$, $\overline{BC}=\overline{BF}$, ∠EBC=∠ABF이므로

△EBC==△ABF(SAS합동),

또한 $\overline{BF}/\!/\overline{AK}$이므로 △ABF=△BFJ

∴ △EBA=△EBC=△ABF=△BFJ

따라서 △EBA와 넓이가 같은 삼각형이 아닌 것은 ③, ⑤

63 답 ⑤

$\overline{AD}=\overline{BD}$, $\overline{AE}=\overline{CE}$이므로

$\overline{DE}=\frac{1}{2}\overline{BC}=\frac{1}{2}\times12=6$

∴ $\overline{BE}^2+\overline{CD}^2=\overline{DE}^2+\overline{BC}^2=6^2+12^2=180$

64 답 ④

피타고라스 정리에 의해 $\overline{AB}=5$

$5^2+7^2=x^2+6^2$, $25+49=x^2+36$　　∴ $x^2=38$

65 답 ⑤

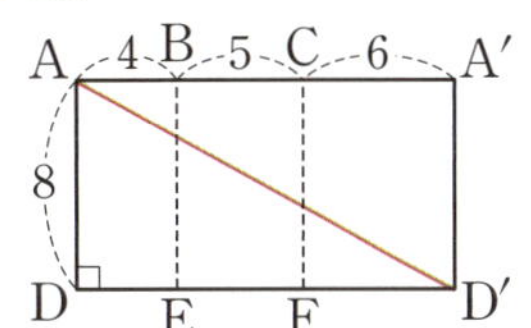

위의 그림과 같은 전개도의 일부에서 구하는 최단 거리는 $\overline{AD'}$의 길이이다.

$\overline{AD'}^2=15^2+8^2=289=17^2$　　∴ $\overline{AD'}=17$

66 답 ②

$\tan A=\frac{2}{5}$인 직각삼각형은 다음 그림과 같다.

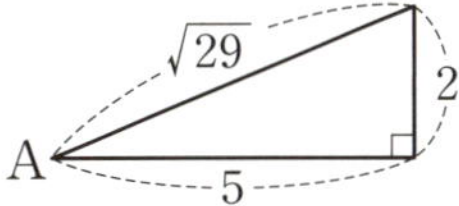

∴ $\sin A\times\cos A=\frac{2}{\sqrt{29}}\times\frac{5}{\sqrt{29}}=\frac{10}{\sqrt{29}}$

67 답 $\frac{8}{5}$

직각삼각형 ABC에서

$\overline{BC}=\sqrt{6^2+8^2}=10$

△ABH에서 ∠B$=90^\circ-x=y$, △ACH에서

$\angle C=90^\circ-y=x$

$\triangle$ABC에서 $\cos x=\frac{\overline{AC}}{\overline{BC}}=\frac{8}{10}=\frac{4}{5}$,

$\sin y=\frac{\overline{AC}}{\overline{BC}}=\frac{4}{5}$이므로

$\cos x+\sin y=\frac{8}{5}$

68 답 30°

$\sin 30^\circ=\frac{1}{2}$이므로 $\cos 2x=\frac{1}{2}$

즉, $0^\circ<2x<90^\circ$에서 $2x=60^\circ$이므로 $x=30^\circ$

69 답 ②

$\triangle$ABM은 $\angle AMB=90^\circ$인 직각삼각형이므로

$\overline{AM}=\sqrt{4^2-2^2}=\sqrt{12}=2\sqrt{3}$,

$\overline{DM}=\overline{AM}=2\sqrt{3}$

꼭짓점 A에서 $\triangle$BCD에 내린 수선의 발을 H라 하면,

점 H는 $\triangle$BCD의 무게중심이므로

$\overline{MH}=\frac{1}{3}\overline{DM}=\frac{1}{3}\times 2\sqrt{3}=\frac{2\sqrt{3}}{3}$

$\triangle$AMH에서

$\overline{AH}=\sqrt{(2\sqrt{3})^2-\left(\frac{2\sqrt{3}}{3}\right)^2}=\sqrt{\frac{32}{3}}=\frac{4\sqrt{6}}{3}$

$\sin x=\frac{\overline{AH}}{\overline{AM}}=\frac{4\sqrt{6}}{3}\div 2\sqrt{3}=\frac{4\sqrt{6}}{6\sqrt{3}}=\frac{2\sqrt{2}}{3}$

$\tan x=\frac{\overline{AH}}{\overline{MH}}=\frac{4\sqrt{6}}{3}\div\frac{2\sqrt{3}}{3}=\frac{12\sqrt{6}}{6\sqrt{3}}=2\sqrt{2}$

$\sin x+\tan x=\frac{2\sqrt{2}}{3}+2\sqrt{2}=\frac{8\sqrt{2}}{3}$

70 답 ③

$\triangle$AOB에서 $\sin(\angle AOB)=\frac{\overline{AB}}{\overline{OA}}=\frac{0.68}{1}=0.68$

$\therefore \angle AOB=43^\circ$

이때 $\cos(\angle AOB)=\cos 43^\circ=0.73=\frac{\overline{OB}}{\overline{OA}}=\overline{OB}$

또한. $\triangle$ODC는 $\angle D=90^\circ$인 직각삼각형이므로

$\angle OCD=90^\circ-43^\circ=47^\circ$

즉, $\tan(\angle COD)=\tan 43^\circ=0.93=\frac{\overline{CD}}{\overline{OD}}=\overline{CD}$이고

$\overline{BD}=1-\overline{OB}=1-0.73=0.27$

따라서 옳은 것은 ③이다.

71 답 7

다음 그림과 같이 꼭짓점 A에서 $\overline{BC}$에 내린 수선의 발을 H라 하자.

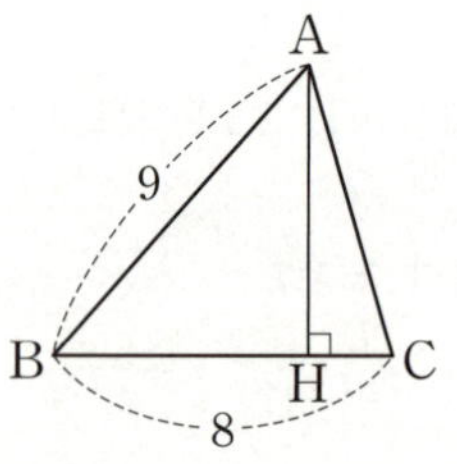

$\overline{BH}=9\cos B=9\times\frac{2}{3}=6$

$\overline{AH}=\sqrt{9^2-6^2}=\sqrt{45}=3\sqrt{5}$

$\overline{CH}=\overline{BC}-\overline{BH}=8-6=2$이므로

$\triangle$ACH에서 $\overline{AC}=\sqrt{(3\sqrt{5})^2+2^2}=\sqrt{49}=7$

72 답 $\frac{81\sqrt{3}}{2}$

$\overline{AC}/\!/\overline{ED}$이므로 $\triangle ACE=\triangle ACD$

$\therefore \square ABCE=\triangle ABC+\triangle ACE$

$=\triangle ABC+\triangle ACD=\triangle ABD$

$=\frac{1}{2}\times 9\times 18\times\sin 60^\circ=\frac{81\sqrt{3}}{2}$

73 답 $14\sqrt{3}$

$\frac{1}{2}\times 8\times 7\times\sin 60^\circ=28\times\frac{\sqrt{3}}{2}=14\sqrt{3}$

74 답 6

다음 그림과 같이 원의 중심을 O, 반지름을 r이라 하면

$\overline{OA}=r$, $\overline{OH}=r-3$, $\overline{AH}=\frac{1}{2}\overline{AB}=3\sqrt{3}$

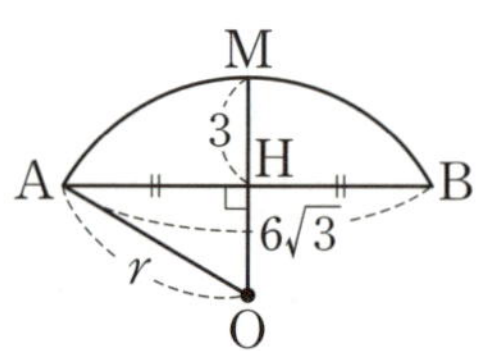

$\triangle$OHA에서 $\overline{OA}^2=\overline{OH}^2+\overline{AH}^2$이므로

$r^2=(r-3)^2+(3\sqrt{3})^2$, $r^2=r^2-6r+9+27$, $6r=36$

$\therefore r=6$

75 답 $\frac{64}{3}\pi-16\sqrt{3}$

다음 그림과 같이 원의 중심 O에서 $\overline{AB}$에 내린 수선의 발을 M이라 하면

$\overline{OA}=8$, $\overline{OM}=\frac{1}{2}\overline{OA}=4$

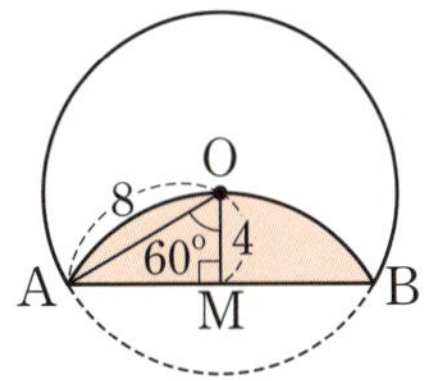

따라서 직각 삼각형 OAM에서 $\overline{AM}=\sqrt{8^2-4^2}=4\sqrt{3}$

$\overline{AB}=2\overline{AM}=8\sqrt{3}$

이때 $\overline{OM}:\overline{OA}=4:8=1:2$ 이므로 $\angle AOM=60°$

$\therefore \angle AOB=2\angle AOM=120°$

색칠한 부분의 넓이는 $\widehat{AB}$와 $\overline{AB}$로 둘러싸인 도형의 넓이와 같으므로 구하는 넓이는

(부채꼴 AOB의 넓이)－(△OAB의 넓이)

$=\pi\times8^2\times\frac{120}{360}-\frac{1}{2}\times8\sqrt{3}\times4=\frac{64}{3}\pi-16\sqrt{3}$

76 답 48 cm²

$\overline{AB}=\overline{CD}$이므로 $\overline{OE}=\overline{OF}=6$(cm)

△AOE에서 $\overline{AE}=\sqrt{10^2-6^2}=\sqrt{64}=8$(cm)

$\overline{AB}=2\overline{AE}=2\times8=16$(cm)

$\therefore$ △ABO$=\frac{1}{2}\times16\times6=48$(cm²)

77 답 ④

①, ② △PAO≡△PBO(RHS합동)이므로

$\angle APO=\angle BPO=\frac{1}{2}\angle APB=\frac{1}{2}\times60°=30°$

$\angle PAO=\angle PBO=90°$이므로 △APO에서

$\overline{PO}=\frac{6}{\sin30°}=6\div\frac{1}{2}=12$(cm)

$\overline{PA}=\frac{6}{\tan30°}=6\div\frac{\sqrt{3}}{3}=6\sqrt{3}$(cm)

$\therefore \overline{PB}=\overline{PA}=6\sqrt{3}$(cm)

③ $\overline{PA}=\overline{PB}$이고 $\angle APB=60°$이므로

$\angle PAB=\angle PBA=\frac{1}{2}(180°-60°)=60°$

즉, △APB는 정삼각형이므로 $\overline{AB}=\overline{PB}=6\sqrt{3}$(cm)

④ □APBO$=2$△APO

$=2\times\left(\frac{1}{2}\times6\sqrt{3}\times6\right)=36\sqrt{3}$(cm²)

⑤ $\angle PAO=90°$이고 $\angle PAB=60°$이므로

$\angle OAB=\angle PAO-\angle PAB=90°-60°=30°$

따라서 옳지 않은 것은 ④이다.

78 답 90°

다음 그림에서 △COA≡△COP,

△DOB≡△DOP이므로

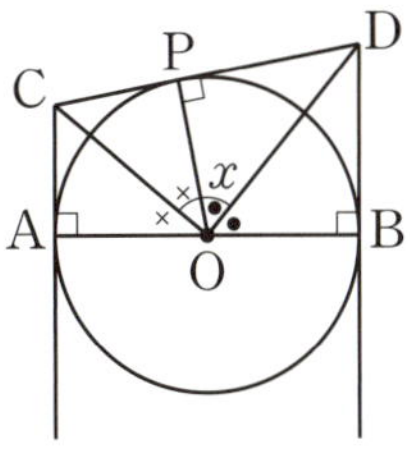

$\angle COA=\angle COP$, $\angle DOB=\angle DOP$

$\therefore \angle x=\angle COP+\angle DOP=\frac{1}{2}\angle AOP+\frac{1}{2}\angle BOP$

$=\frac{1}{2}\angle AOB=\frac{1}{2}\times180°=90°$

79 답 30

다음 그림과 같이 원 O의 반지름을 r이라 하면 $\overline{AB}=10+r$, $\overline{AC}=3+r$

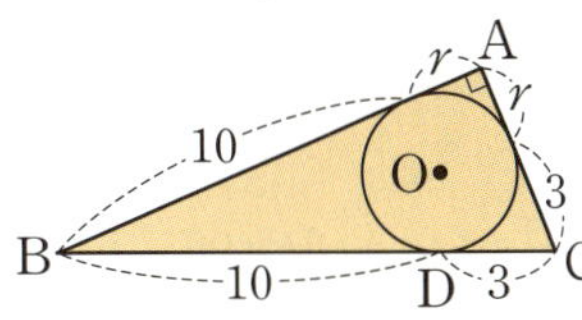

직각삼각형 ABC에서 $13^2=(10+r)^2+(3+r)^2$,

$169=100+20r+r^2+9+6r+r^2$

$2r^2+26r-60=0$, $r^2+13r-30=0$,

$(r+15)(r-2)=0 \qquad \therefore r=2(\because r>0)$

따라서 $\overline{AB}=10+2=12$, $\overline{AC}=3+2=5$이므로

△ABC$=\frac{1}{2}\times12\times5=30$

80 답 4

□ABCD가 원 O에 외접하므로

$\overline{AB}+\overline{CD}=\overline{AD}+\overline{BC}$

즉, $(x+2)+(x+1)=x+(2x-1)$에서

$2x+3=3x-1$, $x=4$

$\therefore \overline{AD}=4$

81 답 29

$\overline{EF}=x$라 하면, 그림은 다음과 같다.

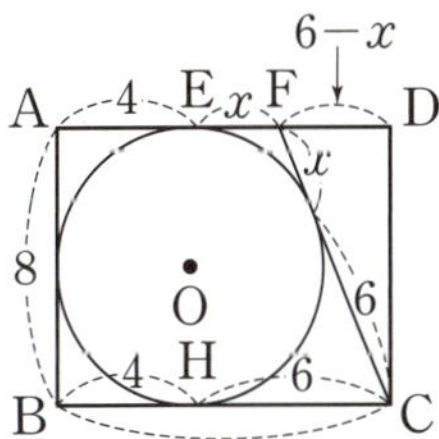

△CFD에서 피타고라스 정리에 의하여

$(x+6)^2=(6-x)^2+8^2 \qquad \therefore x=\frac{8}{3}$

따라서 $\overline{CF}=\frac{26}{3}$이므로 $a=3$, $b=26$

$\therefore a+b=29$

82 답 $100°$

다음 그림과 같이 $\overline{OE}$를 그으면

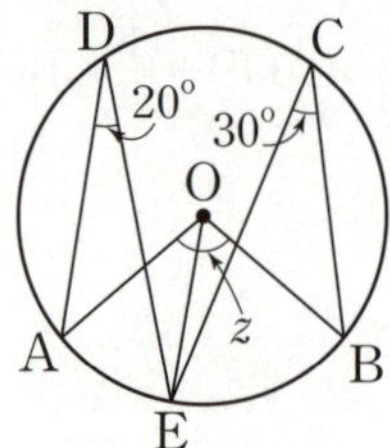

$\angle AOE=20°\times2=40°$.$\angle EOB=30°\times2=60°$

$\therefore \angle z=\angle AOE+\angle EOB=40°+60°=100°$

83 답 $16°$

$\overline{AB}$가 원 O의 지름이므로 $\angle ADB=90°$

$\therefore \angle ADC=90°-40°=50°$

$\angle ADC$와 $\angle ABC$는 $\widehat{AC}$에 대한 원주각이므로

$\angle ABC=\angle ADC=50°$

$\widehat{BC}$의 중심각의 크기는 원주각의 크기의 2배이므로

$\angle BOC=2\angle BDC=2\times40°=80°$

$\triangle PCB$에서 $\angle CPO=\angle PCB+\angle PBC$

$=34°+50°=84°$

따라서 $\triangle OCP$에서

$\angle OCD=180°-(80°+84°)=16°$

84 답 $66°$

$\widehat{BC}=\widehat{CD}$이므로 $\angle CBD=\angle BAC=32°$

$\triangle ABC$에서 $\angle x=180°-(32°+50°+32°)=66°$

85 답 32 cm

$\triangle ACP$에서 $\angle BPC=\angle CAP+\angle ACP$이므로

$\angle CAP=\angle BPC-\angle ACP=75°-30°=45°$

원의 둘레를 x cm라 하면, 호의 길이와 원주각의 크기는 정비례하고 원주의 원주각의 크기는 $180°$이므로

$45°:180°=\widehat{BC}:x$

$1:4=8:x \qquad \therefore x=32$

따라서 이 원의 둘레의 길이는 32 cm이다.

86 답 $33°$

네 점 A, B, C, D가 한 원 위에 있으므로

$\angle x=\angle CBD=35°$

$\therefore \angle y=\angle BAC=\angle BAD-\angle CAD$

$=103°-35°=68°$

$\therefore \angle y-\angle x=68°-35°=33°$

87 답 $45°$

$\angle DCE=\angle BAD=85°$, $\angle DAC=\angle DBC$이므로

$\angle DBC=85°-40°=45°$

88 답 $40°$

점 B와 점 D를 이으면 $\angle BDE=180°-80°=100°$,

$\angle BDC=20°$이므로

$\angle BOC=20°\times2=40°$

89 답 $85°$

원에 내접하는 사각형은 두 대각의 합이 $180°$이고

□ABCD가 원에 내접하므로

$\angle DCF=\angle A=85°$이다. □CDEF가 원에 내접하므로 $\angle x=\angle DCF=85°$이다.

90 답 $70°$

$\angle DAC=\angle DBA=40°$

$\triangle BCA$에서 $\angle x=30°+40°=70°$

91 답 $80°$

$\overline{BC}$가 원 O의 접선이므로 $\angle DEB=\angle DFE=60°$

원 O 밖의 한 점 B에서 원 O에 그은 두 접선의 길이는 같으므로 $\overline{BD}=\overline{BE}$

즉, $\triangle BED$는 $\overline{BD}=\overline{BE}$인 이등변삼각형이므로

$\angle DBE=180°-(60°+60°)=60°$

따라서 $\triangle ABC$에서

$\angle BCA=180°-(40°+60°)=80°$

[확률과 통계]

1 답 ③

① 잎이 가장 적은 줄기는 7이다.

② 무게가 55g인 사과는 2개다.

③ 수확한 사과의 개수는 잎의 총 개수와 같으므로
$6+7+7+5=25$

④ 무게가 70g 이상인 사과는 5개다.

⑤ 무게가 8번째로 가벼운 사과의 무게는 53g이다.

2 답 ④

② 계급의 크기는 $280-260=20(\text{mm})$

③ 도수의 총합은 $2+6+4+5+3=20$(명)

④ 도수가 가장 큰 계급은 280mm 이상 300mm 미만이므로 계급값은
$\frac{280+300}{2}=290(\text{mm})$

⑤ 신발치수가 300mm 이상인 학생은
$4+5+3=12$(명)

3 답 ④

① 계급의 크기는 $8-4=4$(권)

② 전체 학생 수는 $3+4+7+10+6+2=32$

③ 도수가 가장 작은 계급은 24권 이상 28권 미만이므로 계급값은 $\frac{24+28}{2}=26$(권)

④ 책을 20권 이상 읽은 학생은 $6+2=8$(명)
이므로 $\frac{8}{32}\times100=25(\%)$

⑤ 4권 이상 8권 미만인 계급의 도수는 3명, 8권 이상 12권 미만인 계급의 도수는 4명, 12권 이상 16권 미만인 계급의 도수는 7명이므로 책을 8번째로 적게 읽은 학생이 속하는 계급은 12권 이상 16권 미만이다.

4 답 ①

① 계급의 개수는 6이다.

② 계급의 크기는 $6-3=3(\%)$

③ 방영한 드라마는 $3+5+11+8+2+1=30$(편)

④ 시청률이 9% 미만인 드라마는 $3+5-8$(편)

⑤ 시청률이 10%인 드라마에 속하는 계급은 9% 이상 12% 미만이므로 도수는 11편이다.

5 답 ①

(도수의 총합)$=\frac{(\text{계급의 도수})}{(\text{계급의 상대도수})}$이므로

$D=\frac{2}{0.1}=20$

$\therefore C=20-(2+3+10+1)=4$

(계급의 상대도수)$=\frac{(\text{계급의 도수})}{(\text{도수의 총합})}$이므로

$A=\frac{3}{20}=0.15,\ B=\frac{10}{20}=0.5$

상대도수의 총합은 1이므로 $E=1$

6 답 ④

① 계급의 크기는 $70-65=5$(점)

② 상대도수가 클수록 도수가 크므로 도수가 가장 큰 계급은 75점 이상 80점 미만이다.

③ 70점 이상 75점 미만인 계급의 상대도수는 0.24이므로 $0.24\times100=24(\%)$

④ 수학 점수가 80점 이상인 학생은
$(0.2+0.04)\times50=0.24\times50=12$(명)

⑤ 수학 점수가 65점 이상 70점 미만인 학생은
$0.12\times50=6$(명)
수학 점수가 70점 이상 75점 미만인 학생은
$0.24\times50=12$(명)

따라서 수학 점수가 10번째로 작은 학생이 속하는 계급은 70점 이상 75점 미만이다.

7 답 14

두 개의 주사위 A, B에서 나오는 눈의 수를 순서쌍으로 나타내면

두 눈의 수의 차가 1인 경우는

(1, 2), (2, 1), (2, 3), (3, 2), (3, 4), (4, 3), (4, 5), (5, 4), (5, 6), (6, 5)의 10가지이고

두 눈의 수의 차가 4인 경우는

(1, 5), (2, 6), (5, 1), (6, 2)의 4가지이므로

구하는 경우의 수는

$10+4=14$

8 답 12

학교에서 서점으로 가는 길이 4가지, 서점에서 집으로 가는 길이 3가지이므로 구하는 방법의 수는

$4\times3-12$

9 답 42

햄버거 선택하는 경우는 3가지, 음료수를 선택하는 경우는 7가지, 감자튀김을 선택하는 경우는 2가지이므로 구하는 경우의 수는

$3\times7\times2=42$

10 답 8

3의 배수의 눈이 나오는 경우는 3, 6의 2가지이고, 6의 약수의 눈이 나오는 경우는 1, 2, 3, 6의 4가지이므로 구하는 경우의 수는 $2\times4=8$

11 답 120

남학생 2명을 한 명으로 생각하고 여학생 4명과 한 줄로 세우는 경우의 수는

$5\times4\times3\times2\times1=60$

이때 남학생 2명이 자리를 바꾸는 경우의 수는 2,

따라서 구하는 경우의 수는

$60\times2=120$

12 답 36개

5의 배수가 되려면 일의 자리의 숫자가 0 또는 5이어야 한다.

(i) □□0인 경우 : 백의 자리에 올 수 있는 숫자는 0을 제외한 5개, 십의 자리에 올 수 있는 숫자는 0과 백의 자리의 숫자를 제외한 4개이므로

$5\times4=20$(개)

(ii) □□5인 경우 : 백의 자리에 올 수 있는 숫자는 0과 5를 제외한 4개, 십의 자리에 올 수 있는 숫자는 5와 백의 자리의 숫자를 제외한 4개이므로

$4\times4=16$(개)

따라서 구하는 5의 배수의 개수는

$20+16=36$(개)

13 답 28

$\frac{8\times7}{2}=28$

14 답 12

(i) 집에서 서점까지 최단거리로 가는 방법은 6가지

(ii) 서점에서 학교까지 최단 거리로 가는 방법은 2가지

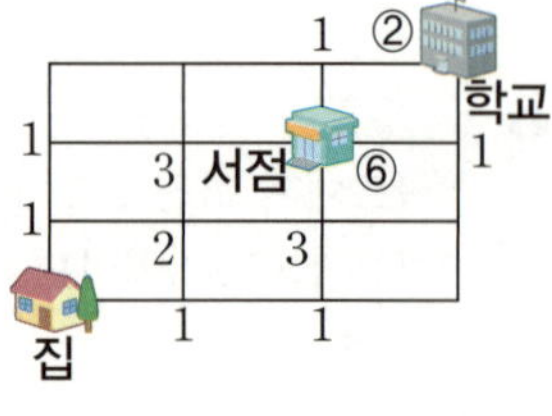

따라서 구하는 방법의 수는

$6\times2=12$

15 답 (1) $\frac{1}{8}$ (2) $\frac{3}{8}$

(1) 모든 경우의 수는 $8\times7=56$

서현이가 부회장으로 뽑히는 경우의 수는 서현이를 제외한 7명 중 회장 1명을 뽑는 경우의 수와 같으므로 7

따라서 구하는 확률은 $\frac{7}{56}=\frac{1}{8}$

(2) 모든 경우의 수는 $\frac{8\times7\times6}{3\times2\times1}=56$

서현이가 대의원으로 뽑히는 경우의 수는 서현이를 제외한 7명 중 대의원 2명을 뽑는 경우의 수와 같으므로

$\frac{7\times6}{2}=21$

따라서 구하는 확률은 $\frac{21}{56}=\frac{3}{8}$

16 답 ㄱ, ㄴ

ㄷ. $q=1-p$이다.

17 답 $\frac{11}{36}$

모든 경우의 수는 $6\times6=36$

두 개 모두 1가 아닌 눈이 나오는 경우의 수는 $5\times5=25$이므로 그 확률은 $\frac{25}{36}$이다.

∴ (적어도 한 개는 1의 눈이 나올 확률)

=1−(두 개 모두 1이 아닌 눈이 나올 확률)

$=1-\frac{25}{36}=\frac{11}{36}$

18 답 $\frac{3}{6}$

2의 배수가 적힌 카드가 나올 확률은 $\frac{15}{30}$

5의 배수가 적힌 카드가 나올 확률은 $\frac{6}{30}$

2와 5의 공배수, 즉 10의 배수가 적힌 카드가 나올 확률은 $\frac{3}{30}$

따라서 구하는 확률은

$\frac{15}{30}+\frac{6}{30}-\frac{3}{30}=\frac{18}{30}=\frac{3}{5}$

19 답 $\frac{1}{4}$

서로 다른 동전 2개를 던질 때 모든 경우의 수는

$2\times2=4$

이고, 같은 면이 나오는 경우는 (앞, 앞), (뒤, 뒤)의 2

가지이므로 그 확률은 $\frac{2}{4}=\frac{1}{2}$

또 주사위 1개를 던질 때 모든 경우의 수는 6이고, 소수의 눈이 나오는 경우는 2, 3, 5의 3가지이므로 그 확률은 $\frac{3}{6}=\frac{1}{2}$

따라서 구하는 확률은 $\frac{1}{2}\times\frac{1}{2}=\frac{2}{4}$

20 답 $\frac{1}{2}$

A바구니 선택하여 흰 공을 집을 확률은

$\frac{1}{2}\times\frac{3}{5}=\frac{3}{10}$

B바구니를 선택하여 흰 공을 집을 확률은

$\frac{1}{2}\times\frac{2}{5}=\frac{1}{5}$

따라서 구하는 확률은

$\frac{3}{10}+\frac{1}{5}=\frac{1}{2}$

21 답 $\frac{3}{5}$

(1) 첫 번째에 흰 공, 두 번째에 검은 공을 꺼낼 확률은

$\frac{3}{5}\times\frac{2}{4}=\frac{3}{10}$

(2) 첫 번째에 검은 공, 두 번째에 흰 공을 꺼낼 확률은

$\frac{2}{5}\times\frac{3}{4}=\frac{3}{10}$

따라서 구하는 확률은

$\frac{3}{10}+\frac{3}{10}=\frac{3}{5}$

22 답 $\frac{11}{12}$

A, B, C세 사람이 모두 맞히지 못할 확률은

$\left(1-\frac{1}{3}\right)\times\left(1-\frac{1}{2}\right)\times\left(1-\frac{3}{4}\right)=\frac{2}{3}\times\frac{1}{2}\times\frac{1}{4}=\frac{1}{12}$

$\therefore$ (새가 총에 맞을 확률)

$=1-$(세 사람이 모두 맞히지 못할 확률)

$=1-\frac{1}{12}=\frac{11}{12}$

23 답 95점

5회째 시험의 영어 점수를 x점이라 하면

$\frac{85+87+92+96+x}{5}=91$

$360+x=455 \qquad \therefore x=95$

24 답 169

주어진 변량은 작은 값부터 크기순으로 나열하면

72, 75, 77, 79, 79, 80, 81, 82
84, 86, 86, 86, 88, 90, 93, 97

이므로 중앙값은 $\frac{82+84}{2}=83$ (회)

$\therefore a=83$

최빈값은 86회이므로 $b=86$

$\therefore a+b=169$

25 답 91점

편차의 총합은 0이므로

$-2+1+3+x+(-1)=0 \qquad \therefore x=-1$

따라서 4회의 국어 점수는

$-1+92=91$ (점)

26 답 4.8

6, 7, 10, 12, x의 평균이 9이므로

$\frac{6+7+10+12+x}{5}=9$

$35+x=45 \qquad \therefore x=10$

각 변량의 편차는 $-3, -2, 1, 3, 1$이므로

$(\text{분산})=\frac{(-3)^2+(-2)^2+1^2+3^2+1^2}{5}$

$=\frac{24}{5}=4.8$

27 답 4반

표준편차가 작을수록 변량들이 평균을 중심으로 가까지 모여 있다. 따라서 수학 점수가 가장 고른 학급은 표준편차가 가장 작은 4반이다.

28 답 ④

① 필기 점수가 40점 이상인 학생 수는 오른쪽 산점도에서 직선 l 위의 점의 개수와 직선 l의 오른쪽에 있는 점의 개수의 합과 같으므로 7명이다.

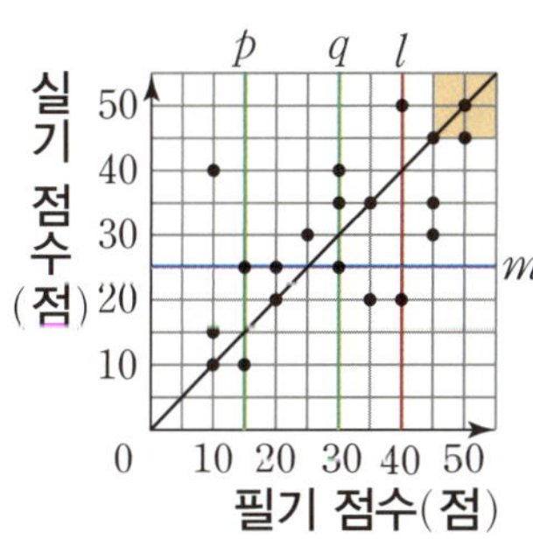

② 실기 점수가 25점 미만인 학생 수는 위의 산점도에서 직선 m보다 아래쪽에 있는 점의 개수와 같으므로 6명이다.

③ 필기 점수가 15점 이상 30점 이하인 학생 수는 위의 산점도에서 두 직선 p, q 위의 점의 개수와 두 직선 p, q 사이에 있은 점의 개수의 합과 같으므로 8명이다.

④ 필기 점수와 실기 점수가 모두 45점 이상인 학생 수는 위의 산점도에서 색칠한 부분에 속하는 점의 개수와 그 경계선 위의 점의 개수의 합과 같으므로 3명이다.

⑤ 필기 점수와 실기 점수가 같은 학생 수는 위의 산점도에서 오른쪽 위로 향하는 대각선 위에 있는 점의 개수와 같으므로 5명이다.

29 답 ④

① 양의 상관관계를 나타내는 것은 (ㄱ), (ㅂ)이다.

② 상관관계가 없는 것은 (ㄷ), (ㄹ)이다.

③ (ㄴ)은 (ㅁ)보다 약한 상관관계를 나타낸다.

⑤ (ㅂ)은 양의 상관관계를 나타내고 물건의 공급량과 판매 가격 사이에는 음의 상관관계가 있다.

중학생을 위한 수학의 정석

중등 수학 한 권에 쏙!